专利申请文件撰写与审查指导丛书

U1075994

医药生物领域专利申请文件撰写精解

主　编◎冯小兵
副主编◎曾武宗　李广峰

知识产权出版社
全国百佳图书出版单位
—北京—

图书在版编目（CIP）数据

医药生物领域专利申请文件撰写精解/冯小兵主编．—北京：知识产权出版社，2021.1
（专利申请文件撰写与审查指导丛书）
ISBN 978－7－5130－7182－6

Ⅰ.①医… Ⅱ.①冯… Ⅲ.①生物工程—医学工程—专利申请—中国 Ⅳ.①G306.3

中国版本图书馆 CIP 数据核字（2020）第 176839 号

内容提要

本书全面介绍了医药生物领域的特点及专利申请文件撰写的基本规范，并通过翔实的典型案例进行讲解和说明。本书第一部分为概论，对专利制度的一些基本内容进行了简要介绍；第二部分至第六部分分别对西药、生物、中药、食品、日用化学品领域的专利申请特点、发明保护客体、授予专利权的条件、发明专利申请说明书及权利要求书的撰写等内容进行了详细描述。本书内容全面，直击专利申请中的要点、要害，对于医药生物领域的专利申请人和专利代理师而言，是一本十分实用的参考书。

责任编辑：龚　卫　　　**责任印制**：刘译文
封面设计：博华创意·张　冀

专利申请文件撰写与审查指导丛书
医药生物领域专利申请文件撰写精解
YIYAO SHENGWU LINGYU ZHUANLI SHENQING WENJIAN ZHUANXIE JINGJIE
冯小兵　主　编
曾武宗　李广峰　副主编

出版发行：知识产权出版社有限责任公司　　**网　　址**：http://www.ipph.cn
电　　话：010－82004826　　http://www.laichushu.com
社　　址：北京市海淀区气象路 50 号院　　**邮　　编**：100081
责编电话：010－82000860 转 8120　　**责编邮箱**：laichushu@cnipr.com
发行电话：010－82000860 转 8101　　**发行传真**：010－82000893/82005070/82000270
印　　刷：天津嘉恒印务有限公司　　**经　　销**：各大网上书店、新华书店及相关专业书店
开　　本：720mm×1000mm　1/16　　**印　　张**：38.75
版　　次：2021 年 1 月第 1 版　　**印　　次**：2021 年 1 月第 1 次印刷
字　　数：696 千字　　**定　　价**：180.00 元
ISBN 978-7-5130-7182-6

编委会

前　言

2019年4月26日，习近平总书记在第二届“一带一路”国际合作高峰论坛开幕式主旨演讲中指出：“加强知识产权保护，不仅是维护内外资企业合法权益的需要，更是推进创新型国家建设、推动高质量发展的内在要求。”众所周知，作为知识产权的重要组成部分，专利制度在社会主义市场经济体制下对激励创新、优化市场环境发挥了积极有效作用。自1985年4月1日中国《专利法》施行以来，中国专利申请的数量和质量取得了飞速发展，强化专利保护已经成为全社会的共识。

专利申请文件是记载发明者智慧贡献的重要文字载体，也是发明创造能否获得专利权的审查基础。一份结构完整、逻辑严密、撰写规范的专利申请文件不但能充分展示发明者的智慧成果，为社会公众提供有效的技术创新信息，更是日后获得稳定的专利权属的关键所在。医药生物领域是专利保护依存度最高的技术领域之一，该领域既有技术更新快、技术复杂的生物领域，也有历史悠久、独具传统特色的中药领域，还有与人们生活质量密切相关的食品、保健品、化妆品和洗涤剂等民生领域，以及与疾病治疗相关的药物领域。这些领域申请文件的撰写在遵循一般领域通用规则的前提下，还具有鲜明的技术特点和特殊要求。更为迫切的是，随着我国经济迈向高质量发展，高价值专利已成为促进我国产业转型、提升企业竞争力的重要砝码。而高价值专利的背后，必然需要一份质量过硬的专利申请文件作为基础。

因此，为有效服务创新主体，助力医药生物领域科研技术人员、专利代理师以及从事专利相关工作的其他人员了解、掌握该领域发明专利申请文件的撰写要求，本书全面介绍了医药生物领域的特点及专利申请文件撰写的基本规范，并通过翔实的典型案例进行讲解和说明。具体而言，第一部分为概论，对专利制度的一些基本内容进行了简要介绍；第二部分至第六部分分别对西药、生物、中药、食品、日用化学品领域的专利申请特点、发明保护客体、授予专利权的条件、发明专利申请说明书及权利要求书的撰写等内容进行了详细描述。

本书由国家知识产权局专利局医药生物发明审查部组织编写，作者团队成员都是本领域资深专利审查专家，他们具有丰富的专利审查经验、专业的技术素养、深入的产业观察能力。编委会秉承“坚持问题导向、把握领域特点、结合审查标准”的编写原则，针对多年工作中发现的专利申请文件撰写问题进行细致梳理、分类归纳、提炼总结，以实际专利审查过程中发掘的典型案例为载体，与时俱进地把各领域审查标准融合其中，努力引导读者深入思考分析问题，为读者提供高质量的撰写参考和指引。

需要注意的是，由于《全国人民代表大会常务委员会关于修改〈中华人民共和国专利法〉的决定》已由中华人民共和国第十三届全国人民代表大会常务委员会第二十二次会议于2020年10月17日通过，并将于2021年6月1日起施行，因此本书所称《专利法》为2020年第四次修正的《专利法》。

本书第一部分由李晶晶撰写，李广峰、冯锫战审稿；第二部分由张玲玲、张志聪、黄轶洁撰写，张伟、冯锫战审稿；第三部分由曾繁辉、苏林、吴立、贾涛、李振鹏、潘俊宇、周霞撰写，曾繁辉、冯锫战审稿；第四部分由宋江秀、韩宁、周红涛、束云、苗彦妮、凌宇静撰写，宋江秀、李广峰审稿；第五部分由邱红、赵学武、崔旸、石军、孔佳音撰写，邱红、李广峰审稿；第六部分由赵小凌、陶可鑫、郭亦欣、马业萍撰写，陈矛、郭亦欣、李广峰审稿；全书由曾武宗、李广峰统稿，冯小兵、曾武宗审核定稿。

“核心技术是国之重器”，让更多创新主体的智慧结晶得到合理的专利保护，培育壮大新型产业和创新型企业，推动中国加快建成创新型国家，是本书编委会的初衷和愿景。然而，由于编写人员的知识和水平所限，书中不妥之处在所难免，敬请读者批评指正。

目　　录

第一部分　概　论

第二部分　西药领域专利申请文件的撰写

第三部分　生物领域专利申请文件的撰写

第四部分　中药领域专利申请文件的撰写

第五部分 食品领域专利申请文件的撰写

第一部分

概　论

知识产权（Intellectual Property）是一种源于西方国家、由法律构建的权利保护制度。Intellectual Property（知识产权）一词最早见于17世纪中叶法国学者卡普佐夫的著作，意为一切来自知识活动领域的权利。作为一项与科技创新和经济发展密切相关的制度，1967年《建立世界知识产权组织公约》签订后，知识产权逐步为国际社会广泛使用。中国则是在1986年《中华人民共和国民法通则》颁布后，才开始正式使用该称谓[1]。

知识产权诞生于科技、文化和工商业领域，随着时代和技术的不断进步，其保护对象的范畴也逐渐更新丰富。1994年《与贸易有关的知识产权协议》（简称“TRIPS协议”）第一部分第一条规定，知识产权的范围通常包括版权及邻接权、商标权、地理标志权、工业品外观设计权、专利权、集成电路布图设计权、植物新品种、商业秘密权等。作为一个国家或某个地区对其智力创造成果所依法享有的权利总称，知识产权通常被视为无形财产。

专利权是具有代表性的知识产权，在知识产权制度中占有重要作用。本部分将简要介绍专利权及专利制度，专利申请文件的构成及撰写要求，中国专利申请及审查，医药生物领域专利申请的特点。

第一章 专利权及专利制度

第一节 专利权

一、专利权的概念

专利权是发明创造的合法所有人依法对其发明所享有的独占权，这是一种政府机关或者代表若干国家的区域性组织依法授予申请人，在一定期限内禁止他人未经允许实施其专利的权利。如《中华人民共和国专利法》（简称《专利法》）第二条规定："本法所称的发明创造是指发明、实用新型和外观设计。发明，是指对产品、方法或者其改进所提出的新的技术方案。实用新型，是指对产品的形状、构造或者其结合所提出的适于实用的新的技术方案。外观设计，是指对产品的整体或者局部的形状、图案或者其结合以及色彩与形状、图案的结合所作出的富有美感并适于工业应用的新设计。"

二、专利权的法律特征

专利权是一种阻止第三方使用其发明的排他性权利，具有独占性、地域性、时间性三大法律特征。

（一）独占性

专利权的独占性，也称“专有性”。以专利为代表的大多数知识产权是法律授予的一种独占权，具有独占性或专有性。

专利权的独占性，其目的是保护发明者首创性的智慧贡献，以防止第三方未经专利权人的允许，肆意使用该专利技术以谋取不当利益。《专利法》第十一条规定：“发明和实用新型专利权被授予后，除本法另有规定的以外，任何单位或者个人未经专利权人许可，都不得实施其专利，即不得为生产经营目的制造、使用、许诺销售、销售、进口其专利产品，或者使用其专利方法以及使用、许诺销售、销售、进口依照该专利方法直接获得的产品。”“外观设计专利权被授予后，任何单位或者个人未经专利权人许可，都不得实施其专利，即不得为生产经营目的制造、许诺销售、销售、进口其外观设计专利产品。”

知识产权的独占性需要与公众利益进行平衡。当今世界许多国家或地区的专利制度均在特定时期内对专利独占性作出一定的法律限制，即“专利权限制”。“专利权限制”是指专利法允许第三方在某些特殊情况下可不经专利权人许可而实施其专利，且该实施行为不构成侵权的一种法律制度。如《专利法》第七十五条规定：“有下列情形之一的，不视为侵犯专利权：

（一）专利产品或者依照专利方法直接获得的产品，由专利权人或者经其许可的单位、个人售出后，使用、许诺销售、销售、进口该产品的；

（二）在专利申请日前已经制造相同产品、使用相同方法或者已经作好制造、使用的必要准备，并且仅在原有范围内继续制造、使用的；

（三）临时通过中国领陆、领水、领空的外国运输工具，依照其所属国同中国签订的协议或者共同参加的国际条约，或者依照互惠原则，为运输工具自身需要而在其装置和设备中使用有关专利的；

（四）专为科学研究和实验而使用有关专利的；

（五）为提供行政审批所需要的信息，制造、使用、进口专利药品或者专利医疗器械的，以及专门为其制造、进口专利药品或者专利医疗器械的。”

《专利法》第五十四条规定：“在国家出现紧急状态或者非常情况时，或者为了公共利益的目的，国务院专利行政部门可以给予实施发明专利或者实用新型专利的强制许可。”《专利法》第五十五条规定：“为了公共健康目的，对取得专利权的药品，国务院专利行政部门可以给予制造并将其出口到符合中华人民共和国参加的有关国际条约规定的国家或者地区的强制许可。”

（二）地域性

专利权的地域性，是指根据一国或地区的法律所授予的专利权，只在授予国家或地区的地域范围内有效。换言之，除了签有国际公约或双边互惠协定以外，包括专利在内的知识产权没有域外效力。例如，一项发明创造在美国得到授权而在中国被驳回，那么该专利权仅在批准授权的美国领土受到保护。又如，申请人在西班牙申请专利，又希望在其他国家寻求保护，则应该在西班牙以及意向国家均申请专利。

（三）时间性

专利权的时间性，是指包括专利在内的知识产权在法律规定的期限内受到保护，一旦超过法律规定的有效期限，这一权利自行消失，相关的知识产品即成为整个人类社会的共有智慧成果和财富，该专利技术将进入公共领域。当然，该时间性的长短根据法律所规定的知识产权有效保护期而有所不同。《专利法》第四十二条规定："发明专利权的期限为二十年，实用新型专利权的期限为十年，外观设计专利权的期限为十五年，均自申请日起计算。"

具有法律规定的有效期限这一时间性特征，是世界各国知识产权立法以及知识产权公约广泛使用的原则，其原因是对该权利作出一定的时间限制，从而在保护智慧成果发明人的积极性和权益的同时，也平衡社会公众的利益，促进人类社会整体的科学文化发展和进步。

第二节　专利制度的发展及作用

一、专利制度的萌芽和普及

在当代社会，专利制度已经成为一个国家或地区促进科技、经济和社会发展的重要制度。根据 1983 年《中华人民共和国专利法（草案）》的说明，专利制度是国际上通行的一种利用法律和经济的手段推动技术进步的管理制度。这个制度的基本内容是依据专利法对申请专利的发明创造，经过审查后批准授予专利权，同时把申请专利的发明内容公诸于世，以便进行发明创造信息交流和有偿技术转让。

作为一项随着科技、经济发展而产生的制度，专利制度经历了从萌芽、普及到走向国际化的阶段。世界上第一部具有现代专利法特点的法律《威尼斯发明保护法令》于 1474 年诞生，其规定了发明人的垄断权，确定了侵权的审理机构和救济方法，以及政府对使用该专利的条件和限制。

1623 年出现的《英国垄断法》奠定了现代专利法的基础，该法第六条规定了发明专利权的主体、客体、可取得专利权的发明主题、专利权的授权条件和有效期、专利权的无效，为其他工业化国家的专利立法提供了良好的参考和借鉴。美国、法国、荷兰、德国、日本、瑞士分别于1790年、1791年、1817年、1877年、1885年及1888年颁布了本国专利法。

1883年2月，法国、比利时等11个国家在巴黎共同签署了第一个政府间保护工业产权的国际公约《保护工业产权巴黎公约》（简称《巴黎公约》），并根据该公约成立了保护工业产权联盟。此后，国际社会又先后缔结了《商标国际注册马德里协定》《专利合作条约》（简称PCT）、《保护文学作品伯尔尼公约》（简称《伯尔尼公约》）等工业产权保护国际公约，并据此建立了协调合作的专利权、商标权国际保护体系及国际专利审查合作和商标注册制度。

1967年7月，51个国家在斯德哥尔摩签订了《建立世界知识产权组织公约》，并根据该公约将《巴黎公约》与《伯尔尼公约》的国际机构合并，成立了一个政府间的国际机构“世界知识产权组织”（World Intellectual Property Organization，简称WIPO）。以上述众多知识产权国际公约为基础，以WIPO为中心的知识产权国际保护体制逐渐形成。

20世纪90年代至今，扩大和强化知识产权保护已经成为全球化的共识。主要标志是以专利制度为核心的知识产权问题纳入了多边贸易协定，成为影响国家或地区关系的问题之一。一方面，1994年，TRIPS协议将主要知识产权公约的核心条项纳入其中，要求各国在成为世贸组织成员时，国内的知识产权立法要达到协议要求。另一方面，TRIPS协议又为知识产权保护的执法机制勾勒了整体框架并规定了具体措施。更为重要的是，它规定了通过世界贸易组织（简称WTO）争端解决机制来解决纷争，从而大大强化了知识产权保护的力度。

二、专利制度的作用

随着科学技术的迅猛发展和经济全球化进程的不断推进，专利在经济、科技、文化、贸易和社会生活中的地位得到前所未有的提高和重视。作为市场经济的产物，包括专利制度在内的知识产权制度也不断完善和发展，成为各国之间综合国力竞争和较量的重要风向标。

专利制度有利于激发发明创造，促进科技创新和经济发展。美国第16任总统林肯曾说：“专利制度是给天才之火添加的利益之油。”公平环境下的自由竞争是众所周知的市场经济基本规则之一。换言之，正当的经济投入应该得到市场的合理回馈。发明创造需要投入大量的人力、物力和资金，耗费巨大的时间和创造性的智力劳动，这是毋庸置疑的。医药领域的发明创造创新更是有着

“双十”的说法：每开发一种新的化学药物，动辄需要 8 亿 ~ 10 亿美元的投入，且从最初的药物筛选到产品最终上市，往往需要耗费长达 10 年甚至更长以上的时间。同时，由于药品是人类健康的必需品，跨越国家和民族的界限，涉及全球人类命运共同体的生存和发展，其市场前景之大、意义之深远也非一般技术领域的产品所及。医药领域是对知识产权保护尤其是专利保护依存度最高的技术领域之一。如果没有专利制度的保护，辛苦创造的智力劳动成果一旦被人仿制或无偿使用，将会大大挫伤发明人的创新积极性，最终导致发明人和科研机构缺乏从事科技创新和研发的动力。而专利制度给予发明创造者一定的时间和地域独占权利，使其在此期间和区域内获得合理的回报和收益，以弥补前期研发投入，激励其进一步科技创新。欧美多国的工业化进程历史表明，专利制度在推动该国科技创新和经济发展方面起到了相当大的积极作用。

专利制度有助于推动发明创造的应用和推广，合理地配置社会资源，避免低水平的重复研究。专利具有垄断和公开的双重特性，两者之间的关联性奠定了专利制度的基石。专利制度“以公开换保护”的原则促使新技术信息的提前公开，使得公众可以在更高的起点上研究开发更新、更好的产品或技术，大大避免了低水平的重复研究。专利保护可以有效制止假冒和仿造，促使人们将有限的人力、物力和资金等资源用于研究开发新产品和新技术，由此提高资源利用的效率。

专利制度可加速科研成果产业化进程。专利权是一种被依法授予的独占市场的权利。作为一种无形资产，专利权人可以将该权利转化成市场行为并在市场资源配置上发挥作用，实现其价值，为日后研究开发提供充足的资金，形成一种良性循环的科研开发体系。相比之下，在缺乏专利意识的计划经济时代，由于科研机构普遍存在着重论文轻市场的倾向，没有将科技成果和智慧贡献转化成推动经济发展的动力，产业化程度较低，这种对资源的浪费和流失常被人诟病[2]。

专利制度保护是塑造良好营商环境的“关键一环”。在知识经济和经济全球化越来越高的今天，技术贸易中知识产权已经成为无法回避的问题。2008 年以来，我国修订了专利法、商标法、著作权法等知识产权领域专门法律法规，知识产权行政执法与司法保护双轮驱动，逐步建立了符合国际通行规则、门类齐全的知识产权法律制度，为营商环境提供了有力支撑，并有利于构建良好的竞争秩序和投资环境，吸引投资和先进技术。

诚然，作为一把“双刃剑”，专利制度也存在一些负面作用。专利制度可能会造成垄断，限制新技术的推广应用，助推产品溢价。在一些技术领域，专利制度已经成为跨国公司抢占市场制高点，蚕食市场份额的利器。

正如马克思主义辩证法所说的，任何事物都应以“一分为二”的视角看待。知识产权制度虽然利弊互现，但不可否认的是，知识产权保护已经成为中国扩大开放、融入世界经济的需要，包括人工智能、生物医药、新一代移动通信等专利密集型产业，正在助推中国创新型经济的发展。

第三节　中国专利制度及法律体系

一、中国专利制度的历史沿革

当专利制度在欧美各国生根发芽之际，中国还处于清政府闭关锁国的历史时期。直到殖民主义的坚船利炮打破了中国人的梦想，专利制度才被迫在神州大地萌芽起来。

中国专利制度的起源可以追溯到清朝光绪年间。1898 年光绪皇帝接受维新派的建议，颁布了《振兴工艺给奖章程》，首次尝试在中国建立专利制度[3]。

中华人民共和国成立后，我国经历了从“发明奖励制度”到注重“专利保护制度”的曲折历程。1950 年《保障发明权与专利权暂行条例》是中华人民共和国颁布的第一个有关专利的法规。然而，该法规中的“发明权”实际是一种国家奖励制度，以国家社会的补贴鼓励发明创造，完全不同于以市场机制和市场回报鼓励发明创造为核心特征的专利权。

1978 年，在改革开放的大背景下，党中央从国家发展和民族复兴的历史高度出发，审时度势，高瞻远瞩，作出了我国应当尽早建立专利制度的决策。1980 年 1 月，国务院正式批准《关于我国建立专利制度的请示报告》，成立了中国专利局，由其负责起草专利法。首部《专利法》于 1984 年 3 月 12 日经第六届全国人大常委会第四次会议审议通过，自 1985 年 4 月 1 日起施行。同时，作为专利法的配套法规，《中华人民共和国专利法实施细则》（简称《专利法实施细则》）经国务院批准也于 1985 年 4 月 1 日起实施。

2014 年 9 月启动了《专利法》的第四次修改工作，针对近年来专利保护和实施运用中存在的突出问题，进一步加强对专利权人合法权益的保护，积极建立侵权惩罚性赔偿制度，大幅提高侵权违法成本，让市场主体和创新主体更加有信心、有恒心地持续投入到创新、创业、创富的时代洪流，提升社会创新活力，推动经济高质量发展，提高国家核心竞争力。根据第十三届全国人民代表大会常务委员会第二十二次会议《关于修改〈中华人民共和国专利法〉的决定》,《专利法》第四次修正于2020年10月17日通过，并将于2021年6月1日起施行。

二、中国专利的法律体系

目前，中国已经建立了由法律、行政法规、部门规章、地方性法规以及司法解释构成的专利法律体系。该体系的法律，最为典型的莫过于《专利法》;行政法规包括《专利法实施细则》《专利代理条例》等；部门规章包括《专利审查指南2010》《专利优先审查管理办法》等；司法解释包括《关于对诉前停止侵犯专利权行为适用法律问题的若干规定》(2001年6月5日最高人民法院审判委员会第1179次会议通过）等。

按照涉及内容分类，中国的专利制度大致由两部分相互支撑、相互作用的法律法规构成。第一部分法律体系的核心是专利权的获得，具体而言是专利申请的审查及授权、行政救济手段和方式，主要涉及专利权人与国务院专利行政主管部门之间的法律事宜，如《专利法》《专利法实施细则》《专利审查指南2010》《国家知识产权局行政复议规程》等。第二部分是专利权的行使，具体来说包括专利权的利用和侵权救济途径。这部分法律规范主要涉及专利授权后，专利权人与第三人之间的关系，如专利权的许可和转让、专利侵权救济（包括司法救济和行政救济)。相对而言，这部分法律规范更为分散，不仅包括《专利法》以及《专利法实施细则》的相关部分，还包括众多司法解释和行政法规及行政规章。

第二章 专利申请文件的构成及撰写要求

专利申请文件是记载发明者智慧贡献的重要文字载体，也是发明创造能否获得专利权的审查基石。专利保护和司法判决实践表明，仅有一个好的发明创造还不够，还必须写好专利申请文件，才有可能在专利保护链条中争取最好的保护，并立于不败之地。因此，一份结构完整、逻辑严密、撰写规范的专利申请文件，不但能充分展示发明者的智慧成果，为社会公众提供有效的技术创新信息，更是日后获得稳定专利权属的关键所在。

令人遗憾的是，由于我国专利制度起步较晚，知识产权尤其是专利知识的普及程度亟待提高，很多申请人或专利代理师对专利申请文件的撰写要求掌握得还不够娴熟，因此仍有一定数量的专利申请由于专利申请文件撰写质量缺陷而无法获得专利权，或难以获得与发明者智慧贡献相当的稳定的专利保护范围。

由于专利申请文件的撰写及确权与“现有技术”“新颖性”“创造性”“所属技术领域的技术人员”“总的发明构思”等概念紧密相关，因此在展开本章内容之前，先对相关概念进行说明。

《专利法》第二十二条第五款规定，现有技术是指申请日以前在国内外为公众所知的技术。具体地说，现有技术包括在申请日（有优先权的，指优先权日）以前在国内外出版物上公开发表、在国内外公开使用或者以其他方式为公众所知的技术。根据《专利审查指南 2010》第二部分第三章 2.1，现有技术应当是在申请日以前公众能够得知的技术内容。换句话说，现有技术应当在申请日以前处于能够为公众获得的状态，并包含有能够使公众从中得知实质性技术知识的内容。应当注意，处于保密状态的技术内容不属于现有技术。

《专利法》第二十二条第一款规定：“授予专利权的发明和实用新型，应当具备新颖性、创造性和实用性。

新颖性，是指该发明或者实用新型不属于现有技术；也没有任何单位或者个人就同样的发明或者实用新型在申请日以前向国务院专利行政部门提出过申请，并记载在申请日以后公布的专利申请文件或者公告的专利文件中。

创造性，是指与现有技术相比，该发明具有突出的实质性特点和显著的进步，该实用新型具有实质性特点和进步。

实用性，是指该发明或者实用新型能够制造或者使用，并且能够产生积极效果。”

发明是否具备新颖性、创造性和实用性（简称“三性”），应当基于所属技术领域的技术人员的知识和能力进行评价。根据《专利审查指南 2010》第二部分第四章 2.4，“所属技术领域的技术人员，也可称为本领域的技术人员，是指一种假设的‘人’，假定他知晓申请日或者优先权日之前发明所属技术领域所有的普通技术知识，能够获知该领域中所有的现有技术，并且具有应用该日期之前常规实验手段的能力，但他不具有创造能力。如果所要解决的技术问题能够促使本领域的技术人员在其他技术领域寻找技术手段，他也应具有从该其他技术领域中获知该申请日或优先权日之前的相关现有技术、普通技术知识和常规实验手段的能力”。

《专利法》第三十一条第一款规定：“一件发明或者实用新型专利申请应当限于一项发明或者实用新型。属于一个总的发明构思的两项以上的发明或者实用新型，可以作为一件申请提出。”也就是说，如果一件申请包括几项发明或者实用新型，则只有在所有这几项发明或者实用新型之间有一个总的发明构思使之相互关联的情况下才被允许。这是专利申请的单一性要求。

《专利法实施细则》第三十四条规定：“可以作为一件专利申请提出的属于一个总的发明构思的两项以上的发明或者实用新型，应当在技术上相互关联，包含一个或者多个相同或者相应的特定技术特征，其中特定技术特征是指每一项发明或者实用新型作为整体，对现有技术作出贡献的技术特征。”

在明晰上述概念的基础上，本章将从专利申请文件的构成要素出发，简要阐述专利申请文件的撰写要求。

第一节　专利申请文件的作用及构成

专利申请文件是申请人在申请专利时提交的一份说明技术内容并请求获得特定专利保护范围的技术性文书。

《专利法》第二十六条第一款规定："申请发明或者实用新型专利的，应当提交请求书、说明书及其摘要和权利要求书等文件。"具体地说，一件发明专利申请应当有说明书（必要时应当有附图）及其摘要和权利要求书；一件实用新型专利申请应当有说明书（包括附图）及其摘要和权利要求书。

由此可见，说明书、摘要和权利要求书是一份合格的专利申请文件必不可缺的三大组成部分。其中，说明书和权利要求书是记载发明或者实用新型及确定其保护范围的法律文件，其重要性不言而喻。专利申请被授予专利权后，专利权的保护范围由权利要求书限定，而说明书则用于充分公开、详细阐述权利要求书中请求保护的技术方案。说明书摘要则是对说明书内容的简要概括。下面将分别对以上三部分内容进行介绍。

一、说明书

（一）说明书的作用

1. 清楚、完整地公开技术方案

将发明或实用新型的技术方案清楚、完整地公开出来，使所属领域的技术人员能够理解并实施该发明或者实用新型，从而为社会公众提供新的有用技术信息，这是说明书最为重要的作用。说明书（必要时应当有附图）是专利申请文件不可缺少的一部分。说明书及附图主要用于清楚、完整地描述发明或者实用新型，使所属技术领域的技术人员能够理解和实施该发明或者实用新型。附图的作用在于用图形补充说明书文字部分的描述，使人能够直观地、形象化地理解发明或者实用新型的每个技术特征和整体技术方案。换言之，说明书通过充分公开、详细记载专利申请的技术信息，使本领域技术人员在理解该发明内容的基础上，能够实施该发明或实用新型。

说明书对发明内容的充分公开，体现了专利制度"公开换保护"的基本原则。发明创造获得了法律保护，有利于鼓励申请人进一步开展科研创新；公众获得了新的技术信息，既能够在其基础上进一步改进，避免因重复研究开发而浪费社会资源，又能够促进发明创造的实施，有利于发明创造的推广应用。申请人和公众都有收获，因而是一种双赢的结果，这是实现专利法立法宗旨的基本保障[4]。

2. 专利审查和授予专利权的基础

说明书记载了发明或者实用新型的所属技术领域、背景技术、要解决的技术问题，解决其问题采用的技术方案、技术方案所能产生的有益效果等各方面的详细信息，是国家知识产权局对专利申请进行审查、判断是否能够授予专利权的基础。国家知识产权局对其进行专利审查时，将结合权利要求书和说明书综合考虑其相对于现有技术的智慧贡献，并按照审查流程判断该专利申请是否能被授予专利权，并界定授予专利权的合理范围。

3. 解释专利保护范围

说明书是权利要求书的基础和依据，在专利权被授予后，特别是在发生专利侵权纠纷时，说明书及其附图可以用于解释权利要求书，以便清楚确定发明和实用新型专利权的保护范围。

作为专利申请文件的两个重要部分，说明书和权利要求书之间是一种相辅相成的关系。对于权利要求书所要保护的技术方案而言，说明书及附图对其充分公开，并通过详细记载技术方案及其实施方式或实施例进一步阐述和解释，使本领域技术人员不但能够理解该技术方案，还能在产业上实施该技术方案。相对的，权利要求书的每一项权利要求所请求保护的技术方案，都要以说明书为依据，要有清楚、完整、详细的记载，要得到说明书的支持，不得超出说明书公开的范围。

作为权利要求书的记载基础和撰写依据，在发生专利确权或专利权纠纷时，说明书还是一份法律文书，具有举足轻重的作用。说明书记载的文字内容及其附图所示的内容均可用于解释说明权利要求，有助于司法程序清楚判断专利权的保护范围。

（二）说明书的组成部分

《专利法实施细则》第十七条第一款规定：“发明或者实用新型专利申请的说明书应当写明发明或者实用新型的名称，该名称应当与请求书中的名称一致。说明书应当包括以下内容：

（一）技术领域：写明要求保护的技术方案所属的技术领域；

（二）背景技术：写明对发明或者实用新型的理解、检索、审查有用的背景技术；有可能的，并引证反映这些背景技术的文件；

（三）发明内容：写明发明或者实用新型所要解决的技术问题以及解决其技术问题采用的技术方案，并对照现有技术写明发明或者实用新型的有益效果；

（四）附图说明：说明书有附图的，对各幅附图作简略说明；

（五）具体实施方式：详细写明申请人认为实现发明或者实用新型的优选方式；必要时，举例说明；有附图的，对照附图。”

《专利法实施细则》第十七条第四款规定：“发明专利申请包含一个或者多个核苷酸或者氨基酸序列的，说明书应当包括符合国务院专利行政部门规定的序列表。申请人应当将该序列表作为说明书的一个单独部分提交，并按照国务院专利行政部门的规定提交该序列表的计算机可读形式的副本。”

二、权利要求书

（一）权利要求书的作用

1. 确定专利权的保护范围

申请人在申请发明或者实用新型专利时应当提交权利要求书，以表明申请人希望获得一定范围的法律保护。当然，该范围的大小，是通过国家知识产权局审查确权后才能成立。国家知识产权局对专利申请进行审查，就是核实申请人希望获得保护的发明或者实用新型能否被授予专利权。判断专利申请是否符合专利法规定的授予专利权的有关条件，都是以权利要求书作为判断的基础。因此，权利要求书的根本作用就是为专利权“划圈”，界定发明或实用新型的保护范围。

2. 判断是否侵权的基本依据

在专利申请被授予专利权之后，权利要求书是确定该专利保护范围的依据。在授予专利权之后产生专利侵权纠纷时，法院和管理专利工作的部门判断是否构成侵犯专利权的行为应当以权利要求书确定的保护范围为准。

在侵权判断时，通常做法是将被控侵权的产品或方法与专利保护的权利要求进行对比，判断其是否覆盖了该权利要求的全部技术特征。《专利法实施细则》第十九条第一款规定，权利要求书应当记载发明或者实用新型的技术特征。技术特征可以是构成发明或者实用新型技术方案的组成要素，也可以是要素之间的相互关系。作为侵权判断的主要依据，权利要求的每个技术特征及其所起到的限定作用均需要认真考虑。

（二）权利要求的类型

1. 产品权利要求与方法权利要求

按照性质划分，权利要求有两种基本类型，即产品权利要求和方法权利要求。

产品类型的权利要求包括人类技术生产的物（产品、设备）。属于物的权利要求有物品、物质、材料、工具、装置、设备等，如“一种有助于降血脂的组合物”。

方法类型的权利要求包括有时间要素的活动（方法、用途）。属于活动的权利要求有制造方法、使用方法、通信方法、处理方法以及将产品用于特定用途的方法等，如“一种植物蛋白饮料的制备方法”。

应当注意，用途权利要求属于方法权利要求，但应从权利要求的撰写措辞上区分用途权利要求和产品权利要求。例如，“用化合物X作为缓释剂”或者“化合物X作为缓释剂的应用”是用途权利要求，属于方法权利要求；而“用化合物X制成的缓释剂”或者“含化合物X的缓释剂”则是产品权利要求。

2. 独立权利要求与从属权利要求

《专利法实施细则》第二十条规定权利要求书应当有独立权利要求，也可以有从属权利要求。独立权利要求应当从整体上反映发明或者实用新型的技术方案，记载解决技术问题的必要技术特征。从属权利要求应当用附加的技术特征，对引用的权利要求作进一步限定。

独立权利要求应当记载解决技术问题的必要技术特征。必要技术特征是发明或者实用新型为解决其技术问题所不可缺少的技术特征，其总和足以构成发明或者实用新型的技术方案，使之区别于背景技术中所述的其他技术方案。判断某一技术特征是否为必要技术特征，应当从所要解决的技术问题出发，并考虑说明书描述的整体内容，不应简单地将实施例中的技术特征直接认定为必要技术特征。在一件专利申请的权利要求书中，独立权利要求所限定的一项发明或者实用新型的保护范围最宽。

如果一项权利要求包含了另一项同类型权利要求中的所有技术特征，且对该另一项权利要求的技术方案作了进一步的限定，则该权利要求为从属权利要求。由于从属权利要求用附加的技术特征对所引用的权利要求作了进一步的限定，所以其保护范围落在所引用的权利要求的保护范围之内。从属权利要求中的附加技术特征，可以是对所引用的权利要求的技术特征作进一步限定的技术特征，也可以是增加的技术特征。

三、说明书摘要

（一）说明书摘要的作用

摘要是说明书记载内容的概述，其仅是一种技术信息，不具有法律效力。摘要的内容不属于发明或者实用新型原始记载的内容，不能作为以后修改说明书或者权利要求书的根据，也不能用来解释专利权的保护范围。

（二）说明书摘要的组成部分

说明书摘要包括文字部分和附图部分。通常文字部分包括专利申请的名称、所属技术领域、所要解决的技术问题，解决该技术问题的技术方案的核心内容，所取得的技术效果等。通常说明书摘要会记载独立权利要求的技术方案。

在说明书有附图的前提下，摘要部分还包括摘要附图。摘要附图来自说明书附图中最能反映该发明申请技术方案的其中的一幅附图。

第二节　专利申请文件的撰写要求

一、说明书的撰写

（一）说明书应当满足的要求

《专利法》第二十六条第三款规定，说明书应当对发明或者实用新型作出清楚、完整的说明，以所属技术领域的技术人员能够实现为准；必要的时候，应当有附图。换言之，说明书应当满足充分公开的要求。否则，申请人往往难以通过后期的修改、补正或意见陈述进行弥补，授权前景堪忧。因此，充分公开是说明书撰写应当满足的基本要求。

1. 清楚

说明书的内容应当清楚，具体应满足下述要求。

（1）主题明确。

说明书应当从现有技术出发，明确地反映出发明或者实用新型想要做什么和如何去做，使所属技术领域的技术人员能够确切地理解该发明或者实用新型要求保护的主题。

（2）表述准确。

说明书应当使用发明或者实用新型所属技术领域的技术术语。说明书的表述不得含糊不清或者模棱两可，以致所属技术领域的技术人员不能清楚、正确地理解该发明或者实用新型。

2. 完整

一份完整的说明书应当包括有关理解、实现发明或者实用新型所需的全部技术内容。凡是所属技术领域的技术人员不能从现有技术中直接、唯一得出的有关内容，均应当在说明书中描述，包括帮助理解发明或者实用新型不可缺少的内容，确定发明或实用新型具有新颖性、创造性和实用性所需的内容，实现发明或实用新型所需的内容。

对于克服了技术偏见的发明或者实用新型，说明书中还应当解释为什么说该发明或者实用新型克服了技术偏见，新的技术方案与技术偏见之间的差别以及为克服技术偏见所采用的技术手段。

3. 能够实现

所属技术领域的技术人员能够实现，是指所属技术领域的技术人员按照说明书记载的内容，能够实现该发明或者实用新型的技术方案，解决其技术问题，并且产生预期的技术效果。说明书应当清楚地记载发明或者实用新型的技术方案，详细地描述实现发明或者实用新型的具体实施方式，完整地公开对于理解和实现发明或者实用新型必不可少的技术内容，达到所属技术领域的技术人员能够实现该发明或者实用新型的程度。

（二）说明书各部分的撰写

1. 名称

发明或者实用新型的名称应当清楚、简要，写在说明书首页正文部分的上方居中位置。说明书中的发明或者实用新型的名称与请求书中的名称应当一致，一般不得超过 25 个字，化学领域的某些申请可以允许最多到 40 个字。发明名称采用所属技术领域通用的技术术语，不得使用人名、地名、商标、型号或者商品名称等，也不得使用商业性宣传用语。

2. 技术领域

发明或者实用新型的技术领域应是要求保护的发明或者实用新型技术方案所属或者直接应用的具体技术领域，而不是上位的或者相邻的技术领域，也不是发明或者实用新型本身。

3. 背景技术

发明或者实用新型说明书的背景技术部分应当写明对发明或者实用新型的理解、检索、审查有用的背景技术，并且尽可能引证反映这些背景技术的文件。此外，在说明书背景技术部分中，还要客观地指出背景技术中存在的问题和缺点。

4. 发明或实用新型内容

在该部分应当清楚、客观地写明以下内容。

（1）要解决的技术问题。

发明或者实用新型所要解决的技术问题，是指发明或者实用新型要解决的现有技术中存在的缺陷或不足的技术问题。一件专利申请的说明书可以列出发明或者实用新型所要解决的一个或者多个技术问题，但是同时应当在说明书中描述解决这些技术问题的技术方案。当一件申请中包含多项发明或者实用新型时，说明书中列出的多个要解决的技术问题应当都与一个总的发明构思相关。

（2）技术方案。

《专利法实施细则》第十七条第一款第（三）项规定："写明发明或者实用新型所要解决的技术问题以及解决其技术问题采用的技术方案"，是指清楚、完整地描述发明或者实用新型解决其技术问题所采取的技术方案的技术特征。技术方案是说明书的核心。技术方案中至少应反映包含全部必要技术特征的独立权利要求的技术方案，还可以给出包含其他附加技术特征的进一步改进的技术方案。说明书中记载的这些技术方案应当与权利要求所限定的相应技术方案的表述相一致，以体现说明书对权利要求的支持。

（3）有益效果。

有益效果是指由构成发明或者实用新型的技术特征直接带来的，或者是由所述的技术特征必然产生的技术效果。有益效果是确定发明是否具有"显著的进步"，实用新型是否具有"进步"的重要依据。有益效果可以通过对发明或者实用新型结构特点的分析和理论说明相结合，或者通过列出实验数据的方式予以说明。无论用哪种方式说明有益效果，都应当与现有技术进行比较，指出发明或者实用新型与现有技术的区别。

5. 附图说明

说明书有附图的，应当写明各幅附图的图名，并且对图示的内容作简要说明。

6. 具体实施方式

具体实施方式是说明书的重要组成部分，对于充分公开、理解和实现发明或者实用新型，支持和解释权利要求极为重要。说明书应当详细描述申请人认为实现发明或者实用新型的优选的具体实施方式。

实施例是对发明或者实用新型优选的具体实施方式的举例说明。实施例的数量应当根据发明或者实用新型的性质、所属技术领域、现有技术状况以及要求保护的范围来确定。实施例的数量应足以支持权利要求所概括的技术方案。例如，当独立权利要求覆盖的保护范围较宽，其概括不能从一个实施例中找到依据时，应当给出至少两个不同的实施例，以支持要求保护的范围。

为了帮助公众更直接地理解发明或者实用新型，对于为满足《专利法》第二十六条第三款要求必不可少的内容，不能采用引证其他文件的方式撰写，而应当将其具体内容写入说明书。

7. 说明书附图

一件专利申请有多幅附图时，在用于表示同一实施方式的各幅图中，表示同一组成部分的附图标记应当一致。说明书中与附图中使用的相同的附图标记应当表示同一组成部分。说明书文字部分中未提及的附图标记不得在附图中出现，附图中未出现的附图标记也不得在说明书文字部分中提及。附图中除必需的词语外，不应当含有其他的注释，但对于流程图、框图一类的附图，应当在其框内给出必要的文字或符号。

8. 其他要求

说明书应当用词规范，语句清楚；应当使用发明或者实用新型所属技术领域的技术术语；应当使用中文，但是在不产生歧义的前提下，个别词语可以使用中文以外的其他文字；应当使用国家法定计量单位；说明书中无法避免使用商品名称时，其后应当注明其型号、规格、性能及制造单位；说明书中应当避免使用注册商标来确定物质或者产品。

二、权利要求书的撰写

（一）权利要求书应当满足的要求

《专利法》第二十六条第四款规定，权利要求书应当以说明书为依据，清楚、简要地限定要求专利保护的范围。

1. 以说明书为依据

权利要求书应当以说明书为依据，是指权利要求应当得到说明书的支持。换言之，权利要求书中的每一项权利要求的技术方案应当是所属技术领域的技术人员能够从说明书充分公开的内容中得到或概括得出的，并且不得超出说明书公开的范围。

通常来说，权利要求由说明书记载的一个或者多个实施方式或实施例概括而成。在得到说明书支持的情况下，允许权利要求对发明或实用新型做概括性的限定。通常，概括性限定有两种方式：上位概念概括和并列选择法概括，即用“或者”或者“和”并列几个必择其一的具体特征。但是这种概括不得超出说明书公开的范围，如果所属技术领域的技术人员可以合理预测说明书实施方式的所有等同替代方式都具备相同的性能或用途，则这种概括是可被接受的。反之，如果该概括包含推测的内容，而其效果又难以预先确定；或者本领域技术人员有理由怀疑该上位概括或并列概括的一种或多种下位概念或选择方式不能解决所述技术问题或实现所述技术效果，则这种概括超出了说明书公开的范围，该权利要求没有得到说明书的支持。

对产品权利要求来说，应当尽量避免使用功能或者效果特征来限定发明。只有在某一技术特征无法用结构特征来限定，或者技术特征用结构特征限定不如用功能或效果特征来限定更为恰当，而且该功能或者效果能通过说明书中规定的实验或者操作或者所属技术领域的惯用手段直接和肯定的验证的情况下，使用功能或者效果特征来限定发明才可能是允许的。

需要注意的是，独立权利要求得到说明书支持并不意味着从属权利要求也必然得到支持；方法权利要求得到说明书支持也并不意味着产品权利要求必然得到支持。

2. 清楚

权利要求书是否清楚，对于确定发明或者实用新型要求保护的范围是极为重要的。权利要求书应当清楚，一是指每一项权利要求应当清楚，二是指构成权利要求书的所有权利要求作为一个整体也应当清楚。

首先，每项权利要求的类型应当清楚。权利要求的主题名称应当能够清楚地表明该权利要求的类型是产品权利要求还是方法权利要求。不允许采用模糊不清的主题名称，如，“一种……技术”，或者在一项权利要求的主题名称中既包含产品又包含方法，如，“一种……产品及其制造方法”。

其次，权利要求的主题名称还应当与权利要求的技术内容相适应。产品权利要求适用于产品发明或者实用新型，通常应当用产品的结构特征来描述。特殊情况下，当产品权利要求中的一个或多个技术特征无法用结构特征予以清楚的表征时，允许借助物理或化学参数表征；当无法用结构特征且也不能用参数特征予以清楚的表征时，允许借助方法特征表征。使用参数表征时，所使用的参数必须是所属技术领域的技术人员根据说明书的教导或通过所属技术领域的惯用手段可以清楚而可靠地加以确定的。

最后，每项权利要求所确定的保护范围应当清楚。权利要求的保护范围应当根据其所用词语的含义来理解。一般情况下，权利要求中的用词应当理解为相关技术领域通常具有的含义。在特定情况下，如果说明书中指明了某词具有特定的含义，并且使用了该词的权利要求的保护范围由于说明书中对该词的说明而被限定得足够清楚，也是允许的。

在一般情况下，权利要求中不得使用“约”“接近”“等”“或类似物”等模糊不清的用语，除附图标记或者化学式及数学式中使用的括号之外，权利要求中应尽量避免使用括号。

3. 简要

权利要求书应当简要，一是指每一项权利要求应当简要，二是指构成权利要求书的所有权利要求作为一个整体也应当简要。例如，一件专利申请中不得出现两项或两项以上保护范围实质上相同的同类权利要求。权利要求的数目应当合理。权利要求的表述应当简要，不得对原因或者理由作不必要的描述，也不得使用商业性宣传用语。

（二）权利要求书的撰写要求

每一项权利要求只允许在结尾处使用句号；权利要求书应当用阿拉伯数字顺序编号；科技术语应与说明书一致；权利要求中可使用化学式或数学式，但不得有插图；除非绝对必要，权利要求不得使用“如说明书……部分所述”或者“如图……所示”等类似用语；通常不允许使用表格；可以引用说明书附图中相应的标记以帮助理解技术方案，但这些标记应当用括号括起来，放在相应技术特征后面；通常一项权利要求用一个自然段表述；开放式权利要求宜采用“包含”“包括”等表达方法，封闭式权利要求宜采用“由……组成”的表达方式；权利要求中如包含数值范围的，尽量用数学方式表示。

1. 独立权利要求

《专利法实施细则》第二十一条第一款规定：发明或者实用新型的独立权利要求应当包括前序部分和特征部分，按照下列规定撰写。

（1）前序部分。

写明要求保护的发明或者实用新型技术方案的主题名称和发明或者实用新型主题与最接近的现有技术共有的必要技术特征，即要求保护的发明或者实用新型技术方案与最接近的一份现有技术文件中所共有的技术特征。在合适的情况下，选用一份与发明或者实用新型要求保护的主题最接近的现有技术文件进行“划界”。

（2）特征部分。

使用“其特征是……”或者类似的用语，写明发明或者实用新型区别于最接近的现有技术的技术特征。这些特征和前序部分的特征合在一起，限定发明或者实用新型要求保护的范围。

2. 从属权利要求

《专利法实施细则》第二十二条第一款规定：“发明或者实用新型的从属权利要求应当包括引用部分和限定部分，按照下列规定撰写：

（一）引用部分：写明引用的权利要求的编号及其主题名称；

（二）限定部分：写明发明或者实用新型附加的技术特征。”

《专利法实施细则》第二十二条第二款规定："从属权利要求只能引用在前的权利要求。引用两项以上权利要求的多项从属权利要求，只能以择一方式引用在前的权利要求，并不得作为被另一项多项从属权利要求引用的基础。"即在后的多项从属权利要求不得引用在前的多项从属权利要求。

从属权利要求的引用部分应当写明引用的权利要求的编号，其后应当重述引用的权利要求的主题名称。多项从属权利要求是指引用两项以上权利要求的从属权利要求，多项从属权利要求的引用方式，包括引用在前的独立权利要求和从属权利要求，以及引用在前的几项从属权利要求。当从属权利要求是多项从属权利要求时，其引用的权利要求的编号应当用"或"或者其他与"或"同义的择一引用方式表达。

三、说明书摘要的撰写

关于说明书摘要，《专利法实施细则》第二十三条规定："说明书摘要应当写明发明或者实用新型专利申请所公开内容的概要，即写明发明或者实用新型的名称和所属技术领域，并清楚地反映所要解决的技术问题、解决该问题的技术方案的要点以及主要用途。"

"说明书摘要可以包含最能说明发明的化学式；有附图的专利申请，还应当提供一幅最能说明该发明或者实用新型技术特征的附图。附图的大小及清晰度应当保证在该图缩小到4厘米×6厘米时，仍能清晰地分辨出图中的各个细节。摘要文字部分不得超过300个字。摘要中不得使用商业性宣传用语。"

第三节　专利申请文件的撰写策略

一、撰写前的判断

专利申请文件的撰写是一项集合专利法律法规、专业技术知识的复合型工作。虽然专利申请是专利保护全流程的起点，但是在起草专利申请文件之前，相关的策略和判断就得先行展开。

（一）先行判断授权的可能性

在进行专利申请文件撰写前，首先要理解发明创造，并结合专利法的要求判断拟起草的专利申请文件是否属于专利保护客体，包括判断其是否属于《专利法》第五条、第二十五条规定的不授予专利权的客体以及是否属于专利法意义上的产品和方法。

《专利法》第五条第一款规定："对违反法律、社会公德或者妨害公共利益的发明创造，不授予专利权。"第二款规定："对违反法律、行政法规的规定获取或者利用遗传资源，并依赖该遗传资源完成的发明创造，不授予专利权。"例如，医药领域主要涉及人胚胎、人胚胎干细胞等及其制备方法的都不属于能授予专利权的方法。

《专利法》第二十五条第一款规定："对下列各项，不授予专利权：

（一）科学发现；

（二）智力活动的规则和方法；

（三）疾病的诊断和治疗方法；

（四）动物和植物品种；

（五）原子核变换方法以及用原子核变换方法获得的物质；

（六）对平面印刷品的图案、色彩或者二者的结合作出的主要起标识作用的设计。"

在医药生物领域，以有生命的人体或动物体为直接实施对象的疾病诊断和治疗方法是非常常见的，此时应当判断该主题是否属于不予授权的主题，并适时调整为可授权主题的撰写方式。例如，由于药品及其制备方法均可依法授予专利权，因此，物质的医药用途发明以药品权利要求或者如"在制药中的应用""在制备治疗某病的药物中的应用"等属于制药方法类型的用途权利要求申请专利，则不属于《专利法》第二十五条第一款第（三）项规定的"疾病诊断和治疗方法"。上述属于制药方法类型的用途权利要求可撰写成如"化合物 X 作为制备治疗 Y 病药物的应用"或与此类似的形式。

此外，对于不授予专利权的动物和植物品种，其不仅包括完整的动物和植物个体，还包括可以生长为个体的动物和植物的组成部分，如植物种子。因此，当遇到发明创造的主题与此相关时，应结合《专利审查指南 2010》进一步分析和判断。

在确定专利申请的技术主题属于专利法可授权的主题后，还需要考虑所述主题是否具备《专利法》第二十二条第四款的实用性，即"发明或实用新型能够制造或者使用，并且能够产生积极的效果"。在医药生物领域，经常涉及非治疗目的的外科手术以及筛选微生物的方法或突变方法等不具备实用性的情况。

如果条件允许，建议结合现有技术的检索，初步对拟起草的专利申请文件进行新颖性和创造性的判断，及时调整撰写策略。在正式起草前，还需要判断该技术方案包含几项发明创造，是否符合专利法关于单一性的规定，以确定是提出一件专利申请还是多件专利申请。

（二）分析最佳申请类型

初步判断了发明具有一定授权前景后，还需要考虑专利申请的类型，以确定最佳的保护路径和力度。

就医药领域而言，发明专利申请是首要选择。发明专利保护期较长，且经过实质审查后法律状态较稳定。在具体形式选择上，产品专利保护力度较大，且比较容易发现和制止侵权行为。如果产品已经公开而无法保护，则可选择产品制备的工艺或产品的新用途。对于医疗器械或相关用具，既可以申请发明专利也可以申请实用新型专利。而对于药品或生物制品的形状、图案或色彩所做出的新设计，则可以申请外观设计专利。

（三）选择合适的申请时机

申请专利还需要巧妙考虑时机问题。如果过早申请，等于提前向竞争对手提供了自己的技术情报信息，一旦产品无法顺利面世，更是浪费了独占市场的时机和专利保护条件；如果过晚申请，则有可能被竞争对手抢占先机，受到对方的牵制。因此，选择合适的申请时机，应综合考虑发明的完成程度、竞争对手的研发进度、药品面世时间等。

二、权利要求书撰写的注意事项

（一）合理概括以取得最大的保护范围

写好专利申请的权利要求，既关系到专利申请是否可以得到授权，也关系到是否能获得最大保护，并在日后一旦发生专利纠纷时能否得到合理的经济赔偿以及制止侵权。

撰写发明专利的独立权利要求时，应当在其中写入最少的必要技术特征和最大可能的参数范围。最少的必要技术特征是指解决发明的技术问题所必要的最少的技术特征；而最大的参数范围则是指只要组合物各成分的比例在此范围之内，就可以具有所述的基本技术效果，此举目的是争取最大的保护范围。

（二）撰写层次需要讲究进退有余

在专利申请和审查过程中，权利要求的宽窄需要灵活掌握。权利要求撰写得较宽，有利于申请人争取最大的范围，但是却容易出现新颖性、创造性的实质性缺陷，而导致无法授权；而权利要求范围太窄，则不利于专利保护。因此，建议在权利要求书中各组独立权利要求之后，多写一些各种优选技术方案的从属权利要求，为后续的修改提供空间和退路。由于权利要求需要得到说明书的支持，因此在说明书撰写时也需要写入足够数量的实施方式或实施例。

（三）切勿在申请日（或优先权日）之前公开

新颖性是获得授权的必要条件之一。换言之，该发明或者实用新型不能属于现有技术。所谓现有技术，是指申请日以前在国内外为公众所知的技术。《专利审查指南2010》第二部分第三章2.1指出，处于保密状态的技术内容不属于现有技术。所谓保密状态，不仅包括受保密规定或协议约束的情形，还包括社会观念或者商业习惯上被认为应当承担保密义务的情形，即默契保密的情形。

书籍、期刊、专利公报、公开文献、展出、销售、出租、电影、电视、广播、互联网、公开使用、公开讲座、公开演说等是传播技术信息的主要方式，这些传播方式均处于公众能够获得的状态，因此均构成了专利法意义上的现有技术。对于从事科研一线的创新主体来说，当取得了研究成果后，一般都希望能尽早予以发表学术论文，从而有利于技术的传播。但是这种在申请日之前的提前公开行为，将使得前期的研发工作付之东流，对日后的专利保护产生不利的影响。

虽然《专利法》第二十四条也对新颖性宽限期做了规定："申请专利的发明创造在申请日以前六个月内，有下列情形之一的，不丧失新颖性：

（一）在国家出现紧急状态或者非常情况时，为公共利益目的首次公开的；

（二）在中国政府主办或者承认的国际展览会上首次展出的；

（三）在规定的学术会议或者技术会议上首次发表的；

（四）他人未经申请人同意而泄露其内容的。"

但上述宽限期有诸多条件的限制，且需提交证明材料。例如，《专利法实施细则》第三十条第一款规定，《专利法》第二十四条所称中国政府承认的国际展览会，是指国际展览会公约规定的在国际展览局注册或者由其认可的国际展览会；第二款规定，《专利法》第二十四条所称学术会议或者技术会议，是指国务院有关主管部门或者全国性学术团体组织的学术会议或者技术会议。"因此，虽然有新颖性宽限期，但是在申请专利之前，切勿提前公开自己的智慧成果是发明创造者应该牢记的事项。

第三章

中国专利的申请和审查

第一节　专利的申请

发明创造如果想要在中国获得授权，必须办理相关的专利申请手续。申请人可以选择以电子形式或者书面形式向专利局或代办处提交专利申请。专利局受理处或专利局代办处收到专利申请后，对符合受理条件的申请，将确定申请日，给予申请号，发出“受理通知书”。确定申请日的法律效力意义重大，由于我国采用先申请制，因此申请日是判断现有技术的时间节点。同时申请日还是诸多法定期限的起始日，如专利保护的有效期限。

值得注意的是，《专利法》第二十九条规定：“申请人自发明或者实用新型在外国第一次提出专利申请之日起十二个月内，或者自外观设计在外国第一次提出专利申请之日起六个月内，又在中国就相同主题提出专利申请的，依照该外国同中国签订的协议或者共同参加的国际条约，或者依照相互承认优先权的原则，可以享有优先权。”

“申请人自发明或者实用新型在中国第一次提出专利申请之日起十二个月内，或者自外观设计在中国第一次提出专利申请之日起六个月内，又向国务院专利行政部门就相同主题提出专利申请的，可以享有优先权。”

《专利法实施细则》第三十二条进一步规定：“申请人在一件专利申请中，

可以要求一项或者多项优先权；要求多项优先权的，该申请的优先权期限从最早的优先权日起计算。

申请人要求本国优先权，在先申请是发明专利申请的，可以就相同主题提出发明或者实用新型专利申请；在先申请是实用新型专利申请的，可以就相同主题提出实用新型或者发明专利申请。但是，提出后一申请时，在先申请的主题有下列情形之一的，不得作为要求本国优先权的基础：

（一）已经要求外国优先权或者本国优先权的；

（二）已经被授予专利权的；

（三）属于按照规定提出的分案申请的。

申请人要求本国优先权的，其在先申请自后一申请提出之日起即视为撤回。”

《专利法》第二十六条规定：“申请发明或者实用新型专利的，应当提交请求书、说明书及其摘要和权利要求书等文件。

请求书应当写明发明或者实用新型的名称，发明人的姓名，申请人姓名或者名称、地址，以及其他事项。”

在医药生物领域，涉及氨基酸或者核苷酸序列的发明专利申请，《专利法实施细则》第十七条第四款规定：“发明专利申请包含一个或者多个核苷酸或者氨基酸序列的，说明书应当包括符合国务院专利行政部门规定的序列表。”

根据《专利法》第二十六条第五款的规定，依赖遗传资源完成的发明创造申请专利的，申请人应当在请求书中对遗传资源的来源予以说明，并填写遗传资源来源披露登记表，写明该遗传资源的直接来源和原始来源。申请人无法说明原始来源的，应当陈述理由。

《专利法实施细则》第二十五条规定：“发明专利申请人依照本细则第二十四条的规定保藏生物材料样品的，在发明专利申请公布后，任何单位或者个人需要将该专利申请所涉及的生物材料作为实验目的使用的，应当向国务院专利行政部门提出请求，并写明下列事项：

（一）请求人的姓名或者名称和地址；

（二）不向其他任何人提供该生物材料的保证；

（三）在授予专利权前，只作为实验目的使用的保证。”

上述提及的相关表格均可在中国国家知识产权局官方网站（http：//www.cnipa.gov.cn）下载。

第二节　专利的审查

专利申请提交后，必须经过国家知识产权局的审查，才能被授予专利权。按照专利法的有关规定，我国对发明专利申请采取早期公开延迟审查制度（初步审查和实质审查）。该制度一方面能及早向社会公布最新的专利申请信息，避免重复研究和资源浪费；另一方面为申请人提供了思考是否有必要对申请进行实质审查的时间。而对实用新型和外观设计专利申请采取即时进行初步审查的制度。

以下就初步审查和实质审查程序进行简要介绍。

一、初步审查

《专利法》第三十四条规定："国务院专利行政部门收到发明专利申请后，经初步审查认为符合本法要求的，自申请日起满十八个月，即行公布。国务院专利行政部门可以根据申请人的请求早日公布其申请。"可见，发明专利申请的初步审查是受理发明专利申请之后、公布该申请之前的一个必要程序。

发明专利申请初步审查的范围包括对申请文件进行形式审查，如专利申请是否包含《专利法》第二十六条规定的申请文件等；还包括对申请文件的明显实质性缺陷的审查，如专利申请是否明显属于《专利法》第五条、第二十五条规定的情形等。经初步审查，对于申请文件符合规定并且不存在明显实质性缺陷的专利申请，包括经过补正符合初步审查要求的专利申请，认为初步审查合格。

二、实质审查

在公布程序后，专利局对发明专利申请进行实质审查。对发明专利申请进行实质审查的目的在于确定发明专利申请是否应当被授予专利权，特别是确定其是否符合专利法有关新颖性、创造性和实用性的规定。

《专利法》第三十五条第一款规定："发明专利申请自申请日起三年内，国务院专利行政部门可以根据申请人随时提出的请求，对其申请进行实质审查；申请人无正当理由逾期不请求实质审查的，该申请即被视为撤回。国务院专利行政部门认为必要的时候，可以自行对发明专利申请进行实质审查。"可见，实质审查程序通常由申请人提出请求后启动。

在实质审查阶段，申请人应当在规定的期限内，针对审查员发出的“审查意见通知书”指出的问题，分类逐条答复。此外，申请人在提出实质审查请求时以及在收到专利局发出的“发明专利申请进入实质审查阶段通知书”之日起三个月内，可以对发明专利申请主动提出修改；也可以针对“审查意见通知书”的意见进行修改。对发明或者实用新型专利申请的补正或者修改均不得超出原说明书和权利要求书记载的范围。

《专利法》第三十九条规定，发明专利申请经实质审查没有发现驳回理由的，专利局应当作出授予发明专利权的决定。《专利法》第三十八条规定，发明专利申请经申请人陈述意见或者进行修改后，国务院专利行政部门仍然认为不符合本法规定的，应当予以驳回。

第三节　专利的复审

《专利法》第四十一条规定：“专利申请人对国务院专利行政部门驳回申请的决定不服的，可以自收到通知之日起三个月内向国务院专利行政部门请求复审。国务院专利行政部门复审后，作出决定，并通知专利申请人。”“专利申请人对国务院专行行政部门的复审决定不服的，可以自收到通知之日起三个月内向人民法院起诉。”

复审程序是申请人对驳回决定不服而启动的一种救济程序，因此复审请求人必须是被驳回的全体申请人，并缴纳复审费，否则该复审请求不予受理。请求复审应当提交复审请求书，说明复审的理由。为了支持复审理由或者消除申请文件中的缺陷，申请人在请求复审时，可以附具有关证明文件或资料，也可以对申请文件进行修改，修改应当仅限于消除驳回决定指出的缺陷。

对于国务院专利行政部门发出的“复审通知书”，复审请求人应当在收到该通知书之日起一个月内针对通知书指出的缺陷进行书面答复。在提出复审请求、答复“复审通知书”或者参加口头审理时，复审请求人可以对申请文件进行修改。但是，所作修改应当符合《专利法》第三十三条和《专利法实施细则》第六十一条第一款的规定。

复审请求审查决定分为下列三种类型：①复审请求不成立，维持驳回决定。②复审请求成立，撤销驳回决定。③专利申请文件经复审请求人修改，克服了驳回决定所指出的缺陷，在修改文本的基础上撤销驳回决定。

复审决定作出后复审请求人不服该决定的，可以根据《专利法》第四十一条第二款的规定，在收到复审决定之日起三个月内向人民法院起诉；在规定的期限内未起诉或者人民法院的生效判决维持该复审决定的，复审程序终止。

第四节　专利的无效

无效宣告程序是专利公告授权后依当事人请求而启动的、通常为双方当事人参加的程序。《专利法》第四十五条规定：“自国务院专利行政部门公告授予专利权之日起，任何单位或者个人认为该专利权的授予不符合本法有关规定的，可以请求国务院专利行政部门宣告该专利权无效。”

值得注意的是，无效宣告请求的客体应当是已经公告授权的专利，包括已经终止或者放弃（自申请日起放弃的除外）的专利。如果无效宣告请求并非针对公告授权专利的，则不予受理。

无效宣告理由仅限于《专利法实施细则》第六十五条第二款规定的理由，并且应当以《专利法》及《专利法实施细则》中有关的条、款、项作为独立的理由提出。换言之，除了《专利法》第三十一条单一性的理由以外，其他驳回理由均可以作为无效宣告的理由。

在无效宣告程序中，通常仅针对当事人提出的无效宣告请求的范围、理由和提交的证据进行审查，不承担全面审查专利有效性的义务。无效宣告请求审查决定分为下列三种类型：①宣告专利权全部无效；②宣告专利权部分无效；③维持专利权有效。

宣告专利权无效包括宣告专利权全部无效和部分无效两种情形。根据《专利法》第四十七条的规定，宣告无效的专利权视为自始即不存在。

《专利法》第四十六条规定：“国务院专利行政部门对宣告专利权无效的请求应当及时审查和作出决定，并通知请求人和专利权人对国务院专利行政部门宣告专利权无效或者维持专利权的决定不服的，可以自收到通知之日起三个月内向人民法院起诉。人民法院应当通知无效宣告请求程序的对方当事人作为第三人参加诉讼。”

第四章 医药生物领域专利申请的特点

本书所称的医药生物技术领域，包括西药（含药物制剂）、生物（含微生物、基因工程、蛋白质工程）、中药、食品（含保健食品）、日用化学品（含化妆品以及洗涤剂）等子领域。虽然医药生物不同子领域的专利申请，在撰写特点、审查难点、行业技术水平、创新能力等方面各不相同，但也存在很多共性问题。

首先，在大多数情况下，医药生物领域的发明能否实施往往难以预测，必须借助于试验结果加以证实才能得到确认。技术效果是该领域发明专利申请说明书中应当清楚、客观、完整记载的重要内容之一，通过实验数据或其他不同的方式与现有技术进行比较，佐证本发明申请技术方案的特性和进步性。

其次，有的医药生物产品的结构尚不清楚，不得不借助于性能参数和/或制备方法来定义。发现已知产品新的性能或用途并不意味着其结构或组成的改变，因此不能视为新的产品。某些涉及生物材料的发明仅仅按照说明书的文字描述很难实现，必须借助于保藏生物材料作为补充手段。由于某些医药产品或中药组合物的结构或成分复杂，因此除了用组成成分和含量进行产品限定以外，该领域也经常出现以制备方法、产品参数或结构、生物保藏信息来定义产品的专利申请。而制备方法的权利要求也往往涉及原料组成、制备步骤、工艺参数等复杂多样且相互联系的技术特征。

最后，医药生物领域直接关系到全人类的生命健康和公共安全。但是，作为知识和技术密集型的产业，医药生物技术领域研发周期长、风险大、成本高，对专利保护具有高度依赖性。因此，如何在创新主体的利益和公众的健康安全之间寻找一个合理的平衡点也是普遍关注的问题。

第一节　专利保护客体

一、发明的定义

《专利法》第二条第二款规定："发明，是指对产品、方法或者其改进所提出的新的技术方案。"这是对可申请专利保护的发明客体的一般性定义，即技术方案是对要解决的技术问题所采取的利用自然规律的技术手段的集合，而技术手段需要通过技术特征来体现。换言之，未采用技术手段解决技术问题从而获得符合自然规律的技术效果的方案，不属于《专利法》第二条所规定的客体。

例如，在中药领域的发明申请中，涉及中药产品的指纹图谱测定的技术主题；在食品领域的发明申请中，涉及食谱、菜谱的技术主题。

二、违反法律、社会公德和妨害公共利益的发明

《专利法》第五条第一款规定："对违反法律、社会公德或者妨害公共利益的发明创造，不授予专利权。"例如，在中药领域，涉及稀有中药材和毒性药材的发明专利申请；在食品领域，涉及禁止在食品或保健食品中使用的成分的发明专利申请；在生物领域，涉及改变人生殖系统遗传同一性的方法、克隆的人或克隆人的方法等。

《专利法》第五条第二款规定："对违反法律、行政法规的规定获取或者利用遗传资源，并依赖该遗传资源完成的发明创造，不授予专利权。"

根据《专利审查指南 2010》第二部分第一章 3.1.1 的规定，所述法律，"是指由全国人民代表大会或者全国人民代表大会常务委员会依照立法程序制定和颁布的法律。它不包括行政法规和规章"。

三、不授予专利权的主题

《专利法》第二十五条第一款规定："对下列各项，不授予专利权：

（一）科学发现；

（二）智力活动的规则和方法；

（三）疾病的诊断和治疗方法；

（四）动物和植物品种；

（五）原子核变换方法以及用原子核变换方法获得的物质；

（六）对平面印刷品的图案、色彩或者二者的结合作出的主要起标识作用的设计。

对前款第（四）项所列产品的生产方法，可以依照本法规定授予专利权。”

例如，“一种仅提高测序精度的思维判断方法”、烹调方法等均为智力活动的规则和方法，根据《专利法》第二十五条第一款第（二）项，不能授予专利权。再如，以人体或动物体为对象的疾病诊断的生物方法、权利要求的保护主题为“用于治疗”“用于诊断疾病”的技术主题、传统的中医诊断和治疗方法、以治疗为目的的美容方法等则属于疾病的诊断和治疗方法，根据《专利法》第二十五条第一款第（三）项的规定，不能授予专利权。

第二节　权利要求的限定

一、产品权利要求

（一）用组成成分与含量限定的产品

这类产品通常以组合物的形式存在，是将各种原料按一定比例经工序制得的产品，其发明的关键一般在于原料的选择配伍与用量比例的调整或与辅料的复配。例如，药物组合物、药物制剂配方、中药组合物、食品或保健食品组合物、日化组合物、疫苗组合物等是常见的以组成及含量进行限定的产品权利要求。

（二）以制备方法限定的产品

当仅以原料组成与用量来限定不足以清楚、明确地表征该产品时，方法特征需要作为必要技术特征限定在权利要求中。例如，中药材在炮制过程中产生复杂的物理变化和化学变化，因此中药炮制品或中药饮片通常成分组成和含量不明，需借助制备方法特征加以描述或表征，常见撰写方式是“一种中药炮制品或中药材饮片，由下述方法制得……”。

（三）以产品参数或结构来限定的产品

对于仅用组分和含量无法清楚地限定的产品，有时还需要使用该领域通用的或常规的参数进行限定。有些产品可能涉及产品结构、形状或构造方面的改进，则可以采用结构或形状特征来限定该产品。

（四）设备或装置

医药生物领域的专利申请中，有些涉及产品加工设备或装置，则需要按照设备或装置的限定方式进行权利要求的撰写。

二、方法权利要求

如果请求保护产品的制备方法，则需要撰写成方法权利要求的形式。对于此类专利申请，权利要求所涉及的原料组成、制备步骤、工艺参数选择是技术方案撰写的核心内容。该类专利申请包括新的产品的制备方法，已知产品的改进制备方法等。

三、用途权利要求

用途专利申请保护某物质在制备具有特定功能的产品中的用途，其发明点在于治疗某疾病、诊断某指标、改善某些症状、提高某些活性等不同的功能方面。例如，药物产品的制药用途专利申请“化合物A在制备治疗某疾病的药物中的用途”；生物领域“一种放线菌菌株在防治植物青枯病中的新应用”；保健食品领域“白藜芦醇在制备改善糖代谢障碍的组合物的用途”等。

参考文献

[1] 杨巧．知识产权法学［M］．2版．北京：中国政法大学出版社，2016：3.
[2] 张清奎．医药及生物技术领域知识产权战略实务［M］．北京：知识产权出版社，2008：41-42.
[3] 尹新天．中国专利法详解［M］．北京：知识产权出版社，2011：2.
[4] 尹新天．中国专利法详解［M］．北京：知识产权出版社，2011：357.

第二部分

西药领域专利申请文件的撰写

第五章 概　述

第一节　西药领域发展现状

一、行业发展状况

医药产业是国家支持发展的战略性新兴产业之一，是建设健康中国的重要基础，在促进我国经济结构调整、满足人民健康需求方面发挥着重要作用。

多年以来，除青蒿素等少数药物外，我国新药研发整体上与国际的水平差距很大。近年来，随着高端人才的不断引入、创新研发扶持政策的颁布、大型跨国制药企业的投资等利好因素，我国药物研发和医药产业的发展正在进入创新跨越的新阶段，处于走向原始创新的过渡期，某些前沿创新领域进入快速自主研发的快车道，与国际发展日益接近，具备了一定参与国际化竞争的实力[1]。

在恶性肿瘤、心脑血管疾病、自身免疫性疾病等诸多领域，我国药企成功开发出一批具有自主知识产权的创新药物。例如，作为国家“九五”至“十二五”“重大新药创制”专项的重点成果，盐酸安妥沙星改变了我国该类药品依靠仿制药的局面，填补了国内该领域40余年的空白；抗癌新药西达苯胺，是全球首个获准上市的亚型选择性组蛋白去乙酰化酶口服抑制剂，经过了被美国药企请求专利无效的历练，成为我国首个对发达国家药企实施专利许可使用的原创新药；全球首个治疗晚期胃癌的小分子抗血管生成靶向新药甲磺酸阿帕替尼片，是胃癌靶向药物中唯一的口服制剂，显著降低了患者、社会和国家的经济负担。“十三五”以来，我国自主研发的治疗非小细胞肺癌的安罗替尼、治疗乳腺癌的吡咯替尼、治疗结直肠癌的呋喹替尼等靶向新药陆续上市，而且这些新药的其他适应证正在不断开发。2019 年，全球首创新药（first-in-class）本维莫德乳膏（Benvitimod）的上市，真正做到了全球第一、领先国际，为全世界 1.25 亿银屑病（俗称“牛皮癣”）患者带来福音。另外，还有多个化学药的制剂产品通过美国 FDA 认证。

当下，我国医药研发在多项医药创新指标中已显现出强劲增长势头，但与发达国家相比还有不小差距。近年上市新药和申报的 1.1 类新药基本都是在已知靶点上的跟踪创新，原始创新能力不足成为制约我国创制重大新药的主要瓶颈之一。

二、专利申请现状

纵观医药产业的创新发展历史，“重磅炸弹”药物的诞生都是建立在新靶点、新作用机制的发现上，而这种基础性研究正是我国的弱项。与制药发达国家相比，我国医药研发的软硬件基础相对落后和薄弱，研发投入严重不足，专利申请量也低于国外发达国家，且质量不高。

专利的申请量和拥有量是反映一个国家或地区科技发展水平的重要指标之一，合理的专利保护有利于社会科技的进步和技术的创新，从而推动经济的发展[2]。

由图 2-5-1 可见，西药领域的来华申请人主要是来自美国、日本、瑞士等，从而进一步证实了上述国家依然是医药工业强国。

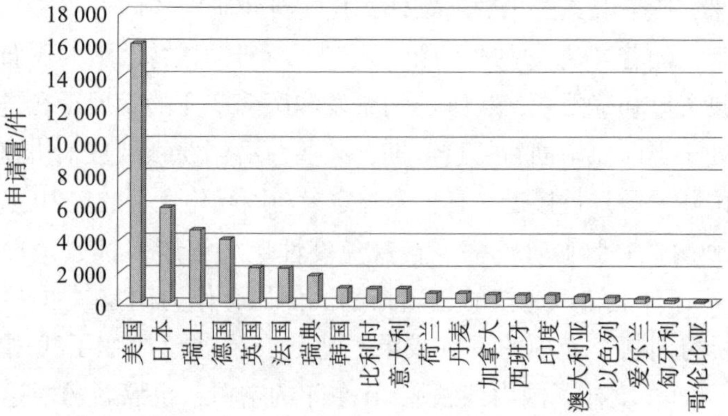

图 2-5-1　1993~2016 年西药领域来华申请的申请人地域分布

图2－5－2显示，排名第一的是罗氏公司（Roche），且前五位均是国外药企，前二十位创新主体中国外药企占了9位。从图中可以看出，我国医药领域的创新主体主要是大学和科研机构，以国家和科研院所的研发投入为主。这与“制药企业是医药创新的主体，是推动医药产业创新发展的关键力量”这一行业共识有一定差距，导致我国新药研制与市场脱节，创新体系还不完善，在一定程度上导致制药行业技术创新能力弱。目前，随着技术和资金积累大大增加，一些医药企业逐渐成为创新主体并进军海外市场，如江苏恒瑞医药股份有限公司、正大天晴药业集团股份有限公司、和记黄埔医药有限公司、浙江华海药业股份有限公司、广东东阳光有限公司、石药控股集团有限公司和浙江海正药业股份有限公司等。

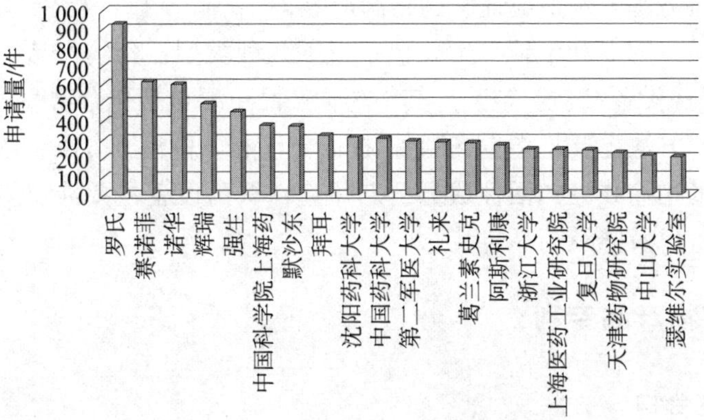

图2－5－2　1993～2016年西药领域在华申请的创新主体分布

三、专利的重要性

由于药物研发过程复杂漫长，加之对新药的安全性要求越来越高，新药研发的资金投入不断提高。一个药物从基础研究到最后批准上市并占领市场，周期长、风险大、淘汰率高，一旦项目开发失败，数以亿计的研发投入将无法挽回。毋庸置疑的是，新药一旦成功上市，利用专利保护形成技术垄断优势，赋予企业定价权，得以独占市场，会给企业带来巨大的经济效益。可见，医药行业对于专利保护的依赖程度明显高于其他行业[3]。

专利作为一种具有独占性的公开技术，代表了当今的最新技术，是医药企业核心竞争力的外在表现，已经成为企业重要的经营资源与战略资源。另外，药物研发与生产过程中还会涉及多种纷繁复杂的药品知识产权特殊制度，如Bolar例外、专利链接、专利期延长、数据保护、强制许可等，灵活运用这些知识产权制度也将有助于创新药的开发。

第二节 西药领域专利申请类型

通常，新药研究始于发现并确定合适的药物靶点。一旦选中靶点，就可以开发出能与靶点结合的化学结构即先导化合物，再对先导化合物进行结构优化，提高其药理活性和选择性、降低毒性等，从而得到适应临床的药用化合物及药物制剂。因此，在新药研发过程中，核心的专利保护应当从先导化合物或可临床应用的药用化合物出发，并由此延伸至通式化合物、具体化合物、衍生物、化合物的制备方法、新适应证、药物制剂等。

西药领域发明专利申请，主要包括以下几种类型：药物产品、方法（含医药用途）、医药设备/装置/包装。其中药物产品主要包括化合物、药物组合物和药物制剂等；方法主要是指生产制备/提取方法和分析检测方法，医药用途包括新活性成分的用途或已知活性成分的新用途；医药设备主要涉及生产、检测所用设备或装置以及涉及药品包装。

一、药物产品专利

（一）化合物

化合物通常包括通式化合物、药学上可接受的盐、化合物晶体、活性代谢产物、前药、立体异构体、中间体等。

（1）通式化合物：主要是指核心结构化合物，不包括以酸根、碱基、金属元素或结晶形式等结构改变实施保护的化合物。这类专利的特点是技术含量高、保护范围宽、对真正目标化合物的隐蔽性强。一旦获得授权，则是对化学物质或药物活性成分的绝对保护。

（2）药学上可接受的盐：化合物的盐通常具有利于临床施用或者制剂生产的特性，如可在一定程度上改善药物的物理溶解性、生物利用度等，因此很多化合物是以盐的形式作为药物上市的，如马来酸桂哌齐特、盐酸帕罗西汀、二甲苯磺酸拉帕替尼等，均是在通式化合物基础上进行的二次创新，有效延长了药物的专利保护期。

（3）化合物晶体：药物多晶型现象也是影响药品质量与临床药效的重要因素之一。当化合物专利到期后，如果能够成功开发出具有药用价值的新晶体，则可能会有效地规避已有的药物专利。对药物晶型的专利保护包括但不限于单晶、多晶、共晶、结晶水合物、溶剂化物或无定形固体等。

(4) 活性代谢产物：如果发现代谢产物比药物本身的活性更强，可对代谢产物继续开发，以接续原型化合物的市场，间接延长了原型药物的专利保护期。

(5) 前药：前药在体内通过作用又转化为活性形式而发挥药效，有利于药物的吸收、分布、代谢和排泄。例如，开环膦酸核苷化合物替诺福韦，其结构中的膦酸部分在生理 pH 下以二价阴离子形式存在，极性太强不易通过生物膜，导致生物利用度和细胞渗透性差，且具有一定的肾毒性，将其制成前药以掩蔽膦酸部位的强荷电性，有效改善了上述缺陷。

(6) 立体异构体：在药物发展的过程中，立体异构体起着不可忽视的作用。"反应停"事件是人们不想看到的悲剧，随后对沙利度胺对映体的拆分研究发现，只有其（*S*）-对映体有致畸作用，而（*R*）-对映体则没有，这改变了研究者对立体异构体选择性的认知，引发了对立体异构体的更深入研究和开发。

(7) 中间体化合物：中间体化合物对于提升药品质量、降低制药成本及减少药品毒副作用至关重要，因此开发新的中间体化合物及其制备方法专利，是对现有医药专利保护形式的有益补充。

（二）药物组合物

通常，药物组合物包括：①含有新药用化合物和可药用辅料的组合物；②含有新药用化合物和已知药用化合物的组合物；③含有两种或两种以上已知药用化合物的组合物。如果该组合物具有协同增效或减少毒副作用等效果，则有助于获得授权。

（三）药物制剂

通常，在核心化合物专利到期前，原研药企会围绕化合物进行不同程度的外围专利布局。制剂专利涉及制剂开发、制剂生产工艺改进、制剂改良等，如由普通剂型转变为特定新剂型缓控释制剂、皮下植入剂、纳米混悬剂等。对制剂进行改进和创新是原研药企防御竞争对手的常见方式，可有效拓展现有药物的使用范围，延长专利保护期。同时，也是仿制药企业突破原研药专利壁垒或牵制原研药企的有效途径之一。

（四）药物试剂盒

在某些联合用药的临床实践中，由于某些活性成分理化性能差异大，或者给药方案特殊（如激素疗法）等因素，不适于将多种活性成分制成单位制剂，此时药物试剂盒就是最佳的专利保护形式。

二、方法专利

（一）制备方法

制备方法涉及化合物、晶体、制剂等产品的新制备方法/路线/工艺、精制或纯化方法等。此外，中间体的制备方法对方法专利也有很好的补强作用，杂质分离方法对药物的活性药物成分（API）、质量分析也是很好的补充。

制备方法专利具备以下创新点或者有益效果有利于获权，如提高产率、改善质量、节约能源、防治环境污染、避免使用毒性试剂和溶剂，以及使用非复杂或昂贵的起始物料、容易分离和提纯最终产物、易于放大生产等。方法类专利的弊端在于不如产品专利的保护力度强，如被侵权时比较难于举证。

（二）分析检测方法

分析方法、检测方法是用技术手段解决如何检出药品中是否含有某种成分或成分含量多少的问题，属于可授权范畴。

三、医药用途专利

发现新化合物的用途和已知化合物的新用途时，除了请求保护产品型专利之外，还可以“化合物 X 在制备治疗 Y 病药物中的应用”“药用辅料 E/药理活性成分 A 用于制备片剂药物组合物的用途”等用途形式请求专利保护，具体参见本书第二部分第十章。

四、制药设备/装置/包装专利

制药设备、装置或包装，可以针对性地进行发明专利或实用新型专利的申请。

第三节　西药领域专利申请策略

医药领域的专利保护主要聚焦于新药的研发创新成果，但是药物创新是一个极其漫长的过程。前瞻性地进行专利挖掘，并合理运用专利申请策略，实现对创新成果的全面有效保护，对我国的制药企业具有重要意义。然而，我国医药企业在专利申请和撰写方面明显缺乏有效策略，并且基本没有专利布局的意识，导致专利申请得不到授权，或者即使获得授权，也因不具有市场价值而被迫放弃专利权。因此，提高专利申请与撰写技巧、重视专利管理和布局，是目前我国专利申请亟待解决的问题。

一、重视专利挖掘

专利挖掘，是指对在科研或生产过程中所取得的技术成果，从技术和法律层面进行剖析、整理、拆分和筛选，形成技术创新点和可申请专利的技术方案。

就西药领域而言，可以从“自身的关键技术或成果”“竞争对手的核心专利”“现有技术的空白点”这三个方向出发进行专利挖掘。具体地，从新的药物靶点的发现、化合物的合成、药理活性测定，直至药物剂型的配方优化等，各个环节都可能获得新的发明点。

一方面，从科研和生产实际出发，发挥技术人员的主观能动性，激励他们关注研发和生产过程中存在的技术问题，将实践中解决技术问题的手段作为专利申请的基础。然后进行系统的技术检索，寻找现有技术中是否就相同的技术问题存在着类似的技术手段/解决方案。如果技术手段不同甚至有改进，那么这样的创新点（即解决手段）就可以作为专利挖掘成果来进行专利申请。当然，将该技术手段与研发过程中所积累的技术信息进行比较分析、反向工程等，从而找到创新点，也不失为一种有效的方法。

进一步地，如果确认某些创新点是具有高价值的基础创新点，则还可以利用围绕创新点的专利挖掘手段，将围绕该创新点的一个或多个衍生创新点挖掘出来，进行专利申请或布局，构建专利保护链/网/池，从而实现对核心技术的全方位保护，也避免给竞争对手留下可乘之机。

另一方面，每年全球都有大量的重磅药物专利（即将）过期，前瞻性并及时合理地利用（无效）专利，是制药企业开辟新市场的重要手段和方向，可显著降低研发风险、缩短周期、提高成功率。值得注意的是，我国制药企业对专利文献的重视程度不够、敏感度较低、利用率不高，如指派低级研究人员或实习生进行检索、立项前调研严重不足，缺乏基本的专利评估能力等。直接从相关方向的专利文献研究出发，在专利情报中挖掘有用信息，依法、合理、积极地利用前人的技术和成果，既可确保自身产品对已有专利不构成侵权，又可发现技术发展中的空白点和漏洞，形成突破口和创新点。

二、把握申请时机

包括中国在内的绝大多数国家都实行先申请制，各国新颖性宽限的法定情形和期限各不相同，因此及时申请专利十分重要，否则可能会让竞争对手捷足先登，使自己陷入受他人约束的被动局面，从而带来法律风险和投资风险。但是，如果在药物上市前不恰当地过早申请专利，很可能会缩短药品上市后真正得到专利保护的时间，导致利益受损。

专利申请时机的选择非常重要。专利要保护的不是单纯构思或理论假设，而是具有效果且能够实施的技术方案。因此，在立项、实验、上市等不同阶段提出专利申请，或是依据技术发展和市场竞争状况而选择性地公开部分技术内容，都可能对专利的走向造成影响。例如，如果发明所涉及的靶点或化学物质较新，开展相关研究的公司较少，则暂时可推迟申请专利（可先以商业秘密的形式保护），其优点在于可使新药上市后获得的保护期限更长，同时也能避免过早暴露研发方向，导致其他竞争对手获得研发信息。如果发明所涉及的靶点或化学物质已较为成熟，且其他公司正在开展相关的研究，市场竞争激烈，则应尽早申请专利，避免申请时机被竞争对手抢先。一旦筛选出来的药物进入临床研究直至上市进程，出于巩固核心产品保护力度、延续其专利生命周期等目的，应尽快申请制备/纯化方法、代谢产物、新适应证/联用、制剂等后续专利。

虽然较早申请专利有助于抢占先机，但也应在必要的准备和应对策略之上进行。例如，对于实现发明或突出发明创造性所必需的实验方法和关键数据等，应整理形成规范性的文件后再提交专利申请。需要注意的是，对新药用化合物的专利申请而言，目标通常是保护化合物而不是医药用途，采用适量效果实验证明具有药用潜力即可。至于其他的具体医药用途或药理作用，可视情况选择性地公开或延后申请，一方面有效延长了药物的生命周期，另一方面避免因实验数据不充分或不完善导致说明书公开不充分或不具备创造性。

另外，还可以充分利用国内优先权制度，采取连续申请的策略，以最先申请的文件为优先权文件，先后提出多份专利申请，逐步把优先权日之后、申请日之前的研究成果纳入相应的系列专利申请中。然而，优先权制度虽有利于申请人抢占先机或完善专利申请文件，但是如果应用不当时，可能造成严重的不利后果，在此需要注意：

(1) 如果申请人试图利用国内优先权，那么首次提交的作为优先权的专利申请是否要求提前公开应慎重。这是因为，如果作为优先权的申请文件被提前公开，一旦优先权不成立，该文件可能会构成现有技术或抵触申请，影响在后申请获得专利的可能性。同时，按照《专利法实施细则》相关规定，申请人要求本国优先权的，其在先申请自后一申请提出之日起即视为撤回，亦即作为优先权的专利也不能获得专利保护。

（2）在后申请可以对在先申请的不足提出改进完善，但是如果增加的内容导致在后申请要求保护的技术方案不能从在先申请中直接、毫无疑义地得出的话，则在先申请将不能作为在后申请要求优先权的基础。

三、考量保护范围

在新开发药物的首次专利申请时，研发人员通常希望获得最宽范围的专利保护。但是，过大的保护范围一方面可能会增加专利授权的难度，另一方面可能会误将企业后续研发的内容公开，导致后续研究成果无法获得专利权。因此，在专利撰写前，必须对已经公开的现有技术进行充分调研，了解相关技术的申请现状，合理规避现有技术，通过适当的概括和归纳，多角度、多方向实现较宽范围的保护。

通常，为了满足专利法对说明书公开充分的要求，以及权利要求书必须得到说明书的支持、新颖性、创造性等实质性要求，专利申请人应完成适量的实验以获得必要的证明性数据，并对基本数据和实验方法进行充分验证和整理后，形成规范性文件再申请专利。因此，权利要求保护范围的大小也依赖于已完成的实验。例如，对于核心的化合物专利而言，如果已制备出足够多的化合物，并且通过效果实验证实这些化合物具有说明书记载的药用潜力，此时可以概括和归纳出一个较大的保护范围。

具体地，申请文件的构思和撰写要注意以下几点：

（1）权利要求书中要尽可能涵盖多个技术主题，如通式化合物、组合物、制剂、用途和/或方法等。实质审查过程通常不允许再增加发明主题。

（2）要分层次、逐级限定式地表述权利要求的范围，为后续修改提供空间。同时，要尽量减少非关键技术特征的存在，从而使保护范围变大。

（3）可从定性、定量等多角度出发，“由点到面”地设计出适量制备例和效果例，以充分证明所述效果，为合理概括保护范围提供保障，也为修改和争辩留足空间。

（4）在某些情况下，如以化合物申请为例，在效果例中分布多个具体化合物，或者将最具潜力的化合物混迹于含有若干具体化合物的从属权利要求中，可有效地隐藏核心技术，对竞争对手的追踪造成迷惑。

> 通俗地讲，撰写质量较高的专利申请文件应该是这样的：面对公开文本，普通同行可能“知其一，而不知其二”；保护范围恰当、与实际贡献相适应，经得起推敲、不容易被无效掉；一旦竞争对手用到你的专利技术，你能很容易证明对方侵权。

四、合理专利布局

与其他行业明显不同，药物研发及其专利保护的独有特点，如研发投入巨大、临床试验严苛且时间漫长等，尤其不利的是上市后所剩的专利期非常短，医药企业必须对如何延长专利保护期、如何加固自身专利保护壁垒、如何持续获得有效的市场份额等提出更迫切和更高的要求。对相关研究成果积极申请专利保护，在基础核心产品上逐步形成专利网络布局，构筑成高质量的专利资产，可在一定程度上解决上述需求。

一方面，要前瞻性和策略性地进行专利布局。根据自身的研发实力与实际需求，确定中长期规划，尤其要考虑未来的技术发展趋势，提前在重要方向和应用领域上进行专利布局，发挥专利保护之核心、支撑、延伸等作用，持续实现价值增长。同时，还要紧盯竞争对手，在一些关键的技术卡点上布局，发挥专利保护之竞争、迷惑、防御等作用，转移竞争对手视线或者造成市场准入屏障，保障自身专利获得产业竞争优势。

另一方面，要构架立体网络化的专利布局。从技术维度上，以化合物专利为核心，从关联物质、关联方法和关联应用三方面入手，进一步申请如组合物、方法和用途等系列专利，将自己的产品牢牢地保护于其中。从时间和地域维度上，契合研发进度和市场状况，在不同国家或地区形成观望、申请、公开、授权等不同状态，并予以动态评估和适度调整[4]。最终，围绕核心技术和关键特征实现关联紧密、瑕疵渐少，将原本散乱无序的单一专利形成价值聚合与优势互补，突破传统意义上单一专利申请在时间、地域以及技术上的局限，产生“1 + 1 > 2”的效应，使专利权人最大限度地享受专利独占权。

实践表明，好的专利保护，必然要经过从大量简单模仿、逐渐成熟到娴熟运用的过程。在企业内部，离不开研发/立项管理者、有经验的研究人员、沟通能力强的专利工程师这三者之间形成决策、执行与反馈的良性循环，也离不开外部专利律师、专业咨询人员在法律和策略层面上的有力支撑。

五、典型案例

奥美拉唑（Omeprazole）是瑞典阿斯特拉公司（阿斯利康制药有限公司前身，简称“阿斯利康公司”）在1966年投入研究，并于1988年在瑞典上市的第一个质子泵抑制剂。20世纪90年代，奥美拉唑连续多年荣登世界最畅销药物的首位，为该公司创造了巨大的利润，成为医药领域闻名的重磅炸弹药物之一。

（一）阿斯利康公司专利挖掘与布局

第Ⅰ阶段专利布局：阿斯利康公司于1979年首次提交了有关奥美拉唑的基础化合物申请（EP0005129A1），1989年奥美拉唑以商品名洛赛克（Losec）在美国成功上市（见图2－5－3）。从基础专利申请日至上市的十年间，阿斯利康公司共提出9项专利技术，其中以化合物居多，分别涉及奥美拉唑的衍生物、盐、中间体、活性代谢物等，另外还包括两项用途和一项制剂专利技术。虽然这段时期的专利技术数量不多，但是核心专利技术的专利保护期开始生效，且专利技术与上市产品洛赛克相适应，从而为奥美拉唑的顺利上市提供了法律和市场保障。

第Ⅱ阶段专利布局：1990～2000年，阿斯利康公司有关奥美拉唑的专利申请量大幅度增加，特别是在1996年呈爆发式增长。在该时期的相关专利技术中，制剂占绝对优势（甚至有兽药剂型），其次是化合物、用途和方法专利。也正是在1996年，奥美拉唑跃居世界最畅销药物的首位。可以看出，数量众多的专利技术为奥美拉唑在商业上的成功奠定了坚实的基础，而商业上的成功又进一步激励阿斯利康公司提交更多的专利申请来巩固和延续该成果。

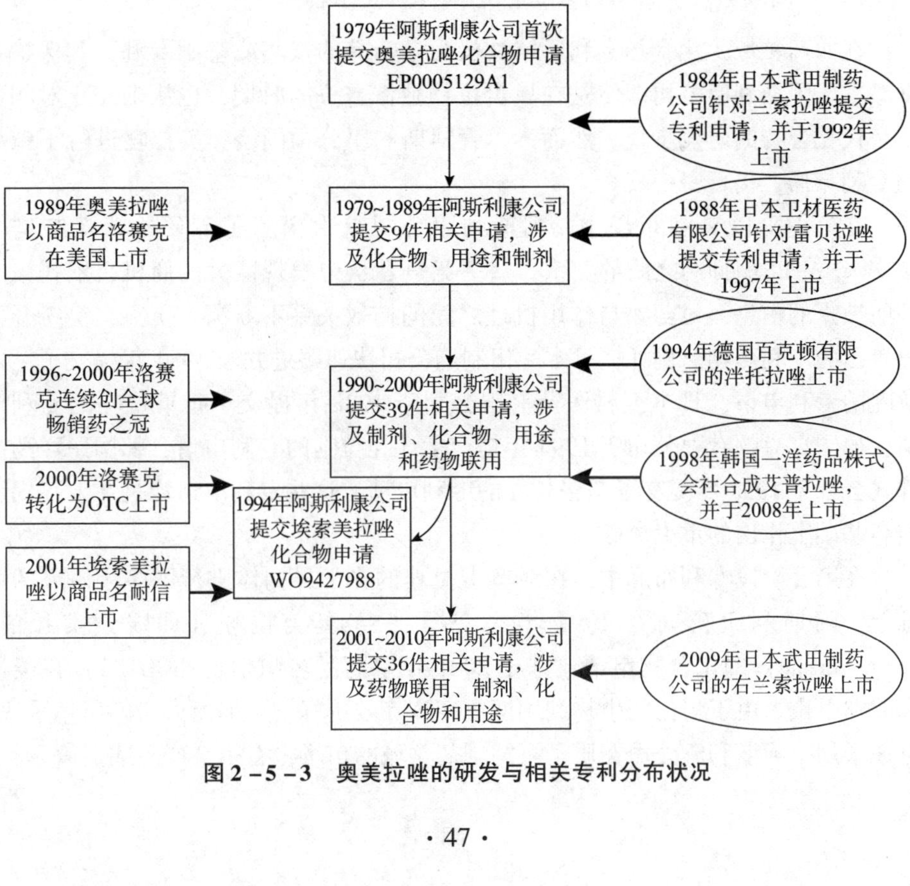

图2－5－3　奥美拉唑的研发与相关专利分布状况

第Ⅲ阶段专利布局：由于专利保护期有限，阿斯利康公司在登上销售宝座后，很快便面临基础化合物专利即将到期的困境，市场争夺战变得日益激烈。在2001～2010年，阿斯利康公司共提出36项专利技术，以药物联用占主导地位，同时还继续提交了制剂、化合物和用途专利。通过对奥美拉唑进行大量外围专利布局的方式，阿斯利康公司实现了升级产品、延长专利保护期的目的。

从数量来看，阿斯利康公司在奥美拉唑上市前后的30年间，共在不同国家和地区提交了80多件专利申请，虽然其中大部分专利并非直接获得经济利益的基础专利，但仍然具有防御性功能，为产品抢占市场先机赢得了时间。从发明内容看，阿斯利康公司在不同时期从各个方面对奥美拉唑存在的缺点和技术问题进行了研究，通过不断推进研发和攻破技术难关，不仅构建了更严密的专利网，还为产品升级提供了可能。

当然，阿斯利康公司除通过专利布局来延长产品生命线外，还采取了如药品市场独占期、处方药改非处方药、侵权诉讼、授权通用名药等其他策略[5]。但是，由于专利申请可从不同维度对产品进行保护，并且保护期也最长，因此专利申请仍然是延长药物生命周期的最佳方式。

（二）阿斯利康公司专利布局的局限性

在西药领域，化合物专利通常被认为是药品的核心或基础专利，其保护力度最大。阿斯利康公司即使是在奥美拉唑独占鳌头的时期，也从未停止对相似或替代化合物的研发步伐。然而，尽管阿斯利康公司围绕奥美拉唑进行了精心的专利布局，仍百密一疏。

在第Ⅰ阶段专利布局中，阿斯利康公司首次揭示了芳环并咪唑结构与H^+/K^+-ATP[7]酶抑制之间的关系，众多竞争者从中发现巨大的商机，依托该专利所披露的信息，对药物与作用机理之间的构效关系不断深入研究，纷纷开发出自己的专利药物。例如，日本武田制药公司快速跟进并于1984年提交了兰索拉唑的专利申请，日本卫材医药有限公司于1988年提交了雷贝拉唑的专利申请，德国百克顿有限公司于1994年提交了泮托拉唑的专利申请，韩国一洋药品株式会社于1998年提交了艾普拉唑的专利申请，这些专利申请均是在上述揭示内容基础上作出的重大突破[6]。

在第Ⅱ阶段专利布局中，在对奥美拉唑的光学异构体进行了多年研究的基础上，阿斯利康公司在1994年提交了（*S*）-奥美拉唑（即埃索美拉唑，Esomeprazole）的化合物申请，并于2001年以商品名耐信（NEXIUM）在美国和欧洲上市。由于耐信的生物利用度更高、疗效更好，再加上成功的营销手段，迅速增加了阿斯利康公司在质子泵抑制剂领域的市场占有率，产品线显著延长。

继埃索美拉唑大获成功之后，竞争者也从中获得启示，对其他质子泵抑制剂的立体异构体进行了研究。由此可见，专利申请在带来排他性利益的同时，还可能存在给竞争者提供启示的风险。

在中后期，虽然阿斯利康公司对奥美拉唑进行了大量的外围专利布局，但是技术内容过于集中和单一，给竞争者留下许多技术漏洞。例如，阿斯利康公司对奥美拉唑制剂领域的专利申请主要对应于上市产品，基本上为诸如肠溶包衣片剂或胶囊的固体口服剂型。仿制药企为规避这些专利，开发出包括咀嚼片、混悬剂、注射剂等在内的其他剂型[7]。

（三）其他仿创主体的突破与创新

随着专利制度的不断普及和发展，越来越多有实力的制药企业围绕自己的核心技术和产品进行专利布局，特别是跨国制药巨头对于专利布局的技巧日趋成熟，所建立的专利网也越来越严密。但是，对于我国具备一定研发能力的仿制企业而言，仍然有机会对原研药企业精心布局的专利网进行渗透和突破。

纵观奥美拉唑的发展史，从最初投入研究至成功上市，阿斯利康公司历时近 20 年，其中的艰辛可想而知。对于仿制药企业而言，虽然难以摆脱基础化合物专利的牵制，但是站在巨人的肩膀上，同样可以创造出新的价值。例如，武田制药公司在深入分析阿斯利康公司奥美拉唑专利网后，发现了其核心专利上的漏洞，将奥美拉唑改造为兰索拉唑，因后者活性更好且有效地降低了成本，药品自 1995 年在美国上市后迅速占领市场。因此，对于仿制药创新主体而言，在关注市场发展动向的同时，应该密切注视潜在的高价值技术，在原研药专利技术的基础上进行外围甚至基础专利的开发，以占领更多市场份额或牵制原研药企业。

实践表明，针对原研药专利进行外围布局，有目的地开发替代或改进的产品，不失为突破原研药专利壁垒的有效方式。例如，针对化合物，可进一步研究其衍生物、晶型、盐等，以改善化合物的理化性质和疗效；为降低生产成本或提升产品品质，可优化化合物的制备方法或纯化方法；为满足市场多样化需求或增效降低毒副作用，可开发适合基础化合物的其他剂型；基于已有的化合物及其疗效，开发新的适应证和药物联用等。再以武田制药公司为例，其并未止步于兰索拉唑的成功上市，而是继续采取“蚕食”及外围专利等策略，密集排布了光学纯兰索拉唑和结晶及相应制备方法、胃酸分泌抑制组合物、苯并咪唑类化合物及其镁盐的（改进）制备方法等项目的研发，从快速跟进到同类最好（best-in-class），成功地在上游基础发明的周围开发出系列下游改进专利，构建了自己的堡垒式专利布局。

总之，我国制药企业只有实时关注医药领域的专利发展动向，才能在避免专利侵权的同时发现具有潜在价值的技术；也只有在已有专利技术的基础上主动积极创新，才能在市场中争得一席之地。

第四节　西药领域专利申请文件撰写常见误区

一、将科技论文或新药申报文件用作专利申请文件

专利申请文件、科技论文或新药申报文件都记载了与创新研究成果密切相关的技术方案，但是鉴于它们在文件性质、撰写形式和撰写内容等诸多方面的实质差异，科技论文或新药申报文件并不适于直接用作专利申请文件。

例如，一篇涉及缓释制剂研究的科技论文，如果旨在比较几种高分子缓释材料对缓释效率的影响，作者则无需完全披露缓释制剂中的其他赋形剂成分和含量。但是，从专利法角度而言，专利说明书应当对发明作出清楚、完整的说明，以本领域技术人员能够实现为准，即应当满足充分公开发明的要求。可见，如果以该科技论文作为基础，直接或简单修改后提交专利申请，请求保护一种“缓释制剂”，可能存在说明书公开不充分的缺陷。

再如，将新药申报文件中质量可控性的内容直接记录于专利申请文件中，或者将原材料、工艺参数、制剂配方等可工业化的最优化结果记录在专利申请文件中，都可能为竞争对手提供了捷径。

专利申请文件与科技论文、新药申报文件的重要区别在于，专利申请通常保护的是一个范围，而科技论文或新药申报文件往往只是其中一个最优的点；发明人为解决技术问题而提出的技术方案往往是类似技术手段的集合，并不仅仅局限于一个具体的点值；发明人通常希望类似的技术手段都应得到保护，一个最优的点仅仅是用于说明其技术手段是有效的。

综上，当以科技论文或新药申报文件为基础提交专利申请时，应基于自身需要和现有技术的发展水平，对上述技术材料进行形式和实质内容上的修改和补充，以符合《专利法》及其实施细则的相关规定，具体从以下几个方面入手：

(1) 要提供能用来证明解决技术问题的技术手段是有效的实验数据，必要时还要提供与申请日前的现有技术的对比实验数据。例如，一项声称具有抑制突释效果的缓释片剂专利申请，仅提供安全性、稳定性和溶出实验数据是不够的，仅提供与普通片剂的比较数据通常也是不具证明力的，还需要提供与相关

缓释片剂的对比实验数据。

(2) 关于医药用途或效果，新药申报评审要求必须有临床试验结果的确认，而专利法意义上的医药用途并不要求必须有临床实验结果的支持，只要做到体外细胞实验和/或动物模型水平的实验验证药效即可。

(3) 在满足了清楚、完整要求基础上，可以从专利法意义上对保护范围进行合理的拓展，避免保护范围过窄的缺陷。例如，片剂中采用了羧甲基淀粉钠、低取代羟丙基纤维素等多种崩解剂，可将这些具体的辅料合理上位概括为一类物质，即“崩解剂”。

(4) 要对最优的点以技术诀窍的形式进行适当隐藏，从而增加竞争者在阅读专利申请之后仿制发明的技术难度等。

二、非制药特征的滥用

为了扩大专利保护范围或者规避现有技术，申请人往往在撰写制药用途权利要求时引入了诸多非制药特征，如给药对象、给药方案（给药剂量、时间等）、用药禁忌等用药特征，而且还会不断出现形式和内容各异的其他特征，可能对专利审查、专利无效或侵权判断中保护范围的确定带来很多争议。

采用与制药相关的技术特征对制药用途进行限定，约束的是制造某一用途药品的制造商的制造行为，所以仍应从方法权利要求来分析其技术特征。通常，能对其起实质限定作用的是原料、配比、制备步骤和工艺条件、药物产品形态或成分以及设备等。体现在用药过程中的给药剂量、时间间隔等特征，实质上属于在实施制药方法并获得药物后，将药物施用于人体的具体用药方法，与工业制药方法没有直接、必然的关联性，这种仅体现于用药行为中的特征，对制药方法本身不具有限定作用。具体可参考本书第二部分第十章第二节“一、撰写指引”。

需要指出的是，其他国家或地区的专利审查机构对上述规定并不相同。例如，欧洲专利局（EPO）调整了相应的法规并作出重大决定[8]，进一步明确了在评价第二医药用途发明新颖性、创造性时需要考虑包含“给药方案”等与药物使用相关的医疗特征。而且，目前 EPO 禁止使用瑞士型制药用途权利要求，允许已知药物通过特定用途限定的产品形式（化合物或组合物）获得专利保护。日本特许厅（JPO）也认为，如“一种用于治疗高血压的药物，包含有效成分 A”的技术方案，相对于“一种用于治疗糖尿病的药物，包含有效成分 A”这样的现有技术具有新颖性[9]。因此，如果通过 PCT 国际申请等途径向他国或地区申请专利时，应注意上述情况。

三、缺少必要的实验数据

医药领域属于实验性科学领域。对于这类发明，仅靠一般性描述或推论往往不足以证明发明能够实现其发明目的并具备预期的技术效果，因此很多情况下必须依靠实验数据来说明。

药物研发高度依赖实验研究以及结果不易预测的自身特点，也决定了医药发明的充分公开与技术要点的隐藏之间始终存在着矛盾和制衡。为了避免竞争者通过阅读专利申请获得其研发成果，申请人一般会选择在申请文件中对某些关键技术进行适当隐藏。然而，将某些技术细节进行隐藏或模糊化处理，可能会造成实验数据不完整，从而导致说明书公开不充分/不支持，或者在创造性争辩时缺乏证据基础。为了避免上述问题，说明书应清楚、完整地记载相关实验方法和实验数据等，以达到使本领域技术人员确信能够实现发明用途和/或技术效果的程度。

在收到审查员关于不具备创造性的审查意见后，申请人欲提供用以证明创造性的证据时，应注意以下要点：①该证据应当是现有技术，或者是与最接近现有技术的对比试验证据。例如，可利用现有技术证据（如本领域普通技术知识）证明发明的用途或效果是预料不到的；②对比试验效果证据必须是针对本领域技术人员能够从专利申请公开的内容中得到的技术效果。如果本领域技术人员无法从原申请文件公开的内容中获知该技术效果，即使申请人在申请日后或答复审查意见时提供了证明上述技术效果的实验数据或效果实施例，也可能面临“不具证明力”的困境。

其他注意事项，可参见本书第二部分第七章第三节“二、撰写规范”。

第六章

药用化合物专利申请文件的撰写

药用化合物通常包括无机化合物、有机化合物、高分子化合物等。本章主要涉及有机药用化合物。

当一种具有良好药用价值的新化合物被成功开发并上市后，能够使其具有独家销售资格并独占市场的先决条件是其具有化合物的专利权。

第一节　药用化合物的常见表达方式

一、构建结构式

构建结构式是表征化学物质最常用和最直观的方式。构建结构式时，既可采用具体化合物的形式进行具体性表述，也可采用通式结构进行概括性表述。例如，具体化合物可表征如下：

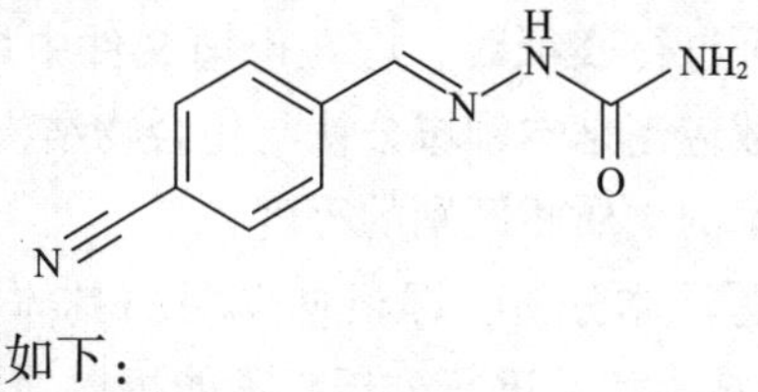

通式化合物可表征如下：

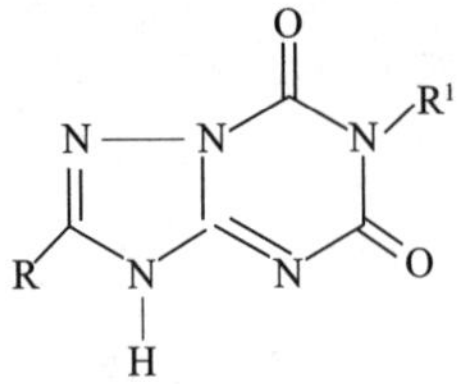

同时，应对于 R 和 R[1]表示的基团予以适当定义。

二、化学名称或通用名

除构建结构式外，还可通过化合物的化学名称，即通过取代基名称和位置的链接方式对化合物结构进行表达。例如，4,6-双［2-((*E*)-苯亚甲基）肼基］嘧啶-2-胺。

如果是对化合物进行常规衍生化（如成盐/酯）改造得到的物质，可采用化学名称/通用名加衍生物的具体名称进行表达。例如，2,2′-双［(4-硝基苯基）亚甲基］碳亚胺二酰肼盐酸盐、甲磺酸阿帕替尼、伊马替尼的甲磺酸盐、阿司匹林的盐酸盐。

需注意的是，对于仅采用名称不能清晰地表征物质结构的情形，应考虑结合结构式的方式对化合物进行补充表达。

三、结合参数特征

参数特征是反映产品结构、组成、性能和/或效果等的特征。《专利审查指南 2010》第二部分第十章 3.1 规定，对于仅用结构不能清楚描述的化学产品，应当进一步使用适当的化学、物理参数和/或制备方法进行说明。可见，虽未排除结合上述方式对药用化合物进行表征，但前提条件是当采用结构不能被清楚地描述时。例如，可以采用晶胞参数、XRPD 数据等对化合物晶体进行表征。

然而，参数特征通常并不能直观地对化合物进行清楚的描述和比较，容易产生混淆不清和难以区分的情形，导致权利要求范围不清晰和/或得不到说明书的支持。因此，在采用结构特征或化学名称就可以清楚地表达化合物的情况下，不推荐结合参数特征进行表征。

当必须结合参数特征进行表征时，应在申请文件中尽可能详尽地对参数进行描述。例如，所述参数应当是本领域公认与化合物结构密切相关的性能参数，并且能够达到与现有技术的物质相区别的程度。

当然，应当具体问题具体分析，即根据发明的具体创新点（发明点）、本领域技术特色和/或现有技术状况进行分析，不能机械地认为仅使用某类型特征就一定不能清楚地表征目标主题。

第二节 权利要求的撰写

在本书第二部分的所有章节中，“撰写指引”旨在说明不同类型的技术方案可撰写成哪些主题/形式，“撰写规范”旨在说明撰写时一般应满足的法律规范要求。

一、马库什化合物

《专利审查指南 2010》第二部分第十章 8.1 规定，“如果一项申请在一个权利要求中限定多个并列的可选择要素，则构成‘马库什’权利要求”。

马库什权利要求是医药发明专利申请中最常见和典型的权利要求撰写方式，用于表达结构式，具有极强的概括能力，能为申请人提供更大的保护范围。但是，我国申请人的撰写水平与国外差距较大，例如：①独立权利要求中马库什化合物的核心结构简单、固定，取代基数量少、种类具体，而且从属权利要求项数少，未能发挥马库什化合物“结构复杂、排列组合可变因素”的优势；②对化合物结构进行“高度概括”，表现为通式化合物无基本核心结构，导致审查员无法进行有效检索，即使授权也可能因保护范围过于宽泛而不稳定；③在很短篇幅的说明书里，详尽描述了具体化合物的制备、结构鉴定、药理实验，对竞争对手暴露无遗，未能充分发挥说明书“实质支持、迷惑竞争对手、为修改和争辩留足空间”等作用。

(一) 撰写指引

1. 独立权利要求

首先要构建马库什化合物的核心结构。所谓核心结构（或称母核结构或基础结构），通常是指若干具体化合物的结构共性部分，或者是根据药效关系而确定的特征结构域部分，如下式：

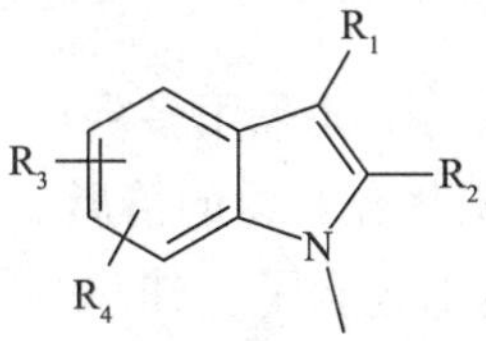

核心结构确定后，需要考虑在核心结构的不同位置上链接取代基团。应深入挖掘发明点，据此设计说明书中制备例/效果例中分布的具体化合物种类和数量，再经合理概括和归纳从而确定取代基的种类及数目（范围）。取代基团可以是一个、两个或多个，也可被进一步取代或层层嵌套。如果说明书给出的化合物结构足够丰富，且都被证明具有一定的药用潜力，则可以概括出相对宽泛的结构范围。如果提供的具体化合物结构较为有限，或是没有特征结构域的存在，则可概括的化合物结构范围就相对较小。

例如，试图将某通式化合物的取代基 R_5 限定为“选自 H、烷基、烯基、炔基、芳基、杂芳基、环烷基等”，而说明书实施例化合物的相应位置上仅排布了甲基、乙基、苯基、吡啶基。由于芳基和杂芳基均包含了原子数量和环数量众多且结构差异较大的环类基团，其与苯基、吡啶基存在着较大的结构差异，可能使母核结构不再占据主导地位。这样“概括”得到的化合物（范围）包括了众多结构差别大的物质，使得本领域技术人员难以合理预测该范围内的物质均具有类似或相同的药理活性，通常会被质疑是否得到了说明书的实质支持。

对母核及其取代基的限定也不宜过于局限，否则容易造成权利范围的损失，同时也使他人易于通过简单的结构改造而避开专利权的保护范围。在有充分理由，如有结构域特征或者适量具体化合物支持的情况下，可适当考虑将权利要求中化合物范围撰写得宽泛些，而不只局限在若干具体物质或是很小的范围。举例而言，在说明书给出多个具体化合物及其活性数据的基础上，可以对各个取代位置所涵盖的基团进行概括以及扩展，如当存在甲基、乙基等实施例的情况下，可以适当概括为具有 1 ~6 个碳原子的烷基；当存在苯基、噻唑基等实施例的情况下，可以考虑概括为 5 ~6 元芳基或杂芳基等。

还需注意的是，一旦声称“化合物的性质取决于特定位置上所必须具有的某特定基团”，在没有充分证据的情况下，对该位置或者取代基实施上位概括或扩展可能是不恰当的。

2. 从属权利要求

从属权利要求是对独立权利要求的进一步限定，以便对优选的技术方案进行保护。

马库什从属权利要求的撰写，要采用多层次、逐步缩小的策略，避免出现层次断裂和/或只有大范围、具体化合物的情形，否则将无法实施策略性后退或修改。例如，某通式化合物范围包含了已知化合物或结构相近的物质，被审查员指示缩小限定。然而，如果原申请文件中没有给出相应的多个小范围，此时对实施例中某（些）取代基选项进行重新组合而得到的化合物（范围），通常是本领域技术人员无法由原申请文件记载的内容直接地、毫无疑义地确定的，则这种修改存在超范围的嫌疑。

综上，在撰写马库什化合物从属权利要求时，一方面要考虑说明书实质支持的范围，同时还要充分利用从属权利要求的特点，有层次、有策略地限定保护范围，逐步概括到最优实施方式或核心具体化合物，避免出现没有修改余地或退路的情况。

【案例 2－6－1】

A. 相关案情

权利要求：

1. 通式（Ⅰ）所示的2-苯羧酸甲酯青霉烯类化合物，

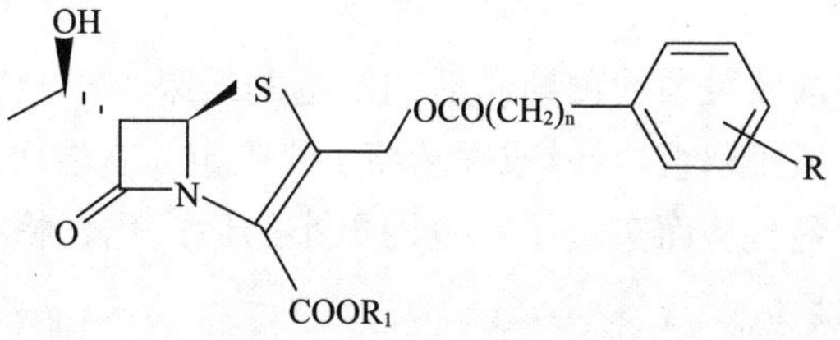

（Ⅰ）

其中，n 为 0、1 或 2；R 代表连接在苯环上的一个或一个以上取代基，选自 H、卤原子、任选卤代的低级烷氧基、NO_2、CN 或任选卤代的低级烷基；R_1 为 H、碱金属或低级烷基。

2. 根据权利要求 1 所述的2-苯羧酸甲酯青霉烯类化合物，R 为任选卤代的低级烷氧基或任选卤代的低级烷基时，其碳原子个数为 1～3。

3. 根据权利要求 1 所述的2-苯羧酸甲酯青霉烯类化合物，R 代表连接在苯环上的间位取代基。

4. 根据权利要求 1 所述的2-苯羧酸甲酯青霉烯类化合物，R 为间位取代的硝基、CN 或卤原子，或 R 为 H。

5. 根据权利要求 1～4 任一项所述的2-苯羧酸甲酯青霉烯类化合物，n 为 0。

6. 根据权利要求 1 所述的2-苯羧酸甲酯青霉烯类化合物，选自：

2-(对氯苯甲酸）甲酯-6-［(1R)-1-羟乙基］-青霉烯-3-羧酸单钠盐；

2-(邻甲氧基苯甲酸）甲酯-6-［(1R)-1-羟乙基］-青霉烯-3-羧酸单钠盐；

2-(间氟苯甲酸）甲酯-6-［(1R)-1-羟乙基］-青霉烯-3-羧酸单钠盐；

（其他具体化合物和技术主题略）。

发明人发现，与法罗培南相比，在青霉烯母核双环的 C－2 位置连接苯羧酸甲酯类基团时，获得了更好的抗菌作用。说明书中提供了多个化合物的制备、确认数据和效果对比实施例。

B. **案例分析**

a. 独立权利要求

依据青霉烯化合物构效关系和本领域技术常识，对关键技术特征，即共同结构单元（双环的青霉烯母核结构）上的取代基团进行合理概括和归纳，其中①羧酸基团与苯环连接的侧链不能太长，设定了 n 的数目；②在不影响目标化合物性质和功效的情况下，适当扩展了苯环上取代基 R 的类型、碳链长度和位置的范围；③鉴于母核上的羧基可形成常规药用盐或低级烷基酯基，扩展了 R_1 的范围。

b. 从属权利要求

进一步，根据构效关系的预期和后期筛选的结果，对独立权利要求 1 中的取代基等选项进行了排列组合和/或逐渐缩小式限定，有层次地概括出了能代表发明核心的技术内容，从而实现了对范围更小的通式化合物或者更重要的具体化合物的递进式选择。

c. 撰写建议

上述示例权利要求，显然是以 C－2 位置连接基团差异较大的法罗培南为最接近现有技术而撰写的。如果经过充分、系统的检索，发现了更为接近的现有技术（如 R 和 R_1 为 H 时的式Ⅰ化合物），应修改发明点及相应的撰写策略，并重新设计效果对比实施例。

另外，说明书应提供实质支持和后续修改空间。例如，在前期合成的具体化合物的基础上，设计制备例/效果例中分布的具体化合物种类和数量，使关键技术特征的变化尽量覆盖通式（Ⅰ）概括的化合物范围（足以代表通式所涵盖的不同化合物类型）。同时，对于在权利要求 1 最大范围与权利要求 6 具体化合物之间的多层优选范围，应予以明确记载或逐层说明。

进一步地，应扩展出更多技术主题。结合发明实际，可撰写涉及化合物制备方法/用途/中间体、药物组合物/制剂及其制备方法等的独立权利要求，及其相应的从属权利要求。

（二）撰写规范

1. 清楚

采用结构式表达时，要正确地画出结构的每一个特征，清楚地限定每个结构单元、取代基、基团。由于化合物的结构是新近研发的，往往没有可参照的情形，一旦产生结构上的错误，则很难分辨究竟是哪个位置或哪个原子表达有误，最终造成权利的丧失。

每个取代基和优选范围都要清楚地定义和表达。例如，某取代基被限定为低级烷基或低级烯基，说明书或权利要求书中最好提供“低级”的定义，如将低级烷基定义为含有 1 ~ 6 个碳原子的烷基。

2. 得到说明书的支持

马库什权利要求，是基于对说明书公开的一个或多个实施例化合物进行适当概括和归纳而形成的化合物范围，所述范围既要与说明书中公开的技术方案和对现有技术的实质贡献相匹配，也不应过窄而有损申请人的权益。

【案例 2 - 6 - 2】

A. **相关案情**

权利要求：一种如下所示具有抗炎作用的式（Ⅰ）化合物

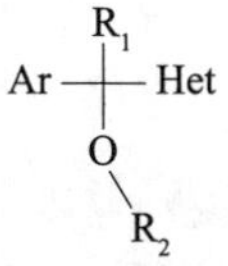

（Ⅰ）

其中，Ar 是苯基或噻吩基，其为未取代或被 1、2 或 3 个相同或不同的选自氟、氯、溴、甲基、三氟甲基和甲氧基的取代基取代；R_1 是氢或 $C_1 \sim C_4$ 烷基；R_2 是 $C_1 \sim C_4$ 二烷基氨基 $C_2 \sim C_3$ 烷基，或氮杂环基 $- C_2 \sim C_3$ 烷基；Het 是含有 1 ~ 3 个氮原子的五元含氮芳香杂环，其为未取代的或被 1 个或 2 个相同或不同的选自氟、氯、溴和甲基的取代基取代。

说明书中，实施例化合物的 R_2 基团仅涉及二甲基氨基乙基。

B. **案例分析**

权利要求限定 R_2 包括 2 种基团。由于氮杂环基具有杂环结构，且包含各式各样的具有不同个数杂原子的环结构，其与实施例二甲基氨基乙基所代表的“$C_1 \sim C_4$ 二烷基氨基 $C_2 \sim C_3$ 烷基”表征的链结构差别较大，对整个通式（Ⅰ）化合物的空间位阻、极性等一系列化学性质的影响也较大，这可能使得通式（Ⅰ）化合物的化学性质产生较大改变，进而影响其所表现出的生物活性。根据说明书的记载，本领域技术人员难以预见 R_2 为“氮杂环基 $- C_2 \sim C_3$ 烷基”的通式（Ⅰ）化合物具有同样的药理活性，所以权利要求有得不到说明书支持的嫌疑。

3. 创造性预判

结构接近的化合物必须具有相同的基本核心部分或者基本的环结构。应当注意，不要简单地仅以结构接近为由否定一种化合物的创造性。

为了避免发明化合物的创造性因“结构接近”而被简单否定，申请人应在说明书中提供数据以证明其具有预料不到的用途或效果。例如，证明是与已知化合物的已知用途不同的用途；或者证明是对已知化合物的某一已知效果有实质性的改进或提高；或者论述是在公知常识中没有明确的或不能由常识推论得到的用途或效果，等等。

结构上与已知化合物不接近的、有新颖性的化合物，并有一定用途或者效果，通常认为具有创造性。

还应当注意，化合物结构上是否接近，不仅应当考虑结构本身的相似性，还应当考虑化合物的构效关系的密切程度。考量过程中应充分考虑化合物涉及的技术领域特点、现有技术的发展状况并结合发明所要解决的技术问题。

4. 修改不得超范围

【案例2-6-3】

A. **相关案情**

权利要求：下式所示的通式化合物

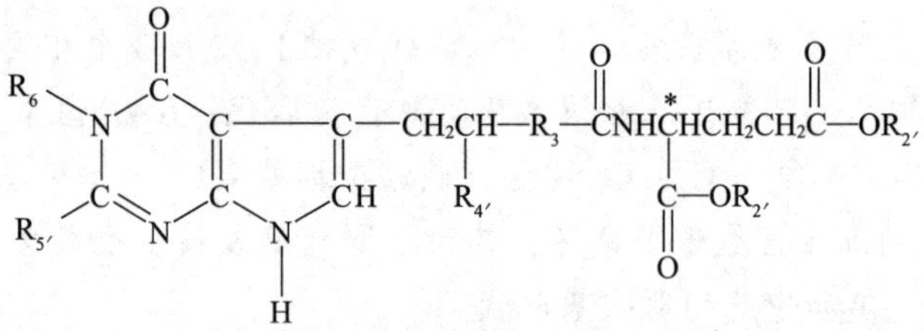

其中 $R_{2'}$ 的原始限定是“氢或羧基保护基团”，修改后将其限定为“二烷基酯”。

说明书中记载，“就 $R_{2'}$ 而言，羧基可以以酯基的形式得到保护，所述酯特别是指1~12个碳原子的低级烷基酯”，实施例记载了二甲酯、二乙酯的方案。

B. **案例分析**

说明书中仅给出了属于二烷基酯的两个具体实例，但并未由此概括出“二烷基酯”这样的上位方案。根据原权利要求书和说明书的记载，本领域技术人员不能直接且毫无疑义地确定出修改后的技术方案，因此这种修改超出了原申请文件记载的范围。

C. 撰写建议

撰写时，应结合要解决的技术问题和化合物涉及的技术领域状况，在二甲酯、二乙酯基础上，再提供适量的制备实施例，达到足以适当概括为“二烷基酯”的程度。

可见，在撰写申请文件时，一定要注意，在适量的示例基础上，对通式结构、取代基进行适当的概括和归纳，并明确记载到原说明书中，实现对化合物保护范围合理且逐渐缩小范围式的限定，留下后续修改空间。

二、常见衍生物

（一）撰写指引

对化合物的结构（通式）进行限定后，通常还会进一步描述其常见的衍生物形式，如盐、溶剂化物、酯/醚、前药和代谢物等。一般而言，这些文字表达本身就代表了这类申请撰写形式，如“二甲双胍的盐酸盐”“式Ⅰ化合物的酯、溶剂合物和/或前药”等，但需注意这种方式是否能够清楚地表征物质的结构。此外，也可通过构建结构式的方式表征衍生物的结构特征。

（二）撰写规范

如果化合物结构中存在酸性或碱性官能团，则一般认为通过常规反应即可成盐，一般也可预测到这样的衍生物与母体化合物具有同样的用途和/或使用效果。

化合物能够得到说明书的支持，不意味着其非特定的衍生物也能够得到说明书的支持。例如，如果说明书中没有提供任何酯化合物的实例，也没有对成酯基团作任何限定或者对成酯基团的选择进行任何说明，其所概括形成的酯是否仍具有其母体化合物的活性是难以预期的。对于溶剂化物也如此，一种化合物能否形成溶剂化物，尤其是稳定的溶剂化物，具有偶然性和不可预期性，而且其中的溶剂分子数目难以预先确定。另外，化合物的代谢过程也是复杂难以预测的，其可能被活化或者失活，甚至有可能转化为有毒化合物，本领域技术人员通常难于预见哪种前药或代谢物能够具有预期的活性效果。

撰写时，应对各类衍生物的具体结构特征进行限定和表征，并在说明书中提供示例，这样不仅能满足权利要求中保护范围清楚的要求，还能够满足得到说明书支持的规定，对于获权无疑是有利的，并使授权后的权利更加稳定。

【案例 2-6-4】

A. 相关案情

权利要求：一种通式Ⅰ所述的藤黄酸类化合物的复合物，其中复合物中的B部分为 $C_1 \sim C_8$ 的含氮有机碱。(式略)

说明书实施例仅记载了藤黄酸-精氨酸复合物的制备方法及药理效果。

B. 案例分析

由于 $C_1 \sim C_8$ 的含氮有机碱不仅包括精氨酸这样的（天然）碱性氨基酸，同时也包括如吡啶、嘧啶这样的杂环体系，并且吡啶与藤黄酸反应将生成盐而不是复合物。由此可知，并非所有的 $C_1 \sim C_8$ 含氮有机碱均能与藤黄酸反应生成复合物，并具有相应的药理效果。因此，该权利要求概括了一个较宽的范围，有得不到说明书支持的嫌疑。

C. 撰写建议

撰写时，应结合要解决的技术问题和相关化合物的技术领域状况，在“藤黄酸-精氨酸复合物”的基础上，再提供适量的制备例或效果例（如组氨酸复合物），证明碱性氨基酸是适于发明B部分的情形。结合本领域技术人员熟知碱性氨基酸在与藤黄酸的反应过程中具有一定共性，此时可以合理概括得出“藤黄酸类化合物-碱性氨基酸复合物”。

三、立体异构体

（一）撰写指引

在涉及立体异构体的权利要求中，通常是针对具有具体构型的物质结构进行限定，常见方式是在结构式的基础上画出具体的构型。此外，也可以采用化学名的方式进行表征，其中要能够体现立体异构的结构特点，例如采用 (*R*)-、(*S*)-等方式对构型进行表达。

（二）撰写规范

立体异构体通常是对已知物质的构型做进一步的研究，因此最常遇到的问题是能否满足创造性的要求。

【案例 2-6-5】

A. 相关案情

权利要求：某生物碱的 *R* 型光学异构体。

该生物碱仅有1个手性中心，说明书记载该异构体具有抗氧化的效果。

现有技术1公开该生物碱的消旋体，其同样具有抗氧化效果。

B. **案例分析**

出于本领域整体上存在着单一光学异构体可能会具有更好活性的启示，这种启示会使本领域技术人员在面对所述技术问题时，有动机改进该最接近的现有技术，采用常规手段获得该对映体并进行药效测试，从而确定其活性更高的对映体。因此，该权利要求的创造性将会受到质疑。

C. **撰写建议**

撰写时，应结合要解决的技术问题和化合物涉及技术领域的具体状况，提供R型异构体的活性与S型异构体或消旋体相比具有预料不到的优越性或毒性非常低等实验数据，或者根据申请文件或现有技术证明在申请日之前拆分或分离异常困难，需要付出创造性劳动，其对于获权可能是有利的。

四、化合物晶体

晶体是化合物分子有规律的在三维空间成周期性排列而组成一定形式的晶格，相应地在外形上表现为一定的几何形状。除了用结构式或化学式表达分子结构之外，还要表征其晶体结构，因此其撰写具有一定的特点和要求。

（一）撰写指引

在进行晶体申请文件撰写时，首先应记载化合物的化学名称或结构式，然后还应记载可以表征晶体的特征，如晶胞参数、X射线粉末衍射图等。

（二）撰写规范

1. 清楚

如果获得了单晶，则可以通过X射线单晶衍射图谱得出晶胞参数等，或者直接用X射线单晶衍射数据对晶体进行表征。但是，大多数情况下往往不能获得单晶，则可以采用X射线粉末衍射图谱中的衍射峰对化合物晶体进行表征。如果衍射峰位置较多、强度较为明显，则需要足够多位置的衍射峰才能使晶体得到很好的表征。如果仅采用一到两个衍射峰进行表征，有时则难以对晶体的结构起到很好的限定和区别作用。

2. 得到说明书的支持

化合物是否存在晶体形式、存在多少种晶体形式以及存在何种晶体形式，具有一定的不可预期性，因此新晶体的获得通常需要依赖实验结果才能加以确定。当由具体晶体制备实施例概括得出晶体化合物时，可能会被质疑包含了没有实际制得的其他不可预期晶体。

【案例2-6-6】

A. 相关案情

权利要求：一种阿立哌唑的晶型V，其特征在于具有峰在2θ角为10.0°、20.4°和23.3°处的X射线粉末衍射图谱。

说明书的记载表明晶型V实际包括了在2θ角的12个特征峰。

B. 案例分析

影响X射线粉末衍射图谱的峰位置和峰强度的因素比较复杂，尤其是在低2θ角的强度可能会因为结晶习性、粒径和测定条件等方面的差异产生变化。如果权利要求中仅记载图谱中的一个或少数几个衍射峰，可能得不到说明书的支持。

在后续的修改中，可以采用增加特征峰的形式对权利要求作出进一步限定，以克服上述缺陷。

3. 新颖性和创造性预判

【案例2-6-7】

A. 相关案情

权利要求：

1. 一种阿立哌唑的晶体V。

2. 如权利要求1所述的晶体V，其特征在于具有峰在2θ角为10.0°、11.6°、15.7°、16.3°、18.5°、20.4°、21.8°、22.2°和23.3°处的X射线粉末衍射图谱。

说明书中未记载该晶型的有益技术效果。

现有技术1公开了阿立哌唑的几种晶体，但无“晶体V”这样的命名或分类原则。

B. 案例分析

权利要求1没有限定具体的晶体特征，导致“晶体V”与现有技术的晶体难以区分，所以推定权利要求1不具有新颖性。

在现有技术1公开了阿立哌唑多晶体的情况下，本领域技术人员有动机进一步开发其他晶体形式。而且，该申请也没有提供晶体V的任何有益效果，因此权利要求2的创造性将受到审查员的质疑。

五、植物中提取的化合物及其衍生物

药用植物中含有的成分比较复杂，类别也较为多样，因此有时难以明确具体的活性物质。为了能够更好地开发药用植物中的有效成分，明确具有治疗作用的具体物质，同时也出于发现新化学实体药物的目的，对药用植物中的有效成分进行提取分离，获得全新结构的化合物，是药物专利申请中一种常见的主题。

（一）撰写指引

就结构而言，从药用植物中提取分离得到的化合物属于具有具体结构的药用化合物，因此应符合化合物权利要求的一般撰写要求。

（二）撰写规范

1. 清楚

所述有效成分经提取获得，如果通过结构分析是全新的物质，通常难以存在可以进行比对的依据。一旦出现撰写上的错误，如结构、取代基、价键错误等，由于不能知晓正确的结构，难以进行唯一且毫无疑义的修改，最终面临技术方案被删除或驳回的结果。

例如，发明请求保护“一种从植物中提取的具有免疫活性的式 I 所示化合物（式略）”。但是，式 I 结构式显示与其中酰胺基碳原子相连的碳为 6 价，本领域技术人员熟知有机化合物中的碳原子应为 4 价，因此该技术方案会被质疑不清楚。

2. 得到说明书的支持

与化学合成不同的是，从植物中提取化合物时，改变提取溶剂、提取温度或提取时间，都有可能得到不同的提取物，物质的结构也难以预测。一般情况下，对于从植物提取物中获得的有效成分而言，如果概括成通式化合物的范围，通常会受到是否支持的质疑。

当然，在提取获得具体化合物的基础上，根据物质的具体结构特征，采用适当方法修饰得到理化特性更佳的盐/酯等常见衍生物，可在一定程度上扩展保护范围。

【案例 2-6-8】

A. 相关案情

权利要求：一种式（Ⅲ）所示的化合物，其中 R_1 选自—CHO、—COOH 或

—$C_1 \sim C_6$ 烷基。

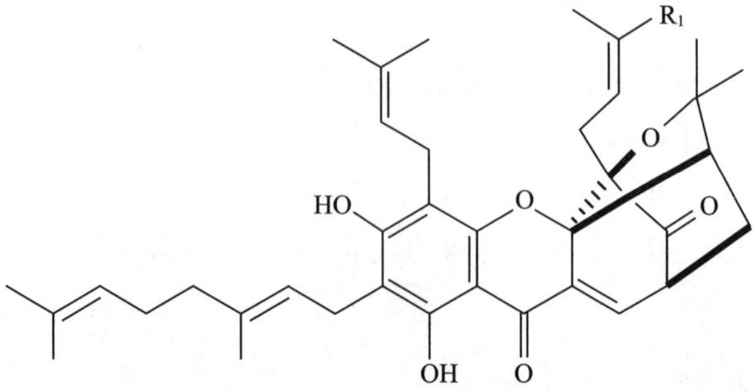

（Ⅲ）

说明书记载，从藤黄中提取了下式（Ⅰ）藤黄酮化合物。

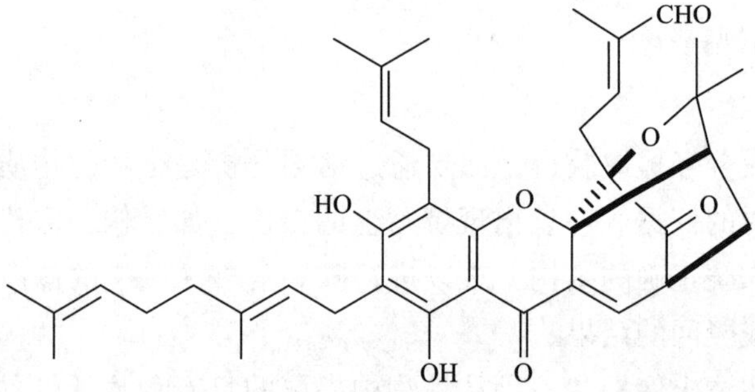

（Ⅰ）

B. **案例分析**

说明书中仅公开式（Ⅰ）化合物是通过提取分离获得的，且说明书也没有进行化学合成的记载。由于提取物的获得存在一定的不确定性，无法知晓是否能够获得通式（Ⅲ）涵盖的其他化合物并具有相同的用途/效果，因此该权利要求可能被质疑得不到说明书的支持。

C. **撰写建议**

撰写时，式（Ⅰ）化合物即 R_1 为—CHO 基团的具体示例。在此基础上，用其他取代基对 R_1 进行适当改构，以获得类似或更好的成药性。因此，除了描述提取方法外，对于 R_1 基团的改构，说明书也应给出适量的制备例，达到足以适当概括和归纳为式（Ⅲ）化合物的程度，有利于对申请人的实质贡献给予充分保护。

换言之，如果结合现有技术和相关理论，可以确定赋予所述效果的核心结构（先导化合物），即具有了进一步合理概括的技术和理论基础时，辅以适当的化学全合成或衍生化的实施例，则可以请求保护通式化合物。

六、中间体化合物

（一）撰写指引

中间体化合物属于化学物质，应当满足化合物专利申请的一般要求，即结构能够被清晰地表达、能够被合成和制备、能够进行结构确认等。

较为特殊的是，对于中间体物质而言，关键在于其是否可分离获得，而不在于其存在时间的长短或者其是否能够稳定存在。如果所述中间体物质不能被分离出来（即不能获得），将不能认为满足能够获得的要求。如果中间体物质没有被分离而是直接进行下一步反应，只要该物质能够被分离，也认为是可以获得的。

（二）撰写规范

1. 单一性

《专利审查指南 2010》第二部分第十章 8.2 规定，中间体与最终产物之间是否满足单一性要求的判断基本原则是，中间体与最终产物之间需同时满足以下两个条件：①二者有相同的基本结构单元，或者它们的化学结构在技术上密切相关，中间体的基本结构单元进入最终产物；②最终产物是直接由中间体制备的，或者直接从中间体分离出来的。

另外，由不同中间体制备同一终产物的几种方法，如果这些不同的中间体具有相同的基本结构单元，允许在一件申请中要求保护。用于同一终产物的不同结构部分的不同中间体，不能在同一件申请中要求保护。

【案例 2-6-9】

A. 相关案情

权利要求：

1. 下式（Ⅰ）所述的化合物

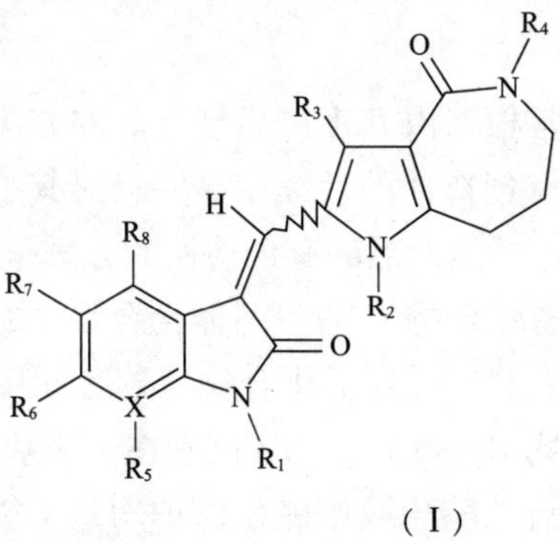

（取代基限定略）

（Ⅰ）

2. 下式（Ⅱ）所示的中间体化合物

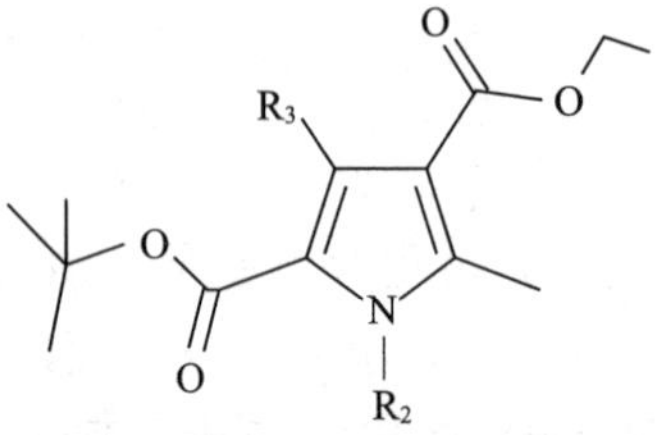

（取代基限定略）

（Ⅱ）

3. 下式（Ⅲ）所示的中间体化合物

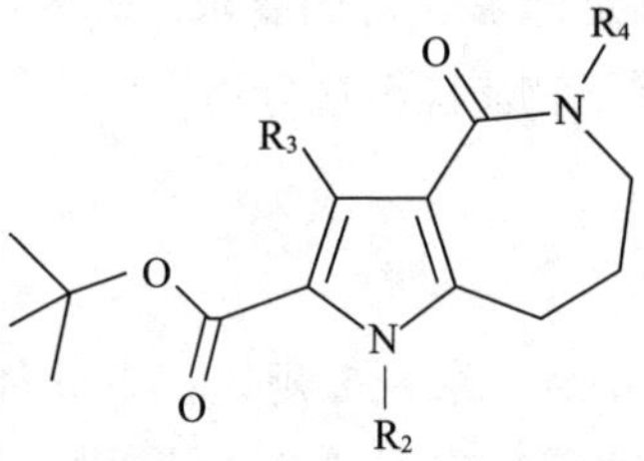

（取代基限定略）

（Ⅲ）

说明书记载，式（Ⅱ）中间体通过多个步骤制得式（Ⅰ）化合物，式（Ⅲ）中间体化合物通过一步反应得到式（Ⅰ）化合物。

B. **案例分析**

式（Ⅰ）的药物化合物不是由式（Ⅱ）中间体直接制备而来，而且也不具有相同的基本结构单元，因此权利要求1与2之间不具有单一性。

式（Ⅲ）中间体通过一步反应制备得到式（Ⅰ）药物化合物，其化学结构在技术上密切相关，中间体的基本结构单元进入最终产物，因此权利要求1、3之间具有单一性。

式（Ⅱ）和式（Ⅲ）中间体虽然都是制备式（Ⅰ）药物化合物的中间体，但它们是结构不同的中间体，不具有相同的基本结构单元，因此权利要求2与3之间不具有单一性。

2. 创造性预判

中间体化合物的创造性，通常根据由其生产后续产品的方法或所获得产品进行判断，可体现在它用于制备有创造性的后续产品并且对其结构和性能作出了贡献，也可体现在它对由其生产后续产品的有创造性的方法作出了贡献。

例如，发明请求保护用于制备化合物C的中间体化合物“2-乙氧基-4-乙酰氨基-5-氯苯甲酸乙酯”，而现有技术1公开了化合物“2-乙氧基-4-乙酰氨基-5-氯苯甲酸甲酯”也用于制备化合物C。可见，二者区别在于羧基的保护基不同。本领域技术人员熟知，对羧基进行乙酯化或甲酯化保护均是常规技术手段，且二者用途相同，该技术方案的创造性会受到审查员的质疑。

第三节　说明书的撰写

说明书是对专利申请的内容进行全面介绍的说明性文字，需要阐明发明目的、要解决的技术问题、采用的技术手段和达到的技术效果等，并通过实施例的方式予以证实。同时，说明书还是判断权利要求能否得到其支持以及修改是否超范围的依据。

一、撰写指引

以发明名称为“用于治疗丙肝病毒（HCV）感染的吡啶酮衍生物”的专利申请为例，着重说明以下几点。

（一）背景技术

该部分撰写得当，对于突出发明的创新高度是有利的。如果在未经充分检索和挖掘现有技术的情况下撰写，不仅不能客观反映现有技术的情况，且无法准确定位发明相对现有技术的创新高度和有益效果，可能会给授权带来障碍。需要指出的是，未主动检索并把握现有技术状况，有意或无意地隐藏申请日之前的技术现状，是极其不明智的。

该申请的说明书“背景技术”部分，基于对现有技术的检索和分析，首先描述了丙肝的发病状况、治疗机理和上市药物等，尽量详尽地写明有助于理解发明研发背景和现有技术发展水平的内容。接着，客观地指出现有治疗手段或药物存在的问题或缺陷，如抗病毒针对性不强、副作用大等，从而引出本领域要解决的难题或者需求，如“临床上对开发一种全新的、更加高效的 HCV 抑制剂有着迫切的需求”。

（二）发明内容

应当清楚、客观地记载发明要解决的技术问题，解决所述技术问题所采用的技术方案，以及所述技术方案产生的有益效果。

该申请的说明书“发明内容”部分，首先，点明发明涉及的治疗机理，即通过抑制 HCV 聚合酶来治疗丙型病毒性肝炎。对发明的核心即“技术方案”进行了清楚、客观的描述，并概述了其相对于现有技术的有益效果。最后，依次对技术方案中涉及的通式结构及其盐、取代基、基团以及合成路线等要素，进行多层次、逐渐缩小范围式的描述和示例。另外，还对给药方案、制剂形式等作了必要的描述。

对权利要求的每个技术特征给予不同程度的概括和示例，或者在权利要求概括的最大范围与实施例记载的具体方案之间增加优选范围层次，如阐述“(最）优选方式”“典型实例”等，使说明书达到清楚和支撑权利要求之目的，也为后续修改和争辩提供必要空间。

（三）具体实施方式

具体实施方式是对技术方案的举例和说明，这是药用化合物专利申请说明书中的重点内容，其公开的内容和程度与发明能否授权以及保护范围有重要关联。

该申请的说明书“具体实施方式”部分，首先，清楚、完整地描述了一定数量的制备实施例，合成并确认若干具体化合物或其盐，有助于本领域技术人员确信发明能够实现。其次，在效果（对比）实验例中，详细描述了实验方法、实验对象、评价标准等，将多个待试化合物的抑制活性与阳性对照（市售药）进行比较，达到使本领域技术人员进一步相信发明能够解决其技术问题并产生预期效果的程度。

可以理解的是，如果通过适当的设计，将多个关键技术特征（如取代基或基团）进行交叉组合，得到足够多的制备例和（或）效果例，充分代表要求保护的通式结构范围，使得到支持的通式结构范围越广泛，获得保护的可能性或保护范围就越大。

二、撰写规范

首先，化合物结构中的所有要素变量必须清楚。按照变量的具体指示，本领域技术人员可以认定出其所代表的唯一结构。

其次，马库什化合物在理论上可以包含无限多个具体化合物，说明书中不可能写出所有结构的制备方法和理化性质，本领域技术人员熟知采用与公开的某些化合物制备方法相似的方法，均能制得结构和性质相似的化合物。因此，说明书应清楚、完整地描述相关具体化合物的制备方法、确认数据以及效果或用途，达到使本领域技术人员确信并实施的程度。

（一）化合物制备

对于药用化合物，需要提供必要的制备实施例来说明化合物的实际合成过程。同时，应写明反应物、试剂、反应条件等内容，各步骤需清晰准确，各原料结构清晰且可获得。

（二）化合物确认

当按预定化学合成路线制得化合物后，首先要测定化合物的结构参数，以确定目标化合物的结构。常见的结构特征参数包括核磁共振碳谱（C 谱）和核磁共振氢谱（H 谱）等数据。如果说明书缺少结构确认数据，则一般难以满足公开充分的要求。

对此，《专利审查指南 2010》第二部分第十章 3.1“(1) 化学产品的确认”部分作了明确规定：“对于化合物发明，说明书中应当说明该化合物的化学名称及结构式（包括各种官能基团、分子立体构型等）或者分子式，对化学结构的说明应当明确到使本领域的技术人员能确认该化合物的程度；并应当记载与发明要解决的技术问题相关的化学、物理性能参数（如各种定性或者定量数据和图谱等），使要求保护的化合物能被清楚地确认。”

（三）化合物用途及效果

西药领域的发明，通常难以根据结构和（或）化学命名来推断是如何制备的且具有何种医药用途。例如，即使在申请文件中描述了制备方法、给药方案等内容，但若没有对药效试验及其结果进行描述，本领域技术人员仍难以对目标化合物是否具有实际用途或效果作出合理预测。

对此，《专利审查指南 2010》第二部分第十章 3.1“(3) 化学产品的用途和/或使用效果”部分作了明确规定：“对于新的药物化合物或者药物组合物，应当记载其具体医药用途或者药理作用，同时还应当记载其有效量及使用方法。如果本领域技术人员无法根据现有技术预测发明能够实现所述医药用途、药理作用，则应当记载对于本领域技术人员来说，足以证明发明的技术方案可以解决预期要解决的技术问题或者达到预期的技术效果的实验室试验（包括动物实验）或者临床实验的定性或者定量数据。”

在说明书的效果实施例中，应对以下内容作出清楚、完整的阐述：①待测活性物质是哪种化合物；②采用了何种实验模型/方法/评价标准；③得到了何种类型的结果；和④所述实验结果与发明预期用途或效果之间的关系。

进一步地，为了满足创造性、权利要求得到说明书支持等实质性要求，申请人应完成适量的实验以获得必要的证明性数据。在前期合成的具体化合物基础上，确定核心结构后，设计并制备包含不同取代基种类/位置排列组合的典型化合物，分布于效果例中，而且这些化合物的效果不应该有太大差异，相互应当可以替代，使本领域技术人员确信上述关键技术特征的变化所覆盖的通式范围内的化合物均具有所述药用潜力。

具体注意事项，可参见本书第二部分第七章第三节“二、撰写规范”。

【案例 2－6－10】

A. **相关案情**

发明涉及下式（Ⅰ）化合物，用于治疗精神障碍。

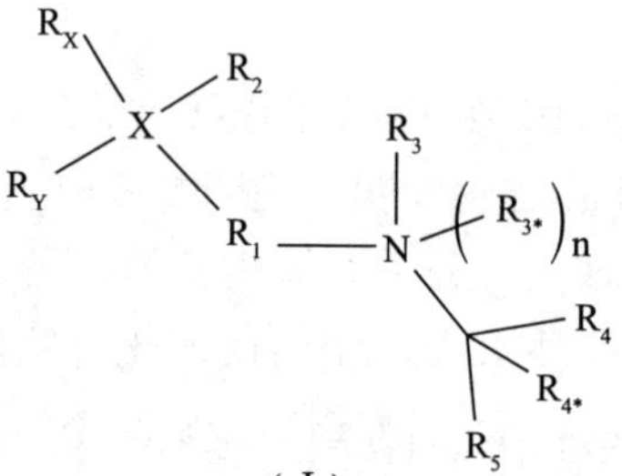

（Ⅰ）

说明书记载了若干实验方法，如表达甘氨酸转运体 1（GlyT-1）和甘氨酸转运体 2（GlyT-2）的细胞制备、经 GlyT-1 或 GlyT-2 转运蛋白测定转运、与 N-甲基-D-天冬氨酶（NMDA）受体结合测定、钙通量测定。

B. **案例分析**

虽然说明书声称所述化合物具有上述药理学活性，但是说明书的效果实施例仅仅描述了实验方法，并没有提供待试化合物的浓度以及任何药理学实验结果。而且，上述效果例也没有明示使用了何种具体化合物。

鉴于现有技术并未记载与式（Ⅰ）化合物结构相同或相近的化合物具备上述药理或治疗作用，该申请也没有提供必要的实验数据，没有达到使本领域技术人员确认发明能够解决其技术问题并产生预期效果的程度，本领域技术人员需要花费创造性劳动才能获知目标化合物是否具有声称的活性，该申请说明书可能被质疑是否对发明作出了清楚、完整的说明。

第七章

药物组合物专利申请文件的撰写

第一节　药物组合物的特点

药物组合物发明是对药用化合物发明的进一步补充，扩展了药用化合物的保护范围。在原研药投资高昂、上市难度极大的情形下，加强药物组合物发明创造的专利保护对医药领域的创新、研发具有重要意义。

本章所述的药物组合物主要是指以活性成分的组合/联用为基础的药物组合物，其他类型参见第四章。

一、以组成为特征

与药用化合物不同，药物组合物发明通常以构成药物组合物的成分和含量为其特征。从定性的角度看，应当确定药物组合物是由什么组分组成；从定量的角度看，还应当确定各个组分所用的量，即组分间的配比关系。一般而言，确定了药物组合物的组分及其含量，所述药物组合物产品即可确定。

药物组合物一般是由其构成组分进行物理混合而成，所述组分处于均匀混合分布的状态。在少数特殊的情况下，构成药物组合物的组分之间也可能发生化学反应导致其分子微观结构发生变化。因此，在仅靠组分和含量尚不能完全确定所发明的组合物产品的情况下，还需要结合其他特征，如制备方法等共同限定才能满足要求。

二、以效果为目的

与药用化合物发明不同，药物组合物发明的重点在于提供一种新的产品，所述产品具有新的治疗用途或有益效果。因此，完成一项药物组合物发明，除了需关注各组分的组合本身之外，更需关注组合后的产品所具有的用途或效果。

当两种或多种有效活性成分进行组合时，如果有实验数据证明其组合之后得到的产品对于预防或治疗的疾病或病症具有协同作用，则有利于获得专利授权。组分之间还可能相互影响，如活性组分 A 可以降低活性组分 B 的副作用，从而整体上提高了药物组合物的效果等。

第二节　权利要求的撰写

权利要求书是判断发明所要求的保护范围的依据，是发明技术方案和申请人利益的集中体现，是非常重要有技巧性的法律文件，其直接影响授权范围大小，甚至决定了授权专利是否能够获得有效的实质性保护。

一、撰写指引

（一）常规药物组合物

此类组合物中可以包含活性成分和其他辅助成分，也可以包含作用相同的多种活性成分，还可以是包含具有相互影响从而有助于提高药物组合物技术效果的活性成分组合，如具有副作用的活性成分与抑制副作用的（非活性）成分的组合。

1. 含新活性成分

含有新活性成分的药物组合物权利要求的保护范围，通常解释为含有该新活性成分的任何药物组合物。药物组合物的权利要求撰写形式实际上是对新药用化合物的权利要求保护范围的进一步延伸，并对该化合物的药用范围给予明确的限定。

【案例 2-7-1】

A. **相关案情**

权利要求 12. 一种药物组合物，其特征在于含有至少一种权利要求 1 所述的式Ⅰ化合物或其可药用盐或酯。

B. **案例分析**

在获得了式Ⅰ新化合物并证明了具有药用潜力之后，可采用药物组合物的形式请求对该通式化合物的成药性给予进一步的专利保护。

2. 含作用相同的已知成分

当两种或多种活性成分组合之后，对于某种疾病的预防或（和）治疗具有如协同增效等作用，且现有技术中未曾披露过这样的效果时，如发明人意外地发现联用化合物 A 和化合物 B 具有协同的抗癌效果，并且在实施例中对显示协同抗癌效果性能的药理学试验结果进行了科学验证，通常可撰写成如下药物组合物的形式："一种治疗癌症的药物组合物，其特征在于包含活性成分 A 和 B"。

3. 含相互影响从而促进疗效的药物

除了产生协同作用之外，组分之间还可能彼此影响而产生其他效果。例如，某种（活性）组分的存在可以降低其他活性组分在实现治疗目的时所带来的不期望的副作用，从而提高整个药物组合物的治疗效果。

【案例 2-7-2】

A. **相关案情**

权利要求：

1. 一种治疗糖尿病的药物组合物，包含重量配比为 1:0.5~2:1 化合物 A 和化合物 B。

2. 根据权利要求 1 的药物组合物，其中 A 与 B 的重量配比为 2:1。

实验表明，A 和 B 联用能够减轻单独施用 A 所观察到的体重增加等副作用。

B. **案例分析**

虽然已知 A 和 B 分别用于治疗糖尿病，但是现有技术中并没有记载 A 与 B 联用抗糖尿病的技术方案。即使现有技术中公开了 A 和 B 联用，但是由于其没有教导也无法预见联用能降低单独施用 A 带来的副作用，而发明也因其特定配比的组合实现了预料不到的技术效果，因此可采用上述形式请求保护。

（二）制备方法限定的药物组合物

在某些特殊情况下，当产品权利要求既无法用组分和含量特征，并且也不能用参数特征予以清楚地表征时，允许结合方法特征表征。例如，通过特定的加工方法使所得药物组合物的性能发生了改变（如提高了生物利用度、改善了溶解性或稳定型等），但这种性能的变化无法通过产品本身的技术特征如组成、含量和结构等来表征。在这种情况下，制备方法成为关键技术特征，应当依据说明书对原料、制备步骤和条件以及所得产品进行恰当表征。

【案例 2－7－3】

A. 相关案情

权利要求：一种治疗心绞痛的药物组合物，其特征在于包含苯磺酸左旋氨氯地平晶体，所述晶体通过以下步骤制得。(步骤略)

B. 案例分析

已知苯磺酸左旋氨氯地平难溶于水，其在人体中吸收慢，特别是给药后的初期血药浓度非常低，导致起效非常慢。发明人通过研究获得了一种苯磺酸左旋氨氯地平晶体，该晶体能在一定程度上改善苯磺酸左旋氨氯地平的溶解度，进而提高药物生物利用度。但是，申请人在提交申请时并未提供 X 射线粉末衍射图谱，因此只能采用制备方法进行限定。

必须指出的是，该制备方法限定的产品型权利要求的保护范围较小，且因为制备方法的不同并不一定得到新的晶型，导致维权时不容易取证，所以这不是推荐的做法。

（三）含有功能性限定活性成分的组合物

权利要求中的活性成分有时采用功能性术语，如“X 酶抑制剂”或者“Y 受体拮抗剂”等表征。由于这些功能性术语包含的化合物通常具有多种不同结构、命名多样且不规范（如自拟代码）等特点，同时药理活性、作用机理与致病机理和治疗作用表述方式之间往往存在完全不同的表达方式，或者彼此之间也容易存在交叉、重叠、上下位概念等多重复杂性，因此该类功能性术语的外延往往不清楚，而且涵盖了较宽的范围。

另外，功能性限定容易引起新颖性（如不排除包含已知物质）、支持等方面的质疑，因此药物组合物应尽量避免使用功能性限定。如果本领域技术人员清楚明了实现该功能存在已知的方式，并且该功能特征所覆盖的除说明书以外的其他实施方式也能解决发明的技术问题，达到相同的技术效果，那么这种限定是允许的。

（四）药物试剂盒

1. 非同时使用

例如，一种药物试剂盒，包括：含有抗肿瘤有效量药物 A 的第一制剂，和包含抗肿瘤增效效应有效量药物 B、降低副作用有效量药物 C 的第二制剂。可以在施用 A 之前、之后或同时，施用 B 和 C，实现了“既增强 A 的抗肿瘤效果并降低药物联用后 A 的副作用”。

2. 无法共存或需临用配制

例如，一种注射用试剂盒，包括：①经冷冻干燥的蒽环类抗恶性肿瘤抗生素的注射剂；②含有选自烟酰胺、异烟酰胺和龙胆酸乙醇胺中至少一种酰胺的溶解液。临用前加溶解液助溶，能有效克服此类药物与生理盐水的配伍禁忌。

3. 包含药品说明书

并不排斥包含药物使用说明书这样的“特征”。但是，需要指出的是，体现于药品说明书或标签中的内容不构成权利要求范围的实质性内容，在判断“三性”时不予考虑。

二、撰写规范

（一）开放式或封闭式

组合物权利要求可以划分为开放式和封闭式两种不同类型。其中，开放式的权利要求通常采用“包含”“包括”“主要由……组成”的表达方式，解释为还可以含有该权利要求中没有述及的组成部分。而“半封闭式”权利要求，例如，“一种药物组合物，其中的活性成分由 A 和 B 组成”这样的表达方式，通常解释为组合物中不含 A 和 B 之外的活性成分，而对非活性成分是开放的。

通常，开放式权利要求的保护范围较大，但在实质审查阶段中更容易受到有关“新颖性”“创造性”或“得不到说明书的支持”等方面的质疑，增加了获得授权的难度。而封闭式权利要求更易通过实质审查获得授权，但其授权后的保护范围比开放式权利要求小。因此，到底是采用开放式还是封闭式的撰写方式，一方面是基于对保护范围的考量，另一方面要合理考量技术方案自身相对于现有技术的贡献。

【案例 2－7－4】

A. 相关案情

权利要求：一种注射用冻干组合物，由重量比为 3：1 的药物 A 和药物 B

组成。

说明书中仅记载了由这两种组分组成的冻干组合物的多个实施例，并没有列举除了这两种组分之外的其他活性成分或赋形剂也可以适用于该申请的情形。

B. 案例分析

该权利要求应解释为组合物仅由这两种物质组成，别无其他组分。实际上，为了获得更优的保护范围，应尽量避免在申请时就将组合物写成上述“完全封闭式”。通常，以下示例性表述是适宜的，有望获得合理的保护范围：

1. 一种注射用冻干组合物，其特征是：其中的活性成分由A与B组成，二者的重量比为（5~3）：1。

…………

4. 一种注射用冻干组合物，其特征是：还含有药用赋形剂，其中活性成分的重量比例为3：1。

然后，将上述组合物作为终产品的“中间组分”，进一步请求保护制剂，例如，

5. 一种注射用冻干粉制剂，其特征是：含有权利要求1~4之一所述组合物。

…………

7. 根据权利要求5的制剂，进一步含有非离子表面活性剂。

…………

10. 根据权利要求1~4之一的组合物，其特征是：还含有冻干支撑剂。

11. 根据权利要求5~9之一的制剂，其特征是：还含有冻干支撑剂。

（二）清楚

1. 主题名称清楚

作为一项清楚的权利要求，应当具有本领域技术人员能够清楚确定的保护范围，首先要求发明专利的类型清楚，其次要求权利要求中的用语清楚无误。

例如，“药物组合”既可理解为药物组合产品，也可能是药物组合的方法，故主题类型不清楚。类似地，“一种矿物蒙脱石作为药剂辅料”，无法确定要求保护的是蒙脱石本身，还是其作为药剂辅料的用途，故主题类型不清楚。以上均导致相关技术方案不清楚。

2. 技术术语清楚

如果组合物中的活性组分或非活性组分（如赋形剂）是已知的，则应使用化学名称，如乙酰水杨酸；或者本领域公知的通用名称或概念，如阿司匹林、大环内酯类抗生素，即该组分名称应当准确无误，能够从现有技术中获知和

获得。

如果所使用的组分是现有技术未知的新物质或者是申请人特制的物质，则应当详细说明其化学结构及其制备方法，并充分公开到可以实施的程度。不应使用非通用的简称、俗称、缩写、代号或者生僻（特别是自拟定义的）名称。无适当名称而不得不使用特殊名称时，必须给出明确的定义和文献的出处。

3. 组分含量清楚

组分的含量或配比是药物组合物的基本技术特征之一，是不可或缺的技术内容。组分的含量或配比可以用定量的方式来表述。定量方式如百分含量表示法、份数表示法或余量表示法。定量表示可以是范围，但该范围应能够从说明书实施例中所列举的具体数值概括出来，即所述的范围应与实施例中具体的数值相呼应。

通常，不允许以“>X”表示含量范围。可以用“0～X”“<X”或“X以下”等表示组分含量。以“0～X”表示的组分，为选择组分。“<X”“X以下”表示包括X=0的情形。需要注意的是，采用绝对含量的方式表征，例如，“一种抗菌组合物，包含20mg的化合物A”，导致技术方案不清楚。

计量单位也是非常重要的，说明书中应当描述含量和配比是体积比、重量比还是摩尔质量比。以重量体积比为例，应当描述是什么重量单位（如克、毫克）与什么体积单位（如毫升、升）之比。一般而言，在撰写药物组合物的含量配比时，建议采用重量份或重量比的形式来限定，这样更利于清楚表达其含量范围，也利于后续的修改。

【案例2-7-5】

A. 相关案情

权利要求：一种药物组合物，包含如下重量比的药物：40%～50%的A、20%～40%的B、20%～30%的C和10%～20%的D。

B. 案例分析

一个组合物中各组分含量百分数之和应当等于100%。该案中，当B组分含量为上限值40%时，与其他组分下限值总和为110%（大于100%），说明在该点值时不能实施，即包含了不能实施的技术方案，这样对百分含量的撰写是不符合要求的。

4. 各组成之间关系清楚

在某些药物组合物中，尤其是药物制剂中，组分或者组成之间的结构常常是解决技术问题的关键技术特征，应当进行清楚的表述。例如，在透皮吸收制剂中，褃褙层、储药层和压敏层之间的相互连接关系是关键要素。在持续释放制剂中，速释活性成分、包衣材料和缓释活性成分之间的分布关系是实现发明的关键技术特征。具体案例将在本书第二部分第八章中进行详细介绍。

（三）得到说明书支持

在医药领域中，权利要求采用上位概括的方式十分典型。例如，将某一种或几种具体的物质上位概括为一类物质（包括通式概括），或者将多种特定病症上位概括为一类疾病。

权利要求应当以说明书的描述为依据，目的是要使请求保护的范围与说明书中公开的技术方案以及对现有技术的贡献相匹配。这里所说的“支持”不仅仅是说明书形式上（即文字描述）的支持，关键还应得到实质上的支持。例如，如果请求保护一种药物组合物，那么关键组成成分、含量以及限定的用途等特征不仅应记载在说明书中，还应能够从具体的实施例和（或）具体描述的实施方案中合理地概括和归纳出来。

当发明相对于现有技术的改进涉及数值范围时，说明书中通常应给出两端值附近（最好是两端值）的实施例；当数值范围较宽时，还应给出至少一个中间值的实施例。

【案例2-7-6】

A. 相关案情

权利要求：一种用于治疗或抑制尼古丁依赖的药物组合物，其特征在于含有选自以下的化合物：包含胞苷的化合物、包含胞嘧啶的化合物和包含尿苷的化合物。

说明书罗列了上述三类化合物，但是仅验证了特定化合物CDP-胆碱（属于“包含胞苷的化合物”）具有所述效果，申请人同时指出“并且相信其他相关化合物可能有类似的用途”。

B. 案例分析

“包含胞苷的化合物”“包含胞嘧啶的化合物”和“包含尿苷的化合物”均包含了大量的化合物，它们的结构差异很大，且并不是所有这些化合物的代谢产物都是胆碱或胞苷。在说明书没有证明除了CDP-胆碱之外的其他化合物也能够产生类似效果的情况下，由一种特定的化合物无法扩展到三大类化合物，因此该权利要求得不到说明书的支持。

C. 撰写建议

在提交审查意见答复时，申请人可以结合公知常识，从这三类化合物具有一定的活性关联（如作用机理相同）、疾病与化合物结构的关联等方面进行举证或者论述，或者举证上述化合物的代谢产物属于胆碱类，且与CDP-胆碱具有相同的效果等。否则，即使修改到CDP-胆碱的上位化合物，也可能被质疑是否得到说明书的支持。

（四）新颖性预判

根据药物组合物的组分及其含量来判断该组合物是否具备新颖性。当药物组合物权利要求中包含给药途径、给药方案（包括剂量、时间、频次、对象等）、药品性能或用途、制备方法等特征时，应当考虑这些特征是否对产品的结构和/或组成产生了实质影响。

需要注意的是，不同国家或地区的专利审查机构对上述技术方案新颖性的判断可能不同，如果申请人通过PCT国际申请等途径向他国和地区申请专利时，可不必拘泥于下述案例结论。

1. 给药途径限定

药物组合物权利要求中包含特定给药途径或方式特征时，如果这些特征中隐含了药物组合物结构和（或）组成特征，例如，特定给药途径暗示药物组合物中含有特定的药用辅料时，这会对产品的结构和（或）组成产生影响。

【案例2-7-7】

A. 相关案情

权利要求：一种口服液组合物，其包含有效成分A和C。

现有技术1公开了一种注射液组合物，其包含有效成分A和C。

B. 案例分析

请求保护的口服液组合物与现有技术1的注射液相比，区别主要在于给药途径不同。由于注射液对于如溶解性、pH、渗透压、离子强度等的基本要求通常要高于口服液，本领域技术人员公知注射液一般可作为口服液使用，如此表征的口服液涵盖了现有技术1注射液，故通常认为该权利要求缺乏新颖性。如果用口服液专用的特定辅料作进一步限定，有望克服其新颖性缺陷。

2. 给药方案限定

作为一般原则，给药方案（包括给药剂量、时间和频次、对象等）是药物施用于人体的具体用药方法，其体现的是医生的治疗行为，通常不能对药物组合物的结构和（或）组成产生实质影响。

与给药剂量不同，药物组合物的单位剂量通常是指每一药物单位（如每片、每瓶）中有效成分的含量或浓度。如果单位剂量没有达到所需的给药剂量，可通过服用多个单位剂量的药物实现，可见给药剂量是用药过程中使用药物治病的行为，并不必然导致药物组合物的结构和（或）组成的变化。

另外，给药对象通常也不能赋予产品权利要求新颖性。例如，现有技术公开了采用大鼠模型证明化合物 A 的溶液具有治疗高血压的作用，则“用于治疗人类高血压的含 A 的药物组合物”不具备新颖性。

【案例 2-7-8】

A. 相关案情

权利要求：一种治疗高血压的药物组合物，其包括含有效成分 A 和药用辅料，且以每日 0.05～10mg A 的剂量给药一次。

现有技术 1 公开了可将化合物 A 制成治疗高血压的药物。

B. 案例分析

与现有技术 1 相比，该权利要求还限定了日给药剂量和频次。鉴于所述给药方案不能对产品本身产生任何限定作用，所以不具备新颖性。

如果说明书记载表明所述日剂量等于组合物的单位剂量，则有望通过修改克服新颖性缺陷。

3. 治疗用途限定

通常，治疗用途不会对药物组合物的结构和（或）组成产生影响，不具有限定作用。

【案例 2-7-9】

A. 相关案情

权利要求：一种治疗中耳炎的组合物，包含活性成分 A、胶凝剂以及 0.5～1g/100mL 无机盐水溶液。

现有技术 1 公开了一种顽固性湿疹治疗剂，其由有效量的 A、羟乙基纤维素和生理盐水组成。

B. 案例分析

公知羟乙基纤维素是一种胶凝剂，而生理盐水则是一种具体的无机盐水溶液。由此可见，该权利要求与现有技术 1 的区别特征是其治疗用途，但是没有证据表明该特征对药物组合物的结构和（或）组成产生了实质影响，例如，其并没有隐含限定是某种特定剂型等，因此该权利要求不具备新颖性，可以修改为制药用途形式。

（五）创造性预判

1. 区别在于药物组合

此类申请缺乏创造性的常见情形，包括：①活性相同或者相似的已知活性成分的联合未产生协同或其他预料不到的效果；②活性成分的联合产生了积极有益的效果，但这种有益效果根据现有技术是可以合理预见的；③药理作用已知的不同活性成分在组合后依然各自发挥原有作用。

【案例 2－7－10】

A. 相关案情

权利要求：一种具有紫杉醇响应的肿瘤的治疗药，含有紫杉醇和化合物 X，化合物 X 的量足以有效地抑制紫杉醇引起的呕吐。

现有技术 1 教导呕吐是施用紫杉醇时引起的常见副作用。

公知化合物 X 通常用来减轻呕吐。

B. 案例分析

为了减轻紫杉醇引起的呕吐副作用，本领域技术人员有动机将止吐药与紫杉醇联用，而且采用常规技术选择适宜的药物配比是本领域技术人员通常具有的能力，因此认为该权利要求不具备创造性。

2. 区别在于用途/效果

与现有技术相比，如果某组合物所具有的性能是多个已知活性成分的功效加和，则这样的技术效果通常属于本领域技术人员可合理预期的，则该组合物是显而易见的。

【案例 2－7－11】

A. 相关案情

权利要求：一种经鼻用施用的药物组合物，含有 10～600mg/mL 木糖醇。

实验数据表明，以喷雾剂、滴剂等形式施用该组合物，可有效治疗鼻咽充血。

现有技术 1 公开了一种含 400mg/mL 木糖醇的口服水溶液，用于治疗呼吸道感染。

公知气雾剂、溶液剂等是常规的鼻内或呼吸道给药形式。

B. 案例分析

首先，权利要求 1 的药物组合物可能隐含了适于喷雾剂、滴剂的辅料，不同于现有技术 1 的口服水溶液。其次，发明所要解决的技术问题、解决的思路和给药途径等均不同于现有技术 1。本领域技术人员难以将治疗呼吸道感染的药物用于治疗鼻部炎症，也无法就安全性、疗效、稳定性等方面作出合理预期，因此发明是非显而易见的。

3. 区别在于药物含量

如果这种含量（剂量）不同的技术方案对于本领域技术人员来说是显而易见的，则该组合物通常不具备创造性。

【案例 2－7－12】

A. 相关案情

权利要求：

1. 一种治疗肠炎的固体组合物，每 100mg 的组合物包含 0.5～10mg 化合物 C 和药用载体。

2. 化合物 C 在制备用于每日给药一次治疗肠炎的口服药物组合物中的用途，其中所述药物组合物含有 3～15mg 化合物 C 和药用载体。

说明书记载，采用低给药剂量（如日剂量 3～15mg）的化合物 C 能有效治疗肠炎，并克服了高剂量药物治疗肠炎时出现的副作用。

现有技术 1 公开了每日两次服用含 30mg 化合物 C 的颗粒剂或溶液剂可有效治疗肠炎。

B. 案例分析

申请人请求保护低剂量药物组合物及相应的用途，然而这并不能反映发明的实质贡献。深入分析可知，发明实际上是基于发现新的给药方案完成的，除了提供显著低的给药剂量（即医生的治疗行为，如根据个体或病情加以调整），申请人并不能证明采用了何种技术手段赋予组合物以新的疗效或降低的副作用。同时，所述技术方案既没有改变化合物 C 治疗疾病的已知用途或给药途径，也没有改变化合物 C 治疗肠炎的机理。对本领域技术人员来说，在现有技术 1 的基础上制备不同单位剂量的药物组合物是无需创造性劳动的。因此，上述权利要求的创造性可能会受到质疑。

C. 撰写建议

申请人可以强调常规制剂方法无法获得发明效果，对于发明获得专利权是有利的。例如，发明采用肠溶包衣的技术方案，避免了胃部不良反应，同时实现了低剂量药物在肠内的足量释放等。

需要注意的是，不同国家或地区的专利审查机构对这类技术方案新颖性或创造性的判断不同。如果申请人通过 PCT 国际申请等途径向他国和地区申请专利时，可不必拘泥于该案例结论。

4. 区别在于同类物质的替换

与现有技术相比，如果区别仅在于结构或性能类似的药物的替换，并且说明书的记载不能证明所述替换相对于现有技术产生了预料不到的效果，则这样的药物组合物不具备创造性。

【案例 2-7-13】

A. 相关案情

权利要求：一种复方抗菌组合物，其包含1：10~1：1的头孢匹肟与舒巴坦。

现有技术1公开了头孢菌素类与β-内酰胺酶抑制剂的组合对耐药菌显示出协同抗菌效果，并具体公开了1：20~20：1的头孢哌酮与克拉维酸或舒巴坦联合给药的方案。

B. 案例分析

比较分析可知，该申请是组合物的形式，而现有技术1是联合给药的形式。而且，该申请以头孢匹肟替换了现有技术1的头孢哌酮（二者属于结构和功能近似的头孢类抗生素），相应的药物配比也不同。

在临床治疗中采用联合用药以提高药物疗效或降低药物的毒副作用，或者将两种或两种以上药物配成复方制剂，以方便服用、提高疗效和减少不良反应，是药剂配伍使用的两种具体方式。而且，将联合用药的方式转变为复方组合物或制剂的形式是本领域常规技术手段。在现有技术1的引导下，本领域技术人员有动机将普适的方案运用到特定的药物上，且可以合理预期这两类药物联用具有增效的潜力。因此，该权利要求是显而易见的。

第三节　说明书的撰写

一、撰写指引

结合第四节中发明名称为“一种控制或降低非胰岛素依赖性糖尿病患者血糖的药物组合物”的撰写实例，着重说明以下几点。

1. 背景技术

首先，在充分、系统检索的基础上，尽可能多地引用并分析与发明密切相关的技术文献。例如，介绍高血糖症的治疗机理和用药状况时，应尽量详尽地写明有助于理解该发明的背景技术和现有技术发展水平。其次，客观指出现有技术存在的缺陷、难题或者需求等，例如，临床上对疗效确切且副作用少的老药有联用需求，从而引出发明的研发背景、目的以及应该获得授权的逻辑。需要指出的是，未主动检索并把握现有技术状况，有意或无意地隐藏申请日之前的技术现状，是极其不明智的。

2. 发明内容

首先，根据发明要解决的技术问题，对发明核心即"技术方案"进行清楚、客观的描述，并概述其相对于现有技术的有益效果。其次，依次对技术方案中涉及的联用药物的种类、来源、配比、给药方案、制剂形式及其辅料等要素，进行多层次、逐渐缩小范围式的描述和示例，并对"组合治疗""治疗有效量"等这类概念作出定义。对权利要求的每个技术特征给予具体说明，或者在权利要求概括的最大范围与实施例记载的具体方案之间增加优选范围层次，使说明书达到清楚和支撑权利要求之目的，也为后续修改和争辩提供必要空间。

3. 具体实施方式

由于发明采用的是市售产品的组合，因此无需提供制备实施例。在用途和（或）效果实施例中，将联用的优选方式与单独施用的现有技术进行比较实验，以充分证明发明能够解决其技术问题并产生预期效果。其中，尽可能清楚、完整地描述动物模型、实验方法、评价标准等，并对实验数据进行统计分析处理，达到使本领域技术人员确信并实施的程度。尤为关键的，申请人对关键技术特征（如他汀的种类及配比）进行了交叉组合，分布于足够量的不同效果例中，从而更好地为权利要求所概括的技术方案提供实质性支持。

二、撰写规范

（一）清楚

如果发明涉及的活性成分是现有技术中已知的，应使用其药学上清楚的通用名称。

组分的含量或配比是药物产品的基本技术特征，在说明书中应采用定性或定量的方式来清楚、明确的表述。例如，说明书仅提供了含有比例为（1～2）:（8～12）药物A和B复方的效果数据，这样撰写的缺点是没有给出待试药物的具体含量数值，不符合本领域的实验规范，容易引起审查员的质疑。

（二）公开充分

专利申请中可以保留部分技术诀窍。例如，药物专利的权利要求书和说明书中公开的技术方案涉及的温度、pH、试剂量、有效量等，可以是一个适当的范围，只要能够保证本领域的普通技术人员按照说明书的描述能够实现发明所述的技术方案就可以。然而，申请人也应该注意，不能把所有关键技术特征作为技术诀窍保留下来，否则容易造成说明书公开不充分，所以想要保留技术秘密时必须十分慎重。

1. 应记载组分含量

例如，基于发现活性成分联用产生了协同作用而获得的发明，活性成分的比例或含量（范围）就成为该组合发明的关键技术特征。如果申请人出于保密或其他原因而未具体公开该比例或含量（范围），则有可能导致说明书中具有声称效果的技术方案公开不充分。

当然，在实施例充分支持的情况下，可恰当地采用多层次、逐步缩小的撰写策略。例如，在大范围下给出多个逐级递减的小范围或者具体示例，可避免出现层次断裂、只有大范围或具体组合/配比的情形出现，另一方面更为有利的是可将最优选的关键技术特征隐藏其中。

2. 应记载产品的制备方法和使用方法

一方面，如果药物活性成分不清楚，同时说明书中也没有描述它是怎样获得的，那么该申请将被认为是公开不充分的。因此，药物产品发明的说明书应该描述其来源或者制备方法，如标明“采用标准教科书方法制备”“直接混合”或者“采用常规提取方法得到”，也可以根据所述方法的常规性和特殊性来确定描述得详细程度，前提是使本领域技术人员在阅读该申请说明书后能够实现该发明。

另一方面，例如，通过喷雾干燥方法使某药物组合物产生了预料不到的稳定效果，而且用药物组合物本身的技术特征不能清楚地描述这种稳定的药物组合物，只能使用喷雾干燥方法来表述。在这种情况下，制备方法就成为定义药物组合物的关键技术特征，在说明书中加以清楚描述是十分重要的，通常应描述与声称效果的获得密切相关的工艺步骤和工艺条件，包括但不限于组分的混合顺序、加热温度、干燥时间、压片压力和（或）颗粒大小等（应使用国家法定的计量单位）。另外，如果制备方法与设备的性能、构造等密切相关时，说明书要描述该专用设备名称、型号、生产厂家甚至使用方法等信息。

3. 应记载效果实施例

药物领域的专利申请是否解决了其所要解决的技术问题并产生了预期技术效果，通常需要依赖实验结果进行证实。如果本领域技术人员无法根据现有技术预测发明能够实现所述效果/用途，则说明书应当记载足以证明实现所述用途和/或效果的实验室或者临床实验水平的定性或者定量数据。

显然，按照本领域遵循的基本原则（随机、对照、重复）设计并实施的药效学试验，且本领域公认所述实验模型、方法、结果与发明的效果和（或）用途之间存在着密切关联，所获得的实验数据对于发明获得专利权是有利的。

（1）实验所采用的具体物质。

说明书中应当清楚地描述实验所采用的具体化合物或药物组合物或制剂样品、试剂或对照品等。如果说明书中仅笼统地说明使用的样品或者非特定的药物，如“本发明化合物”“本发明包含式Ⅰ化合物的药物组合物”等，则由于说明书中没有清楚地说明实验究竟采用了哪个样品，而不能获知实验结果由何种具体样品获得，因此有公开不充分的嫌疑。

如果说明书中将实验所采用的物质描述为“（最）优选化合物”“制备例的化合物或药物”“代表性制剂”等，并且说明书中其他部分已经明确地示例了它们的具体物质，则通常认为满足了清楚和公开充分的要求。

（2）实验方法。

可采用实验室实验或者临床试验，如采用动物模型或者离体生物组织进行的实验，也可以是细胞或分子水平的实验。所述方法、模型和判断标准应是本领域公认能用来证明所述效果。不论进行何种实验，说明书中都应当记载具体的实验步骤和条件，必要时还应当说明实验设备。

（3）实验结果。

通常，采用定量数据对实验结果进行描述，如合理的样本数量、显著性处理结果等。如果根据实验方法不可能获得定量数据，或者观测对象的性质不适于采用定量数据进行描述时，则允许采用定性数据对实验结果进行描述，例如，医生对患者的某些临床症状变化的定性描述。

（4）实验结果与用途和/或效果之间的对应关系。

如果实验结果不能直接证明发明的预期用途和/或效果，则说明书中还应当说明或提供证据证明所述实验结果与所述用途或效果之间的关系。

第四节　撰写实例

一、说明书摘要

本发明涉及一种药物组合物，该药物组合物包含：(i) 二甲双胍及其药学上可接受的盐，(ii) 他汀及其药学上可接受的盐，以及任选的药学上可接受的赋形剂。所述药物组合物用于治疗高血糖症，控制或降低非胰岛素依赖性糖尿病受试者中的血糖。

二、权利要求书

1. 一种控制或降低非胰岛素依赖性糖尿病患者血糖的药物组合物，其特征在于所述药物组合物包含：(i) 二甲双胍及其药学上可接受的盐，(ii) 他汀类及其药学上可接受的盐。

2. 根据权利要求1所述的药物组合物，其特征在于所述他汀选自洛伐他汀、氟伐他汀、阿托伐他汀、辛伐他汀、普伐他汀、伊伐他汀或罗苏伐他汀。

3. 根据权利要求1或2所述的药物组合物，其特征在于所述的二甲双胍以选自下列的盐的形式存在：盐酸盐、乙酸盐、苯甲酸盐、柠檬酸盐、延胡索酸盐、双羟萘酸盐、氯苯氧基乙酸盐、乙醇酸盐、棕榈酸盐、天冬氨酸盐、甲烷磺酸盐、马来酸盐、对氯苯氧异丁酸盐、甲酸盐、乳酸盐、琥珀酸盐、硫酸盐、酒石酸盐、环己烷羧酸盐、己酸盐、辛酸盐、癸酸盐、十六烷酸盐、十八烷酸盐、苯磺酸盐、三甲氧基苯甲酸盐、对甲苯磺酸盐、金刚烷羧酸盐、乙醛酸盐、谷氨酸盐、吡咯烷酮羧酸盐、萘磺酸盐、1-葡萄糖磷酸盐、硝酸盐、亚硫酸盐、连二硫酸盐或磷酸盐。

4. 根据权利要求3所述的药物组合物，其特征在于所述的二甲双胍以选自下列的盐的形式存在：盐酸盐、延胡索酸盐、双羟萘酸盐或氯苯氧基乙酸盐。

5. 根据权利要求1或2所述的药物组合物，其特征在于所述的他汀以选自下列的盐的形式存在：钠盐、钾盐、镁盐、钙盐或者铵盐。

6. 根据权利要求1或2所述的药物组合物，其特征在于所述的他汀与二甲双胍的重量比为11：2～11：20 000。

7. 根据权利要求1～6任一项所述的药物组合物，其特征在于所述组合物为粉剂、片剂、锭剂、颗粒剂、胶囊剂、悬浮液或乳液形式。

8. 二甲双胍和他汀在制备控制或降低非胰岛素依赖性糖尿病的血糖的药物中的用途。

9. 二甲双胍和他汀在试剂盒制备中的用途，所述试剂盒包含：a) 二甲双胍或其药学上可接受的一种盐，和 b) 他汀或其药学上可接受的一种盐；所述试剂盒用于同时共施用二甲双胍和他汀以控制或降低非胰岛素依赖性糖尿病受试者中的血糖。

三、说明书

一种控制或降低非胰岛素依赖性糖尿病患者血糖的药物组合物

技术领域

本发明属于医药领域，涉及一种控制或降低非胰岛素依赖性糖尿病的血糖的药物组合物。

背景技术

胆固醇和甘油三酯（TG）是人血流中脂蛋白复合物的一部分，可以通过超速离心将其分离成高密度脂蛋白（HDL）、中密度脂蛋白（IDL）、低密度脂蛋白（LDL）和极低密度脂蛋白（VLDL）。胆固醇和甘油三酯在肝内合成，加入到VLDL中，并释放到血浆中。高水平的总胆固醇（Total-C）、LDL-C（低密度脂蛋白胆固醇）和载脂蛋白B（apo-B，LDL-C的膜复合物的组分）促进人类的动脉粥样硬化，水平降低的HDL-C（高密度脂蛋白胆固醇）和它的转运复合物载脂蛋白A与动脉粥样硬化的发展有关。人类的心血管发病率和死亡率与Total-C和LDL-C的水平呈正向变化，而与HDL-C的水平呈反向变化。

口服的他汀是用来降低患者体内LDL-C的A（HMG-CoA）还原酶。作为其补充的是口服的贝特（fibrate），贝特用以降低富含甘油三酯的脂蛋白、增加HDL和降低致动脉粥样化的LDL。服用他汀或贝特的患者经常食用脂肪含量低和脂肪含量变化的食物。

HMG-CoA还原酶是在胆固醇的生物合成中催化限速反应（甲羟戊酸盐）的微粒体酶。根据本发明，他汀是HMG-CoA还原酶的抑制剂，因此可以抑制或干扰胆固醇的合成。抑制胆固醇合成可以导致血胆固醇水平降低。已发现大量天然或合成获得的或合成改性的化合物可以抑制HMG-CoA还原酶。这些化合物形成一类对本发明的实践有用的物质。实践中，这些物质已用来治疗患有高胆固醇血症的个体。

已知HMG-CoA还原酶抑制剂能让Ⅱ型糖尿病伴高脂血症患者提高胰岛素敏感性，从而改善Ⅱ型糖尿病的胰岛素抵抗。二甲双胍主要是因为它的抗高血糖活性而为人所知，并广泛用在非胰岛素依赖性糖尿病的治疗中。在胰岛素依赖性糖尿病的情况中，也将二甲双胍与胰岛素组合施用于患者。有报道称，二甲双胍、普伐他汀和抗高血压药坎地沙坦三者联用可以治疗同时伴有Ⅱ型糖尿病、高脂血症、中心肥胖的患者。

令人惊奇的是，本发明人发现二甲双胍与他汀的组合显著改善了患有非胰岛素依赖性糖尿病的糖尿病患者的高血糖症。更具体地，二甲双胍和他汀的组合施用获得了协同效应。在现有技术中还没有记载二甲双胍和他汀的组合。

发明内容

因此，本发明涉及一种药物组合物，该组合物包含（i）二甲双胍和（ii）他汀作为活性成分，该活性成分与一种或一种以上的药学上可接受的赋形剂相组合。

所述组合物尤其适合降低非胰岛素依赖性糖尿病患者的高血糖和改善胰岛素抗性。该组合物还可以用于非血脂异常症患者或血脂异常症患者。

本发明的组合物包括可商购获得的他汀，例如，在美国专利 No. 4231938 中公开的洛伐他汀和莫维诺林，在美国专利 No. 4346227 中公开的普伐他汀和普伐他汀钠，在 EP0114027 和美国专利 No. 4739073 中公开的氟伐他汀、氟伐他汀钠和 XU62-320，在美国专利 No. 5273995 中公开的阿托伐他汀，在 EP304063 中公开的也称作 NK-104 的伊伐他汀，在美国专利 No. 3983140 中公开的美伐他汀，在美国专利 No. 4448784 和 No. 4450171 中公开的罗苏伐他汀、维乐他汀（velostatin）和辛伐他汀，以及在美国专利 No. 4897402 中公开的西立伐他汀、皮替伐他汀（pitivastatin）以及大量的其他物质，在此通过参考的方式引入这些专利所公开的内容。

洛伐他汀是一种无活性内酯，为白色、非吸湿性结晶粉末，分离自土曲霉（Aspergillus Terreus）菌株，其不溶于水，微溶于乙醇、甲醇和乙腈。洛伐他汀在口服摄入后水解为相应的（β）-羟基酸，该代谢物是 HMG-CoA 还原酶的抑制剂。当制成用于口服的美降脂（Mevacor）时，药片可以包含 10 ~ 40mg 的洛伐他汀以及诸如纤维素、乳糖、硬脂酸镁、淀粉等药学上可接受的赋形剂和作为防腐剂的丁基化的羟基茴香醚。当单独服用时，洛伐他汀可以治疗相关的高脂血症，如可降低血浆的 Total-C、LDL-C、Total-C/HDL-C 比和 LDL-C/HDL-C 比以及提高 HDL-C，并一定程度上降低 VLDL-C 和血浆 TG。美降脂可以将 Total-C 和 LDL-C 降低到目标水平，并降低患有原发性高胆固醇血症（IIa 和 IIb 型）的患者中已升高的 Total-C 和 LDL-C 水平。可能是胆固醇主要在夜间合成的原因，在晚上服用要比在早晨服用相同的剂量的美降脂更有效。美降脂的推荐初始剂量优选与膳食一起提供，可以与晚餐一起进食 20mg/天的单剂量。

氟伐他汀（也称氟伐他汀钠）是合成的 HMG-CoA 还原酶抑制剂……（略）。

阿托伐他汀（或阿托伐他汀钙 21：1）为白色至乳白色的三水合物晶体粉末……（略）。

辛伐他汀为白色至乳白色的非吸湿性晶体粉末……（略）。

西立伐他汀（或西立伐他汀钠）为白色至乳白色的吸湿性无定形粉末……（略）。

普伐他汀（或普伐他汀钠）为白色至乳白色的细粉末或结晶粉末……（略）。

伊伐他汀是HMG-CoA还原酶的抑制剂，可以含约1～20mg……（略）。

罗苏伐他汀是HMG-CoA还原酶的抑制剂，可以含约4mg或5～10mg……（略）。

在本发明中，优选的他汀是口服有用的那些。根据本发明，他汀可以以一种其药学上可接受的盐的形式进行施用。所述盐如可以由化合物中带负电的取代基（如羧酸根）与阳离子形成。适当的阳离子包括但不限于钠离子、钾离子、镁离子、钙离子以及诸如四甲基铵离子等铵阳离子。在这些盐中，钠和钙是更为优选的。

如果在本发明的组合物中使用洛伐他汀，其量为10～40mg/天，更优选的为20mg/天。如果使用氟伐他汀，其量为20～40mg/天。如果使用阿托伐他汀，其量为10～80mg/天，更优选的为10～40mg/天。如果使用辛伐他汀，其量为5～50mg/天，更优选的为5～20mg/天。如果使用西立伐他汀，其量为0.1～0.8mg/天，更优选的为0.1～0.3mg/天。如果使用普伐他汀，其量为10～40mg/天，更优选为20mg/天。如果使用伊伐他汀，其量为1～20mg/天，更优选的为2～20mg/天。如果使用罗苏伐他汀，其量为4～80mg/天，更优选的为10～20mg/天。

对于各具体的他汀，在本发明的组合物中所使用的他汀的量为前述的量。该量可根据所使用的具体的他汀，在0.1～100mg之间选择。

根据本发明，二甲双胍可以以其一种药学上可接受的盐的形式施用，所述盐如盐酸盐、乙酸盐、苯甲酸盐、柠檬酸盐、延胡索酸盐、双羟萘酸盐、氯苯氧基乙酸盐、乙醇酸盐、棕榈酸盐（palmoate）、天冬氨酸盐、甲烷磺酸盐、马来酸盐、对氯苯氧异丁酸盐、甲酸盐、乳酸盐、琥珀酸盐、硫酸盐、酒石酸盐、环己烷羧酸盐、己酸盐、辛酸盐、癸酸盐、十六烷酸盐、十八烷酸盐、苯磺酸盐、三甲氧基苯甲酸盐、对甲苯磺酸盐、金刚烷羧酸盐、乙醛酸盐、谷氨酸盐、吡咯烷酮羧酸盐、萘磺酸盐、1-葡萄糖磷酸盐、硝酸盐、亚硫酸盐、连二硫酸盐或磷酸盐。

在这些盐中，更优选的是盐酸盐、延胡索酸盐、双羟萘酸盐和氯苯氧基乙酸盐。

二甲双胍药学上可接受的盐以本身已知的方式通过二甲双胍对相应的酸进行作用而获得。

二甲双胍的日用量通常为200～2000mg。最为常见的组合物包含500～850mg的二甲双胍，并且每天服用两次或三次。因此，如果本发明的组合物包含500～850mg二甲双胍并且每天服用多于一次，那么他汀的量将进行相应的调整。二甲双胍的量和他汀的量一起提供足以组成有效组合量的组合剂量或组合量。所述有效量可以是血糖或血脂异常或疾病的抑制性治疗量或足以实现预防的量。

本文所使用的“有效量”是指对患者施用的剂量或有效量。欲对患者施用的剂量或有效量和对受试者的施用频率可以由本领域技术人员通过采用已知技术和通过观测在类似条件下获得的结果而易确定。在确定有效量或剂量中，负责此事的诊断医生要考虑许多因素，这些因素包括但不限于：所使用化合物的效力和作用持续时间，待治疗疾病的性质和严重性待治疗的患者的性别、年龄、体重、总体健康状况和个体反应以及其他相关的情况。

本发明的组合物包含治疗有效量的各种活性成分。因此，他汀的量或其药学上可接受的一种盐的量与二甲双胍的量或其药学上可接受的一种盐的量之比是可以变化的。他汀或其药学上可接受的盐与二甲双胍或其药学上可接受的盐的比可以在11∶2～11∶20 000之间变化。优选施用于受试者的他汀量和二甲双胍量的重量比为在约11∶2～11∶2000，较优选地在约11∶4～11∶2000，更优选在约11∶5～11∶2000的范围内。如果本发明的药物组合物每天服用多于一次，或如果一天只服用一次，本发明组合物中的他汀与二甲双胍的比将发生改变。

用语“治疗有效”表示物质在避免通常与其他选择疗法有关的不利的副作用的同时，预防、降低所治疗的疾病的严重性的能力。用语“治疗有效的”应该理解为等效于用语“对治疗、预防或抑制有效”，两者都旨在对用于所述组合疗法的各物质的量进行定量，该量会实现改善非胰岛素依赖性糖尿病的严重性的目的。

二甲双胍量是足以形成所述组合的有效量。优选地，所述的量足以提供所述组合的治疗有效量。在本文中“治疗有效量”还可以描述为所述组合的高血糖症治疗或预防有效量。

二甲双胍和他汀的组合可以本发明范围内的新的治疗组合物的形式提供。治疗组合物中各组分的相对量可以变化并可以为上面所述的量。上述二甲双胍和他汀可以在治疗组合物中提供，以便各组分的优选量以如单剂量、单注射或单胶囊或通过多达两次或两次以上的单剂量形式提供。

当所述新的组合与药学上可接受的载体一起提供时，形成了药物组合物。本发明的药物组合物涉及适用于预防或治疗高血糖症、依赖性糖尿病、组合物。该药物组合物包含药学上可接受的载体、他汀和二甲双胍。

药学上可接受的载体包括但不限于生理盐水、林格氏液、磷酸盐溶液或缓冲液、缓冲盐水和本领域已知的其他载体。药物组合物还可以包含稳定剂、抗氧化剂、着色剂和稀释剂或任意的药学赋形剂。

本发明的方法和组合可用于但不限于预防、抑制和治疗高血糖症、抑制或降低非胰岛素依赖性糖尿病患者的血糖。

如上所述，本发明的一个实施方案包括药物组合物，该药物组合物包含治疗有效量的二甲双胍和他汀的组合，并联合至少一种药学上可接受的载体、辅剂或稀释剂，并且如果需要，还联合其他活性成分。

在对二甲双胍和他汀的用途进行定义时，用语“组合治疗”和“一起施用”表示旨在包括以基本上同时的方式共施用这些物质，如具有固定比例的这些活性物质的单个胶囊或剂量装置，或可以一起同期服用的多个独立胶囊或剂量装置。

本发明的组合物优选肠内给药或胃肠外给药（胃肠外给药包括皮下给药、肌内给药、皮内给药、乳房内给药、静脉内给药以及本领域已知的其他施用方法），或最好还是口服，尽管也不排除其他给药途径如直肠给药。

为了由本发明的化合物制备的口服药物组合物，惰性的药学上可接受的载体可以是固体或液体。固体形式的制剂包括粉剂、片剂、包衣片剂、糖锭剂、含片剂、锭剂、分散颗粒剂、胶囊剂和袋剂。用于口服用途的组合物可以根据本领域已知的任意制备药物组合物的方法进行制备。

固体载体可以是作稀释剂、调味剂、增溶剂、润滑剂、悬浮剂、粘合剂或药片崩解剂的一种或一种以上的物质；固体载体还可以是胶囊形成材料。

在粉剂中，载体是细碎的固体，其与一种或一种以上细碎的活性成分一起存在于混合物中。在片剂中，一种或一种以上活性成分与具有必要的粘合性能的载体以适当的比例混合，并压制成所需的形状和大小。

适当的载体可以是惰性稀释剂，如碳酸镁、硬脂酸钙、硬脂酸镁、滑石、乳糖、糖、果胶、糊精、淀粉、黄蓍胶、甲基纤维素、羧甲基纤维素钠等。

本发明还包括二甲双胍和他汀以及采用胶囊形成材料作为载体所制备的制剂，以提供二甲双胍和他汀（存在或不存在其他载体）被载体所包被的胶囊，因而该载体与二甲双胍和他汀相联合。以类似的方式，还包括袋剂。片剂、粉剂、袋剂和胶囊剂可以用作适合于口服的固体剂型。

通过已知技术可以不对片剂进行包衣或对片剂进行包衣，以延缓胃肠道中的崩解和吸收，并因此在较长时间内提供持续的作用。例如，可以采用延时材料如单硬脂酸甘油酯或二硬脂酸甘油酯。

用于口服的制剂可以以硬明胶胶囊形式存在，其中活性成分与惰性固体稀释剂（如碳酸钙、磷酸钙或高岭土）混合，或以软明胶胶囊形式存在，其中活性成分以其本身的形式存在，或与水或油介质（如花生油、液体石蜡或橄榄油）混合。

可以制备水性悬浮液，该水性悬浮液包含且适合制造水性悬浮液的赋形剂混合的活性化合物。所述赋形剂是悬浮剂，如羧甲基纤维素、甲基纤维素、羟丙基甲基纤维素、海藻酸钠、聚乙烯吡咯烷酮、黄蓍胶和阿拉伯树胶；分散剂或湿润剂，包括诸如卵磷脂等天然存在的磷脂，或烯化氧与脂肪酸的缩合物（如聚氧乙烯硬脂酸酯），或烯化氧与脂肪酸的缩合物（如聚氧乙烯硬脂酸酯），或环氧乙烷与来自脂肪酸和己糖醇酐的偏酯的缩合物（如聚氧乙烯山梨糖醇酐单油酸酯）。

水性悬浮液还可以包括一种或一种以上的防腐剂（如乙基对羟基苯甲酸酯或正丙基对羟基苯甲酸酯）、着色剂、调味剂、甜味剂。

可以通过将活性化合物悬浮在ω-3 脂肪酸、植物油（如花生油、橄榄油、芝麻油、椰子油）或矿物油（如液体石蜡）中制成油性悬浮液。所述油性悬浮液可以包含增稠剂，如蜂蜡、硬石蜡和十六烷醇。

可以添加甜味剂和调味剂以提供可口的口服制剂。该制剂可以通过添加诸如抗坏血酸等抗氧化剂来进行防腐。

包含新的组合的糖浆剂和酏剂可以采用甜味剂来制备。该制剂还可以包括缓和剂、防腐剂以及调味和着色剂。

已研制出的二甲双胍制剂可以用于包含二甲双胍和他汀的本发明药物组合物。所述二甲双胍制剂在以下专利中描述：控释二甲双胍组合物（WO0236100）、用单芯来进行控释（WO9947125）、用等于或小于 400mg 的二甲双胍所进行的治疗（US6100300）、二甲双胍的新盐（WO9929314）、双相控释递送系统（WO9947128）、胃滞留剂（WO9855107）、片剂（WO03004009）、持续释放组合物的包衣（WO02085335）、调节释放组合物（WO03002151）、二甲双胍的液体制剂（WO0247607）、控释装置（WO02094227）、二甲双胍快速释放片剂（JP2002326927）等。在这些制剂中，优选每天一次的二甲双胍制剂。

液体形式的制剂包括适合于口服的溶液、悬浮液和乳液。用于口服的水性溶液可以通过将活性成分溶解在水中并根据需要添加适当的调味剂、着色剂、稳定剂和增稠剂来制备。为了改善活性成分的溶解性，可以添加乙醇、丙二醇和其他药学上可接受的非水性溶剂。用于口服用途的水性悬浮液可以通过将细碎的活性化合物和诸如天然或合成的树胶、树脂、甲基纤维素、羧甲基纤维素钠和在药物制剂领域已知的其他悬浮剂一起分散在水中来制备。

优选药物制剂为单位剂型。在这种剂型中，该制剂被分为包含适量的活性成分的单位剂量。单位剂型可以是包装制剂，包含有分装量制剂的所述包装例如是在小瓶或安瓿中的包装片剂、胶囊剂和粉剂。单位剂型还可以是胶囊剂、扁囊剂或片剂本身，或者是适当数量的任何这些包装形式。

本发明的组合也可以以无菌可注射水性或油性悬浮液的形式进行胃肠外给药，所述胃肠外给药为皮下给药或静脉内给药或肌内给药或胸骨内给药或通过输注技术给药。所述悬浮剂可以根据已知技术采用上述适当的分散剂、湿润剂和悬浮剂或其他可接受的物质进行配制。无菌可注射制剂还可以是在无毒胃肠外可接受的稀释剂或溶剂中的无菌可注射溶液或悬浮液，如1,3-丁二醇中的溶液。在可接受的载体和溶剂中，可以采用的是水、林格氏液和等渗氯化钠溶液。另外，无菌的不挥发性油是常规采用的溶剂或悬浮介质。为此可以采用包括合成的单甘油酯或二甘油酯在内的任何刺激性小的不挥发性油。另外，n-3聚不饱和脂肪酸在可注射制剂中也是有用的。

本发明的组合还可以以气雾剂或用于喷雾器的溶液的形式通过吸入进行给药，或以通过将活性成分和适当的非刺激性赋形剂混合而制得的栓剂形式进行直肠给药，所述赋形剂在常温是固体，但在直肠温度是液体，因此在直肠中溶化而释放药物。所述材料可以是可可油和聚乙二醇。

优选地，本发明的组合物是控释组合物。

日剂量可以在很宽的限度内变化，并在各个特定情况中根据个体的需要而进行调整。通常，对于成人施用，适当的日剂量已经在上面描述；但如果是作为应急之计，可以超出所述确定作为优选的极限值。日剂量可以作为单剂量或分开的剂量进行给药。

本发明包括适合用于实施上述治疗方法的试剂盒。在一个实施方案中，试剂盒包括用于同时给药的第一剂量形式和第二剂量形式，它们的量足以实施本发明的方法，所述第一剂量形式含有一种或一种以上的上述确定形式的二甲双胍，所述第二剂量形式含有一种或一种以上的上述确定的他汀。

以下实施例描述本发明的实施方案。考虑本文所公开的本发明的说明书或实践，处于本文中权利要求范围内的其他实施方案对于本领域技术人员来说是显而易见的。应当认为本说明书连同实施例仅是示例性的，本发明的范围和精神由实施例之后的权利要求来进行说明。

具体实施方式

实施例1

采用动物模型来证明协同作用。采用Zucker肥胖（fa/fa）大鼠作为非胰岛素依赖性糖尿病（NIDD）的模型。从甘油三酯、总胆固醇、HDL-C、葡萄糖和胰岛素方面来评价单独的洛伐他汀、单独的二甲双胍、洛伐他汀与二甲双胍组合的作用。对大鼠进行连续5天的治疗。在开始治疗前的3天和开始治疗后的5天收集血样，以测定甘油三酯、总胆固醇、HDL-C、葡萄糖和胰岛素水平。程序如下：

分为4组，每组8只大鼠：载体组；口服接受剂量为1mg/kg每天的洛伐他汀的组；口服接受剂量为50mg/kg每天两次的二甲双胍的组；口服接受剂量为1mg/kg每天的洛伐他汀与50mg/kg每天两次的二甲双胍的组。

统计分析包括单因素方差分析、与载体组进行多重比较（Dunnett *t* 检验），以评价所得结果的显著性；其值表示为平均值±S. E. M（平均标准误差）；$p < 0.05$ 时则认为差异是显著的（*）；结果以毫摩尔/升（mM）或纳摩尔/升（nM）表示。

表1所得结果显示洛伐他汀和二甲双胍对血糖调节有协同作用。单独使用二甲双胍的小鼠血糖为7.73mM，单独使用洛伐他汀则为8.21mM。二甲双胍和洛伐他汀的组合小鼠血糖为7.00mM（*）。

实施例2

从甘油三酯、总胆固醇、HDL-C、葡萄糖和胰岛素方面来评价单独的辛伐他汀、单独的二甲双胍、辛伐他汀与二甲双胍组合的作用。

本研究所用动物模型雄性10～11周龄的Zucker肥胖大鼠。将它们装在笼子中，每笼2只，置于温度（21～24.5℃）和相对湿度（45%～65%）的受控制的房间内，采用12h的光/暗周期。在整个试验过程中，让其随意获取经过滤的自来水和标准颗粒化实验室鼠料。适应环境后，根据它们的血甘油三酯随机地分成6个组，每组8只：第1组：载体；第2组：辛伐他汀0.5mg/kg（每天一次）；第3组：辛伐他汀1mg/kg（每天一次）；第4组：二甲双胍50mg/kg（每天两次）；第5组：辛伐他汀0.5mg/kg与二甲双胍50mg/kg（每天两次）；第6组：辛伐他汀1mg/kg与二甲双胍50mg/kg（每天两次）。

在连续5天的固定时间对大鼠进行每天一次（辛伐他汀）或两次（二甲双胍）的口服治疗。在第5组和第6组中，在第二次施用二甲双胍时施用辛伐他汀。在开始治疗之前的3天和开始治疗后的5天收集血样，以测定上述参数。

结果记录在下表2中。该结果以毫摩尔/升（mM）或纳摩尔/升（nM）表示。其值表示为平均值±S. E. M，统计分析包括：单因素方差分析（ANOVA）和之后进行的Dunnett *t* 检验。与载体相比，如果 $p \leq 0.05$ 时则认为差异是显著的（*）。或者Student-Newman-Keuls检验。与辛伐他汀0.5mg/kg相比，如果 $P \leq 0.05$ 则认为差异是显著的（$），或者与二甲双胍50mg/kg相比，$P < 0.05$ 则认为差异是显著的（†）。

表2所得结果显示辛伐他汀和二甲双胍对血糖的调节有协同作用。单独使用二甲双胍的小鼠血糖为9.23mM，而单独使用辛伐他汀的小鼠血糖为9.44mM（0.5mg/kg）或8.35mM（1mg/kg）。二甲双胍和辛伐他汀的组合小鼠血糖为7.14mM（0.5mg/kg辛伐他汀与50mg/kg二甲双胍，*/†/$）或7.46mM（1mg/kg辛伐他汀与50mg/kg二甲双胍，*/†）。

上述实验表明，本发明二甲双胍与他汀的组合显著抑制了患有非胰岛素依赖性糖尿病的患者的高血糖症。

表2-7-1：单独的洛伐他汀、单独的二甲双胍、洛伐他汀+二甲双胍的组合经口给药5天对Zucker肥胖（fa/fa）大鼠中的血清生物标记物的作用。

表2-7-2：单独的辛伐他汀、单独的二甲双胍、辛伐他汀+二甲双胍组合经口给药5天对Zucker肥胖（fa/fa）大鼠中的血清生物标记物的影响。

（表2-7-1和2-7-2略）。

第八章 药物制剂专利申请文件的撰写

第一节 药物制剂的特点

鉴于绝大多数药物制剂的释放特性、应用优势，以及药用辅料的种类、性质和用法在本领域的教科书或工具书中均有披露，而且普通制剂和常见缓控释制剂的处方优化方法和质量控制标准在药典及其他行业规范中也有明确规定，因此大多数药物制剂在改进后的整体效果，是本领域技术人员根据现有技术可以合理预期的。换言之，相对于化合物发明而言，药物制剂大多属于改进型发明，整体效果的可预期性大，专利获权的难度也随之加大。同时，该领域的专业术语众多、定义的范围各异，对专利申请文件的撰写提出了较高的要求。

第二节 权利要求的撰写

通常，药物制剂发明涉及剂型和药用辅料等，可以是创新性较高的开拓性发明，如完全区别于现有技术的全新剂型或平台，也可以是创新性略低的组合发明、选择发明、要素变更的发明等，如在已有的药物剂型基础上进行改良等。发明的创新点不同，权利要求的撰写技巧也各异。

一、撰写指引

（一）独立权利要求

独立权利要求所限定的发明保护范围是最宽的，其撰写质量的高低直接影响专利的保护力度。为获得尽可能宽的保护范围，独立权利要求只需满足“整体上能反映发明，并记载了解决技术问题的关键技术特征”即可。写入独立权利要求的关键技术特征，应根据发明所解决的技术问题、预期达到的技术效果，以及现有技术的发展水平来确定。技术特征写得越多，权利要求的保护范围就越小。因此，对于解决技术问题而言，非必要的技术特征不建议写入独立权利要求中。

1. 前序部分

对于制剂发明专利申请的独立权利要求，前序部分一般应写明制剂的类型，具体的表述形式可依据发明的关键技术而确定。常见情形概括如下：

① 如果发明的关键技术是对已有剂型的配方改进或是药物改剂型，则可将前序部分写为具体的剂型。例如，某申请的发明关键技术是在现有技术已披露的罗红霉素分散片基础上，通过配方改进罗红霉素的分散性能和稳定性，此时前序部分可写为“一种罗红霉素分散片”。

② 如果发明的关键技术为采用了特定的某类赋形剂，且适用于多种剂型或者多种药物，则可将前序部分以较上位的术语概括。例如，某申请的发明关键技术在于辅料 A 可提高滴眼液、眼药膏、眼用凝胶剂中药物的稳定性，那么前序部分可概括为“一种眼用制剂”。又例如，某申请的发明关键技术在于辅料 B 可提高疏水性药物在固体制剂中的溶出度，那么前序部分可写为“一种固体制剂”。

③ 如果发明的关键技术在于开发了一种现有技术中未披露的新剂型或新给药系统，则可将独立权利要求的前序部分写为“药物制剂/剂型”“药物给药体系/系统”等。

2. 特征部分

制剂发明本质上属于组合物发明，因此其独立权利要求的特征部分可采用开放式或封闭式的撰写方式来限定剂型的主要组分或全部组分，具体可参考本书第二部分第七章第二节的有关说明。

对于制剂权利要求，可使用各种技术特征来表征剂型的结构和/或组成。但是，需要注意的是，应当根据具体情形、本领域技术特色和/或现有技术状况进行分析，不能机械地认为仅使用某类型特征就一定不能清楚地表征目标产品。

（1）结构特征。

结构特征是表征产品权利要求最直接、清楚的技术特征。《专利审查指南2010》的第二部分第二章3.2.2规定："产品权利要求适用于产品发明或是实用新型，通常应当用产品的结构特征来描述。"

在制剂发明的专利申请中，结构特征是指组成剂型的各部分的构造方式，包括剂型中各组分的种类及其含量。一般情况下，剂型的结构特征应理解为终产品中的结构和/或组成特征。但是，当剂型终产品的微观结构和/或组成难以确定，或者当制备剂型所使用的原料与终产品的成分不一致时，如制备过程中因加热蒸发除去水或乙醇等，也可采用制备该剂型的原辅料组成来表征。

【案例2-8-1】

A. 相关案情

权利要求：一种剂型，包括：(a) 具有外表面及第一和第二端的芯体，芯体内包含活性剂；(b) 芯体外表面部分上的底衣；(c) 至少一部分底衣上的第一胶状包衣；和 (d) 至少一部分底衣上的第二胶状包衣；其中，所述第一和第二包衣位于所述芯体的所述第一和第二端上；所述第一和第二包衣形成间隙，底衣通过间隙暴露；并且至少一个开口至少通过暴露的底衣来暴露芯体的外表面。

B. 案例分析

发明目的是提供一种新剂型，关键技术在于剂型的结构，因此在该示例权利要求中，特征部分以开放式的撰写方式限定了剂型的主要构成部分，即活性剂、芯体和包衣等，以及这些构成部分相互之间的位置关系，而没有写具体的药物和辅料。对发明关键点为剂型结构的情形，可参考此类写法。

（2）理化参数特征。

特殊情况下，当产品权利要求中的一个或多个技术特征无法用结构和/或组成特征予以清楚地表征时，允许借助物理或化学参数表征。使用参数表征时，所使用的参数必须是本领域技术人员根据说明书的教导或通过本领域惯用手段可以清楚、可靠地加以确定的。在制剂发明专利申请中，常见的参数包括但不限于pH、粒径、孔隙率、表面活性剂的亲水亲油平衡（HLB）值、玻璃化转变温度、黏度等。

【案例2-8-2】

A. 相关案情

权利要求：一种快速溶解的无缝胶囊，包含胶囊内容物溶液、封装内容物溶液的胶囊壳，所述胶囊壳包含具有50～190布鲁姆值的明胶。

B. **案例分析**

该发明采用的关键技术是选择特定布鲁姆值范围的明胶。通过了解现有技术可知，布鲁姆值是本领域公知的明胶特性参数，其测定方法在工具书和教科书上有明确记载，是本领域技术人员可以清楚且可靠地加以确定的特征。

（3）功能性或效果特征。

通常，对产品权利要求来说，应当尽量避免使用功能性或效果特征来限定。只有在某一技术特征无法用结构和/或组成特征来表征，或者技术特征用结构和/或组成特征限定不如用功能性或效果特征来限定更为恰当，并且所述的功能或效果能通过说明书记载的实验方法或者本领域惯用手段直接和肯定地验证的情况下，才允许这种限定。

制剂中使用的许多辅料是根据其作用或功能来归类的，因此构成了功能性特征，如填充剂、助悬剂、冷冻保护剂等。另外，剂型的种类也可以通过技术效果来限定，如速释制剂、缓释制剂等。对于含有功能性或效果特征的权利要求，撰写时应当注意该特征是否能够得到说明书的支持。

（4）制备方法特征。

对于产品权利要求，当无法用结构特征并且也不能用参数特征予以清楚地表征时，允许借助制备方法特征来表征。制备方法特征通常包括原辅料的种类及配比、制备步骤和工艺条件参数等。

【案例2-8-3】

A. **相关案情**

权利要求：一种口服固体剂型，其包含药物A和经纯化的中性丙烯酸类聚合物，所述经纯化的中性丙烯酸类聚合物是通过冷冻干燥含有中性丙烯酸类聚合物的分散体而获得。

发明人发现，相较于普通的丙烯酸类聚合物，经冷冻干燥法处理后获得的经纯化的中性丙烯酸类聚合物，能赋予口服固体剂型更好的零级释放曲线。

B. **案例分析**

丙烯酸类聚合物的制备方法是该发明的关键技术手段，可采用方法特征对丙烯酸类聚合物进行限定，以体现发明的贡献。

需注意的是，在考虑使用制备方法特征来限定产品权利要求时，应分析该制备方法是否会导致产品形成或隐含了某种特定的结构和/或组成。如果包含制备方法特征的产品权利要求与现有技术相比，区别仅在于制备方法，那么除非能够根据申请文件或现有技术证明该方法导致产品在结构和/或组成上与现有技术产品不同，或者该方法给产品带来了不同于现有技术产品的性能，从而表明其结构和/或组成已发生改变，否则该方法特征均不能赋予产品权利要求新颖性。例如，权利要求请求保护用 X 方法制得的口崩片，现有技术公开的是用 Y 方法制得的口崩片，如果两种方法制得的口崩片在结构、形状和组成上相同，则该权利要求不具备新颖性。

（5）性能或用途特征。

《专利审查指南 2010》第二部分第十章 4. 2. 3 规定："如果在说明书中仅公开了组合物的一种性能或者用途，则应写成性能限定型或者用途限定型……大多数药品权利要求应当写成用途限定型。" 对于制剂而言，常见的性能或用途特征通常包括剂型的性能、应用领域或临床用途。

例如，发明请求保护"一种片剂，其特征在于包含硫酸镁"。说明书中记载该片剂口服具有治疗腹泻的效果。了解现有技术后获知，硫酸镁还可用于制革、炸药、造纸、瓷器和肥料等多个不同领域。因此，建议将主题改写为用途限定型，即"一种治疗腹泻的片剂"。

（二）从属权利要求

高质量的权利要求书不仅在于撰写者能准确设定独立权利要求中的关键技术特征，还在于权利要求书的整体撰写策略恰当。有些专利申请虽然最终被授予专利权，但由于保护范围过窄，以致达不到专利保护、防御和排他等目的。

上文已指出，为避免保护范围过窄，在撰写独立权利要求时，应在保证写入关键技术特征的情况下尽可能大地限定保护范围。但是，在撰写专利申请文件时往往难以准确获知最接近的现有技术，如果权利要求的保护范围撰写得过大，很可能存在破坏发明新颖性或创造性的现有技术。此时，可利用从属权利要求对独立权利要求作逐层、分级的限定，或者将不同的特征进行交叉组合后作进一步的限定，概括出多个不同保护范围的技术方案，为实质审查过程中的后续修改预留空间。

【案例 2－8－4】

A. 相关案情

权利要求：

1. 一种药物组合物，其特征在于包括：组分 a，选自非甾体抗炎药或其盐；和组分 b，选自甘氨酸、维生素 B6 或其混合物。

2. 根据权利要求 1 所述的药物组合物，其特征在于组分 a 选自布洛芬、萘普生、氟比洛芬中的一种或多种。

…………

4. 根据权利要求1或2所述的药物组合物，其特征在含有选自崩解剂、助悬剂、表面活性剂的药用辅料。

…………

6. 根据权利要求1~5之一所述的药物组合物，其特征在于相对于1重量份非甾体抗炎药或其盐，其包括0.1~6重量份甘氨酸和（或）3~8重量份维生素B6。

…………

8. 一种药物剂型，包含如权利要求1~7之一所述的药物组合物。

…………

12. 根据权利要求8~11之一所述的药物剂型，其特征在于为口服用混悬剂。

B. **案例分析**

发明的关键点在于用甘氨酸、维生素B6或其混合物改善非甾体抗炎药的适口性。在示例的独立权利要求中，仅限定了甘氨酸、维生素B6和非甾体抗炎药等关键技术特征，以使权利要求的保护范围尽可能得大。从属权利要求2~7分别对组分a和b的种类和/或用量、辅料等特征排列组合后作进一步限定。新的独立权利要求8引用了权利要求1~7的药物组合物作为其组分，从属权利要求9~12对剂型的种类和/或其他辅料作出进一步限定。

二、撰写规范

（一）清楚

对于需要结合参数特征来限定的制剂权利要求，应注意所述参数特征是否会造成权利要求的保护范围不清楚。

【案例2-8-5】

A. **相关案情**

权利要求：一种在外科手术中遏制血液的非牛顿型外科冲洗溶液，包含黏度为0.1~100mPas的硅油。

B. **案例分析**

说明书中记载硅油的黏度是在25℃和环境压力下用乌氏毛细管黏度计测量的。本领域技术人员熟知，黏度的测定方法分为绝对黏度测定和相对黏度测定，进一步又可细分为动力黏度法、运动黏度法、恩氏黏度法等，并且不同的测定条件对于黏度值影响较大。因此，仅以黏度值限定硅油是不清楚的表征方式。

需要注意的是，鉴于硅油的黏度是发明的关键技术特征，如果说明书没有记载测定方法和条件，有可能被质疑是否对发明作出清楚、完整的说明。

（二）得到说明书的支持

当采用功能性或效果特征、上位概念、并列选择等方式对权利要求进行表征概括时，以下情形通常被认为该权利要求没有得到说明书的支持：①权利要求中限定的功能是以说明书实施例中记载的特定方式完成的，并且本领域技术人员不能明了此功能还可以采用说明书中未提到的其他替代方式来完成；②权利要求的概括包含申请人推测的内容，而其效果又难以预先确定和评价；③权利要求的概括使本领域技术人员有理由怀疑上位概括或并列概括所包含的一种或多种下位概念或选择方式不能解决发明所要解决的技术问题。

【案例 2-8-6】

A. 相关案情

权利要求：一种溶液剂型，其特征在于含有：（a）占溶液总重量 1% ~ 50% 的 HIV 蛋白酶抑制化合物或其可药用的盐；（b）可药用的有机溶剂，其中含有占溶液总重量 20% ~ 99% 的可药用长链脂肪酸；（c）占溶液总重量 0.4% ~ 3.5% 的水；和（d）占溶液总重量 0 ~ 40% 的药用表面活性剂。

实验结果表明该制剂显著改善了化合物 A 的溶解度。

B. 案例分析

该发明的目的是提高 HIV 蛋白酶抑制化合物的溶解度，其关键技术在于使用特定含量范围的药用长链脂肪酸。在初步拟定的权利要求中，将活性药物概括为 HIV 蛋白酶抑制化合物。但是，现有技术披露 HIV 蛋白酶抑制化合物涵盖了多种结构或理化性能差异较大的化合物，而该申请的说明书仅针对如何改善化合物 A 的溶解度验证了所述溶液系统的有效性，并没有提供充足的证据表明其他化合物的溶解度也能得到改善，本领域技术人员难以推断出这些化合物具有相近的溶解性能，因此该权利要求的概括没有以说明书为依据。

C. 撰写建议

申请人以相同的作用机理为依据，将活性成分概括为功能性特征“HIV 蛋白酶抑制化合物”，但是药用化合物的药理活性或作用机理与其溶解性质之间并无必然联系，因此这种概括是缺乏依据的。此时，说明书中应进一步提供其他 HIV 蛋白酶抑制化合物的制剂及溶解度改善的示例，以支持权利要求中的上位概念，否则只能将权利要求中的 HIV 蛋白酶抑制化合物修改为化合物 A。

（三）新颖性预判

制剂权利要求属于产品权利要求，因此在判断是否具备新颖性时，应主要考虑权利要求中的各个特征及其组合是否能对制剂的结构和（或）组成产生影响，以及这些特征及其组合是否实质上被现有技术公开。

例如，当制剂权利要求中包含理化参数特征时，如果该参数隐含了区别于现有技术产品的结构和/或组成，则该权利要求具备新颖性。反之则不具备新颖性，除非申请人能够根据申请文件或现有技术证明包含参数特征的发明产品与现有技术在结构和（或）组成上不同。

【案例 2-8-7】

A. 相关案情

权利要求：一种通过非肠道形式施用的药学上稳定的奥沙利铂制剂，由浓度为 1~5mg/mL 奥沙利铂水溶液组成，pH 为 4.5~6。

现有技术 1 公开了一种奥沙利铂水溶液，由蒸馏水和奥沙利铂粉末混合制得，浓度为 3.4mg/mL，用于对小鼠静脉注射给药。

B. 案例分析

该权利要求与现有技术 1 的区别在于限定了奥沙利铂水溶液的 pH。由于申请人未能提供证据证明所述 pH 隐含了某种特定结构或组成，则视为该浓度下的药物溶液客观上应具有的 pH。此时，该权利要求的新颖性将受到质疑。

【案例 2-8-8】

A. 相关案情

权利要求：一种辅料乳糖，其特征是粒径为 420~800μm 的颗粒，水分小于 0.3%、松密度为 0.55~0.78g/mL、休止角小于 30°。

说明书记载所述乳糖具有良好的可压缩性和流动性。

B. 案例分析

乳糖是本领域常见的药用辅料。发明人通过控制乳糖的特定物理参数，获得了较好的可压缩性和流动性。但是，本领域技术人员难以根据所述参数特征将权利要求与常规乳糖区分开来，因此权利要求可能会被推定为不具备新颖性。

C. 撰写建议

在说明书中，描述现有技术中所使用乳糖的物理参数，并与发明涉及的特定物理参数的乳糖进行对比实验，提供可压缩性和流动性等实验数据，以示二者存在实质区别，并阐明发明解决了何种技术问题或达到何种技术效果。

(四) 创造性预判

制剂改良通常属于改进型发明，获权难度大，因此在撰写这类专利申请时，应重点挖掘区别于现有技术的发明点。例如，剂型研发过程中需要克服的技术困难，或者辅料及用量的选择带来的预料不到的技术效果等，这些情况都有可能赋予发明创造性。对发明创造性的预估应基于现有技术的发展水平，然后判断发明相对于现有技术解决了何种技术问题，该技术问题本身或解决该技术问题的关键技术点在现有技术中是否有技术启示，以及本领域技术人员是否能合理预期所述技术效果等。

1. 对辅料的选择

在对制剂改进的发明中，最常见的是对辅料进行增减、替换，或者是对辅料的种类或含量进行选择。

【案例2-8-9】

A. **相关案情**

权利要求：一种快速崩解的药物剂型，其特征在于包含质子泵拮抗剂、碱性赋形剂、微晶纤维素、羧甲基淀粉钠和硬脂酸镁。

说明书记载：质子泵拮抗剂在酸性环境下容易分解，添加碱性赋形剂提高了质子泵拮抗剂的稳定性。

现有技术1公开了一种奥美拉唑速崩解片，包含微晶纤维素、羧甲基淀粉钠和硬脂酸镁。

现有技术2教导碱性反应化合物可提高奥美拉唑口服制剂的贮存稳定性。

B. **案例分析**

权利要求与现有技术1的区别在于还包含碱性赋形剂，发明实际解决的技术问题是提高质子泵拮抗剂的稳定性。鉴于现有技术2给出了碱性反应化合物提高质子泵拮抗剂稳定性的技术启示，使得本领域技术人员有动机在含质子泵拮抗剂的剂型中使用碱性赋形剂，并且可以合理预期达到的稳定性效果，因此该发明的创造性将受到质疑。

C. **撰写建议**

在撰写前，申请人应针对关键技术进行必要的、系统的检索，并着重分析发明与现有技术的区别，制定出规避方案，例如，可将撰写策略修改为强调辅料种类和（或）配比的选择，或者强调发明所涉及质子泵拮抗剂的理化特性不同于奥美拉唑，或者提供其与典型的速崩制剂的比较数据，等等。

【案例2-8-10】

A. **相关案情**

权利要求：一种低吸湿性片剂，包含药物D、乳糖、微晶纤维素、十二烷基硫酸钠、硅铝酸镁和滑石粉。

说明书中记载，市售药物D的分散片容易吸湿，导致化学和生物稳定性差。发明人发现导致吸湿的主要原因在于辅料，通过使用硅铝酸镁并改进辅料配方，既降低了片剂的吸湿性，还增加了药物D的溶解性，同时就吸湿性、溶解性提供了与市售品的比较实验数据。

现有技术1公开了一种包含药物D、乳糖、微晶纤维素、吐温80和硬脂酸镁的片剂。

B. **案例分析**

权利要求与现有技术1的主要区别在于现有技术中包含硅铝酸镁，发明实际解决的技术问题是减少药物D分散片的吸湿以提高稳定性。鉴于本领域公知微晶纤维素具有一定的吸湿性，可知现有技术1包含微晶纤维素的药物D片剂也可能存在吸湿性问题，但是其并未教导硅铝酸镁能防止药物的潮解。换言之，现有技术1没有给出该发明解决技术问题的技术手段的技术启示。

由以上两个案例可以看出，增加或改变辅料是否能赋予发明创造性，关键在于所述辅料在剂型中所起的作用是否相同。如果所述辅料在发明中所起作用与现有技术同类产品相同，且替换后的整体效果是本领域技术人员可以合理预期的，那么该辅料的应用是本领域技术人员有能力进行的常规选择和替换，则发明通常不具备创造性。如果所起作用不同，使得本领域技术人员没有动机将所述辅料应用于同类制剂，或者是带来了预料不到的技术效果，则发明通常具备创造性。

2. 对剂型的改变

为了满足更多人群的需求，或者是达到增加患者顺应性、降低毒性、提高药物生物利用度等效果，通常会将某药物已有的剂型改变为其他剂型。

【案例2-8-11】

A. **相关案情**

权利要求：一种冻干粉针注射剂，其特征在于由化合物A和可药用载体组成，所述载体选自甘露醇、山梨醇、木糖醇、乳糖中的一种或多种。

说明书中记载，化合物A在水中的稳定性差，易发生氧化反应。申请人将其制成冻干粉针剂，并提供了与市售注射液的稳定性比较实验数据。

现有技术 1 公开了一种注射液，由化合物 A、乙醇和水配制而成。

B. 案例分析

权利要求与现有技术 1 的区别为：剂型为冻干粉针注射剂，且加入甘露醇等载体，发明实际解决的技术问题是提高化合物 A 的稳定性。本领域公知化合物 A 易水解，且熟知将水溶液稳定性差的药物制成冻干粉针剂以提高其稳定性是常规技术手段。在现有技术 1 的基础上，为了提高化合物 A 的稳定性，本领域技术人员显然有动机将其制成冻干粉针剂，因此该发明的创造性将受到质疑。

需要指出的是，申请人虽然提供了与市售注射液的稳定性相比较的实验数据，但依然不具说服力，这是因为将水溶液稳定性差的药物制成冻干粉针剂属于本领域常规技术手段。换言之，该发明的解决手段是公知的，而且其所获得的稳定性效果是剂型本身所带来的。

C. 撰写建议

在撰写前，如果申请人能进行必要的检索，并选择能代表该药物制剂真实发展水平的文献作为背景技术，通过增加如提高复溶性、显著降低杂质含量或制备了某种特殊晶型等有益效果，来证明发明解决了冻干制剂中已知或未知的技术缺陷、相应的技术手段在现有技术中不存在启示，并提供与相关的比较实验数据，那么对于获权是有利的。

【案例 2 -8 -12】

A. 相关案情

权利要求：一种冻干粉针剂，包括重量比为 1：(3 ~8)：(2 ~3) 的化合物 C、甘露醇和氨基丁三醇。

说明书中记载化合物 C 注射液的稳定性差，该发明通过在冻干粉针剂中使用特定重量比的甘露醇和氨基丁三醇，不仅提高了冻干粉针剂的成型性，而且稳定性和复溶性也较好，还提供了相应的实验数据。

现有技术 1 公开了一种化合物 C 的注射液。

B. 案例分析

权利要求与现有技术 1 的区别在于，为冻干粉针剂添加特定配比的甘露醇和氨基丁三醇，发明实际解决的技术问题是提高化合物 C 冻干粉针剂的稳定性和复溶性。通过分析可知，鉴于冻干粉针剂能显著改善注射液的稳定性是公知的解决手段，因此应将创造性聚焦于冻干粉针剂的复溶性上。虽然本领域公知某些冻干产品在重新溶解时出现浑浊是常见缺陷，但通常的解决方案是加入表面活性剂等，也就意味着现有技术并没有就此技术问题给出该发明的技术启示，即发明的技术方案相对于现有技术 1 和公知常识是非显而易见的。

由以上两个案例可以看出，改剂型的发明申请是否具备创造性，主要是基于发明要解决的技术问题，以及解决所述技术问题的技术手段在现有技术中是否存在技术启示。如果改剂型后所得到的技术效果是剂型本身的优点所带来的，那么，即使现有技术中未公开该剂型，发明通常也可能不具备创造性。如果发明解决了新的技术问题，且现有技术未给出采用包含区别特征的技术方案去解决所述技术问题的技术启示，那么发明通常具备创造性。

第三节　说明书的撰写

一、撰写指引

结合本章第四节中发明名称为“表阿霉素注射用乳剂及其制备方法”的撰写实例，着重说明以下几点。

1. 背景技术

该部分撰写得当，对于突出发明的创新高度是有利的。在撰写前，应对现有技术充分检索，并尽可能地选择与发明密切相关的技术文献，帮助本领域技术人员了解现有技术的发展水平以及存在的缺陷和需求，从而更清楚地确定发明的目的和要解决的技术问题。

在本章的撰写实例中，基于对现有技术的检索结果，记载了表阿霉素的临床应用情况、上市剂型、剂型研发动态以及存在的问题。同时，还针对发明涉及的乳剂，客观地描述了现有乳剂的相关技术和发展水平，从而引出发明要解决的技术问题和创新点。

2. 发明内容

应清楚、客观地记载发明要解决的技术问题、所采用的技术方案以及产生的有益效果。发明内容不应简单照搬权利要求书请求保护的技术方案，最好是在此基础上对所述技术方案作进一步阐述和说明，例如，对权利要求书中出现的某些术语的定义、某些作用机理或效果的解释等。同时，还应对技术方案进行不同程度的概括和示例，一方面使得说明书的记载更加清楚和完整，另一方面也有利于后续的修改和争辩。

在本章的撰写实例中，不仅对“乳剂”进行了定义，而且对于表阿霉素、甘油三酯、稳定剂等成分的种类和用量进行了不同范围的概括，此外还突出表述了包封率可达到90%以上和局部不良反应少等技术效果。

3. 具体实施方式

是对发明的优选方式的示例，包括制备实施例和效果实验例等。一定数量的具体实施例有助于本领域技术人员确信发明能够实现，而适当的效果（对比）实验例有助于佐证发明的创造性。但是，具体实施例的数量也不是越多越好，以足以支撑权利要求概括的技术方案能够解决技术问题并产生预期的技术效果为宜。

在本章的撰写实例中，鉴于未检索到与发明技术手段特别相近的现有技术，因此在具体实施方式部分记载了5个制备实施例，以支持权利要求概括的稳定剂用量范围，同时还提供了与所述乳剂相对应的包封率和局部刺激性试验结果。当然，如果能提供发明与相关现有技术进行比较的实验数据，对于获权是非常有利的。

二、撰写规范

一方面，应清楚、完整地描述发明涉及的药物、辅料、实验样品等。例如，对于通过改变现有技术中已知辅料的形态参数而获得的新型药物辅料，说明书中通常应当记载该辅料的名称、物理化学参数和制备方法，使得本领域技术人员能够获得该物质并确认其理化性质。对于通过化学合成等方式获得的新型药物辅料，通常应当记载该辅料的化学结构或分子式、制备方法，并确认所述辅料的理化参数。

另一方面，应记载能证明发明解决了特定技术问题，或产生了所声称技术效果的实验数据。例如，如果申请人试图保护一种崩解时间极短的口腔崩解片，那么，相较于仅提供自身产品的处方筛选实验和/或与普通片剂或胶囊的比较实验数据，提供其与申请日之前相关口崩片的比较实验数据，这对于获权是更为有利。

如果发明解决了多个技术问题或者具有多方面（或者不同程度）的技术效果，例如，既解决了药物的溶出度问题，又提高了制剂的稳定性和缓释效果，通常只要本领域技术人员能够根据现有技术或者结合说明书记载的实验数据，可以预见到能解决至少一个技术问题或达到至少一个技术效果，则发明满足了说明书公开充分的要求。

其他注意事项可参见本书第二部分第七章第三节“二、撰写规范”。

【案例2-8-13】

A. **相关案情**

权利要求：一种注射液，由下述成分制成：化合物C、碳酸氢钠、亚硫酸氢钠、氯化钠和注射用水。

发明人发现碳酸氢钠和亚硫酸氢钠有利于稳定化合物C，从而解决了注射液热稳定性差的问题，说明书提供了加速和长期稳定性的实验数据。

现有技术1公开了一种注射液，处方组成为化合物C、醋酸钠、氯化钠、盐酸（调注射液pH至4.6）、注射用水，其规格为10mL：1mg。

B. **案例分析**

审查员指出，发明实际解决的技术问题是使含化合物C的注射液在热压灭菌后的稳定性好，以提高无菌水平和临床安全性。然而，在现有技术1的基础上，向注射液中加入碳酸氢钠调节pH、亚硫酸氢钠作为抗氧化剂、氯化钠作为等渗剂均为本领域常规技术手段，因此发明的创造性将受到质疑。

C. **撰写建议**

在意见陈述书中，申请人应基于说明书中记载的稳定性实验方法和数据，提交对比实验数据用来证明：相对于现有技术1的注射液，发明的注射液经过热压灭菌后仍能处于稳定状态，既能提高临床安全性，又能保证其质量长期稳定，具有突出的实质性特点和显著的进步。

还应进一步争辩：首先，鉴于化合物C易降解，所以现有技术1注射液并没有采用热压灭菌，而是采用了更温和的无菌灌装。其次，实验表明，单纯调pH、调pH和添加抗氧剂、调pH和添加稳定剂（醋酸钠）等技术手段均不能实现发明的效果。该发明配方中的碳酸氢钠既能起到缓冲作用，又能作为稳定剂与亚硫酸氢钠协同提高注射液的热稳定性，这在现有技术1和公知常识中均没有启示，所述效果更是无法预期的，因此发明是非显而易见的。

【案例2-8-14】

A. **相关案情**

基于发现辅料E可有效改善药物A滴眼液的物理稳定性，申请人请求保护"一种长效滴眼液，含有0.01%~1%（w/v）药物A和药用辅料E"这样的技术方案。

检索发现，现有技术1公开了含有0.1%药物A的滴眼液配方，并泛泛描述药物A的浓度为0.001%~5%，优选0.01%~0.2%（w/v），并教导"如有需要，可加入防腐剂、缓冲剂、稳定剂、增稠剂等”，所述增稠剂选自辅料E等。

B. 案例分析

出于扩大保护范围的目的，申请人将独立权利要求撰写成较为宽泛的技术方案。此时，如果说明书仅仅是围绕着“发明旨在提供一种新的滴眼液”泛泛撰写，那么相应的技术方案很可能会面临不具备新颖性和/或创造性，或者得不到说明书支持等方面的质疑。

C. 撰写建议

首先，重新确定发明点。通过分析现有技术1披露的技术内容，确定其并没有实际制备出浓度高于0.1%的滴眼液，从而不可能意识到高浓度药物A滴眼液的物理稳定性问题，也就不可能提出相应解决方案。因此，将发明点重新确定为“解决高浓度药物A滴眼液的物理稳定性”，以准确体现发明的实质内容。

其次，修改说明书的撰写策略。先导实验证明：①当药物浓度高于0.17%时，滴眼液开始出现物理稳定性问题；②在0.18%～0.22%的药物浓度范围内，加入特定浓度的辅料E可解决上述问题；和③当药物浓度高于22%时，辅料E的稳定作用变得不明显。基于上述发现，可在说明书中重点强调高于0.17%时出现的物理不稳定现象，将0.18%～0.22%范围的药物与1.5%～2%范围的辅料E排布于多个实施例中，淡化高于0.22%时可能存在的问题。另外，还可通过实验进一步探索与辅料E具有类似效果的其他辅料，一并写入技术方案中，以扩大保护范围。

最后，合理概括权利要求。基于说明书的形式或实质支持，对关键技术特征（即药物浓度、特定辅料及浓度）进行适当概括和归纳。例如，“一种长效滴眼液，含有浓度为0.18%～1%（w/v）药物A和0.5%～4%的稳定剂，所述稳定剂选自辅料E和/或辅料X（如果可行的话）”，基本准确地体现了发明的技术贡献。

第四节　撰写实例

一、技术交底书

技术交底书是申请人表达发明设计思路、完成状况、保护意图的最直接的技术资料。

通常，在已完成实验和相关现有技术的基础上，对涉及 Why（技术问题）、What（技术手段）、How（技术效果）的技术内容，进行整理和初步总结，形成撰写申请文件的依据。仅有构想而不提供适宜技术方案，或者不恰当地隐藏技术要点，均直接影响撰写者对相关技术方案的理解与把握，进而影响专利申请文件的撰写质量。

就本例所涉发明而言，旨在提供一种水溶性的表阿霉素形成稳定的水包油（O/W）型乳剂的配方和制备方法。利用乳化剂的双亲作用，将药物稳定在油相中，同时通过稳定剂的辅助，使得水溶性、刺激性的药物能够被油相长时间、稳定地包裹，从而达到降低药物局部不良反应的目的。

研发人员发现，用成熟的乳剂技术将表阿霉素包裹在油相中，可形成稳定的（O/W）型乳剂，达到降低表阿霉素局部毒性的目的。本发明的技术方案是提供一种包含一定数量的表阿霉素、甘油三酯、乳化剂和水的乳剂，该乳剂还包含稳定剂，可任选地包含渗透压调节剂、保护剂、螯合剂等注射剂常用的添加剂。还提供了一种将表阿霉素包裹在油相中的方法，包括将水溶性的表阿霉素通过共溶剂和乳化剂等的作用溶解到油溶液中，然后除去共溶剂形成表阿霉素油溶液。共溶剂的作用为将表阿霉素溶解在油相中，优选短链醇，如甲醇、乙醇、异丙醇。醇可用常压或减压蒸发、吹氮气等多种众所周知的方法去除，该方法具有包封率高的特点，包封率可达到90%以上，从而减轻药物的局部不良反应。

申请人提供了 5 个优选配方：

配方 1：盐酸表阿霉素 1g，卵磷脂 2.5g，红花油 10g，甘油 2.25g，EDTA-2Na 0.005g。

配方 2：盐酸表阿霉素 0.2g，豆磷脂 50g，棉籽油 50g，中链三羧酸甘油酯 50g，维生素 E 4g，甘油 22.5g，泊洛沙姆 7.5g，EDTA-2Na 0.05g。

配方 3：盐酸表阿霉素 2g，卵磷脂 75g，大豆油 75g，中链三羧酸甘油酯 75g，甘油 12.5g，泊洛沙姆 7.5g，EDTA-2Na 0.05g，山梨醇 25g。

配方 4：盐酸表阿霉素 2g，卵磷脂 75g，中链三羧酸甘油酯 150g，油酸 4g，EDTA-2Na 0.05g，蔗糖 150g。

配方 5：盐酸表阿霉素 2g，豆磷脂 50g，大豆油 150g，胆固醇 4g，普朗尼克 10g，EDTA-2Na 0.05g，甘露醇 5g。

申请人期望保护以下的技术方案：

1. 一种含表阿霉素的乳剂，由甘油三酯、乳化剂和水组成，并且组合物为含有油相和水相的乳剂，药物稳定在油相中。

2. 如权利要求1所述的乳剂，其中表阿霉素的含量为组合物总重量的0.001%～5%，甘油三酯的含量为组合物总重量的2%～20%，乳化剂的含量为组合物总重量的0.1%～10%。

3. 如权利要求1～2所述的稳定剂，选自甘油、蔗糖、海藻酸盐、维生素E及其衍生物、明胶、核黄素磷酸盐、胆固醇及其衍生物、油酸、油酸盐中的一种或几种。

4. 如权利要求1～3所述的乳剂，稳定剂的含量为占组合物总重量的0.1%～20%。

5. 一种注射用的表阿霉素乳剂的制备方法，其包括以下步骤：(1) 将表阿霉素、油、乳化剂形成均匀的混合物；(2) 将油相 (1) 和水相混合形成初乳；(3) 通过高压乳匀机匀化；(4) 经除菌消毒，分装或分装后冻干。

二、资料分析

在阅读技术交底书的基础上，先进行简单的检索，对现有技术做以下评估：表阿霉素为细胞周期非特异性抗生素类抗癌药，静脉注射时可发生严重的毒副作用；美国专利申请（申请号US20020028237A1）采用脂质体和细胞保护技术，来降低细胞毒药物包括表阿霉素所引起的皮肤损害；中国专利申请（CN1554354A）采用脂质体技术来改善表阿霉素药物的毒副作用，但均未有产品上市，尚不能适合临床需要和工业化生产的需求。

通过技术交底书和初步检索结果，确定该发明的发明关键点在于通过选择乳化剂和稳定剂，来获得一种包封率高的表阿霉素乳剂，从而减小表阿霉素的刺激性。

分析了申请人提供的技术交底书后，发现存在以下不足之处：

① 该申请想要解决的技术问题是提供一种包封率高的表阿霉素乳剂，以减小表阿霉素制剂的刺激性，但该申请的说明书中缺少有关表阿霉素乳剂包封率的实验数据，同时也没有表明阿霉素乳剂的局部刺激性实验数据，从而不能证明该发明声称的技术效果，建议申请人补充相关实验数据。

② 经了解，现有技术中将水溶性药物制成乳剂时，多采用先将药物溶于水相，然后再制成乳剂的技术手段。而该发明是将水溶性的表阿霉素溶解在油相中，并且通过使用稳定剂，使表阿霉素在乳剂中的包封率达到90%以上。申请人在说明书中虽然指出该发明可将表阿霉素包裹在油相中，形成稳定的水包油型乳剂，但是没有指出该发明与现有技术的上述差别，并且也没有阐明实现所

述高包封率的关键技术在于稳定剂的使用，建议申请人对相关背景技术和作用机理进行补充。

③ 该发明的药物组合物是注射用的水包油型乳剂，目的是减小局部注射的药物刺激性，但权利要求 1 中没有予以限定，可能会导致没有明确划界而出现创造性缺陷。另外，权利要求 1 中以封闭式撰写方式限定了乳剂的组分，但该发明的乳剂实际上还可以包含其他组分，因此权利要求 1 适合以开放式表达方式撰写。此外，权利要求中未对各组分的含量进行分层保护，对于乳剂中如油相、乳化剂等成分未进行限定，容易导致缺少修改余地或不能对产品进行有效保护。

④ 权利要求书中还存在从属权利要求的保护主题与所引用权利要求的保护主题不一致（如权利要求 3）、“衍生物”等不清楚的缺陷，并且多项权利要求未择一引用。

基于上述分析和整理，可对申请人期望保护的技术方案进行适当的修改和调整：纵向上，分别从产品、方法和用途等不同的保护主题来撰写独立权利要求；横向上，利用分层次、缩小、交叉限定附加技术特征的方式撰写从属权利要求，从而形成保护范围层次更清晰、概括更合理的权利要求书。

三、申请文件示例

（一）说明书摘要

本发明提供了一种注射用水包油乳剂，包含表阿霉素、甘油三酯、稳定剂，乳化剂和水，其中药物稳定在油相中；稳定剂的含量占组合物总重量的 0.1% ~ 20%。本发明水包油乳剂中的表阿霉素包封率达到 90% 以上，且减小了表阿霉素的刺激性。

（二）权利要求书

1. 一种注射用水包油乳剂，包含表阿霉素、甘油三酯、稳定剂，乳化剂和水，其中药物稳定在油相中。

2. 如权利要求 1 所述的注射用水包油乳剂，其特征在于其中表阿霉素的含量为组合物总重量的 0.001% ~ 5%，甘油三酯的含量为组合物总重量的 2% ~ 20%，乳化剂的含量为组合物总重量的 0.1% ~ 10%。

3. 如权利要求 2 所述的注射用水包油乳剂，其特征在于表阿霉素的含量为组合物总重量的 0.01% ~ 2%，甘油三酯的含量为组合物总重量的 5% ~ 20%，乳化剂的含量为组合物总重量的 1% ~ 10%。

4. 如权利要求 1 所述的注射用水包油乳剂，其中所述表阿霉素选自表阿霉素、盐酸表阿霉素、表阿霉素硫酸盐、表阿霉素硝酸盐和表阿霉素乳酸盐中的一种或几种。

5. 如权利要求1～4之一所述的注射用水包油乳剂，其特征在于所述甘油三酯是选自长链三羧酸甘油酯和/或中链三羧酸甘油酯。

6. 如权利要求1～4之一所述的注射用水包油乳剂，其特征在于所述油选自大豆油、麻油、红花油、棉籽油、黄花油、花生油、橄榄油和蓖麻油中的一种或几种。

7. 如权利要求1～4之一所述的注射用水包油乳剂，其特征在于所述乳化剂选自非离子表面活性剂、卵磷脂、豆磷脂、合成磷脂中的一种或几种。

8. 如权利要求1～4之一所述的注射用水包油乳剂，其特征在于所述稳定剂选自甘油、蔗糖、海藻酸盐、维生素E、明胶、核黄素磷酸盐、胆固醇、油酸、油酸盐中的一种或几种，其含量为占组合物总重量的0.1%～20%。

9. 如权利要求1所述的注射用水包油乳剂，其特征在于还包含占组合物总重量的0.1%～10%的渗透压调节剂，其中渗透压调节剂选自葡萄糖、甘油、蔗糖、山梨醇、乙二醇中的一种或几种。

10. 如权利要求1所述的注射用水包油乳剂，其特征在于还含有占组合物总重量的1%～20%的保护剂，其中保护剂选自葡萄糖、甘露醇、木糖醇、右旋糖酐、乳糖、麦芽糖、山梨醇、甘氨酸、亮氨酸中的一种或几种。

11. 如权利要求1所述的注射用水包油乳剂，其特征在于还包含占组合物总重量的0.0001%～1%的EDTA。

12. 一种如权利要求1所述乳剂的制备方法，包括以下步骤：(1) 将表阿霉素、油、稳定剂、乳化剂混合形成均匀的混合物；(2) 将油相 (1) 和水相混合形成初乳；(3) 通过高压乳匀机匀化；(4) 经除菌消毒，分装或分装后冻干。

13. 如权利要求1～11之一所述乳剂在制备治疗肿瘤的药物中的用途。

14. 如权利要求13所述的用途，其特征在于所述肿瘤为急性白血病、恶性淋巴瘤、乳腺癌、支气管肺癌、卵巢恶、膀胱癌、胃癌、肝癌或甲状腺髓样癌。

（三）说明书

表阿霉素注射用乳剂及其制备方法

技术领域

本发明属于医药领域，具体涉及一种表阿霉素的注射用乳剂及制备方法。

背景技术

表阿霉素为细胞周期非特异性抗生素类抗癌药，临床上用于治疗急性白血病、恶性淋巴瘤以及乳腺癌、肝癌、结肠癌等多种实体瘤。但是，该药物在静脉注射时可发生严重的蜂窝组织炎、起泡或组织坏死，不宜直接静脉推注，并且还要避免小血管中注射或在同一条静脉重复注射，这给临床应用带来了极大的不便，同时给不慎渗漏的患者也带来了极大的痛苦。

目前表阿霉素使用的药物剂型为冻干粉针，应用时经生理盐水或5%葡萄糖注射液稀释。药物在上述制剂中呈现裸露的分子状态，与皮肤和血管组织有极大的亲和力，造成组织损害和静脉炎。

美国专利申请（US20020028237A1）公开了采用脂质体和细胞保护技术，来降低包括表阿霉素的细胞毒药物所引起的皮肤损害。中国专利（CN1554354A）公开了一种表阿霉素脂质体及其制备方法，以降低药物的毒副作用。以上方法都涉及采用脂质体技术来改善表阿霉素药物的不良反应的方法，但均未有产品上市，尚不能适合临床需要和工业化生产的需求。

乳剂作为一种有效的药物载体已应用多年。乳剂具有以下几个特点：(1) 掩盖药物不良气味和降低不良反应；(2) 乳剂可生物降解，使用比较安全；(3) 乳剂可实现工业化大生产。一般情况下，若药物溶解于油相，可先将药物溶于油相后再制成乳剂；若药物溶于水相，可先将药物溶于水后再制成乳剂。

尚未发现有将表阿霉素制成水包油型注射乳剂以降低不良反应的报道。

发明内容

本发明的目的在于，提供一种水溶性表阿霉素的注射用水包油乳剂及其制备方法。本发明利用乳化剂的双亲作用，将药物稳定在油相中，同时通过稳定剂的辅助，使得呈水溶性且刺激性大的表阿霉素能够被油相长时间、稳定地包裹，从而达到降低药物局部不良反应的目的。

本发明的目的是通过以下技术方案来实现的。

在第一方面，本发明提供了一种注射用水包油乳剂，包含表阿霉素、甘油三酯、稳定剂，乳化剂和水，其中药物稳定在油相中；稳定剂的含量占组合物总重量的0.1%～20%。

本发明中所定义的“乳剂”是液体乳剂和冻干乳剂。

本发明的注射用水包油乳剂含有表阿霉素，其中所述表阿霉素选自表阿霉素、盐酸表阿霉素、表阿霉素硫酸盐、表阿霉素硝酸盐或表阿霉素乳酸盐，以及各种可药用的表阿霉素的盐类化合物。表阿霉素的含量为临床上的常用剂量。在本发明的一个实施方案中，其含量占组合物总重量0.001%～5%，优选

0.01% ~2% 重量，特别是 0.2% 重量的表阿霉素。

本发明组合物含有占组合物总重量 2% ~20%，优选 5% ~20% 重量的甘油三酯。其中所说的甘油三酯是由富含甘油三酯的油提供的，选自各种长链三羧酸甘油酯、中链三羧酸甘油酯中的一种或几种。油可为任何种类的可供药用注射的油，如植物油、矿物油、动物油、精油、合成油、半合成油或其混合物。优选各种型号的大豆油、红花油、棉籽油、黄花油、花生油、橄榄油、蓖麻油以及中链三羧酸甘油酯（MCT）中的一种或其混合物，以上产品均可以通过商业途径获得。大豆油、红花油、棉籽油、中链三羧酸甘油酯中的一种或几种为最优。

本发明组合物含有占组合物总重量 0.1% ~10%，优选 1% ~10% 重量的乳化剂。本发明组合物中所使用的乳化剂是指各种型号的非离子表面活性剂、卵磷脂、豆磷脂、合成磷脂中的一种或几种，包括各种型号的磷脂、普朗尼克、泊洛沙姆。优选豆磷脂、卵磷脂、合成磷脂、普朗尼克、泊洛沙姆中的一种或其混合物。上述产品均可通过商业途径获得，如 Lipoid 公司的豆磷脂和卵磷脂。

本发明组合物含占组合物总重量 0.1% ~20% 的稳定剂。本发明组合物中所使用的稳定剂有如甘油、蔗糖、海藻酸盐、维生素 E 及其衍生物、明胶、核黄素磷酸盐、胆固醇及其衍生物、油酸、油酸盐中的一种或几种，优选甘油、蔗糖、油酸、油酸盐中的一种或其混合物。

本发明组合物含占组合物总重量的 0.1% ~10% 的渗透压调节剂，其中渗透压调节剂选自葡萄糖、甘油、蔗糖、山梨醇、乙二醇中的一种或几种。

本发明的组合物还可以任选地包含保护剂和/或螯合剂，适宜的保护剂有葡萄糖、甘露醇、木糖醇、右旋糖酐、乳糖、麦芽糖、山梨醇、甘氨酸、亮氨酸中的一种或几种。适宜的螯合剂有 EDTA-2Na 或其混合物，优选 EDTA-2Na。螯合剂的含量为该组合物总重量 0.0001% ~1%，优选地为 0.001% ~0.2% 重量。保护剂的含量为该组合物总重量的 1% ~20%。以上产品均可以通过商业途径获得。

根据临床用途，乳酸林格氏液（Ringer's）也可加入到组合物中。

表阿霉素可以多种浓度存在于乳液中，表阿霉素在产品中的浓度为 0.01 ~10mg/mL。其中典型的药物浓度为表阿霉素 2mg/mL。

本发明提供了一种制备表阿霉素乳剂的方法。该方法包括以下步骤：(1) 将表阿霉素、油、乳化剂形成均匀的混合物；(2) 将油相 (1) 和水相混合形成初乳；(3) 通过高压乳匀机匀化；(4) 经除菌消毒，分装或分装后冻干。

本发明同时提供了一种将表阿霉素包裹在油相中的方法。该方法包括将水溶性的表阿霉素通过共溶剂和乳化剂等的作用溶解到油溶液中，然后除去共溶剂形成表阿霉素油溶液。共溶剂的作用为将表阿霉素溶解在油相中，优选短链醇，如甲醇、乙醇或异丙醇。醇可用常压或减压蒸发、吹氮气等多种众所周知的方法去除。

本发明所述的药物组合物具有包封率高的特点，表阿霉素在油相中的包封率可达到90%以上，从而减轻药物的局部不良反应，使其更具有临床操作性，降低医护人员在注射给药时导致患者发生皮肤溃烂的风险，提高病人的依从性，扩大用药范围。

本发明的工艺设备和方法可以采用常规的乳剂生产设备和工艺。能够进行重现性良好的大规模生产，产品质量稳定。

在本发明的一个实施方案中，该乳剂中表阿霉素的含量为组合物总重量的0.1%~3%，甘油三脂的含量为组合物总重量的5%~20%，乳化剂的含量为组合物总重量的0.5%~10%，稳定剂的含量为0.1%~20%。在优选的实施方案中，该乳剂中表阿霉素的含量为组合物总重量的0.1%~1%，甘油三脂的含量为组合物总重量的5%~15%，乳化剂的含量为组合物总重量的1%~8%，稳定剂的含量为0.1%~18%。在另一个优选的实施方案中，该乳剂中表阿霉素的含量为组合物总重量的0.2%，甘油三脂的含量为组合物总重量的5%~15%，乳化剂的含量为组合物总重量的2%~8%，稳定剂的含量为0.2%~16%。

此外，还提供了本发明的注射用水包油乳剂的用途，用于制备治疗肿瘤的药物中。优选地，所述肿瘤为急性白血病、恶性淋巴瘤、乳腺癌、支气管肺癌、卵巢恶、膀胱癌、胃癌、肝癌或甲状腺髓样癌。

本发明的有益效果为：通过采用一定量的稳定剂，使水溶性表阿霉素稳定存在于油相中并且维持低刺激性。

具体实施方式

制剂实施例1

称取盐酸表阿霉素1g、卵磷脂2.5g、红花油10g，震摇使其充分混合，得到表阿霉素油溶液。将甘油2.25g、EDTA-2Na 0.005g溶解在水中，然后倒入已混匀的油相中，至100mL；通过高速搅拌制成初乳，经高压乳匀机进一步匀化，得到红色均匀的乳剂；经0.2μm的膜过滤除菌，分装至所需规格。

制剂实施例2

称取盐酸表阿霉素0.2g、豆磷脂50g、棉籽油50g、中链三羧酸甘油酯50g、维生素E 4g，加乙醇适量，震摇使其充分混合，吹氮气挥发乙醇，得到表阿霉素油溶液。将甘油22.5g、泊洛沙姆7.5g、EDTA-2Na 0.05g溶解在水中，然后倒入已混匀的油相中，至1000mL；通过高速搅拌制成初乳，经高压乳匀机进一步匀化，得到均匀的乳剂；经0.2μm的膜过滤除菌，分装至所需规格。

制剂实施例3~5（略）。

实验例1：表阿霉素注射用水包油乳剂的包封率测定（略）。

实验例2：表阿霉素注射用水包油乳剂的局部刺激性试验（略）。

第九章

西药领域方法专利申请文件的撰写

本章所阐述的方法专利申请主要是指西药领域药物或相关物质的制备/加工方法、使用方法和处理方法等。

第一节　西药领域方法发明的特点

西药领域的方法发明不仅包括药用原辅料的制备方法、测定方法和使用方法等，还包括药物的筛选方法、动物模型的构建方法等，覆盖类型较多。另外，这些方法发明所针对的对象存在很大的差异，例如，制备方法可以涉及药用化合物、药用辅料、中间体、晶体、药物组合物、药物制剂等，而测定方法可以涉及活性成分，也可以是全部杂质或特定的杂质，还可以是中间结果。

基于不同的类型和对象，方法发明的目的也不同。涉及药用化合物、中间体的制备方法，其目的可能是通过创新或改进反应途径来获得新的治疗物质或药用原料，提高反应效率或纯度等；涉及药用辅料、晶体的制备方法，其目的可能是改进药物或辅料的理化性质，有利于提高药物的药效或安全性等。此外，活性成分或杂质测定方法是为了控制药物产品的质量，药物的筛选方法是通过特定模型筛选出活性成分，动物模型的构建方法是为了提供能更好评价药物安全性和/或有效性的方式。

第二节　权利要求的撰写

一、撰写指引

（一）制备方法

《专利审查指南2010》第二部分第十章4.4指出，在化学领域的方法权利要求中，可以是制备物质的方法，例如物质的使用方法、加工方法、处理方法等，其权利要求可以用涉及工艺、物质以及设备的方法特征来进行限定。“涉及工艺的方法特征包括工艺步骤（也可以是反应步骤）和工艺条件，例如，温度、压力、时间、各工艺步骤中所需的催化剂或者其他助剂等”；“涉及物质的方法特征包括该方法中所采用的原料和产品的化学成分、化学结构式、理化特性参数等。”

1. 药用化合物、中间体、晶体的制备方法

药用化合物可以从天然物质中提取获得，也可以通过化学方法合成。对于通过从天然物质中提取获得药用化合物的方法，一般涉及提取步骤和溶剂等特征。对于通过化学方法合成药用化合物的制备方法，一般涉及反应起始物、溶剂、催化剂和反应条件等特征。

一般而言，溶剂是制备化合物晶体的关键所在。另外，结晶条件如温度、压力等，对于是否形成晶体、结晶的快慢、晶型和收率等也有较大影响。因此，在晶体的制备方法权利要求中，通常需要对结晶的溶剂和条件进行适当限定。同时，在说明书中还应记载表征该晶型的特征参数或图谱。

【案例2-9-1】

A. 相关案情

权利要求：一种环烯醚萜类化合物的制备方法，其步骤包含：

1. 粉碎干燥的清香藤茎，然后利用闪式提取技术，采用20%～95%的乙醇提取，过滤，合并滤液，减压回收提取液至醇浓度低于5%，得总提取液。

2. 总提取液经大孔吸附树脂柱色谱处理，依次用不同比例的水和醇梯度洗脱，各洗脱部位利用薄层色谱和HPLC技术，筛选富集环烯醚萜类化合物的有效部位，得到10%～100%醇洗脱下来的流分为环烯醚萜类化合物的有效部位，即得粗提物。

3. 粗提物采用正相硅胶柱色谱法分离，以不同比列的氯仿/二氯甲烷－甲醇－水作为洗脱剂洗脱，所得馏分利用薄层色谱和HPLC技术，筛选富集环烯醚萜类化合物的有效流分。

4. 所得有效流分经半制备或制备型HPLC色谱分离，以甲醇－水、乙腈－水或甲醇－乙腈－水为流动相洗脱，得到环烯醚萜类化合物。

B. **案例分析**

发明通过一系列的提取和纯化步骤，提取了清香藤中的环烯醚萜类化合物，具有提取分离效率高的优点。由于采用了不同的提取技术和不同溶剂，因此可将相关特征写入权利要求中。也许是受说明书中实验设计和数据的水平所限，导致该权利要求无法进行适当概括，因此保护范围很窄。

【案例2－9－2】

A. **相关案情**

权利要求：一种酮内酯中间体的制备方法，包括：

1. 在碱存在的情况下，使式Ⅵ的化合物与氯乙酸酐或氯乙酸反应，得到式Ⅶ的化合物。

2. 在碱存在的情况下，使式Ⅶ的化合物与氰化剂反应，得到式Ⅷ的化合物。

3. 在碱存在的情况下，使式Ⅷ的化合物与盐酸羟胺反应，得到式Ⅸ的化合物（结构式略）。

发明旨在提供一种作为红霉素、克拉霉素反应起始物质的酮内酯中间体。

B. **案例分析**

该权利要求的特征部分限定了反应的起始化合物、反应条件和最终的中间体化合物。

2. 制剂的制备方法

对制剂制备方法的改进多体现于原辅料的种类、用量关系和/或投料顺序，以及特定的制备步骤或工艺参数等。因此，根据所解决的技术问题，可在此类制备方法权利要求中写入相应的关键技术特征。

【案例2－9－3】

A. **相关案情**

权利要求：一种阿戈美拉汀固体制剂的制备方法，包含如下步骤：将阿戈美拉汀和交联聚维酮混合，得到混合物a；将混合物a加热，使阿戈美拉汀熔融分散于交联聚维酮中，再冷却得到组合物 b；将组合物 b 与药学上可接受的载体混合得到混颗粒 c；将混颗粒 c 压制成片或灌装成胶囊。

现有技术 1 公开了由阿戈美拉汀与交联聚维酮经简单混合/制粒获得的固体制剂。

B. 案例分析

阿戈美拉汀是一种溶解性差的药物，导致吸收困难或生物利用度下降。发明人发现将阿戈美拉汀与交联聚维酮混合熔融后，能被交联聚维酮吸附，导致分子间距增大，冷却后得到无定形物。另外，交联聚维酮网状分子结构的分隔作用抑制了阿戈美拉汀结晶，在制剂制备和储存过程中不会转变为结晶态，保持了产品的稳定，进而确保产品的溶出速率和生物利用度。

由此可见，相对于现有技术，该发明的关键改进点在于将阿戈美拉汀与交联聚维酮熔融制得无定形物形式的分散体，因此建议将该关键步骤写入权利要求中。

3. 药用辅料的制备方法

对于药用辅料的制备方法，通常应清楚写明所要求保护的方法的主要步骤，撰写时可根据发明关键点对步骤中的原料、(投料) 顺序、工艺参数等进行适当概括。

【案例 2-9-4】

A. 相关案情

权利要求：一种硫辛酸-葡聚糖偶联物的制备方法，其特征在于步骤为：将分子量为 40 000 ~ 70 000 的葡聚糖溶于混合溶剂中，20 ~ 40℃ 保温 0.5 ~ 4.0h，加入硫辛酸，溶解后加入 4-二甲氨基吡啶，搅拌溶解，加入二环己基碳二亚胺，在搅拌下，控制反应温度在 15 ~ 60℃，反应 12 ~ 72h；过滤，滤液倾入甲醇与乙醚的混合液中，析出固体，过滤收集固体，固体用乙醚和丙酮洗涤，干燥；或过滤，滤液倾入甲醇与水的混合液中，析出固体，过滤收集固体，固体用甲醇和水洗涤，干燥；其中，所述的混合溶剂组成为，按体积比，甲酰胺：二甲基甲酰胺：二氯甲烷 = (1 ~ 10)：(1 ~ 10)：(0.1 ~ 2)；所述的硫辛酸-葡聚糖偶联物的分子量为 40 000 ~ 100 000，硫辛酸在葡聚糖上的取代度按重量百分比为 0.1% ~ 50%。

现有技术 1 公开了 α-硫辛酸与葡萄糖的偶联物。

B. 案例分析

发明提供了一种与现有技术不同的制备方法。权利要求的特征部分限定了原料及其用量比例、制备和分离等步骤，以及所得硫辛酸－葡聚糖偶联物的分子量和取代度等特征。当然，视实验设计和数据的水平，也可对溶剂、催化剂等特征进行适当的上位概括。

（二）测定方法

根据测定方法所涉及的对象和检测目的，可以包括以下两类。

1. 活性或非活性成分的测定方法

在药物的研发过程中，通常需要准确性高、重复性好的测定方法来控制药物在各个生产环节的质量。这种质量控制可以对药品中的一种或多种活性成分的含量进行测定，也可以对药品中的一种或多种杂质进行测定。在医药领域，对测定方法申请专利，有可能提高生产产品的合格标准，甚至提高行业标准。

【案例2－9－5】

A. **相关案情**

权利要求：一种布洛芬颗粒有关物质的测定方法，其特征在于包括如下步骤：

a. 精密称取布洛芬颗粒置于量瓶中，加甲醇30mL，振摇30min，再加入甲醇30mL，并用水稀释至100mL，作为供试品溶液；另取供试品溶液，用60%的甲醇稀释100倍，作为对照溶液；

b. 将4-异丁基苯乙酮对照品、2-［4-(2-甲基丙烯基）苯基］丙酸对照品和2-(4-丁基苯基）丙酸对照品，分别用甲醇稀释至浓度为0.0006%的溶液，作为对照品溶液；

c. 高效液相色谱法测定，色谱条件为：（略）；取1%对照溶液20μL，注入液相色谱仪，调节检测灵敏度，使主成分色谱峰的峰高为满量程的25%～50%；再精密量取供试品溶液和对照品溶液各20μL，分别注入液相色谱仪，记录供试品溶液色谱图至主峰保留时间的2倍；供试品溶液的色谱图中如有杂质峰，4-异丁基苯乙酮的峰面积不得大于其对照品溶液峰面积的1/3即0.1%……各杂质峰面积之和不得大于1%对照溶液峰面积的3/10。

B. **案例分析**

发明人发现布洛芬颗粒中的有关物质含量对于质量控制非常重要，从而制定了新的质控标准。但是，该权利要求的缺点在于未区分关键技术特征和次要技术特征，也未对溶剂或参数进行适当概括，因此保护范围很小，很容易被规避。

2. 中间结果的测定方法

根据我国现行专利法，疾病的诊断方法不能被授予专利权。但是，如果一项与诊断有关的方法，其直接目的不是获得诊断结果或健康状况，而只是对已经脱离人体或动物体的组织、体液或排泄物进行处理或检测以获取作为中间结果的信息的方法，或处理该信息的方法，例如，一种测定唾液中酒精含量的方法，该方法通过检测被测人唾液酒精含量，以反映血液中的酒精含量，则不属于诊断方法，可以被授予专利权。

【案例2-9-6】

A. 相关案情

权利要求：一种检测来自患者的生物学材料样品中的碱性鞘磷脂酶的体外方法，包括以下步骤：收集生物学材料样品；悬浮样品于匀浆缓冲液中；离心样品，回收上清液；测量上清液的蛋白含量；向上清液样品中加入检测缓冲液；孵育检测混合物；将样品与鞘磷脂混合孵育；加入反应缓冲液；孵育所述反应混合物；以及检测荧光。

B. 案例分析

说明书记载了碱性鞘磷脂酶的过量排泄可作为结肠、直肠癌变的诊断标记物。换言之，该发明的目的也在于通过检测可能处于上述肠道病理状态的患者粪便或生物学流体中的上述标记物，从所获得的碱性鞘磷脂酶的信息本身即可直接得出相应疾病的诊断结果或健康状况，属于疾病的诊断方法，是不能被授权的主题。

值得注意的是，如果说明书中记载了检测方法用于测定中间结果，但是所检测的信息确实有可能经分析后进一步用于相关疾病的诊断，此时检测信息可能属于诊断结果而非中间结果。当然，随着医学技术的发展，某项检测信息是中间结果还是被用来诊断疾病，人们可能会有新认知。

（三）使用方法

方法权利要求还包括物质的使用方法，该物质可能是单一的药用化合物或药用辅料，也可能是包含药用化合物或药用辅料的组合物。当使用方法涉及将药用化合物或含药用化合物的组合物用作药物来治疗疾病时，属于疾病的治疗方法，不能被授予专利权，具体可参见第六章内容。在此仅涉及非治疗目的的使用方法。

【案例2-9-7】

A. 相关案情

权利要求：一种在药物组合物中使用鱼胶作为载体的方法，其包括：a）将在溶剂中的鱼胶添加至活性成分中，以形成一混合物；b）冷冻所述混合物；以及c）使溶剂由冷冻的混合物中升华；其中所述组合物是快速分散剂型，而且在与液体接触时快速释放所述活性成分。

B. 案例分析

在现有技术中，为防止出现难闻的味道，通常会避免在口腔速释剂型药物中使用动物胶。该发明通过使用鱼胶作为载体，经冷冻升华的方法，将药物制成了可在口腔内快速释放且口感良好的制剂。除了请求保护含有鱼胶的药物组合物、制剂及其制备方法之外，还可请求保护上述鱼胶的使用方法或用途。

（四）药物筛选方法

药物筛选是检验和获取具有特定生理活性化合物的一个重要步骤，系指通过规范化的实验手段从大量（新）化合物中选择对某一特定作用靶点具有较高活性化合物的过程，也是临床新药开发的必经过程。随着科技的发展，研发人员有能力在短时间内大规模地合成和分离多种化合物，因而药物筛选逐渐成为发现先导化合物的主要途径之一。

在撰写药物的筛选方法时，要注意所述方法不能以治疗或诊断为目的，否则属于不能授予专利权的情形。同时，也不能包括非治疗目的的外科手术方法，否则会不具备实用性。

例如，发明请求保护“一种利用斑马鱼心功能损伤模型筛选用于保护心脏的药物的方法”，包括：①用药物 A 溶液处理斑马鱼，建立心功能损伤模型；②利用该损伤模型对候选药物进行筛选等步骤。从主题和技术方案整体来看，其直接目的是筛选具有心脏保护作用的药物，而不是为了治疗心脏相关疾病，因此不属于疾病的治疗方法，属于可授权的主题。

（五）动物模型构建方法

与药物筛选方法相似，在撰写此类权利要求时，如果涉及疾病的治疗方法或诊断方法，则属于不能授予专利权的情形。如果包括非治疗目的的外科手术方法，则不具备实用性。

二、撰写规范

（一）避免不授权情形

诊断方法，是指为识别、研究和确定有生命的人体或动物体病因或病灶状态的过程。一项与疾病诊断有关的方法如果同时满足以下两个条件，则属于疾病的诊断方法，不能被授予专利权：①以有生命的人体或动物体为对象；②以获得疾病诊断结果或健康状况为直接目的。属于诊断方法的例子有：血压测量法、诊脉法、足诊法、X 光诊断法、超声诊断法、胃肠造影诊断法、内窥镜诊断法、同位素示踪影像诊断法、红外光无损诊断法、患病风险度评估方法、疾病治疗效果预测方法、基因筛查诊断法。

外科手术方法，是指使用器械对有生命的人体或者动物体实施的剖开、切除、缝合、纹刺等创伤性或者介入性治疗或处置的方法，这种外科手术方法不能被授予专利权。以治疗为目的的外科手术方法属于治疗方法，不能被授予专利权。

需注意的是，上述定义中的“剖开、切除、缝合、纹刺”并非穷举，还可能存在其他外科手术方式。介入性治疗或处置方法包括经由人体食道插入胃镜的步骤、将喉镜插入咽喉的步骤、使用外固定矫正器矫正牙齿排列不齐的方法等。

【案例 2-9-8】

A. 相关案情

权利要求：一种基于放热化学反应的肿瘤热疗方法，其特征在于将产生热反应的化学反应物采用局部微创注射的方式介入至肿瘤靶区，所述介入的化学反应物在肿瘤靶区内发生化学反应，释放热量，所释放的热量对肿瘤靶区的肿瘤细胞进行加热杀灭。

B. 案例分析

发明涉及的方法是一种介入性治疗或处置过程，属于外科手术方法。同时，该方法的目的是杀灭肿瘤细胞，因此属于治疗目的的外科手术方法，不能被授予专利权。

（二）具备实用性

非治疗目的之外科手术方法，例如，发明请求保护“一种猴多动症动物模型的构建方法”，鉴于该方法以有生命的猴为实施对象，且涉及麻醉、皮肤切除、颅骨上开小孔等对动物实施非治疗目的的外科手术方法，无法在产业上适用，因此不具备实用性。

通常，如果介入形式仅涉及简单注射，可实现产业规模化且可再现，则具备实用性。

（三）得到说明书的支持

与其他类型的发明一样，此类发明的独立权利要求的保护范围应该是最宽的，从属权利要求可通过对制备步骤和/或工艺参数等作进一步限定，实现对发明的分层次保护，也为后续修改留有空间。

【案例 2-9-9】

A. **相关案情**

权利要求：

1. 一种西替利嗪片剂的制备方法，其特征在于包括以下步骤：

（i）将西替利嗪、多元醇和所述西替利嗪的溶剂混合以形成西替利嗪：多元醇复合物，其中所述溶剂包含水和碱化剂并且具有2.5～4的pH；

（ii）将所述西替利嗪：多元醇复合物的颗粒从所述混合物分离；以及

（iii）将所述颗粒形成为片剂。

2. 根据权利要求1所述的方法，其中所述多元醇为β-环糊精。

3. 根据权利要求1所述的方法，其中所述碱化剂选自碳酸氢钠和柠檬酸钠。

4. 根据权利要求1所述的方法，其中所述西替利嗪为二盐酸西替利嗪。

5. 根据权利要求1～4之一所述的方法，其中所述西替利嗪为二盐酸左西替利嗪。

6. 根据权利要求5所述的方法，其中将所述多元醇和所述西替利嗪混合在一起，然后与所述溶剂混合。

B. **案例分析**

现有技术中，通常在片剂中使用诸如环糊精、糖等来达到掩味和填充目的，但是西替利嗪具有苦味且极易与多元醇发生酯化作用而降解。发明人发现结合湿配法添加碱化剂可将西替利嗪和多元醇共存于同一制剂中，既满足了掩味等目的，也避免发生酯化。

在撰写独立权利要求时，可将涉及发明关键点的西替利嗪、多元醇和碱化剂等主要原料以及关键的湿法制粒步骤限定到特征部分，而具体的多元醇、碱化剂种类可以从属权利要求的形式撰写。

第三节　说明书的撰写

对于制备方法发明，为满足清楚、完整的要求，首先应当记载方法所用的原料物质、工艺步骤和工艺条件，必要时还应当记载方法对目标物质性能的影响，使本领域技术人员按照说明书中记载的方法实施时能够解决发明要解决的技术问题。对于方法所用的原料物质，应当说明其成分、性能、制备方法或者来源，使得本领域技术人员能够得到。

为进一步突出或证明发明制备方法的创造性，说明书中还可提供证明该发明技术效果的效果实验数据，或者记载该发明与现有技术的制备方法在平行条件下的对比实验数据，对于发明获权是有利的。

第十章 医药用途专利申请文件的撰写

化学产品的用途发明是基于发现新产品的性能或者已知产品的新性能，并利用此性能而作出的发明。例如，一种已知能治疗高血压的药物 A，发现其还可用于治疗痛风，则基于该发现可申请药物 A 有关痛风的新用途专利。用途发明在医药领域中尤为常见，当技术人员在对药物作用机理的研究过程中发现其具有新的用途（或适应证），如果这种新的作用能够实现本质上不同于现有技术的治疗用途，则可以考虑对该新的用途进行专利保护。

医药用途专利是构成药品专利布局中不可缺少的重要部分。

第一节　医药用途发明的特点

开发新用途或新适应证是发现新药的简便途径。我国允许以制药用途权利要求的形式来保护已知产品的新医药用途，为药物的新用途或新适应证寻求专利保护提供了可能。

随着医药领域发展水平的不断提高，研究逐渐聚焦于疾病的发病、致病原理，药物在机体内起效的作用机理或机制，以及患病人群的基因特殊性或药物有效性等更为精准化的理论研究，从而衍生出许多新的研发成果保护诉求，如机理限定的疾病、特定阶段的疾病、适用于特定条件的患者的疾病等，给医药用途的专利保护提出了新的问题。

第二节　权利要求的撰写

一、撰写指引

（一）一般表述方式

《专利审查指南 2010》第二部分第十章 4.5.2 规定：由于药品及其制备方法均可依法授予专利权，因此物质的医药用途发明以药品权利要求，或者例如“在制药中的应用”“在制备治疗某病的药物中的应用”等属于制药方法类型的用途权利要求申请专利，则不属于《专利法》第二十五条第一款第（三）项规定的不授予专利权的情形。

医药用途既包括新物质的医药用途，也包括已有物质的新医药用途，可撰写为“物质 A 在制备治疗疾病 B 的药物中的应用”（瑞士型权利要求形式）或与此类似的形式，其中的“物质 A”是指药理活性成分，“药物”是指含物质 A 的药物形式。这类权利要求通常具有三个主要特征：物质 A；物质 A 制成药物；治疗 B 疾病。

应注意的是，其他国家或地区专利审查机构对此的规定并不相同（可参见本书第二部分第五章第四节“二、非制药特征的滥用”）。在美国，可获得授权的新用途专利的范围很广，既有伴随医疗器械、药品等的新用途发明，也有伴随给药方法、给药对象等的新用途发明。因此，申请人欲向其他国家或地区提交医药用途的专利申请时，不必拘泥于我国有关制药用途的撰写要求，可以用多种形式撰写医药用途权利要求，以满足不同国家对医药用途的相关规定。

【案例 2-10-1】

A. **相关案情**

权利要求：

1. 一种苯次磺酰胺类化合物，其具有式（Ⅰ）的结构：……（式略）。

14. 如权利要求 1~13 之一所述的苯次磺酰胺类化合物在制备抗病毒药物中的应用。

B. **案例分析**

发明旨在提供一种新的苯次磺酰胺类化合物，其具有显著的抗病毒作用。在撰写权利要求书时，可用通式结构先将苯次磺酰胺类化合物撰写为产品权利要求，同时还可撰写苯次磺酰胺类化合物的制药用途以保护该化合物的抗病毒作用。

（二）其他表述方式

随着专利申请的多样化，近年来的医药用途发明专利申请，出现了许多其他的表征方式，如临床给药特征、机理性特征等。在使用这些表征方式撰写医药用途发明时，首先应对这些表征方式是否具有实质性限定作用进行了解和预判。

1. 给药剂量

给药剂量是指临床上给予患者的药物用量，往往与临床医师用药过程中对治疗方案的选择密切相关，因此对工业制药过程中药物的结构和/或组成等通常没有影响。在我国，出于人道主义精神，给提供医师更为自由、有利于患者健康的治疗处置空间，一般认为给药剂量对工业制药过程不具有限定作用。

给药剂量的改变并不必然影响药物的制备过程，也并不必然导致药物含量的变化。当医药用途权利要求中出现类似于“药物剂量”“给药剂量”“药物含量”等的特征时，如果能解释为产品中药理活性成分的含量，则属于药物的组成特征，对工业制药过程有限定作用。可参考本书第二部分第七章第二节“二（四）2. 给药方案限定”。

2. 给药时间

例如，某专利申请涉及化合物 A 在制备用于治疗疾病 B 的药物组合物中的用途，所述组合物于消耗食物前约 5 ~ 30min 口服施用于人类患者。其中的“于消耗食物前约 5 ~ 30min”属于给药时间特征，通常由医师根据患者的病情以及其他状况来确定，对工业制药过程本身没有影响，因此不具有限定作用。

3. 给药方式、途径、部位

给药途径、给药部位可能会对药物的剂型和质量要求产生影响。例如，静脉给药要求制剂具有适宜的 pH 和等张性等，由此对制剂辅料有不同的要求，即对工业制药过程中药物的结构和/或组成等产生了影响，因此可能具有限定作用。

另外，某专利申请涉及“丁丙诺啡透皮贴片在制备用于治疗疼痛的离子导入给药的药物中的应用”，其借助穿透组织的电流来增加药物的渗透过程。发明实际上是使用已知的丁丙诺啡透皮贴片结合离子导入的方式进行给药，是对治疗方法的改进，因此“离子导入给药”对该制药用途不具有限定作用。

4. 给药对象

通常，给药对象的种属、年龄、性别等方面的区别不会给制药用途权利要求带来区别。例如，在“化合物 C 在制备治疗心肌梗死的 ICU 用药物中的应用”权利要求中，“ICU 用”限定了给药场所与对象，属于临床医生的治疗行为，对制药用途不具有限定作用。但是，如果给药对象的不同导致所治疗疾病不同，则对制药用途权利要求具有限定作用。

【案例 2－10－2】

A. **相关案情**

权利要求：磷脂赋形剂和哺乳动物血液因子 Xa 的混合物在生产控制非血友病哺乳动物出血的药物中的应用。

B. **案例分析**

该权利要求限定治疗对象是非血友病哺乳动物。一般情况下，血友病与非血友病患者的凝血过程不同，血友病患者缺乏重要的凝血因子Ⅷ：C，但是后者不缺乏这种因子。在治疗时，请求保护的技术方案针对的是改善正常哺乳动物的正常止血过程，“非血友病哺乳动物”界定了另一种实质不同的出血性病症，因此该给药对象特征具有限定作用。

应特别关注的是，上述四种（给药剂量，给药时间，给药方式，途径部位，给药对象）表征方式对医药用途权利要求是否具有限定作用，不同国家或地区专利审查机构的标准和做法不太相同。例如，我国通常认为没有限定作用的给药方案，在其他国家或地区有可能被认为具有限定作用。因此，在提交 PCT 申请时，申请人可以在医用用途发明权利要求中写入给药方案等特征，以期获得最大利益化的专利保护。

5. 机理特征

机理特征或机理性限定通常用于限定疾病的产生原因、疾病的进程状况、患者的人体表征或者药物的作用机理，属于功能性限定方式的一种特殊形式。在用机理表征的制药用途权利要求中，请求保护的治疗用途或者药物活性是用致病机理、作用机理或药理活性等体现的。常见的撰写形式包括：“化合物 A 在制备治疗与机理 B 有关疾病的药物中的用途”“化合物 A 在制备××抑制剂中的用途”等。

应注意的是，包含机理特征的制药用途权利要求，可能会面临权利要求是否清楚、能否得到说明书的支持以及是否具备新颖性等方面的缺陷，因此一般不建议以机理表征。即使欲在独立权利要求中使用机理特征，也最好以从属权利要求的形式进一步限定与机理相适应的疾病，为后续修改留有余地。

二、撰写规范

（一）避免不授权情形

制药用途权利要求实质上是针对我国专利法中对疾病治疗方法不授予专利权所作出的特别规定，通过给医药用途发明创造提供必要的保护空间和制度激励，平衡社会公众与权利人的利益。在撰写物质的医药用途权利要求时，应避免写成治疗方法的形式。

概括而言，与医药用途发明相关的主题，示例撰写方式及其解读分别如下：

撰写方式 1：“化合物 C 在治疗肝病中的应用”“化合物 C 作为肝病治疗药物的应用”“向需要的患者给予化合物 C 治疗肝病的方法”，是疾病治疗方法，属于不授权情形。

撰写方式 2：“一种药物组合物的使用方法或应用”“一种药物组合物作为注射剂的应用”，不排除疾病治疗方法，属于不授权情形。

撰写方式 3：“化合物 C 在制备 X 抑制剂中的用途”“Y 促进剂在制备治疗糖尿病的药物中的用途”分别属于机理表征疾病、药物的制药用途权利要求，因容易引起清楚、支持、新颖性等问题而不建议。

撰写方式 4：“用于治疗合并感染的化合物 C”“用化合物 C 制成的治疗糖尿病的药物”“含化合物 C 的治疗糖尿病的药物”“化合物 C，用于治疗糖尿病”，是产品权利要求，属于可授权情形。

【案例 2-10-3】

A. 相关案情

权利要求：异甘草素作为化疗药增效剂的应用。

B. 案例分析

该权利要求虽然没有明确写成治疗疾病的方法，但是所涉及的用途是将异甘草素作为化疗药的增效剂，其实质上涉及其作为药物治疗疾病的过程，属于治疗方法的范畴，因此不能被授予专利权。

可修改为制药用途权利要求，例如，“异甘草素在制备化疗药的增效剂中的应用”。

（二）清楚

机理特征可认为是功能性限定方式，按照《专利审查指南 2010》中对功能性限定方式的解释，其也应理解为覆盖了所有能够实现所述机理的实施方式。在医药领域，与同一机理相关联的疾病可能有多种，而一种疾病也可能受到多种因素控制。

对于纯机理性限定的制药用途权利要求，例如，“某种因子诱导剂在制备用于治疗或预防由于该因子表达水平降低所导致疾病的药物中的用途”，如果本领域技术人员根据说明书的记载及现有技术，不能确定所限定的机理所对应的疾病种类或范围时，则认为权利要求的保护范围是不清楚的。

（三）得到说明书支持

机理和疾病之间往往存在错综复杂的关系，如果说明书中记载并通过效果实验证明了某机理与具体疾病之间的对应关系，但本领域技术人员根据现有技术水平和说明书记载的内容，仍无法预测该机理是否与其他疾病对应，那么通常认为权利要求中以机理特征限定的疾病没有以说明书为依据，从而得不到说明书的支持。对于这种情况，只能允许用具体疾病或适应证来表征制药用途权利要求。

【案例 2-10-4】

A. 相关案情

权利要求：式Ⅰ所示的化合物在制备腺苷拮抗剂中的用途。

实验数据表明式Ⅰ化合物对腺苷具有拮抗作用并能用于治疗痛风。

B. 案例分析

了解现有技术可知，与腺苷相关的疾病种类很多，差异较大，且腺苷拮抗剂与疾病之间的对应关系是未知的。仅依据该申请说明书提供的实验数据，难以预测式Ⅰ化合物能有效地治疗除了痛风之外的与腺苷拮抗有关的其他疾病，因此可能会被质疑是否得到说明书的支持。

（四）新颖性预判

《专利审查指南 2010》在第二部分第十章 5.4 指出，“对于涉及化学产品的医药用途发明，其新颖性审查应以下方面：

（1）新用途与原已知用途是否实质上不同。仅仅表述形式不同而实质上属于相同用途的发明不具备新颖性。

（2）新用途是否被原已知用途的作用机理、药理作用所直接揭示。与原作用机理或者药理作用直接等同的用途不具有新颖性。

（3）新用途是否属于原已知用途的上位概念。已知下位用途可以破坏上位用途的新颖性。

（4）给药对象、给药方式、途径、用量及时间间隔等与使用有关的特征是否对制药过程具有限定作用。仅仅体现在用药过程中的区别特征不能使该用途具有新颖性。”

1. 物质是否被公开的影响

对于物质的医药用途权利要求是否具备新颖性，首先要判断所述物质是否被公开。如果所述物质未被现有技术公开，则发明涉及的医药用途具备了新颖性。但是，如果所述物质已被现有技术公开，则需要判断所述用途是否被公开。

2. 机理限定的影响

对于机理性限定的制药用途，应考虑新用途是否被该物质已公开用途的作用机理、药理作用所直接揭示。如果机理性限定的用途与原用途的作用机理或药理作用直接等同，则不具备新颖性。

对于同时包含机理特征和疾病特征的权利要求，在判断新颖性时应客观考虑机理所对应的疾病，对于治病机理与现有技术不同但所治疗疾病相同的制药用途发明，因疾病被客观公开而不具备新颖性。

3. 临床用药特征的影响

对于临床用药特征是否能赋予医药用途新颖性，主要是看这些特征是否对最终所制备的药物的组成和/或结构带来实质性影响，或是对制备过程如原料、制备步骤、工艺条件等产生限定作用，能够带来实质性影响或限定作用的（参见本章第二节的具体阐述），可以认为其相对于现有技术具备新颖性。

（五）创造性预判

判断制药用途发明是否具备创造性，关键要看所述制药用途在性质上或者应用领域上与现有技术是否有实质性的不同。

【案例2－10－5】

A. 相关案情

权利要求：化合物C在制备用于治疗哺乳动物中的难治性肿瘤的药物中的用途，其中所述的难治性肿瘤选自乳腺癌、肺神经内分泌肿瘤、颈癌。

B. 案例分析

针对不同的现有技术，可能存在如下几种情况：

① 现有技术直接揭示化合物C可以治疗具体种类的“难治性”癌症。在这种情况下，发明不具备创造性，甚至可能不具备新颖性。

② 现有技术揭示了化合物C治疗癌症的机理，但没有直接提示其可以治疗具体的癌症类型。在这种情况下，如果没有相反证据表明上述机理不适用于某

种具体的癌症，那么针对具体癌症的制药用途发明通常会被质疑创造性。

③ 现有技术揭示了化合物 C 治疗癌症的机理，并证实它可以治疗众多不同类型的癌症，但未公开可以治疗“难治性”癌症，也未明确所述机理必定适用于“难治性”癌症。在这种情况下，本领域技术人员可以预期只要癌细胞受到上述机理调控，那么就可以想到采用该化合物来尝试治疗相关癌症，而不论该癌症是否处于难治性阶段，除非有证据表明上述机理在难治性癌症中并不适用。

判断发明相对于现有技术是否显而易见时，要将方案、问题和效果作为一个整体来看待。在上述②或③的情形下，不仅要考虑本领域技术人员是否会尝试采用化合物 C 治疗难治性癌症，还应考虑该尝试是否有合理的成功预期，只要存在合理的成功预期即可，并不需要绝对的成功预期，因此申请人应注意效果实验例的设计或者后期争辩的策略。

④ 如果现有技术中没有公开化合物 C 治疗癌症的机理，也没有公开其可以治疗具体癌症，那么本领域技术人员就无法获得利用该化合物来治疗这种难治性癌症的足够技术启示，在这种情况下发明具备创造性。

第三节　说明书的撰写

一、撰写指引

关于这类专利申请说明书的撰写体例和相应部分的作用，具体可参见本书第二部分第七章第三节“一、撰写指引”。

二、撰写规范

当发明涉及新化合物或新药物组合物时，说明书中应记载所述新化合物或新药物组合物的制备方法、确认结果以及效果实验。当发明涉及已知的化合物或药物组合物时，可写明所述化合物或药物组合物的来源，同时应提供相应的效果实验。

对于效果实验，应当清楚地说明实验所采用的具体物质、实验方法、实验结果，并对实验结果与用途之间的对应关系予以说明。用以证明实验效果的实验方法可以是采用志愿者的临床实验，也可以是采用动物模型、离体生物组织、细胞或分子水平的实验室实验，且应详细记载具体的实验步骤、设备和条件。实验应设计合理、保证合理的样本量，使实验结果准确、可信。具体可参见本书第二部分第七章第三节之“二、撰写规范”。

当发明涉及多个疾病治疗效果时，只要其中至少一个技术效果是本领域技术人员根据现有技术或说明书记载的实验数据可以预见的，则说明书中满足公开充分的要求。

当发明涉及用机理表征的制药用途发明时，如果已知的机理或药理活性一般与一些疾病的治疗之间具有对应关系，例如，在已知组胺释放抑制剂可作为抗变态反应药、钙通道拮抗剂可作为心血管治疗剂、血管扩张剂可以降压等的情况下，说明书中只要有效果实验证明该药物通过该机理发挥作用，就满足了充分公开的要求。如果现有技术中没有记载治疗机理与疾病的治疗之间的对应关系，申请的说明书应当记载并通过效果实验证明该对应关系。当本领域技术人员无法确定该机理与具体疾病的关联时，基于该机理的发现不能实现任何特定的治疗用途，可能会由此质疑说明书公开不充分。

【案例 2-10-6】

A. 相关案情

权利要求：紫草素糖苷在制备丙酮酸激酶抑制剂中的应用。

已知丙酮酸激酶是糖酵解中的一个关键限速酶，在能量代谢过程中起着重要作用。说明书实施例中记载了紫草素糖苷可以抑制 M2 型丙酮酸激酶，但是没有记载与该机理相关的任何适应证，更没有记载通过该机理来治疗具体疾病或适应证的技术方案。

B. 案例分析

说明书中虽然验证了紫草素糖苷可以抑制 M2 型丙酮酸激酶，但是其仅说明紫草素糖苷可以实现该机理（抑制 M2 型丙酮酸激酶），并没有记载通过该机理可用于治疗的具体适应证（即通过抑制 M2 型丙酮酸激酶来达到治疗某种疾病的效果）。因此，根据说明书记载的内容，本领域技术人员无法对机理与适应证建立对应关系，而且现有技术也没有记载该机理与适应证之间的关联。基于该机理的发现不能实现任何特定的治疗用途，造成说明书公开不充分。

【案例 2-10-7】

A. 相关案情

权利要求：淫羊藿苷在制备促血管新生药物中的应用。

在说明书中，背景技术部分记载了有文献提出以促血管新生的策略对前肢体缺血性损伤进行治疗，实验例部分验证了淫羊藿苷可以促血管新生。但是，说明书中并没有验证促血管新生与适应证的关系，也没有示例淫羊藿苷可以通过促血管新生而治疗疾病或适应症。

现有技术 1 记载了促血管新生与前肢体缺血性损伤之间具有较为明确的对应关系。

B. **案例分析**

结合说明书和现有技术 1 的公开内容，本领域技术人员能够预测淫羊藿苷可以通过促血管新生来治疗某些相关疾病，如前肢体缺血性损伤。换言之，根据现有技术，本领域技术人员可以确定机理（促血管新生）与具体适应症（如前肢体缺血性损伤）之间的对应关系，因此说明书公开充分。

参考文献

[1] 王学恭，杨杰荣. 我国医药产业转型升级的方向和重点［J］. 中国医药工业杂志，2019，50（6）：681－693.

[2] 朱艳梅，徐丹妮，朱玄，等. 专利产出与上市医药公司业绩的相关性研究［J］. 中国医药工业杂志，2013，44（2）：209－213.

[3] 张清奎. 加强医药创新的专利保护 改善发展不平衡的政策环境［J］. 中国发明与专利，2018，15（4）：30－36.

[4] 薛亚萍，谭玉梅，毛洪芬，等. 医药领域海外专利布局策略［J］. 中国新药杂志，2018，27（23）：2735－2744.

[5] 沙宇慧，李玉丹，杨悦. 奥美拉唑知识产权保护策略分析［J］. 中国新药杂志，2013，22（6）：624－628.

[6] 白东鲁，沈竞康. 新药研发案例研究——明星药物如何从实验室走向市场［M］. 北京：化学工业出版社，2014：87－88.

[7] 白光清. 药物专利之战［M］. 北京：知识产权出版社，2018：128－131.

[8] 欧洲专利局扩大申诉委员会 G2/08 决定。

[9]《日本专利和实用新型审查指南》：Ⅶ部分第 3 章。

第三部分

生物领域专利申请文件的撰写

第十一章

生物领域发明的总体特点

进入21世纪以后，生物技术进入大数据、大平台、大发现时代，各种新技术层出不穷，在医疗卫生、农业、环保、食品保健等领域对改善人类健康状况和生存环境、提高工农业的产量与质量等方面都发挥着重要作用，也产生了巨大的经济利益。与之相应，生物领域发明的申请量也出现井喷式增长，并呈现以下特点。

一、发展快、应用广

近年来，生物技术在多个领域取得了一系列突破性进展，基因编辑、高通量基因测序、干细胞治疗、转基因农作物等技术的发展日新月异，为我们提供了更多的工具了解并改造生物系统。例如，1977年出现第一代DNA测序技术，2005年出现第二代测序技术，以前需要三年才能完成的人类基因组测序，第二代测序技术只需要一周。仅仅过了5年，又出现了第三代测序技术，其最大特点是单分子测序，可以实现更高的通量、更大的读长和更低的成本。随着高通量基因测序、抗体制备等技术的不断完善，新发传染病从分离鉴定病原体到研制成功诊断试剂的时间，也从过去往往需要数年，现在缩短到数月内就能完成。

伴随着技术成熟度不断提高，生物技术也在加速向应用领域渗透。在工业领域，微生物被广泛应用于清除工业废物、修复生态系统，生物质能正在成为推动能源生产消费革命的重要力量。在农业领域，生物育种技术的进步推动了植物营养价值的改进、抗病性的增强和产量的提高，我国超级稻创造了平均亩产突破千公斤的新纪录，全球转基因作物种植面积已占全部耕地面积的12%，帮助农民获益累计超过1500亿美元。在医药领域，干细胞与再生医学、靶向药物、细胞治疗、基因编辑、基因检测等新技术加速普及推广，个性化医疗和精准医疗正在改变传统的疾病预防、诊断和治疗模式。

二、领域宽、方案杂

生命技术的快速发展离不开与其他领域技术的交叉融合，由于生物领域与人类的生产和生活密切相关，许多新技术出现不久就被应用于生物研究，促进了生物与化学、医学、信息、材料、工程等众多学科的交叉汇聚。例如，纳米技术是20世纪90年代出现的新兴技术，很快被应用于纳米生物制药，这是一门将生物技术与纳米科学和制药技术融合的新兴交叉学科，涉及生物技术、纳米技术、数理科学、分析科学、计算机科学、材料科学、制药技术、系统工程、精密仪器制造等众多领域。不同学科的融合也导致生物领域的发明技术方案变得复杂，这也对本领域技术人员提出了更高的要求，需要掌握生物领域之外的科学知识，如数学运算方法、光电检测原理、材料性质等。

三、价值大、纠纷频繁

生物技术具有重大商业价值，生物医药产业表现得最为明显。单抗领域的重磅药物阿达木单抗（Humira）在2018年创下单只药品年销售额199.36亿美元的新纪录。自2002年上市以来，该药物依靠不断拓展适应证、严密搭建专利保护网络，累计创造了超过1300亿美元的销售收入。在基因测序领域，全球市场规模已从2007年的7.9亿美元增长至2016年的68亿美元，平均年复合增长率约为27.02%，预计2022年全球市场规模将增长至300亿美元。

由于专利对于药物市场的重要性，生物医药企业围绕一些重磅药物展开了激烈的专利竞争。针对PD-1抗体的专利权，美国百时美施贵宝（简称BMS）与默克（简称Merck）在美国和欧洲展开了旷日持久的专利诉讼，最后于2017年1月签署全球专利许可协议，以和解所有针对Merck公司PD-1抗体药物Keytruda的专利诉讼，但Merck需要支付大量的专利授权费。在基因编辑领域，博德研究所与加州大学围绕CRISPR技术的专利申请、专利无效等展开了激烈的竞争。2018年9月，美国联邦巡回上诉法院决定维持美国专利审查与上诉委员会的判决，博德研究所拥有的CRISPR编辑真核生物基因组的专利得到维持，但二者在欧洲也提交了类似的专利申请，他们的专利权之争仍在继续。

随着我国生物医药产业的蓬勃发展，我国企业也积极参与全球专利交易。2015 年，信达生物制药（苏州）有限公司与美国礼来制药公司达成 3 个肿瘤免疫治疗双特异性抗体药物的开发合作协议，里程碑付款总金额超过 10 亿美元。同年，江苏恒瑞医药股份有限公司将用于肿瘤免疫治疗的 PD-1 单抗 SHR-1210 许可给美国 Incyte 公司，首付款和里程碑付款累计最高达 7.95 亿美元，但 Incyte 公司于 2017 年又引进了 MacroGenis 公司 PD-1 单抗药物的全球开发和商业权利，并与江苏恒瑞医药股份有限公司协商于 2018 年 2 月终止了合作开发 SHR-1210 的协议，这也说明生物药物的巨大经济利益引来了激烈的竞争。

四、关注高、问题多

生物技术具有重大的经济价值，并且牵涉法律、政治、经济、宗教、社会公德、伦理道德等众多领域，因此经常成为社会公众的关注焦点。例如，胚胎干细胞在器官移植、细胞治疗等方面有着广泛应用前景，但相关研究一直存在争议，支持者认为这一技术有助于根治众多疑难杂症，是科学进步的表现；反对者则认为胚胎干细胞研究会破坏胚胎，即间接摧毁了未来的生命。另一方面，生物技术的滥用将造成严重后果。2018 年 11 月，世界首例免疫艾滋病基因编辑婴儿在中国诞生，科学家和社会公众围绕 CRISPR 基因编辑技术和伦理道德等问题展开了热烈讨论，最终这种行为被认定为属于国家明令禁止的以生殖为目的的人类胚胎基因编辑活动，严重违反了国家法律法规和伦理准则。因此，生物领域的发明除了关注技术进步外，还需要综合考虑法律、社会公德、伦理道德等，以符合《专利法》第五条的规定。此外，生物领域的发明还涉及是否属于《专利法》第二条第二款规定的保护客体或者是否属于《专利法》第二十五条规定的不授予专利权的客体，对于遗传资源来源的披露、序列表的制定等也有着特殊要求。

第十二章

生物领域专利申请文件撰写的总体要求

《专利法》第二十六条第一款规定："申请发明或者实用新型专利的，应当提交请求书、说明书及其摘要和权利要求书等文件。"上述申请文件中最重要的就是说明书和权利要求书，它直接决定发明的审查结果以及授权专利的保护力度。

《专利法》第五条和第二十五条对专利保护客体进行了规定，《专利法》第二十六条第三款和第四款规定了说明书和权利要求书应当满足的实质要求，《专利法实施细则》第十七条至第二十三条规定了说明书和权利要求书的形式要求。下面在以上法条的基础上，结合生物领域的发明特点对申请文件的要求进行逐一分析。

第一节　专利保护客体

在撰写专利申请文件前，首先应当根据《专利法》第五条和第二十五条的规定，判断发明主题是否属于专利保护客体。当发现不属于专利保护客体时，需要考虑是否能够通过修改克服或规避上述缺陷。

一、违反法律、社会公德或者妨害公共利益的发明

《专利法》第五条第一款规定："对违反法律、社会公德或者妨害公共利益的发明创造，不授予专利权。"此条款中，"法律"是指由全国人民代表大会或者全国人民代表大会常务委员会依照立法程序制定和颁布的法律，不包括行政法规和规章；"社会公德"是指公众普遍认为是正当的、并被接受的伦理道德观念和行为准则。《专利审查指南2010》列举了生物领域中一些不符合《专利法》第五条第一款的发明创造，包括非医疗目的的人造性器官或替代物、人与动物交配的方法、改变人生殖系遗传同一性的方法或改变了生殖系遗传同一性的人、克隆的人或克隆人的方法、人胚胎的工业或商业目的的应用，可能导致动物痛苦而对人或动物的医疗没有实质性益处的改变动物遗传同一性的方法、人类胚胎干细胞、处于各形成和发育阶段的人体等。国家知识产权局2019年对《专利审查指南2010》关于胚胎干细胞部分进行了修改，在第二部分第一章3.1.2第2段之后新增一段，内容如下："但是，如果发明创造是利用未经过体内发育的受精14天以内的人类胚胎分离或者获取干细胞的，则不能以'违反社会公德'为理由拒绝授予专利权"。根据该修改内容，从体外受精或核移植等获得的未经过体内发育的受精14天内的囊胚分离人类胚胎干细胞的技术，不再被认为违背"社会公德"而不能授予专利权。此次修改，还删除了原第二部分第十章9.1.1.1"人类胚胎干细胞及其制备方法，均属于专利法第五条第一款规定的不能被授予专利权的发明"的规定，将原9.1.1.2修改为新的9.1.1.1，并且其后增加一句话，"人类胚胎干细胞不属于处于各个形成和发育阶段的人体"。因此，在符合"利用未经过体内发育的受精14天以内的人类胚胎分离或者获取干细胞的"的基础上，人类胚胎干细胞及其制备方法不再属于《专利法》第五条第一款规定的不能被授予专利权的发明。由于《专利法》第五条第一款的审查对象为整个申请文件，包括了权利要求书、说明书（包括附图）和说明书摘要，因此在撰写时，应该注意整个申请文件都不应该出现违反上述条款的内容。例如，"一种制备人卵巢间皮细胞的技术方案，包括取孕龄17～25周的人胚胎卵巢组织，用剪刀剪碎制得"，由于制备过程使用了来自人胚胎的卵巢组织，因此该技术方案属于人胚胎的工业或商业目的的应用，不符合《专利法》第五条第一款的规定，不能被授予专利权。

《专利法》第五条第二款规定："对违反法律、行政法规的规定获取或者利用遗传资源，并依赖该遗传资源完成的发明创造，不授予专利权。"第十三章第二节将详细描述相关要求和注意事项。

二、不授予专利权的主题

《专利法》第二十五条规定的不授予专利权主题中，除了“用原子核变换方法获得的物质”以外，科学发现、智力活动的规则和方法、疾病的诊断和治疗方法以及动物和植物品种在生物领域均有所涉及，在撰写申请文件前需要特别注意。

（一）科学发现

科学发现，是指对自然界中客观存在的物质、现象、变化过程及其特性和规律的揭示。这些被认识的物质、现象、过程、特性和规律不同于改造客观世界的技术方案，不是专利法意义上的发明创造，因此不能被授予专利权。虽然发明和发现存在本质不同，但两者关系密切，尤其在生物领域，许多发明是建立在对生命规律的发现基础之上的。例如，人们从自然界找到以天然形态存在的基因或 DNA 片段，仅仅是一种发现，属于《专利法》第二十五条第一款第（一）项规定的“科学发现”，不能被授予专利权。再如，“一个与大豆油分含量相关的数量性状基因位点，定位于大豆的 GM4-B2 连锁群，位于位点 Satt556 和 Satt094 之间”，该基因位点只是揭示了与大豆油分含量相关的数量性状基因的具体位置，是对自然界中客观存在的物质的揭示，因此属于科学发现。

但是，如果是首次将所述基因或 DNA 片段从自然界进行分离或提取，其碱基序列在现有技术中不曾记载，并能被确切表征，且在产业上有利用价值，则所述基因或 DNA 片段本身均属可给予专利保护的客体。

（二）智力活动的规则和方法

智力活动的规则和方法是指导人们进行思维、表述、判断和记忆的规则和方法。由于智力活动的规则和方法没有采用技术手段或者利用自然规律，也未解决技术问题和产生技术效果，因而不构成技术方案，不是专利法意义上的发明创造。

在利用生物信息学作为分析工具的发明中，有些主题可能属于智力活动的规则和方法。例如，“一种测序方法，包括利用优化的算法对测序数据进行加工，可以提高测序精确度”，该技术方案的实质是一种指导人们进行思维和判断的统计方法，而不是利用自然规律的技术方案，因此属于智力活动的规则和方法。

但是，如果权利要求在对其进行限定的全部内容中既包含智力活动的规则和方法的内容，又包含技术特征，则该权利要求就整体而言并不是一种智力活动的规则和方法。

（三）疾病的诊断和治疗方法

疾病的诊断和治疗方法，是指以有生命的人体或动物体为直接实施对象，进行识别、确定或消除病因或病灶的过程。出于人道主义的考虑和社会伦理的原因，医生在诊断和治疗过程中应当有选择各种方法和条件的自由。另外，这类方法直接以有生命的人体或动物体为实施对象，无法在产业上利用，不属于专利法意义上的发明创造。因此，疾病的诊断和治疗方法不能被授予专利权。

生物领域的研究对象是生物体，包括人体和动物体，因此生物领域的发明经常涉及疾病的诊断和治疗方法，其中关于权利要求是否属于疾病的诊断方法经常引起争议。如果一项与疾病诊断有关的方法同时满足，①以有生命的人体或动物体为对象；②以获得疾病诊断结果或健康状况为直接目的，则该方法属于疾病的诊断方法。《专利审查指南 2010》第二部分第 1 章 4. 3 列举了属于和不属于诊断或治疗方法的发明，可以帮助理解相关标准。对于一些涉及疾病的诊断和治疗方法的发明，如果本领域技术人员根据说明书记载的内容和现有技术，可以判断发明所述方法既包含诊断或治疗的目的，又包含非诊断或治疗的目的，申请人可以在权利要求中增加“一种非诊断或治疗目的”的限定。

疾病的诊断和治疗方法虽然不能被授予专利权，但是用于实施疾病诊断和治疗方法的仪器或装置，以及在疾病诊断和治疗方法中使用的物质或材料及其制药用途都可以获得专利保护。需要注意的是，对于涉及疾病的诊断和治疗方法的技术方案，相关产品的使用方法仍可能属于疾病的诊断和治疗方法。例如，“一种人丙型肝炎病毒检测试剂盒的使用方法，包括从被检试样中提取 RNA 作为模板，加入特异性引物、聚合酶、缓冲液及水后进行环介导等温扩增（LAMP）反应，反应产物加入溴化乙啶后在紫外灯下观察，根据反应产物在紫外光下是否产生荧光来确定被检样品是否带有丙型肝炎病毒”。该技术方案的主题虽然是试剂盒的使用方法，但所述方法能够确定被检样品是否带有丙型肝炎病毒，进而诊断作为样品来源的患者是否感染丙型肝炎病毒，因此所述方法仍然属于疾病的诊断方法。

（四）动物和植物品种

动物和植物是有生命的物体。根据《专利法》第二十五条第一款第（四）项的规定，动物和植物品种不能被授予专利权。

专利法所称的动物不包括人，所述动物是指不能自己合成，而只能靠摄取自然的碳水化合物及蛋白质来维系其生命的生物。专利法意义上的动物品种包括各种分类阶元的动物、动物体以及动物体的各个形成和发育阶段。例如，动物胚胎干细胞、生殖细胞、受精卵、胚胎都属于动物品种，而动物的体细胞以及动物组织和器官（除胚胎以外）不属于动物品种。

专利法所称的植物是指可以借助光合作用，以水、二氧化碳和无机盐等无机物合成碳水化合物、蛋白质来维系生存，并通常不发生移动的生物。例如，处于不同发育阶段的植物体本身，还包括能够作为植物繁殖材料的植物细胞、组织或器官等都属于植物品种。特定植物的某种细胞、组织或器官是否属于繁殖材料，应当依据该植物的自然特性以及说明书中对该细胞、组织或器官的具体描述进行判断。

虽然动物和植物品种属于专利法排除的客体，但动物和植物品种可以通过专利法以外的其他法律法规保护，例如，植物新品种可以通过《植物新品种保护条例》获得保护。

此外，涉及动物和植物品种的生产方法的发明，则属于可授予专利权的客体，这里所说的生产方法是指非生物学的方法，不包括生产动物和植物主要是生物学的方法。例如，“一种有选择性地繁殖马的方法，其步骤仅包括为了繁殖进行选择并将具有某些特性的马集中在一起”，则该方法本质上是生物学的。判断一种方法是否属于“主要是生物学的方法”，取决于在该方法中人的技术介入程度。如果人的技术介入对该方法所要达到的目的或者效果起了主要的控制作用或者决定性作用，则该方法不属于“主要是生物学的方法”。

第二节　说明书充分公开

《专利法》第二十六条第三款规定：“说明书应当对发明或者实用新型作出清楚、完整的说明，以所属技术领域的技术人员能够实现为准。”说明书是否对请求保护的发明作出了清楚、完整的说明是以所属技术领域的技术人员能否实现该发明为判断标准的。

一、清楚、完整

说明书的“清楚”包括两项要求：

（1）主题明确：说明书应当从现有技术出发，明确地反映出发明要求保护的主题，也就是说明书应当写明发明所要解决的技术问题以及解决其技术问题采用的技术方案，并对照现有技术写明发明的有益效果。上述技术问题、技术方案和有益效果应相互适应，不得出现相互矛盾或不相关联的情形。

（2）表述准确：说明书应使用所述技术领域通用的技术术语，准确地表达发明的技术内容，使本领域技术人员能够清楚、准确地理解发明。对于自然科学名词，国家有规定的，应采用统一的术语；国家没有规定的，可以采用约定俗成的术语。生物领域的技术发展日新月异，一方面，新的科技术语层出不穷，其中很多是英文术语，如果有公认的中文译文，应当用中文术语表示；如果没有合适的中文译文，或者是本领域常用的英文简称（如 PCR，HIV 等），也可以用英文表示。另一方面，生物领域的很多试剂或产品是由实验室或研究人员制备并命名的，如一些特定基因、蛋白、菌株、单克隆抗体等的名称，对于这些自定义词，应当根据需要，在说明书中给出明确的定义或者说明。

说明书的“完整”是指应当在说明书中清楚、明确地描述与理解和实现发明相关的、但所属领域的技术人员不能从现有技术中直接、唯一地得出的内容。一份完整的说明书应当包含下列三项内容：帮助理解发明不可缺少的内容；确定发明具有新颖性、创造性和实用性所需的内容；实现发明所需的内容。

此外，对于克服技术偏见的发明，说明书还应当解释为什么该发明克服了技术偏见，新的技术方案和技术偏见之间的差别以及为克服技术偏见所采用的技术手段。

二、能够实现

当申请人在说明书中清楚地记载发明技术方案，详细地描述实现发明的具体实施方式，完整地公开对于理解和实现发明必不可少的技术内容后，如果所属技术领域的技术人员根据说明书能够实现该发明技术方案，解决其技术问题，并且产生预期的技术效果，则说明书满足《专利法》第二十六条第三款的规定。

《专利审查指南 2010》对生物领域专利申请的说明书充分公开提出了具体要求。例如，对于涉及遗传工程的发明，说明书应当包括产品的确认、产品的制备、产品的用途和/或效果。由于生物领域发明涉及的许多材料如载体、细胞系等都是实验室自制而非商品化的，应在说明书中记载这些生物材料的制备方法。有时由于文字记载很难描述生物材料的具体特征，即使有了这些描述也得不到生物材料本身，还应按规定将所涉及的生物材料进行保藏。关于生物材料保藏的具体要求和注意事项，将在本部分第三章第一节详述。

生物领域的大部分发明来源并依赖于实验，因此需要特别关注《专利审查指南 2010》第二部分第二章 2.1.3 列举的“由于缺乏解决技术问题的技术手段而被认为无法实现”的第（5）种情况，即“说明书中给出了具体的技术方案，但未给出实验证据，而该方案又必须依赖实验结果加以证实才能成立。例如，对于已知化合物的新用途发明，通常情况下，需要在说明书中给出实验证据来证实其所述的用途以及效果，否则将无法达到能够实现的要求”。由于生物领域发明的可预见性水平相对较低，大部分情况下需要提供科学严谨的实验数据以满足说明书充分公开的要求。一般来说，说明书应当清楚、完整地记载实验材料、实验方法以及定性或定量实验结果，达到使所属技术领域的技术人员确信能够实现发明用途和/或使用效果的程度。如果实验方法属于本领域的常规方法或者在说明书中有明确文献指引的，可以不用在说明书中详细描述。断言性的结论，例如，“通过上述实验证明本发明的抗体具有……用途”不属于可接受的实验结果。但是，如果所属领域技术人员根据现有技术的发展状况能够预期发明技术方案的用途和/或能够实现的技术效果，则该发明不属于必须依赖实验结果加以证实才能成立的情况，也就是说，即使说明书中未记载相应的实验数据，也符合《专利法》第二十六条第三款的要求。

第三节　权利要求书应得到说明书的支持

《专利法》第二十六条第四款规定：“权利要求书应当以说明书为依据，清楚、简要地限定要求专利保护的范围。”权利要求书应当以说明书为依据，是指权利要求应当得到说明书的支持，其立法本意在于保证专利权的保护范围与其对现有技术的贡献相当，即与其说明书充分公开的技术内容相适应，这个范围既不能太窄使申请人的技术贡献得不到保护，也不能过宽而损害社会公众的利益。说明书与权利要求书之间存在密切的关联。

权利要求通常由说明书记载的一个或者多个实施方式或实施例概括而成，权利要求的概括不应超出说明书公开的范围。由此可见，说明书记载的实施方式或实施例是概括权利要求的重要依据，对于支持权利要求的保护范围极为重要。实施例的合适数量应当根据发明所属技术领域、现有技术状况以及要求保护的范围来确定。如果权利要求的保护范围较宽而不能仅从一个实施例中得到支持时，则说明书应当给出至少两个不同实施例。例如，当涉及数值范围时，通常应给出两端值附近（最好是两端值）的实施例；当数值范围较宽时，还应当给出至少一个中间值的实施例；而当数值范围很宽时，则应当给出多个中间值的实施例。而在技术方案比较简单的情况下，当一个实施例足以支持权利要求所概括的技术方案时，说明书中可以只给出一个实施例。

在判断权利要求是否得到说明书支持时需要综合考虑所属技术领域的发展水平、该领域技术人员的知识水平、说明书的公开内容、权利要求的保护范围等因素。需要分析发明技术方案声称解决的技术问题，结合说明书提供的具体实施方案，判断权利要求概括的技术方案是否能够解决所述技术问题，并实现所述技术效果。例如，申请人在权利要求中经常用同源性、来源或功能对基因或蛋白序列进行限定，以寻求更宽的保护范围，对于这类权利要求，需要从本领域技术人员的角度出发，结合说明书记载的内容和本领域的技术特点，综合分析上述技术特征的限定作用，最终确定权利要求的保护范围是否得到说明书的支持。

第四节　权利要求书的清楚

确定专利权保护范围的基础是权利要求书，权利要求书的清楚是为了在要求保护的范围和不要求保护的范围之间划出一条明确的界限，直接关系到专利权人和社会公众的权利划分和利益平衡。权利要求书应当清楚，一是指每一项权利要求应当清楚，二是指构成权利要求书的所有权利要求作为一个整体也应当清楚。

首先，每项权利要求的类型应当清楚。权利要求的主题名称应当能够清楚地表明该权利要求的类型是产品权利要求还是方法权利要求，不允许采用模糊不清的主题名称，也不允许同时包含产品和方法的主题名称，如一种检测试剂盒及其制备方法。

其次，权利要求的主题名称应当与权利要求的技术内容相适应。产品权利要求通常应当用产品的结构特征来描述，例如，组合物用其包含的组分来限定。但在生物领域的一些特殊情况下，当产品权利要求既无法用结构特征也不能用参数特征予以清楚表征时，可以借助方法特征表征，例如，重组工程菌的权利要求可以用其制备方法来描述。

再次，每项权利要求所确定的保护范围应当清楚，包括其使用的词语和各个技术特征之间的关系都应当清楚。为了使权利要求限定的范围清楚，应当对权利要求中的用词予以规范，使用本领域的通用术语。对于一些自定义的或具有特定含义的词，如果申请人说明书中对该词进行了明确解释，使包含该词的权利要求的保护范围由于说明书中的解释而被限定得足够清楚，这种情况也是允许的。但建议申请人尽可能修改权利要求，使得根据权利要求的表述即可明确其含义。例如，"一种用于治疗肠粘膜损伤的药物组合物，包含质量百分比为15%～100%的鞣酸抗菌活性蛋白和药学上可接受的载体"，其中鞣酸抗菌活性蛋白为申请人自定义而非本领域公知的术语，技术人员不知道其确切含义。而且所述鞣酸抗菌活性蛋白未进行测序等步骤，其序列也不明确。在撰写时可将所述蛋白的制备方法限定到权利要求中，以对其保护范围进行清楚的限定。对于生物领域的一些特殊生物产品，如重组核酸分子、培养基、新分离的基因或多肽等，可以通过以下方式之一进行表征：①由其化学式（DNA序列）表征；②由具体的制备方法表征；③由参数和/或性能（酶切图、分子量、碱基对数目等）的组合表征；④由其全部元件（起始子、标记、增强子或复制子等）的组合表征，并明确元件的连接顺序；⑤用包含该重组载体的微生物的保藏号进行表征。

最后，所有权利要求作为一个整体应当清楚。一项权利要求与其引用的权利要求之间，在内容上要有一致性和相关性，不能出现前后内容相互矛盾，或前后内容在整体上无法衔接的情况。例如，权利要求1中记载组合物由A和B组成，引用权利要求1的从属权利要求2进一步限定所述组合物还包含C，即权利要求1是封闭式，应理解为组合物不包含A和B以外的组分，但权利要求2限定了所述组合物还包含C，造成了权利要求之间的相互矛盾。此外，撰写多项从属权利要求时，需要注意被引用的各项权利要求的内容在逻辑关系上是否存在混乱或错误。

第五节　说明书撰写的具体要求

《专利法实施细则》第十七条对说明书的撰写做了具体规定：说明书应当写明发明名称，并包括技术领域、背景技术、发明内容、附图说明、具体实施方式等内容，各部分按顺序排列，并在每一部分前面写明标题；说明书应当用词规范、语句清楚，不能引用权利要求，也不得使用商业性宣传用语；当申请包含一个或多个核苷酸或氨基酸序列的，说明书应当包括符合国务院专利行政部门规定的序列表。《专利法实施细则》第十八条和第二十三条分别对说明书附图编号、附图标记和说明书摘要等做了具体规定。

一、发明名称

发明名称应当清楚、简要、全面地反映发明请求保护的技术方案的主题和类型，应当与请求保护的主题相适应，以利于专利申请的分类。例如，发明主题涉及某种新型多肽及其制药用途，其发明名称应当既包括所述多肽，也包括其制药用途。发明名称一般不得超过25个字，特殊情况下，最多到40个字。

发明名称应采用所属技术领域通用的技术术语，最好采用《国际专利分类表》中的技术术语。生物领域由于技术发展较快，一些英文术语没有公认的中文译文，也可以在发明名称中直接使用英文。此外，对于生物领域的发明来说，应当尽量避免发明名称中出现不授予专利权的客体，如疾病的诊断或治疗方法。

二、说明书正文

（一）技术领域

技术领域应当是发明要求保护的技术方案所属或者直接应用的具体领域，而不是上位的或者相邻的技术领域，也不是发明本身。该技术领域往往与发明在《国际专利分类表》中可能分入的最低位置有关。例如，一种抗 PD-1 单克隆抗体，具有抗肿瘤功效，该发明的背景技术可以写为："本发明属于分子免疫学领域，具体涉及一种抗 PD-1 抗体及其在制备抗肿瘤药物中的用途"，以便与其在《国际专利分类表》中应当分入的位置 C07K16/30 相对应。

（二）背景技术

背景技术部分应当写明对发明的理解、检索、审查有用的背景技术，并且尽可能引证反映这些背景技术的文件，尤其要引证与发明专利申请最接近的现有技术文件。说明书中引证的文件应当是公开出版物，文件类型没有限制，可以是专利文件、期刊、杂志、书籍等。生物领域中引用期刊文献较多，需要写明文献的标题、期刊名称、卷/期号、页数等信息。申请人在对申请日前的背景技术进行介绍和评价时，应当客观指出背景技术中存在的问题和缺点，但仅限于发明技术方案所解决的问题和缺点。

虽然《专利审查指南 2010》第二部分第二章 2.2.3 规定："在可能的情况下，说明存在这种问题和缺点的原因以及解决这些问题时曾经遇到的困难。"但如果上述原因和困难不是现有技术记载的，而是发明人通过研究发现存在问题和缺点，以及发明人在解决这些问题时遇到的困难，这属于发明内容而非背景技术，应在下文的发明内容部分进行描述。

（三）发明内容

发明内容包括三部分：要解决的技术问题、发明的技术方案和发明的有益效果。

1. 要解决的技术问题

发明所要解决的技术问题，是指要解决的现有技术中存在的技术问题，即发明目的。撰写时应注意以下 4 个方面：①针对现有技术中存在的缺陷或不足，其应当是具体的技术问题，不能将发明技术方案写为技术问题。例如，发明人为解决现有技术中乙肝检测灵敏度较低的问题研发出一种乙肝检测试剂盒，该发明解决的技术问题是“乙肝检测灵敏度低”，而非“提供一种乙肝检测试剂盒”。②用正面、简洁的语言客观反映发明要解决的技术问题，不得采用广告式宣传用语。③要解决的技术问题应与发明技术方案所获得的技术效果一致或相应，即所述技术问题是发明技术方案可以解决的。④当一件申请包含多项发明时，说明书中列出的多个要解决的技术问题应当与一个总的发明构思相关。

2. 技术方案

技术方案是说明书的核心内容，应当清楚、完整地描述发明解决其技术问题所采取的技术方案的技术特征。在技术方案这一部分，至少应反映包含全部必要技术特征的独立权利要求的技术方案，还可以给出包含其他附加技术特征的进一步改进的技术方案。说明书中记载的技术方案应当与权利要求所限定的相应的技术方案表述相一致。如果一件申请中有几项发明，应当说明每项发明的技术方案。除了上述内容外，可以在技术方案部分记载发明过程中遇到的困难、预料不到的发现等，以体现发明的创造性。

3. 有益效果

说明书应当清楚、客观地写明发明与现有技术相比所具有的有益效果，使本领域技术人员能够信服。有益效果是指由构成发明的技术特征直接带来的，或者是由所述的技术特征必然产生的技术效果。有益效果是确定发明是否具有“显著的进步”的重要依据。应当准确、完整地记载发明技术方案具备的有益效果，如果对技术效果进行夸大，不仅对于技术方案的新颖性或创造性没有帮助，还有可能导致权利要求得不到说明书的支持；如果对技术效果的记载不完整，将对技术方案新颖性或创造性的评判造成不利影响，甚至关系到说明书是否充分公开。对于生物领域发明的有益效果，主要通过实验数据予以说明，不能采用断言方式。

（四）附图说明

说明书有附图的，应当写明各幅附图的图名，并且对图示的内容作简要说明，其目的是清楚展示附图内容。对于不宜在附图中出现的附图标记、编号等的文字注释也可以在附图说明部分进行说明。附图不止一幅的，应对所有附图作出图面说明。

（五）具体实施方式

实现发明的优选的具体实施方式是说明书的重要组成部分，它对于充分公开、理解和实现发明的内容，支持和解释权利要求都是极为重要的。优选的具体实施方式应当体现申请中解决技术问题所采用的技术方案，应当对权利要求的技术特征给予详细说明，以支持权利要求。对优选的具体实施方式的描述应当详细，使发明所属技术领域的技术人员能够实现该发明。实施例是对发明的优选的具体实施方式的举例说明。实施例的数量应当根据发明的性质、所属技术领域、现有技术状况以及要求保护的范围来确定。

对于生物领域的发明，由于其来源于实验、可预见性低等特点，为了满足《专利法》第二十六条第三款、第四款的规定，对具体实施方式和实施例提出了更高的要求，在实施例中需要详细描述实验方法，记载完整的实验数据，避免断言性结论。对于保护范围较宽的权利要求，说明书中应提供足够数量的实施例予以支持。对于改进型或选择型发明，应提供对比实验，以证实发明技术方案相对于现有技术取得了更好的或预料不到的技术效果。

三、说明书附图

附图是说明书的一个组成部分。附图的作用在于用图形补充说明书文字部分的描述，使人能够直观地、形象地理解发明的每个技术特征和整体技术方案。因此，说明书附图应该清楚地反映发明的内容。由于生物领域的发明涉及大量实验，说明书附图的另一个作用是显示和证明技术效果，如质谱图、电泳图、层析图谱等。

当用文字足以清楚、完整地描述发明技术方案时，也可以没有说明书附图。

四、核苷酸或者氨基酸序列表

发明专利申请包含一个或多个核苷酸或者氨基酸序列的，说明书应当包括符合国务院专利行政部门规定的序列表。申请人应当将该序列表作为说明书的一个单独部分提交，并按照国务院专利行政部门的规定提交该序列表的计算机可读形式的副本。对于纸件申请，应提交光盘。对于电子申请，可以在专利电子申请系统中直接上传电子序列表。国家知识产权网站提供了“电子序列表制作及检验工具”（下载地址：http：//cponline. cnipa. gov. cn/tooldown/index. jhtml）。具体要求将在第三部分第十三章第三节详述。

五、说明书摘要和摘要附图

说明书摘要和摘要附图虽然不是说明书的组成部分，但也是申请文件的重要组成部分。

摘要是说明书记载内容的概述，其作用在于使公众通过阅读摘要即可快速了解发明所涉及的基本内容，判断该内容是否属于自己想要了解和阅读的内容，从而确定是否需要进一步查阅全文。摘要仅是一种技术信息，不具有法律效力，其内容不属于发明原始记载的内容，不能作为以后修改说明书或者权利要求书的根据，也不能用来解释专利权的保护范围。

摘要应当写明发明的名称和所属技术领域，并清楚地反映所要解决的技术问题、解决该问题的技术方案的要点及主要用途。在生物技术领域，如有必要，也可提供一幅能反映发明主要技术特征的附图作为摘要附图。

第六节　权利要求书撰写的具体要求

《专利法实施细则》第十九条至第二十二条对权利要求书的撰写作出了具体规定。

一、总体形式要求

《专利法实施细则》第十九条规定，权利要求应当记载发明的技术特征。权利要求书有几项权利要求的，应当用阿拉伯数字顺序编号。权利要求书中使用的科技术语应当与说明书中使用的科技术语一致，可以有化学式或者数学式，但不得有插图。除绝对必要外，不得使用“如说明书……部分所述”或者“如附图……所示”的用语。

对于一些涉及核苷酸或者氨基酸序列的发明，如果申请人没有提交单独的序列表，仅在说明书的表格或附图中列出序列信息，而在权利要求中出现如说明书某表格或某附图所示的核苷酸或者氨基酸序列的表述，将导致该权利要求不符合《专利法实施细则》第十九条的规定。申请人应当在说明书中包含序列表，相关权利要求中对序列的正确表述方式举例性的表述为“如 SEQ ID NO：1 所示的核苷酸或者氨基酸序列”。

二、独立权利要求和从属权利要求

《专利法实施细则》第二十条规定，权利要求书应当有独立权利要求，也可以有从属权利要求。独立权利要求应当从整体上反映发明的技术方案，记载解决技术问题的必要技术特征。从属权利要求应当用附加的技术特征，对引用的权利要求作进一步限定。

在独立权利要求中除了必要技术特征外，尽量避免写入其他特征，以免缩小专利的保护范围。尤其是在方法权利要求中，一些本领域公知的技术特征(如实验温度，离心速率等)，如果不构成实现本发明技术效果的必要技术特征，尽量不要写入权利要求，以免不必要地缩小独立权利要求的保护范围。

《专利法实施细则》第二十一条规定，发明的独立权利要求应当包括前序和特征两个部分，前序部分写明发明技术方案的主题名称和发明与最接近的现有技术共有的必要技术特征，特征部分写明发明区别于最接近的现有技术的技术特征，上述特征组合在一起限定了发明要求保护的范围。发明的性质不适于用前款方式表达的，独立权利要求可以用其他方式撰写。

生物领域中很多发明不适合采用上述方式表达，包括开拓性发明、已知发明的改进发明以及基因或蛋白质等发明。例如，基因或蛋白质权利要求通常采用限定序列的方式进行表达。

《专利法实施细则》第二十二条规定，从属权利要求应当包括引用和限定两个部分，引用部分写明引用的权利要求的编号及其主题名称，限定部分写明发明的附加技术特征。独立权利要求在于寻求获得尽可能宽的保护范围，从属权利要求应当形成先后层次和保护梯度，附加技术特征的确定既要考虑符合授权条件，也要考虑将来专利维权时的需要。

在生物领域，附加技术特征一般包括对数值范围、化合物种类、疾病适应证类型等的进一步限定，以便在独立权利要求不符合新颖性或创造性，或得不到说明书的支持等情况下，提供修改选择。

第十三章

生物领域专利申请文件撰写的特殊要求

第一节　生物材料保藏

一、生物材料的定义

生物材料的概念是在 1998 年 7 月 1 日起实施的《专利合作条约实施细则》（简称《PCT 实施细则》）修改本中首次引入专利法系统的。为了便于专利法规的实际操作和与国际接轨，我国在 2001 年修改的《专利法实施细则》中也引入了这一概念，并在随后修改的《专利法实施细则》和《审查指南》版本中沿用至今。

在 2001 年的《专利法实施细则》修改前，提到保藏问题，指的是微生物，而专利法意义上的微生物与传统微生物学中的微生物在定义上存在差别。传统微生物学上，微生物包括细菌、真菌、放线菌、原生动物、藻类、病毒等。在专利法意义上，为了将其他一些与上述微生物特性相似的生命实体包括在内，将微生物的定义拓宽为不仅包括了传统微生物学意义上的微生物，还把质粒、动植物细胞系、杂交瘤等生命实体也并入了微生物的范畴。但对于某些申请日前公众不能获得的，且即使进行了清楚的描述，所属领域的技术人员也无法实施其发明的生命实体和其遗传物质（如动植物本身或者基因），专利法意义上的广义微生物概念仍然不能将其概括在内，而它们一样需要进行保藏以达到充分公开的目的，这样就在专利法实践的实际操作中产生了矛盾。在2001年的《专利法实施细则》修改中，为了避免概念混淆，也为了便于专利实践的保藏操作，引入了生物材料的概念。

《专利审查指南2010》第二部分第十章9给出了生物材料的定义："'生物材料'是指任何带有遗传信息并能够自我复制或者能够在生物系统中被复制的材料。"根据这一定义，生物材料不仅包括了传统生物学意义上的微生物，如细菌、真菌、放线菌、原生动物、藻类、病毒等；也包括了与这些微生物具有相似特性的其他生命实体，如质粒、动植物细胞系、杂交瘤；另外，它还包括了动植物本身及其遗传物质，如基因等。

二、保藏生物材料的目的

根据《专利法》第二十六条第三款的规定，说明书应当对发明或者实用新型作出清楚、完整的说明，以所属技术领域的技术人员能够实现为准。即专利法要求说明书的内容必须充分公开，其标准是所属领域的技术人员能够实施。

而对于生物材料这些有生命的实体，如果是新分离的或者是新制备的，有时用文字记载很难描述该生命实体的具体特征，即使有了这些描述也得不到生物材料本身，或者用所描述的方法不能重复制备该生物材料，这样本领域的技术人员就不能实施该发明，或者实施该技术方案需要花费创造性的劳动或者需要经历过多的试验和错误，或者复杂的实验。例如，从特定的土壤样品中分离的微生物，即使申请人在说明书中详细描述了取样的地点和分离步骤，并详细描述了该微生物的特征，由于该微生物在特定环境中的存在具有偶然性，本领域的技术人员即使完全按照所述步骤操作也难以分离出所述微生物。再如，使用诱变剂的突变方法是基于反复试验的随机方法，难以对生物体内的变化进行定向控制，因此从已知微生物出发，用该方法重复获得具体的独一无二的突变体几乎是不可能的。

这样就导致专利法对说明书要充分公开的普遍要求与生物技术领域的实际情况产生了矛盾。为了解决这种由技术领域的特殊性产生的特殊问题，《专利法实施细则》第二十四条规定了对于公众不能获得的生物材料并且对该生物材料的说明不足以使所属领域的技术人员实施其发明的，应到国务院专利行政部门认可的保藏单位进行保藏。

目前，国务院专利行政部门认可的国内保藏单位有3家：①中国微生物菌种保藏管理委员会普通微生物中心（简称CGMCC，地址为北京市朝阳区北辰西路1号院3号，中国科学院微生物研究所院内），该保藏单位从1985年2月28日开始接受保藏申请；②中国典型培养物保藏中心（简称CCTCC，地址为湖北省武汉市武昌区八一路299号武汉大学校内），该保藏单位从1985年3月8日开始接受保藏申请；③广东省微生物菌种保藏中心（简称GDMCC，地址为广东省广州市先烈中路100号大院59号楼，广东省微生物研究所院内），该保藏单位自2016年1月1日起接受保藏申请。另外，中国于1994年1月1日加入了PCT，又于1995年7月1日加入了《国际承认用于专利程序的微生物保藏布达佩斯条约》（简称《布达佩斯条约》）。中国在加入该条约后，上述3个国内保藏单位正式成为了国际保藏单位。现有25个国家的46家保藏机构具有国际保藏单位资格，所有这些国际保藏单位也都属于我国国务院专利行政部门认可的保藏单位。如果我国申请人提交国际专利申请或者到其他《布达佩斯条约》成员国申请专利时，在国内的上述三个保藏单位进行国际保藏就可以得到认可。

三、生物材料保藏的办法

保藏生物材料按《专利法实施细则》第二十四条的规定进行，其内容如下：

“申请专利的发明涉及新的生物材料，该生物材料公众不能得到，并且对该生物材料的说明不足以使所属领域的技术人员实施其发明的，除应当符合专利法和本细则的有关规定外，申请人还应当办理下列手续：

（一）在申请日前或者最迟在申请日（有优先权的，指优先权日），将该生物材料的样品提交国务院专利行政部门认可的保藏单位保藏，并在申请时或者最迟自申请日起4个月内提交保藏单位出具的保藏证明和存活证明；期满未提交证明的，该样品视为未提交保藏；

（二）在申请文件中，提供有关该生物材料特征的资料；

（三）涉及生物材料样品保藏的专利申请应当在请求书和说明书中写明该生物材料的分类命名（注明拉丁文名称）、保藏该生物材料样品的单位名称、地址、保藏日期和保藏编号；申请时未写明的，应当自申请日起4个月内补正；期满未补正的，视为未提交保藏。”

另外，《专利审查指南2010》第二部分第十章9.2.1（1）指出：“还应当将该生物材料的保藏日期，保藏单位全称及简称和保藏编号作为说明书的一个部分集中写在相当于附图说明的位置。”对于申请人按时提交了符合《专利法实施细则》第二十四条规定的请求书、保藏证明和存活证明，但未在说明书中写明与保藏有关的信息的情况，《专利审查指南2010》还规定了“允许申请人在实质审查阶段根据请求书的内容将相关信息补充到说明书中”。

对于PCT申请，《专利法实施细则》第一百零八条规定：

“申请人按照专利合作条约的规定，对生物材料样品的保藏已作出说明的，视为已经满足了本细则第二十四条第（三）项的要求。申请人应当在进入中国国家阶段声明中指明记载生物材料样品保藏事项的文件以及在该文件中的具体记载位置。

申请人在原始提交的国际申请的说明书中已记载生物材料样品保藏事项，但是没有在进入中国国家阶段声明中指明的，应当自进入日起4个月内补正。期满未补正的，该生物材料视为未提交保藏。

申请人自进入日起4个月内向国务院专利行政部门提交生物材料样品保藏证明和存活证明的，视为在本细则第二十四条第（一）项规定的期限内提交。”

四、需要保藏的生物材料

生物材料包括已知的生物材料，新分离或新发现的生物材料，以及修饰已知的生物材料获得的新的生物材料。

专利法意义上的已知生物材料是指如下三种情况：

（1）公众能从国内外商业渠道购买的生物材料，应当在说明书中注明购买的渠道，必要时，应提供申请日前公众可以购买到该生物材料的证据（如生产厂家，产品目录号，销售发票等）。

（2）在各国专利局或国际专利组织承认的用于专利程序的保藏机构保藏的，并且在本申请日前已在专利公报中公布或已授权的生物材料（需要在说明书中引证公开该保藏情况的专利文献号，记载保藏机构的名称以及保藏号）。

（3）在申请日前已在非专利文献中公开的，应当在说明书中注明了文献的出处，说明公众获得该生物材料的途径，并由专利申请人提供保证从申请日起20年内向公众发放生物材料的证明。

如果专利申请中涉及非已知的生物材料，申请人就需要考虑是否应进行保藏。判断生物材料是否需要保藏的标准是：涉及的新生物材料公众不能得到，并且对该生物材料的说明不足以使所属领域的技术人员实施其发明。这是总的原则，具体哪些生物材料需要保藏，应根据发明的具体技术内容来确定。一般分为下面三种情况：

（1）从自然界新筛选、分离或发现的新生物材料：例如，从土壤中筛选到的新微生物、从病人体内分离的新病原体菌株、在自然界发现的野生植物新品种。

（2）从已知生物材料以不可重复的方式获得的新生物材料。例如，对已知微生物直接进行物理和化学诱变产生的新的突变微生物；用一种植物的基因组随机片段以花粉管导入法或者微粒轰击法转化另一种植物获得的转化子。

（3）具有特定性状的具体生物材料。例如，产生有特定效果的单克隆抗体的杂交瘤，具有特定表达活性的重组细胞等。

第二节　遗传资源来源披露

一、遗传资源来源披露的相关法律规定和立法宗旨

随着生物技术的发展，遗传资源已经成为一国可持续发展的重要资源，引起世界各国的高度重视。鉴于广大发展中国家虽然生物遗传资源丰富，但是科技水平和经济实力落后，往往成为提供遗传资源，作出无私奉献的一方；而发达国家利用其经济或技术优势往往成为开发利用甚至掠夺其他国家的遗传资源，进而通过专利独占权获得可观利益的一方。为保护生物多样性并平衡上述矛盾，1993 年 12 月 29 日生效的《生物多样性公约》（CBD）确立了遗传资源的国家主权、事先知情同意和惠益分享三项基本原则，并且在 CBD 第十六条第五款明确规定："缔约方认识到专利和其他知识产权可能影响到本公约的实施，因此应当在这方面按照国家立法和国际立法进行合作，以确保此种权利有助于而不违反本公约的目标。"随后，一些发展中国家试图在世界知识产权组织（WIPO）和世界贸易组织（WTO）谈判中引入 TRIPS 和 CBD 之间关系的议题以形成统一和有效的国际规则，以便在国际层面协调专利制度与遗传资源保护制度之间的关系，但是无论在 WIPO 还是在 WTO，发展中国家的相关努力都遇到了某些发达国家的强烈反对而使谈判陷入僵局。为此，许多国家开始在国内通过专门立法或修改其专利法等方式，开展落实 CBD 目标的实践。例如，巴西于 2001 年 8 月 23 日颁布了名为"遗传资源和传统知识获取的临时措施"的第 2. 186—16 号暂行条例，其第三十一条涉及遗传资源的获取和利益分享，规定必要时申请人应当提交遗传资源的来源信息。印度于 2002 年 6 月 25 日颁布了修改后的专利法，其第十条规定了申请人应当在专利申请中披露生物材料的来源以及地理起源，第二十五条和第六十四条分别规定了如果申请人没有披露或进行了错误的

说明，任何利害关系人可以在授权前提出异议或者在授权后请求撤销专利权。

为了在专利制度中落实 CBD 的有关规定，有效保护我国的生物遗传资源，促进我国遗传资源的合理和有序利用，2008 年我国在修改《专利法》时增加了第五条第二款："对违反法律、行政法规的规定获取或者利用遗传资源，并依赖该遗传资源完成的发明创造，不授予专利权。"从而确立了有关遗传资源的"违法不授权"的法律依据，违反该条款既可能导致专利申请被驳回，也可能导致专利权被宣告无效。如果遗传资源的获取或者利用违反我国有关法律、行政法规的规定，例如，属于违反《中华人民共和国畜牧法》和《中华人民共和国畜禽遗传资源进出境和对外合作研究利用审批办法》等有关规定的情形将导致发明创造不能获得专利保护。

为便于落实遗传资源的国家主权、事先知情同意和惠益分享三原则，也便于相关部门审查遗传资源来源的合法性，各国的立法都将遗传资源的来源披露作为落实上述目标的抓手。在我国 2008 年的《专利法》中也相应增加了第二十六条第五款："依赖遗传资源完成的发明创造，申请人应当在专利申请文件中说明该遗传资源的直接来源和原始来源；申请人无法说明原始来源的，应当陈述理由。"该条款规定了申请人对于完成发明所依赖的遗传资源的"来源信息披露"义务，在专利申请的审查过程中，如果申请人拒绝履行该义务可构成驳回理由，但是该条款仅仅是服务于"违法不授权"条款，因此，《专利法》第二十六条第五款不构成授权后的无效理由。

可见，《专利法》第二十六条第五款是为落实遗传资源的"违法不授权"条款的规定服务的，申请人应当如实披露，并且承担信息披露不实对其不利的法律后果。申请人披露该遗传资源的来源信息将有助于我国执法部门和公众判断申请专利的发明创造是否属于《专利法》第五条第二款规定的情形。另外，其作为一项登记备案制度也为将来相关配套法规完善时落实遗传资源的国家主权、事先知情同意和惠益分享三原则打下了基础，其最终目的是有效保护我国的生物遗传资源，促进我国遗传资源的合理和有序利用。基于遗传资源的国家主权原则，《专利法》第五条第二款排除的是从我国非法获取的遗传资源，而《专利法》第二十六条第五款针对的是所有依赖遗传资源完成的发明创造，不论该遗传资源取自我国还是国外，都应披露其遗传资源来源，以免遗漏国外申请人从我国获取遗传资源完成发明的情况。如实披露遗传资源来源隐含着申请人在获取遗传资源之前得到了国家主权的知情同意和接受专利授权后可能产生的惠益分享。

《专利法》第二十六条第五款作为一项预先登记备案制度，对于首次开发利用我国特定生物遗传资源的情形，其是上述法律规定需要重点规范的对象，因此披露该遗传资源的来源信息是申请人必须承担的义务。对于完成发明所依赖的遗传资源为现有技术中已公开或者公知公用的情况下，相关遗传资源的来源信息已为公众所知，相关审查机构足以依据公开信息对其是否属于《专利法》第五条第二款规定的情形作出判断，同时由于其来源信息清晰，也足以在配套法规完善时落实上述 CBD 三原则，此时要求申请人填写相应的遗传资源来源披露登记表已无必要，为了不给申请人带来额外的负担，对于该情形可以不要求申请人填写相应的遗传资源来源披露登记表。

二、遗传资源来源披露登记表提交范围存在的争议

《专利法实施细则》第二十六条规定："专利法所称遗传资源，是指取自人体、动物、植物或者微生物等含有遗传功能单位并具有实际或者潜在价值的材料；专利法所称依赖遗传资源完成的发明创造，是指利用了遗传资源的遗传功能完成的发明创造。就依赖遗传资源完成的发明创造申请专利的，申请人应当在请求书中予以说明，并填写国务院专利行政部门制定的表格。"《专利法实施细则》第一百零九条规定："国际申请涉及的发明创造依赖遗传资源完成的，申请人应当在国际申请进入中国国家阶段的书面声明中予以说明，并填写相关表格。"

《专利审查指南 2010》第二部分第一章 3.2 中规定，"遗传功能是指生物体通过繁殖将性状或者特征代代相传或者使整个生物体得以复制的能力。""遗传功能单位是指生物体的基因或者具有遗传功能的 DNA 或者 RNA 片段。""取自人体、动物、植物或者微生物等含有遗传功能单位的材料，是指遗传功能单位的载体，既包括整个生物体，也包括生物体的某些部分，例如器官、组织、血液、体液、细胞、基因组、基因、DNA 或者 RNA 片段等。""发明创造利用了遗传资源的遗传功能是指对遗传功能单位进行分离、分析、处理等，以完成发明创造，实现其遗传资源的价值。"

尽管《专利法实施细则》和《专利审查指南 2010》作出了上述规定，但在涉及遗传资源来源披露登记表提交范围的实际操作中，目前存在的问题主要集中在哪些涉及遗传资源的申请需要填写相应的遗传资源来源披露登记表，哪些涉及遗传资源的申请不必填写。一种极端观点认为，鉴于《专利法实施细则》和《专利审查指南 2010》的上述规定并未指出依赖遗传资源完成发明创造的专利申请存在不需填写登记表的例外情况，因此凡是发明创造依赖遗传资源完成的，都必须填写相应的遗传资源来源披露登记表。另一种极端观点认为专利法

相关条款的立法本意是落实《生物多样性公约》中遗传资源的国家主权、事先知情同意和惠益分享三原则，平衡国外专利申请人利用我国遗传资源获取的专利独占权，而目前在国家主权基础上的事先知情同意和惠益分享权利在我国尚未制定完善相应的配套法规和实施细则，专利法中的相关要求无谓地增添了申请人的负担，特别是给国内申请人带来了不必要的负担，因此建议不必强求提交相应的遗传资源来源披露登记表。其他观点虽然也包括只对特定范围涉及遗传资源的专利申请要求提交相应的遗传资源来源披露登记表，但是对于要求提交遗传资源来源披露登记表的具体范围存在争议。

三、需要提交遗传资源来源披露登记表的专利申请范围

根据上面对遗传资源来源披露的相关法律规定和立法宗旨的理解，在专利申请和审查实践工作中应当把握《专利法》第二十六条第五款规定的遗传资源来源信息披露要求是为了有助于我国司法部门和公众判断申请专利的发明创造是否属于《专利法》第五条第二款规定的情形，该要求是为《专利法》第五条第二款服务的。当然，填写遗传资源来源信息登记表也为将来相关配套法规完善时落实遗传资源的国家主权、事先知情同意和惠益分享三原则提供预先的登记备案。当审查员和公众根据说明书的记载无法判断完成发明所依赖的生物遗传资源的来源时，《专利法》第二十六条第五款作为驳回条款为审查员要求申请人履行披露相关来源信息的义务提供了有力的保障。但由于《专利法》第二十六条第五款不是无效条款，未填写相关登记表不会影响合法利用遗传资源的授权专利的稳定性。因此，在现有技术已知该遗传资源来源信息的情况下，可以不要求申请人提交相应的遗传资源来源信息披露登记表，以免给申请人带来额外的负担。

基于上述考虑，需要提交遗传资源来源披露登记表的情形可以参考以下的总体原则：首先，针对的是利用了遗传资源的遗传功能完成的发明创造；其次，在实际工作中为确定是否需要提交遗传资源来源披露登记表（简称“登记表”），需要考虑根据本申请说明书的记载，本领域技术人员是否足以确定涉及的遗传资源来源为现有技术中已知的，如果是，则可以不需提交相应的登记表；如果不是，或者根据说明书的记载无法确定其中涉及的遗传资源来源是现有技术中已知的还是申请人首次开发利用的，则应当要求申请人提交相关登记表，履行遗传资源的“来源信息披露”义务。

结合上述总体原则，举例性的需要提交登记表和不需要提交登记表的典型情形如下：

1. 需要提交登记表的情形

（1）从特定地域来源的生物资源中分离出遗传功能单位并加以分析和利用。例如，某申请涉及从中国上海附近采集一种野生大豆品种进行检测和分析，发现了与控制大豆高产密切相关的基因标记，进而利用该野生大豆与一种栽培大豆品种进行杂交，从而培育出含有该标记的高产大豆品种。该申请从中国上海附近地域获取野生大豆品种并对其遗传功能单位进行了检测、分析和利用，从而完成了发明创造，因此，需要披露该野生大豆的来源。

（2）从特定生物群体中获取遗传功能单位并加以分析和利用。例如，某申请涉及精神分裂症关联基因，其是以中国东北地区255个汉族精神分裂症患者和他们健康父母双亲组成的核心家系（Trios）的血液样品为研究对象，通过基因分型等手段确定出基因组中的过氧化物酶体增殖物激活受体δ（PPARD）基因的单核苷酸多态性与精神分裂症的易感性相关联。该申请从特定的人类群体获取遗传功能单位进行了分离、分析和利用，从而完成了发明创造，因此，需要披露该人类遗传资源（即上述血液样品）的来源。

（3）从自然界发现的生物新品种中获取遗传功能单位并加以分析和利用。例如，某申请涉及一种新型海洋微生物低温碱性金属蛋白酶及产酶菌株，该菌株是从东海海域的海泥中分离得到的。该申请从东海海域的海泥中发现一种微生物新菌株并对其遗传功能单位进行了分析和利用，应当披露该微生物的来源。

（4）根据说明书的记载无法判断其利用的遗传资源是否是现有技术中来源已知的。例如，某申请涉及枯草芽孢杆菌突变株、选育方法和该菌在发酵法生产腺苷中的应用，虽然该申请保藏了经硫酸二乙酯诱变筛选获得的新突变株，但是未记载起始枯草芽孢杆菌出发菌株的来源。鉴于根据本申请说明书的记载无法确定该起始菌株是否是现有技术中来源已知的菌株，因此申请人应当提交披露该微生物来源的登记表。

相反，如果本申请说明书中记载了该枯草芽孢杆菌出发菌株为某国际保藏单位在其保藏菌株目录中已公开的商品菌株，则鉴于该遗传资源为现有技术中已知的，可以不必提交相应的登记表。

2. 不需要提交登记表的情形

（1）基因工程操作中常规使用的载体或宿主细胞等。

（2）现有技术中已公开的基因或者DNA或RNA片段。

（3）说明书中已记载了所依赖的遗传资源来源于现有技术的某已知来源。

（4）发明创造的完成虽然利用了遗传资源，但并未利用其遗传功能。例如，某申请涉及从绿豆中提取核酸并制备成核酸口服液的方法，其利用的绿豆核酸是其化学成分的营养功能而不是其遗传功能，则无需披露其来源。

四、填写遗传资源来源披露登记表的注意事项

在专利审查实践中，审查员在考虑是否需要提交遗传资源来源披露登记表时，一般会优先考虑专利申请是否存在《专利法实施细则》第五十三条所列的实质性缺陷，最后再审查该申请是否符合《专利法》第二十六条第五款的规定。对于已存在其他实质性缺陷，且所述缺陷不能被合法克服，因而不具有授权前景的申请，审查员可以不审查该申请是否符合《专利法》第二十六条第五款的规定。对于准备授权的申请，审查员应确保已依据《专利法》第二十六条第五款的规定对其进行过审查。

依据《专利法》第二十六条第五款进行具体审查时，审查员应当仔细阅读说明书和权利要求书，准确理解发明，并在此基础上确定发明创造的完成是否依赖于遗传资源以及所依赖的是何种遗传资源。对于上面所述需要提交遗传资源来源披露登记表的情形，如果申请人未提交登记表或提交的登记表未能覆盖所有需要披露来源的遗传资源时，审查员应告知申请人提交或补交登记表，并具体指明哪些遗传资源需要或还需要披露来源并说明理由。如果申请人提交的登记表的填写不符合规定，审查员应当指出登记表中存在的缺陷。经申请人陈述意见或者进行修改后仍不符合《专利法》第二十六条第五款规定的，审查员应当驳回其专利申请。

对于依赖遗传资源所完成的发明创造，之所以要求申请人披露该遗传资源的来源信息，是因为这样的信息有助于我国执法部门和公众判断和了解遗传资源的获取或利用是否违反我国的法律或行政法规的规定，因此，登记表的填写是否清楚、完整是审查员进行遗传资源来源披露审查的一项重要内容。以下具体介绍登记表填写过程中需要注意的问题。

（一）遗传资源名称

登记表的"注意事项"中规定"⑤遗传资源名称"为遗传资源在申请文件中的相应命名或编号（见图3－13－1），在审查时，需要核对遗传资源名称是否与说明书特别是实施例中记载的遗传资源名称一致。例如，遗传资源名称可以是水稻（*Oryza sativa L.*）品种中花11，黑曲霉（*Aspergillus niger*）菌株NN074230，母猪流产胎儿脑组织，人乳腺癌高转移细胞MDA-MB-231，人类cDNA基因库等。

⑤遗传资源名称

⑥遗传资源的获取途径
I 遗传资源取自：■动物 ■植物 ■微生物 ■人
II 获取方式：■购买 ■赠送或交换 ■保藏机构 ■种子库（种质库） ■基因文库 ■自行采集 ■委托采集 ■其他

图 3-13-1 遗传资源来源披露登记表（部分）

【案例 3-13-1】

发明从野生大豆江浦野生豆-5 中克隆了 LEAFY 类转录因子的基因，并将基因命名为 *GsLFY*。

申请人在主动提交的登记表中将遗传资源名称填写成野生大豆基因 *GsLFY*。

根据《专利法实施细则》第二十六条第一款的规定："遗传资源，是指取自人体、动物、植物或者微生物等的含有遗传功能单位并具有实际或者潜在价值的材料。"《专利审查指南 2010》第二部分第一章 3.2 中进一步规定，"遗传功能单位是指生物体的基因或者具有遗传功能的 DNA 或者 RNA 片段"。而"取自人体、动物、植物或者微生物的含有遗传功能单位的材料，是指遗传功能单位的载体，既包括整个生物体，也包括生物体的某些部分，例如器官、组织、血液、体液、细胞、基因组、基因、DNA 或者 RNA 片段"等。也就是说，无论是基因 *GsLFY* 还是该基因的来源生物体江浦野生豆-5，它们均满足遗传资源的定义，只是对应遗传资源的材料形式不同而已，故此处填写成"江浦野生豆-5"或"野生大豆基因 *GsLFY*"均可以，通常不会导致披露的来源信息不一致。但是，考虑到发明完成的起始遗传资源材料是江浦野生豆-5，填写成"江浦野生豆-5"是更优选的。

（二）直接来源

虽然遗传资源的原始来源信息对于遗传资源提供国实现 CBD 规定的惠益分享目标是最有利的，但考虑到直接来源信息必然是申请人可以提供的，且在申请人无法提供原始来源信息的情况下，直接来源信息可以方便遗传资源主管部门追踪遗传资源的原始来源情况，故申请人需要填写获取遗传资源的直接渠道，包括获取该遗传资源的时间、地点、方式、提供者等信息，对应于登记表的第⑥~⑭项（见图 3-13-2）。在实际审查中发现，直接来源相关的填写问题主要集中在第⑥项。

<table>
<tr><td colspan="4">⑥遗传资源的获取途径
I　遗传资源取自：□动物　□植物　□微生物　□人
II　获取方式：□购买　□赠送或交换　□保藏机构　□种子库（种质库）　□基因文库　□自行采集　□委托采集　□其他</td></tr>
<tr><td rowspan="7">⑦直接来源</td><td colspan="2">⑧获取时间</td><td>____年____月</td></tr>
<tr><td rowspan="3">非采集方式</td><td>⑨提供者名称（姓名）</td><td></td></tr>
<tr><td>⑩提供者所处国家或地区</td><td></td></tr>
<tr><td>⑪提供者联系方式</td><td></td></tr>
<tr><td rowspan="3">采集方式</td><td>⑫采集地（国家、省（市））</td><td></td></tr>
<tr><td>⑬采集者名称（姓名）</td><td></td></tr>
<tr><td>⑭采集者联系方式</td><td></td></tr>
</table>

图 3－13－2　遗传资源来源披露登记表（部分）

首先，需要明确的是，第⑥项Ⅰ设置的本意是了解发明完成所依赖的遗传资源的类别，确定遗传资源究竟属于动物、植物、微生物还是人类遗传资源。表格中“遗传资源取自”中的“取自”二字会导致一些填写问题。例如，一种白灵菇是从植物上摘取的，作为一种真菌，其本身属于微生物遗传资源，有的申请人可能认为微生物“取自”微生物的表述不合适，故未勾选任一选项，有的申请人则基于“取自”的含义会勾选“植物”选项。

其次，第⑥项Ⅱ“获取方式”的选项中，购买、赠送或交换、自行采集和委托采集属于行为方式，保藏机构、种子库（种质库）则属于提供者范畴，其中种质库是为开发利用种质资源专门设立的种质保存场所，其范畴实际要大于只是收集植物种子作为生活植株备份的种子库。例如，植物园是通过引种活植物的种质库。基因文库是指通过克隆方法保存在适当宿主中的某一生物体 DNA 分子的总和，其通常并不是真正意义上的机构，实际属于遗传资源的一种存在形式，且基于遗传资源的定义其应该是一种实体的存在。当这些性质不同的选项在表格中以并列项存在时，根据登记表“注意事项”中的规定，“本表中的方格供填表人选择使用，若有方格后所述情况的，应在方格内作标记”，“获取方式”的选择往往会出现多选情形。例如，遗传资源是购买自保藏机构时，此项中的“购买”和“保藏机构”都应勾选。此外，在该项的填写中还存在以下一些问题：①混淆直接获取方式和间接获取方式，诸如说明书记载某教授将购买得到的遗传资源赠送给发明人，此时遗传资源的获取应是直接来自“赠送”

行为，而非申请人勾选的“购买”方式；②遗传资源明明来自种子库（种质库），申请人却勾选了保藏机构，这可能是因为申请人将种子库（种质库）也视为了一种保藏机构；③诸如 NCBI 的 GenBank 这种序列信息数据库不是表格中所指的基因文库，表格中所列的基因文库选项通常指通过自行构建或购买等途径获得的实体基因文库。

（三）原始来源

根据《专利审查指南 2010》中的定义，原始来源是指遗传资源所属的生物体在原生环境中的采集地。如果遗传资源所属的生物体为自然生长的生物体，那么原生环境是指该生物体的自然生长环境，例如，某野生稻采集自云南某地，则此地即为该野生稻的原始来源地，登记表中“⑲获取地点”应填写“中国云南”（见图 3－13－3）。如果遗传资源所属的生物体为培植或者驯化的生物体，那么原生环境则是指该生物体形成其特定性状或者特征的环境，例如，水稻品种京香糯 10 号是在北京培育形成，则⑲项应填写“中国北京”。

⑮原始来源	⑯ 采集者名称（姓名）	
	⑰ 采集者联系方式	
	⑱ 获取时间	___年___月
	⑲ 获取地点（国家、省（市））	
⑳ 无法说明遗传资源原始来源的理由		

图 3－13－3　遗传资源来源披露登记表（部分）

具体来看，登记表的第⑮项包括了采集者名称、采集者联系方式、获取时间和获取地点这四项填写内容，相较而言，获取地点更为重要，实践中也确实存在申请人不清楚或无法获知采集者信息的情形，故结合实际情况，审查员会考虑接受申请人披露了“获取地点”而其他三栏内容未填全的情形。

根据规定，如果申请人未能披露遗传资源的原始来源的，必须说明理由，必要时需提供该遗传资源提供机构出具的有关证据。例如，“该种子库未记载该遗传资源的原始来源”“该种子库不能提供该遗传资源的原始来源”，并提供该种子库出具的相关书面证明。结合实际填写的情况来看，以采集方式获取遗传资源的，申请人通常能够披露原始来源的信息，但对于以购买、赠送或交换等方式获取遗传资源的，申请人往往无法披露其原始来源。而且，在目前无相关法律法规对遗传资源提供机构出具证明的义务作出强制性规定时，申请人想主动提交证据或应审查员要求提交证据时会遇到障碍。因此，在对第⑳项进行审查时，审查员一般会结合遗传资源的获取方式考虑其陈述的理由是否可以接受，是否需要其进一步提供证明。至于证明的形式，通常只要机构提供方写明“确实不清楚所需披露的遗传资源的原始来源”并加盖公章就可以。

此外，可以接受的理由还有：该遗传资源从英国诺丁汉大学拟南芥菜种源中心购买所得，该中心未提供其原始来源；该菌株由美国德州大学馈赠给发明人实验室，发明人无法了解该质粒的原始来源；菌种来源于中国的保藏机构，申请人没有获取到菌种保藏人关于菌种来源的资料。

第三节　序列表制定

《专利法实施细则》第十七条规定：“发明专利申请包含一个或者多个核苷酸或者氨基酸序列的，说明书应当包括符合国务院专利行政部门规定的序列表。申请人应当将该序列表作为说明书的一个单独部分提交，并按照国务院专利行政部门的规定提交该序列表的计算机可读形式的副本。”

具体的，《专利审查指南 2010》第二部分第十章 9.2.3 规定：“(1) 当发明涉及由 10 个或更多核苷酸组成的核苷酸序列，或由 4 个或更多 L－氨基酸组成的蛋白质或肽的氨基酸序列时，应当递交根据国家知识产权局发布的《核苷酸和/或氨基酸序列表和序列表电子文件标准》撰写的序列表。”“(2) 序列表应当作为单独部分来描述并置于说明书的最后。此外，申请人还应当提交记载核苷酸或氨基酸序列表的计算机可读形式的副本。”

申请人应当根据以上规定，按照现行的国务院专利行政部门的规定，即《核苷酸和/或氨基酸序列表和序列表电子文件标准》（国家知识产权局局长令第十五号）制定和提交序列表。

制定该标准，既是为了使提交的纸件形式的核苷酸和/或氨基酸序列表及计算机可读形式的含有该序列表的电子文件规范化，以利于申请人提交；也是为了使序列表电子文件可以快捷地输入国家知识产权局专利局的计算机数据库，并与其他的序列检索数据库交换数据，以利于公众检索；同时也利于专利局审查员加快审查，更好地为申请人服务。

序列表和序列表电子文件中包括的数字标识符及相应内容和格式具体详见《核苷酸和/或氨基酸序列表和序列表电子文件标准》，下面对这些数字标识符进行简单的列举和解释。

数字标识符<110>~<120>，<160>，<210>~<213>，<400>及相应内容是必填项目。数字标识符<110>后填写所有申请人的姓名或名称，外国申请人应在中文译名后用括号注明英文姓名或名称。数字标识符<120>后填写发明名称，其应与说明书中的发明名称一致。数字标识符<160>后填写序列表中序列的个数，其应与实际序列的个数一致。数字标识符<210>后填写该序列在序列表中的序号，该序号应按照序列顺序依次填写。数字标识符<211>后填写该序列的长度，即该序列中碱基或氨基酸的数目。数字标识符<212>后填写序列的类型，包括DNA、RNA或PRT（protein的简写，代表蛋白质）三种类型。数字标识符<213>后填写来源生物名称，如草履虫种（*Paramecium sp.*）或是“人工序列”或“未知”。数字标识符<400>后首先填写该序列的序列标识符，从下一行开始填写具体核苷酸和/或氨基酸序列，其中，核苷酸序列用从左到右（代表5′—末端至3′—末端的方向）的单字母代码（《核苷酸和/或氨基酸序列表和序列表电子文件标准》附录1之表1中符号栏给出的小写字母）单链表示，每行最多60个，每10个空一格，每行的最后是该行最后一个碱基的编号；氨基酸序列用从左到右（代表氨基末端到羧基末端的方向）的三字母代码（《核苷酸和/或氨基酸序列表和序列表电子文件标准》附录1之表3中符号栏给出的第一个字母大写的三字母）表示，每行最多16个，每个氨基酸之间空一格；虽然《核苷酸和/或氨基酸序列表和序列表电子文件标准》中允许核苷酸序列和与它对应的氨基酸序列的混合序列，但并不推荐这种撰写方式。

数字标识符<130>~<141>，<150>~<151>，<170>，<220>~<223>及相应内容则是在特定条件下填写的项目或选填项目。数字标识符<130>后填写案卷参考号，没有案卷参考号的无需包括此项内容。数字标识符<140>和<141>后分别填写专利申请号和专利申请日，首次提交专利申请时无需包括这两项内容，补交或提交修改时需填写。数字标识符<150>和<151>后分别填写优先权号和优先权日，例如CN93112388.7和2001-09-20，没有优先权的专利申请无需包括此两项内容。数字标识符<170>后填写编写序列表电子文件时使用软件的版本信息，未使用时可以不包括此项内容。数字标识符<220>~<223>后填写序列特征，在数字标识符<400>中含有“n”或修饰的碱基、“Xaa”或修饰的氨基酸或不常用的L-氨基酸，或者数字标识符<213>是“人工序列”或“未知”的情况下须包括此项内容，按照先后次序逐一表述每个需要表述的特征。数字标识符<220>之后保留空白，数字标识符<221>之后填写特征名称或《核苷酸和/或氨基酸序列表和序列表电子文件标准》附录1之表5或表6中列出的关键词，数字标识符<222>之后是特征的位置，例如：(279) … (389) 或 (80, 100, 112)，数字标识符 <223> 之后是其他相关信息，其中用《核苷酸和/或氨基酸序列表和序列表电子文件标准》附录1之表2或表4中给出的符号表述修饰的碱基或修饰的氨基酸。数字标识符 <300> ~ <312> 后填写出版公开信息，其是非强制性的内容。

数字标识符及内容应按照数字标识符的数值从小到大的次序排列在序列表中。每个数字标识符及内容之间空一行（前两位数字相同的数字标识符及内容之间无需空行）。有多个序列时，按照序列标识符的数值从小到大的次序排列每个序列的全部数字标识符及内容。

可以使用国家知识产权局专利局提供的序列表编辑软件、其他专利组织提供的软件（如欧洲专利局提供的 Patentin），或其他任何纯文本文件编辑软件来形成符合标准的序列表电子文件。

提交序列表时，系统校验会提醒序列表中可能存在的问题，虽然目前校验不合格不一定会影响序列表的提交，但还是应尽可能提交能够通过校验的序列表。

序列表样例如下：

<110> ××基因开发有限公司

<120> ××基因及其应用

<160> 3

<170> PatentIn Version 2.1

<210> 1
<211> 389
<212> DNA
<213> 草履虫种 (Paramecium sp.)

<220>
<221> misc_ feature
<222> (80, 100, 112)
<223> n =a 或 g 或 c 或 t

<220>
<221> CDS
<222> (279) ... (389)

<400> 1
agctgtagtc attcctgtgt cctcttctct ctgggcttct caccctgcta atcagatctc 60
agggagagtg tcttgacccn cctctgcctt tgcagcttcn caggcaggca gncaggcagc 120
tgatgtggca attgctggca gtgccacagg cttttcagcc aggcttaggg tgggttccgc 180
cgcggcgcgg cggcccctct cgcgctcctc tcgcgcctct ctctcgctct cctctcgctc 240
ggacctgatt aggtgagcag gaggaggggg cagttagcat ggtttcaatg ttcagcttgt 300
ctttcaaatg gcctggattt tgtttgtttg tttgtttgtt ccaatgtccc aaagtcctcc 360
cctgtcactc atcactgcag ccgaatctt 389

<210> 2
<211> 37
<212> PRT
<213>草履虫种（Paramecium sp.）

<400> 2
Met Val Ser Met Phe Ser Leu Ser Phe Lys Trp Pro Gly Phe Cys Leu
1 5 10 15
Phe Val Cys Leu Phe Gln Cys Pro Lys Val Leu Pro Cys His Ser Ser
20 25 30
Leu Gln Pro Asn Leu
35

<210> 3
<211> 11
<212> PRT
<213>人工序列

<220>

<223>根据大小和极性而设计，以用作XYZ蛋白的α和β链之间的接头的肽。

<400> 3

Met Val Asn Leu Glu Pro Met His Thr Glu Ile

1　　　　　5　　　　　10

第十四章

生物领域重点发明主题专利申请文件的撰写

生物学科领域广，发明主题特点鲜明。本章将分别对生物领域中微生物相关发明、免疫相关发明、基因工程相关发明、干细胞相关发明和生物检测相关发明这五大类型的发明主题的专利申请文件的撰写要求进行详细的阐述。

第一节　微生物相关发明

专利法意义上的微生物包括细菌、放线菌、真菌、病毒、原生动物、藻类等。微生物相关发明涉及微生物本身或其发酵产物，微生物获得或使用方法，以及微生物用途等。微生物相关发明具有鲜明特点，同样需符合《专利法》《专利法实施细则》《专利审查指南2010》的相关规定，本节首先分别对说明书的撰写和权利要求书的撰写进行详细说明，最后以一个撰写实例的方式进行说明。

一、说明书的撰写

微生物相关发明说明书的撰写应符合《专利法》第二十六条第三款关于说明书公开充分、《专利法实施细则》第十七条关于说明书内容以及《专利审查指南 2010》第二部分第二章和第十章等相关规定，同时说明书的撰写还关系到所属领域的技术人员对发明的新颖性、创造性、实用性等的判断。以下将从微生物的名称和鉴定、微生物的获得和保藏、微生物的培养和使用以及微生物的用途和效果四个方面进行介绍。

（一）微生物的名称和鉴定

通常情况下，微生物应按微生物学分类命名法，以“种名 + 菌株名”的形式进行表述。种名是采用国际标准命名法命名的已知的通用名称，当有确定的中文种名时，应以中文种名表述，并在第一次出现时用括号注明该微生物的拉丁文学名，例如，铜绿假单胞菌（*Pseudomonas aeruginosa*）菌株 T1。

对于未知种，可以以“属名 + 菌株名”的形式进行表述。例如，假单胞菌（*Pseudomonas* spp.）菌株 J1。

对于变种，可以以“种名 + 变种名 + 菌株名”的形式进行表述。例如，金色链霉菌苏州变种（*Streptomyces aureus var Suzhouneusisn*）G1。

对于经过保藏的微生物，还应加上“保藏单位简称和保藏号”。例如，铜绿假单胞菌（*Pseudomonas aeruginosa*）菌株 T1 CGMCC NO. 12345。

对于新分离的微生物，应当记载该微生物的鉴定特征，如微生物的形态学特征、生理生化性质、16sRNA 序列等，以及与已知微生物的比较情况，记载的详细程度应当足以确定该新分离的微生物的分类学地位，并且详细撰写微生物的鉴定特征也有利于与现有技术的其他微生物进行区分。如果将该新分离的微生物鉴定为新种，则必须详细记载其分类学性质，写明与同属内其他亲缘关系接近种的异同，并给出鉴定为新种的理由。

微生物的鉴定特征可以记载在发明内容部分，也可以记载在实施例中。

（二）微生物的获得和保藏

对于微生物相关发明，由于文字记载很难描述微生物的具体特征，仅根据说明书描述无法得到微生物本身，这可能导致所属领域的技术人员无法实施发明，无法满足《专利法》第二十六条第三款的要求，因此申请人应确保公众在申请日前（有优先权的指优先权日，下同）能够得到相关微生物。

对于已知微生物，应该在说明书中记载公众可以获得该微生物的途径。包括以下几种情况：

（1）对于公众能从国内外商业渠道买到的微生物，应在说明书中注明购买的渠道，并注明商品名称等相关信息。

（2）对于在专利文献中公开、在各国专利局或国际专利组织承认、用于专利程序的保藏机构保藏的微生物，应在说明书中记载该专利文献号，以及该微生物的保藏号等相关信息。

(3) 对于在非专利文献中公开的微生物，应在说明书中记载该非专利文献的信息，说明公众获得该微生物的途径，并提供保证从申请日起20年内向公众发放该微生物的证明。

对于在已知微生物的基础上通过可重复制备的方式得到的新微生物，如基因工程改造的微生物，在说明书中除记载作为改造基础的已知微生物的获得方式外，还应详细记载该可重复的制备过程，使本领域技术人员能够按照所述记载可重复的制备该微生物。另外，对于此类新微生物，也可以采用生物材料保藏的方法进行描述。

对于新分离得到的微生物，如从自然界中筛选得到的新微生物，或者通过不可重复制备的方式得到的微生物，如通过诱变获得的新微生物，可以根据需要在说明书中记载样品来源、诱变条件等信息。对于这类微生物，需要按照规定将该微生物到国家知识产权局认可的保藏单位进行保藏，并将该微生物的保藏日期、保藏单位全称及简称和保藏编号作为说明书的一个部分集中写在相当于附图说明的位置。

(三) 微生物的培养和使用

说明书中应记载微生物的培养和使用方法，使本领域技术人员能够根据该记载培养和使用该微生物。

根据发明的具体情况，对说明书记载的微生物培养和使用方法的要求也有所不同。

对于新获得的微生物，在说明书中应至少详细记载一个具体的培养和使用方法，包括培养基、培养发酵条件等，使得所属领域技术人员根据记载能够培养使用该微生物。

对于已知微生物的培养和使用方法，如果该方法是现有技术中已知的，可以通过引用现有技术文献的方式进行说明；如果该方法比较简单或较为常用，也可以简单描述。

对于涉及培养和使用方法改进的发明，例如，使用了新的培养基或培养发酵过程中加入了特定的试剂，或者改进了培养发酵条件如温度等，在说明书中应记载该经过改进的培养和使用方法，并对改进点进行详细描述，使所属领域技术人员能够重复该方法，并理解该改进对微生物培养和使用方法的影响。

当使用含有微生物的组合物时，应记载该组合物的组成，特别是各微生物组分的含量。

当使用微生物获取发酵产物时，不仅应记载发酵方法，还应记载获取该发酵产物的方法，包括微生物或不含微生物的上清液的分离方法、化合物的提取和纯化方法等。此外，还应记载发酵产物的特征。

（四）微生物的用途和效果

说明书中应当详细记载微生物的用途和效果，这不仅是说明书公开充分的要求之一，也对发明的创造性、支持权利要求的保护范围等方面具有至关重要的作用。

微生物的用途和效果除了记载在发明内容部分外，还应在实施例中进行详细说明。实施例应至少包括使用的具体微生物、使用方法，以及定性或定量的效果数据。

根据发明的具体情况，对微生物用途和效果记载的要求也有所不同。

对于新分离的微生物或新的微生物组合物，应在说明书中至少记载一个用途实施例。

对于微生物的用途、效果是本领域技术人员根据现有技术能够确认的情况，可以对微生物用途进行简略的描述，或通过引用现有文献的方法进行描述。

对于涉及新用途的情况，说明书中应至少记载一个用途实施例，详细程度达到足以证明可以实现所述新用途的程度。

当微生物的用途体现在其发酵产物上时，应记载该发酵产物的用途，如发酵混合物的用途或分离鉴定的化合物的用途。

在创造性判断过程中，技术效果具有非常重要的作用。在创造性评判中，发明实际解决的技术问题的确定依赖于区别技术特征所能带来的技术效果，对显著的进步、预料不到的技术效果的判断同样依赖于技术效果。因此，说明书中记载的效果实验数据的情况将直接影响发明的创造性。当然，说明书中记载的效果实验数据必须是真实可信的，编造虚假数据将承担相应的后果。

同样，由于发明要求保护的技术方案应与申请人对现有技术作出的贡献相适应，因而权利要求的保护范围需要说明书中记载的实验数据的支持。例如，发明通过将现有技术中20℃的发酵温度改进为30～40℃从而大幅提高了发酵产物的产率，但由于实施例中仅记载了40℃时的实验数据，在本领域技术人员无法判断30℃时能够取得所述大幅提高发酵产物产率的技术效果的情况下，概括了该温度范围的权利要求将无法得到说明书的支持。

二、权利要求书的撰写

微生物相关发明权利要求书的撰写应符合《专利法》第二十六条第四款关于以说明书为依据和清楚、简要的要求，《专利法实施细则》第十九至第二十二条关于权利要求的形式，以及《专利审查指南 2010》第二章和第十章等相关规定，当然还要使发明符合《专利法》第二条、第二十二条、第二十五条的规定。以下将从微生物或其发酵产物权利要求，微生物制备或使用方法权利要求，以及用途权利要求三个方面进行介绍。

（一）微生物或其发酵产物权利要求

只有当微生物分离成为纯培养物，并且具有特定的工业用途时，微生物本身才属于可给予专利保护的客体。

对于按照相关规定进行了保藏的微生物产品，如筛选分离或诱变得到的新菌株，典型的权利要求撰写方式是“中文名（拉丁文学名）+菌株名+保藏单位简称+保藏号”。例如，一株铜绿假单胞菌（*Pseudomonas aeruginosa*）菌株T1，其特征在于：保藏编号为 CGMCC No. 12345。对于此类以保藏编号限定的微生物权利要求，可以不必在权利要求中对微生物的来源、性质等特征进行限定。

对于能够以可重复的方式制备的新微生物，如基因工程改造的微生物，既可以采用上述保藏编号限定微生物的撰写方式（在经过保藏的情况下），也可以采用制备方法限定的方式进行描述。当采用制备方法限定时，应进行足够清楚的限定，使其区别于现有技术中已知的微生物，并能够对应使发明具备创造性的技术效果。

不能单纯使用纯功能限定或者效果限定对微生物进行定义，类似“突变体+功能限定”的撰写方式概括出的具有较宽保护范围的权利要求则要与说明书内容的支持程度相匹配。

根据《专利审查指南 2010》的规定，对于要求保护某一微生物的“衍生物”的权利要求，由于“衍生物”含义不仅是指由该微生物产生的新的微生物菌株，而且可以延伸到由该微生物产生的代谢产物等，因此其含义是不确定的，这种权利要求的保护范围是不清楚的。

当要求保护的发酵产物是明确成分的化合物或组合物时，需要限定清楚化合物的结构特征或组合物的组分特征。

当要求保护的发酵产物是成分不明确的混合物时，可以用制备方法限定的方式进行描述。

（二）微生物制备或使用方法权利要求

制备微生物的方法如果是不可重复的，则不具备实用性，主要包括《专利审查指南 2010》中规定的以下两种情况：①由自然界筛选特定微生物的方法，例如，“权利要求 1 所述保藏号为 CGMCC No. 12345 的铜绿假单胞菌（*Pseudo-*

monas aeruginosa）菌株 T1 的筛选方法，其特征在于：从云南采集土壤样品，分离并筛选得到所述菌株”，和②通过物理、化学方法进行人工诱变生产新微生物的方法，例如，“权利要求 1 所述保藏号为 CGMCC No. 11235 的铜绿假单胞菌（*Pseudomonas aeruginosa*）菌株 T3 的制备方法，其特征在于：将保藏号为 CGMCC No. 11234 的铜绿假单胞菌（*Pseudomonas aeruginosa*）菌株 T2 在紫外线下进行诱变，筛选得到所述菌株”。但由自然界筛选具有特定功能微生物的方法或不涉及得到特定功能微生物的单纯的诱变方法有时是可以重复的，此时这类权利要求具备实用性。

对于微生物使用方法权利要求，应根据发明点的不同进行撰写。对于发明点在于方法的权利要求，至少应写明关键改进特征和使用方法能够实现的必要特征；如果发明点在于整个方法，则应限定清楚任何可能影响技术效果的技术特征。

（三）用途权利要求

用途权利要求的主题应体现在用途上，例如，“权利要求 1 所述菌株在防治青枯病中的应用”，而不应写成“权利要求 1 所述菌株，用于防治青枯病”，后者实际上请求保护的仍然是菌株，而不是应用。

当微生物产品具有新颖性和创造性时，该微生物产品的用途通常也具有新颖性和创造性，但撰写时应注意与说明书内容的支持程度相匹配。

对于诊断或治疗的用途，因其不符合《专利法》第二十五条第一款第（三）项，可撰写成制药用途权利要求，例如，权利要求 1 所述菌株在制备用于诊断或治疗疾病 A 的药物中的应用。在该制药用途权利要求中，所述菌株应是或包含治疗该疾病的活性成分，所述药物应是包含该菌株的药物。

三、撰写实例

申请人筛选分离到了一株能够杀灭海水鱼类病原性盾纤毛虫的雷氏普罗威登斯菌新菌株 L1。由于该菌株是公众无法得到的，因而首先应在申请日前进行生物材料保藏。

（一）说明书的撰写

1. 撰写发明名称

发明名称应当清楚、简要、全面地反映要求保护的发明的主题和类型，一般不得超过 25 个字，不得使用宣传用语。例如，可以撰写成“一株雷氏普罗威登斯菌及其应用”，而不宜撰写成“一株高效超强力杀灭海水鱼类病原性盾纤毛虫的雷氏普罗威登斯菌”。

2. 撰写技术领域

技术领域应当是要求保护的发明所述或者直接应用的具体技术领域，不是上位的技术领域或者发明本身。例如，可以撰写成“本发明涉及一株雷氏普罗威登斯菌”，而不宜撰写成“一种海洋细菌”或“一株雷氏普罗威登斯菌菌株 L1”。

3. 撰写背景技术

背景技术部分应写明对发明的理解有用的背景技术，并且根据需要引证反映这些背景技术的文件，客观地指出现有技术中存在的问题和缺点，在可能的情况下说明存在这种问题和缺点的原因以及解决这些问题时曾经遇到的困难。对于引证的专利文件，至少要写明专利文件的国别、公开号，最好包括公开日期；引证的非专利文件要写明标题和详细出处。例如，“病原性盾纤毛虫是我国海水鱼工厂化养殖中危害较大的病害之一，近年来其发生愈加频繁。盾纤毛虫属兼性寄生虫，在某些环境下表现为寄生性，吞噬鱼类的细胞和组织残渣并在其组织内生长、繁殖。我国各地工厂化养殖车间从 12～26℃均可出现盾纤毛虫病，几乎全年均可发病。盾纤毛虫病在牙鲆中发病最为凶猛，控制不力会出现 90% 以上的死亡率。目前水产上对盾纤毛虫病的治疗仍集中于福尔马林、硫酸铜、硫酸锌的使用，这些药物可使蛋白变性，其虽然可以杀死水体中盾纤毛虫，但很难杀死在鱼体内的盾纤毛虫，而且这些药物对鱼和人体细胞没有鉴别能力，同样可以发挥作用，引起严重后果。另外，中国专利文献 CN1762460A、CN103349747A 公布了两种中草药配方的防治牙鲆盾纤毛虫病的中药制剂，但该类制剂在实际生产中的应用和稳定性还需更多检验。实际上，自然界存在着许多对病原害虫有致病作用的微生物，利用这种致病性来防治病原害虫是一种有效的生物防治方法。从微生物中筛选出施用方便，药效稳定，对人、养殖动物和环境安全的菌种，进行工业规模的生产开发，从而制成微生物杀虫剂是有效方法。微生物杀虫剂的特点主要是对脊椎动物、人体和环境无害，且防病对象不易产生抗药性，是一种环保生物农药，并且其在生态环境中定植后可以自然繁殖，达到长期发挥杀灭病原害虫的目的，这是任何其他药物所不具备的特点。但目前利用微生物来拮抗防治海水鱼类病原性盾纤毛虫还未见报道。

4. 撰写发明内容

该部分应包括要解决的技术问题、技术方案和有益效果三部分内容。

（1）应针对现有技术中存在的缺陷或不足用正面的、尽可能简洁的语言客观而有根据地撰写发明要解决的技术问题，也可进一步说明其技术效果。例如，“本发明要解决的技术问题是提供能够杀灭海水鱼类病原性盾纤毛虫的微生物”。

（2）应清楚、完整地撰写发明解决其技术问题所采用的技术方案。在该部分可以尽可能全面地对涉及的不同技术方案进行描述，这样有利于在必要时对权利要求请求保护的技术方案进行修改。该部分可能首次出现微生物名称，因此应按照本节之前描述的对微生物名称的撰写要求进行撰写，进行了保藏的，还应写明保藏日期、保藏单位全称及简称和保藏编号。例如，“本发明提供了一株雷氏普罗威登斯菌（*Providencia rettgeri*）菌株 L1，已经保藏于中国微生物菌种保藏管理委员会普通微生物中心（CGMCC），保藏地址是北京市朝阳区北辰西路 1 号院 3 号，中国科学院微生物研究所，保藏号为 CGMCC No. 54321，保藏日期为 2011 年 01 月 11 日。本发明还提供了一种杀灭海水鱼类病原性盾纤毛虫的菌剂，其特征在于，所述菌剂包含保藏号为 CGMCC No. 54321 的雷氏普罗威登斯菌（*Providencia rettgeri*）菌株 L1，优选包含 10^8 ~ 10^9U/mL 的保藏号为 CGMCC No. 54321 雷氏普罗威登斯菌（*Providencia rettgeri*）菌株 L1。本发明还提供了保藏号为 CGMCC No. 54321 的雷氏普罗威登斯菌（*Providencia rettgeri*）菌株 L1 在制备能够杀灭海水鱼类病原性盾纤毛虫制品中的应用。”

（3）应清楚、客观地写明发明与现有技术相比所具有的有益效果。有益效果是确定发明是否具备显著进步的重要依据。例如，“本发明的雷氏普罗威登斯菌（*Providencia rettgeri*）菌株 L1 在与海水鱼类盾纤毛虫病原共培养时，能够在 24h 内杀灭共培养体系中 97% 以上的盾纤毛虫，该菌株的发现为防治海水鱼类盾纤毛虫病提供了新思路”。

5. 撰写附图说明

对发明专利申请用文字足以清楚、完整地描述其技术方案的，可以没有附图。说明书有附图的，说明书文字部分应当有附图说明，在该部分应当写明各幅附图的图名，并且对图示的内容作简要说明。有时说明书附图对技术方案和技术效果有非常重要的作用，因而在该部分配合附图内容清晰明确地对附图进行解释说明是有必要的。此外，还应当将生物材料的保藏日期、保藏单位全称及简称和保藏编号作为说明书的一个部分集中写在相当于附图说明的位置，例如，“【保藏信息】雷氏普罗威登斯菌（*Providencia rettgeri*）菌株 L1，保藏于中国微生物菌种保藏管理委员会普通微生物中心（CGMCC），保藏地址是北京市朝阳区北辰西路 1 号院 3 号，中国科学院微生物研究所，保藏号为 CGMCC No. 54321，保藏日期为 2014 年 04 月 18 日”。

6. 撰写具体实施方式

该部分对于发明的充分公开、创造性以及权利要求能否得到说明书的支持均极为重要。具体实施方式的描述应当详细具体，写明使用的具体材料、具体方法以及具体的实验结果，使所属领域技术人员能够实现该发明。具体实施方式中的实验应设计合理，实验数据应丰富有效，使得实验结果能够反映出该发明技术方案对现有技术的贡献，特别是对于改进型发明，实验结果对判断发明是否对现有技术作出了有效的改进至关重要。当权利要求覆盖的保护范围较宽时，应给出合适数量和内容的实施例以支持权利要求的范围。

对于涉及新筛选分离的微生物的发明，给出筛选分离实施例是有必要的，有助于所属领域技术人员理解微生物的背景，为区分本发明的微生物和现有技术中已知的微生物提供有利信息。对于新获得的微生物，在说明书中应至少详细记载一个具体的培养和使用方法，包括培养基、培养发酵条件等，使得所属领域技术人员根据该记载能够培养使用该微生物。例如，“实施例 1：L1 菌株的筛选培养。步骤 1. 菌株 L1 的分离和纯培养：本发明所获得菌株 L1 的原始样品采集地点为印度洋（E91°1′10″；N10°0′10″），样品采集后，立即无菌涂布到 MA 2216 培养基（Difco，货号：212185，组成：酵母提取物 1g，蛋白胨 5g，磷酸铁 0.1g，琼脂 20g，pH7.6～7.8，1L 陈海水）上，用涂布好的培养皿倒置于 25℃培养 24～96h，挑取长出的单菌落，在 MA 2216 培养基平板上进行划线分纯，将划好线的培养皿倒置于 25℃培养 24～96h，挑取长出的单菌落，再次在 MA 2216 培养基平板上进行划线分纯，将划好线的培养皿倒置于 25℃培养 24～96h，待单一菌落长出，挑取单菌落到 1mL 海水 2216E 液体培养基（Difco，货号：212186，组成：酵母提取物 1g，蛋白胨 5g，磷酸铁 0.1g，pH7.6～7.8，1L 陈海水）中，并用封口膜密封备用。接种好单菌落的海水 2216E 液体培养基置于 25℃摇菌 24～96h，至其 OD600 达到 0.4～0.7，用封口膜密封备用。步骤 2. 杀虫活性菌株筛选：将分离获得的海洋细菌与盾纤毛虫在 96 孔板中进行共培养。取一个 96 孔板，A1、B1 孔做空白对照，加 160μL 灭菌海水，其余孔为实验组；取步骤 1 制备得到的细菌菌液 160μL 加入到 96 孔板中，每种细菌设 2 个平行，即每一种细菌加两孔；依次向 96 孔板加注了灭菌海水或细菌菌液的孔中再加注 160μL 盾纤毛虫培养液，将加好样的 96 孔板置于湿盒中，放到 16℃共培养；监测共培养体系中盾纤毛虫的存活率，并确定杀虫细菌。开始共培养后，每隔 12h，从培养箱中取出 96 孔板，将每孔液体吹匀后取出 20μL 液体在显微镜下观察盾纤毛虫生长情况和存活率，液体中观察不到活跃的盾纤毛虫或活跃的纤毛虫个体少于 1 个，则细菌为有效菌。通过该步骤，有效细菌 L1 被筛选出。将 L1 从保存备用平皿上挑取单菌落到 1mL 海水 2216E 液体培养基中置于 25℃摇菌 36～96h，至其 OD600 达到 0.4～0.6，加入灭菌的甘油，使甘油的终浓度为 30%～50%，－80℃保存备用”。

对于新分离的微生物，应当记载该微生物的鉴定特征，如微生物的形态学特征、生理生化性质、16S rRNA 序列等，以及与已知微生物的比较情况，确定本发明微生物的分类学地位以确立分类学特征的实质区别。对于分类地位的限定应包括但不限于提供 16S rRNA 序列及比对结果，必要时可绘制进化树。微生物的鉴定特征可以记载在发明内容部分，也可以记载在实施例中。例如，“实施例 2 菌株 L1 的鉴定。步骤 1. 菌株的生理生化分析：菌株 L1 的生理生化鉴定参照《常见细菌系统鉴定手册》操作，鉴定结果为该菌为革兰阴性菌，其接触酶反应为阳性，氧化酶反应为阴性，在 MA 2216 培养基上形成奶白色菌落，菌落为圆形，中间有微凸起，该菌利用柠檬酸盐反应为阳性，发酵七叶灵柠檬酸铁、2－酮葡萄糖酸钾、甘露醇、肌醇、葡萄糖产酸。步骤 2. 菌株的 16S rRNA 基因的扩增与序列分析：从 L1 保存备用平皿上挑取单菌落到 MA 2216 培养基平板上进行划线分纯，将划好线的培养皿倒置于 25℃ 培养 24～96h，待单一菌落长出，用灭菌的牙签挑取 2～3 个单菌落于 20μL RNA free 水中混匀，菌液浓度略微浑浊即可。置于 PCR 仪，99℃，15min。取上清液进行 PCR 扩增。PCR 扩增：PCR 扩增所用引物为 27F（5′－AGAGTTTGATCCTGGCTCAG－3′）和 1492R（5′－GGTTACCTTGTTACGACT T－3′）。PCR 反应体系 60μL：2×Taq Mix 30μL，引物：27F，1492R 各 3μL，模板 3μL，无菌水补足至 60μL。PCR 反应条件：95℃，5min；94℃，45s；57℃，1min30s；72℃，1min30s，30 个循环；72℃，10min。将 PCR 产物测序，测序结果如 SEQ ID NO：1 所示，其与现有技术已知的雷氏普罗威登斯菌（*Providencia rettgeri*）S1 的 16S rRNA 的序列具有 100% 的同一性，结合理化性质分析将 L1 鉴定为雷氏普罗威登斯菌（*Providencia rettgeri*）”。

对于微生物技术效果的实施例，应记载具体的实验方法和实验结果，特别是对于现有技术中已知同种属微生物具有同样的功能或可以通过合乎逻辑的分析、推理得出具有同样的功能的情况，应在记载具体的实验结果的基础上尽可能给出与最接近现有技术的对比实验数据。例如，“实施例 3：L1 菌株培养液的杀虫效果。步骤 1. 菌株培养：将 L_1 从保存备用平皿上挑取单菌落到 1mL 海水 2216E 液体培养基中置于 25℃ 摇菌 36～96h，至其 OD600 达到 0.4～0.7 作为种子液转移到 100mL 海水 2216E 液体培养基中置于 25℃ 摇菌培养 36～96h，至其 OD600 达到 0.4～0.7 用封口膜密封备用。步骤 2. 盾纤毛虫液制备：取实验室保存的盾纤毛虫液体，10 倍梯度稀释后挑含 1 个纤毛虫的液滴立即转移到 1mL 鱼汤培养基中置于 14℃～18℃ 培养，待鱼汤培养基中盾纤毛虫密度达到 5×10^3 个/mL 以上时，将该 1mL 鱼汤培养基转移到 50mL 鱼汤培养基中置于 14℃～18℃ 继续培养，直至该 50mL 鱼汤培养基中盾纤毛虫 密度达到 5×

10^3 个/mL 以上，作为盾纤毛虫培养液备用。步骤 3. L1 菌株培养液杀虫效果验证：将分离获得的 L1 菌株与盾纤毛虫在三角瓶中进行共培养。取 6 个 100mL 三角瓶，其中三个做空白对照，各加 20mL 灭菌海水；其余三瓶为实验组，各取步骤 1 制备得到的细菌菌液 20mL 加入到三角瓶；取步骤 2 获得的盾纤毛虫培养液，依次向 6 个加注了灭菌海水或细菌菌液的三角瓶中加注 20mL 盾纤毛虫培养液，将加好样的三角瓶放到 16℃共培养；监测共培养体系中盾纤毛虫的存活率，确定杀虫细菌。开始共培养后，每隔 12h 从培养箱中取出三角瓶，将每孔液体吹匀后取出 20μL 液体在显微镜下观察盾纤毛虫生长情况和存活率。共培养 12h 后，20μL 共培养液体中活跃的盾纤毛虫少于 5 个，共培养 24h 后，20μL 共培养液体中已经观察不到活跃的盾纤毛虫，验证了 L1 菌株的杀虫活性。选择现有技术中已知的雷氏普罗威登斯菌（*Providencia rettgeri*）菌株 S1 作为对照组，按照上述方法，实验显示，未发现雷氏普罗威登斯菌（*Providencia rettgeri*）菌株 S1 对盾纤毛虫具有灭杀作用”。

技术效果实施例应尽可能丰富，以支撑较宽的权利要求保护范围。例如，“实施例 4：菌株 L1 培养液上清的杀虫效果。步骤 1. 菌株培养液上清的制备：从保存备用平皿上挑取 L_1 单菌落到 1mL 海水 2216E 液体培养基中置于 25℃摇菌 36 ~ 96h，至其 OD600 达到 0.4 ~ 0.7，作为种子液转移到 100mL 海水 2216E 液体培养基中置于 25℃摇菌培养 36 ~ 96h，至其 OD600 达到 0.4 ~ 0.7 时，采用 5000r/min（每分钟）条件离心 10min，离心后将上清液转移到一新的灭菌管中用封口膜密封备用。步骤 2. L1 菌株培养液上清杀虫效果验证：将分离获得的 L1 菌株培养液上清与盾纤毛虫在三角瓶中进行共培养。取 6 个 100mL 三角瓶，其中三个做空白对照，各加 20mL 灭菌海水；其余三瓶为实验组，各取步骤 1 L1 菌株培养液上清 20mL 到三角瓶；取步骤 2 获得的盾纤毛虫培养液，依次向 6 个加注了灭菌海水或菌株培养液上清的三角瓶中再加注 20mL 盾纤毛虫培养液，将加好样的三角瓶放到 16℃共培养；监测共培养体系中盾纤毛虫的存活率，确定杀虫细菌。开始共培养后，每隔 12h，从培养箱中取出三角瓶，将每孔液体吹匀后取出 20μL 液体在显微镜下观察盾纤毛虫生长情况和存活率。共培养 12h 后，20μL 共培养液体中活跃的盾纤毛虫少于 5 个，共培养 24h 后，20μL 共培养液体中已经观察不到活跃的盾纤毛虫，验证了 L1 菌株培养液上清的杀虫活性”。

7. 撰写说明书序列表

涉及核苷酸或者氨基酸序列的申请，应当将该序列表作为说明书的一个单独部分，并单独编写页码。说明书序列表应根据国家知识产权局发布的《核苷酸和/或氨基酸序列表和序列表电子文件标准》撰写，详见本部分第三章第三节。

（二）权利要求书的撰写

对于筛选分离且经过保藏的新微生物，通常先撰写微生物本身产品权利要求，例如，“1. 一种雷氏普罗威登斯菌（*Providencia rettgeri*）菌株 L1，其特征在于，所述的雷氏普罗威登斯菌的保藏号为 CGMCC No. 54321”。

对于此类权利要求，由于保藏号已经唯一限定了该微生物，为了使权利要求符合简要的要求，可以不必在权利要求中再对微生物的来源、性质等特征进行限定，也不必撰写对微生物的来源、性质等特征进行限定的从属权利要求。例如，不必撰写下述权利要求，“如权利要求 1 所述的雷氏普罗威登斯菌，其特征在于，所述的雷氏普罗威登斯菌为革兰阴性菌，其接触酶反应为阳性，氧化酶反应为阴性，在 MA 培养基上形成奶白色菌落，菌落为圆形；菌利用柠檬酸盐反应为阳性，发酵七叶灵柠檬酸铁、2－酮葡萄糖酸钾、甘露醇、肌醇、葡萄糖产酸”。

接着继续撰写其他产品权利要求、用途权利要求，例如，“2. 一种杀灭海水鱼类病原性盾纤毛虫的制品，其特征在于，所述的制品为含有权利要求 1 所述的雷氏普罗威登斯菌 L1 的菌液。3. 权利要求 1 所述的雷氏普罗威登斯菌 L1 在制备能够杀灭海水鱼类病原性盾纤毛虫制品中的应用”。

第二节　免疫相关发明

免疫是机体免疫系统识别自身与异己物质，并通过免疫应答排除抗原性异物，以维持生理平衡的功能。对于免疫机制的开发利用主要存在三类发明：疫苗相关发明、抗体相关发明和细胞治疗相关发明。疫苗和抗体发明的客体一般是生物大分子或微生物，其作用机制大多是刺激生物体自身的免疫系统发挥抵抗疾病的作用；而细胞治疗则直接对生物体的免疫系统进行改造，产生修饰的免疫细胞，其具有更强的针对性，从而可以用于个体的治疗。从应用目的角度来看，疫苗相关发明的应用一般是预防性的（随着技术的发展，目前针对治疗性疫苗的研发已具备相当规模）；抗体相关发明和细胞治疗相关发明则一般是治疗性的（其中，抗体相关发明也存在诊断性应用）。从应用方式角度来看，疫苗相关发明和抗体相关发明一般是广谱性的，即不受个体差异的影响；而细胞治疗相关发明则往往是个性化的，一般需要进行自体回输。

一、疫苗相关发明

（一）说明书的撰写

1. 疫苗的表征

疫苗是针对疾病的致病原或其蛋白、多糖或核酸，以单一实体或通过载体经免疫接种进入机体后，能诱导产生特异的体液免疫和细胞免疫，从而使机体获得预防该病的自动免疫制剂。广义的疫苗主要包括预防性疫苗和治疗性疫苗，其中，治疗性疫苗是指在已感染病原微生物或已患有某些疾病的机体中，通过诱发机体产生针对病毒早期抗原的细胞免疫来清除被病毒感染的细胞和相关病变肿瘤细胞。

一般而言，病原体如细菌或病毒等微生物难以通过结构描述的方式进行表征，通常应当对其进行生物材料的保藏，以满足说明书充分公开的要求。

疫苗作为一种产品发明，根据其抗原成分的不同可以采用不同的形式进行表征：

（1）含有减毒微生物。对于这种情况，说明书中应当记载起始微生物的来源和维持培养条件、减毒方法和具体步骤、减毒菌株的筛选和鉴定过程、减毒株的特征描述（与新获得的微生物情况相同）。有些疫苗是将毒株进行一系列的传代培养后，获得弱毒株，从弱毒株制备得到的。由于经过了一系列的传代培养导致了不能控制的突变，使得获得特定弱毒株的过程不能重复，因此，应当将得到的减毒微生物在申请日前到指定的保藏单位进行保藏。对于这种减毒微生物的描述，与上面对新微生物的描述类似。如果进一步与佐剂配制成疫苗，要描述佐剂名称、来源、与减毒株的混合方法和混合比例等情况。

（2）含有已灭活的微生物或从该微生物中分离的特定抗原成分。对于这种情况，说明书中也应记载起始微生物的来源和维持培养条件，如果是从患者体内新分离的特定病原体，应当到指定的保藏单位进行保藏，该微生物的描述和保藏与上面所讲的新微生物相同；如果是已知微生物，对微生物的记载同上面所讲的已知微生物。起始微生物交代清楚后，还要具体描述对起始微生物的灭活方法和处理过程，用方法限定清楚抗原，再描述最终疫苗的组成成分、所含的佐剂等。如果是从该微生物中分离出抗原成分作为疫苗，还要具体描述该抗原的分离方法和鉴定参数。

（3）基因工程疫苗，包括核酸本身作为疫苗、用重组 DNA 方法表达抗原蛋白直接用作疫苗或表达后组装为病毒样颗粒（VLP）作为疫苗和构建重组微生物作为活疫苗成分。对于核酸疫苗，应当提供核酸本身可以作为疫苗的实验数据，而不能仅记载其编码的抗原性蛋白质作为疫苗的作用。对于重组抗原，一般通过转化细胞表达重组抗原蛋白。对于构建重组微生物，一般是定向破坏病原菌必需的代谢基因，构建减毒病原菌，例如，在利什曼原虫中，剔除二氢叶酸还原酶－胸苷酸合成酶基因，产生安全的利什曼原虫属活疫苗等。用重组DNA技术表达蛋白质和构建重组微生物的情况在基因工程领域的申请文件撰写中进行介绍。将重组抗原的获得和重组微生物的构建描述清楚后，进一步描述疫苗的组成和制备，含有表达的蛋白质成分的疫苗与含有确定成分的抗原的疫苗表述方式相同，含有构建出的微生物的疫苗情况与含有减毒微生物的疫苗情况表述方式相同。

2. 疫苗的效果

能够证明疫苗作用的最直接的实验数据应该是针对一定范围内的目标动物群或人群进行试验，从而得到的预防或治疗疾病有效水平的数据。当上述数据难以获得时，根据疫苗种类的不同，说明书中一般需要记载以下实验数据：

（1）对于预防性疫苗，可以记载：①动物体内攻毒实验数据，包括实验组与对照组的发病率、生存率、病原体分离率等指标的差异性；②血清学实验数据，即检测特异性中和抗体的产生，往往需要与动物体内攻毒实验数据进行配合；③动物的肿瘤移植实验数据，特别适用于肿瘤预防的疫苗，等等。对于含有减毒微生物的疫苗，还要记载该微生物的毒力实验、遗传稳定性、回复突变实验情况等安全性实验数据。

（2）对于治疗性疫苗，必须提供激发抗原特异性的细胞免疫反应实验证据，而不能仅提供体液免疫的实验证据。例如，可以记载：①动物的肿瘤移植实验数据；②细胞毒实验数据；③免疫细胞因子的分泌情况；④特异性免疫细胞的定量检测或淋巴细胞增殖反应，等等。

（二）权利要求书的撰写

1. 疫苗本身

（1）对于用有确定化学成分的抗原制成的疫苗，它是抗原成分与一种或多种介质或者佐剂以一定比例配制的组合物，因此其描述与药物组合物的权利要求相同。

（2）对于含有灭活微生物的疫苗，描述也与药物组合物相同，只不过由于灭活微生物的具体化学成分不清楚，因此可以用微生物的描述加上对微生物的处理步骤来限定抗原成分，类似用方法来限定产品。

（3）对于含有减毒微生物的疫苗，描述也与药物组合物相同，所不同的是其中的一个组分是活的微生物，对该组分的描述与前面微生物本身的权利要求相同。

2. 疫苗的制备方法

（1）对于含有化学成分确定的抗原的疫苗的制备方法，权利要求的描述同药物组合物的制备方法权利要求。其中要限定抗原成分，其描述与化合物相同，同时记载其与一种或多种介质或者佐剂混合的比例及配制方法。如果发明点在于新抗原，还包括抗原的获得方法。

（2）对于含有灭活微生物的疫苗的制备方法，除了要描述其与一种或多种介质或者佐剂混合的比例及其配制的步骤外，还要描述微生物并加上对微生物的处理步骤。

（3）对于含有减毒微生物的疫苗，首先要描述减毒微生物，描述方法与新微生物相同，同时要描述减毒的微生物与一种或多种介质或者佐剂混合的比例及其配制步骤。

对于上述方法权利要求的描述涉及的产品特征，如果前面有相应的产品权利要求，可使用引用关系进行描述。

3. 疫苗的用途

疫苗发明中的用途权利要求一般是抗原用作制备疫苗的用途，要限定清楚抗原的产品特征和疫苗针对的病症。例如，可撰写为“某抗原在制备预防某疾病的疫苗中的应用”（针对预防性疫苗）或“某抗原在制备治疗某疾病的疫苗中的应用”（针对治疗性疫苗），或其组合。

（三）撰写实例

某发明分离到一株拥有优良免疫原性的犬瘟热病毒自然减毒株并将其作为疫苗生产的毒种。由于该毒株是公众无法得到的，因此应在申请日前在国家知识产权局认可的保藏单位对其进行生物材料的保藏。

1. 说明书的撰写

撰写发明名称。说明书应清楚、简要、全面地反映要求保护的发明的主题和类型（产品或者方法），如“一种犬瘟热活疫苗及其制备方法”。

撰写技术领域。发明的技术领域应当是要求保护的发明技术方案所属或者直接应用的具体技术领域，而不是上位的或者相邻的技术领域，也不是发明本身。例如，“本发明属于兽医生物制品技术领域，具体地，涉及一种犬瘟热活疫苗及其制备方法”。

撰写背景技术。背景技术部分应写明对发明理解有用的背景技术，并且根据需要引证反映这些背景技术的文件，客观地指出现有技术中存在的问题和缺点，在可能的情况下说明存在这种问题和缺点的原因以及解决这些问题时曾经遇到的困难。例如，写明犬瘟热的发病机理、症状、危害。犬瘟热病毒的分类、结构特征、生物学特性和现有技术主要依靠犬瘟热疫苗进行预防。现有毒株和疫苗存在如下问题：①毒株免疫原性良莠不齐、抗原滴度不高，使用的疫苗可能会存在不能产生有效免疫保护的问题；②现有产品多为多联活疫苗，如果养殖场在未发生过犬瘟热以外疾病的情况下，使用多联活疫苗进行预防，可能会存在引发犬瘟热以外疾病的风险；③目前市场上没有用于狐狸等动物的有效的犬瘟热单苗。

撰写发明内容。该部分应包括要解决的技术问题、技术方案和有益效果三部分内容。

（1）要解决的技术问题：针对现有技术中存在的缺陷或不足，用正面、简洁的语言客观反映发明要解决的技术问题，也可以进一步说明其技术效果。例如，“本发明的目的是利用本发明人由野外分离的一株拥有优良免疫原性的犬瘟热病毒弱毒株，制备出安全、有效的犬瘟热弱毒冻干疫苗。同时，上述疫苗是一种可以用于狐狸以及水貂、貉、犬等犬瘟热易感动物的单苗”。

（2）应清楚、完整地撰写发明解决其技术问题所采用的技术方案。本发明的疫苗依赖于分离到的犬瘟热病毒毒株进行制备，对于分离得到的微生物，应按照第四章第一节中对新分离的微生物的撰写要求进行撰写，例如，按照要求撰写微生物的名称和鉴定特征；根据需要在说明书中记载样品来源；对于进行了保藏的情况，应写明其保藏日期、保藏单位全称及简称和保藏编号。还应记载含有该病毒毒株的犬瘟热活疫苗及其制备方法。

病毒来源的撰写，例如，“发明人由犬瘟热疑似病犬中，采集一体温过性升高的犬的内脏和淋巴组织，用细胞传代方法分离到一株犬瘟热疑似病毒，对该病毒进行了病毒学鉴定表明其符合犬瘟热病毒特点；病毒解剖学检查结果表明其为犬瘟热弱毒毒株”。

病毒保藏信息的撰写，例如，“该毒株为犬瘟热病毒（Canine Distemper virus，CDV）毒株×××××，已于×年×月×日送交中国微生物菌种保藏管理委员会普通微生物中心保藏，编号为：CGMCC No. ×××××”。

病毒鉴定特征的撰写，例如，①病毒培养条件及毒价测定结果；②病毒形态的电镜观察结果；③病毒核酸型鉴定结果表明其为 RNA 型；④病毒的血凝性检测，其对 1% 的鸡、豚鼠、兔、猪红细胞均无凝集性；⑤病毒理化特性，检测了病毒对不同 pH、温度、时间和对乙醚、氯仿、甲醛等化学试剂的耐受性；⑥根据 GenBank 发表的 CDV F 基因保守区核酸序列设计引物，对本发明毒液中提取的RNA进行RT-PCR扩增，进行分子病毒学鉴定并通过附图示出鉴定结果；⑦血清学检查表明其为犬瘟热病毒；⑧安全性和稳定性，通过接种健康易感犬进行病毒回归试验，所有试验犬经病理解剖学检验，均未发现犬瘟热的病理变化，说明对犬无致病力；以该毒株对犬、狐、貉、水貂进行大剂量接种试验，接种动物均未出现犬瘟热临床症状和病理变化，同居试验结果显示未免疫动物未被感染；将该毒株在细胞中传代并测定每毫升病毒含量，证明该毒株在15代内具有稳定性；将该毒株C5代毒通过动物体连续传三代，以每代毒接种狐狸，扑杀后采集脏器进行检测，在第一、第二代时，可检测到动物体内有CDV存在，再重复第二代和加大剂量接种第四、第五代试验，均未检测到CDV；⑨免疫原性，免疫动物后检测中和抗体并进行攻毒，结果显示该毒株具有良好免疫原性。

疫苗制备方法的撰写。例如：

(a) 将制备好的生产用种毒，采用异步接毒的方法接种到转瓶上的Vero细胞单层，然后将转瓶细胞置37℃培养，转速为8~10r/h。

(b) 当细胞病变达80%左右时即可收获病毒液，冻融1次，置于-15℃冻结保存。此为半成品，待检备用。

(c) 半成品经检验合格后，常规冻干保护剂（中国兽药典委员会，《中华人民共和国兽药典》，二〇〇五年版三部，中国农业出版社，2006，以下称《中国兽药典》）与病毒液按照体积比1∶1混合，进行冻干。冻干完成后，贴签，入库保存。

(3) 应清楚、客观地写明发明与现有技术相比所具有的有益效果。有益效果是确定发明是否具有显著的进步的重要依据。例如，“本发明的优点在于，所提供的犬瘟热病毒弱毒株×××××对犬无致病力，对犬、狐、貉、水貂是安全的，并且不存在毒力反强现象；对犬、狐狸等动物显示出良好的免疫原性。其可以作为生产毒株，制备出安全、有效、单一成分的犬瘟热活疫苗，为控制毛皮动物疾病的扩散提供条件。”

撰写附图说明。例如：

图1-1显示正常Vero细胞单层；图1-2显示×××××株病毒感染的Vero细胞单层的细胞病变。

图2为病毒的电镜照片，箭头处为×××××株病毒粒子。

图3显示×××××株病毒PCR扩增产物酶切图。其中1道为Marker，2道为×××××株病毒，显示扩增产物的585bp的特异核酸带。

撰写具体实施方式。该部分对于发明的充分公开、创造性以及权利要求能否得到说明书的支持极为重要。具体实施方式的描述应当详细、具体，写明使用的具体材料、具体方法以及具体的实验结果，使所属领域技术人员能够实现该发明。具体实施方式中的实验应设计合理，实验数据应丰富有效，使实验结果能够反映出该发明技术方案对现有技术的贡献，特别是改进型发明，实验结果对判断发明是否对现有技术作出了有效的改进至关重要。当权利要求覆盖的保护范围较宽时，应给出合适数量的实施例以支持权利要求的范围。例如，本发明可通过撰写如下实施例，分别对疫苗制备、疫苗成品检验、疫苗安全性试验、疫苗有效性试验进行详细描述，并给出相应实验结果，以证明本发明的单一疫苗在满足本领域对疫苗安全性等要求的同时，相对于现有技术的多联活疫苗具有更高的免疫原性，并解决了没有用于狐狸的有效犬瘟热单苗的问题。

具体实施例如下：

疫苗制备的实施例中详细记载如培养液、种毒制备、病毒培养、病毒收获、冻干等步骤及相关工艺条件和参数。

疫苗成品检验的实施例中，例如，按照《中国兽药典》中的规定进行检验，证明本发明制备的疫苗符合《中国兽药典》的规定。

疫苗安全性试验的实施例中，例如，“分别对犬和狐狸进行了一次单剂量接种和重复接种，并以未接种动物为对照组，详细记载接种对象、接种方式、接种剂量、临床观察结果及病理解剖学检查结果。与对照组相比，接种动物均未见异常，证明本发明制备的冻干苗对犬和狐狸均是安全的”。

疫苗效力试验的实施例中，例如，“用本发明制备的 3 批疫苗分别对 45 只幼犬或幼狐进行免疫，并以市售犬瘟热多联活疫苗接种动物为对照组，详细记载了接种对象、接种方式、接种剂量、抗体效价测定方法。对免疫动物和对照组动物在免疫后 21 日用已知 CDV 强毒株按特定用量进行攻毒，攻毒后观察 21 日。通过列表形式给出了不同批次疫苗在不同免疫量时对犬和狐狸接种产生的抗体效价及攻毒结果数据，以及对照组的结果数据。结果表明，免疫 $0.5\times10^{4.0}$ $TCID_{50}$ 以上的疫苗能使 90% 以上的免疫动物抵御强毒的攻击”。

撰写说明书序列表。应当按照第三部分第十三章第三节的要求进行撰写。

撰写说明书摘要。应当写明发明的名称和所属技术领域，并清楚地反映所要解决的技术问题、解决该问题的技术方案的要点以及主要用途，其中以技术方案为主。例如，“本发明提供了一种犬瘟热活疫苗及其制备方法。本发明利用由野外分离得到的一株拥有优良免疫原性的犬瘟热病毒自然减毒株 CGMCC No. ×××××作为生产毒株，制备出单一成分的犬瘟热活疫苗。该疫苗能够降低在免疫犬瘟热疫苗时引入其他活毒的风险，为控制毛皮动物疾病的扩散提供了条件。”

2. 权利要求书的撰写

权利要求书

1. 一种犬瘟热活疫苗，其特征是，所述疫苗含有保藏号为 CGMCC No. ×××××的犬瘟热活病毒（Canine Distemper virus，CDV）×××××。

2. 一种犬瘟热活疫苗的制备方法，其特征是，将保藏号为 CGMCC No. ×××××的犬瘟热病毒毒株接种 Vero 细胞，37℃培养，当接毒细胞有 80% 出现病变时，收获病毒细胞培养液，加入冻干保护剂，经冷冻干燥制成冻干活疫苗。

二、抗体相关发明

（一）说明书的撰写

1. 抗体的表征

抗体是机体免疫系统在抗原刺激下，由浆细胞分泌的、可与相应抗原发生特异性结合的免疫球蛋白。一般意义上的抗体包括单克隆抗体（即在单一组合物中仅包含一种特定分子结构的抗体）和多克隆抗体（包含多种分子结构的抗体），其中单克隆抗体由于其结构单一的特性而便于药物的开发，多克隆抗体则更多用于诊断和检测等目的。

单克隆抗体主要通过杂交瘤技术和噬菌体展示技术制备获得，其中杂交瘤细胞本身也是可以进行专利保护的客体，只要满足说明书公开充分的要求就可。

应用最为广泛的抗体分子（IgG）是具有 4 条多肽链的“Y”形对称结构，即 2 条较长、相对分子量较大的相同的重链（H 链）和 2 条较短、相对分子量较小的相同的轻链（L 链）。抗体分子可分为恒定区和可变区两部分。在给定的物种中，不同抗体分子的恒定区都具有相同的或几乎相同的氨基酸序列。可变区位于“Y”的两臂末端。在可变区内有一小部分氨基酸残基变化特别强烈，这些氨基酸残基的组成和排列顺序更易发生变异的区域称互补决定区（CDR）。CDR 位于分子表面，最多由 17 个氨基酸残基构成，少则只有 2 ~ 3 个。一般认为，CDR 的氨基酸序列主要决定该抗体结合抗原的特异性。

抗体相关发明还包括对抗体分子进行结构改造而得到的抗原结合片段和多特异性抗体，以及抗体缀合物。其中抗原结合片段由于其较小的分子量而具有更为灵活的应用场景；多特异性抗体则是综合了多个抗体的抗原结合区域而具有同时结合多种抗原的能力；抗体缀合物多为抗体偶联细胞毒药物，抗体作为靶向部分发挥作用。

(1) 分子结构不明确的单克隆抗体或多克隆抗体。分子结构不明确的单克隆抗体一般通过杂交瘤产生。关于杂交瘤的制备，说明书中应当记载所用的抗原的具体来源及成分（已知抗原）或获得步骤（新抗原）、骨髓细胞的来源和维持培养、免疫的动物来源、免疫接种过程、产抗体细胞（脾细胞）的分离、两种细胞的融合步骤、所用的试剂、培养基、选择条件、杂交瘤的筛选、克隆过程、杂交瘤（通过单克隆抗体）的鉴定。这些虽然都是常规技术，但是制备特定的一种单克隆抗体，应当有特定的工艺步骤以及条件，即应当提供记载详细制备过程的实施例。通常情况下，应当将杂交瘤细胞到指定的保藏单位进行保藏，并在说明书中记载保藏日期、保藏单位名称及保藏号。

对于单克隆抗体的分离和滴度测定（效价实验），一般包括通过培养杂交瘤细胞获得培养上清，用盐析法、凝胶过滤、亲和色谱法纯化，或者给哺乳动物（裸鼠）注入杂交瘤使其增生，从动物腹水中获取抗体的实验步骤以及抗原抗体结合反应检测方法等。

对于多克隆抗体，一般需要记载所用的抗原的具体来源及成分（已知抗原）或获得步骤（新抗原）、免疫的动物来源、免疫接种过程以及分离过程。

(2) 分子结构明确的单克隆抗体。对于分子结构明确的单克隆抗体，首先需要记载该单克隆抗体的氨基酸序列，并说明其中的特征序列，一般包括轻链 CDR1 ~3 的序列，轻链可变区序列，重链 CDR1 ~3 的序列，重链可变区序列，等等。还要记载单克隆抗体的制备过程，由杂交瘤技术制备的单克隆抗体的要求同前，由噬菌体展示技术制备的单克隆抗体需要记载所述单克隆抗体的分离过程，例如，噬菌体展示系统的选择和实验流程，抗原抗体结合反应检测方法等。

(3) 抗原结合片段、多特异性抗体和抗体缀合物。抗原结合片段和多特异性抗体均来自对完整单克隆抗体的改造，因此说明书除了记载其氨基酸序列之外，还应包括其来源的单克隆抗体的信息和对应设计关系。抗体缀合物需要记载其整体结构。

2. 抗体的效果

需要在说明书中记载所述抗体的具体使用效果，如与抗原的结合活性、抗体用于生物体内时的中和能力、与其他抗原的交叉反应性等。其中，与抗原的结合活性（Kd 值、解离常数等）对于任何抗体发明而言一般都是比较关键的指标；对于治疗性抗体而言，抗体用于生物体内时的中和能力及其刺激产生相应细胞因子的能力往往是比较重要的参数；而对于诊断性抗体而言，检测其与其他抗原的交叉反应性通常是必要的。

（二）权利要求书的撰写

1. 单克隆抗体

分子结构不明确的单克隆抗体一般采用杂交瘤细胞的形式进行限定，例如，“抗原A的单克隆抗体，由保藏编号为CGMCC NO：×××的杂交瘤产生”。

分子结构明确的单克隆抗体需要采用具体的氨基酸序列进行限定，可以是轻链和重链的完整氨基酸序列，也可以仅限定轻链和重链可变区的序列，还可以采用按照顺序排列的轻链和重链共6个CDR来限定。此外，对于此类权利要求还需要表明抗体所结合的抗原。例如，权利要求可以撰写为“一种针对抗原A的单克隆抗体，其包含氨基酸序列SEQ ID NO：1~3所示的VHCDR1、VHCDR2和VHCDR3和氨基酸序列SEQ ID NO：4~6所示的VLCDR1、VLCDR2和VLCDR3”。如果发明点在于抗体CDR之外的区域，则还应限定这些区域的氨基酸序列。

需要注意的是，在没有明确证据能够支持抗体的部分结构域（例如，轻链可变区或者重链可变区或其部分片段等）能够单独产生与完整抗体相似的技术效果的情况下，通常仅限定部分结构域的单克隆抗体得不到说明书的支持。对于编码单克隆抗体的多核苷酸也适用同样的标准。

通常不允许仅使用抗原或表位来限定单克隆抗体，如“针对X抗原/表位的单克隆抗体”，因为本领域技术人员无法根据说明书记载的单克隆抗体来合理推测具有相同功能的其他单克隆抗体的结构和组成。

2. 抗体的制备方法

多克隆抗体的制备方法一般需限定清楚所用抗原、接种动物、分离方法等。

单克隆抗体的制备方法一般包括制备抗原、接种动物、分离产抗体的细胞类型、骨髓瘤融合、筛选杂交瘤等步骤。

特定单克隆抗体的制备方法，特别是利用杂交瘤技术和噬菌体展示技术的制备方法，由于其中较多的依赖随机因素，因此往往不具备实用性。

3. 杂交瘤及其制备方法

杂交瘤：用杂交瘤细胞系名称加保藏单位简称和保藏号来描述，如前所述。

杂交瘤的制备方法：包括制备抗原、接种动物、分离产抗体的细胞类型、骨髓瘤融合、筛选杂交瘤等步骤。应当注意的是，特定杂交瘤细胞的制备方法与特定单克隆抗体相似，往往不具备实用性。

4. 单克隆抗体的用途

如果是药物用途，通常采用“单克隆抗体在制备治疗某疾病的药物中的应用”的形式，其中，要描述清楚该单克隆抗体的产品特征和具体的用途。如果发明点在于抗体本身，则可以采用引用前述权利要求的方式进行撰写。例如，权利要求1所述单克隆抗体在制备治疗某疾病的药物中的应用。

5. 抗原结合片段和多特异性抗体

抗原结合片段一般指抗体中用于与抗原结合的部分多肽片段。抗原结合片段的权利要求可以与抗体一起呈现，例如，“结合××抗原的单克隆抗体或其抗原结合片段，其特征在于，包含重链可变区（或VHCDR1～3）和轻链可变区（或VLCDR1～3）的氨基酸序列”；或者，可以单独要求保护抗原结合片段，例如，“结合××抗原的抗原结合片段，其特征在于，包含重链可变区（或VHCDR1～3）和轻链可变区（或VLCDR1～3）的氨基酸序列”。需要限定其中关键部分的氨基酸序列或者全长序列，特别是通常需要完整地限定与抗原结合的所有关键部分，如6个CDR的序列信息。

（三）撰写实例

某发明利用杂交瘤技术制备了一种抗高迁移率族蛋白B1的单克隆抗体及其衍生的嵌合抗体，并通过试验证实了该单克隆抗体对抑制炎症和保护败血症模型小鼠的作用。由于该杂交瘤细胞株是公众无法得到的，因此，应在申请日前在国家知识产权局认可的保藏单位对其进行生物材料的保藏。

1. 说明书的撰写

撰写发明名称。例如，“抗高迁移率族蛋白B1的单克隆抗体”。

撰写技术领域。例如，“本发明属于抗体工程制药领域，具体地，涉及抗高迁移率族蛋白B1的单克隆抗体和嵌合抗体及其制备方法和应用。”

撰写背景技术。例如，“现有技术已知HMGB1（high mobility group box I）是染色体蛋白中高迁移率家族的成员之一。当细胞坏死或受损时，核内的HMGB1可释放到胞外，引发单核巨噬细胞分泌促炎因子；而促炎因子又反过来促进HMGB1的分泌，形成正反馈环。在炎性反应的后期，这种正反馈效应对炎性反应的维持起到了相当重要的作用。近期研究中发现HMGB1的功能与全身炎症反应综合征、急性肺损伤、类风湿性关节炎、糖尿病以及脏器缺血造成的梗死密切相关。”

撰写发明内容。例如，“本发明的目的是提供一种有效抑制HMGB1行使促炎症因子功能的物质，以治疗炎症相关疾病。为此，本发明申请人提供了如下技术方案：制备一株杂交瘤细胞株×××××，其分泌抗HMGB1的单克隆抗体，并通过测序获得该单克隆抗体的轻链和重链的可变区与不变区的编码基因，并据此设计和制备出嵌合抗体。”为满足《专利法》第二十六条第三款关于说明书对发明作出清楚、完整的说明的要求，对于杂交瘤及其分泌的单克隆抗体，说明书发明内容部分应当记载本发明杂交瘤细胞株的保藏日期、保藏单位名称及保藏号。例如，“该杂交瘤细胞系为鼠杂交瘤抗人 HMGB1 杂交瘤×××××，已于×年×月×日保藏于中国微生物菌种保藏管理委员会普通微生物中心（简称 CGMCC，地址：北京市朝阳区大屯路，中国科学院微生物研究所，邮编 100101），保藏号为 CGMCC No. ×××××。”说明书中还应当记载杂交瘤和单克隆抗体的制备及鉴定的方法，该内容可记载在发明内容部分，也可记载在实施例部分。杂交瘤和单克隆抗体的制备方法应当着重记载抗原来源及成分或获得步骤。例如，用于制备杂交瘤细胞的抗原是人 HMGB1 与结核杆菌（Mycobacterium tuberculosis，MT）Psts-1 精氨酸 326～344 小肽（×××××××××××）的融合蛋白（HMGB1-MT），其通过如下步骤获得：将编码人 HMGB1 N 端 181 个氨基酸的 cDNA 与所述小肽的编码基因通过 PCR 方法重组，得到融合基因 HMGB1-MT；将融合基因克隆至删除了 GST 编码区的 PET－41a 载体（购自某公司），克隆的质粒在大肠杆菌 DH5α 里扩增，再经由大肠杆菌 BL21 表达，得到融合蛋白 HMGB1-MT。融合蛋白中带有 6×his Tag，通过 Ni-NTA 亲和层析纯化得到所述抗原。还应记载骨髓瘤细胞的来源和维持培养、免疫的动物来源、用上述抗原免疫接种过程、产抗体细胞（脾细胞）的分离、骨髓瘤细胞和脾细胞的融合步骤、所用的试剂、培养基、选择条件、杂交瘤的筛选、克隆过程，用以 GST-HMGB1 重组蛋白（10μg/mL）作为包被原通过 ELISA 等方法对杂交瘤进行鉴定；培养鉴定得到的杂交瘤细胞株；纯化单克隆抗体的步骤；上述步骤中涉及的培养基、培养条件、分离纯化所用的试剂等。对于由该单克隆抗体衍生的嵌合抗体，发明内容部分还应记载该单克隆抗体可变区氨基酸序列及其编码基因、嵌合抗体的不变区氨基酸序列及其编码基因、嵌合抗体的氨基酸序列及其编码基因。

撰写具体实施方式。为满足专利法中说明书充分公开、新颖性、创造性、说明书支持等条款对于技术效果的要求，说明书还应记载验证单克隆抗体性能和效果的实施例以及制备嵌合抗体并验证其性能等实施例。

对于单克隆抗体，可通过记载如下实施例证明其性能和效果：

（1）单克隆抗体与抗原的结合活性的检测试验：通过 ELISA 方法检测结合活性，包括所用试剂、步骤及得到的解离常数等。

（2）单克隆抗体亚型鉴别试验。

（3）单克隆抗体特异性鉴定试验：对人 PBMC 或 Hela 细胞的细胞裂解液进行 SDS-PAGE 电泳，转膜后用含 10% 脱脂牛奶的 TBS 封闭，用 TBS-T 洗 3 遍，再与经生物素标记的本发明单抗反应 1h 后，再用 TBS-T 洗 3 遍，与 streptavidin-HRP（1∶8000）室温反应 1h，用 TBS-T 洗 3 遍后曝光。结果表明该单抗与裂解液中的内源性 HMGB1 特异性结合。

（4）单克隆抗体生物活性鉴定试验：将 Raw264.7 细胞接种于细胞培养基中，向其中不加刺激物、分别加入 GST-HMGB1 重组蛋白、本发明单抗、GST-HMGB1 重组蛋白和单抗，培养 4h，用 RT-PCR 检测细胞中 IL-6 mRNA 水平，记载培养基、培养条件、添加的刺激物用量、PCR 引物序列等。结果表明本发明杂交瘤细胞株分泌的单克隆抗体能够阻断人 HMGB1 刺激 Raw264.7 细胞产生的 IL-6 mRNA上调。

（5）单克隆抗体在败血症小鼠模型中的应用试验：记载了小鼠来源和种类、施用剂量和方法，对小鼠注射后的表现及存活情况变化进行观察和记录，证明本发明单克隆抗体在 LPS 诱导的小鼠败血症模型中具有保护作用。

对于嵌合抗体，可记载如下制备及验证其性能的实施例：

分离纯化杂交瘤细胞株×××××的 mRNA，用 oligo-dT 合成第一链 cDNA，用 PCR 方法分别扩增抗体轻链和重链可变区，轻链引物为 5′××××××××××3′和 5′××××××××××3′，重链引物为 5′××××××××××3′和 5′××××××××××3′，PCR 扩增后测序，得到抗体轻链和重链可变区编码基因的核苷酸序列分别如 SEQ ID NO：1 或 2 所示。嵌合抗体的不变区来源于人 IgG1，其轻链和重链编码基因的获得方法为：从人 PBMC 中分离纯化 mRNA，用 oligo-dT 合成第一链 cDNA，设计引物，用 PCR 方法分别扩增人 IgG1 轻链和重链不变区基因，其核苷酸序列分别如 SEQ ID NO：3 或 4 所示。用 PCR 方法分别将该单抗的轻链可变区、重链可变区基因与人 IgG1 的轻链不变区和重链不变区基因连接以构建融合基因，具体为：单克隆抗体的轻链可变区基因与人 IgG1 的轻链不变区基因的连接：用 PCR 方法先将轻链可变区基因的 3′端加上人 IgG1 轻链不变区基因 5′端的一段序列，引物为 5′××××××××××3′和 5′××××××××××3′，再以带有一段人 IgG1 轻链不变区基因的轻链可变区基因和人 IgG1 轻链不变区基因为模板进行 PCR 反应，引物为5′××××××××××3′和 5′××××××××××3′。在 PCR 的退火阶段，两段基因可自行连接。单克隆抗体的重链可变区基因与人 IgG1 的重链不变区基因的连接：用 PCR 方法先将重链可变区基因的 3′端加上人 IgG1 重链不变区基因 5′端的一段序列，引物为 5′××××××××××3′和 5′××××××××××3′，再以带有一段人重链不变区基因的重链可变区基因和人重链不变区基因为模板进行 PCR 反应，引物为 5′××××××××××3′和 5′×××××××

× × × 3′。在 PCR 的退火阶段，两段基因可自行连接。得到嵌合抗体轻链编码基因如 SEQ ID NO：5 所示，嵌合抗体重链编码基因如 SEQ ID NO：6 所示。嵌合抗体轻链表达载体 pCI-gpt-L 的构建：将该嵌合抗体轻链的编码基因插入到有选择性标记（鸟嘌呤磷酸核糖转移酶，gpt）和基因表达调控区（CMV 启动子，终止子）的表达载体 pCI-gpt 的 Nru I 和 Afe I 位点中，得到该嵌合抗体轻链表达载体 pCI-gpt-L。表达载体 pCI-gpt 的构建方法（以某公司的载体 pCI 为模版构建）：从 Hela 细胞（购自某公司）中分离纯化 mRNA，用 oligo-dT 合成第一链 cDNA。用 PCR 方法扩增出 *gpt* 基因（如 SEQ ID NO：12 所示），引物为 5′× × × × × × × × × × 3′和 5′× × × × × × × × × × × 3′。将 gpt 插入 pCI 的 HindIII 和 BamH I 位点。嵌合抗体重链表达载体 pCI-DHFR-H 的构建：将该嵌合抗体重链的编码基因插入到有选择性标记（二氢叶酸还原酶 DHFR）和基因表达调控区（CMV 启动子，终止子）的表达载体 pCI-DHFR 的 Nru I 和 Not I 位点，得到该嵌合抗体重链表达载体 pCI-DHFR-H。表达载体 pCI-DHFR 的构建方法（以某公司的载体 pCI 为模版构建）：从 Hela 细胞（购自购自某公司）中分离纯化 mRNA，用 oligo-dT 合成第一链 cDNA。用 PCR 方法扩增出 DHFR 基因（如 SEQ ID NO：13 所示），引物为 5′× × × × × × × × × × 3′和 5′× × × × × × × × × × 3′。将 DHFR 插入 pCI 的 HindIII 和 BamH I 位点。用电转染的方法将含有嵌合抗体基因的表达载体 pCI-gpt-L 和 pCI-DHFR-H 一同导入哺乳动物细胞 NS/0（购自某公司）中。用霉酚酸酯（Mycophenolate）在含黄嘌呤（Xanthine）的培养基中筛选转化细胞，获得稳定转染的细胞株，记作 NS/X。并检测了得到的嵌合抗体与抗原的结合活性，证明其保留了本发明单克隆抗体的特异性和亲和力。

2. 权利要求书的撰写

权利要求书

1. 一种杂交瘤细胞株，其保藏编号为 CGMCC No. × × × × ×。

2. 由杂交瘤细胞株 CGMCC No. × × × × × 分泌产生的单克隆抗体。

3. 一种抗体，其特征在于，所述抗体的轻链可变区的氨基酸序列如 SEQ ID NO：7 所示，所述抗体的重链可变区的氨基酸序列如 SEQ ID NO：8 所示。

4. 一种抗体，其特征在于，所述抗体的轻链的氨基酸序列如 SEQ ID NO：9 所示，所述抗体的重链的氨基酸序列如 SEQ ID NO：10 所示。

5. 权利要求 4 中所述抗体的编码基因。

6. 权利要求 2、3 或 4 所述的抗体在制备治疗炎症相关疾病的药物中的应用。

7. 权利要求 2、3 或 4 所述的抗体在制备治疗败血症的药物中的应用。

三、细胞免疫治疗（以 CAR-T 为例）相关发明

（一）说明书的撰写

1. CAR-T 的表征

细胞免疫治疗是指通过对自体免疫细胞进行体外激活和扩增，然后将其重新输回肿瘤患者体内，并辅以合适的生长因子，促使其发挥杀伤、杀死肿瘤细胞的功能。目前，细胞免疫治疗已经成为肿瘤免疫治疗的主要方式之一。细胞免疫治疗主要包括非特异性疗法（例如，LAK、CIK、DC、NK 细胞疗法等）和特异性疗法（TCR-T、CAR-T 细胞疗法等）。这里以 CAR-T 细胞疗法为例进行讨论。

CAR（嵌合抗原受体）是由抗体源性靶向区与 T 细胞信号区融合而成的一种多肽分子；CAR-T 细胞（嵌合抗原受体修饰的 T 细胞）是通过将外源性人工设计的 CAR 基因导入 T 细胞内进行基因修饰改造后得到的表达 CAR 的 T 细胞。应用于肿瘤治疗的 CAR 一般包括胞外的肿瘤相关抗原结合区（通常来源于抗体抗原结合区域的单链可变区）、跨膜区和胞内信号区，将其顺序组合在一起并表达在 T 细胞上构成 CAR-T。

CAR 的发展经历了几个主要的设计过程：第一代 CAR 由识别肿瘤表面抗原的单链抗体（scFv）和免疫受体酪氨酸活化基序（通常为 CD3ζ 或 FcεRIγ）组成。只能引起短暂的 T 细胞增殖和较低的细胞因子分泌，不能提供长时间的 T 细胞扩增信号和持续的体内抗肿瘤效应。第二代、第三代 CAR 在第一代的基础上进一步引入了共刺激分子信号序列（CD28、OX40 或 4-1BB 等及其组合），旨在提高 T 细胞的细胞毒活性、增殖性与存活时间，促进细胞因子的释放。第四代 CAR-T 技术则进一步增加了其他细胞因子等的分泌功能，在理论上可以针对实体瘤产生更好的治疗效果。

应用 CAR-T 技术的临床治疗包括 CAR-T 细胞的制备与回输，具体流程一般可分为 5 个步骤：①从癌症患者外周血或者单核细胞中分离出 T 细胞；②利用基因工程手段将表达特异性识别肿瘤细胞的 CAR 的基因转入 T 细胞；③体外培养，大量扩增 CAR-T 细胞至治疗所需剂量；④回输之前进行清髓治疗，一般为化疗，一方面清除免疫抑制细胞，另一方面可减少肿瘤（此处主要指血液瘤）负荷从而起到增强疗效的作用；⑤回输 CAR-T 细胞，观察疗效并严密监测不良反应。

CAR-T 的技术要点包括两个部分，CAR 的结构设计和 T 细胞的转导，说明

书中需要对此进行详细记载。

（1）对于CAR的结构，说明书中需要记载组成CAR的各元件的具体选择，包括肿瘤相关抗原结合区（一般为scFv，包括抗体轻链可变区和重链可变区以及连接二者的接头）、跨膜区和胞内信号区。其中，对于现有技术中公知的元件，可以以引用基因数据库序列的方式给出，而不必记载具体序列；对于现有技术中不存在的元件（通常是scFv），则需要详细记载氨基酸序列，同时还应写清获得过程，可参考单克隆抗体部分的要求。

（2）对于T细胞的转导，说明书中需要记载详细的转导方法，包括使用的病毒载体类型、载体的构建、T细胞的来源、T细胞的分离、T细胞的活化和增殖、表达CAR的T细胞的检测等。如果使用病毒载体之外的方法转导，也需要详细记载具体的转化条件和步骤。

2. CAR-T的效果

需要在说明书中记载CAR-T的使用方式和治疗效果，提供基本的效果实验数据，如关于肿瘤杀伤的细胞实验、动物实验甚至临床实验等。其中，细胞实验和动物实验需要选择合适的模型，必要时采用现有技术中的CAR-T技术作为阳性对照。

（二）权利要求书的撰写

1. CAR及其编码基因和载体

CAR权利要求一般需要写明CAR各组成元件的结构，其中，对于现有技术中公知的元件，可以仅列出其通用名称，而不必限定具体序列；对于现有技术中不存在的元件（通常是scFv），则需要限定氨基酸序列。

以单克隆抗体为主要发明点的CAR可以采用引用在前的抗体权利要求的方式进行限定，而不必进一步明确其他元件的选择。例如，权利要求1要求保护一种单克隆抗体，相关的CAR权利要求可以撰写为“包含权利要求1所述单克隆抗体的轻链可变区和重链可变区的CAR”。此时，所述CAR的其他元件可视为本领域的常规选择。

CAR编码基因权利要求需要限定核苷酸序列，也可以采用引用CAR蛋白分子权利要求的形式进行撰写，如“编码权利要求1的CAR的基因”。

CAR载体权利要求需要限定病毒类型和CAR的核苷酸序列，也可以采用引用CAR编码基因权利要求的方式撰写。

2. CAR-T细胞及其药物组合物

需要限定CAR的分子结构，要求同前。也可以采用引用CAR蛋白分子权利要求、CAR编码基因权利要求或CAR载体权利要求的方式撰写。例如，权利要求1要求保护一种CAR分子，权利要求2要求保护编码权利要求1的CAR的多核苷酸，权利要求3要求保护包含权利要求2的多核苷酸的载体，则相应的CAR-T细胞及其药物组合物权利要求可以撰写为“包含权利要求1的CAR的T细胞”“包含权利要求2的多核苷酸的T细胞”或“包含权利要求3的载体的T细胞”及其相应的药物组合物等。

3. CAR-T细胞的制备方法

需要限定使用的病毒载体类型、载体的构建方法、T细胞转导方法等。如果不是使用病毒载体转导，则应限定具体的转导方法。如果发明点在于CAR的构建或者新抗体的筛选，而CAR-T细胞的制备方法采用的是现有技术中已经成熟的常规方法，则可以采用引用前述权利要求的方式简单概括制备步骤。例如，合成编码CAR的多核苷酸及包含其的病毒载体，并将其转导至T细胞等。

需要注意的是，CAR-T的制备方法权利要求中不应当包括与医生的操作相关的部分，即CAR-T疗法前端的采集患者的血液的步骤和后端的CAR-T细胞回输的部分，而应当仅仅涉及中间的工厂化生产的技术内容。

4. CAR-T的用途

需要限定CAR-T的结构和适应征，具体同一般制药用途权利要求。如果发明点在于CAR的构建或者新抗体的筛选，则可以采用引用前述权利要求的方式撰写用途权利要求。例如，可以采用的撰写形式包括“权利要求1所述CAR分子在制备用于治疗××疾病的药物中的用途”“权利要求2所述编码CAR的多核苷酸在制备用于治疗××疾病的药物中的用途”“权利要求3所述包含编码CAR的多核苷酸的载体在制备用于治疗××疾病的药物中的用途”“权利要求4所述CAR-T细胞在制备用于治疗××疾病的药物中的用途”等。

同样需要注意的是，CAR-T的用途权利要求中不应当包括与医生的操作相关的部分，即CAR-T疗法前端的采集患者的血液的步骤和后端的CAR-T细胞回输的部分，而应当仅仅涉及中间的工厂化生产的技术内容。

（三）撰写实例

某发明设计并制备了一种抗CD22嵌合抗原受体，并通过试验证实其对肿瘤细胞具有增强的杀伤作用。

1. 说明书的撰写

撰写发明名称。例如，“靶向CD22的强杀伤性嵌合抗原受体T细胞及其在制备治疗肿瘤的药物中的用途”。

撰写技术领域。例如，“本发明属于细胞免疫治疗领域，具体地，涉及一种抗 CD22 嵌合抗原受体、表达该嵌合抗原受体的 T 细胞及其制备方法和其在制备治疗肿瘤的药物中的应用。”

撰写背景技术。写明对发明的理解有用的背景技术。例如，“现有技术已知 CAR 是人工合成的 T 细胞受体，由胞外靶向连接区（单链抗体或配体），以及 T 细胞的激活信号结构域（铰链区、跨膜区、胞内信号转导区）组成。胞外靶向连接区由单链抗体或配体构成，具有特异性结合靶抗原的功能。跨膜区具有传导信号的功能，胞内信号区采用免疫受体酪氨酸活化基序（ITAM）CD3ζ 或 FCSRIY 及共刺激信号分子 CD28、CD137、CD134 等的胞内信号区。CD22 为 135kDa 膜糖蛋白，并且属于称为唾液酸粘附素的唾液酸结合蛋白家族。生理上，其在 B 细胞发育早期的细胞质中可检测到，与 IgD 同时出现在细胞表面，并且存在于大多数成熟 B 细胞上，而在干细胞或浆细胞上不存在。病理上，CD22 在包括非霍奇金淋巴瘤（NHL）、急性成淋巴细胞白血病（BALL）、慢性淋巴细胞白血病（BCLL）和急性非淋巴细胞白血病（ANLL）在内的大多数 B 细胞白血病和淋巴瘤中均有表达。”客观地指出现有技术中存在的问题和缺点，例如，“利用抗 CD22 抗体构建嵌合抗原受体表达于 T 细胞表面，可使 T 细胞特异性杀伤 CD22 阳性的肿瘤细胞，但是，杀伤能力仍然较低”。

撰写发明内容。为满足《专利法》第二十六条第三款关于说明书对发明作出清楚、完整的说明的要求，对于本发明来说，说明书发明内容部分应当写明要解决的技术问题，例如，“本发明的目的是克服现有的表达抗 CD22 嵌合抗原受体的 T 细胞杀伤 CD22 阳性的肿瘤细胞的杀伤能力仍然较低的缺陷，提供一种杀伤能力较高的表达抗 CD22 嵌合抗原受体的 T 细胞”。应当记载发明解决该技术问题所采用的技术方案，例如，“本发明申请人提供了如下技术方案：提供了一种抗 CD22 嵌合抗原受体、编码所述抗 CD22 嵌合抗原受体的核酸、包含所述核酸的表达载体和细胞、包含所述细胞的药物组合物，及所述抗 CD22 嵌合抗原受体、核酸、表达载体、细胞在制备治疗肿瘤的药物中的用途”。其中写明：本发明的抗 CD22 嵌合抗原受体的氨基酸序列，编码所述抗 CD22 嵌合抗原受体的核酸的核苷酸序列，包含所述核酸的表达载体和细胞、包含所述细胞的药物组合物，及所述抗 CD22 嵌合抗原受体、核酸、表达载体、细胞在制备治疗肿瘤的药物中的用途。并说明：“本发明的有益效果在于：表达抗 CD22 嵌合抗原受体的 T 淋巴细胞针对表达 CD22 的肿瘤细胞具有高度特异性的细胞毒性作用和非常强的杀伤能力”。

撰写具体实施方式。例如，说明书中通过如下实施例，对该抗 CD22 嵌合抗原受体及表达该抗 CD22 嵌合抗原受体的 T 细胞的制备方法和检测方法进行详细描述：通过全序列合成，并记载所合成的编码核酸的核苷酸序列如 SEQ ID NO：3 所示，其中包含如 SEQ ID NO：2 所示的抗 CD22 嵌合抗原受体的编码核酸序列。携带所述核酸的慢病毒表达载体的制备方法，例如，将载体 pLVX-IRES-ZsGreen1（购自某公司）和合成的如 SEQ ID NO：3 所示的 DNA 分别经 *EcoR*I 和 MluI 酶切后进行连接，连接子转化并验证正确后，得到慢病毒表达载体 pLVX-IRES-CAR；将得到的慢病毒表达载体 pLVX-IRES-CAR 及含有作为对比的另一种抗 CD22 嵌合抗原受体的编码核酸（如 SEQ ID NO：4）的慢病毒表达载体（对比例）及空载体 pLVX-IRES-ZsGreen1（对照）分别进行慢病毒包装并进行 T 细胞的体外培养、侵染和扩增，其中应记载单核细胞的来源和分离制备步骤、用慢病毒载体转染分离得到的 T 细胞的步骤及经转染的 T 细胞表面 CAR 蛋白表达的检测步骤，包括各步骤所用试剂、培养基、培养条件、检测仪器及各参数等。利用流式细胞仪检测转染后的 T 细胞，通过 CD22-Fc 和二抗 FITC 标记羊抗人 Fc 抗体检测表达抗 CD22 嵌合抗原受体的细胞，并给出检测结果。结果证明实验组和对比例 T 细胞中均具有相应抗 CD22 嵌合抗原受体表达，而对照组无抗 CD22 嵌合抗原受体表达。

为满足专利法中关于说明书充分公开、新颖性、创造性、说明书支持等条款对于技术效果的要求，说明书还记载了验证表达本发明的抗 CD22 嵌合抗原受体的 T 细胞体外杀伤肿瘤细胞的实施例。例如，“CytoTox96® 非同位素检测试剂盒购自某公司。取感染后的 T 细胞和 CD22 抗原表达阳性的淋巴细胞白血病细胞系 Daudi 细胞，按不同效靶比（即 T 细胞：肿瘤细胞）共培养于 96 孔板，靶细胞浓度至 1×10^6 个/mL。培养条件包括：37℃，5% CO_2，饱和湿度孵箱孵育 45min，200g 离心平板 4min。乳酸脱氢酶活性测定：加 50μL LDH 底物至 96 孔酶标板，室温避光反应 30min。每孔加 50μL 终止液终止酶促反应；酶标仪 490nm 测定吸光度（A490）。计算各组平均吸光度，按下列公式计算 CTL 裂解靶细胞的百分率。裂解靶细胞% =（实验组 OD-靶细胞自发释放 OD-效应细胞自然释放 OD）/（靶细胞最大释放 OD-靶细胞自发释放 OD）”。并通过列表给出了不同效靶比下 CTL 裂解靶细胞的百分比，证明了相对于对比例的抗 CD22 嵌合抗原受体，表达本发明的抗 CD22 嵌合抗原受体的 T 淋巴细胞对表达 CD22 的淋巴细胞白血病肿瘤细胞具有更强的杀伤力。

2. 权利要求书的撰写

权利要求书

1. 一种抗CD22嵌合抗原受体，其特征在于，该抗CD22嵌合抗原受体的氨基酸序列如SEQ ID NO：1所示。并且，该抗CD22嵌合抗原受体能够识别CD22蛋白且能够在识别CD22蛋白后活化酪氨酸信号通路。

2. 一种核酸，其特征在于，该核酸编码权利要求1所述的抗CD22嵌合抗原受体。

3. 根据权利要求2所述的核酸，其特征在于，其核苷酸序列如SEQ ID NO.2所示。

4. 一种表达载体，其特征在于，该表达载体插入有权利要求2所述的核酸，并且该表达载体能够在转染宿主细胞后，使得被转染的宿主细胞表达权利要求1所述的抗CD22嵌合抗原受体。

5. 根据权利要求4所述的表达载体，其特征在于，所述表达载体为慢病毒表达载体。

6. 一种表达抗CD22嵌合抗原受体的细胞，其特征在于，该表达抗CD22嵌合抗原受体的细胞由宿主细胞转染权利要求4或5所述的表达载体后得到，并且能够表达权利要求1所述的抗CD22嵌合抗原受体，其中，所述宿主细胞为T细胞。

7. 一种药物组合物，其特征在于，该药物组合物的有效成分包括权利要求6所述的表达抗CD22嵌合抗原受体的细胞。

8. 权利要求6所述的表达抗CD22嵌合抗原受体的细胞在制备治疗肿瘤的药物中的用途。

第三节　基因工程相关发明

广义上，基因工程或遗传工程就是对生物的遗传物质进行人工操作以改变生物的遗传性状的各种技术的总称。随着遗传工程在分子水平上的飞速发展，遗传工程已经渗透生物技术领域的方方面面。其中最常用的是DNA重组技术，已广泛地应用于涉及各种生物学产品和方法的生产实践中。

《专利法实施细则》第二条第二款给出了发明的定义，《专利法》所称的发明，是指对产品、方法或者其改进所提出的新的技术方案。也就是说，只要是符合这一定义的生物学产品和方法都可以申请专利。同时，《专利法》在一些条款中用排斥法规定了一些不能授予专利权的主题。具体与生物技术有关的有，《专利法》第五条规定对违反国家法律，社会公德或者妨害公共利益的发明创造，不授予专利权。在遗传工程领域，典型的这类例子是违反伦理道德的发明创造，例如，克隆人的方法、改变人类遗传特性的方法、人胚胎用于工业或商业目的的用途、改变动物遗传特性且因此导致动物痛苦而对人或动物的医疗没有任何实质性好处的方法等。现阶段，由于这些发明的应用有悖于公众利益和社会公德，因此，一般不授予专利权。另外，《专利法》第二十五条规定科学发现、疾病的诊断和治疗方法、动植物品种不能授予专利权。除此之外的其他生物学产品和方法都可以申请专利。

常见的基因工程相关发明客体包括基因本身、基因编码的蛋白质或多肽、包含基因的载体和转化体、利用基因的遗传特性而设计的基因治疗，以及针对基因进行调控的基因沉默和基因编辑等。

一、涉及基因本身的发明

（一）说明书的撰写

1. 基因的表征

基因是具有特定生理功能的DNA序列片段。基因或DNA片段在本质上是一种化学物质。作为物质，则应从最能反映其本质的方面进行说明，也就是从它的结构、性质、来源等方面来进行描述。具体到DNA，由于其结构中的磷酸和脱氧核糖是不变的，因此可以用碱基的排列顺序来表示DNA的结构。这部分内容也可以在序列表中得以体现。

然而，对于基因的描述，仅有序列描述还不够。由于现代信息技术的发展，计算机推测序列已成为可能，所以，对于新的基因序列而言，应在说明书中对该基因的获得方法予以清楚的说明，以证实确实获得了该基因。具体来说，应以实施例的方式描述其起源或来源、获得所述基因所用的酶和试剂、处理条件、收集和纯化它的步骤、鉴定过程等，使得本领域的技术人员根据该描述不需创造性的劳动就可获得该基因，以满足充分公开的要求。

（1）基因来源：对于新分离的基因，要描述该基因来源于何种生物材料，如微生物、人外周血、某种植物的叶片等。如果该生物材料是公众不能得到的，如从自然界新分离的微生物，或从患者体内新分离的病原菌等，应按照《专利法实施细则》第二十四条的规定进行保藏。对于依赖遗传资源完成的发明，还应按照《专利法》第二十六条第五款的规定提交遗传资源来源披露登记表。

（2）制备方法：记载新基因的具体分离鉴定步骤，包括生物材料样品的制备、核酸的提取和分离步骤、新基因的分离和鉴定。根据不同的基因分离方法来描述清楚具体的分离和鉴定步骤。例如，有的是根据已知的同源基因序列设计保守引物直接从基因组中扩增出该基因，或设计探针从构建的基因组文库或cDNA文库中调出该基因，或者先分离纯化蛋白质，测得其全部或部分氨基酸序列，再设计引物扩增或调出基因；也有的是根据其表达的蛋白活性来分离和鉴定新的基因。不管方法如何，要描述清楚其中使用了何种序列的引物和探针、何种载体和宿主、构建何种文库及如何构建、扩增时PCR的反应条件和过程、进行DNA重组操作时使用何种限制性内切酶、如何酶切和连接等具体反应步骤，其中使用的具体试剂来源和用量、使用的设备和应用过程等、所得的新基因DNA分子的鉴定和测序步骤。对于其中使用的宿主细胞和克隆载体，也应当交代其来源和获得方法。也就是说，详细记载申请人获得该新基因的具体实验步骤，要使得本领域的技术人员不需花费创造性劳动就可按照所描述的具体步骤获得该基因。

（3）具体序列：应当描述该基因的具体碱基序列，可参见序列表。如果保藏了含有该基因的载体或其转化子，应描述其保藏信息。

（4）突变序列：如果以已知基因为起始，对其进行突变获得新的变异体，应描述起始DNA的来源和序列、具体突变过程、变异体的具体碱基序列，可参见序列表或指出那些位点发生了变化。

2. 基因的效果

基因的效果主要涉及基因的功能活性，即描述该基因的具体功能活性和证实其功能的实验数据。一般，功能活性应当给出具体的实验数据加以证明。

（1）如果所述基因编码酶或蛋白质，要描述其表达的酶或蛋白质的催化活性或生物学活性数据，而不能仅靠计算机比较同源性来推测其活性。进一步，如果基因或其编码蛋白质被用作生物药品，不能泛泛地描述可以治疗某疾病，至少要有细胞实验或者动物实验数据。

（2）对于非编码的核酸分子，如果其用于诊断，则应至少记载用于诊断的初步可行性，例如，统计学意义上正常人和患者体内相应核酸分子的水平差异性；如果其用于治疗目的，例如，对其体内水平进行调控可用于治疗某种疾病，则应当记载相应的细胞实验或者动物实验数据。

（3）对于变异体，对功能活性的描述可证明其相对于亲本基因的优越效果，从而证实其创造性。

（二）权利要求书的撰写

1. 基因产品权利要求

一般按如下方式撰写：

（1）限定具体碱基序列（使用碱基排列顺序表示或使用序列鉴定号表示）。例如，“一种芽孢杆菌毒素蛋白基因，其特征在于DNA序列如SEQ ID NO：×所示”。一般不宜采用“含有”或“具有”这种开放式的限定方式，而应用“它是……”或“由……组成”等封闭形式描述。

（2）结构基因可用所编码的蛋白质的氨基酸序列进行描述（使用三字码和单字码氨基酸代码顺序表示或用序列号表示）。例如，“一种芽孢杆菌毒素蛋白基因，其特征在于它编码如SEQ ID NO：×所示的氨基酸序列的毒素蛋白……”。一般不宜采用“含有”或“具有”这种开放式的限定方式，而应用“它是……”或“由……组成”等封闭形式描述。

（3）对于用术语“取代，缺失或添加”或“杂交”，“同源性”结合该基因的功能进行描述，这种描述方式概况了较大的保护范围，一般不允许。具体理由可能是：①保护范围不清楚，不符合《专利法》第二十六条第四款的规定，因为可能涵盖了具体结构不明确、无法清楚判断保护范围边界的基因。②得不到说明书的支持，不符合《专利法》第二十六条第四款的规定，因为没有实施例的证明（说明书中没有描述如何进行取代、缺失或添加，产物效果如何；没有描述杂交条件或在该杂交条件下与其杂交且具有该功能的序列实施例，或没有描述与其具有下限的同源性且具有该功能的具体序列实施例），本领域的技术人员要获得这样的基因需要付出创造性的劳动或者过多的劳动，需要经历大量的试验和错误或复杂的实验才能获得该基因，因而在实质上得不到说明书的支持。另外，纯功能性限定任意扩大了保护范围，也得不到说明书的支持。③缺乏新颖性，不符合《专利法》第二十二条第二款的规定，包含了现有技术公开的序列。

2. 制备方法权利要求

一方面，要限定清楚基因。基因的限定可以直接采用结构（如核苷酸序列）来表征，（在前有基因结构权利要求的时候）也可以通过引用的方式进行限定。另一方面，应限定基因的制备步骤，如生物材料样品的制备、核酸的提取和分离步骤等，具体包括使用了何种序列的引物和探针、何种载体和宿主、构建何种文库及如何构建、扩增时PCR的反应条件和过程、进行DNA重组操作时使用何种限制性内切酶、如何酶切和连接等具体反应步骤、其中使用的具体试剂来源和用量、使用的设备和应用过程等。

需要注意的是，某些基因的获得过程存在一定的偶然性，即其获得来源（例如，随机文库，特定地理环境中的特定生物体等）是难以重复得到的。根据实用性条款的相关规定，这种特定基因的制备方法不应基于无法重复获得的来源，除非对所述来源进行了生物保藏，使之可以重复获得。

3. 用途权利要求

基因的用途包括治疗用途和其他用途，其中治疗用途不能撰写成治疗疾病的用途，应撰写成“X 基因在制备治疗/检测 Y 疾病的药物中的应用”的形式，即制药用途。除了限定其具体用途外，还要限定清楚基因。可以采用引用在前权利要求的方式进行撰写。

另外，对于基因本身作为靶点、相关应用是基于对所述基因的生物分子（如用于对目标基因进行检测、编辑、沉默等的生物分子，引物、sgRNA、siRNA、dsRNA 等）而非利用基因本身（如对所述基因进行克隆表达等）的用途权利要求，一般不允许撰写为上述制药用途的形式，因为所述药物的活性成分（如引物、sgRNA、siRNA、dsRNA 等）并不包括基因本身。对于这类用途权利要求，可以撰写为“针对 X 基因的引物/sgRNA/siRNA/dsRNA 等在制备治疗/检测 Y 疾病的药物中的应用”的形式。

二、涉及多肽或蛋白质本身的发明

（一）说明书的撰写

1. 多肽的表征

蛋白质是由氨基酸残基连接而成的有机高分子化合物，它是生命活动的体现者。氨基酸的组成和排列顺序由 DNA 的碱基组成和排列顺序决定，三个碱基编码一个氨基酸。蛋白质的制备方法不同，撰写方式也有所不同。

（1）如果从生物材料中新分离纯化而来，其描述与对新分离基因的要求相同，应描述清楚来源、样品的获得、分离纯化步骤、鉴定参数、序列测定、功能活性分析等技术方案和效果。具体序列可引用序列表中的序列编号。

（2）如果用重组 DNA 方法制备的重组蛋白质，需要描述清楚如下内容：

① 结构基因的获得，描述与对基因的要求相同。表达载体的构建及其序列，其描述与对载体的要求相同，包括组成载体的各序列元件的来源和构建方法，及最终构建体的序列和结构。

② 宿主细胞的来源及其转化，其描述与对转化体的要求相同，包括宿主细胞的来源和获得途径（如果不能获得的要保藏）、转化的具体步骤、转化子的培养和筛选条件及鉴定等。

③ 表达产物的分离、纯化和鉴定、分子量、等电点、序列测定。

④ 功能实验。蛋白质的活性试验，用途。

（3）如果是化学合成的多肽，需要记载化学合成的原料和工艺步骤，以及多肽分子的结构分析结果，如 HPLC、质谱等。

（4）对于蛋白质晶体，需要记载其结晶工艺和结构分析方法以及分析结果，如晶胞参数等。

2. 多肽的效果

参考编码基因的效果要求。说明书中要描述酶的催化活性或蛋白质的生物学活性数据，而不能仅仅依靠计算机比较同源性来推测其活性。进一步，如果蛋白质被用作生物药品，不能泛泛地描述可以治疗某疾病，至少要有细胞实验或者动物实验数据。对于变异体，对功能活性的描述可证明其相对于亲本蛋白质的优越效果，从而证实其创造性。对于融合蛋白，如果发明目的是改善活性蛋白的储存和生物利用等性质，则需要记载其稳定性、溶解性、药代动力学等药学性质。

（二）权利要求书的撰写

1. 产品权利要求

多肽的产品权利要求可以采用以下方式进行撰写：

（1）用编码该多肽的氨基酸序列或编码所述多肽的核苷酸序列进行描述，需要清楚的限定序列的具体信息。注意，一般不宜采用“含有”或“具有”这种开放式的限定方式，而应用“它是……”或“由……组成”等封闭形式描述。

（2）限定序列后用术语“取代，缺失或添加”或“杂交”“同源性”结合该多肽的功能进行描述。允许这种描述的前提是说明书中明确记载了所述多肽的功能结构域，对于其结构—功效关系有了清楚的描述，并给出了详细的实验证据。例如，对于活性中心位点和非活性中心位点的保守或非保守性突变所导致的多肽功能的变化等进行描述。

（3）限定来源和生产方法、理化特性、功能，即用制备方法来限定产品。与基因相似，某些多肽的获得存在一定的偶然性，即其获得来源（例如，随机文库，特定地理环境中的特定生物体等）是难以重复得到的。根据实用性条款的相关规定，这种特定多肽的制备方法不应基于无法重复获得的来源，除非对所述来源进行了生物保藏，使之可以重复获得。

（4）对于短肽类发明，可以采用其化学分子式进行描述，如可以使用马库什结构式。允许多位点突变的马库什结构式描述的前提是说明书中明确记载了所述多肽的功能结构域，对于其结构—功效关系有了清楚的描述，并给出了详细的实验证据。例如，对于活性中心位点和非活性中心位点的保守或非保守性突变所导致的多肽功能的变化等给出数据。

（5）对于蛋白质晶体，应限定其结构指标，如晶胞参数等。也可以通过限定结晶工艺的方式对蛋白质晶体进行限定，条件是所述结晶工艺是稳定且可重复的。

2. 制备方法权利要求

（1）天然分离纯化方法，需限定清楚多肽的产品特征和分离纯化过程的方法特征。如前所述，根据实用性条款的相关规定，特定多肽的制备方法不应基于无法重复获得的来源，除非对所述来源进行了生物保藏，使之可以重复获得。

（2）重组 DNA 方法制备，需限定清楚基因或载体，宿主及所得蛋白质的产品特征和制备方法特征。

（3）化学合成制备，需限定化学合成的原料和工艺步骤。

（4）蛋白质晶体的制备，需限定结晶的原料和工艺步骤。

3. 用途权利要求

与基因的用途权利要求相似，治疗用途应写成制药用途，即“X 多肽/蛋白在制备用于治疗 Y 疾病的药物中的用途”。用途权利要求应限定清楚多肽的产品特征及具体应用方法特征。可以采用引用在前权利要求的方式进行撰写。

另外，对于多肽本身作为靶点、相关应用是基于针对所述多肽的生物分子（如其抗体等），而非利用多肽本身的用途权利要求，一般不允许撰写为上述制药用途的形式，因为所述药物的活性成分并不包括多肽本身。此外，如果所述活性成分是单克隆抗体，通常不允许采用“针对 X 多肽/蛋白的单克隆抗体在制备用于治疗 Y 疾病的药物中的用途”的撰写方式，因为这种限定方式不能明确单克隆抗体的结构，本领域技术人员也无法从说明书记载的某些具体的单克隆抗体的结构来推测可能用于相关用途的其他单克隆抗体。

三、涉及载体的发明

载体在 DNA 重组中起着桥梁作用，通过它把目的基因导入宿主中。重组 DNA 技术中采用的载体有质粒、噬菌体、病毒等。另外，将不同的 DNA 序列片段连接起来形成的具有特定用途的基因构建体或嵌合基因等也可视为载体，它们实质上都是一段 DNA 序列，对载体的描述与上面基因的描述类似。

（一）说明书的撰写

1. 载体的表征

（1）各组成元件的来源和序列特征。如果起始质粒是新分离的，要描述该质粒的来源和具体分离过程，其序列结构特征，如 DNA 的碱基序列、DNA 的限制性酶切图谱、分子量等特征。如果该描述仍然不足以使本领域的技术人员不需花费创造性劳动就能获得该质粒，例如，分离质粒的微生物是特定的，要对其进行保藏。如果起始质粒是已知的，要描述清楚其来源（鉴定该质粒的具体文献）和获得途径（如商品目录号或保藏号）。对于其他的组成元件，如目的基因、调控序列、标记基因，也应描述清楚其来源和序列。如果这些序列是已知的，应交代鉴定及公开该序列的文献和获得该序列的途径（例如，含有该序列的质粒或根据已知的其碱基序列设计 PCR 引物从其来源生物材料中扩增出来）；如果该序列是新的，应按上述对新基因的要求记载其制备方法。

（2）重组构建步骤。包括使用了何种限制性酶和连接酶，酶切消化和连接反应过程，扩增过程和分离鉴定过程，如凝胶电泳等步骤。有些通过共转染宿主细胞构建重组载体，还要描述清楚所用的宿主细胞来源和获得途径，具体转染和筛选、分离步骤。描述的这些步骤是申请人在实际操作中具体进行的步骤，这些描述要使得本领域的技术人员按照说明书的描述可以不需花费创造性劳动就能够重复制备出该载体。

（3）所获得的重组载体的具体核苷酸序列或限制性酶切图谱。可直接列出其具体碱基序列或参见序列表或附图进行描述。

2. 载体的效果

记载该载体的具体用途和效果，如转化宿主后的表达效果等。这种效果通常需要依赖于基因拷贝数或蛋白表达量的检测信息，或者所述基因或蛋白的活性等间接数据进行呈现。

（二）权利要求书的撰写

1. 产品权利要求

载体的产品权利要求可以采用如下撰写方式：

（1）用具体碱基序列进行描述，即限定载体完整的核苷酸序列。对于不含插入序列的载体，通常允许采用开放式的限定方式进行撰写，但一般不能用术语“取代，缺失或添加”或“杂交”“同源性”结合该载体的功能进行描述。

（2）用具体组成元件或限制性酶切图谱进行描述（组成元件的序列是已知的），需要明确组成元件或限制性酶切图谱的信息和排列方式，注意组成元件名称与其序列的一一对应关系。

（3）用保藏号进行描述。

2. 制备方法权利要求

一是，需限定清楚载体结构特征（可引用在前的权利要求）；二是，需明确具体的工艺步骤，包括使用了何种限制性酶和连接酶、酶切消化和连接反应过程等步骤。有些通过共转染宿主细胞构建重组载体，还要描述清楚所用的宿主细胞来源和获得途径，具体转染和筛选、分离步骤。

3. 用途权利要求

载体的用途通常包括转化—表达用途和转化—治疗用途。两种用途都要限定清楚载体结构特征，可以采用引用在前权利要求的方式进行撰写。转化—表达用途需要限定宿主细胞或生物体的类型。转化—治疗用途需要写成制药用途或制备用途。例如，“X 载体在制备治疗 Y 疾病的药物中的用途”或“（如用于 CAR-T 细胞治疗的）X 病毒载体在制备 CAR-T 细胞中的用途”。

四、转化体及其制备方法

转化体是导入了目的基因的宿主。常用的宿主有细胞，如原核细胞（如细菌），真核细胞（如酵母和动植物细胞）以及动植物体。因此，转化子包括转化的微生物，转化的动植物细胞，转基因动植物和生物反应器等。

（一）说明书的撰写

1. 转化体的表征

（1）宿主来源和获得途径。如果是已知的宿主，需描述清楚其具体生物学名称、拉丁学名和获得途径（如保藏号和商品目录号）。如果是新获得的，要描述清楚其具体获得方法，对于即使描述清楚，本领域的技术人员仍然无法获得的宿主，如新分离的微生物、偶然发现获得的植物新品种等，应进行保藏并记载保藏信息。

（2）转化所用序列的来源和序列特征。如基因构建体或表达载体的组成元件来源和序列特征，酶切和连接步骤，最终构建体的序列和酶切图谱，可参见序列表。该描述应使得本领域的技术人员能够用所述的序列元件构建成转化所需的 DNA 构建体。这部分的描述同载体。

2. 转化体的制备

（1）转化步骤。描述清楚具体的转化步骤，包括宿主的培养和维持条件、转化方法和过程、转化子的筛选条件以及转化子的培养和维持条件。

（2）转化子鉴定或保藏。描述清楚转化子的鉴定特征，证实基因已经稳定地导入了宿主中。如遗传特性的转变和基因组序列分析、目的基因的表达情况等。对于即使进行了清楚的描述也不能获得转化子本身的情况，要对转化子进行保藏并记载保藏信息，如保藏机构、保藏号等。

3. 转化体的效果

描述其具体的用途，如果用于生产重组蛋白，应描述其培养条件，重组蛋白的分离和纯化步骤，产量及其活性等情况。如果作为生物农药或生物肥料，应描述其具体使用方法和使用效果。如果作为疫苗除了要描述其配制方法和使用方法外，还应提供安全性实验报告（发生回复突变情况）和动物实验数据或临床试验报告。如果作为药物需要记载细胞实验、动物实验或临床实验数据。

（二）权利要求书的撰写

1. 产品权利要求

转化体包括转化的微生物，动植物细胞和动植物本身。对于动植物本身，即转基因动植物，由于《专利法》第二十五条第一款第（四）项规定动植物品种不授予专利权，而转基因动植物本身都属于某一特定的品种，因此视为动植物品种，这样的产品权利要求不能获得授权，但是可以写成制备方法权利要求进行保护。此外，由于植物细胞具有全能性，通常可以发育为完整植株，因此对于转化的植物细胞而言，在没有明确排除其作为完整植株的起点的情况下，也会被视为植物品种而不能获得授权。对于转化的微生物和动物细胞（受精卵除外）可以授予专利权，这类转化体的产品权利要求的撰写一般如下：

（1）用导入的基因和起始宿主进行限定，需限定清楚基因的结构和宿主的信息，可以采用引用在前权利要求的方式进行撰写；或

（2）用保藏号进行描述。

2. 制备方法权利要求

制备转化体的方法，包括制备转基因动植物的方法，可以授予专利权。通常的撰写形式是：一种制备转化（转基因）的某植物（动物）的方法，包括将某DNA序列导入某植物（动物）的某种细胞中，并由该转化的细胞再生出转基因植物（动物），其特征在于DNA序列是……，植物是……，植物细胞是……

转化细胞的制备方法的权利要求的撰写与转化动植物的制备方法权利要求相同。除了要限定方法特征外，要限定清楚宿主和导入的基因的产品特征。

3. 用途权利要求

需限定清楚转化体的产品特征（可引用在前的权利要求）和具体用途。例如，“权利要求1的转化子在用于……中的用途”。对于细胞治疗相关权利要求，需要撰写为制药用途权利要求，例如，“X转化体在制备治疗Y疾病的药物中的用途”。

五、基因治疗

(一) 说明书的撰写

基因治疗是20世纪90年代发展起来的一种全新的疾病治疗模式，它通过向人的体细胞导入治疗基因从而对疾病起治疗作用。虽然目前用于临床的基因治疗方案还不多，但有关基因治疗技术的申请正在逐年增加。

由于《专利法》第二十五条第一款第（三）项规定疾病的诊断和治疗方法不授予专利权，因此基因治疗方法作为一种疾病的治疗方法不能授予专利权。但由于基因治疗的关键往往在于构建合适的基因构建体，或转化特定的宿主细胞，因此可要求保护特定的基因构建体和转化细胞。

对于基因构建体的描述和转化细胞的描述与前面所述的载体和转化子相同。

(1) 基因构建体（组成元件，构建步骤及其具体序列)。同载体，要描述①各组成元件的来源和序列特征。如果起始质粒是新分离的，要描述该质粒的来源和具体分离过程，其序列结构特征，如DNA的碱基序列、DNA的限制性酶切图谱、分子量等特征。如果该描述仍然不足以使本领域的技术人员不需花费创造性劳动就能获得该质粒，要对其进行保藏。如果起始质粒是已知的，要描述清楚其来源（鉴定该质粒的具体文献）和获得途径（如商品目录号或保藏号)。对于其他的组成元件，如目的基因、调控序列、标记基因，也应描述清楚其来源和序列。②重组构建步骤。包括使用了何种限制性酶和连接酶，酶切消化和连接反应过程，扩增过程和分离鉴定过程，如凝胶电泳等步骤，有些通过共转染宿主细胞构建重组载体，还要描述清楚所用的宿主细胞来源和获得途径，具体转染和筛选、分离步骤。对于这些步骤的描述要使得本领域的技术人员按照说明书的描述可以不需花费创造性劳动就能够重复制备出该载体。③所获得的重组载体的具体核苷酸序列或限制性酶切图谱。

(2) 如果体外转化了宿主细胞，要描述①宿主细胞的来源和选择。如果是已知的宿主细胞系，描述清楚其具体来源和获得途径（如保藏号和商品目录号)；如果是新制备的，要描述清楚其具体制备方法，使得本领域的技术人员可根据该方法制备出所述的宿主细胞；对于即使描述清楚，本领域的技术人员仍然无法获得的宿主，应进行保藏并记载保藏信息。②要描述清楚具体的转化步骤，包括宿主的培养和维持条件、转化方法和过程、转化子的筛选条件以及转化子的培养和维持条件。③转化子鉴定或保藏。描述清楚转化子的鉴定特征，证实基因已经稳定地导入了宿主细胞中，如遗传特性的转变和基因组序列分析、目的基因的表达情况等。对于即使进行了清楚的描述也不能获得转化子本身的情况，要对转化子进行保藏并记载保藏信息，如保藏机构、保藏号等。

（3）导入步骤。包括将基因构建体直接导入人体或将转化的细胞回输入人体。要描述清楚其具体的操作步骤。

（4）导入后效果实验。这是基因治疗的重点，对这部分的描述需要有具体的效果实验证明，如表达情况、病情的缓解或治愈效果。至少要有动物学实验数据。如果是泛泛的一般性描述或推断可能出现的结果，则不足以证明其效果。应该有具体的效果实施例。

（二）权利要求书的撰写

1. 产品权利要求

（1）基因构建体，同载体，其可以①用具体碱基序列进行描述。②用具体组成元件或限制性酶切图谱进行描述（组成元件的序列是已知的）。③用保藏号进行描述。

（2）转化的宿主细胞，同转化子，其可以①用导入的基因和起始宿主进行限定。②用保藏号进行描述。

2. 用途权利要求

通常为基因构建体或转化细胞在制备治疗某疾病的药物中的应用，需限定清楚基因构建体或转化细胞的产品特征和疾病类型，可以采用引用在前权利要求的方式进行撰写。

六、RNA 干扰和基因编辑

（一）说明书的撰写

现代生物技术中对基因进行体内改造的技术可以广泛地用于生物改造和疾病治疗，典型的包括基因沉默和基因编辑技术。其中，对于基因沉默而言，RNA 干扰（RNAi）是一种代表性的技术，其可以特异性剔除或关闭特定基因的表达；而基因编辑的主要工具包括 CRISPR/Cas9 技术、锌指核酸酶（ZFNs）和转录激活因子样效应物核酸酶（TALENs）技术，其中 CRISPR/Cas9 技术更是一项划时代的发明。本部分以 RNA 干扰和 CRISPR/Cas9 技术为例进行讨论。

RNA 干扰是指在真核细胞中引入双链 RNA（dsRNA）分子，从而导致具有序列同源性的基因产生特异性基因沉默的现象。在自然界，外源性导入的 dsRNA 在宿主体内经过一系列加工过程得到 21～23bp 的片段，即 siRNA，发挥其降解作用。在低等真核生物如果蝇细胞系和秀丽线虫中，可以直接使用 dsRNA 进行 RNA 干扰，只是对 dsRNA 的长度有一定的要求，dsRNAs 不到 200bp 时，它就成为无效的沉默体；而在哺乳动物细胞中，长的 dsRNA（>30bp）由于会诱导干扰素合成而无法发挥作用，可以使用人工合成的 siRNA 分子，一般要求 siRNA 与靶基因 mRNA 完全互补才能有效发挥作用。一般认为，RNA 干扰只能较大限度（最高可达 95% 以上）地抑制靶基因的表达，并不能像基因敲除一样在特定细胞中完全沉默靶基因。

CRISPR/Cas9 基因编辑技术可以对基因组特定位点进行靶向编辑，包括缺失、插入、修复等。CRISPR/Cas9 系统发挥作用的结构是：在包含并表达所要改变或修饰的一种或多种基因产物的 DNA 分子的细胞中引入一个人工合成的 CRISPR/Cas9 系统，此系统具体包括一种 Cas 酶和一种或多种向导 RNA（sgRNA，经人工设计的融合 crRNA 和 tracrRNA 的单链 RNA），其中 sgRNA 用于靶向目标 DNA 分子。由此，sgRNA 靶向目标 DNA 分子的基因组座位，Cas 酶在对应位点打断目标 DNA 分子的双链序列。CRISPR/Cas9 系统可能由于设计的 sgRNA 与非靶点 DNA 序列错配，引入非预期的基因突变，产生脱靶效应。

RNA 干扰和 CRISPR/Cas9 技术相关发明的说明书一般要记载以下内容：

（1）所要作用的靶基因的信息，包括其来源、在基因组中的位置（可选）、序列信息、功能信息等。由于 RNA 干扰和 CRISPR/Cas9 技术在应用中的设计原则（主要是 siRNA 和 sgRNA 的设计）和具体操作步骤已经是公知技术，因此此类发明的核心要点往往在于靶基因的选择：其可以是新的基因，包括序列和功能均未知的基因或者序列已知、但功能未知的靶基因；也可以是已知序列和功能，但现有技术中缺乏对其进行相应基因沉默或编辑的技术教导的靶基因；还可以是虽然存在相应教导，但现有技术中沉默或编辑效率不高，导致实用性不强的靶基因。针对上述靶基因的 RNA 干扰和 CRISPR/Cas9 编辑的发明，如果其能够取得有益的技术效果，则一般可以认为具备专利法规定的创造性。

（2）RNA 干扰和 CRISPR/Cas9 的具体过程，特别是 siRNA 和 sgRNA 的结构信息，即序列。其中，对于低等真核生物的 RNA 干扰，则需要记载具有一定长度的 dsRNA 的设计方案，例如，匹配靶基因上某一段核苷酸序列的 dsRNA。

（3）RNA 干扰和 CRISPR/Cas9 的技术效果，包括基因水平的改造效果和表型的变化。对于现有技术中存在其进行相应基因沉默或编辑的技术教导的靶基因，特别是现有技术中已经公开了对其进行沉默或编辑后在表型方面的技术效果的情形，一般仅需提供新的基因沉默或编辑的发明中基因水平的检测效果，即沉默效率或脱靶率等。反之，则需要提供对给定目标进行基因沉默或编辑后，表型方面的变化，如品种的改良效果、疾病的治疗效果、副作用的减少等，以证明所述基因沉默或编辑取得了有益的技术效果。

（二）权利要求书的撰写

1. 产品权利要求

相关产品权利要求可以是 siRNA 或 sgRNA 本身，也可以是包含其的组合物或试剂盒，需要清楚的限定 siRNA 或 sgRNA 的序列信息。

对于主要发明点在于新靶基因的发现（新结构和/或新功能）的发明，如果本领域技术人员能够认可对所述靶基因通过常规设计即可进行基因沉默或基因编辑，并取得普通水平的沉默或编辑效果，同时说明书中提供了多方面的实验证据证明了对所述基因进行沉默或编辑可以产生表型方面的改变，如品种改良或疾病治疗，则可以允许以所述靶基因的信息限定 siRNA 或 sgRNA，通常以引用的方式撰写。例如，权利要求可以撰写为"用于沉默/编辑权利要求 1 的 A 基因的 siRNA/sgRNA"。

2. 使用方法权利要求

一般为利用 RNA 干扰或 CRISPR/Cas9 技术沉默或编辑某靶基因（或某物种）的方法，需要限定各步骤的具体工艺，特别是 siRNA 或 sgRNA 的序列信息。

3. 用途权利要求

一般为 RNA 干扰或 CRISPR/Cas9 技术在改造物种或治疗疾病方面的用途，对于疾病治疗注意采用制药用途形式进行撰写。

对于主要发明点在于新靶基因的发现（新结构和/或新功能）的发明，如果本领域技术人员能够认可对所述靶基因通过常规设计即可进行基因沉默或基因编辑，并取得普通水平的沉默或编辑效果，同时说明书中提供了多方面的实验证据证明了对所述基因进行沉默或编辑可以产生表型方面的改变，如品种改良或疾病治疗，则可以允许以所述靶基因的信息限定 siRNA 或 sgRNA，通常以引用的方式撰写。例如，权利要求可以撰写为"用于沉默/编辑权利要求 1 的 A 基因的 siRNA/sgRNA 在 X 中的用途"。

七、撰写实例

（一）基因、蛋白质、载体及转化体相关发明的撰写实例

某发明分离出一种抗冻蛋白及其编码基因，并通过试验证实利用该基因制备的转基因植物具有增强的抗冻性。

1. 说明书的撰写

（1）撰写发明名称。例如，"一种冰缘植物抗冻基因及其用于制备抗冻转

基因植物的应用”。

（2）撰写技术领域。例如，“本发明涉及植物抗逆性基因及抗逆性植物育种领域”。

（3）撰写背景技术。例如，“现有技术已知低温是影响植物地理分布和生长季节的最主要的环境因素之一，低温冻害严重影响农作物的生长状况和产量，大量的研究表明，冷响应基因的表达对植物的抗冻性有着至关重要的作用。冷响应基因编码蛋白的种类繁多，如植物呼吸、碳循环、脂类、苯丙素和抗氧化代谢过程相关的酶，还有调控基因表达的转录因子，抗冻蛋白等。高山离子芥（Chorispora bungeana，又名 Chorispora exscapa）是十字花科离子芥属多年生草本植物，分布在高海拔亚高山草甸和砾石质山坡上，该地区的环境特点是气候寒冷、干旱、强辐射。恶劣环境时常造成高山离子芥低温胁迫。高山离子芥为了适应低温、强紫外、大风和干旱等不利的环境条件，进化出了优秀的逆境适应机制”。

（4）撰写发明内容。为满足《专利法》第二十六条第三款关于说明书对发明作出清楚、完整的说明的要求，对于本发明来说，说明书发明内容部分应当记载：“本发明的目的是提供一种抗冻基因，用于抗冻转基因植物育种。为此，本发明申请人提供了如下技术方案：从高山离子芥中克隆出一种抗冻蛋白 A，其氨基酸序列如 SEQ ID NO：1 所示，其编码基因 a 的核苷酸序列如 SEQ ID NO：2 所示；包含所述核酸的表达载体和宿主菌及含有本发明的抗冻基因 a 的转基因植物的制备方法。”还应说明：“本发明的有益效果在于：抗冻蛋白 A 的过表达可以显著增强转基因植物的抗冻特性，例如，使低温处理之后的拟南芥的存活率提高 20% 左右。”

（5）撰写具体实施方式。对于新的基因及其编码的蛋白，说明书实施例中应当描述其起源或来源，所述基因的克隆方法、鉴定过程，重组蛋白的制备方法、功能鉴定等；对于该基因的转基因植物，说明书实施例中还应当记载转基因植物的制备方法及效果。示例如下：

抗冻蛋白 A 编码基因的克隆及制备方法，例如，分离高山离子芥总 RNA，根据快速末端扩增技术（RACE）获取该基因全长序列，然后设计以下引物进行编码区的克隆：5′××××××××××3′和 5′××××××××××3′。通过 RT－PCR 扩增得到抗冻蛋白 A 编码基因的 cDNA 序列，以上述反转录产物为模板进行 PCR 反应扩增得到编码核酸，其核苷酸序列如 SEQ ID NO：2 所示。并记载所用试剂、扩增方法和条件、PCR 产物鉴定方法和结果。

抗冻蛋白 A 的原核表达和鉴定方法，例如，以 5′××××××××××3′

和5′×××××××××××3′所示序列为引物，以抗冻蛋白A编码基因为模板进行PCR扩增。PCR产物经纯化，与表达载体pET-22b混合，在重组酶的作用下发生同源重组，重组产物转化克隆菌株DH5α，采用T7引物筛选阳性重组克隆，经测序鉴定，重组质粒命名为pET-22b/A。用该质粒转化BL21表达菌株，T7引物检测阳性克隆，测序确认后，将经转化的BL21阳性克隆通过IPTG（0.5M）诱导表达，经SDS-PAGE检测蛋白表达，发现一条明显的表达条带，接近理论分子量15kDa。纯化该蛋白，采用差示扫描量热仪测定熔点和冰点之间的差值，以牛血清蛋白为对照，分析抗冻蛋白A的热滞活性，证明其具有较高的热滞活性。其中还记载所用试剂、扩增方法和条件、培养基和培养条件、纯化方法等。

转a基因植株的制备方法，包括①构建过表达载体，例如，利用Gateway技术将测序验证过的扩增片段通过BP反应（BP Clonase® II Enzymemix，购自某公司）重组到pDONR/Zeocin载体（购自某公司），并转化到大肠杆菌DH5α感受态细胞中，经20mg/L的Zeocin筛选，之后提取质粒再通过Gateway技术中的LR反应（LR Clonase® II Enzymemix，购自某公司）将a基因重组到载体PMDC32（购自某公司）上，将其转化到大肠杆菌DH5α感受态细胞中，经50mg/L卡那霉素筛选得重组的过表达载体PMDC32-A；②用过表达载体PMDC32-A转化农杆菌获得重组农杆菌；③用重组农杆菌侵染拟南芥，筛选转基因拟南芥株系，并记载上述过程中所用试剂、农杆菌种类及来源、拟南芥种类及来源、培养基、实验条件及参数等。

转基因A拟南芥株系的抗冻性测定，例如，将萌发4周的转基因拟南芥和野生型拟南芥放入低温培养箱，梯度降温，每小时降2℃，降至－8℃开始计时，处理6h，4℃恢复2天后正常培养，统计存活率。结果显示基因a的过表达可以显著增强拟南芥的抗冻性，使低温处理之后的拟南芥的存活率提高20%左右。

2. 权利要求书的撰写

权利要求书

1. 一种高山离子芥抗冻蛋白A，所述蛋白的氨基酸序列如SEQ ID NO：1所示。

2. 一种高山离子芥抗冻基因a，所述基因的核苷酸序列如SEQ ID NO：2所示。

3. 一种含有如权利要求2所述的抗冻基因a的表达载体。

4. 一种含有如权利要求2所述的抗冻基因a的细胞系。

5. 权利要求2所述的抗冻基因a用于转化双子叶植物以产生抗冻转基因双子叶植物的用途。

（二）基因治疗相关发明的撰写实例

某发明通过SB转座酶系统获得稳定表达外源M基因的肝细胞，其具有更强的肝脏再殖能力，且通过试验验证了其具有遗传稳定性且不具有潜在致瘤性。

1. 说明书的撰写

（1）撰写发明名称。例如，“稳定表达细胞周期因子M的体系及其医药用途”。

（2）撰写技术领域。例如，“本发明涉及肝脏疾病基因治疗及药物领域”。

（3）撰写背景技术。写明对发明的理解有用的背景技术，例如，现有技术已知肝移植是目前终末期肝脏疾病唯一有效的治疗方式，但供肝来源的缺乏使其临床应用受到很大的限制。近20年来，作为原位肝移植的替代方案，临床上一直致力于开展肝细胞移植技术的研究，然而，由于移植的肝细胞在宿主肝脏内增殖缓慢，治疗性肝脏再殖仍难以实现，成为阻碍目前肝细胞移植技术发展的瓶颈问题。肝脏再殖（Liver Repopulation），指肝细胞在受体肝脏中的有意义植入的现象，即肝细胞及其所增殖的子代细胞能够稳定地参与肝板的结构组成，并能正常地发挥肝细胞的生理功能。研究表明，供体细胞在受体肝脏内有效增殖的前提是必须赋予供体细胞比内源肝细胞更强的生长或生存优势。目前的研究表明，通过增强供体肝细胞的增殖能力获得“超级肝细胞”是实现肝脏再殖的有效策略。客观地指出现有技术中存在的问题和缺点，例如，“要找到一种既能够显著增强供体肝细胞的增殖能力，又没有潜在的毒副作用的方法非常困难”。

（4）撰写发明内容。为满足《专利法》第二十六条第三款关于说明书对发明作出清楚、完整的说明的要求，对于本发明来说，说明书发明内容部分应当写明要解决的技术问题。例如，“本发明的目的是提供一种增强肝细胞增殖能力且对于哺乳动物（如人）没有潜在的毒副作用的产品和方法。”应当记载发明解决该技术问题所采用的技术方案。例如，“本发明申请人提供了如下技术方案：一种含有细胞周期因子M基因的非病毒重组表达载体和包含所述表达载体的重组肝细胞，所述重组肝细胞的制备方法及其在制备促进肝脏再殖的组合物中的应用”。说明书发明内容部分还具体记载：“一种非病毒的表达载体，所述的表达载体的骨架载体是pKT2-CMV-FAHIL-SB或pKT2/FAHIL-SB载体，且包括以下可操作性相连的元件：①细胞周期因子M基因表达系统，该系统从5′到3′依次包括元件：Caggs启动子，细胞周期因子M基因，和终止子；和②SB转座酶基因表达系统，所述的SB转座酶基因表达系统从5′到3′依次包括以下元件：PGK 启动子、SB 转座酶基因，和终止子。一种重组的细胞，所述的细胞含有所述的表达载体；或者所述的细胞基因组中整合有以下可操作性相连的元件：Caggs 启动子、细胞周期因子 M 基因、终止子；所述的细胞是肝细胞。一种制备所述的重组细胞的方法，所述方法包括：①将所述的表达载体转染细胞；②分离含有所述的表达载体的细胞或基因组中整合有以下可操作性相连的元件：Caggs 启动子、细胞周期因子 M 基因、终止子的细胞。一种增强肝脏再殖的组合物，其含有：①有效量的所述的重组细胞；和②与所述细胞相容性的药学载体。”发明内容部分还应记载发明的有益效果，例如，“过表达 M 的肝细胞具有更强的增殖能力，肝脏再殖效率提高到 5% ~9%，具有遗传稳定性，且没有潜在致瘤风险”。

（5）撰写附图说明。为了用图形补充说明书文字部分的描述，使人能够直观、形象化地理解发明的技术特征和整体技术方案，本发明还提供了说明书附图，并在说明书中的附图说明部分予以说明：

图 1 显示了以 pKT2-CMV-FAHIL-SB 载体（A）为基础，构建红色荧光蛋白基因标记的 M 基因 SB 载体的流程及各载体的质粒图谱。

图 2 显示了在肝脏再殖模型 Fah 基因剔除小鼠（$Fah^{-/-}$）中，稳定表达 M 的肝细胞（Ds-Red 阳性肝细胞）的肝脏再殖情况。移植三周后，用抗 FAH 蛋白的免疫组化染色试剂检测再殖情况，形成的肝细胞具有正常的形态。

图 3 显示了在 $Rag\text{-}2^{-/-}/Fah^{-/-}$ 小鼠的肝脏中，稳定表达 M 的肝细胞和 Rosa-26β-gal 肝细胞增殖情况的比较。在移植稳定表达 M 的肝细胞五周后，即已完成肝脏的完全再殖；而移植 Rosa-26β-gal 肝细胞七周后，才完成肝脏的完全再殖。

图 4 显示了在竞争性肝脏再殖过程中，直接比较稳定表达 M 的肝细胞和 Rosa-26β-gal 肝细胞的增殖情况。数目相等（1×10^5 个）的稳定表达 M 的肝细胞和 Rosa-26β-gal 肝细胞混合并移植到 $Rag\text{-}2^{-/-}/Fah^{-/-}$ 小鼠（A）和 2/3 肝切野生型小鼠的肝脏中，在两种受体中，稳定表达 M 的肝细胞都比 Rosa-26 肝细胞呈现更高的再殖效率。

图 5 显示了通过转染荧光素酶标记 M 基因的 SB 载体，体外荧光成像技术对整合 M 基因的肝细胞的增殖能力进行分析。

（6）撰写具体实施方式。为满足专利法中说明书充分公开、说明书支持等条款的要求，说明书具体实施方式部分记载了本发明涉及的术语的定义及优选方式。具体如下：

M 蛋白的定义，包括全长蛋白或其生物活性片段，及优选地，其在

GenBank 中的登录号。

M 表达载体的相关定义，例如，启动子可以为 Caggs 启动子，“Caggs 启动子由 CMV 增强子或其功能性片段、鸡 β-actin 启动子或其功能性片段、β-球蛋白内含子或其功能性片段的融合而成，所述的 Caggs 启动子是本领域已知的启动子，如其可分离自质粒 pCAGGS-GFP”。可有效地介导 M 基因整合到哺乳动物基因组上的“睡美人”（Sleeping Beauty，SB）转座子系统，“‘睡美人’转座子属于 Tcl/mariner 家族，全长 1.6kb，由转座酶基因和两端的反向重复序列组成，转座酶基因可以从转座子上分离下来，并能被外源 DNA 序列代替，即构成外源基因的表达载体，再结合表达转座酶的载体，共同转染肝细胞，可获得肝细胞的稳定转染。较佳的，以 pKT2-CMV-FAHIL-SB 载体作为重组载体的骨架载体”。所述的各元件之间是可操作性相连的，所述的“操作性相连”或“可操作地连于”指这样一种状况，即线性 DNA 序列的某些部分能够调节或控制同一线性 DNA 序列其他部分的活性。例如，“如果启动子控制序列的转录，那么它就是可操作地连于编码序列”。所述的各元件之间可具有适当的间隔序列，例如，“具有 0～1000bp，较佳的 0～500bp 的间隔序列”。

表达 M 蛋白的细胞的定义，如优选的细胞种类、优选的重组细胞的制备方法。

组合物的定义，一种增强肝脏再殖的组合物，所述的组合物含有：①有效量（如 10^5～10^{10}个/mL；优选 10^6～10^7 个/mL）的所述的重组细胞，其可稳定地表达所述的 M 蛋白；和②与所述重组细胞相容性的药学载体。所述的“药学载体”是适用于人和/或哺乳动物而无过度不良副反应（如毒性、刺激和变态反应）的，即具有合理的效益或风险比的物质。该术语指这样一些载体：它们本身并不是必要的活性成分，且施用后没有过分的毒性。并记载了优选的载体种类。

为满足专利法中说明书充分公开、新颖性、创造性、说明书支持等条款对于技术效果的要求，说明书还记载了 M 非病毒载体的构建、获得 M 基因稳定表达的肝细胞、稳定表达 M 的肝细胞移植后促进肝脏再殖、体外荧光成像技术证明非病毒载体传递的 M 肝细胞具有增强的增殖能力的实施例。

M 非病毒载体的构建的实施例：

采用 PCR 法，以 pCAGGS-GFP 载体（购自某公司）为模板，以 5′××××××××××3′和 5′××××××××××××3′为引物，扩增得到 Caggs 启动子序列。以已有的质粒 pKT2-CMV-FAHIL-SB（购自××××）为骨架，从 pIRES2-dsREd2-Express vector（购自某公司）上扩增 IRES-dsRed2，通过 *EcoR*I/*Sal*I 插入

到 pKT2-CMV-FAHIL-SB 中，得到 pKT2-CMV-IRES-dsRed2-SB；将 M cDNA（参见 GenBank 登录号××××，全长 2.7kb）通过 *EcoRI/XhoI* 连接至 pKT2-CMV-IRES-dsRed2-SB 中，得到 pKT2-CMV-mM-IRES-dsRed2－SB；最后，通过 *PmeI/EcoRI* 将该质粒中的 CMV 启动子替换成 Caggs 启动子，得到非病毒载体 pKT2-Caggs-mM-IRES-dsRed2-SB。

获得 M 基因稳定表达的肝细胞的实施例：

从 129S4 背景的野生型小鼠（获自××××）成体肝脏或孕 14 天的胎肝中分离肝细胞或小鼠胚胎干细胞肝向分化细胞，将上述细胞消化成单细胞悬液，计数 5×10^6 个接种在铺被Ⅰ型胶原的 10cm 培养皿上。应用 Qiagen 高效转染试剂将构建的 pKT2-Caggs-mM-IRES-dsRed2-SB 表达载体转染肝细胞，通过 Ds-Red 报告基因、借助流式细胞术筛选转染阳性的肝细胞。结果表明，通过转座子顺式传递，Ds-Red 阳性肝细胞的比例在 5%～10%之间。通过采用常规的流式细胞术，成功地将 Ds-Red 阳性肝细胞分选出来。纯化获得的 Ds-Red 阳性肝细胞接种至胶原铺被的皿中，待细胞贴壁后进行固定、免疫组织化学染色（抗 M 抗体购自某公司）。以分离自 TTR-M 转基因小鼠的肝细胞（获自××××）作为阳性对照。结果发现，Ds-Red 阳性肝细胞可稳定地表达 M 蛋白，与 TTR-M 转基因小鼠（获自××××）的肝细胞相比，Ds-Red 阳性肝细胞的增殖能力高约 10%左右。

稳定表达 M 肝细胞移植后促进肝脏再殖的实施例：

用到以下小鼠作为试验材料：

Rosa-26β-gal 转基因小鼠：获自××××；取其 β-gal 标记的肝细胞作为对照细胞。

免疫缺陷的 $Fah^{-/-}$ 小鼠品系（$Fah^{-/-}Rag-2^{-/-}$）：获自××××。

选取以下两个肝细胞移植评价体系：

$Fah^{-/-}$ 基因剔除小鼠模型：野生型肝细胞在该模型中也具有选择性优势，可以完全再殖肝脏。该小鼠模型获自××××。

野生型小鼠肝切模型：野生型肝细胞在该模型中没有选择性优势。该小鼠模型购自××××。

1）肝细胞的分离与移植

以前述制备的 Ds-Red 阳性肝细胞（即前述制备的转染有 pKT2-Caggs-mM-IRES-dsRed2-SB 表达载体的肝细胞），即为稳定表达 M 的肝细胞，应用免疫缺陷的 $Fah^{-/-}$ 小鼠品系（$Fah^{-/-}Rag\text{-}2^{-/-}$）经脾脏进行肝细胞移植。选取性别、年龄相同，体重相近的移植受体 10 只，分成两组，每组 5 只，分别移植 1×10^5

个所述稳定表达M的肝细胞和Rosa-26β-gal肝细胞。细胞移植后，从饮用水中撤去NTBC［2-(2-硝基-4-三氟甲苯-1，3环乙烷碘)］以获得供体细胞对受体肝细胞的选择优势，促进肝脏再殖。

2）免疫组织化学分析肝脏的再殖

肝细胞移植3～6周后，利用Fah抗体（获自××××）免疫组织化学方法对肝组织进行原位分析。比较所述稳定表达M的肝细胞和Rosa-26β-gal肝细胞移植后每个时间点肝增殖结节的大小。如果两者之间无法通过结节大小判断再殖能力间的差别，则通过受体肝组织中Fah蛋白表达细胞的比例来评价移植细胞的再殖效率。

所述稳定表达M的肝细胞移植三周后进行Fah蛋白组化染色表明M过表达的肝细胞已经在$Fah^{-/-}$ $Rag\text{-}2^{-/-}$肝脏中增殖，增殖细胞具有正常的肝细胞形态。

通过与对照的Rosa-26β-gal转基因肝细胞比较发现，本发明的稳定表达M的肝细胞提前两周完成肝脏完全再殖，说明其比野生型肝细胞具有更强的增殖能力。

3）竞争性肝脏再殖

应用竞争性肝脏再殖评价体系证明稳定表达M的肝细胞比Rosa-26β-gal肝细胞具有更强的增殖能力。

以Fah-/-$Rag\text{-}2^{-/-}$小鼠品系作为研究模型。将等量的稳定表达M的肝细胞和Rosa-26β-gal肝细胞混合，移植1×10^5个混合细胞到$Fah^{-/-}$ $Rag\text{-}2^{-/-}$小鼠，免疫组织化学分析肝脏再殖水平的情况。

以2/3肝切$Rag\text{-}2^{-/-}$小鼠品系作为研究模型。将等量的稳定表达M的肝细胞（图中简写为M）和Rosa-26β-gal肝细胞（图中简写为Rosa-26）混合，移植1×10^5个混合细胞到2/3肝切的$Rag\text{-}2^{-/-}$小鼠，以Fah蛋白组化染色比较再殖程度的差异。发明人期待相比于Rosa-26β-gal肝细胞，稳定表达M的肝细胞肝脏再殖效率大于1%，而Rosa-26β-gal肝细胞移植再殖效率不超过1%。

对肝脏再殖的定量分析都说明在两种小鼠模型中，表达M的肝细胞都具有更强的增殖能力，而且在2/3肝切的小鼠模型中表达M的肝细胞其肝脏再殖效率提高到5%～9%，而β-gal转基因肝细胞其再殖效率不超过1%，这进一步说明了过表达M的肝细胞具有更强的增殖能力。

4）系列移植分析稳定表达M肝细胞的遗传稳定性

通过序列移植实验证明稳定表达M的肝细胞比β-gal标记的肝细胞具有更强的增殖能力，并且保持细胞遗传学上的稳定。序列移植稳定表达M的肝细胞

和 β-gal 标记的肝细胞，每次各移植4只 $Fah^{-/-}$ $Rag\text{-}2^{-/-}$ 小鼠，每只移植 1×10^5 个细胞。每一个轮次都用免疫组化的方法加以证实，而且每次细胞移植前都取出一定量的细胞进行细胞遗传性分析，观察细胞极性、染色体结构及数目的稳定性，观察是否有潜在的遗传不稳定性。肝脏完全再殖（95%以上）以Fah蛋白免疫组化结果确定，HE染色及AFP组化染色观察稳定表达M的肝细胞再殖的肝脏是否有形态学上的改变和潜在致瘤的后果。

结果发现，经过连续系列移植五轮后的稳定表达M的肝细胞仍保持细胞遗传学上的稳定，细胞极性、染色体结构及数目正常。HE及AFP组化染色没有观察到稳定表达M的肝细胞再殖后的肝脏具有形态学上异常的改变。

体外荧光成像技术证明非病毒载体传递的M肝细胞具有增强的增殖能力的实施例：

为了更准确地定量肝细胞修饰后的增殖能力，进一步应用非侵入性的体外荧光成像技术，利用光子发射与供体细胞数量间关系的定量分析，评价非病毒载体传递的M肝细胞在肝脏中是否具有增强的增殖能力。

构建表达M和荧光素酶的载体，将M基因插入到pKT2/FAHIL-SB载体（购自××××）中*EcoR*I和*Not*I之间，以反向连接M序列的载体作为对照。将上述表达载体以流体力学尾静脉法注射到小鼠肝脏，由于标记有荧光素酶，故可以采用非损伤性的体外生物发光成像技术（IVIS）进行分析，了解整合细胞的增殖情况及其数量。结果再次证明，非病毒载体传递的M肝细胞具有增强的增殖能力。

2. 权利要求书的撰写

权利要求书

1. 一种非病毒的表达载体，其特征在于，所述的表达载体的骨架载体是pKT2-CMV-FAHIL-SB或pKT2/FAHIL-SB载体，且包括以下可操作性相连的元件：

(a) 细胞周期因子M基因表达系统，该系统从5′到3′依次包括元件：Caggs启动子，细胞周期因子M基因，和终止子；和

(b) SB转座酶基因表达系统，所述的SB转座酶基因表达系统从5′到3′依次包括以下元件：PGK启动子、SB转座酶基因，和终止子。

2. 如权利要求1所述的表达载体，其特征在于，在(a)中，在细胞周期因子M基因与终止子之间，还依次包括以下元件：内部核糖体进入位点序列，和报告基因。

3. 一种重组的细胞，其特征在于，所述的细胞含有权利要求1~2任一所述的表达载体；或者所述的细胞基因组中整合有以下可操作性相连的元件：Caggs启动子、细胞周期因子M基因、终止子；所述的细胞是肝细胞。

4. 一种制备权利要求3所述的重组细胞的方法，其特征在于，所述方法包括：

（1）将权利要求1~2任一所述的表达载体转染细胞；

（2）分离含有权利要求1~2任一所述的表达载体的细胞或基因组中整合有以下可操作性相连的元件：Caggs启动子、细胞周期因子M基因、终止子的细胞，即为权利要求3所述的重组的细胞。

5. 权利要求3所述的细胞在制备促进肝脏再殖的组合物中的用途。

6. 一种增强肝脏再殖的组合物，其特征在于，所述的组合物含有：

（1）有效量的权利要求3所述的细胞；和

（2）与所述细胞相容性的药学载体。

（三）RNA干扰相关发明的撰写实例

某发明制备了一种靶向血吸虫L基因的siRNA，并通过试验证实其能够降低血吸虫虫卵孵化率。

1. 说明书的撰写

（1）撰写发明名称。例如，“日本血吸虫L基因的siRNA及其应用”。

（2）撰写技术领域。例如，“本发明涉及RNA干扰和寄生虫防治药物的技术领域”。

（3）撰写背景技术。写明对发明的理解有用的背景技术，例如，“现有技术已知血吸虫病是一种人和动物都会受传染的寄生虫病，流行范围广，对人和家畜均产生严重危害。L基因，是指突变时能够引起细胞过度增殖导致组织过度增生的基因。在2009年发表的日本血吸虫基因组测序工作和曼氏血吸虫基因组测序工作中都报道了血吸虫体内L基因的存在。日本血吸虫L基因，其基因序列在GenBank中的编号为×××××。在前期研究工作中证实了在酵母系统和哺乳动物细胞体系内，血吸虫L蛋白和血吸虫抱雌沟蛋白之间存在着相互作用。而抱雌沟蛋白是一种在血吸虫雄虫抱雌沟部位表达并通过雌雄合抱传递给雌虫的、具有影响血吸虫雌雄虫合抱功能的性别特异性物质，具有发育调节功能。L蛋白与血吸虫抱雌沟蛋白之间的相互作用预示着二者功能上的相关性，因此研究L基因的功能以及L基因与其他基因间的相互作用十分重要”。客观地指出现有技术中存在的问题和缺点，例如，“目前对于血吸虫病的治疗主要应用化学药物，如吡喹酮，虽然药物对感染血吸虫的个体有治疗效果，但是药物治疗不能解决重复感染问题，也不能起到预防的目的。因此有必要寻找新的治疗血吸虫病的药物”。

（4）撰写发明内容。为满足《专利法》第二十六条第三款关于说明书对发明作出清楚、完整的说明的要求，对于本发明来说，说明书发明内容部分应当记载：“本发明的目的是提供一种日本血吸虫 L 基因的 siRNA，该 siRNA 可明显抑制 L 基因的转录，可用于制备治疗血吸虫病的药物。”并具体记载一种日本血吸虫 L 基因的 siRNA，其正义链核苷酸序列如 SEQ ID NO：1 所示，其反义链核苷酸序列如 SEQ ID NO：2 所示。提供了一种治疗血吸虫病的药物，所述药物的活性成分为：通过 RNA 干扰抑制日本血吸虫 L 基因表达的 siRNA。上述日本血吸虫 L 基因的 siRNA 在制备治疗血吸虫病的药物中的应用。发明内容部分还记载了本发明技术方案的有益效果，例如，“本发明日本血吸虫 L 基因的 siRNA，可用于干扰日本血吸虫 L 基因的转录、表达及血吸虫的生长发育。小鼠的体内 RNA 干扰实验表明，该 siRNA 能显著降低感染小鼠肝脏的虫卵的孵化率，适于制备治疗血吸虫病的药物”。

（5）撰写具体实施方式。为满足《专利法》中说明书充分公开、新颖性、创造性、说明书支持等条款对于技术效果的要求，说明书还应记载本发明 siRNA 的制备及其对血吸虫进行体外和体内 RNA 干扰的实施例。示例如下。

（i）体外 RNA 干扰实施例

在 NCBI 网（http：//www. ncbi. nlm. nih. gov/）找出血吸虫 L 基因序列（登录号：×××××）。设计并合成 dsRNA1 和 dsRNA2，其正义链和反义链序列分别如 SEQ ID NO：1 和 2、SEQ ID NO：3 和 4 所示。同时，合成一对无关对照 dsRNA（NC dsRNA），其正义链和反义链序列分别如 SEQ ID NO：5 和 6 所示。根据 L 的基因序列，设计 RT-PCR 引物，并合成制备，其上游引物和下游引物的核苷酸序列分别如 SEQ ID NO：7 和 8。

制备童虫培养基，记载所用试剂及配制步骤。

制备兔红细胞，记载采血及分离步骤，所用试剂及条件。

日本血吸虫 12 天童虫的收集和培养，记载血吸虫收集和培养步骤、所用试剂及条件。

虫体处理，记载 siRNA 添加并干扰虫体的步骤、用量、处理时间等。

用 RT-PCR 验证体外 RNA 干扰效果，记载 RT-RNA 分析步骤、所用试剂及条件。结果证明两种 dsRNA 均能显著降低 L 基因的转录水平，其中 dsRNA1 组转录水平最低，NC 组和空白组转录水平未发生明显变化。

（ii）体内 RNA 干扰实施例

将 dsRNA1 作为处理组，并设对照组、NC 组，每组三只小鼠。于血吸虫感染后的 13 天、14 天、15 天和 16 天分别尾静脉快速注射 1mL DEPC 水（对照组），1mL 含 NC dsRNA（40μg）的 DEPC 水（NC 组）和 1mL 含 dsRNA1（40μg）的 DEPC 水（处理组）。

取小鼠肝脏称重，加去氯水定容至 20mL，用匀浆机混匀后，取 4mL 搅碎液加入鸡心瓶中，在鸡心瓶液面上塞入棉花，棉花上加入 8mL 去氯水，26 ~ 27℃孵化 2h 后将棉花上层 8mL 液体转移至 15mL 尖底离心管中，加入 900μL 甲醛固定毛蚴，4000r/min 水平离心 5min，吸走上清，管底留少量液体，加入碘酊染液，显微镜下计数。

用 RT－PCR 验证体内 RNA 干扰效果，记载 RT-RNA 分析步骤、所用试剂及条件。

根据减孵化率 $= \frac{\text{对照组平均孵化率} - \text{处理组的平均孵化率}}{\text{对照组的平均孵化率}} \times 100\%$ 这一公式计算各组小鼠的减孵化率，结果表明 RNA 干扰后处理组的虫卵孵化率较对照组明显降低，减孵化率达 80% 左右。处理组小鼠虫体 RT－PCR 分析表明处理组 L 基因的转录水平显著降低，而 NC 组和对照组未见影响。

2. 权利要求书的撰写

权利要求书

1. 一种日本血吸虫 L 基因的 siRNA，其特征在于，所述 siRNA 的正义链和反义链的核苷酸序列分别如 SEQ ID NO：1 和 2 所示。

2. 一种治疗日本血吸虫病的药物，其特征在于，所述药物的活性成分为如权利要求 1 所述的日本血吸虫 L 基因的 siRNA。

3. 权利要求 1 所述日本血吸虫 L 基因的 siRNA 在制备预防和/或治疗日本血吸虫病的药物中的应用。

（四）基因编辑相关发明的撰写实例

某发明制备了多条靶向 miR-X 基因的 sgRNAs，通过试验筛选出其中具有高敲除效率的 sgRNA。

1. 说明书的撰写

（1）撰写发明名称。例如，“一种基于 CRISPR-Cas9 基因敲除技术的 miR-X 基因敲除试剂盒”。

（2）撰写技术领域。例如，“本发明涉及 microRNA 基因敲除领域”。

（3）撰写背景技术。写明对发明的理解有用的背景技术，例如，“现有技术已知 miR-X 于 2007 年被证实在人类细胞中存在，它的基因定位于人的第 1 号染色体的长臂上，长度为 110 个碱基。现已发现 miR-X 与多种肿瘤都有密切的关系，其中包括前列腺癌、非小细胞肺癌、乳腺癌、子宫内膜及肾上腺皮质癌等。现有技术多项研究都表明 miR-X 与肿瘤的发生、发展存在密切的联系”。客观地指出现有技术中存在的问题和缺点，例如，“现有技术中缺乏对 miR-X 进行相应基因编辑的技术教导”。

（4）撰写发明内容。为满足《专利法》第二十六条第三款关于说明书的要求，对于本发明来说，说明书发明内容部分应当写明。例如，“本发明的目的是提供一种基于 CRISPR-Cas9 基因敲除技术的 miR-X 基因敲除试剂盒，该试剂盒能高效、快速、方便地敲除 miR-X 基因，应用于 miR-X 基因敲除细胞、动物模型的构建，相关通路的研究及药物开发”。说明书发明内容部分应当记载一种基于 CRISPR-Cas9 基因敲除技术的 miR-X 基因敲除试剂盒，包括：

① 质粒 PXC9-puro-miR-X-sgRNA1，其是用包括如下步骤的方法构建的：

以 PXC9-puro 质粒（购自某公司）为起始载体，先用 Bbsl 酶切并回收骨架；

设计合成 SEQ ID No：6 和 SEQ ID No：7 两个带有接头的互补的核苷酸序列，稀释并退火作为插入片段；

用 T4 DNA 连接酶在 16℃连接 2h 将骨架和插入片段连接上，连接产物的转化，挑克隆测序鉴定，获得表达质粒 PXC9-puro-miR-X-sgRNA1；所述插入片段的转录产物为特异识别序列如 SEQ ID NO：2 所示的 miR-X 基因的靶标序列的 sgRNA，该 sgRNA 能与 trRNA 构成特异的识别结构，引导 Cas9 酶特异地剪切 miR-X 基因对应序列；以及

② 配套的检测试剂，用于检测 miR-X 基因的剪切效果和评估基因敲除效率。其中所述检测试剂为 T7E1 酶切试剂，将 PXC9-puro-miR-X-sgRNA1 转染 LNCap 细胞（购自某公司），持续药筛、荧光检测，得到表达细胞株。裂解细胞并提取细胞 DNA，将其作为模板，用上下游引物分别如 SEQ ID NO：14 和 15 所示的 miR-X 扩增引物进行 PCR 扩增，纯化 PCR 产物，通过将 PCR 产物变性，再退火的方式形成异源杂交双链，利用 T7E1 酶切试验确定 CRISPR-Cas9 系统对 miR-X 的剪切效率。

（5）撰写具体实施方式。为满足专利法中说明书充分公开、新颖性、创造性、说明书支持等条款对于技术效果的要求，说明书应当记载 CRISPR 系统构建及其剪切 miR-X 的实施例，例如：

载体构建的实施例：

① miR-X 靶标优化设计。

针对 miR-X 基因（基因名 MIRX，GenBank 登录号：××××××），在 GeneBank 网站检索并下载获得 miR-X 基因序列（SEQ ID NO：1）。利用在线软件 Feng Zhang lab's Target Finder（http：//crispr. mit. edu/）及 DNA2. 0 gRNA 设计工具软件（https：//www. dna20. com/eCommerce/cas9/input）设计 sgRNA，输入上述 miR-X 序列，设置并检索获得最优的靶序列。选择两个软件均推荐的靶序列，共选择最优的四个靶序列，其分别如 SEQ ID NO：2～5 所示。

② 合成靶标片段。

将靶标序列加上载体 Bbsl 酶酶切的粘性连接末端，合成单链核苷酸链。

miR-X sgRNA1 插入片段：

sgRNA1-F1：5′-×××××××××××-3′（SEQ ID No：6）

sgRNA1-R1：5′-×××××××××××-3′（SEQ ID No：7）

miR-X sgRNA2 插入片段：

sgRNA2-F2：5′-×××××××××××-3′（SEQ ID No：8）

sgRNA2-R2：5′-×××××××××××-3′（SEQ ID No：9）

miR-X sgRNA3 插入片段：

sgRNA3-F3：5′-×××××××××××-3′（SEQ ID No：10）

sgRNA3-R3：5′-×××××××××××-3′（SEQ ID No：11）

miR-X sgRNA4 插入片段：

sgRNA3-F4：5′-×××××××××××-3′（SEQ ID No：12）

sgRNA3-R4：5′-×××××××××××-3′（SEQ ID No：13）

载体 PXC9-puro 经 *Bbs*I 酶酶切回收，与上述各组插入片段连接，转化 DH5α 感受态细胞，并提取质粒进行测序鉴定，得到的质粒分别命名为 PXC9-puro-miR-X-sgRNA1，PXC9-puro-miR-X-sgRNA2，PXC9-puro-miR- X-sgRNA3 及 PXC9-puro-miR-X-sgRNA4。还记载了载体酶切、回收、连接的步骤，所用试剂及条件。

Knockout 效率鉴定实施例：

上述质粒经扩增后，用于转染 LNCap 细胞，培养细胞，并收集细胞、裂解、回收 DNA，以回收的 DNA 为模板，用 miR-X 扩增引物（SEQ ID NO：14 和 15）进行 PCR 扩增，对纯化的 PCR 产物用 T7E1 酶酶切后进行凝胶电泳检测，分析酶切结果。结果表明四组质粒中有三组结果为阴性，仅含有 SEQ ID No：6 和 SEQ ID No：7 的质粒实现了 miR-X 的高效率的剪切敲除。

2. 权利要求书的撰写

权利要求

1. 一种基于 CRISPR-Cas9 基因敲除技术的 miR-X 基因敲除试剂盒，包括：

1）质粒 PXC9-puro-miR-X-sgRNA1，其是用包括如下步骤的方法构建的：

以 PXC9-puro 质粒为起始载体，先用 *Bbs*I 酶切并回收骨架；

设计合成 SEQ ID No：6 和 SEQ ID No：7 两个带有接头的互补的核苷酸序列，稀释并退火作为插入片段；

用 T4 DNA 连接酶在 16℃连接 2 h 将骨架和插入片段连接上，连接产物转化，挑克隆测序鉴定，获得表达质粒 PXC9-puro-miR-X-sgRNA1；所述插入片段的转录产物为特异识别序列如 SEQ ID NO：2 所示的 miR-X 基因的靶标序列的 sgRNA，该 sgRNA 能与 trRNA 构成特异的识别结构，以致引导 Cas9 酶特异地剪切 miR-X 基因对应序列；以及

2）配套的检测试剂，用于检测 miR-X 基因的剪切效果和评估基因敲除效率。

第四节　干细胞相关发明

一、概述

干细胞（stem cell）是一类具有无限或较长时期的自我更新能力，并能产生至少一种高度分化的子代细胞的细胞。根据该定义，在个体发育的不同阶段以及成体的不同组织中均存在干细胞，只是随着年龄的增长，干细胞数目逐渐减少，其分化潜能也逐渐变窄[1]。具体而言，干细胞具有以下生物学特点：①属于非终末分化细胞，终生保持未分化或低分化特征，缺乏分化标记；②在机体的数目、位置相对恒定；③具有自我更新能力；④能无限地分裂、增殖，干细胞可连续分裂几代，也可在较长时间内处于静止状态；⑤具有多向分化潜能；⑥分裂的慢周期性，绝大多数干细胞处于 G0 期；⑦干细胞通过两种方式生长，一种是对称分裂，形成两个相同的干细胞，另一种是非对称分裂方式，非对称分裂中一个保持亲代的特征，仍作为干细胞保留下来，另一个子细胞不可逆的走向分化的终端成为功能专一的分化细胞[2]。

（一）干细胞的分类

目前常用的干细胞分类方法有两种：一种是根据其分化潜能的宽窄将干细胞分为全能干细胞（totipotents stem cell）、三胚层多能干细胞（pluripotent stem cell）、单胚层多能干细胞（multipotent stem cell）和单能干细胞（monopotent stem cell），另一种分类是将干细胞按来源分为胚胎干细胞（embryonic stem cell，ES 细胞）和成体干细胞（adult stem cell）。

1. 按分化潜能分类

（1）全能干细胞。

全能干细胞是具有自我更新和分化形成任何类型细胞的能力，是能够发育成完整的个体的干细胞。即全能干细胞不但可以分化为胚胎发育中三个胚层的全部种类的细胞，还可分化为胚胎发育所必需的胚胎外组织，如由滋养层形成的胎盘和脐带等。受精卵具有全能性（topipotency），且受精卵分裂到 8 ~ 16 个细胞时为一实心球体（桑葚胚，morula），此时每个卵裂球仍然保持全能性，将任意一个卵裂球放置到适当的子宫中，都可以发育成一个完整个体。

（2）三胚层多能干细胞。

三胚层多能干细胞具有产生所有三个胚层的细胞和组织的潜能，但却失去了发育成完整个体的能力，发育潜能受到一定的限制。桑葚胚进入子宫后不久，分裂成由 32 ~ 64 个细胞组成的早期囊胚（blastula）或称胚泡（blastocyst）。胚泡腔外层由一层细胞围成，称为滋养外胚（trophectoderm），一端为内细胞团（inner cell mass，ICM）。内细胞团细胞具有分化成个体中包括生殖细胞在内的各种细胞的潜能，但是由于无法产生胎盘在子宫发育时必需的一些组织而无法发育成完整个体，因此属于三胚层多能干细胞。如果把内细胞团细胞放到妇女子宫中，它并不能发育成胎儿。

（3）单胚层多能干细胞。

单胚层多能干细胞是指只具有向同一胚层细胞类型分化的干细胞。它的分化潜能较前两者要窄许多，只能分化成几种特定类型的细胞。

（4）单能干细胞。

单能干细胞是只能向单一方向分化产生一种细胞的干细胞。例如，神经元干细胞，其只能分化成神经元，不能分化为星形胶质细胞或少突胶质细胞。

2. 按来源分类

（1）成体干细胞。

在胎儿、儿童和成人组织中存在的多能干细胞通称为成体干细胞。成体干细胞是不具有特定机能的原始细胞，其一直保持持续分裂的能力，能以自我复制的方式增生，并在一定的条件下向特定的方向分化，形成新的功能细胞，从而使组织和器官保持生长和衰退的动态平衡。

(2) 胚胎干细胞。

胚胎干细胞通常是指源自囊胚内细胞团的细胞，其既保持了早期胚胎正常二倍体核型特征，又具有向胚胎三个胚层来源的所有细胞分化的潜能，在理论上可以诱导分化成为机体中所有种类的细胞，而且胚胎干细胞在体外可以大量扩增、筛选、冻存和复苏而不会丧失原有的特性。此外，人们还常把胚胎生殖嵴区分离培养并建系的胚胎生殖细胞（embryonic germ cell，EG 细胞）也称为胚胎干细胞[3]。

（二）胚胎干细胞和成体干细胞的异同

成体干细胞和胚胎干细胞一样，均可在体外进行自我更新，并在适当条件下分化成具有特殊形态和功能的子代细胞。然而，二者之间存在很多不同之处。首先，其最根本的区别在于来源不同，胚胎干细胞多取自胚胎或流产胎儿，胚胎尤其是早期胚胎如桑葚胚等究竟是不是生命，在伦理学上存在争议，因此，胚胎干细胞的研究也面临同样的困扰。而成体干细胞多来自于成体的各种组织，因此其研究不存在伦理道德上的压力。其次是增殖能力不同。虽然胚胎干细胞和成体干细胞均可在体外进行增殖，但其增殖能力是不同的。胚胎干细胞理论上可以无限增殖，而成体干细胞增殖能力则较为有限。此外，胚胎干细胞在分化能力上也更宽，单个胚胎干细胞经过体外增殖，可分化形成 200 多种细胞。而成体干细胞多为单胚层多能干细胞，长期以来人们认为它只能分化成某一特定组织的细胞类型。

近年来，胚胎干细胞由于其在体外可以无限增殖，并且分化为体内任何类型的细胞而倍受世人瞩目。因为对于各种疾病的患者而言，若将胚胎干细胞移植到患者体内，将有可能替代各种受损细胞，从而恢复其功能，这就为数以百万计的各类患者带来了希望。而近年来无需破坏胚胎即可获取胚胎干细胞的一系列技术，如孤雌生殖技术、iPS（细胞编程）技术等新技术的出现也使得胚胎干细胞的制备和利用避开了现有伦理争议的焦点，在此背景下，胚胎干细胞的开发和利用已经进入了前所未有的大时代。

（三）干细胞的应用

干细胞由于其自身的特点，在疾病治疗、组织工程、发育分析、药物筛选等多个方面都具有广泛的应用。其中最广泛或者说最有前景的毫无疑问应当是治疗性干细胞移植。干细胞最引人注目之处在于它具有高度增殖和分化为体内各种细胞的潜能，尤其是胚胎干细胞，其能够通过定向分化获得具有临床应用价值的功能细胞。近年来在神经退行性疾病和脊髓损伤等神经损伤的神经前体细胞、治疗心脏疾病的心肌细胞、治疗肝病的肝细胞及治疗眼底疾病的视网膜色素上皮细胞等方面应用胚胎干细胞技术获得较大研究进展，有着广泛的临床应用前景。

目前国内外多家实验室均已成功实现 hESC 向神经细胞的分化，hESC 的神经分化，使大规模的衍生神经细胞的获得成为可能，为相关神经疾病的研究和药物筛选研究提供潜在的细胞来源和平台[4-6]。

而在心肌细胞分化方面，早在 2001 年，以色列科学家就成功地将人胚胎干细胞悬浮培养分化为心脏收缩样心肌细胞团，其具有早期心肌细胞的结构和功能。到目前为止，世界各国科学家已在心肌分化方面做了大量的工作，特别是美国，已取得较好的进展。hESC-CMs 不仅在体外有心肌细胞的特有结构和功能，而且在体内能与宿主细胞整合，形成心肌细胞间的特异性结构。

我国在 xeno-free 条件下建立的人胚胎干细胞系，用自建的临床级别胚胎干细胞系分化获得的心肌细胞在内毒素和病原菌方面的检测结果达到了临床应用标准。这为临床级别的人多能干细胞源心肌细胞用于心脏疾病的再生医疗奠定了基础[7]。

在肝细胞分化方面，我国科学家采用新的三段分化的方法，用无血清培养体系将 hESCs 分化成为肝样细胞，能够整合到小鼠的肝脏中并提高小鼠的存活率。应用该方法能够从内胚层获得 70% 早期干细胞，进一步体外成熟之后，会表达多个成体肝细胞的标记物并拥有肝细胞的功能，这些成熟细胞移植进入小鼠肝衰竭模型后，能够整合到小鼠的肝脏中并提高小鼠的存活率。

2012 年，Schwartz 等在 Lancet 上发表论文，报告用人胚胎干细胞分化而来的视网膜色素上皮细胞（retinal pigment epithelium，RPE）移植治疗年龄相关性黄斑变性（age-related macular degeneration，AMD）与 Stargadt 黄斑营养不良各一例获得成功。这是应用 hESC 分化而来的细胞作临床移植取得成功的首次报告，对细胞移植与干细胞的临床应用都具有重要意义[8,9]。

在视网膜色素上皮细胞分化方面，国内外开展的多项研究，都显示出了人胚胎干细胞来源的视网膜色素上皮细胞在该类疾病治疗中的安全性和部分有效性。同时中国也正在开展“人胚胎干细胞来源的视网膜色素上皮细胞治疗干性年龄相关性黄斑变性的临床治疗”的临床研究。目前该项目已经通过了国家卫计委和国家食品药品监督管理总局的备案，成为国内首批经过备案的胚胎干细胞的临床试验。

通过干细胞移植治疗神经系统疾病是当前研究的另一个热点。通过胚胎干细胞或神经祖细胞移植治疗帕金森病、缺血性脑病、脊髓损伤等神经系统疾病已经在动物实验中取得了初步成效。

除此之外，通过骨髓来源的间充质干细胞的自体心肌内移植修复损伤心肌组织；通过胚胎干细胞、成体胰腺干细胞治疗糖尿病；通过角膜缘干细胞移植术治疗严重眼角膜疾病等研究的实验也都有报道。

另外，干细胞因其自身的特点而成为某些疾病基因治疗的理想靶细胞，由于干细胞具有自我更新和分化功能，因此导入的“外源基因”可以有效地扩散，而且由于干细胞经遗传操作后仍能稳定地在体外增殖传代，以其作为载体，体外定向改造干细胞，使得基因的整合数目、位点、表达程度和插入基因的稳定性及筛选工作等都在细胞水平上进行，容易获得稳定、满意的转基因干细胞。

(四) 干细胞相关产业政策

经过多年的发展，我国的干细胞行业已经具备了一定规模的产业基础，从上游的干细胞存储、中游的药物研发到下游的临床治疗，目前已经形成了相对完整的干细胞产业链。

在干细胞产业链中，处于上游的主要是干细胞采集与存储企业。细胞储存通过一定的方法将细胞保存一定的期限，保证细胞的功能和活性不受明显的影响，是干细胞行业最基础、前端的业务，也是资本聚集最多的地方。干细胞产业链中游是干细胞增殖与药物研发企业，主要从事技术研发工作，囊括干细胞增殖、干细胞药物研发、实验室处理配套产品，如检测试剂等。干细胞产业链的下游包括使用干细胞开展干细胞治疗临床研究以及应用的医疗机构，以及一些医疗美容服务机构等。其中干细胞采集与存储商业模式与技术应用相对成熟，因此国内上市公司以上游产业相关业务为主。

随着我国干细胞产业的不断发展壮大，特别是在医学领域应用的贡献度不断增加，国家各相关部门也陆续出台了一些政策以规范和鼓励干细胞医疗领域的发展。例如，中国国家人类基因组南方研究中心伦理委员会从 2001 年就起草了《人类胚胎干细胞研究的伦理准则（建议稿）》，描述了人类胚胎干细胞的定义和功能，并对其进行了分类；而中国医学科学院协和医科大学生命伦理学研究中心也于 2002 年 12 月起草了《人类胚胎干细胞研究的伦理原则和管理建议（讨论稿）》，提出了人类胚胎干细胞研究应遵循尊重原则、知情同意原则、安全和有效原则以及防止商品化原则，并提供了一些人类胚胎干细胞来源、应用方面的管理建议。此后，科学技术部和卫生部于 2003 年 12 月 24 日联合制定并发布了《人类胚胎干细胞研究伦理指导原则》，以保证生物医学领域人类胚胎干细胞的研究活动遵守我国的有关规定、尊重国际公认的生命伦理准则，并促进人类胚胎干细胞研究的健康发展。

2007 年，卫生部发布了《涉及人的生物医学研究伦理审查办法》，规定了开展伦理审查的程序和监管要求等内容，对伦理委员会的构建、职责及监管工作进行了规范。可见，对于人胚胎干细胞的科学研究，我国的法律体系在部门规章的层面进行了规范，其出发点是鼓励在符合相关伦理指导原则的前提下，进行人胚胎干细胞相关的科学研究[10]。

2013 年 3 月 7 日，卫生部和国家食品药品监督管理总局联合发布《干细胞临床试验研究管理办法（试行）》《干细胞临床试验研究基地管理办法（试行）》以及《干细胞制剂质量控制及临床前研究指导原则（试行）》，规范中国干细胞研究和应用。

2015 年 7 月，国家卫生计生委、国家食品药品监督管理总局颁布了《干细胞临床研究管理办法（试行）》和《干细胞制剂质量控制及临床前研究指导原则（试行）》，此两大政策出台意味着中国干细胞产业正式有了明确的法律法规，旨在规范干细胞临床研究行为，保障受试者权益，促进干细胞研究健康发展，为干细胞产业规范化发展奠定了良好的政策基础。这也预示着干细胞研究再次提升到国家战略层面，干细胞临床应用的监管与审批即将走上正轨，干细胞药物研究、转化医学研究都将得到有力支持，干细胞辅助产业也将得到长足发展，干细胞研究也将迎来新的春天。

（五）干细胞相关专利政策

《专利法》第五条第一款规定，“对违反国家法律、社会公德或者妨害公共利益的发明创造，不授予专利权”。在该条款的框架下，我国《专利审查指南2010》中对与“人类干细胞相关的发明”直接或间接相关的内容主要体现在以下几个方面：

《专利审查指南 2010》第二部分第十章原 9.1.1.1“人类胚胎干细胞”中明确规定，“人类胚胎干细胞及其制备方法，均属于《专利法》第五条第一款规定的不能被授予专利权的发明”。

《专利审查指南 2010》第二部分第十章原 9.1.1.2“处于各形成和发育阶段的人体”中明确规定，“处于各个形成和发育阶段的人体，包括人的生殖细胞、受精卵、胚胎及个体，均属于《专利法》第五条规定的不能授予专利权的发明”。

《专利审查指南 2010》第二部分第一章 3.1.2“违反社会公德的发明创造”中明确规定，因“违反社会公德”而不能授予专利权的发明创造包括：“改变人生殖系遗传同一性的方法或改变了生殖系遗传同一性的人，克隆的人或克隆人的方法，人胚胎的工业或商业目的的应用，可能导致动物痛苦而对人或动物的医疗没有实质性益处的改变动物遗传同一性的方法等。”

以上所有规定仅仅可用于评价涉及部分“与人类干细胞相关的发明”主题是否属于可授予专利权的范围，如规定了“人类胚胎干细胞及其制备方法”不能授予专利权，“人胚胎的工业或商业目的的应用”也不能授予专利权。

近年来，随着人类胚胎干细胞技术的快速发展，一些创新主体对人类胚胎干细胞技术的专利保护要求日渐迫切。为顺应这一趋势和要求，国家知识产权局对《专利审查指南 2010》进行了修订，在第二部分第一章 3. 1. 2 第 2 段后新增了“但是，如果发明创造是利用未经过体内发育的受精 14 天以内的人类胚胎分离或者获取干细胞的，则不能以‘违反社会公德’为理由拒绝授予专利权”。此外，删除了第二部分第十章 9. 1. 1. 1，将 9. 1. 1. 2 修改为 9. 1. 1. 1，并在段尾新增了“人类胚胎干细胞不属于处于各个形成和发育阶段的人体”。上述修改内容已于 2019 年 11 月 1 日正式生效。对于人类干细胞领域内的诸多其他发明类型，例如，对于“人类成体干细胞”等发明主题是否可以授予专利权；获得成体干细胞的方法是否涉及实用性问题；由人类成体干细胞衍生的发明，如成体干细胞的维持、扩增、富集、诱导分化、修饰和应用方法，分化产物等，其审查原则、审查思路和审查标准按照专利审查的一般原则进行。

二、说明书的撰写

（一）胚胎干细胞的发明

1. 关于可授权的客体方面

长期以来，人胚胎干细胞的获得和利用方面由于受到技术的局限，往往只能通过破坏人自生胚胎获得，面临较大的伦理学争议。因此，我国对于人胚胎干细胞的专利保护较为严格，如前所述，《专利审查指南 2010》中明确规定了“人胚胎的工业或商业目的的应用”因与社会公德违背，不能被授予专利权；“人类胚胎干细胞及其制备方法，均属于《专利法》第五条第一款规定的不能被授予专利权的发明”。由此可见，在以往的胚胎干细胞的审查实践中，我国的专利审查部门对于胚胎干细胞相关专利保护实际上采取的是严格的排除授权的标准。因此，对于这一类发明而言，首先要考虑的是是否符合《专利法》第五条的要求，即是否属于我国专利法规定的可授予专利权的客体。

在本次对《专利审查指南 2010》进行修改之前，专利审查实践中对于人类胚胎干细胞发明的可专利性客体认定是比较严格的，涉及违反伦理道德规范的人胚胎干细胞种类及其制备方法、人胚胎干细胞的溯源，以及人胚胎的工业或商业目的的应用等。

（1）违反伦理道德规范的人胚胎干细胞种类。

胚胎干细胞由于保留了人类胚胎的核心生物学功能，具有发育成为完整人体的可能性，因此，这一类发明可能会被归于《专利审查指南2010》中规定的“处于各个形成和发育阶段的人体”而不能被授予专利权。

例如，在原专利复审委员会第27204号审查决定中认为，“未分化的人胚胎干细胞群”本身具有分化的全能性，其可以发育为完整的人类个体，因此，属于处于各个形成和发育阶段的人体，不能被授予专利权。

此外，由于技术的局限性，早期进行的研究工作中人类胚胎干细胞只能通过破坏胚胎获得，这样的方法和由此获得的胚胎干细胞产品违反了社会公德，存在伦理学的争议，不能被授予专利权。

前述复审决定同时认为，人类胚胎是完整生命个体的雏形，将其切碎、剥离等破坏行为是公众心理所不能承受的，应当受到生命伦理道德的强烈谴责。从人类胚胎中获取人类胚胎干细胞也间接涉及人类胚胎的商业或工业应用，同样也是违反社会公德的。本次对《专利审查指南2010》修改之后，胚胎干细胞本身不再被视为处于各个形成和发育阶段的人体，从而成为了可以授权的客体。然而，如果其获取途径或制备方法依然涉及破坏除了未经体内发育并且是在受精14天内的人类胚胎之外的其他人类胚胎，同样不能被授予专利权。

（2）关于人类胚胎干细胞的溯源问题。

2010年以前，对于胚胎干细胞溯源的传统观点认为，只要专利申请涉及的干细胞来源是人类胚胎，不论经过多少次分化繁殖，均不能授予专利权，因为对于已经建立的人胚胎干细胞品系而言，其原代组织来源仍然是胚胎组织（如胚泡）或在妊娠任何时间段取得的胎儿组织，涉及了对人胚胎的破坏。

例如，原专利复审委员会第17820号决定指出，专利申请技术方案所依赖的原料来源于直接从人胚泡中分离的多能干细胞，或者来源于已经建立的干细胞品系，其原始来源均需要从人胚胎中获得，都属于违反伦理道德的发明创造。

再如前述第27204号决定中，权利要求1请求保护一种使人胚胎干细胞分化成人造血细胞群的方法，其中步骤（a）为获得未分化的人胚胎干细胞群，虽然将人胚胎干细胞群限定为已经建立的细胞系，但是其原代组织来源仍然是胚胎组织。

上述溯源的观点究其原因，在技术层面，当时建立的胚胎干细胞系还较少，传代稳定性有待观察；在审查层面，之前对于人胚胎干细胞应用的主题授予专利权的较为少见，相关的发明创造申请量也较少。

随着技术的发展，尤其是体细胞核移植、孤雌生殖技术、iPS（细胞编程）

技术的出现，涉及破坏人胚胎获得人胚胎干细胞的技术属于早期的传统技术，已逐渐被新技术所替代，已经不再是目前获得人胚胎干细胞的主要途径。伦理道德的争议问题在某种程度上得到了规避。

在此背景下，专利保护政策在某种程度上出现了变化，例如，在 2010 年作出的原专利复审委员会第 24343 号决定中，首次认可了通过商业模式购买的人胚胎干细胞系不违反伦理道德，符合《专利法》第五条的规定。在此之后，原专利复审委员会基本上认可了采用已经建立的、商品化的，具有成熟、稳定性的人类胚胎干细胞系作为原始材料的相关发明创造的可专利性。从 2019 年 11 月 1 日起，对《专利审查指南 2010》的修改生效之后，胚胎干细胞本身已不再成为获取专利权的障碍，只要其制备和获取未经体内发育并且是在受精 14 天内获得，均不违反《专利法》第五条的规定。

（3）关于人胚胎的工业或商业目的的应用。

与人胚胎干细胞溯源问题类似，人胚胎的工业或商业目的的应用方面的专利保护政策也呈现了一个由严到宽的趋势。前述原专利复审委员会第 27204 号审查决定认为，从人类胚胎中获取人类胚胎干细胞也间接涉及人类胚胎的商业或工业应用，也是违反社会公德的。而无限溯源的观点认为，无论人胚胎干细胞直接来自于建立的细胞系还是分离自胚胎，其原始来源都是通过破坏人类胚胎获得的，不能排除对人胚胎进行工业或商业目的的应用的情形。

此后，在认可了几类商用的、成熟的、已建立的人胚胎干细胞系的基础上，判断人胚胎的工业或商业目的的应用的标准逐渐放开。例如，在专利复审委员会第 76279 号审查决定（使胚胎干细胞分化成表达 AQP-1 的细胞的方法）中，专利复审委员会认为，如果实施发明所需的人胚胎干细胞来自成熟的商品化人类胚胎干细胞系，因而无需破坏任何人类胚胎，则发明不涉及人胚胎工业或商业目的的应用，不违反社会公德。

根据《专利审查指南 2010》的相关规定，就本次修改之前的审查实践而言，人类胚胎干细胞及其制备方法是不能被授予专利权的，能够授权的主题仅限于在某些已建立的可商购细胞系基础上的相关发明。然而，随着科技的进步和社会的发展，人类胚胎干细胞的获取已不再局限于从破坏人自生胚胎获得，一些创新主体对人类胚胎干细胞技术的专利保护要求日渐迫切。与此同时，民众的伦理道德观念也逐渐随之发生变化。当胚胎干细胞的获取及其本身不再落于违反社会公德的范畴时，现行的专利审查政策和标准也会进行调整。鉴于此，国家知识产权局对《专利审查指南 2010》进行了修订，明确指出："如果发明创造是利用未经过体内发育的受精 14 天以内的人胚胎分离或者获取干细胞的，则不能以‘违反社会公德’为理由拒绝授予专利权”，以及在第二部分第十章 9.1.1.1 中明确了“人类胚胎干细胞不属于处于各个形成和发育阶段的人体”。通过上述修改，人胚胎干细胞及其制备方法成为可授权的主题，这一修改契合了产业和技术发展的需求，也回应了创新主体的诉求，必将有力地促进我国胚胎干细胞产业的蓬勃发展。目前，经过上述修改后的内容已于 2019 年 11 月 1 日正式生效。

2. 关于胚胎干细胞的鉴定和表征

当人类胚胎干细胞相关发明符合伦理道德标准，成为专利可授权的客体之时，进一步考虑满足专利新颖性、创造性、实用性、公开充分等要件才成为可能。关于以下讨论均建立在人类胚胎干细胞相关发明满足《专利法》第五条规定的基础上。

对于胚胎干细胞而言，为满足说明书公开充分的要求，应当在说明书中对胚胎干细胞系进行鉴定和表征，使得本领域技术人员能够初步判断该细胞系确为胚胎干细胞系。通常需要从以下四个方面进行鉴定和表征：形态学检测、染色体和核型分析、表面标记物和转录因子（如 Oct3/4、SSEA3/4、TRA-1-60/81、碱性磷酸酶活性、端粒酶活性等表面标记物或转录因子阳性）、体内和体外分化能力。

（1）形态学检测。

对于胚胎干细胞类发明，说明书中应当提供典型的形态学检测描述，在必要的情况下提供附图。例如，说明书中可进行如下描述：

将分离的 hES 接种在新鲜的胚胎干细胞培养基的 mEF 饲养层上，并观察集落的形成。胚胎干细胞的形态具有如下特征：hES 细胞在体外培养时呈集落状生长，呈相对松散、扁平状集落，结构致密，边缘清楚，高倍镜下可见克隆的单个细胞间隙清楚，核质比高、核仁清晰。

（2）染色体和核型分析。

对于胚胎干细胞而言，染色体核型分析也是其表征的一个重要方面，应为 46，XY 或 46，XX。这部分内容在说明书中也应当有所体现。例如，说明书中可进行如下描述：

选择培养至第 10 代以后、处于指数生长期的 hES 细胞进行核型分析；加入秋水仙素（终浓度为 0.25μg/mL）以抑制分裂期细胞停止于分裂中期，置培养箱继续培养 4h。加入适量 0.05% 胰蛋白酶液作用 5min，加入培养液反复吹打，收集细胞悬液；1000r/min 离心 5min，弃上清液，留沉淀细胞。往细胞沉淀加 37℃预温的 0.4% 枸橼酸钠与 0.4% KCl（1∶1）的低渗液，用吸管吹打均匀，在水温箱中静置5min。向低渗处理后的细胞悬液中加新鲜配制的甲醇与冰醋酸（3∶1）固定液0.5mL，用吸管轻轻吹打调匀进行预固定，1000r/min离心5min。弃上清液加固定液4mL，轻轻吹打，封口后室温静置40min，1000r/min离心5min。吸弃掉大部分上清液，留0.5mL左右上清夜及细胞沉淀，混匀后取1～2滴滴片，置65℃烤片过夜。制备好的染色体制片于0.25%胰酶消化G显带后，用新鲜配制的10%吉姆萨染液染10min，流水冲洗干净，干燥。高倍镜下分析20～40个分裂中期细胞的染色体核型，采用Leica染色体分析软件观察结果。

（3）表面标志物和等位基因。

胚胎干细胞有着一些独特的细胞表面标志蛋白和人等位基因，通常而言，其OCT4、NANOG、TRA-1-81、SSEA4阳性率均应达到70%以上。此外，应具有人D3S1358、vWA、FGA、D8S1179、D21S11、D18S51、D5S818、D13S317、D16S539、TH01、TPOX、CSF1PO、D7S820、AMEL、PentaE、PentaD等16个等位基因。

（4）体内外分化能力。

分化能力是干细胞的独特性质，对于胚胎干细胞而言，理论上的分化全能性是其重要特征之一，因此，说明书中应当对其分化能力进行表征。分化能力包括体外分化能力和体内分化能力，对于体外分化能力而言，无饲养层悬浮培养可自然分化成类胚体。例如，说明书中可进行如下描述：

拟胚体形成：生长旺盛的hES用0.05%胰酶作用3min，加入拟胚体培养液，轻轻吹打成小细胞团，转入细菌培养皿内悬浮培养，3天后更换至新的细菌培养皿；此后每2天换液1次，至拟胚体形成。

自发分化：培养7天后将形成的拟胚体转入0.1%明胶包被的培养皿内贴壁培养2周，观察其分化现象。自发分化培养4天后，采用三胚层细胞特异性抗体来检测分化细胞抗原表达情况，其中抗体是：人平滑肌激动蛋白（用于检测骨和肌肉细胞相关抗原，中胚层），甲胎蛋白（用于检测肝细胞等相关抗原，内胚层）和波形蛋白（用于检测神经细胞相关抗原，外胚层）。

结果：hES具备在体外形成拟胚体以及分化成三胚层的能力（免疫检测抗体阳性反应）。

对于体内分化而言，注射到免疫缺陷动物体内能产生畸胎瘤。例如，说明书中可进行如下描述：

畸胎瘤形成：hES消化离心后，制成1×10^6/mL的细胞悬液，接种到6周龄雄性SCID小鼠的腹股沟皮下和腹腔内。4周后，观察是否有肿瘤生长；10～

12 周后，处死小鼠，摘除肿块进行如下分析。

组织学检查：肿块经 10% 中性福尔马林固定 24h 后；梯度乙醇脱水；二甲苯透明；石蜡包埋；连续 5pm 切片，经 65℃恒温烤箱 6h 烘干；逐级脱蜡、水化；苏木素染色 5min，水洗；盐酸酒精分色 30s，水洗；伊红染色 5min，水洗；逐级脱水、透明，中性树胶封片，镜下观察组织细胞形态。

结果：细胞在接种到 SCID 小鼠腹股沟皮下 6 周左右，出现肿块；处死小鼠，摘除肿块，病理切片可见 3 个胚层的组织，包括角化复层扁平上皮、神经细胞、色素上皮（外胚层）；平滑肌，软骨（中胚层）以及肠腺上皮和纤毛柱状上皮（内胚层）。

3. 关于胚胎干细胞是否需要保藏

关于是否需要对胚胎干细胞系进行生物保藏，其判断标准与涉及一般菌株的发明并无本质上的区别。

（1）如果发明利用的胚胎干细胞系是公众或本领域技术人员能够重复、稳定地获得的，则无需保藏，如商购的已知细胞系、通过基因工程操作对已知可重复稳定获得的胚胎干细胞系进行修饰所获得的基因修饰胚胎干细胞系等。例如，某一申请要求保护一种稳定表达 HLA－G 分子的人胚胎干细胞系，采用了对人 H1 胚胎干细胞系进行慢病毒转染修饰获得，由于该申请所采用的初始细胞系公众可获得，慢病毒转染方式不依赖于随机因素，可以重复实施并获得相同结果，从而得到所述人胚胎干细胞系。因此，该细胞系不属于需要保藏的细胞系。申请人不必对其进行保藏，只需在说明书中明确说明该细胞系的制备方法，使得本领域技术人员能够重复获得即可。

（2）反之，如果胚胎干细胞系是不能重复、稳定获得的，则通常需要保藏，例如，某些胚胎干细胞系具有特殊的 HLA 型别，而该细胞系的获得依赖于一些随机因素；从特定的亲本获得的；通过自然筛选获得的胚胎干细胞系等。例如，某申请要求保护具有特定 STR 位点的胚胎干细胞系，由于胚胎干细胞是从不同的受精卵来源建立的，其遗传背景也不一样，STR 位点分析可以明确地将不同的胚胎干细胞株区别开来，该发明的此株胚胎干细胞具有不同的 STR 位点特征，能和其他人胚胎干细胞系加以鉴别。虽然，本案的人胚胎干细胞的制备方法是本领域常规方法，但是，其亲本遗传背景的特殊性，导致社会公众或本领域技术人员按照该发明公开的具体制备方法无法重复获得具有上述特性的人胚胎干细胞，因此，该人胚胎干细胞需要保藏。

4. 关于是否需要提交遗传资源来源披露登记表的问题

需要提交遗传资源来源披露登记表的情形是依赖于遗传资源完成的发明，

换句话而言，如果胚胎干细胞相关发明依赖了遗传资源，即利用了遗传资源的功能，则需要提交遗传资源来源披露登记表；反之，如果没有利用遗传资源的功能，则不需要提交。

具体而言，对于人胚胎干细胞系相关发明，不需要提交遗传资源来源披露登记表的情形包括：发明创造的完成并未利用胚胎干细胞系的遗传功能，例如，低温保存人胚胎干细胞系的方法；发明创造的完成虽然利用了人胚胎干细胞的遗传功能，但说明书中已经记载了所依赖的遗传资源来源于现有技术的某已知来源，例如，所用的胚胎干细胞来自于人胚胎干细胞系 H1、H7、H9 等，是现有技术已知来源的。

对于人胚胎干细胞系相关的发明，需要提交的情况，包括如发明利用人胚胎干细胞系的遗传功能而完成，并且根据说明书的记载无法判断其利用的遗传资源是否是现有技术中来源已知的；利用自建系或他人馈赠的人胚胎干细胞系进行定向诱导分化的方法等完成的技术方案。

关于遗传资源来源披露登记表的填写问题，如果人胚胎干细胞的直接来源是从某机构（如保藏机构等）购买或者某个实验室研究人员馈赠获得的，表中的“直接来源”填写该机构的名称或者实验室某研究人员馈赠的信息；对于原始来源而言，如果该机构或实验室研究人员知晓并能够提供原始来源，申请人应当提供该人胚胎干细胞的原始来源信息；如果申请人声称无法说明原始来源的，应当陈述理由，例如，该保藏机构未记载该人胚胎干细胞的原始来源；该实验室未能提供该人胚胎干细胞的原始来源。如果人胚胎干细胞是发明人通过自建系获得的，则其直接来源和原始来源相同。对于其父本和母本信息，出于隐私保护的考虑，只需要填写人胚胎干细胞来源的父本和母本的省市信息即可，不需要填写详细的个人信息。

（二）成体干细胞相关发明

1. 关于可授权的客体方面

对于成体干细胞而言，由于其通常不涉及胚胎的破坏，也不具有发育成完整个体的可能性，因此，通常不具有伦理道德的问题，从而不会违反《专利法》第五条的规定。

然而必须注意的是，如果成体干细胞的来源是胚胎干细胞，或者由胚胎干细胞所制备，如果所述胚胎干细胞的制备涉及了除了未经体内发育并且是在受精 14 天内的人类胚胎之外的其他人类胚胎的破坏，那么这样的技术方案是不符合《专利法》第五条的规定的。说明书中应当对成体干细胞的来源进行清楚完整的说明；如其来自于已经建系的可商购的胚胎干细胞系，也应当在说明书中就其来源进行具体的说明。

例如，发明要求保护的主题涉及一种由维持未分化状态的已建系的人类多能干细胞产生间充质干细胞的方法，此时，由于要求保护的发明涉及已经成熟或商业化的细胞株，说明书实施例中应当记载所采用细胞株的具体来源，以证明其是成熟且商业化的细胞株记载的细胞株，否则，可能因为不能排除这些人胚胎干细胞系的制备和建立过程需要直接使用和破坏除了未经体内发育并且是在受精14天内的人类胚胎之外的其他人类胚胎，从而导致不满足《专利法》第五条规定的风险。

2. 关于说明书撰写的其他方面

对于成体干细胞类发明，说明书撰写的其他方面的要求如关于生物保藏和是否需要提交遗传资源来源披露登记表的要求与胚胎干细胞基本相同，此处不再赘述。

三、权利要求的撰写

(一) 胚胎干细胞发明

对于胚胎干细胞类发明而言，权利要求的撰写形式主要包括：人胚胎干细胞本身、人胚胎干细胞的制备方法、胚胎干细胞的用途、胚胎干细胞诱导分化的细胞及分化方法、胚胎干细胞的维持和培养方法、胚胎干细胞的冷冻复苏方法、诱导培养基、维持或培养的培养基等。

1. 人胚胎干细胞本身和人胚胎干细胞的制备方法

根据《专利审查指南2010》的原有规定，人胚胎干细胞及其制备方法是不能被授予专利权的，因此，按照本次修改前的审查标准，这一类权利要求往往因为不符合《专利法》第五条的规定而不能被授予专利权。然而，如前文所述，随着技术的发展，人胚胎干细胞已经不局限于从破坏人胚胎的方式获得，伦理道德的掣肘在某种程度上得到了规避，2019年11月1日起生效的修改内容中也明确指出胚胎干细胞及其制备方法可以授权，因此，可以预见，在未来会有大量此类权利要求的出现。对于胚胎干细胞本身而言，其既可以通过制备方法限定，也可以通过形态、表面标记、分化特性等功能参数特征进行限定，此外，还可以采用保藏号进行限定。例如，“一种人胚胎干细胞系，其特征在于，所述人胚胎干细胞系的保藏号为CGMCC No. 12345”。

2. 人胚胎干细胞诱导分化的方法

对于人胚胎干细胞的诱导分化方法，权利要求书的撰写应当清楚、简要，进行合理的概括。在胚胎干细胞发明中，细胞、成体细胞、干细胞等概念的频繁出现，使得发明人在撰写权利要求书时可能会落入现有技术的范畴，从而导致权利要求不具备新颖性。此时，申请人可以通过进一步限定权利要求中的具体细胞种类，从而克服不具备新颖性的缺陷。

例如，发明涉及一种将成熟细胞诱导成多能性的方法，包括将所述细胞与增加 MUC1 * 活性的生物物质或化学物质相接触。说明书中公开的该方法涉及一种去分化的过程，即将分化成熟的细胞逆转为幼稚细胞的过程，在细胞性能上，由成熟稳定变为幼稚而生长活跃，通过去分化，失去分裂增殖能力的成熟细胞可重新获得分裂增殖的能力。此时，如果申请人将权利要求撰写为："一种用于在细胞中诱导或维持多能性的方法，包括将所述细胞与增加 MUC1 * 活性的生物物质或化学物质相接触"，由于该权利要求中并未限定所述细胞为成熟细胞还是未分化细胞或干细胞，如果现有技术公开了诱导未成熟细胞或干细胞多能性的方法，这样的权利要求撰写方式就不具备新颖性。因此，申请人在撰写权利要求时应当注意对细胞进行有效限定，避免落入现有技术公开的范围。

3. 人胚胎干细胞的诱导培养基

人胚胎干细胞的诱导培养基也是人胚胎干细胞类发明中常见的保护主题，其撰写形式包括培养基组合物权利要求、所述培养基在诱导分化胚胎干细胞中的应用，以及使用所述培养基诱导分化胚胎干细胞的方法等。对于这一类发明而言，权利要求中应当清楚地写明培养基的各项成分和含量，如果涉及特定培养基在胚胎干细胞诱导分化过程中的作用，还应当写明诱导分化的具体步骤。申请人可以如下的方式撰写权利要求：

1. 一种诱导多能干细胞分化成表达胰腺内分泌谱系特征性标志物的细胞的培养基，其包括补充有 B27、Wnt 配体和激活素 A 的 DMEM-F12，或者补充有 B27、Wnt 配体和激活素 A 的 DMEM-LG。

2. 一种将多能干细胞体外分化成表达胰腺内分泌谱系特征性标志物的细胞的方法，所述方法包括以下步骤：

a）通过在权利要求 1 所述的培养基中培养所述多能干细胞

……将所述表达胰腺内胚层谱系特征性标志物的细胞分化成表达胰腺内分泌谱系特征性标志物的细胞。

如果培养基成分仅包含常用的细胞培养添加剂和本领域常用的人胚胎干细胞培养基，其是否取得预料不到的技术效果在很大程度上决定了是否具有授权前景。此时，如果发明的培养基取得了预料不到的技术效果，例如，在不同的培养阶段的添加，以及不同培养基成分的组合取得了预料不到的效果等，申请人应当在说明书中提供尽可能充分的实验数据。

4. 人胚胎干细胞的应用

人类胚胎干细胞具有广泛的应用，其发明类型通常可包括：①人类胚胎干细胞在细胞移植中的用途；②人类干细胞分化出的器官或组织在移植中的用途；③通过检测胚胎干细胞的状态诊断疾病的用途；④使用胚胎干细胞相关产物进行疾病治疗的用途。以上用途可能涉及以有生命的人体为实施对象，进行识别、确定或者消除病灶的过程，因此可能属于《专利法》第二十五条规定的范畴，申请人在撰写权利要求时应当注意。此时可以采用瑞士型权利要求的撰写形式，例如，“人类胚胎干细胞在制备治疗自身免疫系统疾病的药物中的用途”。另外，对于其他的一些用途撰写形式，例如，干细胞在药物筛选中的用途、干细胞在药物生产中的用途、干细胞在制备组织工程学产品中的用途，以上用途通常不涉及疾病的诊断和治疗方法，可以成为干细胞用途类权利要求的撰写形式。

（二）成体干细胞发明

成体干细胞的权利要求撰写类型与胚胎干细胞发明类似。成体干细胞的特点在于不用破坏人胚胎就能分离，也不具备发育成完整人类个体的可能。因此，通常情况下不会违反《专利法》第五条规定的伦理道德，其关于权利要求撰写其他方面的要求与胚胎干细胞类似。

1. 人成体干细胞产品本身

对于人成体干细胞产品类权利要求，通常包括人成体干细胞或细胞系，以及由所述干细胞分化成的细胞、器官或组织。通常情况下，人类成体干细胞或细胞系不具有全能性，无法发育成为完整的人体，因此其不能成为人体发育的阶段。如果获得途径不存在违背伦理道德的问题，在满足专利法其他要求的前提下，此类发明应当可以授予专利权。

2. 人成体干细胞的制备方法

原始材料经分离、纯化、培养、保存等步骤，从而获得具有一定生物学功能的干细胞，对于人成体干细胞的制备方法而言，其来源可能涉及成人组织和器官，以及胎儿组织和器官等，或由胚胎干细胞分化而来。对于由胎儿组织和器官分离干细胞的方法和从胚胎干细胞分化而来的方法，可能涉及人胚胎工业或商业目的的应用，从而不符合《专利法》第五条的规定。

对于干细胞的制备方法发明而言，通常说明书中应当记载干细胞制备的具体过程，包括原材料的获得、制备的具体步骤，控制的参数，采用的试剂等。对于体现发明点和对现有技术贡献的步骤和参数，应当详细描述，而对于本领域的一些常规操作则可以简要描述。所述记载应当使本领域技术人员能够重复实施并制备获得要求保护的干细胞产品。某些情况下，由于原材料的限制，此类方法可能无法再现，或者对于某些不清楚诱导分化机制、不明确的诱导分化方法而言，本领域技术人员可能认为其无法重复，此时说明书中应提供相应的证据，证明此类方法是可以重复再现的，以满足实用性的要求。

对于某些成体干细胞的治疗用途而言，如果依据说明书的记载，所述成体干细胞来自于人体组织，且没有证据表明所述干细胞可以由商购或其他途径获得，即获得成体干细胞的步骤是实施所述制药用途的必不可少的步骤，则认为权利要求的技术方案中必然包含从有生命的人体中获得干细胞原料的步骤，从而使得该技术方案不具备实用性而不能被授予专利权。

3. 人成体干细胞的用途类发明

对于成体干细胞用途类权利要求而言，其撰写要求与胚胎干细胞用途类权利要求类似；对于成体干细胞的制药用途发明类权利要求而言，与其他活性物质的制药用途权利要求一样，通常要求说明书中提供证明其效果的实验数据。

干细胞移植和其他药物治疗的区别在于，需要考虑干细胞移植后的增殖能力、免疫原性、肿瘤原性、分化能力等特性。因此，如果要求保护的发明权利要求涉及干细胞的制药用途，则说明书中应当提供干细胞在上述方面的完整实验数据，以避免审查员可能指出的权利要求得不到说明书支持的缺陷。

例如，发明涉及人肝脏祖细胞或干细胞在制备用于肝脏祖细胞或干细胞移植来治疗肝脏的先天性代谢缺陷的药物中的用途。所述先天性代谢缺陷包括苯丙酮尿症和其他氨基酸代谢疾病、血友病和其他凝血因子缺陷、家族性高胆固醇血症和其他脂质代谢紊乱、尿素循环障碍、糖原贮积病、半乳糖血症、果糖血症、酪氨酸血症、蛋白质和碳水化合物代谢缺陷、有机酸尿症、线粒体疾病、过氧化物酶体和溶酶体失常、蛋白质合成异常、肝细胞转运蛋白缺陷、糖基化缺陷、α-1-抗胰蛋白酶缺乏症、Ⅰ型糖原贮积症等。

对于该权利要求限定的技术方案而言，本领域技术人员知晓，肝细胞移植是否能够成功治疗疾病，需要充足有效的肝细胞来源和适宜的受体内生长环境。对于使用的肝细胞来源，通常需要具有较强的增殖能力、没有肿瘤原性、能分化为功能完备的肝细胞、免疫原性没有或者小、细胞体积足够小以迅速穿过肝窦、容易获得等性质，并且移植细胞的长期存活和增殖、移植后能否顺利再生增殖以使得肝功能得到代偿还取决于多种因素，如细胞因子的作用、移植后是否存在免疫排斥、免疫排斥能否解决等。因此，说明书中应当提供证明上述技术效果的完整实验数据，使得发明符合《专利法》第二十六条第四款的规定。

四、撰写实例

该发明涉及一种成体人肝源性干细胞系及其制备方法，以及所述肝源性干细胞系在体外定向诱导分化成为肝细胞中的应用。

（一）说明书的撰写

（1）撰写发明名称。发明名称应当清楚、简要、全面地反映要求保护的发明的主题和类型，例如，可写为“一种成体人肝源性干细胞系及其制备方法和应用”。

（2）撰写技术领域。技术领域应当是要求保护的发明所述或者直接应用的具体技术领域，不是上位的技术领域或者发明本身，如可写为“本发明属于干细胞治疗领域”。

（3）撰写背景技术。说明书中应当提及发明的背景技术，背景技术部分应客观的写明对理解发明有用的背景技术，客观的指出现有技术中的优缺点。例如，“肝脏疾病是人类健康的巨大威胁，特别是肝炎病毒导致的肝炎、肝硬化及肝癌在我国尤为严重，随之而来的肝衰竭是最常见的致死病因。原位肝移植被认为是治疗终末期肝病的唯一有效方法，但是由于肝脏来源缺乏等原因，临床应用受到很大限制。肝细胞移植是治疗肝脏相关疾病，如急性肝衰竭、遗传代谢性肝病以及病毒等导致的慢性肝衰竭疾病等的一个很好的替代方案。由于肝细胞异体排异问题，肝细胞体外大量扩培养技术以及冻存的肝细胞复苏后存活率较低等难题尚未得到有效的解决，肝细胞移植的应用受到极大限制。因此，寻找一种新的可替代的手段治疗各种肝脏疾病及其导致的肝功能衰竭，成为一种迫切的需求。肝干细胞是指具有干细胞特点，并能增殖、分化成为肝细胞和胆管细胞的、参与肝脏结构和功能重建的一类细胞，体外可以大量扩增培养和冷冻并储存于细胞库，移植后肝干细胞在体内可转化为成熟肝细胞以保持肝脏结构和功能正常。肝干细胞根据其起源不同，可分为肝源性肝干细胞和非肝源性肝干细胞。非肝源性肝干细胞起源于肝脏以外组织，需要体外诱导成为有肝细胞功能的细胞，而肝源性干细胞起源于肝脏胆小管树的小胆管和赫令管，在肝脏环境中形成，具有分化为肝实质细胞和胆管上皮细胞的能力，包括肝卵圆细胞和小肝细胞等。基础研究和临床应用已表明，肝干细胞是替代肝细胞治疗的最好的细胞。随着研究的深入和扩展，取得了一些突破性的进展。这为医学上治疗多种疾病打开了一扇崭新的大门，为生命开拓了新的契机”。

（4）撰写发明内容。该部分内容一般包括要解决的技术问题、技术方案和有益效果三部分内容。说明书中应当明确指出发明所要解决的具体的技术问题，例如，“本发明所要解决的技术问题是提供一种特性稳定、成分均一的成体人肝脏干细胞系，它能够表达肝脏前体细胞的标志物，并在体外条件下连续传代培养 40 代且持续表达肝脏前体细胞标志物”。

说明书中应当记载为了解决技术问题采取的技术方案，例如，为了满足说明书公开充分的要求，申请人需要对该细胞系进行保藏。例如，“本发明所述的成体人肝源性干细胞系经鉴定确定为人肝脏干细胞，定名为 HN，保藏在中国微生物菌种保藏管理委员会普通微生物中心，保藏地址是北京市朝阳区北辰西路1 号院 3 号，保藏日期为 2017 年 5 月 15 日，保藏号为 CGMCC No. 11244”。该干细胞系 HN 在体内外可定向诱导分化为肝细胞、肝胆管上皮细胞。同时，对所述干细胞系进行生物学特性描述，例如，“①细胞呈典型的上皮细胞形态，连续传代培养 48 代仍保持该形态特点；②细胞具有较强的增殖能力，但生长存在接触抑制和密度抑制现象，连续传代培养 48 代仍保持该增殖和生长特性；③细胞表达肝脏前体细胞标志物，通过 RT-PCR 方法证实细胞表达肝脏前体细胞标志物白蛋白（ALB）、细胞角蛋白 19（CK19）、细胞角蛋白 7（CK7）、细胞角蛋白 8（CK8）。连续传代培养 48 代仍表达肝脏前体细胞标志物；④细胞具有多向分化潜能。当细胞处于不同培养环境下，具有向相应细胞分化的潜能，同时无致瘤性”。

有益效果是确定发明是否显著的、进步的重要依据，因此，说明书中还应当公开发明的有益效果。例如，“本发明联合应用密度梯度离心和克隆环纯化的方法获得了纯度较高的肝脏干细胞，该细胞呈典型上皮细胞形态，具有较强的增殖能力，但生长仍具有接触抑制与密度抑制现象，其表达的肝脏前体细胞标志物有白蛋白、细胞角蛋白、细胞角蛋白、细胞角蛋白；细胞连续传代培养 12 个月已传至 40 代，仍然保持上述形态特点、生长和增殖特性，标志物表达以及分化潜能，不同于培养的成熟肝细胞既难于体外大量扩增且细胞功能逐渐丧失的特点。因此，该细胞是一种特性稳定、成分均一的成体人肝脏干细胞，是良好的肝脏干细胞研究模型”。

（5）撰写附图说明。说明书应当对附图进行说明，以便于审查员更好地理解发明，例如：

图 1 为相差显微镜下人肝脏干细胞的形态图；

A：分离培养的细胞长到 12 天时出现干细胞克隆；B：单细胞克隆后的第 10 代人肝脏干细胞；C：第 48 代人肝脏干细胞；

图 2 为 RT-PCR 分析人肝脏干细胞标志物的表达图；

图 3 为诱导分化前成体人肝脏干细胞糖原染色结果图；

图 4 为诱导分化后成体人肝脏干细胞糖原染色结果图；

图 5 为诱导分化前成体人肝脏干细胞靛青绿实验结果图；

图 6 为诱导分化后成体人肝脏干细胞靛青绿实验结果图；……

（6）撰写具体实施方式。实施例的撰写对于发明的充分公开、创造性以及权利要求能否得到说明书的支持极为重要，对于干细胞类发明而言，实施例通常应包括干细胞的分离、原代培养，干细胞的传代培养和冻存保种，干细胞的鉴定，干细胞的诱导分化等。对于要求保护干细胞的用途的发明，通常实施例还应当包括干细胞移植实验等。

对于干细胞的分离和原代培养而言，通常应当记载采用的实验材料和试剂，包括组织来源、缓冲液、培养基等，采用的实验方法和具体步骤，获得的实验结果。

对于传代培养和冻存而言，通常应当记载实验试剂、实验方法，以及保藏编号命名等。例如，

1. 待细胞生长至90%汇合时，弃去旧培养基，加入2mL PBS（一种磷酸盐缓冲液）轻旋培养瓶浸洗细胞。

2. 弃去PBS，再加入2mL PBS洗细胞一次。

3. 弃去PBS，加入胰蛋白酶溶液使其刚好覆盖细胞，倒置相差显微镜下观察消化情况，待细胞突起回缩时迅速弃去消化液。

4. 加入完全培养基2mL，以终止胰蛋白酶的作用，吸取瓶内培养基反复轻柔吹打细胞。

5. 收集吹下的细胞置于15mL离心管中，混匀后取10μL细胞悬液计数。

6. 其余细胞悬液于4℃条件下1000r/min离心5min，弃去上清液。

7. 将细胞沉淀打散，按计数结果用胚胎肝脏细胞完全培养基制备成1×10^6/mL细胞悬液，部分细胞按$1\times10^4/cm^2$接种于培养瓶中继续培养，部分细胞冻存保种。

8. 用于冻存保种细胞于4℃条件下1000r/min离心5min，弃去上清液，应用冻存液重悬细胞制备成2×10^6/mL细胞悬液，按每管1mL分装至1.8mL冻存管中，于冻存管上注明细胞名称、细胞数和冻存日期。

获得的人肝脏干细胞HN已于年月日保藏于中国微生物菌种保藏管理委员会普通微生物中心，保藏登记编号为CGMCC No. 11244，建议分类命名为：成体人肝脏干细胞。

对于干细胞的鉴定而言，应当记载所采用的试剂（试剂盒），如PCR反应中各基因特异性的引物序列、实验方法，包括扩增条件和扩增程序等；以及实验结果，例如，通过RT-PCR方法证实细胞表达肝脏前体细胞标志物。

对于干细胞的诱导分化而言，说明书中应记载所用试剂，如诱导分化培养基等；采用的具体实验方法，包括诱导分化、糖原合成能力鉴定以及染色和蛋白表

达；实验结果，例如，“糖原染色结果显示，对照细胞内仅有呈淡粉色，而诱导分化后细胞内可见大量紫红色颗粒。靛青绿染色结果显示，部分细胞包浆呈绿色，靛青绿染色阳性，说明人源性肝干细胞在诱导剂的作用下转化为肝细胞”。

（二）权利要求书的撰写

权利要求书

1. 一种成体人肝源性干细胞系 HN，其特征在于它为成体人肝源性干细胞 HN，保藏在中国微生物菌种保藏管理委员会普通微生物中心，保藏地址是北京市朝阳区北辰西路 1 号院 3 号，保藏日期为 2017 年 5 月 15 日，保藏号为 CGMCC No. 13844。

2. 一种成体人肝源性干细胞系 HN 的应用，其特征在于它在体外定向诱导肝细胞中的应用。

第五节　生物检测相关发明

一、概述

随着现代生物科技的不断发展，生物技术已经在医疗、农业、环境、卫生、食品等多个行业发挥着重要作用，其中有一大类就是包括 PCR 检测、生物芯片等在内的各种生物检测方法在不同领域的应用。例如，在重组 DNA 技术上发展起来的基因诊断技术，已经向传统诊断学发出挑战，它通过对患者个体的某一特定基因和/或其表达产物进行分析和检测，从而对相应的疾病进行诊断，即从基因水平阐明疾病的病因所在；而基于 DNA 生物合成的分子生物学原理发明的 PCR 技术已经成为目前转基因食品检测的主流方法，其利用与外源基因序列互补的特定引物对转基因食品中的外源 DNA 序列进行 PCR 扩增后分析，可以对转基因食品进行定量或定性的分析。生物检测技术的广泛应用奠定了精准医疗、食品监督、环境保护和司法鉴定等方面的基础，以 PCR 技术、杂交芯片技术等为代表的生物检测技术的深入研究和广泛应用，将对 21 世纪人类的生活和健康产生极其深远的影响，同时也对相应领域的专利保护提出了新的挑战和要求。

（一）PCR 技术

PCR 技术是在体外合适的条件下，以 DNA（RNA）为模板，以一对人工合成的寡核苷酸为引物，在热稳定 DNA 聚合酶作用下特异性扩增 DNA 片段的技术。其原理类似于DNA的体内复制，只是在试管中给DNA的体外合成提供合适的条件——模板DNA（RNA）、寡核苷酸引物、DNA聚合酶、镁离子、合适的缓冲体系和DNA变性、复性及延伸的温度与时间等。

1. 模板

用于PCR进行核酸体外扩增的模板可以是DNA，也可以是RNA，但RNA的扩增首先需要反转录为cDNA，扩增时需要将标本纯化，使标本中不含DNA聚合酶抑制剂。PCR扩增反应中加入模板的量一般为10^2~10^5拷贝的靶序列，检测靶基因长度为500bp以内，100~300bp为好。

2. 引物

引物是决定PCR结果的关键，引物设计的一般原则是：①引物寡核苷酸长度为15~30bp，一般为20~27个bp，G+C含量为40%~60%。②引物中四种碱基要随机分布，应避免三个连续的聚嘌呤或聚嘧啶的现象，特别是3′端上的G或C，往往使这种引物在G+C富集序列区错配。③引物自身不应存在3bp以上的互补碱基序列，否则引物易自发折叠成发卡结构，这种结构会因空间位阻而影响引物与模板之间的配对结合。④两对引物之间不应存在4个或以上连续的同源性或互补碱基，避免引物之间互相错配形成引物二聚体。⑤引物与非扩增序列的同源性不大于70%，或不出现连续8个互补碱基同源。

PCR反应体系中所用的引物浓度一般约为0.2~1μmol/L。

3. DNA聚合酶

PCR反应中所用的DNA聚合酶是一种耐热型DNA聚合酶，目前常用的是Taq DNA聚合酶，该酶能够抵抗链分离所需的高温（通常在94~95℃），因此只需要第一次热变性后，加入一次酶，就可以进行30~40个循环，简化并加快了操作程序。目前常用的耐热聚合酶还有Tth DNA聚合酶、VENT DNA聚合酶等。

另外，影响PCR反应的其他因素还包括缓冲液、Mg^{2+}，dNTP、液状石蜡、促进剂等[11]。

PCR技术具有特异性强、灵敏度高，操作简便、快捷，产物分析方法简便、快捷、准确和对样本要求低的特点，基于上述特点，其在生物检测领域，特别是在基因结构功能研究、临床疾病诊断、法医学和食品检测等方面得到了广泛的应用。

随着PCR技术的广泛应用，PCR技术本身也得到了发展，形成了众多的PCR衍生技术，包括反转录PCR、原位PCR、RT-PCR、锚定PCR、差异展示PCR、巢式PCR、多重PCR等[12]。这些PCR衍生技术的一般原理、反应试剂、操作过程等与普通 PCR 基本相同，在提高效率、减少系统性误差、简便操作等方面作出了贡献。

（二）杂交芯片技术

杂交是指不同来源的单链核酸根据碱基互补配对的原则，在适当的条件下形成双链的过程。利用杂交检测目的核酸的方法称为核酸分子杂交技术，是定性或定量检测靶 DNA 的有力工具。为了区分杂交体和单链核酸分子，通常需要对参与杂交反应的寡核苷酸进行标记，这段被标记的寡核苷酸被称为探针。在杂交后，探针可以根据标记的信号判断靶标核酸的位置和含量。因此，通常来说，制备标记合适的探针在核酸分子杂交过程中起关键作用。

1. 探针

探针是指一段带有检测标记的与目的 DNA 或 RNA 特异性互补的已知核酸序列。根据探针的制备方法和核酸的性质，通常可分为基因组 DNA 探针，cDNA 探针，RNA 探针和寡核苷酸探针。

（1）基因组 DNA 探针。基因组 DNA 探针是利用机械剪切或酶将基因组 DNA 消化成特定大小的 DNA 片段，再将这些片段插入到适当载体中转化进宿主细胞，构建基因组 DNA 文库，从文库中筛选获得含有目的基因的阳性克隆，经扩增、提取、酶切和电泳分离后，得到大量的 DNA 片段，经过标记后即可作为探针使用。这一类探针需尽可能采用基因编码序列（外显子）作为探针，避免使用内含子和其他非编码序列，否则可能因为高度重复序列的存在而出现假阳性。这类探针的特点是制备方法简单，不易降解，标记方法成熟。

（2）cDNA 探针。cDNA 探针是将合成的 cDNA 插入到适当的载体中，构建 cDNA 文库，筛选适当的阳性克隆，再进一步扩增、酶切和纯化该 cDNA 片段即可。这类探针的优点是为双链探针，杂交体稳定，特异性好；缺点是必须先变性再杂交，且杂交过程中可能存在自我复性现象。

（3）RNA 探针。RNA 探针是分离的 RNA，或者利用依赖于 DNA 的 RNA 聚合酶在体外转录而成。此类探针的优点在于单链，不存在变性的问题；不存在重复序列，非特异性杂交少。缺点是 RNA 容易降解，标记方法复杂。

（4）寡核苷酸探针。寡核苷酸探针是最常见的一类探针，由公司或自行设计合成，长度一般为 18 ~ 30bp。其优点在于制备方便，设计自由，特别适于点突变的分析，可广泛用于多种杂交；缺点是探针短，特异性差，对杂交条件要求高，背景噪音大。

关于探针的标记物通常可分为两大类，一类是放射性标记物，如放射性同位素 ^{3}H、^{32}P、^{35}S、^{125}I 等，以 ^{32}P 最为常见。这类探针标记物的优点是灵敏度高，通常可检测到10～18g的物质，具有很高的特异性；缺点是容易造成放射性污染，且存在同位素的半衰期限制。另一类是非放射性同位素标记物，如地高辛素、辣根过氧化酶、碱性磷酸酶等，这一类探针的优点是没有环境污染，可以长时间储存；缺点是灵敏度不高。

2. 基因芯片

基因芯片是在20世纪末发展起来的一项大规模、高通量的核酸杂交分析技术，目前被广泛用于基因表达分析、基因突变检测、基因诊断和功能基因组比较研究。其基本原理是核酸分子杂交。它是将众多特定的DNA探针有规律的紧密排列在单位面积的固相支持物上，形成高密度的DNA微阵列，然后与待检测的荧光标记羊皮进行核酸特异性杂交，再通过荧光检测系统对芯片进行扫描，配以计算机系统对每一探针上的荧光信号作出比较分析，从而得出对目的基因的定性和定量结果。

基因芯片根据载体的不同可以分为无机片基芯片（如半导体芯片和玻璃芯片）和有机合成物片基芯片（如硝酸纤维素薄膜和尼龙膜）；根据应用的不同又可分为表达谱芯片、诊断芯片、检测芯片等。

基因芯片的设计原则是保证探针的准确性和特异性，其设计内容主要包括DNA探针的特异性设计与芯片DNA的定位。探针的特异性设计原则与普通探针相同，芯片点阵的设计往往采用双重或三重重复点阵，以保证结果的可靠性。另外，在其他区域还需要增加阴性和阳性对照用于校正，阴性对照为不含DNA的空点，用于背景控制；阳性对照为定量加入标记的DNA，获得的信号作为外标，以衡量或校准同一芯片上不同区域的杂交差异。

基因芯片的载体也是影响检测效果的关键，常用的载体材料包括玻片、硅片、硝酸纤维素薄膜、尼龙膜等。载体材料在使用前必须进行活化，以增加载体和探针的结合能力。活化的方式主要包括在载体表面涂布多聚赖氨酸或包被偶联试剂等。

基因芯片的制备方法包括直接点样法和原位合成法。直接点样法是指将预先合成的寡核苷酸等通过高速点样机直接点到芯片载体上，用理化方法使之固定；原位合成法是指利用四种核苷酸直接在芯片载体上合成需要的探针。在芯片制备时，需要根据芯片的设计和用途选择不同的制备方法，以提高检测的准确性和灵敏度。

目前，基因芯片以其自动化运行、检测高通量、灵敏度和准确度高等独到的优势，已经成为生物检测领域研究的重要技术，主要用于基因突变分析、疾病诊断和药物开发等。

二、说明书的撰写

（一）引物探针类发明

引物和探针是 PCR 和杂交芯片技术等生物检测技术中的常用物质，主要用于检测某种基因或分子标记，或用于扩增特定的基因片段，其发明类型一般包括特定引物或探针的组合物产品发明，使用所述引物或探针扩增（检测）特定对象基因（靶点）的方法，以及所述引物或探针在制备检测特定对象基因（靶点）的试剂盒中的用途。

1. 引物类发明

如前文所述，引物限定了扩增产物的大小，是决定 PCR 结果的关键。因此，引物类发明往往限定了具体的序列。对于这一类发明而言，通常引物序列本身是其发明点所在。因此，说明书中应当公开所述引物的完整序列结构，以使本领域技术人员能够实施该发明。此外，为了准确地说明所述引物起到的扩增（检测）效果，说明书中还应当记载使用所述引物扩增（检测）特定靶基因的实验数据，否则可能会因为说明书公开不充分而被驳回。

例如，某案权利要求请求保护用于对蓝舌病毒进行定性检测的引物，则说明书中应当说明用于检测所述病毒的上游和下游引物，并限定其结构。例如，其上游引物由序列表中的 SEQ ID No：1 表示，下游引物由序列表中的 SEQ ID No：2 表示。

另外，说明书中还应当记载用于证明该引物具有预期功能的实验数据。例如，使用所述引物对不同血清型的蓝舌病毒样本进行 PCR 扩增，检测到特定大小的目的条带，并通过与预期的条带比较确定其特异性。通过所述实验数据的公开，使得本领域技术人员能够确认该发明所要求保护的引物能够用于蓝舌病毒的 PCR 检测。

通常而言，引物的新颖性问题较为容易判断，只要看现有技术是否具有与之相同的引物序列即可。因此，引物相关发明重点关注的因素是所述引物是否具有创造性。

由于引物的设计方法和设计软件已经非常成熟，通常认为，针对已知靶点通过常规方式设计获得的引物不具有创造性，除非其取得了预料不到的技术效果。

对于简单扩增目标基因的引物而言，在扩增对象较为确定的情况下，由于设计引物是本领域的常规技术手段，在没有获得预料不到的技术效果的情况下，通常不具有创造性。因此，对于引物探针类发明，建议申请人在其取得了预料不到的技术效果的情况下才提出专利申请。此时，除了上述序列和扩增检测效果的实验数据外，说明书中还应当公开体现其预料不到的技术效果的实验数据。例如，发明的效果在于利用所述引物扩增的灵敏度高，则说明书中除了提供基础的扩增实验数据外，建议进一步提供和本领域设计的其他引物在同样扩增条件下的对比实验数据，以充分说明发明的引物在扩增灵敏度上的优势。

例如，发明涉及一种结核分枝杆菌 TB 检测试剂盒，说明书中除了限定所述试剂盒中包括的上下游引物探针序列、PCR 反应液、酶混合液以及 TB 阳性和阴性对照等试剂之外，还应当披露所述试剂盒相对于现有技术获得了预料不到的技术效果。例如，“通过实验数据表明，使用本发明中试剂盒检测企业工作参考品，其阴阳性符合率为 100%，灵敏度检测结果符合质量标准；精密度试验表明批内和批间重复性好，其循环阈值（Ct 值）的变异系数小于 10%，浓度变异系数小于 50%。使用本发明中试剂盒对临床样本的检测试验表明，该试剂盒的定量检测下限达到每毫升 400 个基因拷贝，相对于现有技术中通常的每微升 400 个基因拷贝的水平具有显著提升”。

2. 探针类发明

如前所述，探针的序列决定了其是否能与目的基因进行杂交并能够被检测，因此，与引物一样，序列结构是探针类发明保护的常见类型。

对于此类发明而言，探针序列本身是其发明点所在，说明书公开的内容与引物类发明大致相同，即说明书中应当公开所述引物的完整序列结构，以使本领域技术人员能够实施该发明。此外，为了准确地说明所述探针起到的杂交（检测）的效果，说明书中还应当记载使用所述探针杂交（检测）特定靶基因的实验数据。

与引物类似，探针的设计方法和设计软件目前已经非常成熟。通常认为，针对已知靶点的常规探针不具有创造性，除非其取得了预料不到的技术效果。例如，检测灵敏度的提升，探针特异性结构在检测中的效果等。但是，如果发明要求保护的探针并非本领域的常规探针，或者其制备对于本领域技术人员并非是显而易见时，则该发明具有创造性，而不用过多的考虑是否取得了预料不到的技术效果。

例如，发明请求保护用于家禽产蛋异常重要病毒多重 PCR 检测方法的探针，其特征在于：所述特异性的捕获探针序列分别如 SEQ ID No：1，SEQ ID No：2 和 SEQ ID No：3 所示。

说明书中记载，该申请提供三种致产蛋异常重要病毒即产蛋下降综合征病毒（EDVS）、禽坦布苏病毒（ATV）及 H9 亚型禽流感病毒（H9AIV）的多重

PCR 检测方法，该方法基于连接酶工作原理，通过特异性捕获探针两端的目的基因互补序列与对应的病毒核酸特异性杂交，并在连接酶作用下环化，随后应用以捕获探针中间共有增强型绿色荧光蛋白（EGFP）基因片段为靶基因的一对通用引物，对环化的、针对不同病原的捕获探针进行检测，依据获得的扩增产物大小确定感染病原。其中，特异性捕获探针是根据 EDVS 的 100kd 蛋白基因、ATV 的衣壳蛋白基因、H9AIV 的血凝素蛋白基因保守区序列及 EGFP 基因的部分序列设计的三对引物，这三对引物的 5′端分别为以上三种病原核酸序列的互补寡核苷酸序列，3′端为 EGFP 基因核酸序列。以 EGFP 质粒作为模板，用上述三对引物进行常规 PCR 扩增，得到序列分别如 SEQ ID No：1，SEQ ID No：2 和 SEQ ID No：3 所示的特异性捕获探针。

此时，如果现有技术中仅公开了用于检测 EDVS、ATV 及 H9AIV 中一种病毒的探针，且针对的病毒靶基因序列片段也不相同，此时，本领域技术人员没有动机将所述探针组合以实现多种病毒检测；同时，即便已知多重 PCR 技术为本领域常规技术手段，但本领域通常知晓从现有技术中已知的 EDVS、ATV 及 H9AIV 基因组中，选择出能够实现同时扩增检测的基因，既要考虑模板序列、探针相互之间发生反应导致检测失败的因素，又要考虑探针序列对于特异性、灵敏度和准确性的影响。尽管可通过数据库检索获得目的基因序列，并利用本领域针对目的基因设计探针的常规技术手段如计算机软件在理论上进行分析，但研究中仍需要选择特定的设计思路，以及进一步的实验对探针的序列进行验证优化才能得到本发明的技术方案。由此可见，发明的技术方案相对于现有技术是非显而易见的，此时可不要求说明书中提供预料不到的技术效果的实验数据。

（二）分子标记和 SNP 类发明

分子标记（Molecular Marker）是以个体间遗传物质内核苷酸序列的差异及变异作为基础的遗传标记，其直接反映了 DNA 水平的遗传多态性。每一种分子标记都有其自身的特点和特定的应用范围，广泛应用于品种指纹图谱绘制、种质资源的遗传多样性及分类研究、种质资源的创新与鉴定以及疾病易感和预后等方面的研究等方面。

单核苷酸多态性（single nucleitide polymorphism，SNP）是指在基因组水平上由单个核苷酸的变异引起的 DNA 序列的多态性变化，具体是指 DNA 序列上的单个碱基的变异，这种变异导致了碱基排列的方式不同，与不同的脱氧核酸配对结合，从而构成不同的遗传密码子，进而编码成各种蛋白质，构成了生命的多样性。SNP 分子标记被认为是继限制性片段长度多态性（RFLP）和简单重复序列（SSR）之后的第三代分子标记技术，在生物遗传多样性分析、基因标记、遗传改良等方面具有重要地位。由于其涉及疾病鉴定、患病风险评估、用药选择等多个领域，近年来涉及SNP的发明专利申请也呈逐年增长的趋势。

此类发明的类型通常包括SNP分子标记，所述分子标记在遗传育种、疾病诊断治疗、疗效预测、患病风险预测等方面的用途等。因此，为了实现发明的目的，使得本领域技术人员能够实施该发明，说明书中应当公开包含所述SNP位点的具体序列以及变异位点的多态性变化。由于其体现的是表型上的偏好性，说明书中应当公开所述分子标记和表型之间的特定联系，例如，对于疾病相关的SNP位点而言，说明书中应当公开使得本领域技术人员能够确定所述SNP和病症相关联的实验数据。应当注意，这种证明关联性的实验数据应当是合理且充分的，需要强调实验数据的合理性和充分性。在选择样本的时候，应当尽量提高样本分布的随机性和广泛性，例如，提供多个地域、多个族群、不同年龄段和不同性别的个体。另外，通过数据分析得出的结论应当具有一定的统计学意义，即并非简单的对照，而是需要对实验数据统计分析后得出在一定显著水平上的可信结论。

1. 特定多态性位点或分子标记的公开

有关多态性和分子标记的专利申请中，大多涉及对特定多态性位点和/或分子标记的应用，如进行诊断、疾病风险预测评估、遗传育种等。要实现这一技术方案，必然要求公开所述特定的多态性位点或分子标记，而不能仅仅只是在理论上进行推测。

例如，发明要求保护一种检测染色体异常的方法及用于检测染色体异常的试剂盒。其中所述方法包括以下步骤：提取孕妇血浆样本；用甲基敏感酶消化母体DNA，从而富集胎儿DNA；用引物对胎儿DNA某个区段进行扩增，分析该区段内某多态性位点的频率，如果该多态性位点的频率偏离50%则诊断为患有染色体疾病。

要实现上述技术方案，必须满足以下条件：一方面，要存在母体DNA和胎儿DNA甲基化程度不同的DNA区段，才有可能通过甲基化敏感酶消化掉母体DNA而富集胎儿DNA，而在体内各组织中DNA甲基化程度也可能不一致，这就有可能使得母体血液中的DNA甲基化程度不仅仅是上述的二元甲基化程度了，这样使得能够满足上述条件的DNA区段是非常有限的；另一方面，即使存在上述的DNA区段，还要求在该区段内存在多态性位点，且该多态性位点的各等位基因在人群中的分布频率要较高，且恰巧父源和母源的等位基因是不一致的。

根据以上分析可知，要实现该发明目的，说明书必须要公开特定DNA区段序列，和/或公开相应的引物序列及多态性检测方法。如果说明书中仅笼统提到“紧靠差异化 DNA 区的多态性标记可以用作母源 DNA 和父源 DNA 的标记”，但未公开具体的分子标记序列，则本领域技术人员无法根据现有技术获得符合条件的 DNA 区段，甚至无法确定是否存在这样的区段，则说明书可能不满足充分公开的要求。

2. 分子标记和表型之间的特定联系

对于使用分子标记进行疾病诊断、易感性分析、预后分析、遗传育种等相关应用时，必须在所述分子标记和特定表型之间建立特定的关联性，这种关联性可以由所述分子标记表达产物的具体功能活性方面的实验数据直接证实，或者可以建立在统计学分析的基础上。如果需要由统计学分析数据证实，该统计学分析需要建立在对大量样本进行统计的基础之上，要得到可靠的统计结果，需要一定的样本量。如果只是对单独的个例分析，则不具有统计学上的意义。另外，统计学分析还需要具有显著性，例如，可采用生物学上常用的统计分析方法如卡方检验、方差分析等手段进行分析。

如果说明书只是公开了特定的基因型，以及检测各基因型的方法和步骤，但未给出任何数据表明该基因型与表型之间的关系，可能会被认定为说明书公开不充分，不符合《专利法》第二十六条第三款的规定。另外，如果说明书中仅给出了基因频率，但未给出原始数据和各基因型的具体个数，在实际审查过程中也可能因为无法判断是否具有统计学意义上的关联性而被认为说明书公开不充分。

例如，发明要求保护的技术方案是检测与患者服用 P－糖蛋白底物的药物后血药浓度和疗效相关的 SNP 位点。对于 SNP 各基因型与疾病（表型）之间关联关系的建立来说，需要有统计学数据和/或功能分析数据。因此，说明书中不仅应当公开检测该 SNP 位点的具体方法，还应当公开表明该 SNP 位点与患者服用 P－糖蛋白底物的药物后血药浓度和疗效关联性的实验数据，如采用的病例和对照的统计数据等。

另外，引物和探针也是 SNP 分子标记中常用的保护主题，对于新的 SNP 位点而言，建议在说明书中尽量提供针对所述位点的多组有效引物和探针，以强化特定位点设计引物和探针的常规性，从而支撑相应的功能性限定，使得权利要求书得到说明书的支持。在 SNP 已知的情况下，则应该着重于描述要求保护的引物、探针相对于现有技术中已有的或常规设计的探针和引物具有何种预料不到的技术效果，如更高的检测准确度和灵敏度等。

（三）生物芯片类发明

生物芯片技术是 20 世纪 90 年代起发展起来的一项高新技术，其通过在载体上构建的微型生物化学分析系统，可实现对生命体中的基因、蛋白、细胞和组织进行准确、快速和大信息量的分析检测。

根据固定在载体上的物质成分分类，生物芯片可分为基因芯片、蛋白质芯片、细胞芯片和组织芯片等。按照支持物类型，生物芯片又可分为固态生物芯片和液态生物芯片。本领域常见的生物芯片发明可以分为两大类，一个大类涉及生物芯片技术的进展，包括与现有扩增或检测技术的发展相结合，诸如利用多重聚合酶链式反应的生物芯片，靶分子用不同发光团标记的生物芯片等；另一大类是以生物芯片作为平台，利用其高通量特性，在芯片上固定大量的特异性探针等物质，检测具体的疾病、微生物或筛选分子标记物，如检测水产品中的致病菌、诊断肿瘤等。

由于生物芯片上通常可固定成百上千，甚至上万个核苷酸分子，芯片的功能也都是依赖这些所固定的核苷酸分子来实现的。因此，如果芯片上所固定的核苷酸分子不确定，则基因芯片本身也不能确定，其所能实现的功能也值得怀疑。因此，说明书中通常应当公开生物芯片上所固定的核苷酸分子的具体序列，使得本领域技术人员能够实现发明，满足说明书充分公开的要求。

例如，发明要求保护一种功能性中枢神经损伤诊断检测用基因芯片，该芯片具有381个基因的探针，探针是根据每个基因的序列，按照探针的设计原则进行设计的。芯片采用光掩膜技术和传统的DNA合成化学制成。由于探针数目庞大，因此在基因芯片上探针之间会相互影响其具体的反应参数，故这381个探针的设计本身就需要付出额外的创造性劳动才可获得。因此，说明书中应当公开这381个探针的具体序列。此外，由于发明涉及所述芯片在诊断功能性中枢神经损伤中的用途，因此说明书中还应当提供具有统计学意义的对照试验，以验证芯片的有效性。

此外，对于芯片的应用效果而言，说明书中也应当披露使得本领域技术人员足以确定发明能够解决其所要解决的技术问题的实验数据。如果本领域技术人员根据说明书中所公开的数据，结合现有技术和本领域的常规技术手段，能够确认所述芯片能够检测所述的靶标，实现发明的效果，则认为说明书公开充分，满足了《专利法》第二十六条第三款的要求。

三、权利要求的撰写

（一）引物和探针类发明

对于引物、探针类权利要求而言，其最基本的保护范围是引物探针本身，但为了扩大保护范围，可以在得到支持的情况下，通过保护引物探针的一些变体。例如，采用开放式的权利要求进行限定，在两端添加一些标记和检测基团等修饰方式进行限定。

除此之外，引物、探针类发明的权利要求也可以通过试剂盒的形式进行保护。例如，一种检测……疾病的试剂盒，包含……引物（探针）序列。也可撰写为……引物（探针）在检测……中的应用保护其用途权利要求。使用引物、探针检测的方法类权利要求应当注意避免落入疾病的诊断或治疗方法范畴。

物种鉴定是引物类发明另一个可能的保护主题。由于外观近似的不同的物种在某个特异性序列或位点上往往存在差异，针对该位点进行引物设计，扩增目的片段并测序，从而达到物种鉴别的目的，对于这一类发明而言，权利要求的撰写类型通常包括：

1. 一种……的分子鉴定方法，包括以下步骤：

A）对待测鉴定样本进行总 DNA 提取；

B）PCR 扩增：以……为模板，使用特定的正/反向引物进行 PCR 扩增，得到扩增产物，所述引物的序列如下所示：……；

C）序列比对：将扩增产物测序，然后将测序的结果与已知的序列比对，确定待测样本物种类型。

2. 一种……物种的鉴定引物，其特征在于，序列如下所示：……。

例如，发明涉及一种海南黄花梨和越南黄花梨的鉴定引物，其权利要求可撰写为：

一种海南黄花梨和越南黄花梨的鉴定引物，其特征在于，所述的鉴定引物包括 rpoC2 序列的正/反向引物和 petD 序列的正/反向引物，所述的 rpoC2 序列的正向引物的碱基序列如 SEQ ID NO：5 所示，所述的 rpoC2 序列的反向引物的碱基序列如 SEQ ID NO：6 所示，所述的 petD 序列的正向引物的碱基序列如 SEQ ID NO：7 所示，所述的 petD 序列的反向引物的碱基序列如 SEQ ID NO：8 所示。

物种鉴定是生物检测中常见的发明主题，其通常针对特异性序列设计引物扩增目的片段达到检测和鉴定的效果，如果所述特异性序列是未知的，尽管现有技术中可能公开了同类物种的特异性序列的筛选、获得，设计引物扩增并测序等步骤，由于筛选新的差异性序列位点和构建新的鉴定方法需要付出创造性的劳动，这一类发明也可能存在授权前景。

（二）分子标记和 SNP

对于分子标记权利要求书的撰写来说，首要的一点就是主题必须清楚。在目前的分子标记和 SNP 类专利申请中，经常出现的保护主题包括“一种与……

疾病的易感性相关的单核苷酸多态性位点”“一种……基因的标签单核苷酸多态性位点”等，应当注意，此处请求保护的主题“单核苷酸多态性位点”仅仅传递了一种关于位置的信息，既不是产品，也不是方法。因此，这样的撰写形式通常不符合《专利法》第二条第二款有关发明的定义。申请人在撰写此类申请时，应当避免选择这样的权利要求表述方式。此时，可以将相关权利要求撰写成“一种与……疾病的易感性相关的单核苷酸多态性分子标记”“一种……基因的标签单核苷酸多态性分子标记”。

例如，发明涉及一种奶山羊 MFG-E8 基因的分子标记，其权利要求撰写为：“一种奶山羊 MFG-E8 基因的单核苷酸多态性，其特征在于，其基因单核苷酸多态性包括：在奶山羊 MFG-E8 基因第 12892bp 为 C 或 T 的碱基多态性。”该权利要求的主题是“单核苷酸多态性”。根据本领域技术人员的公知常识，“单核苷酸多态性”是一种基因组中存在的一种现象，其既不是一种物质实体，也不是一种方法。因此，这样的撰写方式不符合《专利法》第二条第二款有关发明的定义。

此外，对于 SNP 类专利申请，还存在的一类保护主题涉及方法类权利要求，例如，“一种检测……基因单核苷酸多态性的方法”“一种检测……疾病易感性的方法”等。对于这类权利要求，由于 SNP 的检测结果往往与检测样本来源个体的健康状况或患病风险程度等直接相关，因此，通常会落入《专利法》第二十五条第一款第（三）项规定的疾病的诊断方法范畴，因此这类保护主题也并非 SNP 分子标记类申请的最佳选择。

例如，发明的权利要求撰写为：“一种检测 hsa-mir-146a 分子的单核苷酸多态性的方法，其特征在于：它包括以下步骤：（1）确定在 has-mir-146a 分子前体上存在的单核苷酸多态位点 rs2910164，即 SEQ ID NO：1 第 460 位的核苷酸；（2）采用聚合酶链式反应，特异性扩增包含 has-mir-146a 前体序列的基因组 DNA 片段；（3）用限制性酶切片段长度多态性（RFLP）方法对扩增得到的包含有 has-mir-146a 前体的 DNA 片段中的多态性位点进行基因分型。”

该权利要求中没有限定所检测的对象，也没有明确指出确定 has-mir-146a 分子前体上存在的单核苷酸多态位点的过程与疾病诊断相关，即没有出现“诊断”等描述，因此，单纯从权利要求上不能够直接判断出所述方法是否与疾病诊断或健康状况判断相关。但阅读说明书可知，检测所述单核苷酸多态性的目的是预诊原发性肝癌，而且依据检测得到的基因分型可直接判断患原发性肝癌的易感性，即依据检测结果能够直接得到疾病的诊断结果或健康状况相关信息，因此该方法属于疾病的诊断方法，是不能被授予专利权的。

目前常见的SNP分子标记类权利要求的撰写方式主要包括序列结构类主题，方法限定类主题，引物或探针类主题，检测芯片类主题以及试剂盒类主题等。

对于SNP的序列结构类主题，分子标记本质上属于DNA序列的一种，申请人在撰写权利要求时应当注意与已知的基因序列相区分，以避免新颖性的问题。

例如，发明的权利要求为“一种甘蓝型油菜低芥酸含量的SNP分子标记，它的核苷酸序列如序列表SEQ ID NO：1所示”。该权利要求要求保护“SNP分子标记”，并且应用核苷酸序列来进行限定。然而，由于SNP分子标记是产品权利要求，其本质上是一种DNA分子，如果现有技术公开了SEQ ID NO：1的序列，则作为甘蓝型油菜低芥酸含量的SNP分子标记的限定并未带来序列结构上的差异，该权利要求不具有新颖性，不符合《专利法》第二十二条第二款的规定。

对于SNP的序列结构类主题，常见撰写形式有两种：①一种SNP分子标记，其序列为SEQ ID NO：1或SEQ ID NO：2。对于此种撰写方式，SEQ ID NO：1和SEQ ID NO：2的差别仅在于SNP位点处的碱基不同，其余序列应当完全一致。②一种SNP分子标记，其序列为SEQ ID NO：1，其中该序列第N位的碱基是X或Y。

对于上述两种撰写方式而言，应当注意避免落入现有技术公开的范围，即如果SEQ ID NO：1或SEQID NO：2为现有技术已经公开的全长基因序列，则上述两种撰写方式撰写的权利要求不具备《专利法》第二十二条第二款规定的新颖性。此时，申请人可以采用限定具体片段的形式对SNP分子标记进行保护，例如，限定为包含所述位点前后几个碱基的片段，以克服新颖性的缺陷。

某些情况下，分子标记无法通过结构特征来限定。例如，当该分子标记为微卫星分子标记等时，或通过结构特征的限定不如通过方法特征限定清楚简明时，可采用方法特征来进行限定。此时，权利要求中应当清楚地限定所述方法采用的原料、具体步骤，以及用来扩增所述分子标记的引物等。否则可能会被认定为权利要求书得不到说明书的支持，不符合《专利法》第二十六条第四款的规定。

例如，一项发明请求保护的分子标记采用方法进行了限定，所述权利要求撰写为：

与小麦抗白粉病基因相连锁的分子标记，其特征在于所述的分子标记为OPP15 900或Xgwm114 120，其是用下述方法得到的：

抗病基因供体亲本来自英国普通小麦品种Brock，其与感病普通小麦亲本

015和感病亲本京411进行杂交，杂交组合为‘Brock/015/京411’，抗病单株是通过杂交、回交和自交，从抗白粉病稳定的高世代株系中得到；

用苯酚—氯仿方法提取小麦亲本幼苗及杂交后代幼苗DNA；

采用RAPD（随机扩增多态性DNA标记）和SSR两种分子标记方法进行小麦白粉病抗性分子标记的筛选；

筛选出一个RAPD分子标记OPP15 900和一个SSR标记Xgwm114 120，经过连锁性鉴定，发现该两个标记与小麦抗白粉病基因相连锁。

该权利要求要求保护“分子标记”，主题类型清楚。该权利要求的特征部分通过方法特征来限定产品权利要求。然而，一方面，申请人在该权利要求中所述的“OPP15 900”和“Xgwm114 120”均是申请人自定义的术语，在说明书中也未对其进行解释，因此本领域技术人员无法确定其所代表的含义。另一方面，权利要求书中方法特征也没清楚地限定这两个分子标记，主要体现在以下几点：一是，“抗病单株”不清楚，在该权利要求中，尽管限定了抗病单株的亲本，以及杂交组合等，但“抗病单株是通过杂交、回交和自交，从抗白粉病稳定的高世代株系中得到”的描述使得本领域技术人员无法清楚地确定所述抗病单株是通过几次回交、自交等步骤获得的；二是，对于RAPD和SSR两种分子标记方法而言，其所使用的引物对于确定分子标记而言是关键的，而在该权利要求中没有限定引物。因此，由于扩增对象不清楚、扩增所使用引物也不清楚，从而导致了扩增得到的产物（即该权利要求要求保护的分子标记）也不清楚。

对于引物探针类保护主题，其撰写要求和方式参见本节“引物和探针类发明”撰写要求部分。

对于检测芯片类保护主题，其撰写要求和方式参见本节“生物芯片”撰写要求部分。

对于检测试剂盒保护主题，其通常撰写形式如下：一种检测疾病A易感性的试剂盒，其特征在于，包含特异性扩增（检测）……的引物对（探针，芯片）。

此类保护主题是SNP类专利申请最终应用的产品形式，具有较好的商业应用前景，只要其满足引物探针（生物芯片）类权利要求的授权要求，而作为产品类权利要求也更容易维权，因此是推荐的撰写形式。

（三）生物芯片

对于生物芯片类权利要求而言，其主要的应用是检测，如检测特定的突变位点、特定基因的表达量变化等。因此，权利要求要求保护的主题可能涉及疾病的诊断方法范畴，包括使用所述芯片进行检测的方法、芯片的使用方法、芯片在检测特定靶标中的应用等。此时，如果根据说明书中的记载，此类检测方法还可用于非诊断的目的，申请人在撰写权利要求时可以明确说明将所述检测方法限定为非诊断目的，从而避免落入《专利法》第二十五条第一款规定的疾病诊断方法范畴。

对于生物芯片而言，芯片上可以固定成百上千乃至上万个核苷酸分子，这些核苷酸分子在空间上是分离的，甚至在具体使用中在时间上各分子可能也是分开使用的，其各自所起的作用也不相同。一个权利要求中可能会限定几十乃至上百个核苷酸分子的序列。另外，申请案件中还会出现存在多对引物或多个探针的情形。这类案件可能会存在单一性问题。

另外，对于生物芯片类发明而言，可以保护的技术方案可能还涉及芯片本身的结构、扫描方法、加样方法以及算法相关的发明，这些发明不涉及生物领域本身，因此，本书不展开讨论。

四、撰写实例

一项发明涉及与鼻咽癌患病风险相关的易感基因 PLUNC 的基因型检测方法，检测该基因易感基因型的检测试剂盒以及该试剂盒的应用。

（一）说明书的撰写

撰写发明名称。发明名称应当清楚、简要、全面地反映要求保护的发明的主题和类型，例如，可写为“检测与鼻咽癌相关的易感基因 PLUNC 基因型的试剂盒及用途”。

撰写技术领域。技术领域应当是要求保护的发明所述或者直接应用的具体技术领域，不是上位的技术领域或者发明本身，例如，可写为“本发明属于生物医学诊断技术领域”。

撰写背景技术。说明书中应适当提及背景技术。例如，“鼻咽癌（NPC）是一种上皮源性的恶性肿瘤，其发病具有明显的地域和种族差异。在中国南部地区和东南亚国家（如新加坡）相对高发，其发病率几乎是高加索人群的100倍。鼻咽癌的易感性在种族和地区分布上的明显差异是多因素或多基因协同交互作用的结果，与EB病毒（Epstein-Barr）感染、环境理化因素和遗传因素有关。搜寻在鼻咽癌发病机制中起重要作用的候选基因的多态性并研究其与疾病表型的遗传关联可能是解决鼻咽癌遗传病因和阐明种族和地区间易感性差异的机制的希望所在。事实上，已有一些基于亚洲、高加索和北非人群的病例对照研究揭示了人类白细胞抗原（HLA）多态性和鼻咽癌的相关性。1998 年曾在人类鼻咽部组织克隆出一个新的具有组织相对特异性表达的候选抑瘤基因——YH1 基因（现统一命名为 PLUNC 基因）。其与上呼吸道刺激炎性反应有关，并有可能作为检测非小细胞肺癌微小转移的一种分子学标记”。

撰写发明内容。说明书中应当明确指出发明所要解决的具体的技术问题，例如，“本发明鉴定了鼻咽癌的一种新的易感基因及易感基因型和单倍型”。

说明书中应当概括本发明的技术方案：“本发明还提供了分别用于检测多态性位点 C-2128T 及 C-1888T 的引物对。发明进一步提供了分别用于检测与鼻咽癌关联的 PLUNC 基因的 C-2128T 及 C-1888T 位点的试剂盒，以及上述试剂盒在人群中预防与控制鼻咽癌的应用。”本案中，由于 PLUNC 基因为已知序列，因此，通过多态性位点 C-2128T 及 C-1888T 的表述方式使得本领域技术人员能够明了该分子标记的具体位置。因此，该分子标记序列已被说明书充分公开。为了满足说明书充分公开的要求，说明书中应当给出所述引物对的具体序列：

检测 *PLUNC* 基因 C-2128T 位点基因型的特异性引物对的序列为：

正向引物：5′ – AGCTTGGAGCATTGAAAGGA – 3′

反向引物：5′ – ACGCACCCCAGATGTAGG C – 3′

检测 PLUNC 基因 C-1888T 位点基因型的特异性引物对的序列为：

正向引物：5′ – AGGTGAGACAGTTAAGCTATTTG AT – 3′

反向引物：5′ – AGGGGCCAAGAGATGAGACT – 3′

撰写附图说明。说明书应当对附图进行说明，以便于审查员更好地理解发明，例如，“图 1 为限制性内切酶 *Pst I* 消化 164bp PCR 扩增产物的电泳图谱。其中，泳道 M：标准分子量参照物 DL2000（购自 TaKaRa 公司）；泳道 3、6 和 7：T/T 基因型酶切鉴定的结果，PCR 产物被切割为长度分别为 145bp 和 19bp 的两条片段；泳道 2：C/C 基因型酶切鉴定的结果，只出现长度为 164bp 的一个条带；泳道 1、4、5 和 8：C/T 基因型酶切鉴定的结果，出现长度分别为 164bp、145bp 和 19bp 的三条片段”。

撰写具体实施方式。本案中，为了满足涉及检测与鼻咽癌关联的 *PLUNC* 基因的 C-2128T 及 C-1888T 位点的试剂盒在人群中预防与控制鼻咽癌的应用的技术方案的充分公开，说明书中应当给出证实 *PLUNC* 基因的-2128C/C 基因型、-1888C/C 基因型或由此两位点组成的-2128C-1888C 单倍型与鼻咽癌易感性存在关联性的实验数据。具体包括实验对象，实验方法和证明统计学关联的实验结果等。例如，

该实施例对 239 个鼻咽癌病人和 286 个匹配的健康对照人群的 *PLUNC* 基因的 C-2128T 位点基因型、C-1888T 位点基因型及由此两位点组成的单倍型进行了分析。

1. 试验对象

研究群体由525名个体组成。鼻咽癌患者239例，其中男163例、女76例，年龄21～77岁（平均46.9岁），广东籍220例，其他籍19例，来源于广州第一军医大学南方医院耳鼻喉科和广东省建门中心医院，经临床及病理切片确诊为鼻咽癌，且未经治疗；健康对照286例，其中男151例、女135例，年龄18～80岁（平均47.2岁），广东籍264例，其他籍22例，来源于上述两个医院的门诊查体的志愿者，无鼻咽 癌家族史。所有受试者均签署了知情同意书，本研究计划得到国家人类基因组北方研究中心医学伦理委员会的批准。

2. *PLUNC* 基因 C-2128T、C-1888T 位点基因型及由此两位点组成的单倍型的确定

239例鼻咽癌患者和286例健康对照个体中 *PLUNC* 基因 C-2128T 位点和 C-1888T 位点的基因型的频率分布如表3－14－1所示。携带-2128C/C基因型的个体比携带-2128T/T基因型的个体有更高的患鼻咽癌的风险（OR＝2.8，95% CI＝1.7～4.9，p＝0.0006）；类似的，携带-1888C/C基因型的个体比携带－1888T/T基因型的个体有更高的患鼻咽癌的风险（OR＝3.3，95% CI＝1.8～6.1，p＜0.0001）。这些关联在进行针对多重检验的校正后仍然存在。

由C-2128T位点和C-1888T位点组成的单倍型在239例鼻咽癌患者和286例健康对照个体中的分布频率如表3－14－2所示。携带C-C单倍型的个体患鼻咽癌的风险显著增加（OR＝1.86，95% CI＝1.34～2.56，p＝0.00016），在进行针对多重检验的校正后仍然如此。

因此，用本发明的方法解析了 *PLUNC* 的 C-2128T 位点基因型、C-1888T 位点基因型及由此两位点组成的单倍型与鼻咽癌的易感性之间的相关性。

表3－14－1　鼻咽癌患者与健康对照中 *PLUNC* 基因的 C-2128T 和 C-1888T 位点基因型的分布

多态性			鼻烟癌患者（n＝239）	健康对照（n＝286）	OR（95% CI）	p
C-2128T	基因型	T/T	120（50.2%）	160（56.9%）	1.0	—
		T/C	50（20.9%）	81（28.8%）	0.9（0.6～1.4）	0.468
		C/C	69（28.9%）	40（14.2%）	2.8（1.7～4.9）	0.0006
	等位基因	T	290（60.7%）	401（71.4%）	1.0	—
		C	188（39.3%）	161（28.6%）	1.7（1.3～2.2）	0.0009

续表

多态性			鼻烟癌患者（n=239）	健康对照（n=286）	OR（95% CI）	p
C-1888T	基因型	T/T	64（27.6%）	99（35.1%）	1.0	—
		T/C	121（52.2%）	163（57.8%）	1.2（0.8~1.7）	0.510
		C/C	47（20.2%）	20（7.1%）	3.3（1.8~6.1）	<0.0001
	等位基因	T	249（53.7%）	361（64.0%）	1.0	—
		C	215（46.3%）	203（36.0%）	1.6（1.2~2.0）	0.001

注：CI：可信限。通过执行 logistic 回归分析检测关联，并校正了年龄和性别的风险因素。

表 3-14-2 鼻咽癌患者与健康对照中 *PLUNC* 基因的单倍型的分布

单倍型	鼻咽癌患者（2n=478）	健康对照（2n=572）	OR（95%CI）	p
T-T	187（41.2%）	292（53.7%）	1	—
C-T	57（12.6%）	56（10.3%）	1.59（1.05~2.40）	0.027
T-C	90（19.8%）	95（17.5%）	1.48（1.05~2.08）	0.024
C-C	120（26.4%）	101（18.5%）	1.86（1.34~2.56）	0.00016
Total（3 df）				0.001

（二）权利要求书的撰写

在撰写权利要求书的时候应当注意，一种通过检测 *PLUNC* 基因的 C-2128T 位点、C-1888T 位点或由此两位点组成的单倍型来判断个体对鼻咽癌是否易感的方法；一种检测 *PLUNC* 基因的 C-2128T 位点的基因型的方法；一种检测 *PLUNC* 基因的 C-2128T 位点和 C-1888T 位点组成的单倍型的方法；所述的方法或其试剂盒在鼻咽癌的人群预防和控制以及遗传咨询中的应用等主题均可能涉及疾病的诊断方法从而不能被授予专利权，此时，权利要求保护的额主题可以包括引物对、试剂盒以及其在制备检测试剂中的应用。

权利要求书

1. 一种检测与鼻咽癌易感性关联的 *PLUNC* 基因 C-2128T 位点的检测试剂盒，包括：扩增用基因特异性引物，正向引物 AGCTTGGAGCATTGAAAGGA，反向引物 ACGCACCCCAGATGTAGGC；dNTP；用于 PCR 反应的 TaqDNA 聚合酶及其缓冲液的一种或多种，以及用于测序用的试剂中的一种或多种。

2. 根据权利要求 1 所述的检测试剂盒，其特征为所述的 TaqDNA 聚合酶为

HotStar Taq 酶。

3. 一种检测 *PLUNC* 基因 C-2128T 位点基因型的特异性引物对，其特征为：

正向引物：5′-AGCTTGGAGCATTGAAAGGA-3′

反向引物：5′-ACGCACCCCAGATGTAGGC-3′。

4. 权利要求 3 所述的引物对在制备检测试剂中的应用，其特征为该检测试剂可检测与鼻咽癌易感性关联的 *PLUNC* 基因 C-2128T 位点。

参考文献

[1] 章静波，宗书东，马文丽. 干细胞［M］. 北京：中国协和医科大学出版社，2003.

[2] 裴雪涛. 干细胞生物学［M］. 北京：科学出版社，2003.

[3] 赵春华. 干细胞原理、技术与临床［M］. 北京：化学工业出版社，2006.

[4] 赖文玉，曾巧慧，吴燕云，等. 人胚胎干细胞神经分化的方法探讨［J］. 中山大学学报（医学科学版），2011，32（5）：694-700.

[5] 孟瑛，潘恒，周玉珍. 体外直接诱导人胚胎干细胞向神经细胞分化的研究［J］. 热带医学杂志，2012，12（4）：422-425.

[6] 刘超，刘丽华，方圣云. 人类胚胎干细胞分化研究［J］. 中国药理学通报 2011，27（6）：831-834.

[7] 范新兰，孟春玲，麦友刚，等. 人胚胎干细胞分化为心肌细胞的体外实验［J］. 中国组织工程研究与临床康复，2007，11（46）：9413-9415.

[8] 胡诞宁. 胚胎干细胞衍生的视网膜色素上皮细胞移植治疗眼病［J］. 中华细胞与干细胞杂志（电子版），2014，4（2）：104-108.

[9] 罗静，张慧明，魏为，等. 干细胞移植治疗青光眼的研究进展［J］. 中华细胞与干细胞杂志，2014，4（2）：130-137.

[10] 唐华东，王大鹏. 对我国人胚胎干细胞专利法律保护的思考［J］. 知识产权，2013（5）：52-57.

[11] 姜军平. 实用 PCR 基因诊断技术［M］. 西安：世界图书出版公司，1996.

[12] 张向阳. 医学分子生物学［M］. 苏州：江苏凤凰科学技术出版社，2018.

第四部分

中药领域专利申请文件的撰写

第十五章

概　述

中医药作为我国独特的卫生资源、潜力巨大的经济资源、具有原创优势的科技资源、优秀的文化资源和重要的生态资源，在经济社会发展中发挥着重要作用。随着经济社会的发展，人类的身体、心理和社会问题愈来愈复杂，人口老龄化进程加快，健康服务业蓬勃发展，“中医治未病”的理念更契合人类健康的宗旨，人民群众对中医药服务的需求越来越旺盛，因此，中医药的发展和作用越来越为世人关注。在科技和人类文明飞速发展的今天，传统的中医药如何更好地传承与发展也是摆在当下极为重要的课题。十九大报告指出，坚持中西医并重，传承发展中医药事业。2019 年 7 月 24 日召开的中央全面深化改革委员会第九次会议审议通过的《关于促进中医药传承创新发展的意见》指出：要坚持中西医并重，推动中医药和西医药相互补充、协调发展，这也是我国卫生与健康事业的显著优势。可见，合理传承与创新发展是中医药事业的重要使命，而创新发展离不开知识产权，尤其是专利的保护。

本章将从中医药领域发展现状及展望、中医药领域发明专利申请的特点、中医药领域发明专利申请的类型三方面对中医药发展的未来态势和专利保护的概貌予以简介。

第一节　中医药领域发展现状及展望

中医药是世界医药学的瑰宝，是我国具有原创优势的科技资源，蕴含着巨大的创新潜能。随着科技的进步和创新的激励，中医药行业在传承中不断创新发展，继续为人类的生命健康做更大的贡献。“中医药学是打开中华文明宝库的钥匙”。中医药具有独特的疗效，在近现代的发展中，不断有各种新技术被运用到中医药的基础和研究中去，取得的科研成果带来了良好的医疗效果和巨大的商业价值，中医药在继承中不断壮大发展。特别是“十三五”以来，国家高度注视中医药的发展，先后出台了诸多利好的政策，如《中医药事业发展“十三五”规划》《中医药发展战略规划纲要（2016—2030年）》（简称《发展纲要》）《中医药健康服务业发展规划（2015—2020年）》和《中药材保护和发展规划（2015—2020年）》《“健康中国2030”规划纲要》《中国的中医药》白皮书、《关于促进中医药传承创新发展的意见》等。《中华人民共和国中医药法》（简称《中医药法》）也从2017年7月1日开始实施，为中医药技术创新和发展带来了法律保障。可以说，当前中医药行业的发展迎来了前所未有的好时机、好光景。尤其是屠呦呦荣获了诺贝尔医学奖，更极大地提升中医药领域科学家和研究人员的自信心，为中医药领域的创新研究注入了一剂强心针。《发展纲要》明确指出，到2030年的目标之一是中医药工业智能化水平迈上新台阶，对经济社会发展的贡献率进一步增强，我国在世界传统医药发展中的引领地位更加巩固，实现中医药继承创新发展、统筹协调发展、生态绿色发展、包容开放发展和人民共享发展，为健康中国建设奠定坚实基础。

一、政策为中医药发展保驾护航

党的十八大以来，针对中医药的传承和创新发展，党和政府出台了一系列的大政方针，为中医药健康发展指明了前进的方向。2016年作为“十三五”的开局之年，党中央及各级政府在中医药的发展规划上作出了新的突破和创新，其中，《发展纲要》是指引中医药领域发展的重要纲领。此外，2019年7月24日召开的中央全面深化改革委员会第九次会议，审议通过了《关于促进中医药传承创新发展的意见》，其中指出，传承创新发展中医药是新时代中国特色社会主义事业的重要内容，对于坚持中西医并重、打造中医药和西医药相互补充协调发展的中国特色卫生健康发展模式具有重要意义。要健全中医药服务体系，推动中医药事业和产业高质量发展，加强中医药人才队伍建设，促进中医药传承和开放创新发展，改革完善中医药管理体制机制，发挥中医药在疾病治疗和预防中的特殊作用。通过梳理，可以看出国家主要针对中医药领域的以下几个方面进行大力扶持和发展。

（一）推进和提升中医药行业的传承和创新

中医药行业的传承和创新能力决定着中医药未来的发展，近年来出台的国家相关政策主要从以下几方面着力提升中医药行业的继承和创新能力[1]。

1. 加强中医药理论的继承和研究

没有继承就无以发展，继承是发展的基石。加强中医药理论继承重点落脚在：实施中医药传承工程，全面、系统地继承历代各家学术理论、流派及学说，全面、系统地继承当代名老中医药专家学术思想和临床诊疗经验，总结中医优势病种临床基本诊疗规律。将中医古籍文献整理纳入国家中华典籍整理工程，开展中医古籍文献资源普查，抢救濒临失传的珍稀与珍贵古籍文献，推动中医古籍数字化，编撰出版《中华医藏》，加强海外中医古籍影印和回归工作。

中医药理论是指导中医药临床实践的重要遵循，只有在传承的基础上不断进行创新性研究，才能掌握好中医药的发展规律，以创新驱动发展。今后将进一步深化中医基础理论和辨证论治方法研究，开展经穴特异性及针灸治疗机理、中药药性理论、方剂配伍理论、中药复方药效物质基础和作用机理等研究，建立概念明确、结构合理的理论框架体系。

2. 加强中医药传统知识保护与挖掘

重点开展推进建立中医药传统知识保护数据库、保护名录和保护制度的工作。加强中医临床诊疗技术、养生保健技术、康复技术筛选，完善中医医疗技术目录及技术操作规范。加强对传统制药、鉴定、炮制技术及老药工经验的继承应用。开展对中医药民间特色诊疗技术的调查、挖掘整理、研究评价及推广应用。加强对中医药百年老字号的保护。

3. 健全中医药协同创新体系和机制

中医药协同创新体系和机制的健全是创新发展的有力保障。今后将进一步健全以国家和省级中医药科研机构为核心，以高等院校、医疗机构和企业为主体，以中医科学研究基地（平台）为支撑，多学科、跨部门共同参与的中医药协同创新体制机制，促进中医药科技创新能力提升，加快形成自主知识产权，促进创新成果的知识产权化、商品化和产业化。

4. 全面提升中药产业发展水平

中药产业的发展水平直接影响到中医药行业的创新和发展。今后将重点开展以下工作：一是构建合理的中医药研发技术平台。鼓励以高新技术企业为依托，以科研院所为支撑，围绕提高中药新药的质量和临床疗效开展创新研究，同时促进转化和应用。二是加强中医药工业关键技术的创新研究。例如，中药饮片的传统炮制经验继承及炮制工艺与设备现代化研究；中药提取、分离、制剂、辅料生产技术集成创新的研究。三是促进中药工业转型升级。推进中药工业数字化、网络化、智能化建设，加强技术集成和工艺创新，提升中药装备制造水平，加速中药生产工艺、流程的标准化、现代化，提升中药工业知识产权运用能力，逐步形成大型中药企业集团和产业集群。

（二）加强中医药防治疾病的优势特色领域研究

中医药治疗疾病的理念是预防为先，所谓“上医治未病”。针对当今人类的健康状况，国家将加强对重大疑难疾病、重大传染病防治的联合攻关和对常见病、多发病、慢性病的中医药防治研究。例如，加强对心脑血管病、糖尿病、恶性肿瘤、慢性呼吸系统疾病和肾病等重大慢性病，以及免疫性疾病、代谢性疾病、病毒性疾病、重大传染性疾病、老年性疾病、精神心理与心身疾病等疾病的研究；减少抗生素应用及中药替代以及妇女儿童健康问题等的中医药防治临床研究，以期形成一批防治重大疾病和“治未病”的重大产品和技术成果，发挥中医药在疾病治疗和预防中的特殊作用。

（三）加快和促进民族医药产业的健康发展

民族医药产业是中医药产业的重要组成部分，今后国家将重点开展民族医药特色诊疗技术、单验方等整理研究。加强民族医药诊疗技术研究与推广，充分发挥特色与优势。制定民族医药的技术操作规范，加强民族医药医疗机构建设。加强民族医药传承保护、理论研究和文献的抢救与整理。推进民族医药标准建设，提高民族医药质量，加大开发推广力度，促进民族医药产业发展。

（四）建立中医药标准化及临床疗效评价体系

中医药标准化是中医药规范发展和走出国门的关键，今后将加快推动中医药基础标准、技术标准和行业规范的制定。例如，中药材及其饮片的表述的规范和统一、中医名词术语的规范、诊疗手段和标准的规范、中药标准和民族医药标准等。同时，要制定和完善药膳技术标准、中医保健技术规范等与保健相关的行业标准。

还将不断完善中医药科研和临床疗效评价体系。建立和完善符合中医药特点的科研评价标准技术评价体系，促进中医药的传承和发展。

（五）促进中药资源的可持续发展

中药材是中医药行业的源头，中药资源是中医药发展的关键和质量保障。

加强对中药资源的保护、研究开发和合理利用是促进中医药可持续发展至关重要的环节。主要包括：加强中药资源保护利用，推进中药材规范化种植养殖，构建现代中药材流通体系；制定中药材流通体系建设规划，建设一批道地药材标准化、集约化、规模化和可追溯的初加工与仓储物流中心，与生产企业供应商管理和质量追溯体系紧密相连；实施中药材质量保障工程，建立中药材生产流通全过程质量管理和质量追溯体系，加强第三方检测平台建设。

（六）大力弘扬中医药文化

弘扬中医药文化重点包括两方面工作。一是繁荣发展中医药文化。大力倡导“大医精诚”理念，强化职业道德建设，形成良好行业风尚。实施中医药健康文化素养提升工程，加强中医药文物设施保护和非物质文化遗产传承，推动更多非药物中医诊疗技术列入“联合国教科文组织非物质文化遗产名录”和“国家级非物质文化遗产目录”，使更多古代中医典籍进入“世界记忆名录”。推动中医药文化国际传播，展示中华文化独特魅力，提升我国文化软实力。二是发展中医药文化产业。推动中医药与文化产业融合发展，纳入文化产业发展规划。发展新型文化产品和服务，提升中医药与文化产业融合发展水平。

（七）积极推动中医药走向世界

进一步推动中医药海外发展，推动中医药走向世界。一是加强中医药对外交流合作。加强中医药知识和文化对外宣传，促进国际传播。二是扩大中医药国际贸易。将中医药国际贸易纳入国家对外贸易发展总体战略，构建政策支持体系，加强中医药知识产权国际保护，扩大中医药服务贸易国际市场准入。支持中医药机构参与“一带一路”建设，扩大中医药对外投资和贸易。鼓励中医药企业走出去，加快打造全产业链服务的跨国公司和知名国际品牌。

二、新药审批尊重中医药行业的特点

药品的注册分类管理制度是药政管理部门根据新药的特点和属性而规划的新药注册通道，不同类型新药的注册具有不同的技术要求。经过几十年的探索和实践，我国药品注册分类管理制度对中药新药技术的定位越来越明晰，总体可分为三方面：①传统中医体系下的中药新药；②传统体系和现代化结合的中药新药；③现代化中药新药（即天然药物新药）。

现行2020年7月1日施行的《药品注册管理办法》又将“在传统医药理论指导下组方的”中药复方制剂（6.1）具体细分为三类：a. 来源于古代经典名方的中药复方制剂；b. 主治为证候的中药复方制剂；c. 主治为病证结合的中药

复方制剂。实践中，针对经典名方、临床验方、医院制剂或科研方等进行研究仍是目前中药新药开发的主要形式。中药领域的新药中，6.1类“在传统医药理论指导下组方的中药复方制剂”的数量明显多于其他两类。纵观近年来中药新药的申报和获批情况，每年的数量均呈快速递减趋势，这一方面表明中药领域的创新能力和水平不高，另一方面也说明新药审批的要求对于中药领域可能有些偏高。

可喜的是，为了贯彻落实《中医药法》，2018年6月1日，国家药品监督管理局发布了《关于古代经典名方中药复方制剂简化注册审批管理规定的公告》(2018年第27号)，其中明确了：“对来源于国家公布目录中的古代经典名方且无上市品种（已按本规定简化注册审批上市的品种除外）的中药复方制剂申请上市，符合规定要求的，实施简化审批。”并指出：“对于上述目录中的经典名方制剂申请上市，可仅提供药学及非临床安全性研究资料，免报药效学研究及临床试验资料。”可见，对于经典名方新药的审批，重点考虑的是中药质量控制的复杂性和产品的安全性，申报资料要求主要是基于通过药材、饮片到制剂的生产全过程控制以全面控制经典名方制剂质量的目的而设定的，符合目前中药质量控制的发展趋势。因此，这些要求不应被视为是仅针对经典名方制剂设置的技术高门槛，更不应被视为与简化审批相矛盾。关于非临床安全性研究的要求，经典名方虽然有着长期的人用史，但一直缺乏系统的非临床安全性研究。另外，实践中已发现个别经典名方出现明显安全性风险。因此，从保证公众安全用药出发，规定对经典名方制剂均需系统、深入地开展非临床安全性研究也是非常必要的。总之，对于经典名方制剂的新药审批，现行《药品注册管理办法》尊重中医药行业的特点和发展需求，简化了审批要求。

此外，新修订的《中华人民共和国药品管理法》(2019年12月1日施行)，明确规定了国家建立和完善符合中药特点的技术评价体系，促进中药传承和发展。

三、创新主体和科研院所引领产业发展方向

从近十年中药产业的发展来看，重要创新主体和科研机构的创新研究与国家中医药产业政策所鼓励的方面是大致吻合的，可见国家政策对中药产业创新起到了积极的推动作用，中药创新主体也积极引领产业发展的方向。

作为创新主体的中药企业，他们的研究大多集中在经典名方等老品种的二次开发上，如上市后的再评价、生产工艺升级、提升质量标准、开发产品的新用途；对于新品种的研发多以经验方和院内制剂为主，中药单味药提取物的研

发还不够深入。涉及的技术领域主要集中在市场需求比较旺盛的儿科、妇科、消化道和抗感染药物等方面。大专院校和科研院所则以基础研究为主，一方面针对专家经验方和经典名方进行进一步深入研究和开发；另一方面对中药药材的作用机理和药效物质和提取方法等方面进行基础研究。他们的研究具有规模较大、研究较规范等特点，研究的水平和质量较高，有较大的发掘空间。总体而言，中药产业的发展方向聚集在对经典名方、临床验方、院内制剂等方面的开发，对中药工业关键技术的创新研究也在逐步深入，并且越来越注重对中医药优势特色领域的疾病防治研究。

综上所述，中医药的发展有优势也有不足，总体而言在不断创新中发展。可以预期，通过国家、社会各界和中医药从业人员的共同努力，到2030年，中医药健康服务能力将显著增强，在“治未病”中的主导作用、在重大疾病治疗中的协同作用、在疾病康复中的核心作用将得到充分发挥；中医药科技水平将显著提高；中医药工业智能化水平也将迈上新台阶，对经济社会发展的贡献率进一步增强，我国在世界传统医药发展中的引领地位更加巩固，中医药也将为健康中国建设作出更大贡献。

第二节 中药领域发明专利申请的特点

30多年来，随着我国知识产权事业的蓬勃发展和国家对中医药行业发展的高度重视，中医药行业的知识产权意识日益增强，发明创新的动力不断增长，中医药领域的发明专利申请一直保持快速增长的态势。近年来，中药领域发明专利的申请量持续快速增长，约30%的年增长率远超过其他领域的专利申请的增长。但快速增长背后也存在一些问题。例如，申请的数量增长与质量提升不协调、申请文件的撰写质量不高、低质量申请较多、个人申请比例较大、技术分布明显失衡等。如何提升中药领域发明专利的申请质量是亟待解决的问题。

纵观近年来中药领域专利申请的发展状况，可以归纳为以下几方面的特点。

一、申请数量情况

1. 申请总量波动起伏

从2007～2016年中药领域发明专利申请数量变化趋势可以看出，2007～2010年的申请量趋于平稳、稳中略升，但2011年之后申请数量持续剧增，2012

年突破1万件，2014年突破2.5万件，2015年达到顶峰约3.2万余件，之后2016年申请量开始回落并低于2014年的申请量，逐渐趋于理性。这些数量的变化与我国实施创新驱动发展战略、政府的资助政策、行业的知识产权保护意识和能力不断增强等因素密切相关。

2. 创新主体的申请量递增

随着我国知识产权制度的不断完善，中药领域申请主体的结构也发生了比较明显的变化，申请主体从个人明显向企业和科研院所偏移。近年来，虽然中药领域个人发明专利申请量约占60%左右（早期达90%以上），但作为创新主体的企业的申请量也在不断递增，从早年不足10%的占比，目前达到30%以上，从申请数量的结构变化可以看出，中药领域的创新逐渐趋于合理。

3. 中药组合物申请占据绝对优势

中药组合物发明是中药领域发明申请的一种重要类型，也是具有鲜明领域特点的一类发明。近30年来，其申请数量一直保持主导的地位。据统计，在中药领域的发明专利申请中，中药组合物发明申请的数量占比约达88%，成为中药领域发明专利申请的主流。这也充分体现了中药复方在实际临床中的普遍需求和运用广泛。

4. 国际申请量稳步增长

据统计，2007~2016年中药领域中国申请人对外申请数量的年度分布情况呈上升趋势。这十年，中国对外申请的数量共1163件，每年的申请数量约100件左右，并逐年递增，2016年达到高点，约160件[2]。随着我国“一带一路”倡议的实施，中医药国际化趋势将进一步提升，“走出去”的国际申请数量也将进一步递增。

二、聘请代理情况

中药领域聘请专利代理的比例不高，代理率约占45%~50%。究其原因，一是中药领域个人申请比例仍然较高，从成本和担心泄密的角度考虑，个体申请人一般不太愿意聘请专利代理师；二是中药领域缺乏比较专业的代理机构，许多专利代理师缺乏中医药专业背景，由非中药领域专利代理师对中药领域发明申请进行代理的情况非常普遍，导致代理质量不高，难以准确把握发明的实质，这也是制约发明人聘请代理的重要原因。从另一角度也反映出中药领域知识产权人才尤其是专利人才的稀缺，亟待加强人才队伍建设和培养。

三、申请质量情况

1. 申请文件的撰写水平较低

目前中药领域申请文件的撰写整体水平较低。表现在：权利要求项数少，权利要求的保护范围窄，无法达到多层次的有效保护；说明书页数少，不善于突出发明点、发明构思和发明要解决的技术问题，不善于体现发明的技术贡献和技术价值，不清楚提供何种有证明力的实验证据来证实其声称的技术效果和要解决的技术问题，对实施例的作用理解不到位，撰写时过于模板化；对背景技术的撰写流于形式，提交申请前没有认真地检索和挖掘相关的现有技术，不了解现有技术的状况、存在的问题和不足，等等。

2. 中国对外申请的质量较高

近年来非正常申请的充斥，导致中药领域发明申请的平均授权率和驳回率出现明显振荡。2012 年之前的授权率约 60%，而近几年授权率明显走低，约为 20%。然而，中国在国外的中药专利申请的授权量情况则相反，俄罗斯的授权率是 100%，美国为 52%，欧洲专利局为 34%[2]。从上述授权率对比可以看出，中国对外申请的申请质量远远高于国内申请的平均水平。随着我局专利质量提升工程的实施和落实，相信这一趋势将会得到扭转。

3. 技术领域分布呈现行业特点

我国中药专利申请所涉及的技术领域中，位居前十位的为：消化系统、皮肤病、疼痛、炎症、呼吸系统、生殖系统、心血管系统、神经系统、骨骼疾病和代谢疾病。中医药院所和上市企业在呼吸系统、心血管系统、神经系统、恶性肿瘤感染性和免疫性等疾病方面的专利授权率转变。中医药在这些领域有其独特的治疗优势，逐步形成了一些有独特临床价值和市场竞争力的好品种、大品种，发挥了中医药在这些疾病治疗和预防中的特殊作用。

第三节 中药领域发明专利申请的类型

根据《专利审查指南 2010》的规定，发明专利申请的类型，按照性质划分，可分为产品和方法两大类型，产品发明也可称之为物的发明，方法发明也可称之为活动的发明。产品发明包括物品、物质、材料、工具、装置、设备等，方法发明包括制造方法、使用方法、通讯方法、处理方法以及将产品用于特定用途的方法等。

中药领域发明专利申请的类型同样分为产品和方法两大类型，下面做一具体阐述。

一、中药产品发明

由于产品发明包括物品、物质、材料、工具、装置、设备等方面，因此，在中药领域，涉及中药产品和材料、制备中药的装置和设备等的发明申请均可纳入中药产品发明的范畴，主要包括下面几种类型。

（一）中药饮片或炮制品

炮制是中药材在应用前或制成各种剂型前必要的加工过程，包括对原药材进行一般修治整理和特殊处理，后者也称为“炮炙”。由于中药材大都是生药，其中不少药材必须经过特定的炮炙处理，才能更符合治疗需要，充分发挥疗效。古人云“不及则功效难求，太过则性味反失”，炮制是否得当，直接关系到药效。总之，中药炮制是根据中医药理论，依照辨证施治用药需要、药物自身性质以及调剂、制剂的不同要求所采取的一项制药技术，其主要目的在于“去毒存性”。中药材经炮制所得到的产品即为中药炮制品，也叫中药材饮片。

（二）中药配方颗粒

中药配方颗粒是近年来出现的一种新的中药饮片类型，是由单味中药饮片经提取浓缩制成的、供中医临床配方用的颗粒。也即是，以传统中药饮片为原料，经过提取、分离、浓缩、干燥、制粒、包装等生产工艺，加工制成的一种统一规格、统一剂量、统一质量标准的新型配方用药。

（三）中药提取物

中药提取物是指中药原料经过一定的提取、加工工艺进行处理而得到的产品，其中包含的中药化学成分是中药治病的物质基础。作为新型的中药产品形式，中药提取物在中药新药、中药保健品、食品添加剂、化妆品、洗涤剂等领域开发应用已得到国内外的普遍认可。按提取物所含有效成分的种类和数量，中药提取物一般分为总提取物、有效部位和有效成分三类。

（四）中药复方/中药组合物

中药复方是指在中医学理论指导下进行遣方用药而形成的一种药味组合，即在辨证审因、确立治法的基础上，按照组方原则，确立组方结构，通过选择合适药物及其用量，妥善配伍而成。它并非药味的简单相加或药味的随意组合，而是以中医学辨证论治为理论指导，通过“理、法、方、药”四个基本环节构思而成的。在专利保护体系中，中药复方亦可称为中药组合物。

中药复方/中药组合物发明申请是中药领域发明专利申请的主要类型，具有鲜明的中药领域特点。辨证论治是构建中药复方发明的基本思路和原则。从药物治疗的角度看，中医辨证论治是认识疾病和诊疗疾病的过程。在临床实践中，辨证、立法、选方、遣药是相互联系、不可分割的，即“法随证立，方从法出，方以药成”。

因此，从理论上讲，在“理、法、方、药”任一环节的创新都有可能产生新的中药复方发明。基于此，我们根据中药复方在临床实践中的上述形成规律和构思过程，将中药复方/中药组合物发明专利申请分为下面两种类型。

1. 加减方

加减方，即成方化裁，顾名思义，它是以对已知成方配伍关系的理解为前提，在利用已知成方中主要药味的基础上进行药味或药量的加减调整、化裁配伍而形成的组方。

例如，发明涉及一种治疗感冒的中药组合物，其原料药按重量份计为麻黄10～15g、桂枝5～10g、甘草3～5g、苍术9～12g，而最接近的现有技术公开了以麻黄9g为君药、桂枝6g为臣药、杏仁9g为佐药、甘草3g为使药的麻黄汤，具有发汗解表的作用。经过比较发现，发明所述的中药组合物是以已知的麻黄汤为基础，在主病、主证、基本病机以及主要药味君药和臣药不变的前提下，增加了佐药苍术，减去了杏仁。因此该发明属于在已知的麻黄汤的基础上进行改进的加减方发明。

2. 自创方

自创方，也可称直接组方，是指在辨证论治的基础上，不使用已知成方，而是依据辨证论治的原则和配伍规律进行直接遣药组方。即以病证病机、治法、药物配伍和用药经验为基础，自行创制新方。

例如，发明涉及一种治疗慢性胃炎的中药组合物，以附子为君药、人参为臣药、白术和甘草为佐使药（用量配比略），治法重在温中祛寒。而最接近的现有技术公开了一种治疗慢性胃炎的药物，以补气健脾为主，组方中人参为君药、白术为臣药、附子为佐药、甘草为使药（用量配比略）。将两者比较发现，虽然治疗的疾病相同，但两者的治法不同，前者温中祛寒，后者补气健脾；在用药方面，虽然药味完全相同，但发明改变了现有技术组方的“君臣佐使”结构，起主要作用的药味不同，即发明不是以现有技术公开的补气健脾组方作为基础进行改进的，故属于未使用已知成方作为基础方的自创方。

由上可见，加减方与自创方是体现不同发明构思的两类中药组合物发明专利申请，其主要区别在于是否以已知的成方为基础。但无论成方化裁，或是直接组方，都须遵循“依法制方”的原则[3]，两者的共性是以辨证论治理论为指引进行组方。这就要求在撰写中药复方发明专利申请文件，尤其是撰写说明书时，描述技术内容不能只是简单罗列各种中药材的组合，不分主次，毫无配伍法则，这种描述通常无法阐明其发明构思和技术贡献，无法呈现其创造性高度。要撰写出一份高质量的申请文件，至关重要的一点是应该在说明书中清楚详实地阐明该组合物的中医辨证论治的组方原则和思路，诠释能体现发明具有临床价值和贡献的创新点，该创新点可以是“理、法、方、药”的任一环节，但最终必然落脚到“药”上。当然，对于发明的临床价值和贡献，还应在说明书中提供充分详实的动物实验或临床试验数据加以证实。

（五）中药制剂

中药制剂是指在中医药理论指导下，以中药产品为基础，中药饮片为原料，通过提取、分离、纯化获得半成品，再经药剂学方法加工制成各种剂型的制剂。

中药制剂发明专利申请是中药领域发明专利申请的重要组成部分，这类申请主要涉及中药产品的浸提方法改进、剂型的改进、制剂工艺的改进等方面。

（六）制药设备或装置

制药的设备或装置主要是指在中药产品制备过程中所使用的机器设备或装置。随着智能制造时代的到来，以及国家鼓励中药工业转型升级的政策，推进中药工业智能化建设，提升中药装备制造水平，鼓励开发中药制造机械与设备，提高中药制造业技术水平与规模效益，涉及制药设备和装置的发明专利申请也将逐步增多。

（七）中医诊疗仪器或设备

随着科技的不断发展，中医药领域的医疗仪器和设备也在不断更新换代，更加适合现代社会的需求。专利申请中，常见的中医诊疗仪器或设备主要包括中医行业在诊断和治疗疾病过程中所使用的仪器或设备，如舌诊议、脉诊仪、针法或灸法治疗仪、按摩仪等。

二、中药方法发明

方法发明表现为要求保护主题的核心是方法，包括制备物质的方法和其他方法如物质的使用方法、加工方法、处理方法等，因此可以将中药领域的方法发明分为以下主要类型。

（一）处理方法

处理方法主要是指对中药材的前期栽培、加工、优化和对中药材或中药产品的鉴别、检测等方面，如种植方法、采收方法、储存方法、炮制方法、鉴别方法、检测方法等。

（二）制造方法

中药领域的制造方法主要是指制造中药产品（提取物、中药制剂、中药组合物等）的方法，包括提取方法、制备方法、制剂方法等。

（三）制药用途

用途发明是指基于发现产品新的性能，并利用此性能而作出的发明。无论是新产品还是已知产品，其性能是产品本身所固有的，用途发明的本质不在于产品本身，而在于产品性能的应用。需要注意的是，物质的医药用途发明通常以制药用途的形式体现，例如，“某物质在制备治疗某疾病的药物中的应用”或类似形式。

中药领域的制药用途发明具有该领域的特点，医药用途“治疗某疾病”的形式比较广泛、复杂，可以是现代医学的疾病，也可以是中医学的疾病，还可以是中医学的某证候，或中医学证候与现代医学疾病或中医学疾病相结合（病证结合）的类型。例如，“某中药在制备治疗气滞血瘀型冠心病药物中的应用”。

以上介绍的是中药领域常见的发明专利申请类型。实际操作中，申请人可以根据需要选择某种类型进行专利申请，也可以在同一件专利申请中同时包含多种类型，如一件申请中同时包含中药组合物、其制备方法和制药用途等多种形式。

第十六章

中药领域发明专利保护客体

虽然专利制度的主要目的在于鼓励发明创造，推动发明创造的应用，提高创新能力，但并不是任何发明创造都属于专利法保护的范畴。为此，在撰写中药领域发明专利申请时，一定要清楚中药领域哪些发明属于专利保护的客体。《专利法》第二条、第五条和第二十五条分别明确规定了发明的定义和不能被授予专利权的情形，基于此，本章将依据上述法条，并结合中药领域发明专利申请的特点，对中药领域专利保护的客体作一简要分析。

第一节 发明的定义

根据《专利法》第二条第二款的规定，专利法所称发明，“是指对产品、方法或者其改进提出的新的技术方案”。

在撰写中需要注意，技术方案是对要解决的技术问题所采用的利用了自然规律的技术手段的集合。技术手段通常是由技术特征来体现的。对于未采用技术手段解决技术问题、以获得符合自然规律的技术效果的方案，不属于《专利法》第二条第二款规定的发明，不能被授予专利权。在中药领域，随着现代科技水平的不断发展，一些新的发明创造时有出现，如请求保护指纹图谱的专利申请。众所周知，中药指纹图谱是指某些中药材或中药制剂经适当处理后，采用一定的分析手段，得到的能够标示该中药特性的共有峰的图谱[4]。它采用了综合的、可定性或定量的鉴定或检测手段，建立在中药化学成分系统研究的基础上，主要用于评价中药材、饮片、中药制剂及其半成品质量的真实性、稳定性和一致性。而对于涉及中药产品指纹图谱的发明，因其包含图谱特征，当其请求保护的主题不恰当时，可能会导致不符合该条款的规定。例如下面的案例。

【案例 4 -16 -1】

A. **相关案情**

权利要求：一种白芷药材指纹图谱，通过如下方法得到：(1) 药材的提取：称取 10g 白芷粉末，加去离子水 150mL，煎煮 10 ~ 15min 后过滤，滤液浓缩至 100mL，再经 0.45μm 的滤膜过滤，滤液作为供试品溶液；(2) 药材指纹图谱的建立：精密吸取供试品溶液 20μL，采用高效液相色谱法进行测定，色谱条件：Lichrospher5-C18 色谱柱；以甲醇 - 水为流动相洗脱，波长 254nm，柱温 30℃，进样量 20μL，得到白芷药材水提液指纹图谱。

B. **案例分析**

该权利要求请求保护的主题为“一种中药材指纹图谱”，此时无论权利要求的特征部分采用何种撰写方式，由于指纹图谱本身是一种图形，不包含解决技术问题的技术手段，不是一种技术方案，因此不属于《专利法》第二条第二款意义上的发明，不属于可授予专利权的客体。

若将该权利要求请求保护的主题修改为“一种白芷药材指纹图谱的建立方法”，所述方法包括制备供试品溶液和对照品溶液，将制备的供试品溶液和对照品溶液分别进行高效液相色谱分析，得到供试品和对照品的 HPLC 图谱，通过比较不同供试品的 HPLC 图谱确定供试品的共有特征峰的步骤。由于上述步骤是利用了自然规律的技术手段，所述指纹图谱的建立方法是上述技术手段的集合，所以该方法是一种技术方案，属于可授予专利权的客体。由此可见，涉及中药指纹图谱测定的发明应注意发明主题的撰写方式。

第二节 违反法律和妨害公共利益的发明

根据《专利法》第五条第一款的规定，“对违反法律、社会公德或者妨害公共利益的发明创造，不授予专利权”。

其中所述的法律，是指由全国人民代表大会或者全国人民代表大会常务委员会依照立法程序制定和颁布的法律，不包括行政法规和规章。发明创造与法律相违背的，不能被授予专利权。

其中所述的妨害公共利益，是指发明创造的实施或使用会给公众或社会造成危害，或者会使国家和社会的正常秩序受到影响。发明创造的实施或使用会严重污染环境、严重浪费能源或资源、破坏生态平衡、危害公共健康的，不能被授予专利权。

中药领域发明专利申请涉及该条款的常见情形主要包括稀有中药材和毒性中药材的使用、中药配伍禁忌和使用禁忌等。使用稀有中药材的发明，可能涉及违反法律或因破坏生态平衡而妨碍公共利益；使用毒性中药材的发明和涉及中药配伍禁忌和使用禁忌的发明，则可能因危害公众健康而妨碍公共利益，从而不能被授予专利权。

撰写过程中，申请人应特别注意相关的法律规定，避免出现上述情形。同时应注意，法律法规是动态变化的，申请人应在撰写申请文件时查找相关网站的最新规定。

以下对涉及稀有中药材和毒性中药材的发明，以及涉及中药配伍禁忌和使用禁忌的发明在撰写时如何避免违反《专利法》第五条的规定，分别进行详细说明。

一、涉及稀有中药材的发明

中药领域的发明专利申请中有时会出现使用稀有中药材作为原料药的情形。稀有中药材包括来源于珍稀濒危野生动、植物的中药材，来源于稀有矿产的中药材，以及来源于古生物化石的中药材。对于稀有中药材，因其获取过程可能破坏生态平衡、妨碍公共利益，因此使用稀有中药材的中药发明可能属于《专利法》第五条第一款规定的情形，不能被授予专利权。根据国家药品监督管理部门对稀有药材的使用要求，可以分为以下三种情形。

（一）禁止使用的稀有中药材

含有国务院药品监督管理部门禁止使用的稀有中药材的中药，由于技术方案的实施会破坏生态平衡，属于《专利法》第五条第一款妨害公共利益的情形，不能被授予专利权，因此申请人在撰写发明专利申请时应注意避免使用该类药材。其中禁止使用的稀有中药材包括禁止一切贸易活动、取消已有药用标准、不得制药和对已生成的药品禁止出售等的稀有中药材。例如，原《国务院关于禁止犀牛角和虎骨贸易的通知》（国发〔1993〕39 号）规定，取消犀牛角和虎骨的药用标准，不得制药，对已生产的含犀牛角和虎骨的中成药查封并禁止出售。2018 年 10 月 29 日国务院印发的《关于严格管制犀牛和虎及其制品经营利用活动的通知》表明我国对于犀牛角和虎骨制品，继续实行“三个严格禁止”，其中包括严格禁止犀牛角和虎骨入药。因此，目前被禁止使用的稀有药材主要包括犀牛角和虎骨[5]。

（二）限制使用的稀有中药材

所谓“限制使用”是指国务院药品监督管理部门对该类药材的使用情形和范围作出了规定，并非所有个人和单位都有权使用该类药材。例如，国食药监注〔2005〕110 号《关于天然麝香、熊胆粉等使用问题的通知》以及国家林业局、国家工商行政管理总局公告2005 年第3 号《第五批试点使用“中国野生动物经营利用管理专用标识”的企业及其产品公告》中涉及的天然麝香、熊胆粉；国食药监注〔2006〕118 号《关于豹骨使用有关事宜的通知》中涉及的豹骨；林护发〔2007〕242 号《关于加强赛加羚羊、穿山甲、稀有蛇类资源保护和规范其产品入药管理的通知》中涉及的羚羊、穿山甲、稀有蛇类等。

如果发明使用该类药材，则应在说明书中记载其使用属于国务院药品监督管理部门、国家林业部门等国家相关管理部门允许的使用范围，并提供相应证据。否则将因破坏生态平衡、妨害公共利益，而不能被授予专利权。

此外，若不是直接来源于珍稀濒危野生动物的天然麝香，则不属于限制使用的稀有中药材，如人工麝香等。

（三）未限制使用的稀有中药材

已列入国家药品标准的稀有中药材，如果未被限制使用，则可以在中药发明中使用，如天然牛黄。

需注意的是，上述因使用稀有药材而妨害公共利益的缺陷，通常难以通过修改申请文件来克服。除非申请人在说明书中记载了该稀有药材的替代品，并证明所述替代品能发挥同等功效。因此，如果发明使用的稀有药材有替代品的，建议在说明书中进行描述，并提供相关证明其功效或作用的实验证据。

二、涉及毒性中药材的发明

近年来，随着一些中药安全性问题的出现，人们开始重新审视中药毒性和安全性。这其中，引发中药安全性问题的原因主要包括毒性中药材的使用。毒性中药材通常是指可对人体产生毒害性的中药材。历代本草在各药之下一般都要指明中药材有毒无毒，并依据毒性大小将其分为有大毒（剧毒）、有毒、有小毒等不同等级以供临床用药参考。我国已经颁布的法定药材标准（包括各版《中华人民共和国药典》、部颁药材标准、进口药材标准、地方药材标准）以及现行的中药学教材、工具书等，基本都沿用历代本草的经验标注药材的毒性及其分级[6]。例如，2015 年版《中华人民共和国药典》（简称《药典》）列举了有大毒（剧毒）药材 10 种、有毒药材 42 种、有小毒药材 31 种。

在中药领域，药材的使用离不开其用量。毒性药材虽然具有一定的毒性或副作用，但只要在合规的用法用量范围内使用，就能达到趋利避害的效果，发挥治疗疾病的作用，使用不当才会导致中毒。因此，由于药材毒性强弱和使用限制情况不同，相应的发明专利申请文件的撰写要求也有所差异。

（一）禁止使用的毒性中药材

对于含有因安全性问题被国务院药品监督管理部门禁止使用的毒性中药材的中药，由于其实施会危害公众健康，属于《专利法》第五条第一款妨害公共利益的情形，不能被允许。例如，含有马兜铃酸的关木通、广防己和青木香，因具有较严重的肾毒性，国务院药品监督管理部门已经取消其药用标准（参见国药监注〔2004〕379 号和〔2003〕121 号）。因此，含有上述中药材的中药的使用会给公众的健康造成危害，妨害公共利益，属于《专利法》第五条第一款规定的不能授予专利权的情形，在专利申请文件中应避免使用该类药材。

（二）限制使用的毒性中药材

毒性剧烈，但国家未禁止入药的毒性中药材，例如，中医传统理论认为的有大毒或剧毒的中药材以及现代研究发现的有较为严重的毒副作用的新毒性中药材（如马兜铃、寻骨风、天仙藤、朱砂莲等含马兜铃酸的中药材），属于“限制使用的毒性中药材”。对于这类药材，应当严格按照国家或行业规定的使用方法、安全用量和用药禁忌的要求使用。如果发明使用该类药材时，改变了给药方式、不符合用药禁忌、或者其用量明显超出国家药品标准规定的上限，那么说明书中应当充分翔实地记载所述药物的安全性评价试验，以证明其用药安全。对于使用了毒性中药材的发明专利申请，如何撰写才能避免落入违反《专利法》第五条第一款规定的范畴，可参考如下撰写方式。

【案例 4－16－2】

A. **相关案情**

权利要求：一种治疗骨关节炎的中药，其特征在于制备该中药的原料药按重量份为：血竭 1～5 份、马钱子 0.1～1 份、山药 10～20 份、三七 10～20 份、杜仲 15～20 份。

说明书：实施例中记载了取血竭 1g、马钱子 1g、山药 10g、三七 10g、杜仲 15g，煎煮二次，合并煎液。

说明书还记载了毒性实验，包括急毒试验和长毒试验。

急毒试验：根据中药新药研究的有关规定，对本发明药物小鼠灌胃给药的半数致死量（LD50）进行了试验测定，但未测到LD50，七日内小鼠无一死亡，处死小鼠解剖观察各脏器未发现毒性反应，给药组与对照组小鼠无任何差异……

长毒试验：为了临床用药安全，根据国家对新药研究的有关规定，应用Wistar大鼠将实验药物设定为高、中、低三个剂量组，另设对照组。连续灌胃给药90天、180天和部分动物停药10天后，观察本发明药物对大鼠各项生理、生化指标的影响……实验结果表明：用本发明药物不同剂量给大鼠连续口服180天，对大鼠的进食量和生长发育均无影响。对肝功能和肾功能均未发现明显毒性作用。对血常规、血生化、尿液生化及骨髓片等均未见明显影响，各组间与对照组比较无明显差异。

《药典》中记载：马钱子苦，温，有大毒；0.3~0.6g，炮制后入丸散用。

B. 案例分析

该申请使用了有大毒中药材马钱子，用量为每日1g，超出了其常规用量0.3~0.6g的上限，存在安全性问题，但是说明书中记载了详实可信的急毒、长毒等毒理实验数据，能够证明请求保护的中药产品的用药安全性，故不属于违反《专利法》第五条第一款的情形。

（三）有毒和有小毒的中药材

中药领域有毒或有小毒的中药材种类众多、应用广泛，因毒性相对较弱，按规范使用通常不会对公众健康产生严重危害。但若现有技术中存在确凿证据证明其可导致严重毒性反应的或者用法用量严重不符合国家规定的使用方法和安全用量的除外。对于上述例外情形，说明书中应记载充分详实的安全性评价试验以证明其安全性，否则将因危害公众健康、妨害公共利益，被纳入《专利法》第五条第一款规定的不能授予专利权的范畴。

三、涉及中药配伍禁忌和使用禁忌的发明

中药在配伍使用时，其化学成分会发生相互作用，其中出现不良反应或产生毒副作用的情形属于中药的配伍禁忌，原则上应当禁止配伍应用。属于上述情形的中药配伍禁忌主要包括传统中医药认为的“十八反”。十八反主要列举了三组相反药，这三组分别是：甘草反甘遂、大戟、海藻、芫花；乌头（川乌、附子、草乌）反半夏、瓜蒌（全瓜蒌、瓜蒌皮、瓜蒌仁、瓜蒌根）、贝母（川贝、浙贝）、白蔹、白及；藜芦反人参、沙参、丹参、玄参、苦参、细辛、芍药

(赤芍、白芍)[7]。传统中医药认为这些配伍禁忌存在较大的毒性，甚至会危及生命，故中药专利申请应尽量避免使用上述配伍。如果发明确实需要使用上述配伍方式，则应在说明书中提供充分详实的安全性评价证据，如详实可信的毒理学试验证据等，证明含上述配伍禁忌的中药产品是安全的，否则将因发明危害公众健康、妨害公共利益而被纳入违反《专利法》第五条第一款规定的范畴。

同样的，中药发明专利申请还需要重视特殊人群的用药安全性，关注其是否存在与儿童、孕妇、哺乳期妇女等相关的用药禁忌。如果发明使用禁忌药材，则应在说明书中提供与适用人群相关的毒理学试验证据，如发育毒性试验、生殖毒性试验等，以证明其安全性。

综上所述，对涉及稀有中药和/或毒性中药材的发明以及涉及中药配伍禁忌和/或使用禁忌的发明，在撰写时应根据现行法律、行政法规等的规定，理清专利申请中所要使用的中药材所属的类型，避免使用国务院药品监督管理部门禁止使用的稀有中药材和毒性中药材；对含有其他类型中药材的专利申请或涉及中药配伍禁忌和使用禁忌的专利申请，应在说明书中提供所述药材可被允许使用的相应证据或安全性评价试验等。

第三节　不授予专利权的主题

《专利法》第二十五条第一款规定，对下列各项，不授予专利权：“(一) 科学发现；(二) 智力活动的规则和方法；(三) 疾病的诊断和治疗方法；(四) 动物和植物品种；(五) 原子核变换方法以及用原子核变换方法获得的物质；(六) 对平面印刷品的图案、色彩或者二者的结合作出的主要起标识作用的设计。”

中药领域发明专利申请涉及该条款的情形主要包括科学发现、智力活动的规则和方法以及疾病的诊断和治疗方法。以下对撰写时如何规避《专利法》第二十五条第一款规定的不能授予专利权的客体，分别进行详细说明。

一、科学发现

科学发现，是指对自然界中客观存在的物质、现象、变化过程及其特性和规律的揭示。科学理论是对自然界认识的总结，是更为广义的发现。它们都属于人们认识的延伸。这些被认识的、客观存在的物质、现象、过程、特性和规律不同于改造客观世界的技术方案，不是专利法意义上的发明创造，因此不能被授予专利权。

科学发现是对客观世界的认知，而发明是对客观世界的改造，两者的关键区别在于是否包含人工技术手段。

在中药领域，因发现自然界天然存在的，即客观存在的、未经人为加工处理的动物、植物、微生物、矿物的药用价值而将其直接作为一种新的中药要求保护，属于《专利法》第二十五条第一款第（一）项规定的科学发现的情形。但是，如果对上述动物、植物等进行了干燥、切制、粉碎、炮炙等人工处理，所得产品不再是天然存在的状态，则属于可以保护的客体。因此，在提交的发明专利申请涉及新药材来源或药材新药用部位时，应注意在技术方案中体现人工技术手段。

【案例 4-16-3】

A. 相关案情

权利要求：一种中国中药野芙蓉花，其特征是选择在 6~9 月野芙蓉 Abelmoschus manihot L. Medicus 鲜品花进行采收，采收时间以野芙蓉花蕾顶端开裂为基点时间，选择以距上述基点时间前后相距 3h 内开放的鲜品花，在距此基点前 36h 和其后 18h 这段时限外的花一律弃去。

B. 案例分析

该权利要求所要求保护的是在特定时间采收的野芙蓉花，并未对其进行人工处理，只是对采收的时机作出了选择。而未经过人工处理的药用部位实际上是动植物的一部分，是天然存在的物质，因此，该请求保护的主题属于《专利法》第二十五条第一款第（一）项规定的不能授予专利权的客体。

【案例 4-16-4】

A. 相关案情

权利要求：一种中国中药野芙蓉中药材饮片，其特征是选择野芙蓉 Abelmoschus manihot L. Medicus 鲜品花进行采收，经清洗、烘干、粉碎后作为制备中药制剂的原料。

B. 案例分析

该权利要求的技术方案中，将野芙蓉的花采收后，对其进行了清洗、烘干、粉碎等人工处理，所要求保护的中药材饮片已经不是天然存在的状态，因此属于可以保护的客体。

上述两个案例的区别在于后者对所要保护的客体进行了人工处理，而前者没有进行人工处理。判断是否进行了人工处理的依据在于是否介入了人工技术手段使其原有状态（如组织、细胞等）发生变化或被改造。

二、智力活动的规则和方法

智力活动的规则和方法是指导人们进行思维、表述、判断和记忆的规则和方法。由于其没有采用技术手段或利用自然规律，也未解决技术问题和产生技术效果，因而不能构成技术方案，其既不符合《专利法》第二条第二款的规定，又属于《专利法》第二十五条第一款第（二）项规定的情形，不能被允许。

中药领域涉及智力活动的规则和方法的专利申请主要涉及中药产品的质量控制方法。中药产品的质量控制方法是指人为设定一些指标或标准对产品的质量进行控制的方法，通常包括对产品进行常规鉴别如性状鉴别和显微、一般理化鉴别，以及对指标性成分的含量进行测定等。其目的是为了保证用药的安全、合理和有效，而对中药产品主要是对中药材、中药制剂和中成药进行分析检验。可见它是为保障产品质量而人为设立的检查标准、并依据该标准判断所述产品质量是否符合质量要求的方法。因此，“质量控制方法”属于智力活动的规则和方法的范畴。

对于此类专利申请，如果发明的技术内容实质上涉及中药产品中某成分的定性或定量检测，为了防止落入智力活动的规则和方法的范畴，则应将权利要求请求保护的主题撰写为“鉴别方法”“检测方法”或“测定方法”等，而避免使用“质量控制方法”之类的措辞。

三、疾病的诊断和治疗方法

疾病的诊断和治疗方法，是指以有生命的人体或者动物体为直接实施对象，进行识别、确定或消除病因或病灶的过程。当中药领域的发明专利申请涉及上述方法时，属于《专利法》第二十五条第一款第（三）项规定的情形，不能被授予专利权。中药领域常见的疾病的诊断和治疗方法如下。

（一）中医诊断方法

传统的中医诊断方法包括望、闻、问、切，是以有生命的人体为对象，以获得疾病诊断结果为直接目的，属于《专利法》第二十五条第一款第（三）项规定的疾病的诊断方法，不能授予专利权。

【案例4-16-5】

A. 相关案情

权利要求：一种中医四诊合参的辨证方法，其特征是：通过提取舌象和脉象特征，进行舌象和脉象的自动分析判别，并与闻诊、问诊信息相融合。

B. 案例分析

该权利要求对传统的中医四诊方法中的舌诊、脉诊采用现代的科技手段进行了改进，并与闻诊、问诊的信息相融合，但依然是以有生命的人体为对象，以获得疾病诊断结果为直接目的，因此属于疾病的诊断方法，不能授予专利权。

（二）中医治疗方法

针灸、推拿、按摩、刮痧、气功和药浴等中医药疗法，如果以治疗为目的，应当视为治疗方法，属于《专利法》第二十五条第一款第（三）项规定的疾病治疗方法，不能授予专利权。

【案例4-16-6】

A. 相关案情

权利要求：一种治疗脾气虚的方法，其特征在于：利用毫针刺入人体足三里、三阴交。

B. 案例分析

该权利要求涉及采用针灸的方法来治疗脾气虚证，其是以治疗为目的，属于疾病治疗方法的范畴，不能被授予专利权。

虽然针灸治疗方法不能被授予专利权，但是用于针灸治疗方法的仪器或装置，以及治疗方法中的物质或材料属于可被授予专利权的客体。例如，一种针灸皮内针、针灸用磁针的制作方法、针灸针快速进针器的制作方法，以及针灸无痛进针器的制作方法等。

另外，如果权利要求请求保护的是中药的使用方法，若该方法是以有生命的人体作为实施对象，其目的用于治疗疾病，则应当视为治疗方法，不能被授予专利权。例如，权利要求请求保护："一种中药粉末在治疗糖尿病药物中的应用，其中……"由于该使用方法，是以有生命的人体作为实施对象，其目的在于治疗疾病，因此仍然属于治疗方法。但如果将该权利要求的主题修改为制备方法、产品或制药用途，例如，"一种中药粉末在制备治疗糖尿病药物中的应用"，则属于可以被授予专利权的客体。

从以上内容可以看出，中药领域发明专利申请涉及《专利法》第二十五条第一款的几种情形时，虽然有的主题如质量控制方法、疾病诊断方法或治疗方法，有可能通过修改克服缺陷，但为了节省程序，建议在撰写申请文件时尽量避免使用此类主题。

第十七章 授予专利权的实质性条件

"三性"是发明获得授权的前提，只有熟悉掌握中药领域专利申请"三性"判断要点，才能在撰写前对"三性"作出正确的预判，从而提高专利撰写质量。以下对"三性"判断难点逐一介绍。

第一节　新颖性

中药领域新颖性判断的难点主要体现在中药产品权利要求和制药用途权利要求两种类型。

一、中药产品的新颖性判断

中药产品的新颖性判断经常会遇到这样的问题：用途特征是否对产品有限定作用？开放式或封闭式的撰写方式如何影响组合物新颖性判断？制备方法或参数表征的产品如何跟现有技术进行对比？对于这些问题的梳理有助于了解各类特征和撰写方式对产品权利要求保护范围的影响，从而帮助判断中药产品是否具备新颖性。

（一）用途或功效特征对产品的影响

一种已知产品不能因为提出了某一新的应用而被认为是一种新的产品[8]。

对于用途限定的产品，应当考虑权利要求中的用途特征是否隐含了要求保护的产品具有某种特定结构和/或组成。如果该用途由产品本身固有的特性决定，而且与对比文件的产品相比，该用途特征没有隐含产品在结构和/或组成上发生改变，则该用途特征限定的产品权利要求相对于对比文件的产品不具有新颖性。在产品组成相同的情况下，治疗用途特征不会对中药组合物的结构和/或组成产生影响，不具有限定作用。

（二）中药组合物的新颖性判断

判断中药组合物权利要求的新颖性时，必须同时考虑原料药及其用量技术特征。如果中药组合物权利要求所限定的保护范围中包含了现有技术，则该中药复方组合物权利要求不具备新颖性。

如果某发明为由Aa、Bb、Cc制成的技术方案，其中A、B、C表示原料药，a、b、c表示原料药用量，新颖性判断一般存在下面两种情形：

(1) 当权利要求为开放式写法：一种治疗某疾病的中药组合物，它含有Aa、Bb、Cc。

如果检索到现有技术包含有A、B、C的技术方案，还要考虑用量特征。其中，用量特征关于数值与数值范围的新颖性判断原则参照《专利审查指南2010》版第二部分第三章3.2.4的规定。对比文件公开的数值或者数值范围落在权利要求限定的用量特征的数值范围内，或者对比文件公开的数值范围与用量特征的数值范围部分重叠或者有一个共同的端点，将破坏要求保护的发明的新颖性。

(2) 当权利要求为封闭式写法：一种治疗某疾病的中药组合物，它的组成为Aa、Bb、Cc。

如果现有技术为A、B、C、D，不能破坏其新颖性。因为现有技术除含有A、B、C外，还含有其他组分，与权利要求保护的技术方案并不相同。

只有现有技术仅为A、B、C时，才考虑用量特征，关于用量特征和关于数值与数值范围的新颖性判断原则同上。

【案例4-17-1】

A. **相关案情**

权利要求：一种治疗糖尿病的药物，原料药包括：川芎45~55重量份、黄芪30~20重量份、五味子4.5~5.5重量份。

对比文件公开了一种治疗糖尿病的药物，由川芎50重量份、黄芪50重量份、葛根10重量份、天花粉10重量份、五味子5重量份制备而成。

B. **案例分析**

该组合物权利要求属于开放式，现有技术公开了包含这些原料药的组合物，判断新颖性时还要考虑用量特征。权利要求中川芎、黄芪、五味子的用量配比是：(45～55)：(30～20)：(4.5～5.5)，现有技术公开的川芎、黄芪、五味子的用量配比是50：50：5，其中黄芪用量不在权利要求的范围之内，不能破坏该权利要求的新颖性。

(三) 中药提取物的新颖性判断

大部分中药提取物组成成分不明确，因此仅采用组成或结构特征难以表征清楚。中药提取物权利要求通常采用制备方法特征和/或理化等参数特征和/或部分指标成分含量进行限定。当现有技术存在类似提取方法得到的提取物，如果根据这些特征无法确定该产品与现有技术的区别，应当推定其不具有新颖性。申请人可以通过对比实验证实二者的区别，以克服其新颖性问题。

【案例4-17-2】

A. **相关案情**

权利要求：一种黄蜀葵花提取物，其特征为：(1) 以金丝桃苷作为代表成分对该提取物进行测定，提取物中总黄酮含量40%～90%；(2) 完全水解该提取物后，槲皮素化合物的含量30%～70%；(3) 提取物中，金丝桃苷化合物的含量8%～24%。

现有技术公开了一种黄蜀葵花有效部分的提取分离方法，通过该方法获得的黄蜀葵花提取物总黄酮含量达到60%以上。

B. **案例分析**

该案权利要求请求保护一种黄蜀葵花提取物，其通过“总黄酮含量、水解后槲皮素含量以及金丝桃苷含量”三个指标来进行限定。现有技术公开的这种黄蜀葵花提取物的总黄酮含量60%这个点值是落在权利要求1所请求保护的黄蜀葵花提取物对总黄酮含量的要求范围中的，但是权利要求的黄蜀葵花提取物还描述了槲皮素含量以及金丝桃苷含量，而现有技术中黄蜀葵花有效部分没有槲皮素含量以及金丝桃苷含量特征。本领域技术人员无法依据该指标成分含量特征对该产品与现有技术公开的产品进行比较，从而不能确定两者的区别，则可以推定该权利要求不具有新颖性，需要通过申请人提供证据证明其新颖性。一般需要提交该提取物与现有技术的对比数据，如指标含量的定性定量对比分析等。通过对比，如果两者确实存在组成或性质上的差别，权利要求才能具备新颖性。

二、中药制药用途的新颖性判断

中药产品制药用途权利要求的主题一般表征为：某中药在制备治疗某疾病药物中的应用。特征部分可以对药物组成、制备方法等作进一步限定。

（一）中药产品制药用途的保护范围

对于中药产品制药用途的权利要求，如果没有限定该中药为唯一的活性成分，则通常可以理解为两个技术方案，一是该中药作为唯一的活性原料在制备治疗相关疾病的药物中的应用，二是包含该中药的复方产品或联合使用该中药在制备治疗相关疾病的药物中的应用。只要现有技术公开了其中任何一个技术方案，该项权利要求都不具备新颖性。

此外，中药复方产品治疗某疾病的现有技术不能破坏某一味中药材作为唯一的活性原料在治疗相同疾病的制药用途权利要求的新颖性，因为中药复方产品包含多种药材，使用中药复方产品和使用单味药材制成的药物治疗疾病不属于相同的技术方案。

【案例4-17-3】

A. 相关案情

权利要求：仅用绞股蓝制成的制剂在制备治疗慢性肾炎的药物中的应用。

对比文件公开了含绞股蓝的六味复方治疗慢性肾炎。

B. 案例分析

由于多味药物的复方治疗某一个疾病，是多味药物共同发挥作用达到的治疗效果，因而不能由现有技术推知绞股蓝作为唯一活性成分可以治疗该疾病，所以权利要求相对于对比文件具有新颖性。

（二）新用途与已知用途实质上相同

1. 中医病与西医病的对应关系

中医的“病”和西医的“病”属于不同医学体系，即便两者名称相同，对应的疾病也不一定相同。当中药用途发明和现有技术中分别采用中医和西医的方式表述疾病名称时，应当从症状表现或诊断依据等方面判断中医的“病”与西医的“病”是否具有实质性的区别。

当新用途和已知用途仅仅在疾病的中医病因或病机上存在不同表述时，应当考虑上述病因或病机的表述是否对新用途具有实质性的限定作用。如果本领域普通技术人员无法依据病因或病机确定新用途和已知用途有何不同，则推定不具备新颖性。

【案例4-17-4】

A. **相关案情**

权利要求：一种中药组合物在制备治疗消渴病的药物中的应用，其特征在于所述中药组合物由以下重量份的原料药制成：蚕巢2~8份、地骨皮2~8份、黄连1~4份、蚕砂1~4份、葛根1~4份。

对比文件公开：一种治疗糖尿病的中药组合物，其原料药重量配比为：蚕巢2份、地骨皮2份、黄连1份、蚕砂1份、葛根1份。

B. **案例分析**

权利要求和对比文件两者相比所不同的治疗疾病分别为消渴病和糖尿病。而“消渴病”一词在中医学是指多饮、多食、多尿、形体消瘦，尿有甜味的一种病理状体，相当于西医学上的糖尿病。因此该权利要求不具备新颖性。

2. 区别特征仅在于机理限定

如果权利要求与现有技术的区别仅在于限定了作用机理，则应当考虑作用机理是否对疾病分型具有实质性的限定作用。当发明仅仅是发现了已知治疗用途的作用机理，由于它不能使该制药用途与现有技术产生实质区别，因此仅作用机理不同但所治疗疾病相同的制药用途发明不具备新颖性。

第二节　创造性

具备新颖性仅表明发明和现有技术存在区别，而能否授权的关键是发明是否具备创造性。创造性的判断相对于新颖性更为复杂，是中药领域申请最难以把握的环节，也是目前复审无效争执的最主要法条。

一、不同类型权利要求的创造性判断

（一）中药组合物的创造性

中药组合物专利申请的发明构思多是以辨证施治等中医药理论为基础，通过方中各味药物的配合与协同发挥治疗作用。对其创造性进行评价时，需要考量与现有技术组合物相比，各味药物的地位及配伍关系，以及组方在治疗该疾病中采用了何种治法治则以及遣方用药规律，从而从整体上判断技术启示的有无。依照发明构思大致可分为两大类：加减方和自创方。加减方是在已知方的基础上进行药味或用量加减而成的复方。自创方则是依据中医理论自行创制的复方。无论是加减方或是自创方，发明构思都应遵循中医辨证论治原则和配伍规律。

关于技术启示，应站位本领域技术人员，利用本领域中医药理论知识，整体考量，综合评判。以下根据发明的不同构思对组合物发明的创造性判断予以介绍。

1. 自创方

自创方一般来源于临床实践，其发明构思不拘泥于已知组方，而是根据中医辨证论治原则和配伍规律自行遣方用药而成，通常是经过临床反复验证得来的经验方剂。对于此类中药组合物发明，其达到的治疗效果是判断发明具备创造性的重要依据。如果说明书记载了真实详细的、选择不同药味组方的对比试验或其他有证明力的实验数据，证明了该自创方取得了较好的技术效果，则发明具备创造性。

2. 加减方

依据与对比文件的区别特征的不同分为以下几种情形。

（1）区别特征仅在于增加或减少药味或用量。

通常，药味的增加与疗效增强、适应证增加等技术效果有关。此类发明属于组合发明，如果通过增加药物解决了现有组合物中未曾认识到的技术问题，或取得了新的技术效果，又或是组合后的技术效果优于各组分技术效果的总和，则应当认为现有技术对该配伍并无教导和启示，该中药组合物具备创造性。反之，则不具备创造性。

药味的减少与简化组方、证候变化、降低毒性、生产成本降低等技术效果有关。此类发明一般属于组分减少的要素省略发明，只要发明保持了原有技术效果或产生新的技术效果，则具有创造性。

通常多见的是同时有加味也有减味。如果发明是在已知方剂基础上调整了药味和/或用量，没有改变原方剂的主要架构和功效主治，而且现有技术给出了根据病因病机，证候分型和相应治法治则的变化调整药味和/或用量的趋势或启示，发明也没有产生预料不到的技术效果，则该发明不具有创造性。

【案例4－17－5】

A. 相关案情

权利要求：一种用于肿瘤患者放化疗后康复的中药组合物，其特征在于，由以下重量份的原料药制成：黄芪50～60份、当归30～40份、红景天5～10

份、女贞子4～8份、陈皮2～5份、麦芽2～5份。

说明书：记载该组合物的方解，黄芪、当归为主要药味，并记载了治疗放化疗后气血两虚症患者200例的临床试验资料，证明该中药组合物可明显改善中医气血不足及食欲不振症状，具有促进患者放化疗后康复及提高患者生活质量的作用。

对比文件：公开了一种补益气血的中药，由黄芪20份、当归10份、红景天5份、女贞子4份、陈皮2份、麦芽2份制成，并记载了相关的补益气血实验证据。

B. **案例分析**

权利要求的原料药与对比文件相同，除增加了黄芪、当归用量外，其余原料用量范围点值都被对比文件公开。根据区别特征可以确定该申请所要解决的技术问题是增强补益气血的效果。对于放化疗后的肿瘤患者，气血不足是患者放化疗过程及之后的最主要症状之一。依据中医药的整体观念及辨证论治的理论，补益气血为患者康复的重要治疗原则，既有利于患者的继续治疗，又促进患者机体的早日康复。而黄芪、当归是临床补益气血的首选药材。因此，为提高治疗效果，进一步增加主要药味的用量是本领域技术人员容易想到的选择。说明书中也没有记载选择所述的重量配比与选择其他重量配比相比在技术效果上产生了何种差异。因此，该权利要求不具备创造性。

（2）区别特征在于药味替换。

如果请求保护的中药组合物与现有技术中的中药组合物相比，区别仅在于采用功效相似的药味进行了原料药的替换，而现有技术中存在将两者进行替换以解决本发明技术问题的启示，则该中药组合物不具备创造性。反之，如果现有技术不存在进行替换的启示，则该中药组合物具备非显而易见性。通常以下情形不具备创造性：①替换的药物属于同一类功效的药物；②现有技术中存在这种替换的教导。

【案例4－17－6】

A. **相关案情**

权利要求：一种由有效成分和可药用载体组成的治疗冠心病、心绞痛、胸闷憋气的滴丸，原料药物是苏合香、冰片、乳香、檀香和土木香，配比依次是50∶105∶105∶210∶210。

说明书：记载了翔实的动物药效学实验和临床研究病例资料，证明其具有治疗冠心病、心绞痛的作用。

对比文件1：公开了一种冠心苏合滴丸及其制备方法，处方为：苏合香、冰片、乳香、檀香、青木香，配比依次是50∶105∶105∶210∶210，功效是理气宽胸、止痛，可以治疗冠心病。

对比文件2：为了用药的安全，避免和减少含马兜铃酸的药物引起的毒副作用，国家食品药品监督管理局规定，凡国家药品处方中含有青木香的中成药品种应将处方中的青木香替换为《中国药典》2000年版一部收载的土木香。

B. 案例分析

权利要求与对比文件1的区别在于原料药之一是土木香，而对比文件1是青木香。土木香为菊科植物土木香或总状土木香的干燥根；青木香为马兜铃科植物马兜铃的干燥根，含有会引起严重肾病变或致癌之物质马兜铃酸，临床常有患者服用含青木香药物中毒的报道。根据该区别特征的作用和说明书已证实的用途，该发明实际解决的技术问题是减少毒副作用。然而，对比文件2记载了凡国家药品处方中含有青木香的中成药品种应将处方中的青木香替换为土木香，以避免和减少毒副作用。故所述区别特征为对比文件2中披露的相关技术手段，其在该对比文件中所起的作用与在发明中为解决该实际解决的技术问题所起的作用相同。因此，该发明不具有创造性。

（二）中药提取物的创造性

在具有新颖性的前提下，如果该提取物具有既不同于被提取的中药材所具有的功效，又不同于提取物中已知物质所具有的功效的新的医疗功效，或是相对于已知药材的提取物降低了毒副作用，而现有技术没有给出相应的技术启示，则该中药提取物具有创造性。

如果现有技术中已知某化合物具有某功效，而某中药材中含有该化合物，那么从该中药材中获得的含有该化合物的提取物如果产生了更好的效果或其他技术效果，则该提取物具有创造性。

仅用不同的提取分离方法、分析参数表征的提取物，并不代表该提取物必然具备创造性，而要考量其与最接近的现有技术的差异和技术贡献。如果与最接近的现有技术相比，发明产生了更好的效果或其他技术效果则该发明具备创造性。

【案例4－17－7】

A. 相关案情

权利要求：一种石菖蒲提取物，将石菖蒲用水提取，将提取液浓缩得浓缩液，之后上非极性大孔吸附树脂柱，梯度洗脱，洗脱梯度为从水至35%乙醇水溶液，收集15% ~35%的乙醇水溶液的洗脱液，干燥，得到石菖蒲提取物。

说明书：记载了石菖蒲提取物一般具有轻微毒性，该申请发现导致其毒性的化学物质是石菖醚，通过采用特定方法提取石菖蒲，降低了石菖醚含量，并且提供了该提取物改善脑循环的药理学实验，经检测石菖醚含量极低。

现有技术：公开了一种石菖蒲提取物的制备方法，采用50%乙醇回流提取2次，每次提取2h，减压回收溶剂，得提取物，该提取物具有改善脑部循环的作用但是有轻微毒性。

B. 案例分析

现有技术虽然公开了采用乙醇提取方法得到的石菖蒲提取物具有改善脑部循环的作用，但是具有轻微毒性。该申请对石菖蒲使用水提取，获得提取液经浓缩并上非极性大孔吸附树脂柱后，使用特定浓度的乙醇水溶液洗脱，并收集特定浓度的乙醇水溶液洗脱剂，获取了一种能够显著改善学习和记忆能力效果且毒性物质含量低的活性物质。而现有技术中没有给出这种技术启示，故权利要求具有创造性。

（三）中药产品制药用途的创造性

在中药产品的制药用途发明中，如果基于已知的组方或中医治法治则不存在将该中药产品可用于治疗所请求保护的疾病的技术启示，那么该制药用途发明具有创造性。

【案例4 -17 -8】

A. 相关案情

权利要求：一种中药组合物在制备降血糖药物中的应用，该组合物由下述重量份的原料药制成：熟地黄40、山茱萸35、山药25、泽泻40、牡丹皮30、茯苓40、淫羊藿30、肉苁蓉45。

说明书：记载了权利要求所述中药组合物在制备降血糖药物中的应用，并提供了该组合物用于治疗糖尿病的动物实验数据，证实了其具有降糖作用。

对比文件1：公开了一种中药组合物，由下述重量份的熟地黄40、山茱萸35、山药25、泽泻40、牡丹皮30、茯苓40、淫羊藿30、肉苁蓉45制成，用于治疗骨质疏松。

对比文件2：公开了六味地黄丸是一种滋阴补肾的药品（原料药组成为：熟地黄1408g、山茱萸704g、山药704g、泽泻528g、牡丹皮528g、茯苓528g），具有治疗糖尿病的作用。

对比文件3：公开了一种治疗糖尿病的中药组合物，由28味中药原料制成，其中包含了与本申请相同的 5 味药（但用量配比不同）：熟地黄 12g、山茱萸 14g、山药 15g、淫羊藿 6g、肉苁蓉 10g，其他 23 味原料药的主要功效为滋阴降火、活血化瘀、理气安神等。

B. **案例分析**

考量已知中药复方的用途发明的创造性，应将该中药复方作为一个整体加以分析和判断。如果原料药在组方中的用量发生改变并导致组方的配伍关系产生了变化，则该配伍关系的变化会导致复方的功用改变。

该权利要求与对比文件 1 的原料药完全相同，区别仅在于治疗用途不同：对比文件 1 用于治疗骨质疏松，而权利要求 1 用来降低血糖。由于说明书充分证实了该发明具有降低血糖的疗效，因此可以依据该技术效果确定该发明实际解决的技术问题是为提供已知中药在降血糖方面的新用途。对比文件 1 仅公开了与该申请相同的中药组合物可用于治疗骨质疏松，其中并没有关于将该中药组合物用于治疗糖尿病的技术启示，而本领域技术人员公知骨质疏松与糖尿病之间也没有必然的因果关联。因此，本领域技术人员基于对比文件 1 公开的内容，不会产生将其用于治疗糖尿病的动机。

对比文件 2 的中药复方以滋阴为主，该申请权利要求相对于对比文件 2，其中相同的 6 味原料药在组方中的用量发生了改变，同时大剂量地增加了壮阳的淫羊藿、肉苁蓉，使组方的配伍关系产生了明显变化，而配伍关系的变化会导致复方的功用改变。因此，本领域技术人员根据对比文件 2 公开的中药组合物治疗糖尿病的作用不能预测该申请组合物也具有治疗糖尿病的作用。

对比文件 3 公开的治疗糖尿病的中药组合物由 28 味中药原料制成，虽然其中包含了与该申请相同的 5 味药，但还包含了活血化瘀、理气安神等其他功效的 23 味药。由于中药复方的整体功用是各原料药基于相辅相成和相反相成等配伍原理而达到的，并不是各原料药功效的简单加和，因此，基于对比文件 3 所述由 28 味原料药制成的中药组合物具有治疗糖尿病的作用，并不能预测其中的 5 味原料药必然具有治疗糖尿病的功效。

综上所述，基于现有技术不能预期该组合物能降低血糖，故该权利要求具备创造性。

（四）中药方法的创造性

中药领域方法发明一般包括产品的制备（或炮制）方法发明和产品的检测方法发明。方法发明的创造性一般体现在工艺步骤或条件的改进方面，如果工艺步骤或条件的改进较原有方法产生了更好的技术效果（如提高产率等）或克服了原有方法的某些缺陷，才具有创造性。

1. 制备方法

对于改进工艺步骤的制备方法发明，包括步骤顺序的变化、步骤的增加、步骤的替换、步骤的减少等情形，属于要素变更发明的范畴。如果步骤改进后的制备方法比最接近的现有技术取得了更好的技术效果，或者克服了原有方法的某种缺陷，则该制备方法具备创造性。如果属于常规选择而没有达到更好的技术效果或是未带来任何技术贡献，则不具备创造性。

【案例 4－17－9】

A. **相关案情**

权利要求：一种生切白芍斜片的方法，包括以下步骤：(1) 前净选；(2) 水洗、脱皮；(3) 控温烘干：(4) 闷润：将烘到五至六成干的白芍放入清水中冷浸 10～15min，取出，装入洁净的塑料袋中，密封，闷润 4～6h，等到药材内外湿度一致时，取出切片；(5) 将白芍取出，置多功能切药机上，将白芍个切成斜长状长片，片厚大于 2mm 且小于等于 3mm，片长 5～8cm；(6) 分层烘干白芍斜片。

说明书：记载了该饮片含有的芍药苷含量为 2.5%。

对比文件 1：公开了一种白芍趁鲜切制成饮片的工艺，取中等大小（d = 1～2cm）鲜白芍的芍根，投入滚筒脱皮机，脱皮洗净后直接放入低温烘干机或常规烘房，温度控制在 60℃烘 9h 至近干时（白芍的含水量为 28%～32%时），以适量水润 4～5h 后，置旋刀式切药机中切 1.5～2mm 薄片后，放入低温烘干机或常规烘房，温度控制在 60℃，烘 6～8h，即得。芍药苷含量为 2.78%～2.86%。

B. **案例分析**

权利要求与对比文件 1 相比，其区别特征在于：①增加前净选步骤；②切薄片改为稍厚斜长片，该权利要求实际解决的技术问题是提供另一种白芍趁鲜切制的方法。

由于在药材加工前进行净选步骤属于本领域技术人员的常规选择；薄片、厚片、斜片均是白芍可以切制成的厚度或形状，但通常为了有利于药效成分溶出容易选择切薄片。另外，对比文件 1 所述饮片的芍药苷含量高于该申请，因此由薄片改为厚斜片未对现有技术作出任何技术贡献，故发明不具备创造性。

2. 鉴别方法与测定方法

对于中药产品的定性鉴别方法和含量测定方法，一般包括将待鉴别成分或待测定成分从中药产品中分离的步骤，以及鉴别或测定的步骤。创造性判断时，需要考虑前述步骤在现有技术中公开的程度，同时也需要考虑两者之间结合的技术启示。如果现有技术均没有给出技术启示，则该方法具备创造性；如果分离步骤在现有技术存在技术启示，测定方法又属于已知的常规方法，则不具备创造性。

二、中药领域创造性判断需要注意的问题

（一）关于区别特征

由于中药领域发明申请大部分涉及多种药材组合，与最接近的现有技术相比存在较多区别特征，但区别特征多并不意味着发明具有非显而易见性。是否具备创造性与区别特征多少并没有直接关系。如果区别特征没有对发明实际解决的技术问题产生实质影响，也就是没有作出技术贡献，只是为了与现有技术区别，无法体现出发明相对于现有技术的创造性贡献，则发明不具备创造性。

【案例 4－17－10】

A. 相关案情

权利要求：一种治疗骨折的胶囊，其特征在于由以下原料药制成：芭蕉根600g，酢浆草400g，补骨脂600g，续断300g，三七150g，雷丸50g，柿蒂20g。

说明书：记载了该发明胶囊具有消肿止痛、舒筋通络、补肾壮骨等功效。记载了同权利要求所述的技术方案和制备实施例，未记载组方的方解及实验数据。

现有技术公知常识：骨折是指骨的完整性和连续性遭到破坏，骨折往往导致骨断筋伤、络破血溢、气滞血瘀，中医治疗通常采用活血化瘀、消肿止痛、温经散寒、接骨续筋、补肾壮骨、益气养血等方法。

对比文件1：公开了一种治疗骨折的骨康胶囊，其功能主治为消肿止痛，舒筋通络，补肾壮骨，用于骨折，其组方为芭蕉根600g、酢浆草400g、补骨脂600g、续断300g、三七150g。

公知常识：公开了雷丸功用为杀虫消积，主治虫积腹痛、小儿疳积。柿蒂功用为降逆下气，主治呃逆、嗳气和反胃。

B. 案例分析

对比文件1公开的组方的治法、起主要作用的药味及药量与该申请所述组合物相同，故可作为最接近的现有技术。权利要求与对比文件1相比，区别特征在于权利要求的组方中增加了雷丸50g和柿蒂20g。发明实际解决的技术问题是提供一种治疗骨折的新的中药组合物。

由于该申请说明书中并未记载组合物的方解以及相关的实验数据，而依据公知常识，组合物中所添加的药味雷丸及柿蒂的功效为杀虫消积、降逆下气，其与该申请组合物的治法“消肿止痛、舒筋通络、补肾壮骨”并不相关，也与公知常识所公开的本领域治疗骨折的常用中医治法不相关。因此，在没有任何方解及相关实验数据的佐证下，本领域技术人员可以认为上述药味的加入没有对该申请组合物产生技术贡献，该申请也没有记载任何治疗骨折的实验数据。因此，该组合物的创造性不能被认可。

（二）关于预料不到的技术效果

《专利审查指南2010》规定，当发明产生了预料不到的技术效果时，一方面说明发明具有显著的进步，同时也反映出发明的技术方案是非显而易见的，具有突出的实质性特点，该申请具备创造性。应当注意的是，如果根据“三步法”可以判断发明的技术方案对本领域的技术人员来说是非显而易见的，且能够产生有益的技术效果，则发明具备创造性。此种情况下不应强调发明是否具有预料不到的技术效果。

在创造性判断中认定是否存在预料不到的技术效果时，应当综合考虑发明所属技术领域的特点，尤其是技术效果的可预见性、现有技术中存在的技术启示等因素。通常情况下，现有技术给出的启示越明确，技术效果的可预见性就越高。

在确定预料不到技术效果的时候需注意以下几点：①预料不到的技术效果应该是原申请文件中已证实的效果；②如果仅以预料不到的技术效果为创造性判断的唯一依据，则需在权利要求的整个范围之内均能实现；③说明书记载详实的、与现有技术对比分析的实验数据有助于判断技术效果是否超出合理预期。

【案例4－17－11】

A. 相关案情

权利要求：一种治疗脉管栓塞的中药胶囊，其特征在于原料药重量配比是：丹参25份、鸡血藤25份、郁金4份、乳香4份、没药4份。

说明书：记载了本发明是对现有技术脉管康复片的剂型改进，脉管康复片用于治疗脉管栓塞，其原料药组成为丹参25份、鸡血藤25份、郁金10份、乳香4份、没药4份，本发明减少了郁金的用量。还记载了本发明胶囊剂与脉管复康片的稳定性对比试验，证实本发明胶囊不易吸潮，有效成分含量更稳定。

B. 案例分析

虽然申请人强调发明的创造性体现在将片剂改为胶囊剂并减少了郁金的用

量，根据说明书记载的对比试验，证明了该技术方案取得了预料不到的技术效果。然而，本领域技术人员公知胶囊剂是将药物填充到胶囊壳中，由于胶囊壳的保护作用，胶囊剂和普通片剂在稳定性和防潮性能方面本身就更好。另外，胶囊剂由于制备时无需压力等因素，因此与普通片剂相比，在胃肠液中分散快，吸收更好，生物利用度更高。可见，该发明不易吸潮、有效成分含量更稳定的效果是胶囊剂本身带来的，并不能证明该胶囊剂具有预料不到的技术效果，也没有证据证明郁金的用量改变使发明产生了预料不到的技术效果。因此该发明不具备创造性。

第三节　实用性

《专利审查指南 2010》第二部分第十章 7.2 规定："医生处方，指医生根据病人的病情所开的处方。医生处方和医生对处方的调剂以及仅仅根据医生处方配药的过程，均没有工业实用性，不能授予专利权。"因此，在撰写申请文件时应避免采用"处方"的主题名称或发明名称，建议写成"中药组合物"。

如果发明利用了独一无二的自然条件，且获得的中药产品也是独一无二的，生产该产品的方法也因不能在产业上使用而不具备实用性。

但是，利用特定自然条件的原材料所获得的中药产品不能被认为是利用独一无二的自然条件的产品。例如，利用特定自然条件、生态环境的地域内所产的药材（即"道地药材"），虽然生产这些道地药材利用的原材料是有限的或者特定的，但其并不是独一无二的，所获得的产品也不是独一无二的，可以在产业上制造，其生产方法也可以在产业上使用，因此，此类发明具备实用性。

第十八章

说明书的撰写

中医药领域的专利申请人在申请专利的过程中有时会遇到这样一些困惑：为什么在某些申请中一方面中药材用了异名、别名被指出权利要求保护范围不清楚的问题，另一方面一旦修改又会被指出超出原申请文件的记载范围的问题？为什么在某些申请的权利要求中中药材种类和用量已经十分具体了，还会出现保护范围得不到说明书支持的问题？为什么在某些申请中要求保护的中药组合物已经和现有方剂有了明显区别，仍有可能存在缺乏创造性的问题？中药组合物发明是否都要进行动物或临床试验研究？为什么有的申请文件中记载了临床试验仍然存在说明书公开不充分的问题？

上述这些问题究其实质都与中医药发明专利申请文件中说明书的撰写质量息息相关。如果说明书没有清楚记载药材的动植物基源、性味归经和功效，那么当存在一个药材异名对应多种中药材时，任何一种修改方式都可能产生超出原申请文件记载范围的问题。如果要求保护的中药发明与说明书记载的不一致，那么即便权利要求的保护范围再小也存在得不到说明书支持的问题。如果发明只是通过药味变化与现有方剂产生了区别而没有记载并证实上述变化的发明构思和技术价值，那么这种只是为了与现有方剂区别而有所不同的中药组合物是无法体现出发明的创造性贡献之所在的。根据中医药行业特点，中药组合物发明的技术效果可以采用动物实验、临床实验或临床医案等多种形式加以证实，但必须真实、合法、有关联性才具有证明力。

由此可见，要想使中医药发明得到有效的专利保护，必须提高申请文件的说明书撰写质量。下面将从不同的主题类型出发，详细介绍中药组合物、中药提取物、中药炮制品、中药制剂、中药制药用途和中药检测方法等不同类型的申请文件说明书的撰写要求。

第一节　中药组合物发明

以整体观念、辨证论治等中医传统理论为依据的中药组合物发明是中医药领域中最具传统知识通延性特点的一类发明创造。“理、法、方、药”既是中医临证组方的常规路径，也是中药组合物发明专利申请的主要构思过程。从理论上讲，在中药组合物产生过程中，“理、法、方、药”任一环节上的创新都可能产生新的发明创造。根据中药组合物在临床实践中形成的规律和过程，可将中药组合物发明专利申请分为两大类：加减方和自创方。加减方和自创方的定义参见第四部分第一章。这两类中药组合物发明的构思不同，其专利申请文件中说明书的撰写要求也存在一定差异。本节重点介绍这两类申请的说明书撰写要求。

一、背景技术的撰写

说明书背景技术部分的撰写往往被忽视。很多中药组合物的专利申请文件中说明书的背景技术部分内容简单，缺乏针对性。事实上，背景技术非常重要，不仅能体现发明人对发明涉及的行业领域发展现状和趋势的了解程度，更能体现出发明创造的社会意义和技术价值。下面就从中药组合物的自创方申请和加减方申请两个角度介绍一下说明书背景技术部分的撰写要求。

（一）自创方

自创方发明虽然不同于已知方剂，但其构思过程仍遵循中医药理论，因此在说明书的背景技术中应当详细记载与治疗疾病相关的常见辨证分型、常用治法治则和典型方剂，尤其应当详细描述与发明构思密切相关的现有技术及其存在的不足或缺陷。

【案例 4-18-1】

A. 相关案情

发明涉及一种治疗子宫内膜异位症的中药组合物，由白术 20 份、杜仲 15 份、川断 12 份和牡丹皮 9 份制成。申请人在说明书中强调该发明来自多年行医经验的心得，为自创的中药组方。

B. **案例分析**

针对该自创组方，在说明书的背景技术中，首先应当简要描述子宫内膜异位症的主要病因、主要症状或体征和常用治疗手段。例如，根据《子宫内膜异位症的研究与临床指南》的记载[9]："子宫内膜异位症（简称：内异症）是指具有生物活性的子宫内膜组织出现在子宫腔被覆黏膜以外的身体其他部位，往往伴有痛经、慢性盆腔疼痛、性交痛和不育等症状。1. 发病原因：影响该病发病的主要高危因素有月经因素、生育因素、子宫因素、遗传及家族史等。2. 主要症状包括：（1）痛经，为内异症患者最典型症状之一，疼痛程度不一，严重者伴恶心、呕吐和腹泻。（2）非周期性盆腔疼痛。（3）深部性交痛。（4）月经失调，多表现为经量增多，经期延长，少数出现经前点滴出血。（5）不孕，内异症的主要体征为：子宫可呈后倾固定，或可呈均匀性对称性增大，质地较正常子宫硬；子宫一侧或双侧可触及囊性或囊实性肿块，与周边有粘连；内膜异位囊肿直径大小不一，多数 5～10cm；在宫骶韧带或子宫直肠陷凹处可触及黄豆或蚕豆大小的硬结，触痛明显；后穹隆触痛；阴道直肠膈间有时可触及有痛性孤立结节等。3. 常用治疗手段包括：（1）手术：广泛切除深部浸润病灶，而无须实施根治性子宫切除术。（2）药物：针对轻、中度内异症或术后复发患者，可以采用激素治疗，口服避孕药、孕激素、达那唑等。"

说明书背景技术中还应描述申请日之前已知的中医治疗子宫内膜异位症的辨证分型的思路和相应的治法治则、常用方药。例如，根据中华人民共和国中医药行业标准《中医妇科病证诊断疗效标准》的记载[10]："子宫内膜异位症中医归属在痛经病中。以瘀阻胞宫、冲任为基本病机。证候分类主要包括：1. 气血瘀滞：经前或经期小腹胀痛拒按，或伴乳胁胀痛。经行量少不畅，色紫黑有块，块下痛减。舌质紫黯或有瘀点，脉沉弦或涩。2. 寒湿凝滞：经行小腹冷痛，得热则舒，经量少，色紫黯有块。伴形寒肢冷，小便清长。苔白，脉细或沉紧。3. 肝郁湿热：经前或经期小腹疼痛，或痛及腰骶，或感腹内灼热。经行量多质稠，色鲜或紫，有小血块。时伴乳胁胀痛，大便干结，小便短赤，平素带下黄稠。舌质红，苔黄腻，脉弦数。4. 气血亏虚：经期或经后小腹隐痛喜按，经行量少质稀。形寒肢疲，头晕目花，心悸气短。舌质淡，苔薄，脉细弦。5. 肝肾亏损：经期或经后小腹绵绵作痛，经行量少，色红无块。腰膝酸软，头晕耳鸣。舌淡红，苔薄，脉细弦。该病以血瘀为主要证候，故中医治疗以活血化瘀为基本治法，兼以理气行滞、温经散寒、补肾温阳、健脾益气、清热凉血、化痰除湿等诸法。如气滞血瘀证则理气行滞，化瘀止痛，常用方药中包括当归、桃仁、丹皮、川芎、赤芍、红花、枳壳、延胡索、五灵脂、乌药、香附等；如寒凝血瘀证则温经散寒，化瘀止痛，常用方药包括：小茴香、干姜、延胡索、没药、当归、川芎、官桂、赤芍、蒲黄、五灵脂等；如肾虚血瘀证则补肾益气，活血化瘀，常用方药包括：仙灵脾、肉苁蓉、制首乌、菟丝子、党参、黄芪、莪术、丹参、赤芍、延胡索、川楝子、牛膝等；如气虚血瘀证则益气温阳，活血化瘀，常用方药：举元煎、桃红四物汤等；如热灼血瘀证则清热凉血，活血化瘀，常用方药包括：小柴胡汤、桃核承气汤、丹皮、红藤、败酱草等。"

背景技术部分还应写明治疗子宫内膜异位症的现有中成药及其存在的主要问题。例如："目前治疗子宫内膜异位症的常用中成药包括，血府逐瘀汤、少腹逐瘀胶囊、桂枝茯苓丸等，主要针对气滞、血瘀和寒凝型的子宫内膜异位症。市场上针对血瘀为主、兼有湿热症状的子宫内膜异位症的中成药较少。现有方剂药味较多，不适宜工业化生产" 等。

该案虽为自创方申请，但是为清楚地体现发明的构思过程，仍应在说明书背景技术部分以参考文献的方式尽量列举出与发明构思密切相关的现有技术，包括相关理论研究、相关技术综述、临床研究进展等。例如，发明请求保护的中药组合物中涉及的白术、杜仲、川断和牡丹皮等药材在治疗子宫内膜异位症方面的药理药效研究现状等。

（二）加减方

加减方一般是在已知方剂基础上进行药味加减替换、用量关系调整或剂型变化得到的，因此，其密切相关的现有技术通常为已知方剂。在加减方发明的说明书背景技术中应当清楚地记载：①已知方剂的来源，包括收载或引证的文献、方剂的名称，如果该方剂已经上市销售，还应写明相应中成药的商品名称、生产单位；②已知方剂的组成，包括药材种类和用量；③已知方剂的功用，包括主要功效和适应证；④已知方剂存在的问题或不足，并尽可能地分析出现问题或产生不足的原因以及解决这些问题需要克服的技术障碍；⑤已知方剂的研究成果，包括机理研究、拆方研究、制剂研究、新用途研究等。

【案例 4-18-2】

A. 相关案情

发明涉及一种治疗癫痫病的中药组合物，由黄芪、党参各 20～30 份、天麻、僵蚕各 15～25 份、丹参 10～15 份制成。申请人在说明书中已经明确指出发明要解决的技术问题是对已知方剂改进，使其疗效更好。

B. 案例分析

针对上述加减方，在说明书背景技术中，首先应简要介绍该病的主要症状和常用治疗手段。例如，根据《癫痫》的记载[11]："癫痫是由多种病因引起的慢性脑部疾患，以在病程中反复发作的神经元异常放电所致的暂时性中枢神经系统功能失常为特征，是常见的神经系统疾病之一。临床可表现为短暂的意识丧失、肢体抽搐、感觉障碍、行为异常或自主神经功能异常等不同症状，或上述症状相互并见。大部分患者发作间歇期脑电图等检查可有异常发现。临床上应用抗癫痫药物治疗时，总的原则是使用最少的药物和最小的药物剂量完全控制癫痫发作，同时在应用药物过程中又不产生明显的毒副反应。在明确癫痫发作类型的基础上选用适当的药物可以收到较好的效果，对发作类型难以确定时，可选用广谱抗癫痫药——丙戊酸钠，原发性癫痫约80%～85%能为丙戊酸钠单药所控制，如果有两种或两种以上类型发作也可首先选用丙戊酸钠或用两种有针对性的药物。"

随后，背景技术中应明确记载中医治疗癫痫的常见辨证分型思路和相应的治法治则。例如，根据中华人民共和国中医药行业标准《中医内科病证诊断疗效标准》和《癫痫》的记载[11,12]："中医认为痫病由痰、火、瘀，以及先天因素等，致气血逆乱，清窍蒙蔽而发病，以卒然昏仆，强直抽搐，移时自醒，醒后如常人为特征的发作性疾病。证候分类包括：1. 痰火扰神：卒然仆倒，不省人事，四肢强痉拘挛，口中有声，口吐白沫，烦躁不安，气高息粗，痰鸣漉漉，口臭便干。舌质红或暗红，苔黄腻，脉弦滑。2. 血虚风动：或卒然仆倒，或面部烘热，或两目瞪视，或局限性抽搐，或四肢抽搐无力，手足蠕动，二便自遗。舌质淡，少苔，脉细弱。3. 风痰闭窍：发则卒然昏仆，目睛上视，口吐白沫，手足抽搐，喉中痰鸣。舌质淡红，苔白腻，脉滑。4. 瘀阻脑络：发则卒然昏仆，瘈疭抽搐，或口角、眼角、肢体抽搐，颜面口唇青紫。舌质紫暗或有瘀点，脉弦或涩。5. 心脾两虚：久发不愈，卒然昏仆，或仅头部下垂，四肢无力，伴面色苍白，口吐白沫，四肢抽搐无力，口噤目闭，二便自遗。舌质淡，苔白，脉弱。6. 肝肾阴虚：发则卒然昏仆，或失神发作，或语蹇，四肢逆冷，肢搐瘈疭，手足蠕动，健忘失眠，腰膝酸软。舌质红绛，少苔或无苔，脉弦细数。癫痫在发作期，首先要急则治标，宜以豁痰开窍、熄风止痉为治法，选用药效快而作用强的药物，采用不同的给药途径。在休止期或缓解期，则以缓则治其本的原则，整体上以健脾化痰、补益肝肾、养心安神为治法，除其痰、风之源，防止本病的复发。同时根据临床综合表现辨证论治，邪实者以攻邪为主，有虚象者予以扶正。攻邪常用熄风、泻火、活血、涤痰等法，扶正多用滋肝、健脾养心补益等法。治疗癫痫的常用方剂包括：涤痰汤、龙胆泻肝汤、大补元煎、通窍活血汤、风引汤等；常用中成药包括：定痫散、玉痫丸、磁朱丸、愈痫丸、礞石滚痰丸等。”

最后，背景技术中应详细记载与发明密切相关的现有技术，包括已知方剂的临床应用及疗效研究、已知方剂的来源考据、已知方剂拆方研究等。上述现有技术应当以参考文献的方式在说明书背景技术中明确记载其出处。同时，还应详细分析已知方剂存在的问题、不足或在改进中可能出现的技术障碍。例如："本发明是对市售中成药痫愈胶囊的改进。痫愈胶囊的药物组成为：黄芪 140g、党参 140g、天麻 105g、僵蚕 105g、酸枣仁 105g、柴胡 70g、丹参 140g、远志 70g、石菖蒲 70g、钩藤 105g、当归 140g、郁金 70g、白附子（制）35g、胆南星 70g、甘草 70g、六神曲 70g。该药以天麻、钩藤、黄芪、党参等为主药，具有豁痰开窍、安神定惊、息风解痉的功效。该药的药理作用与现代研究包括：1. 抗惊厥作用：现代药理研究表明天麻有效阻止癫痫病发作，控制脑电图癫痫样放电，能使脑内去甲肾上腺素和多巴胺含量升高。2. 镇静作用：酸枣仁对动物的自发活动和被动活动都有明显的抑制作用，具有明显的镇静催眠作用。3. 护肝作用：当归能保护细胞 ATP 酶的活性；对保护肝细胞和恢复肝脏功能有明显作用。4. 养血作用：党参能使小鼠红、白细胞与血红蛋白含量明显提高，具有显著的养血生血作用。5. 提高免疫力：天麻、黄芪能显著增强小鼠巨噬细胞功能和血清溶酶活力，且黄芪对正常的抗体生成功能有明显促进作用，因而对细胞和体液免疫均有增强作用，提高机体免疫力。该胶囊的功能与主治为：豁痰开窍，安神定惊，息风解痉。用于风痰闭阻所致的癫痫抽搐、小儿惊风、面肌痉挛。在痫愈胶囊治疗癫痫的疗效观察中，有个别患者提前停用而终止观察，分析原因为：①癫痫发作次数增加；②癫痫发作的程度加重；③不良反应发生。另有全面强直阵挛伴失张力发作的患者，在服用痫愈胶囊后无强直阵挛发作，但失张力发作仍无明显改善，说明痫愈胶囊可能对全面强直阵挛发作作用更好，而对失张力发作无明显作用。现有的痫愈胶囊虽能有效阻止癫痫发作，但是起效较慢，而且中药原料较多，成分复杂，存在质量控制难度大，患者的用药量较大等问题。”

（三）主要问题

目前，中药领域专利申请文件中普遍存在说明书背景技术撰写简单的问题。一些申请文件没有在背景技术中真实、客观地反映出发明涉及的技术领域的研究现状。究其原因，其一是部分申请人在申请专利前忽视了对现有技术的检索，对本领域已有的研究成果知之甚少；其二是部分申请人存在疑虑，认为把背景技术写得非常详细，容易暴露发明构思的来源，使审查员对发明的创新高度作出不利判断。事实上，中药领域是一个传统知识和理论非常丰富的技术领域。

中药领域的组合物发明通常会不可避免地利用前人的知识和理论。申请人在说明书背景技术中全面准确地描述已有的中药研究成果，明确发明创造的起点和特点，不仅可以更加合理地进行专利布局，而且会使审查部门对发明创造的难点有更为客观、准确的认识。否则，在缺乏背景技术的情况下盲目地进行专利申请往往会遇到缺乏创造性甚至新颖性的问题。

【案例 4-18-3】

A. **相关案情**

发明涉及一种治疗小儿消化不良的中药组合物，由山楂、麦芽、神曲、槟榔、鸡内金、牵牛子各等份制成。

说明书背景技术中仅简单介绍了精神萎靡、食欲减退、消化不良等症是小儿常见症状。目前所知的有多种原因可引起患儿精神萎靡、食欲减退、消化不良。除改善饮食条件、科学喂养等外部手段外，还可以在食品中添加一定的药物以促进胃肠蠕动。但西药多有不良反应，易产生耐药性，解决这一问题的途径可开发绿色、环保、安全、有效的健胃消食产品。

B. **案例分析**

该背景技术部分只是简单提及治疗儿童消化不良的西药存在的主要问题，没有涉及治疗儿童消化不良的现有中药产品及其主要问题。而审查中发现，现有技术中已经公开了一种中药组合物，用于改善儿童的食欲不良，由等量的山楂、麦芽、神曲、槟榔、鸡内金、牵牛子六味中药制成。该发明专利申请要求保护的中药组合物，与现有技术公开的中药组合物相比较，原料种类和用量配比完全相同。由于该发明在提交专利申请之前没有对治疗儿童消化不良的现有中药产品进行全面检索，不了解现有技术的研究状况，导致出现了缺乏新颖性的问题。

二、技术问题的撰写

（一）技术问题与技术效果的关系

专利申请中涉及的技术问题主要包括两类，一是针对现有技术，发明要解决的技术问题；二是与最接近的现有技术相比，发明实际解决的技术问题。根据《专利审查指南 2010》的规定，发明实际解决的技术问题，是指为获得更好的技术效果而需对最接近的现有技术进行改进的技术任务。从这个意义上说，在专利申请的创造性审查中，发明实际解决的技术问题需根据发明与最接近的现有技术的区别所能达到的技术效果来确定。可见，技术问题与技术效果密切关联。因此，无论是自创方还是加减方申请，在撰写发明要解决的技术问题时都应充分考虑发明在改进现有技术的过程中实际达到的技术效果，可以包括但不限于提供各种新的或更好的治疗效果，或提供在安全性、稳定性、依从性、生物利用度等方面更优的技术效果等。

（二）常见撰写方式

申请人在撰写说明书时需要对发明要解决并实际已解决的技术问题进行清楚和客观的描述。在中药组合物领域，发明要解决的技术问题的常见撰写方式包括："提供了一种治疗某种疾病或改善某种证候的新的中药组合物"，或者"提高了某已知中药的安全性""扩大了某已知中药的治疗范围""改善了某已知中药对某种疾病的某种分型的治疗效果""增强了某已知中药的靶向吸收作用，提高了生物利用度""降低了某已知中药的毒副作用"等。

（三）主要问题

目前，在中药组合物专利申请文件的说明书中，关于技术问题撰写的常见问题主要有以下几个方面。

1. 描述笼统

某些中药组合物专利申请的说明书对于发明要解决的技术问题的描述过于笼统，没有体现发明与现有技术在技术效果上的差别。例如，"本发明的目的是提供一种治疗风热感冒的中药组合物"。然而风热感冒作为常见疾病，存在大量已知的中药产品。上述对发明要解决的技术问题的描述无法体现发明创造的实际效果和创新之处。

2. 描述夸张

某些中药组合物专利申请的说明书对发明要解决的技术问题的描述过于夸张，超出了发明实际已经解决的技术问题和实际已经达到的技术效果。例如，"本发明的目的是提供一种治疗各种癌症的中药组合物，它由多种具有较强抗氧化性的传统中药组合而成，彻底抑制肿瘤细胞生长，根治各类癌症"。虽然说明书断言性地记载了"本发明治疗乳腺癌、肺癌、白血病、淋巴癌、脑瘤、肝癌等各类癌症，治愈率100%"，但未提供充分详实的临床或实验室研究资料。众所周知，癌症是一种治愈率很低的疾病。本领域技术人员依据说明书记载的简单的结论性描述并不能确信该发明已经达到了治愈各类癌症的技术效果。因此，说明书中声称的所要解决的"根治各种癌症"的技术问题属于夸大其词的描述。

3. 与实际不符

某些中药组合物专利申请的说明书对发明要解决的技术问题的描述虽未夸

大其词，但与实际达到的技术效果不相符，在其声称的要解决的技术问题中包含了并未充分证实的技术效果。例如，“本发明的目的是通过增加清热解毒的药材改善某中药组合物治疗某种疾病的效果，同时提高其生物利用度。”然而，说明书没有提供有关发明改善生物利用度的药代动力学实验，更没有证实增加清热解毒药材与提高中药组合物生物利用度之间的关系。如果现有技术存在增加清热解毒药材可以提高治疗所述疾病的疗效的技术启示，那么该发明专利申请的创造性有可能被质疑。此时，即便申请人在意见陈述中强调根据说明书的记载该发明还解决了现有中药生物利用度低的技术问题，但由于原始说明书未能提供可以充分证实该发明能够改善药物生物利用度的实验数据，因此，说明书所声称的上述技术问题并没有解决，不能作为证明该发明具备创造性的依据。

三、技术方案的撰写

有的申请人认为说明书技术方案部分的撰写就是对权利要求书的复制，事实上，说明书技术方案的撰写是权利要求书的基础。权利要求书中的内容应当从说明书技术方案部分概括而来。对于中药组合物专利申请而言，说明书技术方案部分的撰写应注意以下几点。

（一）清楚记载发明构思

撰写技术方案时要清楚记载请求保护的中药组合物所治疗的疾病种类、证候类型、治法治则、药味组成及其用量，以及“君臣佐使”的组方结构分析等技术信息。例如，发明要求保护的中药组合物治疗的疾病属于何种证型，采用何种治则治法，发明所述组合物是如何从整体上体现该治法治则的，组方中各药味分别在中药组合物中发挥何种作用等。简而言之，说明书对发明构思的记载应达到使本领域技术人员能够知晓要求保护的中药组合物是如何形成的程度。

下面以中医经典名方——治疗痞证的半夏泻心汤为例，说明常见中药复方“方随证出”的构思过程。首先当患者出现胃脘部痞闷胀痛、食欲减少、恶心呕吐、嗳气吞酸、肠鸣泄泻，舌质红，苔薄黄，脉虚的症状时，根据中医的辨证分析可知其属于痞证。痞证的具体病机为：①由于苦寒攻下，伤及中焦，邪由少阳内陷阳明，即热自外入，寒自内生，寒热互结中焦；②攻下伤中，必致脾胃虚弱；③寒热互结，阻滞中焦以及脾胃虚弱，不能升清降浊，合而发病，致中焦升降失常，形成痞证。根据病机病位确定痞证的治法治则应为寒热共治，升降同调，调补中焦。而且因痞症始于苦寒，主见胀满，所以以散寒降逆为主。又根据五脏补泻理论（即“脾欲缓，急食甘以缓之，用苦泻之，甘补之”）和/或六气淫胜理论（即“厥阴之客，以辛补之，以酸泻之，以甘缓之”）制定组方原则，全方应由辛开散寒、苦降清热和健脾和胃的中药组成，并且依据主证和治法治则，将辛开苦降的中药设为君药。最后根据不同中药材的气味归经、升降沉浮、功能主治的差异选取具体的中药材，确定以辛开苦降的半夏为君药；以散寒清热并用的干姜、黄芩、黄连为臣药；以调补中焦的人参、大枣、甘草为佐使药的方剂结构，并根据“君臣佐使”的方剂结构确定不同中药的用量配比关系。故而，所得半夏泻心汤以半夏为君药，以干姜、黄芩、黄连为臣药，以人参、大枣和甘草为佐使药组成。最后，根据“量大为君”的一般性原则和药材质地、常规剂量等条件，确定上述药材的具体用量范围。

下面以案例 4－18－4 为例对发明构思的撰写作进一步说明。

【案例 4－18－4】

A. **相关案情**

发明涉及一种治疗继发性痛经的中药组合物，由当归 20～30g、益母草 20～30g、炒蒲黄 10～15g、川芎 20～30g、五灵脂 15～20g、赤芍 15～20g、肉桂 10～12g、白术 10～12g、茯苓 10～12g、桃仁 15～20g、红花 10～15g 制成。

B. **案例分析**

该案发明构思的撰写建议从下述内容进行阐述。一方面，应详细记载本发明对继发性痛经的主要治疗原则：“由子宫内膜异位症引起的继发性痛经随月经周期而发作，特别是在经前和经期较为明显，是因为经期或经期前后，冲任气血变化，血海由满盈而溢泄，气血由盛实而骤虚，冲任、胞宫气血变化急骤，易形成气血失调的病理机制。因此，根据月经周期阴阳气血的消长变化，采取补血行滞、和血、止痛之法治疗本病”。另一方面，应分析本发明所述中药组合物的组方结构：“本发明重用当归补血为君，补其不足；臣以川芎、益母草行血，行其有余，君臣配伍增强养血行血、和血止疼之效。佐以蒲黄、五灵脂活血化瘀，桃仁、红花化瘀行滞止痛，赤芍清瘀和血止痛；使以肉桂温通，缓其拘急，白术、茯苓调药性、和脾胃。全方以补血为主，攻补兼施，温通补泄并用，活血、行血、补血和血诸药合用，共奏行滞止痛之效。”

（二）清楚记载原料药组成及其用量配比

对于中药组合物发明而言，在说明书中清楚记载药材组成及其用量配比是确保发明能够实现的基本要求。在撰写时，应注意以下几点。

1. 术语规范

撰写中药组合物的技术方案应当使用国家或行业规范的中药材名称。说明书应当清楚记载该中药材的拉丁名、基原、药用部位、性味归经、功效主治等信息，以使本领域技术人员能够获得该药材从而实施发明。

【案例 4-18-5】

A. **相关案情**

发明涉及一种由山牡荆 70~100 重量份、防风 50~60 重量份、黄芪 30~50 重量份、防己 20~30 重量份制成的治疗气虚感冒中药组合物。

B. **案例分析**

在撰写该案的技术方案时应当清楚记载所用药材的来源和功效："山牡荆：本品为马鞭草科植物山牡荆 Vitex quinata（Lour.）Will. 的干燥根和心材。【性味】淡，平。【功能与主治】止咳定喘，镇静退热。治急、慢性气管炎，支气管炎，喘咳，气促，小儿发热烦躁不安。防风：本品为伞形科植物防风 Saposhnikovia divaricata（Turcz.）Schischk. 的干燥根。【性味与归经】辛、甘，微温。归膀胱、肝、脾经。【功能与主治】祛风解表，胜湿止痛，止痉。用于感冒头痛，风湿痹痛，风疹瘙痒，破伤风。黄芪：本品为豆科植物蒙古黄芪 Astragalus membranaceus（Fisch）Bge. var. mongholicus（Bge）Hsiao 或膜荚黄芪 Astragalus membranaceus（Fisch）Bge. 的干燥根。【性味与归经】甘，微温。归肺、脾经。炙黄芪甘、温。归肺、脾经。【功能与主治】补气升阳，固表止汗，利尿消肿，生津养血，行滞通痹，托毒排脓，敛疮生肌。用于气虚乏力，食少便溏，中气下陷，久泻脱肛，便血崩漏，表虚自汗，气虚水肿，半身不遂，痹痛麻木，痈疽难溃，久溃不敛，血虚萎黄，内热消渴；慢性肾炎蛋白尿，糖尿病。防己：本品为防己科植物粉防己 Stephania tetrandra S. Moore 的干燥根。【性味与归经】苦，寒。归膀胱、肺经。【功能与主治】祛风止痛，利水消肿。用于风湿痹痛，水肿脚气，小便不利，湿疹疮毒。"

2. 避免俗称

撰写中药组合物发明的技术方案时应尽量不使用会导致所述药材同名异物的"俗名""地方习称""土名"。例如：某治疗心绞痛的中药组合物中包含一味中药材为"故纸"。说明书没有清楚地记载该药材的植物来源和功效主治。而本领域公知，补骨脂的异名为破故纸，能补肾气利尿；木蝴蝶的异名为云故纸，能清肺热舒肝；蚕蛾孵化卵于纸上为蚕故纸，能止血消腹胀。上述药材均有"故纸"之称，本领域技术人员依据现有技术无法确定哪一种"故纸"药材与治疗心绞痛相关，也就不能获得该药材，更不能实施含该药材的技术方案。因此该申请存在说明书公开不充分的问题。而且，由于原始申请文件没有对药材"故纸"的基原进行清楚的记载，会导致答复通知书意见时无论修改为"补骨脂”“木蝴蝶”还是“蚕故纸”都将因不能从原申请文件中直接地、毫无疑义地确定，而不被允许。

3. 禁止杜撰

撰写中药组合物发明的技术方案时不应使用申请人“自行命名”的药材。例如，某治疗癌症的中药组合物中包含一味中药材为“千手观音”。说明书没有清楚地记载该药材的植物来源和功效主治，只是描述该药材为当地的野生药材，因采挖后的根茎形状貌似千手观音，故申请人依据药材形状的自行命名为“千手观音”。本领域技术人员依据现有技术无法确定“千手观音”的来源，也就不能获得该药材，更不能实施含该药材的技术方案，导致说明书公开不充分。

4. 计量准确

撰写中药组合物发明的技术方案时应使用国家或国际标准计量单位，不应使用无法确定的计量单位。例如，某治疗咳嗽的中药组合物所用药材的用量均以“一刀”“一咀”等表示。说明书指出“刀或咀都是传统的中药炮制技术。早在东汉张仲景的《金匮玉函经》中记载：药物‘凡咀药，欲如豆大，粗则药力不尽’，阐明了药物粒度与药效的关系”。而本领域公知，刀、咀都是传统炮制中人工切制技术，所得原料的大小多少与切制的角度、切片的厚度、药材质地等多种因素相关。本领域技术人员依据现有技术无法确定一刀或一咀药材的具体用量范围，更不能实施采用该用量制成的组合物，导致说明书公开不充分。

5. 记载全面

当权利要求书涉及的多项权利要求或一项权利要求涉及的多个技术方案中所用药材或其用量有所差异时，应当注意每一项权利要求的每个技术方案都要在说明书中有清楚、完整的记载，那些在说明书中没有记载或与说明书中记载的内容含义不一致的权利要求将得不到说明书的支持。

【案例 4-18-6】

A. 相关案情

权利要求：

1. 一种治疗痴呆症的中药组合物，其特征在于：由下述重量份原料药制成：A 20~50 份、B 15~40 份、C 10~30 份、D 5~20 份、E 1~15 份。

2. 根据权利要求 1 所述的一种治疗痴呆症的中药组合物，其特征在于：各原料药的重量份为：A 30 份、B 25 份、C 15 份、D 10 份、E 5 份。

B. 案例分析

说明书不仅要记载权利要求 1 的技术方案：“一种治疗痴呆症的中药组合

物，由以下重量份数的中药组成：A 20～50 份、B 15～40 份、C 10～30 份、D 5～20 份、E 1～15 份”，而且要记载权利要求 2 的技术方案：“所述中药组合物优选的重量份为：A 30 份、B 25 份、C 15 份、D 10 份、E 5 份”，以满足权利要求得到说明书支持的形式要求。

（三）清楚记载药材和用量选择的过程

无论是自创方还是加减方申请，通常请求保护的中药组合物都是在中医药理论指导下，由具体种类和用量的药材组合而成。因此，在撰写技术方案时，不仅要清楚记载中药组合物的构思过程、体现上述构思所用的药材及其用量，更要清楚记载选取所述药材及其用量的理由，使本领域技术人员根据说明书的记载不仅能够知晓中药组合物发明的技术方案是什么，还能够知晓技术方案的形成过程，从而对发明的技术贡献有更深刻的认知。

而在目前的中药组合物专利申请说明书中往往忽视了对特定种类的药材和/或药材的特定用量的筛选过程的记载。事实上，这种筛选过程更能反映发明人在形成中药组合物发明中作出的创造性劳动，更能证明请求保护的中药组合物中所用药材及其用量并非是在可能的、常规的范围内通过一般性选择可以获得的。特别是，对于依据已知治法治则，采用常用中药的加减方申请而言，说明书中应当尽量记载所述药材和/或用量的筛选过程，例如，同类不同种的药材之间或同一药材不同用量之间的药效对比实验、组方选择核心药味的拆方实验等，用以体现技术方案的非显而易见性。由于这种筛选过程通常表现为以某一技术效果为指标的实验过程，因此其撰写方式可参考下文“四、技术效果的撰写”中对实验数据的要求。

【案例 4－18－7】

A. 相关案情

发明涉及一种治疗更年期综合征的中药组合物，由浮小麦、甘草、大枣、熟地、山茱萸、泽泻、丹皮、山药、石决明、牡蛎、龙骨、沙苑子、茯苓、黄芩、黄连、当归、白芍、女贞子、旱莲草、川芎和牡蛎等 21 味中药按照一定用量配比组成……

B. 案例分析

经检索发现，该案的 21 味中药主要来源于三个已知方剂，即：由浮小麦、甘草和大枣等 3 味药组成的甘麦大枣汤，由熟地、山茱萸、泽泻、丹皮、山药、石决明、牡蛎、龙骨、沙苑子和茯苓 10 味中药组成的加味六味地黄汤加减方，以及由黄芩、黄连、当归、白芍、女贞子、旱莲草、川芎和牡蛎 8 味中药组成的加味芩连四物汤加减方。由于甘麦大枣汤是常用的养心安神方，六味地黄汤是常用的滋阴补肾方，芩连四物汤是常用的养血清热方，三者都能治疗更年期综合征。因此，如要证明该发明不是对治疗更年期综合征的已知方剂及常用药材的随机选择或任意组合，则应当在该申请的说明书中详细记载上述3个常用方剂或21味常用药材的筛选过程，用以证明要求保护的中药组方是经过比较实验筛选出来的治疗更年期综合征的特定组合，是一种有别于随机选择或任意组合的非显而易见的组合方式。该筛选过程可以是所述3个方剂合用与单独使用、两两组合使用、以及与其他的养心安神方、滋阴补肾方和/或清热养血方的合方使用的疗效比较实验，用于证实只有上述3个方剂的组合才具有更好的疗效；也可以是拆方分析实验，用于证实从该发明含有的21味常用药材中省略或替换其中某一味都会降低发明的整体疗效。

【案例4-18-8】

A. 相关案情

发明涉及一种治疗痛经的中药组合物，由20~30重量份的莪术、20~30重量份的桃仁、5~8重量份的蒲黄、10~15重量份的没药、5~10重量份的牡丹皮和10~15重量份的川牛膝制成。

B. 案例分析

虽然现有技术中没有公开与之完全相同的方剂，但是气滞血瘀是痛经的常见证型，活血化瘀止痛是其常用治法，而莪术、桃仁、蒲黄、没药、牡丹皮和川牛膝又都是具有活血化瘀止痛作用的常见药材。因此，说明书应当证明请求保护的中药组合物在技术方案的构思或选药组方上具有非显而易见性，应当记载上述组方中所用药材的筛选实验，用以证明上述6味药材的组合相较于其他同类药材的组合而言，是一种非显而易见的组合方式。所述的比较实验可以是：将由上述6味中药按照特定用量配比组成的中药组合物与缺失、更换其中任何一味药，或增加其他药味，或改变配伍关系所得的其他中药组合物相比较，证明该案的中药组合物具有更为显著的疗效，从而证实将所述6味中药按照特定重量配比组合在一起后能发挥协同增效作用。

四、技术效果的撰写

说明书对发明的公开应当以所属技术领域的技术人员能够实现发明为准。《专利审查指南2010》第二部分第二章2.1.3规定，所谓能够实现，“是指所属技术领域的技术人员按照说明书记载的内容，就能够实现该发明或者实用新型的技术方案，解决其技术问题，并且产生预期的技术效果”。由此可见，技术效果与技术问题、技术方案一起构成了发明充分公开的三个重要内容。

对于药物组合物发明而言，其技术效果即为药物的用途和/或使用效果。《专利审查指南2010》第二部分第十章“3.1 化学产品的公开充分”中规定：“如果所属技术领域的技术人员无法根据现有技术预测发明能够实现所述用途和/或使用效果，则说明书中还应当记载对于本领域技术人员来说，足以证明发明的技术方案可以实现所述用途和/或达到预期效果的定性或者定量实验数据。”“对于新的药物化合物或药物组合物而言，应当记载其具体医药用途或者药理作用，同时还应当记载其有效量及使用方法。如果本领域技术人员无法根据现有技术预测发明能够实现所述医药用途、药理作用，则应当记载对于本领域技术人员来说，足以证明发明的技术方案可以解决预期要解决的技术问题或者达到预期的技术效果的实验室试验（包括动物试验）或者临床试验的定性或者定量数据。”

根据上述规定，药物组合物发明的技术效果不仅应当在说明书中明确记载，更应当被充分证实，否则将无法满足公开充分的要求。而实验室试验（包括动物试验）或者临床试验的实验数据就是用于证明药物组合物发明的技术效果能够实现，并且在申请日之前已经实现的重要证据。技术效果是否需要实验数据证实的前提是所述技术效果能否被本领域技术人员预期。目前普遍认为，本领域技术人员依据包括公知常识和常规技能在内的现有技术无需创造性劳动即可确认的技术效果就属于能被预期的技术效果。反之，本领域技术人员需要通过创造性劳动才可确认的技术效果则属于不能被预期的技术效果，必须依赖实验数据加以证实。

中药组合物发明属于药物组合物发明。虽然自创方和加减方都是在中医药理论指导下的组方遣药，遵循“法随证立、方从法出、方以药成”等基本组方规律[13]。但是，在临床运用时，由于每一种中药所含成分是复杂的，不同中药之间相互作用是复杂的，因此，即便是同类药材的替换，或已知组合物中部分药材的用量调整，改变后的组方是否安全有效，是否能够产生新的或更好的疗效是需要实验研究加以证明的。

由此可见，在中药组合物专利申请的说明书中，来自实验室试验（包括动物试验）或者临床试验的实验数据反映了中药组合物发明技术价值的高低，是判断中药组合物发明的技术效果能否实现，以及相对于现有技术是否作出了创造性的技术贡献的重要依据。

以下对以实验数据为依据的技术效果在撰写时的基本原则和常见的表述方

式进行具体说明。

（一）基本原则

如前所述，本领域技术人员依据包括公知常识和常规技能在内的现有技术无需创造性劳动即可确认的技术效果就属于能被预期的技术效果，通常无需实验数据证实。因此，由于每一种中药所含成分的复杂性和不同中药之间相互配伍产生的作用的复杂性，为了体现说明书已公开充分和发明的创造高度，中药组合物申请的说明书中应该清楚地记载足以证实请求保护的中药组合物达到了所述技术效果的实验数据。而所记载的实验数据应当满足充分性和真实性的基本要求。

1. 充分性

实验数据的充分性，就是实验数据要具体详细、有针对性。

所谓具体详细，从广义上讲，因为中药组合物专利申请的说明书中记载的特定药材及其用量的筛选过程通常是以某一技术效果为指标的，因此这种药材及其用量的筛选过程可视为一种证明技术效果的实验数据。除此之外，对自创方的申请而言，说明书至少还应详细记载证明发明与治疗同种疾病的常用中药之间疗效差异的实验数据。对加减方的申请而言，说明书至少还应详细记载证明发明与原有方剂之间的疗效差异的实验数据。下面以案例 4－18－9 为例，说明同一技术方案因其说明书记载的实验数据的详尽程度不同，而导致对其创造性审查的结论不同。

【案例 4－18－9】

A. 相关案情

发明请求保护一种用于治疗消化道溃疡的中药组合物，以重量份计，由柴胡 15 份、黄连 10 份和甘草 3 份制成的。

B. 撰写分析

如果说明书对技术效果的描述仅断言性地记载为“经 1000 例患者的临床研究发现，本发明治疗消化道溃疡的有效率达到 99%”，而没有记载详细的实验数据，也未记载组方的方解和药味的筛选实验，那么，由于该发明的药味组成简单，相关的现有技术较多，例如，现有技术 1 公开了治疗消化道溃疡的组方中出现频率较高的 48 味中药，其中包括柴胡、黄连和甘草。因此，本发明相对于现有技术 1 实际解决的技术问题只是将具有治疗消化道溃疡作用的已知药材简单组合在一起。然而，本领域技术人员从“药有个性之专长，方有合群之妙用”的角度考虑，很容易想到将在治疗消化道溃疡的组方中出现频率较高的中药组合在一起，从而有可能获得一种发明所述的中药组合物。在说明书没有详细记载本发明的临床实验数据，不能充分证实本发明的药物是如何达到治疗有效率99%的情况下，本领域技术人员只能认为将同功效药物组合一起属于一般性选择，是显而易见的。

如果说明书记载了足以证实该发明能够治疗消化道溃疡的详细实验数据，包括病例纳入标准、疗效判定标准、诊疗过程、治疗结果等，使得本领域技术人员能够确信该中药组合物发明在整体上具有治疗消化道溃疡的技术效果。那么，该发明实际解决的技术问题就是提供了一种治疗消化道溃疡的中药组合物。现有技术 1 虽然公开了柴胡、黄连和甘草属于治疗消化道溃疡的常用中药材范围，但是现有技术 1 同时列举的常用中药材有 48 种，将这些中药材排列组合的方式十分繁杂。本领域技术人员从众多可能的组合方式中确认柴胡、黄连和甘草的组合一定能治疗消化道溃疡并非显而易见之事。因此，现有技术 1 不适合作为最接近的现有技术评价本发明的创造性。

但如果说明书只是充分证实了所述中药组合物在整体上确实能够治疗消化道溃疡，而没有记载药材或用量配比的筛选比较试验，以及与治疗消化道溃疡的常用中药的对比试验，无法证实组方的非显而易见性以及上述组方能够产生更优的疗效。那么，当进一步检索发现，现有技术 2 已经公开了黄连和甘草以 6：1 的重量配比混合，能治疗消化道溃疡内有郁热者，症见胃脘灼痛、心烦、苔黄时，本发明实际解决的技术问题就成了提供了一种以现有技术 2 为基础的治疗消化道溃疡的加味方。然而，本领域技术人员知晓胃痛伴有心烦，通常是一种情志不舒、肝胃不和的表现，可在方剂中添加疏肝类中药。因此，本领域技术人员为了增强疏肝作用，有能力在现有技术 2 基础上加入包括柴胡在内的常用疏肝类中药，从而获得发明要求保护的中药组合物，并且所得组合物可用于治疗消化道溃疡伴有情志不舒患者的技术效果也是可以预期的。因此，发明相对于现有技术 2 和本领域常规技能而言不具备创造性。

此时，如果发明的说明书记载了柴胡为君药、黄连为臣药和甘草为佐使药的方解分析，三味药之间 5：3.3：1 的用量配比关系也与上述组方结构相吻合。且说明书通过拆方实验证实，加入大剂量的柴胡后所得组合物的疗效明显超过单独使用三味中药，以及将三味中药两两组合后的疗效，甚至优于气滞胃痛颗粒等常用中成药的疗效。发明要求保护的中药组合物是以疏肝利胆为主，用于治疗胃脘隐痛、胀闷不舒型的消化道溃疡。而现有技术 2 所述的中药药对，是以黄连为主要药味，采用清热解毒之法，治疗的是胃脘灼痛郁热型的消化道溃疡。根据中医理论，在基础方之上的加减变化不能改变君药和治疗主证，否则为另组新方。所以，本发明与现有技术2的方剂结构不同，本领域技术人员难以依据现有技术2获得本发明所述中药组合物。

从上述证明说明书技术效果的实验数据的撰写详略可以看出，说明书是否详细记载了有证明力的实验数据，以及该实验数据能达到何种程度的证明力，会对创造性的评判产生重要的影响。

所谓有针对性，是指说明书记载的实验数据应实验设计科学、实验过程合理，使所得的实验结果与所要证明的技术效果相符。下面以案例4-18-10为例对可能缺乏针对性的实验数据进行具体说明。

【案例4-18-10】

A. **相关案情**

发明涉及一种治疗地方性甲状腺肿的中药制剂。说明书记载了5个具体实施例，分别给出了粉剂、膏剂、颗粒剂、片剂和胶囊剂的配方及其制法和3个简单病例。但这些病例都没有明确患者来自地方性甲状腺肿流行地域，也没有提供T3、T4和TSH等反映患者甲状腺功能的检测结果以及B超、^{131}I摄取率和尿碘等检查结果。

B. **案例分析**

根据公知常识可知，地方性甲状腺肿的诊断依据主要是：患者来自甲状腺肿流行地区，甲状腺弥漫性肿大且甲状腺功能正常，有缺点表现，尿碘排除减少，^{131}I摄取率高于正常，血T4正常低限或低于正常，血T3增高或正常，TSH增高或正常。同时应当注意与结节性甲状腺肿（有结节样增生和甲亢表现）、散发性甲状腺肿（无地区流行性，尿碘不减少）、慢性淋巴细胞性甲状腺炎（多数出现甲低，血液中存在甲状腺抗体，尿碘不减少）、家族性酶缺陷性克汀病（甲低、血T3和T4降低，TSH升高，尿碘不减少）、甲状腺毒症（甲亢，血T3和T4升高，TSH降低）等其他疾病相区别。由此可见，在缺乏相应的病史和检查结果的情况下，本领域技术人员无法根据实施例1~5的病例描述确定该发明治疗的甲状腺肿到底是地方性甲状腺肿，还是其他甲状腺疾病引发的甲状腺肿大。该案说明书实验设计的不科学导致实验结果缺乏针对性，不能充分证实所述中药组合物达到了有效治疗地方性甲状腺肿的技术效果。

2. 真实性

对于中药组合物发明专利申请而言，并非说明书详细记载了用于证明技术效果的实验数据就一定能够获得专利权。因为，实验数据属于证据，而决定证据证明力的主要因素是其真实性。因此，说明书不仅要充分记载药效实验数据，而且上述实验数据应当满足真实性的基本要求。如果在专利审查中利用卷内证据或其他现有技术发现说明书记载的药效实验数据涉嫌抄袭或编造，例如，在实验药物不同的情况下，与现有技术公开的实验结果的具体数值和/或谱图相同或雷同，那么说明书记载的药效实验的真实性将被质疑。申请人应当提供足以排除质疑的相关原始证明材料。

（二）常见撰写方式

1. 自创方的实验数据

自创方发明的技术效果往往是难以预期的，因此说明书中应当真实、充分地记载足以证明请求保护的中药组合物能解决声称的技术问题，达到相应技术效果的药效实验数据。

说明书记载的实验数据可以是依据动物实验得到的，也可以是通过临床实践得到的，既可以是采用随机、双盲、对照的实验方法获得的系统性研究材料，也可以是中医临床医案。如果该组合物发明中使用了已经被取消国家标准的有毒药材，或含有超出安全使用剂量的有毒药材，或涉及“十八反”等配伍禁忌的情况，则说明书记载的实验数据中必须包括相关的安全性实验数据。

药效实验数据作为从临床应用或实验室研究中获得的客观证据材料，其是否具有证明力和证明力的大小应当从实验数据的具体内容出发，以满足设计科学、过程合理、结果可信、资料完整、内容详细、表述一致等真实性、充分性的要求为标准，达到足以证实中药组合物所述医疗用途、药理作用或使用效果的目的。

中药组合物发明基本源于临床实践，下面重点介绍以临床试验和临床病例作为证明其技术效果的实验数据的撰写要求。

（1）临床研究试验。

当实验数据来自系统性临床试验时，至少应当记载下列内容：

① 评定依据：应依据国际、国家或行业公认的诊断标准、疗效评判标准。当涉及的疾病没有公认的标准时，说明书可以采用自定义方式加以描述，但应当清楚地记载制定所述诊断标准、疗效评定标准依据的中医四诊合参的标准、临床主要症状或体征以及必要的检查指标等。

② 治疗方案：包括药物使用方法、服药时间、用药疗程等。作为临床试验，还应当设立空白对照组（如安慰剂对照组）、阳性药物对照组。必要时，还需要记载完成临床试验的医院或诊所等医疗机构的名称、资质证明等信息。

③ 评定结果：在临床系统性研究中通常需要公开有关指标在治疗前后的变化情况。作为依据中医药理论作出的中药组合物发明，说明书应当记载患者舌

苔、脉象、主证等在治疗前后的变化情况。说明书中记载的一些简单的、用数值表示的实验结果，如有效率100%，不能被认为是《专利审查指南2010》中所述的定量实验数据。实验数据是证明技术效果的资料，而对技术效果的简单结论性描述，只是完整的实验数据中的一部分。说明书记载的一些商业宣传性质的用语和结论性的断言，如“能快速有效治愈艾滋病”，也不能被认为是定性实验数据。

下面以治疗重度痤疮的某中药组合物的临床研究为例，具体介绍撰写说明书临床试验部分的参考格式和内容[14]，该研究包括研究目的、研究内容和方法、研究结果和结论4个部分：

1. 研究目的

通过随机、阳性药物对照的研究方法，客观评价某中药组合物对重度痤疮的临床疗效。

2. 研究内容和方法

2.1 研究对象、抽样方法和样本大小

2.1.1 样本来源：某医院门诊皮肤科就诊的患者。

2.1.2 抽样方法：采用以证为主，证病结合方式选择观察对象。对门诊患者依据诊断标准、纳入及排除标准进行样本筛选，将符合条件的受试者纳入本临床研究。

2.1.3 诊断标准：参照《临床皮肤病学》（赵辨主编）及《中药新药临床研究指导原则》（2002年）。

2.1.3.1 西医诊断标准[15]

重度痤疮皮损好发于面颊、额部、颏部和鼻颊沟，其次是胸部、背部、肩部等皮脂溢出部位。初发损害为与毛囊一致的圆锥形丘疹、白头粉刺、黑头粉刺。稍重时形成炎症丘疹，顶端可有米粒至豌豆大的小脓包。炎症继续发展，则可形成大小不等的暗红色结节或囊肿。挤压时有波动感，经久不愈可化脓形成脓肿，破溃后常形成窦道和瘢痕。重度痤疮的皮损以结节、囊肿为主，可伴有毛囊性丘疹、脓疱、黑头粉刺和疤痕，炎症明显时伴有疼痛等。采用pillsbury分类法按其皮损程度分为Ⅲ度或Ⅳ度。

2.1.3.2 病情分级标准（pillsbury分类法）

Ⅰ度（轻度）：黑头粉刺，散发或多发，炎症性皮疹，散发；

Ⅱ度（中度）：Ⅰ度+浅在性脓疱，炎症皮疹数目增多，限于面部；

Ⅲ度（重度）：Ⅱ度+深在性脓疱，有形成瘢痕的倾向，发生在面、颈及胸背部；

Ⅳ度（重度至集簇性）：Ⅲ度＋结节和囊肿，形成明显瘢痕，发生在上半身。

2.1.3.3　中医辨证分型标准[16]

证候：病程长，皮疹色暗红，以结节、囊肿、瘢痕为主，或见窦道；伴胸闷，纳呆腹胀；舌质暗红，苔黄腻，脉弦滑。

2.1.4　纳入病例标准

（1）年龄18～40岁。（2）符合寻常痤疮的诊断标准，按Pinsbury分类法病情程度属于Ⅲ度或Ⅳ度。（3）符合中医的辨证标准。

2.1.5　排除病例标准

（1）年龄在18岁以下，或40岁以上。（2）妊娠或哺乳期妇女。（3）过敏体质者。（4）合并有心血管、肝、肾和造血系统严重原发性疾病、精神病患者。

2.2　随机化方法

将纳入病例采用随机安排的方法，分为治疗、对照两组，每组48例。

2.3　治疗方剂组成及对照药物选择

治疗方剂：某中药组合物。

阳性对照药物：消痤丸（某制药股份有限公司生产），为治疗痤疮疗效确切的中成药。

2.4　治疗方法

2.4.1　服药方法

试验组口服某中药组合物，每日1剂，分2次服；对照组口服消痤丸，每次3克，每日2次。

2.4.2　疗程

二组患者均连续治疗8周，每1～2周复诊一次。

2.5　疗效评价方法

2.5.1　评分标准

详细记录患者的一般资料、病程、皮损分型，将所观察病例的皮损和中医证候分四级量化评分，并统计总积分（具体量化分值因篇幅原因省略）。

2.5.2　疗效判定标准

2.5.2.1　总体疗效评价

参照：中药新药临床研究指导原则（国家药品监督管理局，2002年5月第1版）的疗效判定标准制定，计算公式为：疗效指数＝[（治疗前积分一治疗后积分）/治疗前积分］×100%

临床痊愈：皮损消退，或仅遗留少许色素沉着，症状消失，积分值减少>95%；

显效：皮损大部分消退，症状明显减轻，积分值减少 >70%；

进步：皮损部分消退，症状改善，积分减少 >30%；

无效：皮损消退不明显，或临床症状反见恶化，积分减少 <30%者。

总有效率 = 临床痊愈率 + 显效率。

2.5.2.2 时效指标评价

评价治疗发挥作用的快慢。比较两组组间治疗前、治疗后 2 周、4 周、6 周、治疗结束时症状积分下降率。

2.6 统计方法

统计分析将采用 SPSS13.0 统计分析软件进行计算。所有的统计检验均采用双侧检验，P 小于或等于 0.05 将被认为所检验的差别有统计意义。不同治疗组各次就诊的计量资料将采用均数士标准差进行统计描述。与筛选期基础值进行比较，采用配对 t 检验比较组内前后差异。两组治疗前后的变化采用方差分析（ANOVA）进行比较。不同治疗组各次就诊的计数资料将采用频数（构成比）进行统计描述。两组治疗前后的变化采用 x^2 检验。安全性分析：采用 x^2 检验比较两组不良事件发生率，并列表描述本次试验所发生的不良事件。

3. 研究结果

96 例入组痤疮患者，完成试验 87 例。治疗组完成 44 例，脱落 4 例；对照组完成 43 例，脱落 5 例。

3.1 一般临床资料分析

3.1.1 性别、年龄比较

两组患者中治疗组 44 例，其中男性 7 例，女性 37 例，年龄最大 35 岁，最小 15 岁，平均 25.68 岁；对照组 43 例，其中男性 8 例，女性 35 例，年龄最大 35 岁，最小 18 岁，平均 24.09 岁。

两组患者性别、年龄分布的差异无统计学意义，具可比性。

3.1.2 病程比较

两组患者中治疗组病程最长 120 个月，最短 1 周，平均 12 个月。对照组病程最长 120 个月，最短 2 周，平均 13.79 个月。两组患者病程的差异无统计学意义，具有可比性。

3.1.3 疗前情况比较

两组患者发病情况，如疗前皮损评分、中医证候评分、总积分比较等的差异无统计学意义，具有可比性。

3.2　临床观察结果

3.2.1　综合疗效评价

依据疗效评定标准，判定痊愈、显效、进步、无效的例数（具体结果因篇幅原因省略）。

3.2.2　治疗2、4、6、8周评分变化结果

按照前述评分评定标准，患者初诊、疗后2周、疗后4周、疗后6周、疗后8周的总积分以及皮损评分、中医证候评分结果（具体结果因篇幅原因省略）。

实验经统计学配对T检验处理，两组患者治疗前后（组内）评分差异均有统计学意义。与初诊比较，治疗组总积分以及皮损评分、中医证候评分在治疗2周、4周、6周、8周时，差异均有统计学意义（$P<0.01$）；治疗组总积分在初诊、治疗2周、4周、6周、8周时，两两比较，差异均有统计学意义（$P<0.01$）。与治疗组相同，对照组各时点评分比较，差异均有统计学意义。

经方差分析两组患者治疗后总积分同期比较，从第4周起，差异有统计学意义（$P<0.05$），且治疗8周时有高度统计学意义（$P<0.01$）。

4. 结论

重度痤疮，在pillsbury分类法中属于Ⅲ度或Ⅳ度，是中西医公认的难治皮肤病之一。中医辨证多为血瘀或痰凝，故试验所用中药组合物以活血化瘀、消痰散结为主要治则。经过多年临床实践，取得较好的疗效。本临床研究共观察87例重度痤疮患者，治疗组、消痤丸对照组的痊愈率分别为34.1%、9.3%，总有效率分别为86.4%、65.1%，经统计学处理两组疗效差异有统计学意义（$P<0.05$），治疗组疗效优于对照组。从治疗第2周起治疗组总积分下降率、中医证候评分下降率与对照组比较，差异有显著性（$P<0.01$）。

（2）临床病例。

在中药组合物的技术领域中，对于无条件进行系统性临床研究的发明人而言，允许以临床典型病例作为实验数据用于证明发明的技术效果。记载临床病例的数量并不是判断药效实验数据是否具有证明效力的主要标准。有一些疑难病、罕见病的患者数目有限，在临床上难以收集到达到统计学意义的治疗病例数，不能单纯因其病例数目少而否定其疗效。但是，专利申请文件的说明书记载的临床病例（医案）通常应符合《中医医案书写规范》《中医病历书写基本规范》等国家规定的撰写要求，至少应对观察药物（用什么药）、受试对象（给什么人/动物用）、疾病诊断标准、给药方式或使用方法（怎么用）和疗效判断（效果如何）5个方面进行详细表述，适当提供证明治疗前、后各项检查的对照结果的图片资料。

根据国家中医药管理局于2010年6月11日（国中医药医政发〔2010〕29号）发布的《中医病历书写基本规范》，说明书记载的门诊、急诊病例撰写的具体要求包括[17]：①说明书记载的病例中应使用规范的医学术语，对中医术语的使用应依照相关国家或行业标准、规范执行，要求表述准确，语句通顺；②说明书记载的病例中应包括中医诊断和西医诊断，其中中医诊断包括疾病诊断与证候诊断。中医治疗应当遵循辨证论治的原则；③说明书记载的病例中应尽量包括完整的门（急）诊病历记录、化验单（检验报告）、医学影像检查资料等；④说明书记载的门（急）诊病历内容应当包括患者姓名、性别、出生年月日、职业、工作单位或地址、药物过敏史等项目；⑤说明书记载的门（急）诊病历记录应包括为初诊病历记录和复诊病历记录。初诊病历记录书写内容应当包括就诊时间、科别、主诉、现病史、既往史、中医四诊情况、阳性体征、必要的阴性体征和辅助检查结果、诊断及治疗意见等。复诊病历记录书写内容应当包括就诊时间、科别、中医四诊情况，必要的体格检查和辅助检查结果、诊断、治疗处理意见等。

2. 加减方的实验数据

由于加减方是在已知组方基础上未改变主证和主药得到的，而中药领域的本领域技术人员是具备中医药基本知识，全面掌握中医诊断、治疗所需的各种理论，掌握每一种中药的性味归经和现代药理研究成果，熟悉整体组方的配伍规律和变化原则，具备基本的临证组方能力的人员，对加减方可能达到的技术效果的预见性较强。因此，如果加减方的说明书仅仅记载和证实了请求保护的中药组合物与已知组方具有相同或近似的技术效果，那么难以体现出加减方相较于已知组方具备创造性。所以，加减方申请的说明书中应当记载该加减方与已知组方的对比试验研究，以充分证实虽然是非主药药味的加减变化，但是加减后所得中药组合物仍能产生诸如显著扩大治疗范围、显著提高治疗效果、显著减轻不良反应等更优的或预料不到的技术效果。证明加减方技术效果的药效实验数据的类型和撰写方式与自创方基本相同。

五、具体实施方式的撰写

说明书中应当清楚记载各种能够实现发明的具体实施方式，即实施例，为在确权和侵权判定中权利要求获得合理的保护范围提供依据。

（一）形式要求

说明书不仅应当清楚地记载权利要求书中每一项权利要求的各个技术方案，还应当详细描述实现上述技术方案的具体实施方式。说明书列举的具体实施方式的数目视权利要求保护范围的大小而定，应尽可能覆盖保护范围的全部。

例如，发明请求保护的中药组合物为“一种治疗某疾病的中药组合物，由下述重量份的中药制成：A 100～200 份、B 30～90 份、C 1～20 份”。一方面，由于说明书的组方分析中清楚记载了 A 为君药、B 为臣药、C 为佐使药，因此 A、B、C 三味药的用量配比范围应以君药量大为一般原则，与所述君臣佐使的配伍关系相适应。另一方面，由于上述中药材的用量范围相对较宽，因此，说明书应当记载由各种端值或中间值组成的实施方式。例如，由 A 100 份、B 30 份、C 1 份；A 150 份、B 50 份、C 10 份；A 200 份、B 90 份、C 20 份；A 200 份、B 30 份、C 1 份；A 100 份、B 90 份、C 20 份；A 150 份、B 40 份、C 20 份等各种配伍方式制成的中药组合物的实施例。

又如，发明请求保护的中药组合物为“一种治疗某疾病的中药组合物，包括下述重量份的中药：A 50～100 份、B 10～20 份、C 1～10 份”。由于说明书的组方分析中清楚记载了中药材 A、B 和 C 是构成核心组方的主要药味，可以在此基础上添加其他药味，因此，发明请求保护的中药组合物可以采用开放式的撰写方式。说明书则应当清楚地记载仅由 A、B、C 三种药材组成的，和由以 A、B、C 三种药材为主、加入其他不同功效的药材组成的各种中药组合物，诸如由 A 80 份、B 15 份、C 5 份；A 50 份、B 10 份、C 1 份、D 2 份；A 100 份、B 20 份、C 10 份、E 4 份；A 30 份、B 15 份、C 5 份、D 3 份、F 1 份；A 40 份、B 12 份、C 7 份、E 2 份、F 3 份、G 1 份等各种配伍方式制成的中药组合物的实施例，其中在 A、B、C 基础上添加的 D、E、F、G 等药材应为不同功效的其他辅助药材。

（二）实质要求

即便说明书在文字上记载了各项权利要求的技术方案，并且提供了具体实施方式，但也只是满足了形式支持的要求。如果说明书不能证实，本领域技术人员依据现有技术也无法预期上述具体实施方式具有相同或相似的技术效果，则仍然不能使相关权利要求得到说明书的实质支持。因此，说明书还应记载以不同具体实施方式为实验对象的实验数据。特别是，当独立权利要求请求保护的是一种药味较少的中药组合物（即基础方），而从属权利要求请求保护的是增加药味后所得的中药组合物（即加味方）时，或者当权利要求的保护范围较大时，说明书除了应当全面记载基础方和加味方，以及权利要求保护范围中不同配伍关系的具体实施方式以外，还应当记载以基础方、加味方和不同配伍关系为实验对象的实验数据，用以证实权利要求保护范围内的不同具体实施方式均具有相同或相似的技术效果。上述实验数据的撰写要求参见“四、技术效果的撰写”。

【案例4-18-11】

A. **相关案情**

权利要求：

1. 一种治疗缺血性中风的中药组合物，其特征在于主要由如下重量配比的原料药制成：人工麝香10份、栀子30份、柴胡10份、郁金15份和葛根15份。

2. 如权利要求1所述的中药组合物，其特征在于还含有如下原料药：人工牛黄8份、冰片2份。

说明书：记载了组方的方解，指出人工牛黄、人工麝香和冰片是该组合物治疗中风的主要成分。

B. **案例分析**

说明书记载了权利要求1和2的技术方案，并记载了权利要求2所述组合物具有延长大鼠的凝血时间，延长大鼠体内血栓形成时间，减少大鼠颈总动脉血栓的形成等药理作用，证明权利要求2所述中药组合物具有治疗缺血性中风的技术效果，但未记载权利要求1组合物治疗缺血性中风的药效实验数据。

根据说明书组方分析的记载，具有开窍醒神作用的人工牛黄、人工麝香和冰片应是该组合物的主要成分。在说明书没有充分证实只含有人工麝香、栀子、柴胡、郁金和葛根的中药组合物就能治疗缺血性中风的情况下，本领域技术人员根据现有技术难以确认在省略了起主要作用的人工牛黄和冰片后，权利要求1所述组合物是否仍能产生开窍醒神、清热解郁的作用，能够达到有效治疗缺血性中风的疗效。因此，该发明的说明书除了要记载能证实权利要求2所述中药组合物治疗缺血性中风的实验数据以外，还要记载能证实权利要求1所述的中药组合物在治疗缺血性中风方面的药效实验数据，以使权利要求1得到说明书的充分支持。

【案例4-18-12】

A. **相关案情**

权利要求：

1. 一种治疗糖尿病的中药组合物，其特征是：由以下重量份的原料药制成：黄芪1~100、生地1~100、姜黄1~100、大黄1~100。

说明书：记载了肾元虚损、湿浊邪毒内停、气血受伤、气机升降失司，是糖尿病的基本病机。中医治疗应当补肾益元、化瘀泻毒。在所述中药组合物中黄芪为君药，益气培元；生地为臣药，补肾养阴；姜黄为佐药，行气化瘀；大黄为使药，泄浊解毒。虽然该案的说明书对权利要求 1 的技术方案进行了文字记载，并提供了多种具体实施方式，但仅记载了由“黄芪 50、生地 30、姜黄 20、大黄 15”制成的中药组合物具有治疗糖尿病作用的实验例。

B. **案例分析**

权利要求 1 请求保护的中药组合物中原料药的用量配比范围较宽。在原料药的配比关系中，当黄芪、生地取较小值，而姜黄和大黄取较大值时，例如，黄芪 20、生地 20、姜黄 70、大黄 80 时所得中药组合物与实验例中所述中药组合物相比，君臣佐使的配伍关系将发生改变，组方结构与“补肾益气培元扶正为主，化瘀散结泄浊解毒为辅”的治疗原则不相符。因此，说明书应当针对权利要求 1 中其他配比关系的中药组合物提供相应的实验例，用以证明权利要求 1 所述保护范围中的所有中药组合物都能达到治疗糖尿病的技术效果，而该申请说明书中只提供了一个具体实施例的实验数据，导致权利要求 1 得不到说明书的实质支持。

第二节　中药提取物发明

中药作为中医药学的重要组成部分，在中华文明五千年的悠久历史中，对人类的生存繁衍和社会进步发挥了重要作用。然而，随着现代科学技术的发展和人类文明的不断进步，传统意义上的中药已经远远不能满足人们对高质量和高效中药产品的需求。中药提取技术和产品的发展，为中药产业现代化提供了良好的机遇和空间，涉及中药提取物的专利申请数量也不断增长。

中药提取物是指中药原料经过一定的提取、加工工艺进行处理而得到的产品，其中包含的中药化学成分是中药治病的物质基础。作为新型的中药产品形式，中药提取物在中药新药、中药保健品、食品添加剂、化妆品、洗涤剂等领域的开发应用已得到国内外的普遍认可。进行中药化学成分提取分离方法及其产品研究，是实现中药现代化的需求，在提高中药产品的质量和临床疗效、保障临床用药安全、提高中药制剂的生产技术水平及中药产品附加值等方面有重要意义。

按其所含有效成分的种类和数量，中药提取物一般分为总提取物、有效部位和有效成分三类[18]。中药总提取物是根据处方功效、药味性质和剂型制备需要，经提取、精制、浓缩、干燥等工艺制得的各类成分的综合提取物，包括浸膏（粉）、挥发油和油脂等，代表单味药材或整个复方的功效，常用作中药复方制剂的原料。中药有效部位是一类或数类有效成分的混合物，其含量应达总提取物的50%以上，需对其中的代表成分和有效成分进行含量测定且规定下限，对有毒性的成分必须增加上限控制。中药有效成分一般指单一化合物。中药有效部位和有效成分具有相对明确的药效物质基础、特定的药理活性，代表原料药或原方某一方面或某几方面的功效。相应的，中药提取物发明专利请求保护的主题也可以分成这三类。

根据技术方案的形成过程，中药提取物发明可以分为创制发明和改进发明。所谓创制发明，即一种全新的中药提取物或提取分离技术。前者通常通过已知提取分离技术的组合获取一种现有技术未曾报道的新化学成分，绝大多数创制发明属于这类情形。后者往往涉及新原理、新技术在中药提取领域的运用，研发难度大，发明数量相对较少，但新技术的发展往往会对产业产生巨大的推动作用，蕴含着巨大的商业价值。所谓改进发明，通常以现有的中药提取物或制备工艺为出发点，针对其中存在的缺陷提出改进技术方案，例如，进一步改善提取效率、提高有效成分含量、减少毒性成分含量等。相对于创制发明来说，这类发明的难度和技术高度略低，但其能解决产业实际遇到的问题，有广泛的应用实施前景，对于产业发展有重要意义。

上述不同类型的发明专利对说明书的撰写要求有所不同，下面将逐一进行介绍。

一、背景技术的撰写

根据《专利审查指南2010》第二部分第二章“2.1.1 清楚”的规定：“说明书应从现有技术出发，明确地反映出发明想要做什么和如何去做，使所属技术领域的技术人员能够确切理解发明要求保护的主题。换句话说，说明书应该写明发明所要解决的技术问题以及解决其技术问题采用的技术方案，并对照现有技术写明发明的有益效果。”那么，现有技术在申请文件中如何体现呢？这就需要在说明书的背景技术部分对现有技术发展状况作出详细的阐述，并引证与发明密切相关的现有技术。

（一）不同类型中药提取物发明

1. 中药总提取物发明

中药总提取物是代表单味药材或整个复方功效的综合提取物。其提取方法的选择应在中医药理论指导下，根据药材或复方的功能主治以及药物性质和临床用药的要求，根据处方药味的理化性质、溶剂性质、剂型要求和生产实际等综合考虑。相应的，该类发明专利应在背景技术部分对单味药材或复方的功能主治、临床应用等情况加以介绍。如果现有技术已公开了该药材或复方的总提取物及其制备方法，背景技术部分应引证与发明密切相关的现有技术，并对该现有技术中存在的问题和缺陷作出客观分析，为后文进一步提出发明所要解决的技术问题埋下伏笔。

2. 中药有效部位发明

中药有效部位是一类或数类有效成分的混合物，常常代表原料药或原方某一方面或某几方面的功效。中药有效部位发明不仅应在背景技术部分介绍原料药或原方的功能主治、临床应用等内容，还应阐明有效成分和功效的关联性。引证密切相关现有技术将有助于审查人员客观了解现有技术发展状况及其存在的问题和缺陷。中药有效部位发明专利的背景技术可以采用以下方式撰写：①介绍发明所述药材的功效及发明所述有效部位的研究现状；②该药材有效部位的制备方法和研究现状，并分析指出现有技术的缺陷和不足，发明目的为改进现有技术缺陷。如果现有技术尚未公开从该药材提取发明所述有效部位的技术方案，指出该缺陷，发明目的即为从该药材中获取该有效部位。上述内容可以根据实际需要选择调整。

例如，某案旨在获取一种具有雌激素样作用的蓬子菜黄酮有效部位，该有效部位是基于改进的制备工艺得到。背景技术部分可以从雌激素与疾病的相关性入手，引出具有雌激素样作用的黄酮类化合物，并介绍蓬子菜的性能功效和研究现状，指出其含有的黄酮成分具有用作类雌激素样药物的潜力。背景技术部分还应引用作为发明改进基础的现有技术文件，介绍蓬子菜黄酮提取物现有的制备方法，并分析指出其中存在的不足和缺陷。

3. 中药有效成分发明

中药有效成分一般指结构清楚、药效明确的单一化合物。相关发明大多是在中药有效部位基础上的进一步分离纯化，此时背景技术部分应记载相关有效成分及其制备方法的现有技术。中药有效成分发明的终产物可以是已知化学成分，也可以是从未公开的新化合物。如果产物是已知化合物，应在背景技术部分进一步介绍该化合物的常见来源和分离技术、理化性质、生物活性等。对于全新化合物，应介绍相似化合物的现有技术发展状况。总之，对于中药有效成分发明来说，背景技术应包含以下内容：①药材的性能功效；②药材的有效部位、药理活性研究现状；③告知具有特定功效的化合物。

应注意，不论是何种类型的中药提取物发明，在说明书中都需要记载所述产品的用途。因此，背景技术部分介绍的现有技术应与发明的提取方法和产品用途有密切关联。

【案例 4-18-13】

A. **相关案情**

发明涉及一种具有抗氧化作用的南美蟛蜞菊花提取物，制备方法如下：在南美蟛蜞菊花的干燥粉末中加入溶剂提取；提取液经过滤、减压浓缩得到总提取物，依次用石油醚、乙酸乙酯萃取，减压回收分别得到石油醚部分、乙酸乙酯部分和水溶解部分；乙酸乙酯溶解部分经柱色谱除去石油醚溶解残留物及小极性成分后，得总酚组分；总酚组分经反复柱层析得到具有抗氧化作用的有效成分。

B. **案例分析**

该案涉及一种具有抗氧化作用的南美蟛蜞菊花有效成分。申请人未发现现有技术中已公开该成分。因此，背景技术部分应该介绍南美蟛蜞菊的来源、功效、有效成分及生物活性研究现状，尤其是现有技术中是否有与本案有效成分结构或功能相近成分的分离鉴定方法，如果有，则应该对相关的现有技术进行引证。

C. **撰写建议**

该案说明书的背景技术撰写示例如下：

南美蟛蜞菊（Wedelia trilobata）又称三裂（叶）蟛蜞菊，为菊科（Compositae）蟛蜞菊属（Wedelia）多年生草本植物。其原产热带美洲中南部，植物的叶子或地上部分在加勒比海地区和中美洲的传统医药中用于治疗背痛、肌肉痉挛、风湿病、顽固伤口、溃疡、肿胀、关节痛使用。在 19 世纪 70 年代被首次引入香港，用于替代传统中药蟛蜞菊，主要用来治疗白喉、百日咳、痢疾、痔疮、跌打损伤。

朱慧等人在文章中写到，三裂蟛蜞菊茎中总黄酮含量为 4.1%，具有较好的羟自由基、超氧阴离子自由基清除率[19]，但未见进一步的黄酮化学成分的鉴定研究。武美兰等指出，从南美蟛蜞菊地上部位中分离得到 11 个化合物，主要涉及倍半萜内酯和对映贝壳杉烷型二萜[20]。该作者等人在对比研究中报道，从南美蟛蜞菊花中分离得到 5 个化合物，均与从南美蟛蜞菊地上部位中分离得到的化合物一致[21]。但两篇报道均未进行生物活性测试。

现如今，自由基过量所引发的疾病越来越多，抗氧化剂的研究和开发已成为重点关注方向，而化学合成抗氧化剂的毒副作用使开发天然抗氧化剂的呼声越来越高。迄今为止，尚没有关于南美蟛蜞菊花抗氧化有效部位及其进一步化学成分的分离鉴定的报道。

（二）创制发明与改进发明

1. 创制发明

如前所述，所谓创制发明可以分为两类，一是通过已知提取、分离、纯化工艺的组合制得一种全新的中药提取物，此时应在背景技术部分介绍中药材、相关有效部位和/或相似化合物的现有技术发展状况。撰写方式可参考中药有效成分发明专利。二是将新原理、新技术运用于中药提取中，提供一种全新的中药提取分离方法，例如，超临界流体技术首次应用于中药提取。因此对于创制发明，背景技术部分可介绍现有提取工艺，分析其缺陷，并应引证现有技术文件对相关的新原理、新技术进行详细阐述，分析其用于中药提取领域的可行性。

2. 改进发明

相对于创制发明而言，改进发明难度较低、针对性强，是目前中药提取物发明的主要组成部分。发明的改进点可以是提高有效活性成分的含量、减少毒性成分、增加提取效率、改善治疗效果、减少不良反应、降低生产成本等。相对于创制发明而言，改进型发明需要更具针对性的背景技术描述。也就是说，改进发明的背景技术部分应从发明的改进点出发，选择性地描述与改进基础密切相关的现有技术，如现有产品的组分与含量、提取方法、治疗效果和/或安全性、生产成本等内容，并对现有技术存在的问题和缺陷作出客观分析，为下一步提出发明所要解决的技术问题埋下伏笔。在可能的情况下，背景技术部分还可进一步说明存在这种问题和缺陷的原因，以及解决这些问题时曾经遇到的困难。

（三）常见问题与撰写建议

有些中药提取物专利申请，在背景技术部分仅简单介绍中药材的性味功效，缺少对中药材有效部位或有效成分研究现状的描述；或者虽然介绍了中药提取物的研究现状，但忽视了现有技术与发明技术方案之间的相关性；或者泛泛介绍相关技术，缺少引证现有技术的意识。有的申请人对于介绍相关技术发展现状存在顾虑，担心背景技术的引证文件会破坏发明的新颖性和创造性。然而，背景技术是发明技术方案产生的现有技术基础，针对性的现有技术描述可以帮助专利审查人员更好地理解发明构思、确定发明实际解决的技术问题、掌握技术方案的发明点，从而对技术方案的非显而易见性和有益的技术效果作出客观准确的评价。而引证则是一种高效引入现有技术的方式。因此，建议在撰写申请文件之前针对发明技术方案进行系统的分析检索，明确发明基础，针对性分析现有技术缺陷，并将密切相关的现有技术引证到说明书中。

说明书中引证的文件可以是专利文件，也可以是非专利文件。引证专利文件的，至少要写明专利文件的国别、公开号，最好包括公开日期；引证非专利文件的，如期刊、杂志、书籍、手册等，则应写明这些文件的标题、作者和详细出处等信息。

需要注意的是，引证的文件应是已经公开的文件。保密文件、未公开发行的内部资料、未公开的专利文件等，不属于现有技术。对于这类文件，如果仅在说明书中记载出处，而不描述具体内容，本领域技术人员将无法获得相关技术内容，这些引用文件将无法起到引证现有技术的效果。

二、技术问题的撰写

发明所要解决的技术问题应针对现有技术存在的缺陷或不足提出，应是发明构思的起点，且技术方案应围绕所要解决的技术问题构建，而说明书记载的技术效果用于考察所述技术方案是否解决了发明所要解决的技术问题。可以说，技术问题的概括是从现有技术到发明技术方案的连接纽带，在撰写时应加以重视。实际撰写过程中，常常有申请人将发明目的或发明所要解决的技术问题泛泛概括为提供一种某中药提取物或制备方法，这样的技术问题既没有考虑到发明与现有技术的关联性，也不能突显出发明人在获得该技术方案的过程中的技术考量。

发明所要解决的技术问题的提出，应立足于技术方案的形成过程。对于创制发明来说，发明所要解决的技术问题通常即为提供一种具有某作用的新的中药提取物或者一种新的制备方法。对改进发明而言，针对性地提出所要解决的技术问题十分重要，通常包括：提高有效成分的含量、减少毒性成分、增加提取效率、改善治疗效果、减少不良反应、降低生产成本等，应与说明书背景技术部分指出的现有技术缺陷或不足相呼应。说明书可以列出发明所要解决的一个或多个技术问题，但同时应当在说明书中描述解决这些问题的技术方案，并在技术效果部分对是否解决了该技术问题作出说明和/或验证。

【案例 4-18-14】

A. **相关案情**

发明涉及刺五加注射液的制备方法的改进。背景技术记载如下：

刺五加（Acanthopanax senticosus）为五加科植物，其干燥根和茎具有舒筋活血、益气健脾及补肾安神的药用功效。现代中医药制剂学中将刺五加提取加工制成注射液，主要功效为平补肝肾、益精壮骨，用于治疗肝肾不足所致的短暂性脑缺血发作、脑动脉硬化、脑血栓形成及脑栓塞等病症；同时也用于治疗冠心病、心绞痛合并神经衰弱和更年期综合征等。

随着现代科学技术的发展，中药注射液逐渐受到广大患者的青睐。然而，临床使用中，中药注射液不良反应的报道日益增多，其安全性也越加受到重视。临床研究表明，静脉滴注含钾离子的药物时，会增加血液中钾离子浓度，导致心脏扩张和无力，甚至导致死亡。因此，静脉滴注含钾离子的药物时，钾离子含量控制尤为重要。而刺五加注射液中的钾离子是由其药材刺五加所引入的，所以需要在刺五加药材提取、浓缩等工艺环节中采取适宜的方法降低钾离子的含量，提升注射液的质量安全。

现有的刺五加药材提取分离技术，大多关注如何充分高效地提取有效成分，极少有控制钾离子含量的工艺研究，所以为了进一步提高用药安全性，迫切需要开发一种低钾刺五加提取物的制备方法。

B. 案例分析

该案属于典型的改进发明，针对现有技术已知的刺五加注射液钾离子含量较高、存在安全隐患的缺陷进行了改进。因此，发明所要解决的技术问题是：降低刺五加注射液中钾离子的含量，保障临床用药安全。

三、技术方案的撰写

中药提取物发明的技术方案可以有两种形式，一种技术方案是特征部分采用成分种类和含量、用途或药理活性等技术特征进行限定。如果性状、气味、密度、黏度、结晶度等性能参数与提取物本身的组成密切相关，体现组成结构的实质变化，也可作为技术特征。另一种技术方案是采用某中药的具体制备步骤和工艺参数限定。但因中药提取物通常为成分不明的混合物，仅使用第一种形式往往难以对提取物作出清楚表征；而单独使用后者又无法凸显提取物在成分种类含量等方面的特殊限定要求，因此实际操作中常常结合使用这两种撰写方法。

不论发明要求保护的技术方案撰写为何种形式，说明书的技术方案中都应当记载提取物的表征、提取物的制备方法以及提取物的用途和/或效果三部分内容。根据这些内容，本领域技术人员应能够获得所述产品、解决其技术问题，并产生预期的技术效果。简而言之，说明书的技术方案需要回答三个问题：是什么、怎么得到的、有什么用。接下来将对这三个问题分别加以解释。

（一）提取物的表征方式

中药提取物（中药有效成分除外）通常是结构、组成和含量不明的混合产品，无法用结构和/或组成特征进行清楚的描述或表征，常需借助制备方法特征加以描述或表征。因此，中药提取物的产品技术方案常常撰写为“一种某中药提取物，其特征在于制备方法如下……”或其他含义相同的类似形式。对于中药有效部位发明，不仅需要限定其制备方法特征，还应对其含有的有效成分的类型及含量作出限定。对于成分明确的中药有效成分发明，可以不借助制备方法特征而仅使用化学结构特征来对其产品进行表征。

（二）提取物的制备方法

如前所述，中药提取物常常需要借助制备方法特征加以描述或表征。因此，清楚、完整地描述制备方法对于中药提取物的产品发明和方法发明同等重要。对于中药提取物发明专利而言，说明书中应当记载至少一种制备所述中药提取物的方法，说明实施所述方法所用的原料物质、工艺步骤和条件、提取设备等，必要时还应当记载方法对目标产品性能的影响，使所属领域技术人员按照说明书中记载的方法去实施时能够解决该发明要解决的技术问题、取得预期的技术效果。

1. 原料物质

中药提取物发明专利使用的原料物质包括两部分：①中药原料；②提取溶剂或其他辅助材料，如酶辅助提取使用的酶，生物转化使用的微生物，沉淀步骤使用的絮凝剂等。不论是哪种类型的原料物质，都应当说明其成分、性能、制备方法或者来源，使得本领域技术人员能够得到。

制备中药提取物的中药原料可以是中药材，也可以是中药材的初级提取物。当原料为中药材时，应对药材名称或植物基原作出清楚的说明，具体要求参见前文“第一节 中药组合物发明”部分。如果发明以中药复方为原料，还应对不同中药材的配比关系作出清楚表述。如果发明以中药初级提取物为原料，则应公开该提取物的具体来源或获得途径，是通过市售可以购买得到，还是使用现有技术已知方法制得。当市售初级提取物有多种类型时，建议写明厂家、提取工艺和/或有效成分的种类含量等信息。涉及现有技术已知方法时，应对该方法作出描述或引证该现有技术文件。例如，某案使用中药材的初级提取物作为原料，其在说明书以引证方式对原料来源作出详细限定：“本发明使用的中药 A 初级提取物是使用专利文件 CN……实施例 1 所述方法制得的，具体方法如下：……”。

提取溶剂或其他辅助材料对于本领域技术人员来说也应该是清楚并且可以

获取的。说明书中同样应写明其成分、性能、制备方法或者来源等信息，具体要求同中药原料。如果使用混合原料，还应写明各组分的配比关系，该配比关系可以是重量比、体积比或百分比。当使用百分比来描述各组分的配比关系时，还应符合专利法有关“百分含量”的相关规定。

2. 工艺步骤和条件

中药常用提取方法包括煎煮法、浸渍法、渗滤法、回流法、水蒸气蒸馏法、超临界流体提取法、半仿生提取法、超声辅助提取法、微波辅助提取法等；常用的分离手段包括沉降分离、离心分离、滤过分离等；常用的纯化方法包括水提醇沉法、醇提水沉法、盐析法、酸碱法、柱层析法、膜分离法、澄清法等；制备方法涉及的常规工艺步骤还包括粉碎、混合、过滤、浓缩、干燥等。一种中药提取物的制备方法，往往涉及多个工艺步骤的组合。相关技术方案首先应清楚表征各工艺步骤的逻辑关系，然后对解决所述技术问题的关键技术手段进行详细、重点描述。也就是说，说明书对于制备方法的描述应详略得当、重点突出，对于本领域的常规工艺流程可以简述，对于发明点所在的特定提取、分离或纯化手段，应就该手段涉及的具体工艺步骤和参数、设备等作出详细的描述，必要时应写明选择所述工艺条件或参数的详细理由，并尽可能记载具体的筛选过程。说明书中可以进一步说明在发明研发过程中为解决所述技术问题曾经遇到的困难。下文列举的【案例 4－18－15】和【案例 4－18－16】都涉及一种刺五加提取物的制备方法，所述工艺都包含了石硫法分离纯化苷类成分的步骤，但因二者要解决的技术问题不同，撰写的技术方案存在明显差异。

【案例 4－18－15】

A. 相关案情

发明涉及一种刺五加提取物及其制备方法。说明书记载其所要解决的技术问题为提高刺五加提取物中苷类提取物的含量。优化石硫法工艺参数是该案的关键技术手段。该发明专利的技术方案撰写为：一种刺五加提取物，其特征在于是由以下方法制备得到的：a）刺五加药材经捡选、粉碎、洗药后，加 4～8 倍量纯化水于多功能提取罐中煎煮 1～3 次，每次煎煮 1～2h，过滤，合并滤液，待滤液温度降至室温；b）水提取液在酸沉、碱沉罐中于 40～60℃时用 20%～30% 石灰乳调节 pH 至 9～11，充分搅拌，再用 20%～30% 硫酸调节 pH 至 5～6，充分搅拌，静置 4～12h，滤取上清液；c）将滤液在二效多级蒸发器中减压浓缩至原体积的 1/4，浓缩液在醇沉罐中经过两次醇沉，回收乙醇，得刺五加提取物。

B. **案例分析**

该案要解决的技术问题为提高刺五加提取物中苷类提取物的含量，优化石硫法工艺参数是该案的关键技术手段。因此，说明书在技术方案中应详细写明石灰乳和硫酸的浓度、调节 pH 范围等关键技术特征，以体现发明点所在。

【案例 4-18-16】

A. **相关案情**

某案针对现有刺五加提取物中钾离子含量较高，制成注射液可能引起严重不良反应的缺陷，提供改进的制备方法。所要解决的技术问题是如何降低刺五加提取物中钾离子含量，纳滤步骤是该申请的关键技术手段。说明书记载的技术方案撰写如下：一种刺五加提取物，其特征在于制备所述刺五加提取物的方法步骤如下：a）刺五加水煎煮两次，过滤，合并滤液，石硫法分离纯化，滤取上清液；c）用纳滤膜 200 ~ 500 Da 进行过滤，操作压力为 5 ~ 10kg/cm^2，温度为 25 ~ 30℃，截留液浓缩至 70 ~ 80℃下相对密度为 1.20 ~ 1.30，放置至室温；d）加乙醇使含醇量达 75% ~ 85%，充分搅拌，静置 24 ~ 48h，滤取上清液，药渣离心后过滤，合并滤液，回收乙醇至无醇味并浓缩，即得刺五加提取物。

B. **案例分析**

该案同样涉及一种刺五加提取物，技术方案也包含石硫法分离纯化步骤。然而，该案所要解决的技术问题是如何降低刺五加提取物中钾离子含量。纳滤步骤是该申请的关键技术手段，并且该方法适用于任意一种经石硫法分离纯化的刺五加提取物的再加工。因此，该案例说明书发明内容部分应重点描述纳滤步骤的材料和工艺参数等技术特征，而可以简要或概括描述石硫法的具体工艺步骤和参数。

此外，撰写时还应注意，说明书对工艺流程和各项工艺参数的限定应符合本领域的常识。如果制备方法违背了本领域常规认知，说明书又不能提供充分的实验证据来证明技术方案的可行性，那么该技术方案将无法实施。

3. 提取设备

制备中药提取物使用的设备对于本领域技术人员来说应当是清楚且能够得到的。对于常规工艺步骤使用的常规设备，本领域技术人员能够获得或知晓如何获得，可以在说明书技术方案中不作赘述。随着科技的发展，中药提取设备日新月异。对于新近出现、本领域尚未量产或广泛使用的新设备，应在说明书中写明其具体来源或获得途径，必要时应引证相关现有技术。

如果该设备专用于该申请，并且该设备的使用对提取物的组成与含量产生了显著影响，是发明解决所述技术问题的关键一环，则应在说明书中详细披露该设备的结构和组件等信息，并且对该设备如何影响提取物的组成含量的原因进行分析。否则，说明书将无法满足充分公开的要求。

（三）提取物的用途、使用效果

中药提取物发明应当在说明书中完整地公开所述产品的用途和/或使用效果，即使是首次分离得到的中药成分，也应当至少记载一种用途。如果本领域技术人员无法根据现有技术预测发明能实现所述用途和/或使用效果，则说明书中还应当记载对于本领域技术人员来说足以证明发明技术方案可以实现所述用途和/或达到预期效果的定性或者定量实验数据。

对于新的中药提取物，不仅应当记载其具体的医药用途或者药理作用，同时还应当记载其有效剂量及使用方法。说明书对有效剂量和使用方法或者制剂方法等的记载应使本领域技术人员能够实施。

有关提取物的用途、使用效果的撰写要求将在下文“四、技术效果的撰写”部分详细介绍。

（四）技术方案与具体实施方式的关系

上文介绍了中药提取物发明充分公开三要素的撰写要求，那么相应的技术方案如何在说明书中呈现呢？通常说明书记载的技术方案可以分为两部分：一是在“发明内容”部分对技术方案的整体描述，二是说明书记载的具体实施方式。这两部分在内容上密切关联，不能割裂。具体实施方式是优选的技术方案，对支持和解释权利要求都极为重要。

“发明内容”部分记载的技术方案通常应包括独立权利要求和从属权利要求的所有内容，与权利要求书请求保护的技术方案保持一致，否则可能导致权利要求书得不到说明书的形式支持。描述技术方案时应重点突出并合理记载体现发明点或解决其技术问题的技术特征及工艺参数，并注意以“优选”的方式逐步缩小取值范围，为克服可能存在的新颖性、创造性、不支持等缺陷提供修改余地。说明书中可以提供工艺步骤、提取设备的等效替换方式，以防止他人对其他可能的等效替代方式提出专利申请。对于以优选工艺步骤和/或工艺参数为发明点的申请来说，还应在说明书中写明选择所述工艺或参数取值的详细理由和筛选过程，以证明该选择相对于现有技术作出了创造性的技术贡献。

说明书列举的具体实施方式应尽可能覆盖全部保护范围。具体实施例不仅从形式上对技术方案予以支撑，还是判断技术方案的保护范围是否合理的依据之一。撰写实施例时需注意工艺参数取值分布、方法步骤替换等应与技术方案整体描述部分相应技术特征的限定范围相呼应。如果权利要求请求保护的技术方案对某工艺参数概括了较大的取值范围，而实施例部分相应工艺参数只给出了单个取值或取值集中分布在很小的范围内，并且本领域技术人员结合现有技术无法预料到所述较大取值范围内的任意取值都能解决发明要解决的技术问题、取得预期的技术效果，那么，权利要求请求保护的技术方案将得不到说明书的支持。

以单个技术特征为例，需要设立的实施例的数量与保护范围的大小及其对技术效果的影响程度相关。例如，某中药提取物的制备方法为水煎煮药材，并用大孔吸附树脂纯化分离提取液。大孔吸附树脂纯化分离是关键技术特征，假设技术特征概括为“洗脱剂为30%～40%的乙醇水溶液”，因该浓度范围乙醇水溶液极性相似，产生的技术效果相当，实施例中的相应技术特征示例为该范围内的任意取值都可；而对于技术特征“洗脱剂为10%～95%的乙醇水溶液”而言，因取值范围跨度较大，且浓度差异较大的乙醇水溶液会对技术效果产生显著影响，那么具体实施方式不仅应在端点值10%、95%附近取值，还应设立居间值（如30%、50%、70%等），并提供充分的试验数据来证明端点值、居间值都能解决所述技术问题，取得预期技术效果。在上述技术方案中，水煎煮的工艺参数（如料液比、煎煮次数与时间等）对技术效果的影响相对较小，相关工艺参数在具体实施方式中的示例数量也可以相对少些。

四、技术效果的撰写

中药提取物发明专利申请的说明书中不仅应当记载解决技术问题的技术方案，还应对其技术效果加以确认，以证明所述技术方案能够解决发明所要解决的技术问题。说明书记载的技术效果应与其所要解决的技术问题相对应。上文提到，中药提取物发明所要解决的技术问题通常包括：获得某用途或作用的新中药提取物、提供新的提取分离方法、提高有效成分的含量、减少毒性成分、增加提取效率、改善治疗效果、减少不良反应、降低生产成本等。相应的技术效果可以从成分种类与含量测定、药效与安全性实验证明、成本分析等角度进行验证。由于中药提取物发明通常不能从理论上或者提取方法本身预测或确定提取物的组成含量、功效用途等技术效果，说明书应记载充分详实的实验数据。

关于技术效果，在药物领域，说明书中通常分两部分进行描述。一是在发明内容“有益效果”部分对发明的技术效果进行清楚和客观的描述，二是说明书记载的用于证明该技术效果的实验数据。这两部分前后关联，相互印证。也可以将这两部分合在一起撰写。

发明内容部分描述的“有益效果”通常基于现有技术对发明能够取得的技术效果进行理论分析和简要描述。所述技术效果应基于说明书记载的实验研究的结果数据和结论得出。如果某技术效果仅在“有益的技术效果”部分进行了断言性、结论性的描述，说明书缺少必要的实验数据支持，并且该技术效果不是本领域技术人员结合现有技术可以预见的，那么这种技术效果通常不能被认可。

实验数据不仅用于证明说明书满足了“充分公开”的要求，还是进一步评价权利要求的技术方案是否具备创造性、能否得到说明书的支持的依据。实验数据是影响专利申请审查结果的重要因素之一，也是说明书技术效果描述的重点内容。那么，对于提取物发明，在说明书中应该如何描述实验数据以证实发明的技术效果呢？接下来将从常用的评价指标及其撰写要求、不同类型发明的技术效果考量等方面进行详细介绍。

（一）常用的技术效果评价指标

1. 成分种类与含量测定

物质基础是中药提取物的核心，与其药理活性、治疗作用、不良反应密切相关。中药提取物通常不能从理论上或者提取方法本身预测或确定提取物的组成与含量。因此，如果发明旨在提高有效成分的含量、减少毒性成分、增加提取效率等，说明书中就应记载相应成分的定性或定量检测数据。常用的检测方法包括：分光光度法、薄层色谱、液相色谱、气相色谱、指纹图谱、核磁、紫外、红外、质谱和 X－射线衍射等。应注意，不同检测方法的适用场景不同，敏感性和特异性也存在差异，应根据提取物组分情况和预期的技术效果作出选择。例如，发明旨在提高提取物中某成分的含量，则应选择高效液相色谱等定量检测方法，而不推荐使用薄层色谱等定性检测方法；如果要证明所述技术方案能够提取到更多种类的成分，则应使用指纹图谱检测，检测某类有效成分总量的分光光度法将无法证明所述技术效果。除了上文所述的定性或定量检测手段以外，性状、气味、密度、黏度、结晶度等性能参数也与提取物本身的组成相关，也可以帮助确认提取物。说明书中可以记载上述性能参数的检测数据。

描述成分种类与含量检测实验证据时，说明书中应当详细说明检测样品、检测试剂和设备、具体的工艺参数等内容，使本领域技术人员能够实现该方法。如果在说明书中仅结论性记载提取物组分和含量，而未曾记载具体的检测过程，这样的技术效果通常难以被认可。

撰写相关实验数据时应注意以下内容：①当说明书记载了多个实施例时，应指明受试样品的来源或制备方法，如以实施例 1 制得的提取物作为受试样品。

"本发明提取物"这种笼统的描述指向性不明确，将导致本领域技术人员不清楚具体受试物而影响实验的证明力。②如果样品在检测前需要预先进行处理，则应在说明书中详细记载受试样品的处理过程，包括使用试剂、提取分离方法等，必要时应写明使用的设备，例如，使用色谱柱纯化时应写明色谱柱的型号。③为考量检测方法的有效性，检测时通常需要设立对照组。有些检测方法（如高效液相法）还需从线性关系、精密度、稳定性、重现性、加样回收率等方面考察方法是否灵敏、准确、专属、重现。必要时，说明书中应记载上述实验内容。④说明书中应详细记载方法涉及的步骤和工艺参数。说明书中不提供具体检测过程，仅简单描述为"使用高效液相测定某成分的含量，结果显示含量为……"，等同于结论性语句，相应技术效果通常难以被认可。如果所述检测方法与某现有技术完全相同，为节约篇幅，可以使用引证的方式纳入该现有技术内容，但应务必保证引证文件的准确性和公众可获得性。⑤关于检测结果，说明书中应记载的原始实验数据，通常不建议仅给出增加率、减少率等计算处理后的指标。如果检测结果难以定量表征，应将相关图谱作为说明书附图提交。

涉及中药提取物发明的指标成分种类及其含量测定的实验要求可参见"第六节 中药产品的检测方法发明"。

2. 药效与安全性实验数据

如前所述，说明书应当完整地公开中药提取物的用途和/或使用效果，即使是首次分离到的中药成分，也应当至少记载一种用途。如果本领域技术人员无法根据现有技术预测发明能实现所述用途和/或使用效果，则说明书中还应当记载对于本领域技术人员来说足以证明发明技术方案可以实现所述用途和/或达到预期效果的定性或者定量实验数据。说明书中应当详细说明受试样品、实验材料、实验方法（包括造模方法、分组给药方法、检测指标及方法等）、结果数据等内容，必要时应对结果数据进行统计学分析，使本领域技术人员能够实现该方法。

证明提取物的药效或药理作用的实验数据可以是体外实验、动物实验或临床实验等。不同类型实验的撰写要求有所差异。

（1）体外实验。

体外实验是指在体外增殖培养受试材料并对其进行干预观察，常用的实验材料包括微生物（细菌、真菌、病毒、寄生虫等）、离体的器官、组织、细胞和体外代谢活化系统等。体外实验应写明受试材料及其培养条件、分组给药方法、检测指标和方法、结果数据等内容，必要时应写明受试材料的来源或保藏信息。相对于体内实验来说，体外实验体系较为脆弱，受培养环境影响较大。

中药提取物（尤其是粗制品）常常为多成分混合物，其中的杂质、酸碱度、电解质等可能影响培养环境（如 pH、渗透压等）产生假阳性结果。必要时应对实验微环境和不利因素进行控制。

通常认为体外实验的专一性强，对药物靶器官和作用机理有较强的揭示作用。受限于离体培养环境，该类实验无法观察机体整体反应，对药物在体内的疗效仅提供参考作用。因此，当说明书中仅记载了作用机理相关的体外实验，并且所述作用机理与预期治疗的疾病之间不存在一一对应的直接关联时，可能导致采用疾病用途限定的权利要求得不到说明书的支持。

（2）动物实验。

动物实验的准确性和可靠性要优于体外实验。如果使用动物实验考察中药提取物的药效或用途，说明书中应详细写明受试动物、分组与给药方法、检测指标、结果数据等内容。

动物实验可以使用正常动物，也可以使用模型动物。选用的动物和模型应对实验因素敏感，符合实验目的。选用模型动物时，应写明具体的造模方法，并注意造模方法与预期治疗的疾病的关联性。实验选用的检测指标应以与疾病的病因、病理变化直接相关的指标为主，仅仅观察辅助性指标将不足以证明药物对疾病的治疗效果，可能导致以疾病限定用途的权利要求得不到说明书的支持。例如，急性心肌缺血的主要评价指标包括心电图改变、心梗面积变化等，仅仅检测凝血时间不足以证明药物治疗急性心肌缺血的效果，将导致包含“治疗急性心肌缺血”用途限定的权利要求得不到说明书的支持。

对于实验结果数据，推荐在说明书中记载原始检测数据，并对实验结果进行统计分析。说明书中仅记载一些简单的、用数值表示的实验结果，如有效率 100%，不能被认为是《专利审查指南 2010》中所述的定量实验数据。对技术效果结论性描述，特别是一些商业宣传性质的用语和结论性的断言，如“能快速有效治愈某疾病”，也不能被认为是定性实验数据。

（3）临床实验。

临床实验直接展示所述中药提取物对人体的治疗效果，说明书中应写明受试患者的一般情况、诊断标准、病例纳入标准和排除标准、分组情况、给药途径和剂量、疗程、检测指标与检测方法、疗效判定标准、结果数据、不良反应监测等内容，必要时应对结果数据进行统计分析。

中药总提取物是在中医理论指导下，根据复方的功能主治以及药物性质和临床用药的要求制备得到的，代表单味药材或整个复方的功效。因此，其临床实验要求与单味药材或中药复方的临床实验要求相似，应体现中医辨证论治的基本原则，在说明书中记载中医分型诊断标准、中医临床症候疗效评价标准等内容。中药有效部位和中药有效成分仅代表原料药或原方的某一方面或某几方面的作用，临床使用方式与化学药物相似，通常不受中医证型的限制，相应地，说明书记载的临床实验无需记载中医辨证内容。

（4）安全性评价。

中药成分复杂，除有效成分以外，部分中药还含有毒性成分，危害临床用药安全。中药提取物通过提取、分离、浓缩等手段进一步富集了化学成分，在提高药物功效针对性的同时，也放大了潜在的安全性威胁。因此有时必须对中药提取物发明的安全性进行评价，例如，原料药涉及毒性药材或现有技术已报道药材含有毒性成分时。中药提取物发明专利说明书记载的安全性评价实验可以是急性毒性实验、亚急性毒性实验、慢性毒性实验等；当提取物用于特定人群时（如婴幼儿、孕妇、哺乳期妇女等），还应提供发育毒性、生殖毒性实验等。安全性评价实验应写明受试样品、给药剂量、选择所述剂量的理由、具体实验方法、检测指标、结果数据和结论等内容，其给药方式一般应与临床给药方式一致。

药效与安全性实验数据的具体撰写要求可参照本章第一节“中药组合物发明”和第五节“中药产品的制药用途发明”。

3. 产率及成本

提取效率和生产成本是中药大规模工业生产必须考虑的因素，环境友好也是中药产业可持续发展的要求。对于以提高效率、降低生产成本、减少环境污染为发明目的的技术方案，说明书应记载发明与现有技术在提取效率、成本核算、环境影响等方面的比较数据，并至少应同时证明所得提取物在有效成分种类含量和/或治疗效果方面与现有技术相当。

（二）不同类型提取物发明对技术效果评价的要求

不同类型的中药提取物含有的成分种类含量不同，具备的功效用途有差异，相应发明申请评价技术效果的要求也不同。

中药总提取物代表单味药材或整个复方的功效，组成和含量通常不明，因此该类发明技术效果的考量重点是治疗效果的等效性或改进程度，可以不对提取物组分或其含量方面的技术效果作出评价，但发明目的与特定成分有关的除外。例如，发明旨在通过改进制备方法来提高提取物中特定有效成分的含量或者是降低某毒性成分的含量，那么说明书中则应记载该成分的含量检测数据。又如，发明旨在提供一种新制备方法以使提取物中包含的有效成分种类更多，此时说明书中应记载所述提取物的指纹图谱，以证明该发明相对于现有技术获得了包含更多种活性成分的提取物。中药总提取物的临床应用受中医辨证施治理论指导，相应的药效实验也应体现这一原则。推荐使用中医病证动物模型，临床试验应使用中医分型诊断标准、中医临床证候疗效评价标准。

中药有效部位是一类或数类有效成分的混合物，其有效成分含量应达提取物总量的50%以上，需对其中的代表成分和有效成分进行含量测定且规定下限，对毒性成分必须增加上限控制，通常代表单味药材或复方某一方面或某几个方面的功效。因此，中药有效部位发明的说明书不仅应记载有效成分和/或毒性成分的含量检测实验，还应记载用途、药理作用和/或安全性的检测数据。

当发明主题涉及单一中药有效成分时，说明书中应当记载能有效鉴别该化合物结构的数据，如核磁、紫外、红外和质谱数据等，使得要求保护的化合物结构能够被清楚地确认。如果提取分离的有效成分是新化合物，说明书中还应提供该化合物的至少一种用途，并记载相应的药效实验数据。

（三）创制发明与改进发明对技术效果评价的要求

由于发明的起点和过程不同，创制发明与改进发明所要解决的技术问题不同，相应地，为证明发明确实解决了所述的技术问题，其对效果实验数据的要求也有差异。通俗地讲，对于创制发明来说，提供实验数据的目的主要是为了证明“我能行”，即经由发明所述的制备方法可以制得所述的产品，并且该产品能够实现所述用途。而对于改进发明来说，其不仅需要证明“我能行”，还应提供充分的实验数据来证明发明相对于作为改进基础的现有技术“我更行”。因此，改进发明在说明书中通常应提供其与作为改进基础的现有技术的比较实验数据，从发明的改进点出发，证明发明取得了提高有效活性成分的含量、减少毒性成分、增加提取效率、改善治疗效果、减少不良反应、降低生产成本等改进效果。上述改进效果有赖于充分详实的对比实验的支持，所述对比实验应以作为改进基础的现有技术方案作为对照组，具体的实验撰写要求参见本章第二节“四（一）常用的技术效果评价指标”。

第三节 中药炮制品发明

中药炮制是根据中医药理论，依照辨证施治用药需要、药材自身性质以及调剂、制剂的不同要求所采取的一项制药技术。中药由于成分复杂，常常一药多效，但中医治病往往又不是要利用药材的所有作用，而是根据病情有所选择，这就需要通过炮制对药材原有的性能予以取舍，权衡损益，使某些作用突出，某些作用减弱，以充分发挥药材的治疗作用，避免不利因素，力求符合疾病的实际治疗要求。因此，中药材必须经炮制成饮片之后才能入药，才能符合中医辨证施治、灵活用药的要求[22]。中药材经炮制所得产品，即为中药炮制品，也叫中药材饮片。

中药炮制是我国历代医药家在长期医疗实践活动中逐步发展起来的制药技术，在漫长的时间中形成自己独特的理论和实践体系。在继承中药传统炮制技术和理论的基础上，中医药研究人员应用现代科学技术探讨炮制机理，改进炮制工艺，制定饮片质量标准，以提高中药饮片质量，保证临床用药安全有效。那么，对于中药炮制品发明，在撰写说明书时应注意哪些方面呢？

一、背景技术的撰写

中药炮制是随着中药的发展和应用而产生的，有着悠长的历史渊源。中药炮制的目的，归根结底是通过加工处理原药材，改变其某一方面或某几方面的性能以满足临床应用的需要。从广义上来说，与原药材相比，中药炮制技术方案都属于改进技术方案。但如果抛开原药材，仅就中药炮制技术而言，按照发明技术方案的形成过程，中药炮制品发明也可分为改进发明和创制发明。

改进发明，顾名思义，是指针对现有炮制技术缺陷提供改进的技术方案，例如，针对现有技术炮制工艺参数限定不明确的缺陷，通过优选工艺参数以获得一种参数明确的炮制方法和质量稳定均一的中药材饮片；又如，现有技术在炮制过程中某有效成分损失明显，通过改进工艺减少该成分的损耗，使其在中药材饮片中含量增加，等等。现有技术已公开的炮制方法是改进发明的技术起点。因此，这类发明说明书应在背景技术部分引证密切相关的现有技术文件，介绍所述中药材的性能功效、常用炮制方法和饮片特性，并对现有技术存在的问题和缺陷作出客观分析。在可能的情况下，背景技术部分还应进一步说明存在这种问题和缺陷的原因，以及解决这些问题时曾经遇到的困难。

鉴于我国数千年的中药应用史和丰富的现有技术记载，目前的中药炮制品发明绝大多数为改进发明。那么，中药炮制领域有没有创制发明呢？答案是肯定的。创制发明提供一种新的中药炮制方法或一种新的中药炮制品、中药材饮片。例如，从某药材的基源植物上采集新的药用部位，并将其炮制成一种全新的中药材饮片。此时，技术背景部分可以介绍相关药材的性能功效、常用炮制方法，该药用部位常用的炮制方法等。

中药炮制品发明的说明书在撰写“背景技术”时应介绍该药材的常用炮制工艺，但是有些专利申请引用的现有技术与发明内容关联性较差，未能公开发明技术方案的改进基础，忽略现有技术缺陷的针对性分析，直接导致后文提出的发明所要解决的技术问题含糊不清，难以体现发明构思和技术贡献。因此，推荐在提出申请之前先对发明技术方案进行系统的检索分析，在充分了解和引证密切相关现有技术的基础上，分析现有技术的缺陷和不足，为下一步针对性提出发明所要解决的技术问题埋下伏笔。

二、技术问题的撰写

根据传统中药炮制理论，中药炮制的目的在于“减毒存性”，包括降低或消除药物的毒性或副作用、改变或缓和药物的性能、增强药物疗效、改变或增强药物作用的趋向、改变药物作用的部位或增强对某部位的作用、便于调剂和制剂、利于贮藏保管、利于服用等。创制发明解决的技术问题通常是提供一种新的炮制方法或者一种新的中药炮制品以实现上述目的。改进发明则是在现有炮制工艺的基础上，针对现有技术缺陷提出改进技术方案，此时应结合背景技术部分指出的现有技术缺陷针对性地提出技术问题，常见技术问题包括：进一步提供产品中有效成分的含量、降低毒性成分的含量、改善某一方面的治疗效果、降低毒副作用、增加保藏稳定性、提升制剂性质等。

【案例4-18-17】

A. **相关案情**

某案涉及一种改进的胆南星炮制工艺，在常规胆南星制备工艺的基础上，增加复合菌发酵工艺来缩短发酵周期，改善发酵程度。说明书记载的背景技术、发明要解决的技术问题如下：

【背景技术】

胆南星为制天南星的细粉与牛、羊或猪胆汁经加工而成，或为生天南星细粉与牛、羊或猪胆汁经发酵加工而成。经炮制后，能够缓和燥烈之性，降低毒性，并使药性发生转变，性由温转凉，味由辛转苦，有清化热痰、息风定惊等功效，具有良好的药用价值。

《中国药典》自1977年版开始收载胆南星，记载其为制天南星的细粉与牛、羊或猪胆汁经加工而成，或为生天南星细粉与牛、羊或猪胆汁经发酵加工而成。尚未对胆汁加入量、发酵时间、蒸制等作明确规定。

1988年版《全国中药炮制规范》规定了胆南星的制法有两种，一为混合制：取制南星细粉，加入猪胆汁（或胆膏粉及适量水）拌匀，蒸60min至透，取出放凉，制成小块，干燥。二为发酵制：取生南星粉，加入猪胆汁（或胆膏粉及适量水)，搅拌均匀，放温暖处，发酵7~15天后，再连续蒸或隔水炖9昼夜，每隔2h搅拌一次，除去腥臭气，至呈黑色浸膏状，口尝无麻味为度，取出，晾干。再蒸软，趁热制成小块。天南星：牛（或猪、羊）胆汁为1:4。

地方炮制规范中，多地亦收载了混合制（用制南星）和发酵制（用生南星）两种方法。其中安徽、江苏、陕西、河南等与《全国中药炮制规范》的胆南星制法相似，贵州、江西、北京、湖南、云南、宁夏、甘肃、辽宁、吉林、山西等均收载比较详细的胆南星制备方法，与《全国中药炮制规范》有所不同。各地炮制规范胆南星的制法中多是用猪、牛或羊胆汁，加入比例在1:1~1:7，拌入胆汁1~5次不等，胆膏、胆粉均有涉及，还有加入川贝末(江西)、白酒（云南)、黄酒（北京）等炮制辅料。

由此可见，发酵法制胆南星是历史上的主流方法，但目前胆南星尚缺少统一规范的炮制工艺，也没有完善的质控标准。胆南星属试行批准文号制，有生产资质的企业才能生产，生产工艺实行备案制。经调研表明，现代生产中存在许多问题，如个别厂家发酵时间短导致发酵不充分，与古代的久时发酵相悖；部分厂家发酵时间特长，1个月至数月，虽发酵充分但耗费时间长，生产效率低。

【技术问题】

针对现有技术存在的缺陷，本发明要解决的技术问题是改进胆南星发酵的工艺，以缩短发酵周期，保证发酵程度，提升产品质量。

B. 案例分析

该案涉及一种改进的胆南星炮制方法，与现有技术的主要区别在于增加复合菌发酵工艺，并优选了工艺参数。背景技术部分详细介绍了胆南星的性能功效、常用炮制工艺，指出目前尚缺少统一规范的炮制工艺和完善的质控标准，导致胆南星发酵周期长短不一、发酵程度各异的缺陷，并针对该缺陷提出了发明要解决的技术问题。背景技术部分介绍的现有技术与发明密切相关，提出的技术问题切中现有技术缺陷，针对性强。

三、技术方案的撰写

中药炮制品发明涉及的技术方案，其主题可以是产品，即一种中药炮制品或一种中药材饮片；也可以是一种方法，即一种制备某中药炮制品/中药材饮片的方法。对于产品技术方案而言，通常包括两部分：主题和具体技术手段。具体技术手段通常由多个技术特征构成，其限定的技术特征可以是对所述产品的质量要求，如净度、片型及破碎度、色泽、气味、水分含量、有效成分或毒性成分含量等理化性质参数，也可以是对产品的用途或使用效果的限定。中药炮制品由原料药材经特定的炮制方法加工得到，其产品特性与炮制方法密切相关。因此，中药炮制产品的技术方案也常使用制备方法技术特征进行限定。对于炮制方法技术方案而言，毫无疑问，应包括具体的方法步骤和工艺参数技术特征，理化性质参数和产品的用途或使用效果等特征也可限定在内。需要注意的是，在描述技术方案时，必须清楚地描述体现发明点或关键的技术特征。

无论发明请求保护一种炮制产品还是一种炮制方法，其说明书中都应至少记载一种制备所述中药炮制品的方法（炮制方法）。与中药提取物发明类似，中药炮制品类发明也应在说明书中清楚地记载实施所述方法所用的原料物质、工艺步骤和条件、炮制设备等，必要时还应当记载上述因素对所得产品性能的影响。

（一）原料

中药炮制的原料物质包括原料药材和辅料两部分，对于本领域技术人员来说都应当是清楚并可以获得的。说明书中应写明原料药材的名称和/或植物基原，具体撰写要求同“第一节 中药组合物发明”部分。如果炮制过程中使用了辅料，则应写明炮制辅料的种类和用量。对于常规辅料，如果本领域技术人员能够获得或知晓如何获得，可以不在说明书中记载其制备方法或来源。否则，应在说明书中写明其成分、性能、制备方法或来源等信息，必要时应引证相关现有技术。当炮制辅料是多成分组合物时，还应写明各组分的配比关系。

随着现代科学技术的发展，近年出现了一些中药炮制的新方法，利用生物酶或微生物来处理中药材。例如，某案使用复合酶处理鸡内金来祛除腥味；某申请选用铅黄肠球菌和肠球菌组成的复合菌来发酵炮制胆南星。这些生物酶或微生物相当于一种特殊的炮制辅料。相关技术方案应写明所述生物酶或微生物的种类、用量等，如需特殊培养环境亦应加以限定。如果使用特定微生物，必要时应记载相应的保藏信息。

（二）工艺步骤与参数

中药炮制常用的工艺步骤包括原料药材选择、净制、软化、切制、炮炙、干燥、灭菌、包装等。常用的炮炙方法有炒、炙、煅、蒸、煮、煨。撰写技术方案时首先应厘清各工艺步骤的先后顺序，突出发明的关键技术点，不影响发明实质内容的常规工艺流程可以简写。针对关键技术点，应详细描述选择所述工艺步骤和参数的理由，并尽可能记载具体的筛选过程。例如，对于发明点在于蒸制步骤的技术方案，可以简述原料药材选择、净制、软化、切制等预处理步骤，而详细描述蒸制步骤的具体操作过程和工艺参数，必要时应记载具体的筛选实验数据；而对于发明点在于净制、软化工艺的发明，则应对二者进行充分详尽的描述。

中药炮制工艺虽在我国流传已久，但其中许多关键工艺参数的描述较为含糊，大多需有经验的工作人员进行主观判断，甚至许多药材炮制的具体参数条件被认为是不传之秘，湮没在历史长河中。为适应中药饮片现代化生产的要求，保障产品质量，提高产品疗效和安全性，有相当一部分的中药炮制品发明以明确和优化炮制工艺参数作为发明点。这一类的发明应在说明书中写明选择所述工艺条件或参数的详细理由，说明在研发过程中为解决所述技术问题曾遇到的困难，并尽可能地记载具体的筛选过程，否则将难以证明发明相对于现有技术作出了创造性的技术贡献。

中药配方颗粒和中药超微制剂是近年发展的中药饮片新类型。因其使用方便、生物利用度高，深受医患欢迎。中药配方颗粒是以符合炮制规范的中药饮片为原料，根据各类药材的不同特性，参照传统煎煮方法，利用现代化的生产工艺，经粉碎或“全成分”提取、浓缩、干燥、制粒、包装而成的供医生配方使用的系列单味中药颗粒剂[23]。因此，中药配方颗粒技术方案通常包括中药提取和制备颗粒剂两部分内容。撰写技术方案时应注意紧扣发明所要解决的技术问题，重点描述关键技术内容。例如，发明旨在通过改进提取方法来提高有效成分含量，技术方案部分则应详细描述中药提取的工艺步骤和参数条件，对于常规的制粒工艺可以简述；如果发明旨在通过筛选制粒辅料来改善制剂的崩解速度等性能，则应重点描述制剂辅料的筛选过程，并在技术方案中对制剂辅料的种类和用量作出具体限定。

中药超微制剂是应用超微粉碎技术制备的中药饮片，超微是其明显区别于其他中药饮片的特征。因此，说明书技术方案部分应写明具体的超微粉碎粒径，并且提供至少一种制备方法。早年间，中药超微制剂的技术方案大多着眼于超微粉碎工艺的具体步骤和参数。随着中药超微粉碎技术应用日益广泛，人们发现超微粉粉体比表面积的增加，会产生易于吸潮、氧化、变质等的缺点。中药原料的前处理、特定药材超微粉碎工艺的优化、中药超微粉的后加工都已成为中药超微制剂发明的改进环节。说明书应紧扣发明要解决的技术问题对相关工艺进行详细阐述。例如，某案旨在提高中药超微制剂的粉碎效率、减少粉碎过程产生的高温对有效成分的破坏，技术方案的发明点在于药材粉碎前增加深冷步骤以提高药材脆性，并在低温条件下超微粉碎以减少有效成分损耗。此时，说明书撰写的技术方案应重点对冷冻温度和时间、粉碎温度等工艺参数的选择作出清楚和详细的描述，超微粉体的制粒过程使用常规工艺，可以简述。而如果发明点在于制粒工艺，则应对制粒工艺参数进行筛选优化。

（三）设备

撰写说明书时，炮制设备的披露要求与中药提取设备要求相似。可参照“第二节 中药提取物发明”的要求。

以上介绍了中药炮制发明技术方案中原料、制备方法、设备的撰写要求，将上述内容整合在技术方案中时还应注意以下几点。

(1) 优选方案、层层递进。说明书对于技术方案涉及的工艺参数，尤其是关键技术特征涉及的工艺参数，应从大到小，以“优选”的方式逐步缩小取值范围，设立层层递进的保护网，为克服可能存在的新颖性、创造性、不支持等缺陷提供修改余地。例如，姜汁与栀子的用量比例为0.01：1~0.5：1；优选为0.1：1~0.5：1；进一步优选0.15：1~0.25：1。

(2) 等效替代、扩大范围。说明书中可以提供工艺步骤、提取设备的等效替换方式，扩大范围，以防止他人对其他可能的等效替代方式提出专利申请，减少竞争对手避让设计的可能性。例如，常用干燥工艺包括室温晾干、加热烘干、真空干燥等，这些替代方式都可以记载在技术方案中。

(3) 形式支持与实质支持。说明书中应记载与权利要求相应的技术方案，并详细描述实现发明的具体实施方式。说明书列举的具体实施方式的数目视权利要求保护范围的大小而定，应尽可能覆盖全部保护范围，使得本领域技术人员结合现有技术可以确定整个技术方案都能解决所述的技术问题、取得预期的技术效果。例如，某案请求保护姜栀子的炮制工艺，对于关键技术特征姜汁与栀子的用量比例，说明书不仅应记载取值范围，还应记载多个实施例和相应实验数据，比较不同取值对有效成分或潜在毒性成分含量的影响，以证明整个取值范围都能解决所述技术问题，以支持权利要求的保护范围。

四、技术效果的撰写

说明书记载的技术效果应与前文所述的发明要解决的技术问题相对应。说明书发明内容部分应对中药炮制发明的“有益效果”作出描述，该描述应遵循“有理有据”的原则。所谓“理”，即传统中药炮制理论，若其已公开了常用炮制工艺对药材性味、功效、作用趋向等的影响，说明书可结合中药炮制理论通过对具体技术方案、工艺步骤，甚至某个工艺参数的解析来阐明其技术效果。“据”则是指说明书记载的试验数据，“有据”即指发明内容部分应记载相应的实验研究数据。如果说明书记载的技术效果仅有断言性描述，缺少实验数据证实，且该技术效果是本领域技术人员结合现有技术无法预见的，那么该技术效果将不被认可。

中药炮制是一门制药技术，炮制品的质量主要从外观和内在质量等方面来衡量，中药炮制品发明的技术效果也可以从这些方面来进行评价。炮制工艺的确定应以临床需求为依据，增效减毒是中药炮制的最终目标，药效和安全性评价也是中药炮制品发明技术效果评价的重要组成部分。

（一）常用评价指标

下面对常用评价指标作一阐述。专利申请时应根据发明要解决的技术问题选择其中的一种或多种指标以证明发明的技术效果。

1. 外观因素

常用于评价中药炮制品发明技术效果的外观因素包括饮片的净度、片型及破碎度，色泽、气味、性状、组织粉末等。国家中医药管理局《中药饮片质量标准通则（试行）》对中药材的上述外观因素标准均有所规定。

净度是中药炮制品的纯净程度，可以用炮制品含杂质及非药用部位的限度来表示。当发明旨在改善净选效果时，说明书技术效果部分应记载净度检查的实验数据，包括主要杂质和非药用部位的类型及其含量等。

中药饮片类型和破碎度会直接影响有效成分的溶出，进而影响药物疗效。当发明对现有技术的贡献在于改善饮片的片型、破碎度时，应提供相应指标的检测实验，并尽量将大小、厚度、均一度等使用测量数据进行定量分析，必要时提供炮制品照片作为说明书附图。如果说明书中仅记载“外形美观、厚度均一”等主观评价的结论性语句，通常证明力较差。

中药饮片都有固有的颜色光泽和气味，若加工或贮存不当均可引起色泽和气味的变化。因此，炮制品外观色泽和气味的变化可以反映出其内在质量的变异情况。炮制品的色泽和气味作为评价发明炮制品质量的外在指标有一定的主观性，记载相关实验数据时应注意尽量将评价过程客观化，如使用气味扫描仪（电子鼻）、色差分析、多人盲法评分等，减少主观影响。如果现有技术已经公开了炮制品的色泽气味与特定成分相关，推荐在说明书中引证该现有技术文件，并记载该成分的含量测定数据。

2. 内在质量

用于评价炮制品内在质量技术效果的指标主要包括水分、灰分、浸出物、药效成分、毒性成分、有害物质（如农药残留量、重金属含量、溶剂残留量、辅料残留量）、卫生学检测等。撰写过程中应根据发明目的和要解决的技术问题选择使用。

水分是控制中药材及其炮制品质量的一个基本指标。保持适宜的含水量对于保证炮制品的质量、贮存、保管都有重要的意义。若发明点涉及干燥工艺或者预期取得的技术效果与长期贮存过程中的水分变化有关（如产品的吸湿性），说明书应当提供水分含量的测定实验。

“总灰分”和“酸不溶性灰分”是检测炮制品纯净度的重要指标。该指标可以与上文所述的“净度”检查配合使用，用于评价净选工艺的技术效果。

具有治疗作用的有效成分是中药具备临床疗效的物质基础，毒性成分是导致中药不良反应的主要原因。测定有效成分或毒性成分的含量是评价中药炮制品质量的首选方法，也是评价中药炮制品发明专利技术效果的常用指标。说明书中应记载具体的实验过程，包括受试样品，提取、分离、浓缩等预处理步骤，检测设备和试剂，方法步骤和工艺参数，检测结果数据等内容，必要时应以说明书附图的方式提交相应的检测图谱。对于那些有效成分尚不完全清楚或没有准确定量方法的炮制品，可以用浸出物的含量作为指标来衡量中药炮制品发明的技术效果。

中药材饮片或炮制品的安全性还与重金属及有害元素、农药残留等有关。当中药炮制品发明要解决的技术问题与减少炮制品中重金属及有害元素污染和/或农药残留相关时，说明书应提供相应的检测实验，并应详细记载具体的受试样品，提取、净化、浓缩等预处理步骤，检测设备和试剂，方法步骤和工艺参数，检测结果数据等内容，必要时应以说明书附图的方式提交相应的检测图谱。

中药饮片还会受到微生物污染，不仅影响中药饮片的清洁程度，在贮藏过程中还可能出现霉变、虫蛀等情况，造成中药所含成分尤其是有效成分的损失和破坏，导致疗效降低，甚至对人体产生危害，造成经济损失和物质浪费。因此，卫生学检查也可用作评价中药炮制品发明技术效果的指标，尤其当关键技术在于净选加工、灭菌包装步骤时。

除上述通用的指标以外，有些中药炮制品发明的技术效果还涉及一些针对性的检查项目，例如，对油脂或含油脂的种子类药材进行酸败度测定以反映贮存过程中的质量变化；对葶苈子、车前子膨胀度的检查；对天竺黄体积比和吸水量的检测；对鹿角胶水不溶物的检测；对蜂胶干燥失重和氧化时间的检查；对麦芽出芽率的检查等。中药炮制品发明的技术效果评价应根据各炮制品的特性和发明点进行针对性的检测。

多数情况下，中药炮制品发明使用现有技术公开的常规检测方法来评价炮制品质量。此时应引证相关现有技术，并应确保引证内容的正确性和本领域技术人员可获得。如果使用创新的方法评价，则应参照“第六节 中药产品的检测方法发明”部分的要求撰写相应实验。

3. 药效、安全性评价

中药炮制品或中药材饮片是中成药、中药汤剂的最基本使用单元，炮制工艺的确定应以临床需求为依据。因此，说明书中应记载所述中药炮制品的用途或使用效果。即使是新创制的中药材饮片或中药炮制品，说明书中也应记载至少一种医药用途。如果依据现有技术，本领域技术人员难以预期所述产品具备所述的用途或使用效果，说明书则应记载足以证明所述技术方案解决了所述技术问题、取得所述治疗效果的试验数据。

药效试验证据通常应为动物在体试验或临床试验，体外培养试验常常难以体现中药炮制品的整体效应。试验的具体撰写要求参见本章第二节“中药提取物发明”部分。

4. 效率和成本效益

具体撰写要求可参见本章第二节“中药提取物发明”部分。

（二）不同类型的技术效果评价

不同类型的中药炮制品发明对技术效果数据的撰写要求略有差异。对于创制发明而言，说明书中记载技术效果试验数据的首要目的是证明所述产品具备所述的治疗功效或作用，因此说明书中通常应记载药效试验数据。为对产品质量作出清楚的描述和限定，可以在说明书中记载净度、片型或破碎度、色泽、气味、水分、灰分、有效成分或毒性成分含量等理化性质参数及其试验数据。改进发明则应更加注意其与作为改进基础的现有技术之间比较研究，以证明发明确实取得了改进的技术效果，相对于现有技术作出了创造性的技术贡献。改进发明的技术效果试验数据应针对现有技术缺陷做出，具体选择何种评价指标应基于现有技术状况和发明目的确定。

1. 增效减毒

中药炮制的最理想目标是减毒存性，即有效成分增加、有毒成分减少，增强药物疗效，降低或消除毒副作用。物质基础与疗效或安全性密不可分，在此一并讨论。

对于以增效减毒为目的的发明，在说明书中提供发明炮制品与原药材或现有炮制产品的药效或安全性比较试验数据十分必要，并能直观反映其技术效果。有效或毒性成分含量是药效或毒副作用的物质基础，药效或毒副作用一方面与有效或毒性成分的含量有关，另一方面也与有效或毒性成分从饮片的溶出速度、机体的生物利用度有关。如果现有技术已经证明了某有效成分或毒性成分与药物疗效或安全性直接相关，依据药材炮制前后该有效成分或毒性成分的含量、溶出速度、生物利用度的检测比较结果，本领域技术人员可以预期其取得了增效或减毒的技术效果，那么在说明书充分详尽地记载了炮制前后有效成分或毒性成分的含量、溶出速度、生物利用度检测比较试验的前提下，说明书可以不记载相应的药效或安全性试验数据。

与之相类似的是，如果发明旨在提高有效成分含量，降低毒性成分含量，由于中药炮制品常常不能从理论上或者炮制方法本身预测或确定炮制品的成分组成与含量，因此，以成分种类或含量变化作为技术效果的炮制发明需要在说明书中详细记载成分定性或定量检测数据，并说明该有效成分或毒性成分与药物功效或毒副作用之间的相关性。如果现有技术没有公开上述相关性，则说明书中应记载足以证明上述相关性的药效或安全性试验数据。

2. 改变药物性能与归经

四气五味、趋向归经是中医理论体系对中药材的特性表征。药物经过炮制可以改变或缓和其偏盛的性味，改变其作用趋向，改变药物对某些脏腑和经络的选择性，以达到改变药物作用的目的。对于中药炮制品发明改变药物性能、趋向与归经的技术效果，最直观的评价手段无疑是发明炮制品与原药材或现有炮制品在性能、趋向与归经等方面的药效比较研究。由于药物性能、趋向与归经都属于中医理论体系的内容，因此推荐使用中医病证动物模型试验，临床研究应体现中医辨证论治的原则。

如果现有技术公开了某成分与药物的某种性能、趋向与归经直接相关，例如，结合蒽醌有致泻作用，与何首乌苦泄性能相关，说明书应引证密切相关的现有技术，详细提供炮制前后药材中该成分的检测比较实验，并提供药效实验证明其功效或作用。

3. 便于调剂和制剂

质地坚硬的矿物类、甲壳类及动物化石类药材很难粉碎，不便制剂和调剂，其药效成分也难以溶出。加热处理可使之质地酥脆便于粉碎，并增加有效成分溶出。对于这类发明，应在说明书中记载药材粉碎后的粒径分布、有效成分溶出速率等炮制前后比较实验。

中药配方颗粒和超微粉碎制剂是便于临床调剂和应用的新中药饮片类型。由于粉碎工艺的进步，药材粉碎的粒径越来越小，在增加了有效成分溶出速率的同时，也带来了粉末吸湿、成分氧化、挥发油逸散等问题。针对上述问题进行的改进发明，应提供发明炮制品与最相关现有炮制品在水分、稳定性、成分含量测定等方面的比较实验。

例如，某案旨在提供一种改进的中药 A 超微粉制剂以解决现有技术中药 A 超微粉体易于吸湿被氧化、稳定性不高、药效容易丧失的问题。发明将超微粉体加乙醇水溶液制粒，制备一种有效成分利用率高、稳定性强、易崩解分散的超微颗粒剂。为证明所述技术效果，说明书中详细记载了崩解时限、加速稳定性、有效成分溶出速率、生物等效性实验等，证明所述技术方案的制剂效果，弥补了现有技术不足。

4. 洁净和利于贮藏保管

中药在采收、仓储、运输过程中常混有泥沙杂质，并残留非药用部位和霉败品。净选加工使药物达到所规定的洁净度，保障临床用药的卫生和剂量的准确。药物经加热处理可进一步干燥，灭活生物酶或杀死虫卵、微生物，利于贮藏保存。对于这类发明，应在说明书中记载本申请与最相关现有炮制品的净度和/或灰分检测实验、卫生学检查实验、长期贮存的有效成分含量比较测定实验等。

5. 利于服用

某些中药材有特殊不良气味、刺激性，为病人所厌恶，服后有恶心、呕吐等不良反应。为了便于服用，常用酒制、蜜制、水漂、麸炒、炒黄等方法炮制，酶辅助和生物转化工艺也有应用，以起到矫臭矫味、利于患者服用的效果。对于该类发明，说明书应记载药材炮制前后或发明炮制品与现有炮制品的感官评价比较实验。通常认为机器检测结果比试验人员主观评测更客观可靠。如果现有技术已经公开了某成分与上述不良气味或刺激性直接相关，则应引证该现有技术并提供该成分的含量测定比较实验。

6. 对复方疗效或安全性的影响

中药是中医治病的物质基础，中医运用中药常常是组成复方应用，药物的炮制方法常根据组方的需求而定。中药炮制可以提高复方疗效，消减方中某些药物的不良反应，调整复方部分适应证，适应复方的剂型要求，保证临床安全有效。中药材炮制对复方整体功效的影响，常常难以通过某一个或某几个成分的含量变化或者单味药材的药效或安全性比较研究来进行表征。当发明要解决的技术问题在于中药炮制对某特定复方的疗效或安全性的影响时，说明书应当记载包含发明炮制品、原药材或现有炮制品的中药复方整体功效或安全性的比较研究。

需要强调的是，实验数据，不仅用以证明发明解决了所述技术问题、取得预期的技术效果，说明书满足了“充分公开”的技术效果，同时也为考量发明相对于现有技术作出创造性技术贡献、合理概括请求保护的技术方案提供依据。中药炮制是一门制药技术，其目的和效果归根结底就是要改变原药材某一方面或某几方面的特性。因此，对于中药炮制领域的发明申请而言，提供比较实验数据尤为重要。不仅改进发明应提供发明炮制品与作为改进基础的现有炮制品的比较实验数据，创制发明也应提供其与原药材的比较实验，否则将无法证明发明解决了所要解决的技术问题，取得了预期的技术效果，也无法证明发明相对于现有技术作出创造性的技术贡献。

第四节　中药制剂及其制备方法发明

中药制剂是指在中医药理论指导下，以中医方剂为基础，中药饮片为原料，通过提取、分离、纯化获得半成品，再经药剂学方法加工制成各种剂型的制剂。

中药制剂的原料多为中药饮片，为制成适宜的药物剂型，大多数中药需要进行浸提，中药浸提过程中所浸出的中药成分的种类或性质与中药制剂的疗效具有密切的关系。中药制剂的疗效除与药物本身相关外，剂型的选择对药物疗效的发挥也起到关键作用，药物是通过剂型用于患者而发挥作用的，剂型不同，药物在体内的吸收和代谢也不尽相同。药物剂型决定给药途径，同时影响药物的释放、吸收、起效的快慢，以及药物的不良反应、毒副作用等。药物剂型的选择，在中药制剂的开发、生产以及临床应用中具有重要意义。

针对中药制剂发明专利申请，影响中药制剂疗效的关键因素，如中药的浸提、剂型的确定、制剂工艺的改进等成为该类申请的关键技术内容。相应地，在中药制剂发明专利申请撰写时，中药制剂的原辅料组成、提取方法、分离或纯化方法、制剂工艺、制剂的特点或产生的效果也就构成了专利申请说明书发明内容的要件。因此在撰写专利申请说明书发明内容时，应当清楚、完整地记载上述每一项技术内容，而对于作为发明点的关键技术，需要详细着重的阐述。

本节针对中药制剂发明专利申请说明书的撰写，分别从背景技术、技术问题、技术方案和技术效果几个方面进行说明。

一、背景技术的撰写

说明书的背景技术部分应当写明对发明的理解、检索、审查有用的背景技术，并且尽可能引证反映这些背景技术的文件。背景技术部分是对发明密切相关现有技术的描述，只有全面准确地了解现有技术才能更加客观地评价发明相对于现有技术的进步，因此背景技术是体现发明技术价值的基础。同时，为了预先对发明技术方案的新颖性和创造性有一定的预判，建议申请人应对发明的技术方案进行充分检索，全面了解现有技术现状，并在背景技术中对密切相关的现有技术作出详细的介绍，这有助于审查员准确理解发明内容。下面就中药制剂发明专利常见的三种类型进行说明。

（一）原料提取方法的改进

针对中药制剂发明，如果发明点在于原料提取方法的改进，其发明构思多是基于已有组方或现有成方制剂的技术改进，因此在说明书背景技术中首先应写明中药制剂开发的基础，如针对已有中药组方或成方制剂的提取方法进行说明，基于现有技术，说明书背景技术部分还要客观指出现有处方提取方法在制剂过程中存在的问题或缺点，为进一步说明本发明的发明构思或创新点提供依据。背景技术应尽可能对与发明技术方案密切相关的现有技术文件进行说明和引证。

【案例 4－18－18】

A. **相关案情**

某案涉及一种柴胡滴丸，制备方法为：柴胡药材，破碎至 1～2cm，第一次加水 9 倍量、药材量的 4% 的碳酸氢钠，浸泡 20min，加热至微沸煎煮 2h，过滤，滤液另存。药渣加水 8 倍量，微沸煎煮 1h，过滤，合并两次滤液，减压浓缩至 50℃ 相对密度 1.1～1.2，加 95% 乙醇至醇浓度 70%，静置过夜 12h，吸取上清液，减压浓缩至 50℃ 相对密度 1.2～1.3，得浸膏。

取上述柴胡浸膏与聚乙二醇 6000 加热至 80～90℃，待聚乙二醇 6000 全部融化并与浸膏搅拌均匀后，移入滴丸机的滴灌中保温 70～90℃，滴入 5～17℃ 的液状石蜡中，取出滴丸，除去液状石蜡，选丸，即得。

B. **案例分析**

针对该案例，说明书背景技术部分可以针对柴胡药材所含有效成分、现有柴胡提取方法、已有柴胡滴丸制剂的提取工艺等进行说明，例如，柴胡，性味苦、微寒，归肝胆经，功能发表和里，退热升阳、舒肝解郁。现代药理学研究证明，柴胡具有多种药理作用，如解热、镇痛、镇静、抗菌、抗病毒、抗炎、保肝和降血脂等。主治寒热往来，胸满肋痛等症。柴胡含有多种有效成分，目前已报道的有皂苷、黄酮、挥发油、甾醇、香豆素、糖类、木质素、有机酸、多炔类及生物碱等，其主要活性成分柴胡皂苷 A、D 具有明显的镇静、镇痛、解热、抗炎、疏肝解瘀等作用。现有柴胡皂苷提取溶剂常以乙醇溶液为主，如李克明等人发表的文献中公开采用乙醇作为溶剂用浸渍法提取柴胡皂苷[24]。柴胡滴丸是由某公司研发的一种单味制剂，具有退热解表、镇痛的功效。该滴丸制剂原有提取方法将柴胡药材水提醇沉得到浸膏后，与辅料混合制成滴丸的方法；发明专利 X 中即公开采用水提醇沉的方法提取柴胡有效成分并制备柴胡滴丸。在描述上述相关现有技术后，可以客观指出现有技术尤其是密切相关的现有技术中存在的问题。例如，在长期的生产活动中，发现上述提取方法主要有效成分转移率低，损失较大，生产成本高。指出现有提取方法存在的不足可以体现本申请相对于现有技术作出的改进，为后续撰写发明解决的技术问题提供依据。

（二）制剂剂型的改进

中药制剂剂型改进型发明是在已有中药产品基础上进行剂型改进，以适应临床需要或改善制剂的稳定性、提高活性成分生物利用度等。在撰写该类发明专利申请时，说明书背景技术首先应对中药制剂的原剂型进行说明，如原中药制剂药物组成、制剂类型、药物功效等，并记载与发明所述改进剂型密切相关的现有技术。如果中药制剂是《中华人民共和国药典》或卫生部颁药品标准中记载的药物品种，则需在背景技术中具体说明药物品种的来源。此外，在背景技术应说明原中药制剂存在的缺陷或不足，如溶解度差等实际问题，为后面发明内容中描述发明要解决的技术问题做好铺垫。

【案例 4－18－19】

A. 相关案情

某案涉及一种治疗咽喉疼痛的软胶囊，其制备方法为：将下述重量份的地黄 18～30、麦冬 18～25、玄参 25～35、连翘 30～35、黄芩 30～35 混合，粉碎，加入 45%～70% 的乙醇水溶液浸渍、渗漉，收集漉液，减压回收乙醇并浓缩，加水煮沸后静置，滤过，滤液减压浓缩并干燥，得浸膏干粉；取重量份比为 100：（5～25）：（5～10）的植物油、大豆磷脂和蜂蜡配制得基质；将浸膏干粉和基质搅拌混合均匀，研磨，得到均质的内容物；将所述内容物和胶液制成软胶囊。

B. 案例分析

上述治疗咽喉疼痛的软胶囊是由原有合剂改剂型而来，针对该技术方案，在撰写背景技术时，首先应对原有治疗咽喉疼痛的合剂进行说明，如治疗咽喉疼痛的合剂是由地黄、麦冬、玄参、连翘、黄芩制成的中药复方制剂，具有养阴清肺、利咽解毒的作用，用于治疗阴虚燥热、火毒内蕴所致的咽喉肿痛、咽核肿大等症以及局限性的咽白喉、急性扁桃体炎、咽喉炎见上述证候者。目前该合剂收载于2010年版《中华人民共和国药典》，其现有制备方法将药材经乙醇溶液渗漉、漉液浓缩经调配制成口服液（可具体列出药典记载方法），基于原有制备方法指出原制剂存在的问题或缺陷，如原制剂药味非常苦，容易引起服用者不适，从而降低患者依从性。

（三）制剂辅料的改进

中药制剂发明专利申请如果发明点在于制剂辅料的改进，其多是对制剂辅料的种类、用量或辅料的添加方式等进行改进，在说明书背景技术中首先应对现有技术中已知制剂进行具体说明，包括其药物组成、制剂剂型、制剂所使用的辅料种类或相关制备工艺等，同时，也可以对该制剂常用的辅料进行介绍。在此基础上，客观描述使用已知辅料制备的中药制剂存在何种缺陷，在哪些方面需要进行改进，为提出本申请要解决的技术问题做好铺垫。

【案例4-18-20】

A. 相关案情

某案涉及一种治疗原发性血小板减少性紫癜的中药胶囊，包括囊材和内容物，所述内容物由如下原料组成：中药提取物30~50份、羧甲基淀粉钠0.5~2.5份，滑石粉0.1~0.5份，淀粉0.5~1份。

所述中药提取物的制备方法：取菟丝子12~15份、肉桂15~20份、黄芪20~25份、山药18~25份、枸杞子15~18份、党参15~18份，将上述原料按常规水提醇沉法制得中药提取物。

B. 案例分析

该案例涉及一种治疗原发性血小板减少性紫癜的胶囊制剂，发明目的是将原有胶囊制剂的辅料进行处方改进，提高胶囊制剂的稳定性。因此，在撰写说明书的背景技术时，首先应对原有胶囊制剂引用引证文件进行说明。例如，治疗原发性血小板减少性紫癜的胶囊由菟丝子、肉桂、黄芪、山药、枸杞子和党参制成，具有滋阴补气功效。发明专利X中公开上述胶囊剂配方，将中药提取物与淀粉、糊精混合制粒制备胶囊剂。针对现有胶囊制剂，技术人员发现，该胶囊制剂采用淀粉和糊精作为胶囊内容物辅料，在生产过程中容易出现粘冲，流动性差，从而影响胶囊内容物颗粒剂的均匀度，进而影响胶囊制剂的装量差异及质量稳定性。因此，现有的治疗原发性血小板减少性紫癜的胶囊制剂在制备时的装量情况及胶囊产品的质量稳定性需要提高。

二、技术问题的撰写

说明书发明内容部分记载的技术问题主要针对背景技术部分所述现有技术中存在的不足或缺陷提出。如果一项发明其发明点在于药物原料的提取工艺改进，那么要解决的技术问题应该是针对现有提取工艺存在的不足，如提取效率低下、有效成分损失较大等，有效提高有效成分的提取效率，减少有效成分的损失。在撰写说明书发明内容时应从技术方案出发，分析与现有技术的区别，并具体写明发明解决的技术问题，该技术问题与后续技术方案及其产生的技术效果密切相关，因此在撰写时需明确具体，以体现发明相对于现有技术的技术进步和贡献价值。

针对剂型改进或辅料改进型发明，发明要解决的技术问题则应该从剂型和辅料出发，考虑通过改进剂型或筛选辅料克服现有技术的哪些不足，如通过筛选制剂的辅料种类或改变辅料的用量比例或加入顺序等，提高药物的稳定性、溶出度等。在撰写说明书技术问题时，应客观、具体、有针对性，切忌泛泛而谈，如一项发明通过筛选特定的胶囊剂辅料，提高了原有胶囊制剂的稳定性，但是在撰写发明要解决的技术问题时仅写明提供一种治疗某病的胶囊制剂，这样的撰写既没有体现发明相对于现有技术的改进，也没有突出在申请提出之时申请人对发明所能达到技术效果的考量，不利于后续对发明创造性的判断。

发明要解决的技术问题可以是一个或多个，但需要注意的是，技术问题应基于详实可信的实验研究数据得出，其应当与说明书发明内容部分记载的技术效果相对应。

【案例 4－18－21】

A. **相关案情**

以前述【案例 4－18－19】涉及的发明技术方案为例。

B. **案例分析**

该案在介绍完背景技术之后，依据背景技术中指出的现有治疗咽喉疼痛的合剂存在药味苦、服用不适、患者依从性低等缺陷，发明内容部分应明确指出发明所要解决的技术问题，该技术问题应从现有技术出发，紧扣其存在的不足或缺陷指出，如针对上述现有合剂存在的问题，发明要解决的技术问题为：克服现有技术存在的口感和依从性的缺陷，将原有治疗咽喉疼痛的合剂制备成软胶囊制剂，能够将药物的不良气味和口感封闭，改善口感，提高患者依从性。

三、技术方案的撰写

在撰写发明的技术方案时，应当清楚、完整地描述对于理解和实现发明必不可少的技术内容，明确发明解决其技术问题所采取的技术方案的技术特征，并且应当表述准确，使得所属技术领域的技术人员能够清楚、准确地理解发明。对于中药制剂专利申请，其说明书技术方案的撰写需明确记载以下内容。

（一）制剂的原料组成

针对中药制剂发明专利申请，药物的原料组成是实现发明的物质基础，因此无论其发明点是剂型改进还是辅料改进，抑或是提取方法改进，发明专利申请说明书中必须明确记载中药制剂的原料组成。

中药制剂的原料可以是中药饮片，也可以是中药提取物，关于中药原料发明专利申请文件的具体撰写要求参见本章第一节及第二节。

（二）中药原料的提取方法

制备中药制剂时，为制成适宜的药物剂型，大多种中药原料需要进行提取，而中药制剂的疗效，也很大程度上取决于中药原料的提取、纯化、分离方法的选择。因此中药制剂发明专利申请说明书中，除药物原料之外，发明内容部分还应清楚地记载中药原料的提取方法，说明书中必须明确与提取相关的主要工艺步骤和参数。如果发明点在于药物原料的提取方法改进，提取方法则是发明的核心内容，发明内容部分应针对提取方法进行重点阐述，尤其应清楚详细地记载与实现技术效果直接相关的工艺步骤，如一项发明的发明点为采用乙醇微波萃取提取某中药的有效成分，从而有效提高药物的提取效率，那么与提高提取效率直接相关的提取用乙醇浓度、微波萃取时间、微波萃取次数等工艺参数应明确记载。同时，对于体现发明点的工艺条件或参数，应该在说明书中记载相关的工艺条件或参数筛选试验，证实其能够达到发明所述的技术效果。

对于提取方法中的工艺条件，在撰写发明内容部分时，可以根据实际提取效果合理概括适宜的参数范围，充分考虑提取工艺后续可能的修改范围或者修改方式，分层次地概括基本范围、优选范围以及最优范围，需要注意该合理概括的范围应均能实现发明所述的技术效果，且与后续技术效果部分的描述相适应。此外，由于提取方法中常涉及多个步骤或参数，在撰写技术方案时需注意避免出现前后矛盾或者描述不清楚等缺陷，确保技术方案清楚完整。

（三）制剂的制备方法

中药制剂发明专利申请常见有剂型改进、辅料改进、工艺改进等类型，虽然不同类型制剂发明侧重点不同，但在发明内容部分撰写发明技术方案时，均应清楚地记载中药制剂的制剂工艺。在明确药物原料组成以及原料提取方法基础上，发明内容部分应详细记载中药制剂的辅料种类以及辅料用量，并明确辅料的相应功能，具体记载制剂的制备工艺步骤、工艺参数或特定的工艺设备。对于那些与技术效果密切相关的关键因素如工艺步骤或参数应详细描述，并明确其选择范围，同时阐述其与技术效果之间的相关性。如果制剂工艺中与实现发明技术效果直接相关的方法或参数改进需要通过实验筛选获得，也应当如实记载工艺参数的筛选实验以及其所带来的技术效果，以体现发明的价值贡献。

【案例 4－18－22】

A. 相关案情

权利要求：一种治疗咽喉疼痛的软胶囊，其制备方法为：将下述重量份的地黄 18～30、麦冬 18～25、玄参 25～35、连翘 30～35、黄芩 30～35 混合，粉碎，加入 45%～70% 的乙醇水溶液浸渍、渗漉，收集漉液，减压回收乙醇并浓缩，加水煮沸后静置，滤过，滤液减压浓缩并干燥，得浸膏干粉；取重量份比为 100∶(5～25)∶(5～10) 的植物油、大豆磷脂和蜂蜡配制得基质；将浸膏干粉和基质搅拌混合均匀，研磨，得到均质的内容物；将所述内容物和胶液制成软胶囊。

B. 案例分析

针对该案，发明内容部分应详细记载软胶囊制剂的药物组成、制备方法、优选的技术方案等，阐述与解决发明技术问题相关的技术因素，分析技术因素特别是关键技术因素与发明的有益效果之间的关系，且通常需要通过实验加以佐证。具体可参考：

为实现上述目的，本发明采取以下技术方案：

一种治疗咽喉疼痛的软胶囊，其原料药组成按重量份计为：地黄 18～30、麦冬 18～25、玄参 25～35、连翘 30～35、黄芩 30～35，软胶囊的制备方法包括以下步骤：

浸膏干粉制备：取处方量药材，粉碎，按照 4%～6mL/g 的量加入 45%～70% 的乙醇水溶液，浸渍 16～32h，以 0.8～1.2mL/min 的速度渗漉，收集漉液，减压回收乙醇并浓缩，浓缩至浓缩液体积：药材总重量为 1～1.3mL∶1g，按照每克药材 0.5～0.7mL 的量加入水，煮沸 20～40min，静置 36～60h，滤过，滤液减压浓缩至密度为 1.30～1.35g/mL 的稠膏，减压干燥，粉碎，即得浸膏干粉，备用；

基质制备：取重量份比为100：(5～25)：(5～10) 的植物油、大豆磷脂和蜂蜡，不断搅拌下加热使溶解，并继续加热至160～200℃，保持3～10min，停止加热后继续搅拌至油沫完全消失，冷却，即得基质；

内容物制备：将浸膏干粉加入基质中搅拌均匀，所述基质的量为浸膏重量的1.5～4倍，以胶体磨研磨，得到均质的内容物；

胶液制备：将增塑剂加入水中，混匀，加热至60～90℃，加入明胶，搅拌溶解，再加入附加剂，搅拌均匀，在真空度高于0.09MPa的条件下抽真空脱水，使胶液无泡且控制水分含量为30%～40%，备用；

压制：将所述内容物和胶液通过压制法制成软胶囊。

优选地，所述基质制备工序中，植物油、大豆磷脂和蜂蜡的重量份比为100：(17～20)：(5～7)。所述内容物制备工序中，以胶体磨研磨浸膏干粉和基质的工艺条件为：磨盘间隙为0.15～0.18mm，研磨1～3次。所述胶液制备工序中，明胶和增塑剂的重量份比为 (90～100)：(30～40)。优选地，所述植物油为大豆油或玉米油。所述附加剂为防腐剂或色素中的至少一种。所述增塑剂为甘油或山梨醇中的至少一种；所述防腐剂为羟苯乙酯，所述色素为红氧化铁。

本发明将传统的治疗咽喉疼痛的处方由合剂制备为软胶囊剂，具有密封性好的优点，可以将药物的不良气味和不良口感完全封闭于胶囊壳中。并且，本发明将植物油、大豆磷脂和蜂蜡按特定比例混合加热，在高温下反应，得到均质无气泡的基质，再将此基质与浸膏干粉混合，并以胶体磨研磨将其混合均匀，与常规方法相比，以该方法制备得到的内容物更加稳定，不易分层或结块。

(四) 具体实施方式的撰写

为了更好地理解和实现发明，满足充分公开的要求，说明书应当详细描述申请人认为实现发明的优选的具体实施方式。针对中药制剂发明，具体实施方式应当具体描述由优选的原料组成和比例、提取工艺条件、制剂工艺条件等组成的具体技术方案。对于发明与最接近的现有技术共有的技术特征，可以简要概括描述；对于发明区别于现有技术的技术特征，尤其是发明点或关键技术特征应当足够详细地描述。

撰写具体实施例时，需要注意的是，当发明内容部分记载的技术方案中对于原料组成用量比例或制剂工艺参数概括的上位范围较宽，其概括不能从一个实施例中找到依据时，说明书应当给出多个不同实施例以支持前述概括的范围。例如，某一项制剂发明专利申请中，在药物提取部分记载采用碱性乙醇溶液能够同时提取丹参中丹参酚酸、丹参多糖和丹参酮类有效成分，由该提取物制成的制剂治疗痤疮效果较好。发明内容部分记载提取乙醇溶液浓度为60%～80%，乙醇溶液的pH为10～13。针对该技术方案，说明书撰写具体实施方式时，针对概括的乙醇浓度和溶液pH范围，至少应记载选择乙醇浓度和pH值的两个端点值（即四种不同的组合方式）的碱性乙醇溶液提取的具体实施方式。为更好地支持发明内容部分概括的技术方案，还需要记载采用中间值如70%乙醇、pH为12的碱性乙醇溶液提取的具体实施方式。在此基础上，还应当针对该不同实施方式获得的丹参提取物进行成分含量测定，证实通过上述特定浓度和pH的碱性乙醇溶液进行提取能同时获得丹参酚酸、丹参多糖和丹参酮类成分的技术效果。

此外，在实施例撰写时，为证明中药制剂能够产生的技术效果，与实验例对应常常会设立对比例，并进行对比实验。对比实验应突出发明的改进点，或与发明技术效果直接相关的技术要素。撰写时也应对关键改进点和技术要素进行详细阐述，以保证对比实验可以证实发明所能产生的技术效果。

四、技术效果的撰写

中药制剂发明专利申请说明书中，在确定发明解决的技术问题并记载具体的技术方案之后，应对发明所取得的技术效果进行说明和证实，该技术效果应与前述技术问题对应。中药制剂通常含有多种活性成分，给制剂生产过程和产品的质量控制都带来较大困难，且由于药材的品种、产地、加工方法等存在差异，也给制剂的稳定性带来影响，因此中药制剂技术效果的确定也多集中在药物活性成分的测定、制剂的质量控制、中药制剂的疗效等方面。上述技术效果均需通过相应的实验验证，因此在说明书中通常需要记载能够确认发明技术效果的实验研究数据。下面对中药制剂所涉及的技术效果的具体评价指标进行详细介绍。

（一）活性成分的定性或定量检测

药物的活性成分是中药制剂发挥疗效的物质基础，因此药物活性成分的确认以及含量控制为评价药物质量的关键因素，尤其对于发明点在于药物处理方法或提取工艺的改进发明而言，药物活性成分的定性或定量检测则是体现发明所能产生的技术效果的必要证据。

中药制剂多为复方，其显微特征、理化鉴别常受干扰，必须核对验证，选用专属性强、重现性好的鉴别方法。但是，如果该鉴别方法专属性不强，但与其他鉴别项目配合起辅助鉴别作用，亦可考虑使用。理化鉴别时由于多成分干扰，均应做空白对照。中药制剂中某一味药的鉴别特征和方法，应尽可能和中药相一致，不同中药制剂中同一味药，尽可能采用相同的鉴别方法。色谱鉴别包括薄层色谱、气相色谱和液相色谱鉴别。薄层色谱鉴别法具有分离和鉴定双重作用，可用于鉴别中药，区别中药的不同药用部位，控制毒性药物中微量成分的限量等。薄层色谱鉴别时必须在同一薄层板上设缺检测中药的阴性对照和有检测中药的阳性对照，阳性对照可用对照品或对照中药或两者同时对照。气相色谱适用于含挥发性成分的鉴别，液相色谱多结合含量测定进行。

含量测定是最能有效考察中药制剂内在质量的检测项目，也是药品稳定性考察的最重要依据。中药制剂含有多种有效成分，每一制剂可根据不同的处方组成，建立一项或多项含量测定方法，以更好地控制中药制剂的质量。说明书中采用含量测定方法用于证实发明所能达到的技术效果时，还应根据实际制剂处方说明含量测定对象和测定成分选择的依据。对于中药制剂，可以首先选择君药（主药）、贵重药或毒性药制订含量测定项目，并尽可能检测与中医用药的功能主治相近的成分。对于中药注射剂，要求大部分成分或组成均要说清楚，就需要建立多项含量测定项目，对中药注射剂还需进行指纹图谱的研究。对有关的药味基础研究薄弱或在测定中干扰成分多者，也可依次选定臣药等其他药味的已知成分或具备能反映内在质量指标的成分建立含量测定。确实难以建立含量测定项目，可对其君药之一的中药原料进行含量测定，以间接控制成品质量；也可暂将浸出物测定作为质量控制项目。单味药物制剂所含成分必须基本清楚，如明确为某种生物碱类、某种苷类等[25]。

针对特定的中药制剂，均应进行方法学考察实验确立特定的检测方法。在说明书撰写时，应注意对于特定的定性或定量检测方法，需明确记载具体的检测方法和步骤，如使用溶剂、提取纯化方法、测定条件、空白对照的设立、供试品样品的处理等条件必须明确记载，不能仅是含量测定结果的描述。

（二）中药制剂的质量评定

1. 稳定性检测

中药制剂往往含有多种成分，制剂在制备和贮存过程中，常因温度、水分、光线、微生物等因素的影响，发生变质，导致药效降低，甚至产生副作用。因此中药制剂的质量稳定是药品质量的重要评价指标之一。

中药制剂的稳定性试验涉及多种剂型，常见的固体制剂及液体制剂均应进行稳定性考察，稳定性试验中所测定的指标成分大多与制剂的疗效相关。常用的稳定性试验方法有单因素考察法、长期试验法以及加速试验法。

中药制剂发明中，以提高制剂的稳定性为发明目的的申请多涉及提取工艺改进、制剂工艺改进、剂型改进型发明，如对于某液体制剂中有效成分在水溶液中不稳定，进行剂型改进将其制成胶囊剂或颗粒剂等固体制剂以提高药物的稳定性；或者原有中药制剂的提取分离过程中有效成分因受热而降解，进一步改进提取工艺，采用渗漉法提取有效成分以提高制剂的稳定性。针对该类中药制剂发明，在撰写说明书技术效果时要明确其能够有效提高药物制剂的稳定性，针对该技术效果说明书中则需要记载相应的稳定性考察试验加以证实。稳定性试验方法以及考察项目应符合相关制剂学要求，通常以2015年版《中华人民共和国药典》“制剂通则”中与稳定性相关的指标为考察项目，稳定性检测试验方法可参考2015年版《中华人民共和国药典》所规定的制剂稳定性试验指导原则。其具体试验方法、步骤、条件、检测数据、图表等应明确完整记载在说明书中，为后续确定发明实际取得的技术效果提供依据。

2. 生物利用度

药物的生物利用度是指药物被吸收入血液循环的程度与速度。中药制剂的处方以及工艺条件等因素能显著地影响药物的疗效，生物利用度是衡量制剂疗效的主要指标，因此在中药制剂发明专利申请中，生物利用度也成为证实制剂治疗效果的常用指标。生物利用度包括两方面的内容：生物利用程度和生物利用速度。生物利用程度，即药物进入血液循环的多少，可通过血药浓度－时间曲线下的面积表示。生物利用速度，即药物进入体循环的快慢，常用血药浓度达峰时间比较制剂吸收的快慢。研究生物利用度的常见方法包括血药浓度法、尿药浓度法以及药理效应法、同位素标记、药物代谢物测定法等。

中药制剂产生的技术效果涉及提高药物的生物利用度，说明书中则需要记载相应的生物利用度测定试验证实该效果。生物利用度测定试验方法可参考2015年版《中华人民共和国药典》规定的药物制剂人体生物利用度试验指导原则。

3. 药物溶出度

溶出度是指规定介质中药物从片剂、胶囊剂等固体制剂中溶出的速度和程度。溶出度是评价药物制剂内在质量的指标，通常对于中药制剂发明，需要检测溶出度的情况常见有：中药制剂制备工艺过程和工艺条件改变对药物溶出度产生影响；中药制剂中辅料配方选择对药物溶出度产生影响；药物剂型改变改善药物的溶出度；检测中药制剂体外溶出度，确定与体内生物利用度的相关性，通过体外溶出参数指示制剂体内生物利用度特性。针对上述不同情况，在撰写专利申请说明书时，为证明改善或提高药物溶出度的技术效果，说明书中均应详细记载药物的溶出度测定方法以及测定结果。

溶出度测定方法，具体可参见 2015 年版《中华人民共和国药典》相关规定。

4. 经皮吸收

对于中药外用制剂，通常选择体外透皮实验和体内透皮实验用于评价药物的经皮吸收特性。体外透皮实验一般采用扩散池研究药物经皮透过性质；体内透皮实验时将中药经皮制剂贴敷于健康人或动物的皮肤上，采用一定的测定方法研究药物的透皮吸收及其在体内的分布。

在中药外用经皮制剂的质量评价中，如涉及改善药物的经皮吸收性能，则需要在说明书中记载相应的体外或体内透皮实验进行验证。

下面通过一个案例对实施例和技术效果的撰写做一说明。

【案例 4-18-23】

A. **相关案情**

发明涉及一种治疗心脑血管疾病的软胶囊，其有效成分由以下原料组成：三七 600~800 份、黄芪 200~300 份、丹参 600~800 份和玄参 200~300 份。

说明书：记载了针对现有技术中软胶囊制剂采用植物油作为稀释剂时易被氧化变质，内容物容易结团沉淀的技术问题，本申请开发一种软胶囊制剂以大豆油、绿原酸、蜂蜡和和山梨坦辛酸酯作为辅料，与有效成分药粉按照一定的比例混合制成，具有不易氧化变质、稳定性好、溶出度高的特点。说明书中提供了辅料筛选对比实验，以去掉或替换抗氧化剂绿原酸、助悬剂蜂蜡、植物油和表面活性剂种类的软胶囊制剂作为对比例进行稳定性检测，用于说明辅料的筛选能有效提高软胶囊制剂的稳定性。

B. **案例分析**

基于上述声称的技术效果，为考察辅料的选择对软胶囊制剂稳定性、溶出度等产生的影响，说明书中应当记载相应的对比实验数据来证实辅料种类或用量的选择能有效提高制剂稳定性和药物溶出度等的实验数据。具体可参考：

实施例 1

该胶囊剂由软胶囊外壳和软胶囊内容物组成，所述软胶囊内容物包括功效药粉和辅料，所述功效药粉以重量份计由以下原料制成：三七 750、黄芪 240、丹参 750 和玄参 240；所述辅料以重量份计由以下原料制成：大豆油 100、绿原酸 5、蜂蜡 6 和山梨坦辛酸酯 2，所述功效药粉和辅料的重量比为 1 : 1.5；软胶囊外壳以重量份计由以下原料制成：明胶 100 和甘油 70。

制备方法：

制备软胶囊内容物：取相应量的三七粉碎成细粉，加入5倍量的60%乙醇浸渍2次，过滤，得三七滤渣和滤液，合并滤液，回收乙醇并浓缩至相对密度为1.22，喷雾干燥得三七提取物；另取相应量黄芪、丹参、玄参和上述所得三七滤渣，加入药材总重量体积比4倍量的60%乙醇，65℃加热回流2次，过滤，合并滤液，回收乙醇并浓缩至相对密度为1.23，喷雾干燥得中药提取物；将上述所得提取物混合均匀，得功效药粉，加入相应量的辅料，50℃搅拌均匀，投入胶体磨研磨60min，即得；

制备胶囊液：取相应量明胶和甘油于溶胶罐中混合，搅拌，使明胶溶液保持70~80℃至完全溶解，在0.8~1个大气压下抽真空，至明胶溶液无气泡为止，即得；

制备中药三七软胶囊：用自动旋转压囊机压制软胶囊，即得。

实施例2

软胶囊内容物功效药粉由以下原料制成：三七700份、黄芪250份、丹参650份和玄参260份；辅料由以下原料制成：玉米油120份、绿原酸3份、蜂蜡5份和山梨坦辛酸酯1份，所述功效药粉和辅料的重量比为1∶2；软胶囊外壳由以下原料制成：明胶105份和甘油75份。制备方法同实施例1。

实施例3

软胶囊内容物功效药粉由以下原料制成：三七800份、黄芪280份、丹参700份和玄参265份；辅料由以下原料制成：茶油90份、绿原酸8份、蜂蜡8份和山梨坦辛酸酯3份，所述功效药粉和辅料的重量比为1∶2.5；软胶囊外壳由以下原料制成：明胶90份和甘油80份。制备方法同实施例1。

对比例1

与实施例1的不同之处在于，对比例1去掉绿原酸，增加大豆油重量份数至105份，其余参数及操作参考实施例1。

对比例2

与实施例1的不同之处在于，对比例2去掉蜂蜡，增加大豆油重量份数至106份，其余参数及操作参考实施例1。

对比例3

与实施例1的不同之处在于，对比例3将山梨坦辛酸酯替换为山梨酸钾酯，其余参数及操作参考实施例1。

对比例4

与实施例1不同之处在于，对比例4将大豆油替换为甘油，其余参数及操作参考实施例 1。

试验例：加速稳定性测定

① 实验材料：实施例 1 和对比例 1 ~4 制备的中药软胶囊。

② 实验方法：参考 2015 年版《中华人民共和国药典》“第四部通则”“9001 原料药物与制剂稳定性试验指导原则”中加速试验，在温度（40 ±2）℃，相对湿度（75 ±5）% 的条件下放置 6 个月，在试验期间的第 0、1、2、3、6 个月末分别取样 1 次，考察软胶囊内容物的气味、沉淀情况及软胶囊的溶出度。

③ 试验结果：

由表 4 –18 –1 可见，本发明实施例 1 在加速稳定性试验的 6 个月中无异味、无沉淀，溶出度也基本没有变化，稳定性好。而对比例 1 ~4 制备的软胶囊分别在 1、2 月出现不同程度的异味和沉淀，其中出现的哈喇味是油脂在氧气、日光、水分、温度的作用下，发生氧化、酸败产生的异味，这说明作为稀释剂的植物油脂已经变质，并随着时间的推移逐渐严重，溶出度与实施例 1 相比较小，在稳定性加速试验后显著降低 10% ~20%。

表 4 –18 –1　软胶囊加速稳定性测定测定结果

组别	项目	0 月	1 月	2 月	3 月	6 月
实施例 1	气味	无异味	无异味	无异味	无异味	无异味
	沉淀	无沉淀	无沉淀	无沉淀	无沉淀	无沉淀
	溶出度（%）	98.7	98.5	98.4	98.1	97.6
对比例 1	气味	无异味	无异味	较淡哈喇味	哈喇味	较重哈喇味
	沉淀	无沉淀	无沉淀	少量沉淀	较少沉淀	较多沉淀
	溶出度（%）	96.5	94.2	92.8	89.5	84.9
对比例 2	气味	无异味	无异味	无异味	无异味	较淡哈喇味
	沉淀	无沉淀	少量沉淀	少量沉淀	较少沉淀	较多沉淀
	溶出度（%）	95.8	92.3	89.1	85.9	80.6
对比例 3	气味	无异味	无异味	无异味	无异味	较淡哈喇味
	沉淀	无沉淀	无沉淀	少量沉淀	较少沉淀	较多沉淀
	溶出度（%）	95.1	91.0	86.8	82.6	76.7
对比例 4	气味	无异味	无异味	无异味	无异味	无异味
	沉淀	无沉淀	无沉淀	少量沉淀	少量沉淀	较少沉淀
	溶出度（%）	96.8	94.1	91.5	89.4	85.2

通过以上实验证实本案所述辅料的种类和用量的选择能够提高软胶囊制剂的稳定性和药物的溶出度。

（三）中药制剂的疗效评价

对于中药制剂的疗效评价，常见临床前药效学研究以及药物的临床研究，相关药效学研究实验和临床研究实验的撰写要求可参照本章第五节。

第五节　中药产品的制药用途发明

中药产品的制药用途发明，是指将中药材、提取物或中药组合物、制剂用于新的制药用途的发明。当新的中药产品也涉及制药用途发明时，鉴于产品专利保护的效力通常较方法专利强，此类发明通常会以中药产品的形式进行保护；而对于已知产品的新的制药用途，则通常会以制药用途发明的形式提交申请。本节所述中药产品的制药用途主要针对已知中药材或中药组合物、制剂的新的制药用途。

已知中药产品新的制药用途，是指基于已知中药材或中药组合物、制剂作为物质基础，发现其新的性能，并利用此性能而作出的制药用途发明。制药用途发明的本质不在物质本身，而在于物质性能的应用，其实质是一种制药方法发明专利。根据《专利审查指南 2010》的规定，物质的医药用途属于制药方法类型的用途权利要求，撰写形式为“物质 X 在制备治疗 Y 病的药物中的应用”或与此类似的表述。

中药产品的制药用途发明专利申请，医药用途是说明书撰写的主要内容，而中药产品的制药用途不同于西药产品的制药用途，其适应证可以是西医病名，也可以是中医病名、西医病名加中医证名等。因此，在撰写说明书尤其是发明内容部分时，撰写要求也有其特殊性。

本节将从背景技术、技术问题、技术方案和技术效果几个方面对说明书的撰写进行介绍。由于中药产品的制药用途发明，其中的制药用途通常表现为发明的技术效果，因此重点就技术效果部分进行阐述。

一、背景技术的撰写

对于中药产品的制药用途发明专利申请，其发明构思多是发现已知中药材或已有中药复方新的治疗用途，在背景技术部分可以首先针对中药材或中药复方进行说明，如中药材本身的性味、归经、功效，中药复方的处方组成、处方来源，同时应介绍所述中药材或中药组合物、制剂在现有技术中已有的功效，或者临床上常用于治疗哪些疾病。其次对所治疗疾病进行概述，包括疾病的概念、临床表现、发病特点、发病机制、治疗手段和常用药物等。最后，也更为重要的是，要对于发明密切相关的现有技术文献进行详细的说明和引证。此外，应基于上述现有技术内容，客观分析现有技术存在的问题或不足。

【案例 4－18－24】

A. 相关案情

某案涉及一种中药组合物在制备治疗高脂血症的药物中的应用，所述中药组合物是由下述重量配比的原料药制成的药剂：丹参 15～25 份、三七 10～20 份、陈皮 12～18 份、半夏 12～18 份、泽泻 10～15 份、茯苓 10～15 份。

B. 案例分析

背景技术部分可针对高脂血症疾病概念、发病特点、发病机制、治疗手段等进行描述，概述目前中西医治疗高脂血症的现状、中医治疗的常见治法治则。例如，高脂血症，又称高血脂症、高脂蛋白血症，是血浆脂质浓度超过正常高限时的病症。高血脂症还常见于多种疾病中，如未控制的糖尿病、甲状腺机能减退、动脉粥样硬化、冠心病、中风、肾病综合征及某些遗传性脂质代谢紊乱疾病等。关于治疗高脂血症的药物，西药多采用他汀类药物，如阿托伐他汀、辛伐他汀、瑞舒伐他汀等；中药复方则种类较多，多以活血化瘀药物为主。相关的现有技术文献，例如，申请号为 CN03139008.0 的发明专利申请“治疗高脂血症的药物”，其原料药组成为“丹参、三七和水蛭”，该药物的重点在于活血通络，却忽视了高血脂“痰”“瘀”生成的根本所在，因而不能从根本上解决问题。所以在中医辨证论治的基础上从“治本”的角度治疗高血脂症，开发疗效明确的中药很有必要。

二、技术问题的撰写

针对中药产品的制药用途发明，发明目的是以药物的治疗用途为核心，在具体撰写过程中具有多种表现形式。例如，发现已有中药产品的新的适应证；或在治疗已知病种基础上，确立具体的疾病种类或疾病亚型；或兼治特定的疾病并发症等。针对上述不同情形，在撰写发明解决的技术问题时，应突出中药产品治疗的具体疾病，并进一步概述其相对于现有技术是扩大了药物的适用范围，还是明确了药物的具体适应证或特定的疾病适用阶段，抑或是同时对疾病并发症具有预防和治疗作用，不建议笼统地概述为提供一种中药组合物在制备治疗某病中的应用。

另外，需要注意中药产品的制药用途无论采用何种表征方式，均需要明确制药用途所涉及的具体疾病，明确疾病概念，而不建议采用机理表征制药用途的表述方式，由于治疗机理与疾病的治疗之间的对应关系通常不是唯一对应，或者治疗机理与现有疾病的治疗之间的对应关系现有技术没有明确记载，因此本领域技术人员无法确定治疗机理与具体疾病的关系，可能会造成说明书的公开不充分。即使说明书中记载并通过药效学试验证明治疗机理与疾病的对应关系，也仅允许保护用机理限定的具体适应证表述的制药用途发明。

【案例 4-18-25】

A. 相关案情

某案涉及一种中药组合物在制备治疗冠心病的药物中的应用，其特征在于，该中药组合物由以下重量份原料药制成：人参 30～50 份、银杏叶 40～60 份、西红花 5～10 份。

B. 案例分析

上述中药组合物已知用于治疗缺血性脑血管疾病和老年性痴呆等病，在药品研发阶段，发现该组合物还具有很好的治疗和预防冠心病的作用，针对该新的适应证的发现，在撰写制药用途发明专利时，其技术问题可以描述为：基于已知由人参、银杏叶和西红花组成的中药组合物，本发明将其首次用于冠心病的治疗，以进一步扩大其临床适用范围。

三、技术方案的撰写

（一）用西医病名表征的制药用途

对于中药产品的制药用途发明，中药产品和治疗用途是发明的主要内容，在撰写技术方案时，针对中药产品，应当清楚、完整地描述中药产品的原料、制备工艺或制剂剂型。如果中药产品为中药组合物，技术方案中还应体现该组合物的组方结构和配伍关系。具体撰写要求可参考本章第一节“中药组合物发明”和第二节“中药提取物发明”关于技术方案的撰写。

当制药用途是以西医病名表征时，则应采用规范的西医病名，撰写时应注意该制药用途的药效学实验应与所述西医病名对应。

（二）用中医病名和/或中医证名表征的制药用途

辨证论治是中医学认识疾病和治疗疾病的基本法则。病、证和症是辨证论治体系中的主要概念，在中药产品制药用途发明中常常涉及采用中医病名或证名表征的制药用途。正确理解病、证和症的含义有助于在相关制药用途发明专利申请撰写时理解撰写规范以及撰写要求。

中医的“病”是指一定病因作用于机体，人体正气与之抗争而导致机体阴阳失调、脏腑经络的生理功能或形态结构发生改变，环境适应能力下降的异常生命过程，如胃脘痛、痹症、消渴、中风等皆属于疾病概念[26]。

“证”即证候，是疾病发展过程中某一阶段所出现各种症状与体征的概括。证候是中医学的特有概念，是中医认识疾病和治疗疾病的核心。证候一般由相对固定的，由内在联系的、能反映疾病过程中一定阶段本质的症状和体征构成[26]，如肝阳上亢证。

“症”即症状和体征的总称。症状是疾病的临床表现，如头痛、咳嗽、发热、呕吐等，体征是能被察觉的客观现象，往往是医生在检查患者时发现的异常征象，如体温升高、面黄、目赤、舌苔黄厚、脉象弦数等。

病、证和症三者既有联系，又有区别，症是构成疾病和证候的基本要素，疾病和证候是由症状和体征所组成，内在联系的症状和体征组合在一起，即构成了证候；各阶段的证候贯串叠合起来，便是疾病的全过程。病是全程的，证是阶段的，病是反映疾病全部过程的病理变化本质，而证是反映疾病发展过程中某一阶段的病理变化本质。如果发明涉及采用中医病名表征的制药用途，在发明内容部分，要明确中药产品的主治疾病或主治证候，由于证候能反映疾病某阶段的病理变化本质，针对疾病特定证候所研发的中药产品，则需要明确疾病具体的证候表现。如感冒可以表现为风寒、风热、气虚等不同的证候，相应就有辛温解表、辛凉解表、益气解表等治法。如果某一特定中药产品以辛温解表为主要治疗原则，用于治疗风寒感冒，说明书发明内容部分需要明确疾病风寒感冒的具体证候表现，明确中药产品的具体制药用途。

通常，用中医病名表征中药组合物的制药用途，必然是以中医药理论作为支撑的，因此说明书发明内容中必须阐明该产品中医治法治则和组方结构，不能仅罗列单一药味功效。

【案例 4-18-26】

A. **相关案情**

说明书记载的技术方案如下：一种中药组合物在制备非酒精性脂肪肝肝郁脾虚证的药物中的应用，该组合物由下列重量份原料药制成：黄芪 10~30 份、炒白术 10~20 份、生薏米 10~25 份、丹参 10~30 份、香附 5~12 份、柴胡

5～12 份、决明子 10～20 份和生山楂 10～20 份。

B. 案例分析

撰写技术方案时，首先要明确中药产品的药物组成和制备方法，其次应重点描述中药组合物的主治疾病或主治证候，最后，在明确主治疾病和特定证候的基础上，应阐述所述中药组方治疗该病证的中医理论基础。针对上述制药用途发明技术方案，具体撰写可参考如下示例：

一种中药组合物在制备非酒精性脂肪肝肝郁脾虚证的药物中的应用，所述药物组合物由下列重量份原料药制成：黄芪 10～30 份、炒白术 10～20 份、生薏米 10～25 份、丹参 10～30 份、香附 5～12 份、柴胡 5～12 份、决明子 10～20 份和生山楂 10～20 份。

更优选地，所述的药物组合物的原料药为：黄芪 20 份、炒白术 15 份、生薏米 20 份、丹参 20 份、香附 10 份、柴胡 10 份、决明子 15 份和生山楂 15 份。

本发明组合物的制备方法为：将各组分原料加水浸泡 20min 以上，后大火煮至沸腾，慢火煎煮 10min 以上，按照各药材总重每 100～300g 计，煎煮至剩余药液的体积为 150～300mL，固液分离，所得药液即为汤剂。本发明所述非酒精性脂肪肝是指无过量饮酒史而肝实质细胞变性和肝细胞内脂肪蓄积为特征的临床病理综合征。主要临床表现常见肝区不适或隐痛或胀痛、疲乏无力、食欲不振、恶心、腹胀、腹泻等。根据中医辨证论治，本病常见痰瘀互结证、肝郁脾虚证、湿热内蕴证、肝肾阴虚证等证型。肝郁脾虚证主证可见：胁肋胀痛、腹胀、食少纳呆、便溏不爽；次症可见：情绪抑郁或急躁易怒、善太息、口干口苦、呃逆嗳气、恶心呕吐、胃中嘈杂、胸脘痞闷、小便短黄、头晕头痛、身目黄染、舌苔白或腻，脉弦或细。

非酒精性脂肪肝肝郁脾虚证的病理机制根本在于肝脾失调，瘀血、痰湿蕴结为本病之标。本发明组合物以疏肝健脾为主，兼以祛痰消积、清热化湿。方中以黄芪为君，健脾补气为主，“脾胃为后天之本”，主运化水湿，脾胃失运则水湿内停，酿化为痰，久而为瘀；臣药炒白术、生薏米助黄芪健脾补气，并可燥湿、化湿，肝喜条达，柴胡、香附疏肝理气解郁，令肝气条达疏通气机，肝郁脾虚则气机停滞，气滞则血瘀，非酒精性脂肪肝湿热蕴久也可发为瘀血，丹参味苦性微寒可以活血化瘀；决明子清肝利水，三者合用针对本机体痰湿之兼证具有直接治疗作用。最后佐以山楂，味酸、甘，性微温归脾、胃经，既可助君臣消食、化瘀之功效，同时又可防决明子、苦寒太过；诸药合用，从恢复肝脾功能入手，调肝理脾，化瘀、祛痰、消积、清热、化湿，从而达到治疗非酒精性脂肪肝肝郁脾虚证的功效。

四、技术效果的撰写

中药产品的制药用途发明，其制药用途通常表现为发明产生的技术效果，因此发明的技术效果是说明书撰写的主要内容，其是用途发明的发明点，也是确定发明是否具有“显著的进步”的重要依据，因此在撰写说明书时必须记载科学详实的药效实验数据用于证实中药产品能够产生请求保护的治疗某疾病的用途。依据《专利审查指南2010》第二部分第十章的规定，所述用于证明发明技术效果的实验数据可以是实验室试验（包括动物试验）或者临床试验的定性或定量数据。下面将针对中药产品的制药用途发明专利申请中技术效果的撰写进行重点介绍，主要涉及中药产品的临床前研究和临床研究实验数据的撰写要求。

（一）西医病名表征的制药用途

1. 临床前研究

药物临床前研究主要包括药学研究以及药理毒理研究两方面内容，药学研究包括原料药工艺研究、制剂处方及工艺研究、剂型选择、药品标准、稳定性试验等，药理毒理研究包括药效学试验、毒性试验、动物药代动力学试验等。本节针对中药产品的制药用途发明专利申请中证实发明技术效果的临床前研究主要涉及药效学试验研究。在进行临床前药效学研究时，首先应根据所治疗的疾病选择相应的实验方法，记载能够证明药物具有确切的治疗某一疾病的药效学试验数据。为保证试验研究的科学性和可信性，试验设计中需注意清楚地记载以下几方面内容。

（1）试验药物。当说明书的技术方案中记载了多个不同的技术方案（如实施例），则应明确试验药物是哪个实施例。对照药物应记载其名称、相关的商品名、组分、制造商等信息。

（2）动物模型。在药效学实验研究中，应尽量选择与人体反应比较接近的动物模型，针对西医病名限定的制药用途发明，在进行临床前研究时，如果针对该疾病目前已经建立了成熟的或比较公认的动物模型，应当采用相应动物模型进行药效学研究。

（3）给药方法。动物试验中中药的给药剂量设计应当合理。同时其给药途径应尽可能与临床应用途径一致，给药方式有预防性给药和治疗性给药，或防治结合的方式等，可根据药物的具体作用情况进行合理设计。

（4）对照研究。中药药效学研究通常设置的对照组有：正常对照组、模型对照组、阳性对照组，模型对照组除不给予被研究的中药之外，其他处理均同给药组，用于药物有效性的检测。阳性对照组所用药物应为公认的已知有效药物，如药效肯定的同类中药或化学药；对照药应尽量选择主治功用相同、给药途径尽量一致的药物。

（5）剂量设置。一般情况下，各种实验中受试药物应设置高、中、低三个剂量组，以便获得较为完整的实验资料，用于体现药物的量效关系或药物作用关系。如果涉及药物成分之间的协同作用，应按照协同试验要求更加合理地设置受试药物的分组以及剂量选择，以明确药物之间的协同增效作用。

（6）指标选择。药效学试验所选择的观察或检测指标应该具有针对性和特异性，能够反映所治疗疾病本质的变化，具体可参照相应的国家或行业标准。

（7）数据处理。实验结束后，要对试验结果进行数据处理和分析，如通过图表形式表征数据关系、对观察或测量得到的数据进行统计学分析处理等。在数据处理过程中，对实验数据的分析应保持真实性，对于偏离数据也应进行合理分析，不应随意挑选数据。

对于临床前的药效学研究数据，应尽可能保留原始实验资料，以便需要时提交。

2. 临床研究

在中药产品的制药用途发明专利申请中，也可以采用临床试验研究加以证实，此时临床试验研究内容的撰写也就成为说明书撰写的主要内容。

尽管某些治疗疾病以西医病名进行表征，但是对于中药组合物而言，其多是基于中医辨证论治的原则进行组方，因此在进行临床试验时，应从实际出发，充分考虑中医辨证基础以及中药的作用特点，在试验设计时确定合理的诊断标准以及疗效判定标准，对中药组合物进行有效性评价。关于临床试验的要求，需要注意以下几方面的内容，也可以参考本章第一节“中药组合物发明”关于临床研究的说明。

（1）诊断标准。如果制药用途以西医病名进行表征，则临床试验中应当列出疾病的西医诊断标准。西医诊断标准应采用国际、国内普遍接受的诊断标准，或权威性机构颁布、全国性专业学会和一些权威性著作标准，并注意注明西医诊断标准的名称、来源。

另外，对于中药组合物的制药用途发明，临床试验中还应当记载其对应中医病症的诊断标准。例如，针对病毒性肝炎的中药制剂，既要提出明确的病毒性肝炎的诊断标准，又要提出适应的证候判断标准。如中药制剂的功能为清利肝胆湿热，所适应的证候即为肝胆湿热证。在病例选择时，既要符合病毒性肝炎的诊断，又要符合肝胆湿热证候，才能作为试验观察的对象。根据这种标准选择受试对象，才能取得可靠的临床试验结果。

对于中医证候的诊断标准，应体现中医辨证特色，一般应包括主症和次症以及中医舌、脉特征，突出证候的特异性指标，体现辨证论治的特点。

（2）受试者纳入标准。临床试验方案中应预先制定受试者纳入标准，该纳入标准应与临床试验目的相符合，包括疾病诊断标准、证候诊断标准，患者入选前的相关病史、病程和治疗情况要求。根据试验目的，可制定相关受试者排除标准。

（3）对照组选择。临床试验要求试验组和对照组来自相同的受试者总体。两组在试验进行中除了试验药物不相同外，其他条件均需保持一致。对照组的设置常有三种类型：安慰剂对照、阳性药物对照和剂量对照。在中药产品的临床试验中，阳性药对照和剂量对照属于常见的对照组设置，阳性药对照应采用已知的有效药物作为试验药的对照，针对西医疾病，阳性对照药可以是化学药，也可以是治疗有效的中药对照药，选择对照药时应当考虑受试药和对照药在治疗病种或功能主治上的可比性。剂量选择对照常用于考察受试药用药剂量与疗效的关系。如若为了考察中药复方药物配伍之间的关系，根据需要还要进行相应的拆方以及剂量的选择设定，用更加严谨的组别设置来评价药物的相互作用关系。

（4）给药方案。临床试验中必须根据中药组方特点以及治疗要求确定其用药途径，同时应当根据临床试验耐受性、药代动力学实验结果、既往临床用药经验等对中药剂量进行研究，确定适宜的临床给药剂量。在临床试验时要明确中药治疗的疗程。

（5）疗效评价标准。对于涉及西医病名的制药用途，应参考已知的、公认的检测指标或疗效评价标准。对应于中医证候的诊断标准，在疗效判定时，应注意与中医证候相关的症状与体征的变化，中医证候的诊断和评价可以采用量表的方法，即根据公知的某一中医证候相关的症状体征轻重及对中医证候属性确定的贡献度进行评分。

以上是针对西医病名表征的中药产品制药用途发明说明书中临床前研究和临床试验研究的撰写基本要求，并非实验研究标准。在具体进行研究时，应遵循本领域现行实验研究指导原则进行，同时务必保证实验数据的真实性和客观性。

【案例 4-18-27】

A. **相关案情**

发明涉及一种中药组合物的新制药用途，技术方案如下：一种中药组合物在制备防治高脂血症的药物中的应用，所述中药组合物的原料药组成为：女贞子15%～35%、大蓟10%～25%、白术5%～20%、丹参5%～20%、杜仲5%～15%、佛手5%～15%。

B. **案例分析**

针对请求保护的制药用途技术方案和所要解决的技术问题，说明书中应记载具体试验数据证明所述组合物具有治疗高脂血症的效果。由于高脂血症属于现代医学疾病，因此，可以采用高脂血症的现代医学诊疗标准进行药效学试验。下面是采用大鼠高脂血症模型的药效实验，通过测定本案中药组合物对大鼠模型的肝脏指数，血清学指标TC、TG、HDLC、LDLC，肝脏组织匀浆TC、TG以及肝脏的组织形态的影响，来评价所述中药组合物对高脂血症的治疗效果。例如：

① 材料与方法

a. 实验动物及环境

大鼠，种系：Wistar，等级：SPF级，雄性，200～220g，合格证号×××，由××股份有限公司提供。饲料和垫料均由××实验动物中心提供。饮水为消毒蒸馏水。饲养条件：温度20～25℃，相对湿度40%～60%，自然光照，每笼6只，常规饲养。

b. 实验药品

辛伐他汀分散片：由××有限公司生产，批号：×××，规格20mg/粒。

受试药物：本申请中药组合物的醇提取物，制备方法（略）。

高脂肪乳的配制：猪油25g、胆固醇10g、丙硫氧嘧啶片1g、吐温-80 25mL为油相。蒸馏水30mL、1，2-丙二醇20mL、脱氧胆酸钠2g为水相；制备方法（略）。

高脂饲料的配制：猪油10%，蛋黄粉5%，胆固醇1%，丙硫氧嘧啶0.2%，脱氧胆酸钠0.5%，蔗糖5%，基础饲料78.3%的比例配制。

c. 实验方法

取体重200～220g雄性大鼠60只，随机分为6组，每组10只，分别为高、中、低剂量的组合物醇提取物组，辛伐他汀片组，模型组，空白组。其中5组造高脂血症模型，分别上午灌服高、中、低剂量醇提取物混悬液（6g/kg、3g/kg、1.5g/kg，0.3g/mL、0.15g/mL、0.075g/mL，2mL/100g）、辛伐他汀片混悬液（1.67mg/kg）和同体积的生理盐水（2mL/100g），给药组上午给予相应药物，下午给高脂肪乳2mL/100g；同时每天给予高脂饲料喂养，每天给药一次，连续给药21天。空白组仅灌同体积的生理盐水。每周称体重一次，根据体重调整用药量。于第21日给药后2h摘眼球取血，3000r/min离心5min，分离血清，分装后于-20℃冷冻保存，供测血清总胆固醇、甘油三酯、高密度脂蛋白胆固醇水平、低密度脂蛋白胆固醇水平；称重后取肝脏组织少许，按1：9比例加生理盐水，置于玻璃匀浆器内，全程冰上操作；研磨完全后3000r/min离心15min，制备肝脏匀浆，测肝匀浆TC、TG水平。大鼠取血后脱颈椎处死，解剖取肝脏，称重，计算肝指数。各组取肝脏正中叶相同部位的组织，4%多聚甲醛固定，石蜡包埋，切片，苏木素—伊红（HE）染色，观察肝脏组织形态学变化。

② 结果

a. 对大鼠肝脏指数的影响

从表4-18-2可看出，与空白组相比，模型组大鼠肝脏指数显著升高（P<0.01）；与模型组相比，高、中剂量组合物醇提取物组和辛伐他汀组均可以显著降低高脂血脂大鼠肝脏指数（P<0.01），低剂量组合物醇提取物组可明显降低肝脏指数（P<0.05）。

表4-18-2　本发明组合物对高脂血症模型大鼠肝脏指数的影响

组别	动物数（只）	剂量（g/kg）	肝脏指数（g/100g）
空白组	10	—	3.54±0.21**
模型组	10	—	3.91±0.23
辛伐他汀组	10	1.67mg/kg	3.34±0.21**
高剂量组合物醇提取物组	10	6	3.21±0.19**
中剂量组合物醇提取物组	10	3	3.46±0.18*
低剂量组合物醇提取物组	10	1.5	3.53±0.21*

*表示与模型组相比P<0.05；**表示与模型组相比P<0.01。

b. 对高脂血症模型大鼠血清指标的影响

从表4-18-3可看出，与空白组比，模型组血清中TC、TG和LDL-C水平均显著升高（P<0.01），血清HDL-C水平显著降低（P<0.01），说明造高血脂症模型成功；与模型组相比，高、中、低剂量组合物醇提取物组和辛伐他汀组均可显著降低血清TC、TG和LDL-C水平（P<0.01），显著升高HDL-C水平（P<0.01）。

表4－18－3　本发明组合物对高脂血症模型大鼠血清TC、TG、HDL-C及LDL-C水平的影响

组别	剂量（g/kg）	血清TC	血清TG	血清HDL-C	血清LDL-C
空白组	—	2.50±0.45**	0.75±0.11**	3.14±0.46**	0.64±0.20**
模型组	—	7.66±0.81	2.18±0.25	2.06±0.61	1.02±0.21
辛伐他汀组	1.67mg/kg	2.79±0.50**	0.79±0.10**	3.12±0.55**	0.65±0.19**
高剂量组合物醇提取物组	6	2.88±0.54**	0.83±0.13**	2.91±0.60**	0.72±0.22**
中剂量组合物醇提取物组	3	3.11±0.61**	0.85±0.11**	2.80±0.45**	0.76±0.28**
低剂量组合物醇提取物组	1.5	5.69±0.56*	1.23±0.10*	2.49±0.42*	0.81±0.26

* 表示与模型组相比 $P<0.05$；** 表示与模型组相比 $P<0.01$。

c. 对高脂血症模型大鼠肝匀浆液TC、TG水平的影响

从表4－18－4可看出，与空白组比，模型组肝匀浆TC、TG水平均显著升高（$P<0.01$），说明肝脏已有脂肪蓄积；与模型组比，高、中、低剂量组合物醇提取物组和辛伐他汀组均可以显著降低肝匀浆TC、TG水平（$P<0.01$）。

表4－18－4　本发明组合物对高脂血症模型大鼠肝脏匀浆TC、TG水平的影响

组别	动物数（只）	剂量（g/kg）	肝匀浆TC（mmol/mL）	肝匀浆TG（mmol/mL）
空白组	10	—	0.44±0.09**	0.76±0.12**
模型组	10	—	1.31±0.15	1.49±0.24
辛伐他汀组	10	1.67mg/kg	0.44±0.12**	0.88±0.21**
高剂量组合物醇提取物组	10	6	0.47±0.14**	0.89±0.19**
中剂量组合物醇提取物组	10	3	0.51±0.13**	0.92±0.21**
低剂量组合物醇提取物组	10	1.5	0.93±0.13*	1.02±0.22*

* 表示与模型组相比 $P<0.05$；** 表示与模型组相比 $P<0.01$。

d. 本发明组合物对肝脏组织形态的影响

由表4－18－5可看出，与空白组比，模型组大鼠肝脏出现显著脂肪变性病理变化（$P<0.01$），说明造高脂血症模型成功。与模型组比，高、中剂量组合物醇提取物组和辛伐他汀组均可显著减轻大鼠肝脏病理变化（$P<0.01$），低剂量组合物醇提取物组均可明显减轻大鼠肝脏病理变化（$P<0.05$）。

表4-18-5 本发明组合物对高脂血症模型大鼠肝脏的影响（单位：只）

组别	n	-	+	++	+++
空白组	10	10	0	0	0
模型组	10	0	1	1	8
辛伐他汀组	10	8	1	1	0
高剂量组合物醇提取物组	10	7	3	0	0
中剂量组合物醇提取物组	10	3	5	2	0
低剂量组合物醇提取物组	10	1	4	3	2

注："-"表示正常；"+"表示轻度脂肪变性；"++"表示中度脂肪变性；"+++"表示重度脂肪变性。

（二）用中医病名和/或证名表征的制药用途

对于用中医病名和/或证名表征的制药用途发明专利申请，必然是以中医药理论基础作为支撑的，因此对于此类申请的技术效果的撰写，必须明确其所治疗的病或证，相应地，用于证实中药产品的技术效果的药效试验数据中，均应体现出对于中医病或证的治疗效果。

1. 临床前研究

对于中医病名或证名表征的制药用途发明，在试验设计中，试验药物、给药方法、对照研究、剂量设置、数据处理等方面与西医病名表征的制药用途发明专利申请的撰写要求相同，但对于动物模型和试验指标的选择需要根据具体的中医病或证进行合理设定，设计时需要注意：对于动物模型的选择，应当采用已知的、成熟的动物模型进行试验研究。例如，在模型研究上有一定基础的拟"证"的动物模型，如"血瘀""阳虚""肾虚""气虚""脾虚"等动物模型，以更客观地评价药物对于特定证型疾病的作用。

相应地，针对上述动物模型，在选择试验指标时，应尽可能选择在动物模型上测得的生理生化指标、组织形态变化与实际临床中相应证型患者所表现的实验室指标一致，这样一方面可以使得动物模型尽量接近中医的"证"，另一方面可以更加科学地判断药物对于某一证型或在某一功效方面的治疗效果。

2. 临床研究

由于制药用途涉及中医病名或证名，在进行临床研究时，应当采用中医诊断和疗效判断标准。对于涉及中医病名的制药用途，应当采用辨病与辨证相结合的方法，在明确疾病诊断标准的前提下，结合中药产品的功能主治，确定相应证候。例如，某发明涉及一种中药组合物在制备治疗胸痹的药物中的应用，该中药组合物的功效为益气养心、活血化瘀，用于气虚血瘀型胸痹的治疗。针对该中药组合物的制药用途，在确定疾病诊断标准时，应注意辨病与辨证相结合，既要具备胸痛、胸闷等主证，还应当兼具体现气虚血瘀证候的症状以及舌脉的表现。相应地，在说明书中撰写临床研究实验数据时，则应当注意：

（1）诊断标准。

在临床研究中首先应当根据中医病名确立明确的中医诊断标准，辨病与辨证相结合，体现药物的主治证候，该诊断标准通常包括主症和次症以及中医舌、脉特征。当然在证候之间也有交叉的现象，如寒湿阻络与瘀血阻络兼有，则可以提出两种交叉证候标准，如此才能正确选择病例，取得可靠的效果。

（2）疗效判定标准。

对于上述中医病证名的制药用途，临床研究的疗效诊断标准应与其诊断标准相对应，如针对中医病名或证名，有全国统一标准或相对较权威的疗效判定指标，则需要按照标准规定执行，如果没有统一标准，则应当分别制定合理的疗效判定标准，该疗效判定标准至少要反映主治证候或特异性证候的变化，并相应分为：临床痊愈、显效、有效、无效四级，每一级的疗效判断标准应该有明确的症状、体征或实验室指标的改善情况，不能笼统地描述为全部症状消失或部分症状改善之类。

临床试验的对照组选择、给药方案等可参照上述“西医病名表征的制药用途”相关内容。

【案例4－18－28】

A. 相关案情

发明涉及一种中药组合物在制备治疗胁痛肝郁脾虚证的药物中的应用。

所述中药组合物其由下述原料药制成：黄芪10～30份、白术10～20份、丹参10～25份、香附10～20份、柴胡5～12份、茯苓5～12份、山楂5～12份。

B. 案例分析

针对治疗胁痛肝郁脾虚证药物的临床研究，在病例选择时应注意辨病和辨证相结合，记载明确的疾病诊断标准，由于非酒精性脂肪性肝病属于中医“胁痛”的范畴，因此，可以选择按照符合中医“胁痛”诊断标准的病例进行临床试验，采用中医胁痛的诊断和疗效标准对其技术效果进行评价。也可以选择非酒精性脂肪性肝病作为胁痛患者的目标病例。如果选择非酒精性脂肪性肝病病例，确定诊断标准时，则应当选择非酒精性脂肪性肝病的西医诊断标准与中医肝郁脾虚证的中医诊断标准相结合；采用随机双盲安慰剂对照试验，并明确疗效判定标准，通过对照患者主要临床症状、中医证候、生存质量、肝脏脂肪变性程度、肝功能、血脂等的变化，客观地评价本申请组方对胁痛肝郁脾虚证的疗效。

下面列举相关的药效学试验，供参考：

① 病例选择

根据以下的诊断标准选择对照组 33 例，试验组 66 例，样本量共计为 99 例。

西医诊断标准：

依据 2010 年中华医学会肝脏病学分会脂肪肝和酒精性肝病学组修订的《非酒精性脂肪性肝病（NAFLD）诊疗指南》，明确 NAFLD 的诊断需符合以下三项条件：

a）无饮酒史或饮酒折合乙醇量小于 140g/周（女性 70g/周）；

b）除外病毒性肝炎、药物性肝病、全胃肠外营养、肝豆状核变性、自身免疫性肝病等可导致脂肪肝的特定疾病；

c）肝活检组织学改变符合脂肪性肝病的病理学诊断标准。

中医证型诊断标准：

肝郁脾虚证，主症可见：胁肋胀痛、腹胀、食少纳呆、便溏不爽。次症可见：情绪抑郁或急躁易怒、善太息、口干口苦、呃逆嗳气、恶心呕吐、胃中嘈杂、胸脘痞闷、小便短黄、头晕头痛、身目黄染、舌苔白或腻，脉弦或细。肝郁脾虚证主症三项（胃脘或胁肋胀痛必备），或主症两项（胃脘或胁肋胀痛），次症两项，即可诊断（参考《中药新药临床研究指导原则》中《中药新药治疗肝郁脾虚证的临床研究指导原则》）。

纳入标准：

a）符合 NAFLD 诊断标准；

b）符合肝郁脾虚证型诊断标准；

c）年龄在 18 ~65 岁，性别不限。

排除标准：

a）排除酒精、药物、妊娠等所致的脂肪肝及病毒性肝炎；

b）排除心、脑、肾、肺等生命活动重要脏器有严重的原发性疾病患者；

c）妊娠期、哺乳期妇女；法律规定的残疾患者；

d）根据研究者的判断、具有降低入组可能性或使入组复杂化的其他病变，如工作环境经常变动等易造成失访的情况；

e）过敏体质，或已知对本药成分过敏者；

f）正在参加其他药物临床试验的患者；

② 试验方法

a）设计方法：采用随机双盲安慰剂对照试验。

b）分组方法：预先将33份安慰剂颗粒，66份本发明组合物，共99份药物按随机数表。

c）治疗方法：

治疗组治疗：实施例1药物冲服，餐后服用，早晚各一次。

对照组治疗：给予安慰剂治疗，安慰剂颗粒每日1剂，餐后服用，早晚各一次。

其中，安慰剂颗粒的组成：各原料药用量为治疗组剂量1/40，加淀粉至治疗组用量，制颗粒。

治疗疗程为12周。

d）统计方法：

数据处理应用软件SPSS11.0统计。计量资料将采用均数±标准差进行统计描述，组内治疗前后计量资料的比较采用配对样本t检验；组间计量资料的比较采用独立样本t检验；计数资料采用χ^2检验；两组独立样本等级资料比较采用秩和检验。

③ 观察指标

a）治疗前后主要临床症状和体征；

b）肝脏脂肪变性程度：治疗前、治疗后肝脾CT比值；

c）治疗前后肝功能；

d）治疗前后血脂。

中医症状量化分级标准如下（略）：

④ 疗效评价标准

按照2002年5月版《中药新药临床研究指导原则（试行）》进行证候疗效评价，按照2010年版《非酒精性脂肪性肝病诊疗指南》进行生化、CT评价。

a）证候疗效判定：

症状、体征基本消失，症状总积分下降≥95%为临床痊愈；症状、体征明显改善，总积分下降≥70%为显效；症状、体征均有好转，积分下降≥30%为有效；积分下降<30%为无效。计算公式（尼莫地平法）：（治疗前积分－治疗后积分）÷治疗前积分×100%。

b）肝脏脂肪变性成都判定标准：采用肝脾CT比值定量表示。

c）肝功能指标疗效评定标准：采用ALT、AST、GGT临床测量值进行定量比较。

d）血脂疗效评定标准：采用 CHO、TG 临床测量值进行定量比较。

⑤ 结果

Ⅰ. 治疗后不同时段症状总积分变化和不同时段症状疗效

治疗组和对照组治疗非酒精性脂肪性肝病第 0 周、第 4 周、第 8 周、第 12 周症状积分情况见表 4－18－6；症状疗效情况见表 4－18－7、表 4－18－8。结果显示，治疗组和对照组，经 12 周的治疗后，症状积分均降低，且 P 值均小于 0.01，表明治疗组和对照组治疗前后的症状改善均有显著统计学意义；而治疗第 8 周症状疗效对比 P 大于 0.05，第 12 周疗效对比 P<0.05，表明治疗组与对照组在第 8 周疗效无统计学差异，在第 12 周时疗效有统计学差异。

表 4－18－6　治疗组合对照组症状积分情况对比表

组别	症状积分				P 值
	第 0 周	第 4 周	第 8 周	第 12 周	
治疗组	29.94 ±12.20	21.44 ±10.21	17.44 ±8.47	13.89 ±8.01	P_1
对照组	31.41 ±11.41	23.66 ±10.71	19.88 ±8.81	18.59 ±9.79	P_2

经 t 检验，$P_1 = 0.00 < 0.01$，$P_2 = 0.00 < 0.01$，表明治疗前后，治疗组和对照组症状积分差异均有明显统计学意义。

表 4－18－7　第 8 周治疗组合对照组症状疗效情况对比表

组别	例数	痊愈	显效	有效	无效	总有效率
治疗组	64	0	5	35	24	62.5
	%	0	7.81	54.69	37.5	
对照组	32	0	0	18	14	56.25
	%	0	0	56.25	43.75	

经秩和检验，Mann－Whitney U = 915，Wilcoxon W = 1443，Z = －0.966，P = 0.334 >0.05，表明治疗前后，两组患者疗效差异无统计学意义。

表 4－18－8　第 12 周治疗组和对照组症状疗效情况对比表

组别	例数	痊愈	显效	有效	无效	总有效率
治疗组	64	0	18	33	13	79.69
	%	0	25.13	51.56	20.31	
对照组	32	0	4	14	14	56.25
	%	0	12.5	43.75	43.75	

经秩和检验，Mann - Whitney U = 724，Wilcoxon W = 1252，Z = - 2.531，P = 0.011 < 0.05，表明治疗前后，两组患者疗效差异有统计学意义。

Ⅱ. 治疗后肝脾 CT 比值变化

治疗组治疗后肝脾 CT 比值平均值为 0.91 ± 0.19，较治疗前升高且 P < 0.01，表明治疗组治疗前后肝脾 CT 比值有显著统计学差异。对照组治疗后肝脾 CT 比值平均值为 0.78 ± 0.21，较治疗前有所升高，其 P > 0.05，无统计学差异。治疗后两组肝脾 CT 比值有显著统计学差异。具体如表 4 - 18 - 9 所示。

表 4 - 18 - 9　治疗组和对照组治疗前后肝脾 CT 比值情况对比

组别	例数	肝脾 CT 比值		P 值
		治疗前	治疗后	
治疗组	62	0.81 ± 0.16	0.91 ± 0.19	P_1
对照组	32	0.73 ± 0.23	0.78 ± 0.21	P_2
		P_3	P_4	

经 t 检验，$P_1 = 0.000 < 0.01$，$P_2 = 0.24 > 0.05$，$P_3 = 0.06 > 0.05$，$P_4 = 0.002 < 0.01$，表明治疗组治疗前后肝脾 CT 比值差异有统计学差异，对照组治疗前后肝脾 CT 比值差异无统计学意义，治疗组和对照组治疗前肝脾 CT 比值无统计学差异，治疗后差异有统计学意义。

Ⅲ. 治疗后肝功能变化

由表 4 - 18 - 10 可以得出：治疗前后两组 ALT 值均有统计学差异，治疗组与对照组疗效有统计学差异；治疗前后，治疗组 AST 值有统计学差异，对照组无统计学差异；治疗组与对照组疗效有统计学差异；治疗前后，治疗组 GGT 值有统计学差异，对照组无统计学差异；治疗组与对照组疗效有统计学差异。

表 4 - 18 - 10　治疗后 ALT、AST、GGT 变化情况

肝功能	组别	例数	治疗前	治疗后
ALT（U/L）	治疗组	34	61.93 ± 29.31	43.35 ± 20.571
	对照组	18	75.98 ± 35.20	55.42 ± 19.982 *
AST（U/L）	治疗组	8	63.36 ± 21.14	31.73 ± 7.983
	对照组	9	58.16 ± 23.28	47.79 ± 7.983
GGT（U/L）	治疗组	20	67.54 ± 29.94	50.37 ± 16.995
	对照组	9	84.58 ± 36.28	77.30 ± 29.316 **

经 t 检验：ALT：组内 $P_1 = 0.003$，$P_2 = 0.031$，组间 $P^* = 0.047$；AST：组

内 $P_3=0.004$，$P_4=0.191$，组间 $P_{\triangle}$；GGT：组内 $P_5=0.024$，$P_6=0.54$，组间 $P^{**}=0.027$。

Ⅳ. 治疗后血脂变化

由表 4-18-11 可以看出，治疗前后两组 CHO 值均有统计学差异；治疗组与对照组对 CHO 疗效有统计学差异；治疗前后两组 TG 值均有统计学差异；治疗组与对照组对 TG 疗效有统计学差异。

表 4-18-11　治疗后 CHO、TG 变化情况

血脂	组别	例数	治疗前	治疗后
CHO（mmol/L）	治疗组	34	5.98 ± 0.57	4.94 ± 1.741
	对照组	18	6.04 ± 0.67	$5.83\pm0.722^{*}$
TG（mmol/L）	治疗组	8	3.20 ± 1.63	2.13 ± 1.203
	对照组	9	3.79 ± 2.96	$3.44\pm2.534^{**}$

经 t 检验：CHO：组内治疗组和对照组治疗前后 P 值分别为 $P_1=0.008$，$P_2=0.027$；组间 $P^{*}=0.047$。表明治疗前后两组 CHO 值均有统计学差异；TG：组内治疗组和对照组治疗前后 P 值分别为 $P_3=0.000$、$P_4=0.035$；组间 $P^{**}=0.015$。

由上面的临床试验表明，采用本发明的药物组合物制备的药剂能够有效、安全治疗胁痛肝郁脾虚证。

第六节　中药产品的检测方法发明

中药产品质量的优劣不但直接影响预防和治疗疾病的效果，而且关系到人民的健康与生命安全。中药产品检测方法是为了保证用药的安全、合理和有效。它是指以中医药理论为指导，运用现代科学理论和方法，测定中药产品的有效成分及有毒、有害成分的方法。中药产品的检测方法主要包括产品的定性鉴别方法、有效成分定量方法、杂质及毒害成分限量方法等。

常见的中药产品检测方法主要是化学法，如单一成分分析法、多成分分析法、多维（多种分析仪器联用）多息（化学、药效等信息）分析法、指纹图谱法等。随着现代科学技术的进步，中药产品检测方法向着仪器化、自动化、快速和微量的方向发展。如高效液相色谱法、气相色谱法、高效毛细管电泳、超临界流体色谱、高效逆流色谱及色谱－质谱联用等技术已广泛应用于中药产品的检测中[27]。

中药产品的检测方法也是一种较为常见的中药领域发明专利申请主题，其主要包括中药产品的创制检测方法、改进检测方法两种。创制检测方法，是指新产品的检测方法或已知产品的新的检测方法，后者包括为已知产品提供一种新成分的检测方法、使用一种新技术检测某已知质控成分等。改进检测方法，是对现有产品已有检测方法进行的改进，产品、主要检测手段和检测成分都是现有技术已经公开的。

本节就中药产品的检测方法发明专利申请说明书的撰写要求和规范进行说明。

一、背景技术的撰写

说明书的背景技术部分应当写明对中药产品检测方法的理解、检索、审查有用的背景技术。

对于中药产品创制检测方法，背景技术的内容可以包括所述中药产品的产品组成、制备方法、所治疗的疾病等，并可介绍发明采用的检测方法的普通技术知识，如介绍薄层色谱法（TLC）、高效液相色谱法（HPLC）的特点等。如果现有技术中有类似产品的同类成分检测方法，也应在此进行介绍，并引证与发明密切相关现有技术文件。关于对说明书中引证文件的具体要求，可参见《专利审查指南2010》第二部分第二章2.2.3背景技术部分。

对于中药产品改进检测方法，在撰写背景技术的内容时，除上述内容外，应注重从发明的改进点出发，介绍现有检测方法的相关技术内容，并客观分析现有技术存在的问题和缺陷，为引出下文发明所要解决的技术问题打下伏笔。

需要注意的是，背景技术部分指出的现有技术中存在的问题和缺点，应针对涉及由发明的技术方案所解决的问题和缺点。

二、技术问题的撰写

对于中药产品的检测方法，发明所要解决的技术问题通常比较直接，有一定的针对性，包括样品前处理方法的改进。例如，样品处理方法更简便，或样品杂质更少，或不使用或减少使用有机溶剂，减少对环境的污染等；还可包括检测方法的改进，如提高检测的灵敏度、准确性等；或者针对更多的活性成分进行检测等。

因此，在撰写要解决的技术问题时，应尽量针对现有技术中存在的缺陷或不足，用正面的、尽可能简洁的语言客观而有根据地反映其所要解决的技术问题。

现结合案例，对如何撰写涉及检测方法发明的背景技术和技术问题两部分内容进行举例说明。

【案例 4-18-29】

A. **相关案情**

发明涉及一种治疗哮喘的中药丸剂，由款冬花、陈皮、麦冬、天花粉、牡丹皮、苦杏仁、黄芩、麻黄、紫苑（限于篇幅此处用量配比略）制成，其制备方法为将上述各味中药粉碎成细粉、过筛、混匀，在每100g粉末加炼蜜120～130g，制成大蜜丸。所述中药丸剂具有清热化痰，止咳定喘之功效，常用于痰热咳喘，呼吸困难，胸满不畅，咽干口渴等症。

现有技术中记载所述中药丸剂是以医圣张仲景所创的“麻杏石甘汤”为基本组方研制而成的民间验方，对于咳嗽、多痰、感冒、哮喘、支气管炎等呼吸道疾病有显著功效。所述中药丸剂收载在1989年版《中华人民共和国卫生部药品标准中药成方制剂第一册》（标准号：WS3-B-0062-89）中。

根据检索可知，目前没有关于所述中药丸剂检测方法的相关专利和非专利文献。由此可见，所述治疗哮喘的中药丸剂尚缺少一种能够确保其产品安全有效的检测方法。

B. **案例分析**

该案例涉及为了确保已知产品的安全有效性，从而提出一种定性定量检测该中药丸剂中药物成分的方法。因此，说明书的背景技术除应介绍该中药丸剂的来源或历史沿革、产品组成、制备方法、所治疗的疾病外，还应介绍现有技术中常用的定性定量的检测方法、现有的该中药丸剂的检测方法研究现状等，而基于现有技术中还没有定性定量检测该中药丸剂中药物成分的方法，提出发明要解决的技术问题，即提供一种能够定性、定量检测治疗哮喘的中药丸剂中药物成分的检测方法，从而保障产品使用的有效性。

三、技术方案的撰写

中药产品检测方法专利涉及的技术方案，其主题为方法，即一种治疗某种疾病的中药产品的检测方法。对于检测方法发明的技术方案而言，在撰写时应清楚、完整地描述为解决技术问题所采用的技术手段，即构成技术方案的技术特征以及各技术特征之间关系。中药产品检测方法要求保护的技术方案通常包括产品本身即受试物、样品的处理方法和检测方法（包括检测步骤与参数）三部分内容，下面将逐一介绍。

（一）受试物

中药产品检测方法涉及的受试物包括待测样品、阳性对照物、阴性对照物三大类。待测样品即中药产品检测方法所针对的产品本身。阳性对照物用于说明检测方法的有效性，2015 年版《中华人民共和国药典》中涉及的对照物有对照品、对照药材和对照提取物三种，可根据实际情况进行选择。阴性对照物指的是从样品中减去要检测的该味药材，剩下其他各味药材，按照与样品相同的方法制备后得到的对照物。

中药产品检测方法发明的说明书中至少应明确记载待测样品、阳性对照物的组成或其来源，如果是提取物还应注明其含量范围，以使所述受试物能被清楚地确认。阴性对照物可以根据需要选择使用。

（二）样品处理方法

由于中药产品检测方法所针对的受试物通常为中药组合物或中药提取物，其组成成分复杂，一般均需要对受试物进行前处理，以将被测成分有效地从样品中释放出来，并制成便于分析测定的稳定试样；除去干扰成分、纯化样品，以提高分析方法的重现性和准确度；富集浓缩或进行衍生化，以测定低含量被测成分，使试样的形式及所用溶剂符合分析测定的要求。因此，说明书应清楚、完整地记载样品处理过程中所涉及的方法、步骤以及参数等特征。样品预处理的方法很多，有萃取法、浸渍法、回流提取法、超声提取法、水蒸气蒸馏法、微波辅助萃取法等。对于提取液的进一步纯化，可采用沉淀法、蒸馏法、液液萃取法、固液萃取法（包括色谱柱分离法，如中性氧化铝柱、大孔吸附树脂柱、离子交换树脂柱和 C18 柱等）。样品处理通常不仅仅包括对待测样品的处理（即供试品溶液的制备），还包括阳性对照物溶液和/或阴性对照品溶液的制备过程，三者通常应采用相同的样品处理方法。但当阳性对照物为对照药材或对照提取物时，因成分相对于复方待测产品更为简单，可以简化处理方法。

现结合案例，对发明点在于样品处理方法的中药检测方法申请的撰写进行举例说明。

【案例 4－18－30】

A. 相关案情

发明涉及一种治疗扁桃体炎的中药颗粒的检测方法，其中所述治疗扁桃体炎的中药颗粒是由金银花经提取制备而成的。该案涉及的检测方法具体为：采用高效液相色谱法定量检测所述中药颗粒中金银花的含量。其发明点在于优化样品的处理方法。在采用高效液相色谱法定量检测所述中药颗粒中金银花含量时，以绿原酸为对照品。色谱条件为：以十八烷基硅烷键合硅胶为填充剂；以乙腈－0.4%磷酸溶液（13∶87）为流动相；检测波长为327nm。理论塔板数按绿原酸峰计算应不低于1000。

供试品的制备过程中，对提取溶剂进行了研究，分别用50%乙醇、75%乙醇、95%乙醇、水等溶剂进行提取，结果表明用75%乙醇作为提取溶剂，提取效果最佳，故选用75%乙醇作为提取溶剂。具体见表4－18－12。

表4－18－12　金银花颗粒溶剂筛选

提取溶剂	峰面积1	峰面积2	绿原酸含量（μg/g）1	绿原酸含量（μg/g）2	绿原酸平均含量（μg/g）
50%乙醇超声30min	3 093	3 385	4.21	4.45	4.33
75%乙醇超声30min	16 428	16 711	15.64	15.85	15.74
95%乙醇超声30min	15 431	15 148	13.34	13.24	13.29
水超声30min	13 322	13 446	10.99	10.27	10.63
绿原酸对照溶液（μg/mL）	11 390	11 731	2	2	2

在提取溶剂确定后，又对超声时间进行了摸索，分别超声20min、30min、40min，结果超声30min后，绿原酸含量已趋于稳定，最后确定超声时间为30min。具体见表4－18－13。

表4－18－13　金银花颗粒超声时间筛选

超声时间（min）	峰面积1	峰面积2	绿原酸含量1（μg/g）	绿原酸含量2（μg/g）	绿原酸平均含量（μg/g）
75%乙醇超声20min	14 429	14 029	12.63	12.65	12.64
75%乙醇超声30min	16 575	16 764	15.68	15.90	15.79
75%乙醇超声40min	16 071	16 037	15.14	15.04	15.09

根据上述实验，该申请的技术方案中关于样品处理方法的内容可以描述为“供试品溶液的制备：取所述中药颗粒，用75%乙醇作为提取溶剂进行超声提取，超声时间为30min”。

B. **案例分析**

针对发明点在于样品处理方法选择的发明，说明书中除应记载样品处理的方法、步骤外，还应重点记载样品处理方法的筛选试验，写明筛选条件、筛选所采用的方法以及筛选结果等内容。并需将最终确定的样品处理方法描述清楚，以使得发明点重点突出且清楚完整。

（三）检测方法

本领域中常见的检测方法通常包括性状检测、显微检测、理化检测等，理化检测又包括化学反应检测法、显微化学检测法、光谱检测法、色谱检测法、指纹图谱检测法等。其中常用的中药产品检测方法包括红外光谱法、薄层色谱法、高效液相色谱法、气相色谱法、指纹图谱法等。而不同方法使用的设备、试剂、方法步骤和工艺参数存在较大差异，因此说明书应清楚、完整地记载上述内容，以使本领域技术人员能够实现。现结合案例，对检测方法发明中发明点在于色谱条件筛选的专利申请应如何撰写进行举例说明。

【案例 4－18－31】

A. 相关案情

发明涉及一种治疗风湿性关节炎的中药颗粒，所述中药颗粒是由鸡血藤经提取制备而成的。发明点在于采用高效液相色谱法定量检测原料药鸡血藤含量时，对流动相这一色谱条件进行了特定选择，从而使得检测时的保留时间适当、分离效果好。高效液相色谱法定量检测中对色谱条件的筛选包括：

高效液相色谱法测定鸡血藤含量：采用高效液相色谱法测定一种治疗风湿性关节炎的中药颗粒中的鸡血藤，以原儿茶酸为对照品。色谱条件与系统适用性试验为：以十八烷基硅烷键合硅胶为填充剂；检测波长为254nm。理论塔板数按原儿茶酸峰计算应不低于1000。

其流动相的筛选见表 4－18－14。

表 4－18－14　色谱条件——流动相考察数据统计表

方法编号	色谱条件	保留时间	结果
1	甲醇－水（30：70）	12	保留时间适当 分离效果不好
2	甲醇－水（19.5：80.5）	13.8	保留时间适当 分离效果差
3	甲醇－水－冰醋酸（35：64：1）	9.7	保留时间适当 分离效果差
4	甲醇－水－冰醋酸（25：75：0.2）	6.1	保留时间适当 分离效果好

通过以上对比试验结果分析，方法 4 具有保留时间适当、样品分离效果好

的特点，因此选择甲醇－水－冰醋酸（25∶75∶0.2）作为鸡血藤中原儿茶酸含量测定的流动相。

B. **案例分析**

该案发明点在于通过选择特定的流动相这一色谱条件、采用高效液相色谱法能够快速、准确地定量检测原料药鸡血藤的含量。因此，在撰写技术方案时，除检测方法均应记载的内容如供试品溶液的制备、对照品溶液的制备、阴性样品溶液的制备、色谱条件的设定、结果分析等外，尤其要对特定流动相的筛选这一技术内容进行详细描述和记载，从而使得该案例的发明点能够清楚、完整地体现出来。

针对上述三部分内容，应注意结合发明要解决的技术问题，对体现发明点或关键点的技术特征进行重点和详细描述，常规工艺或已知工艺可以简述。例如，如果发明点在于样品处理方法，说明书中应详细记载选择所述样品处理方法的理由，提供具体工艺参数的筛选试验。如果是对已知检测方法的改进，则应提供与现有方法的比较试验，以证明该发明的技术方案是如何获得的及其技术贡献。

四、技术效果的撰写

对于中药检测方法的发明专利申请，说明书中还应记载发明的有益效果。该有益效果应该与发明要解决的技术问题相呼应，所述技术效果可以是目标成分的检出，也可以是样品处理工艺步骤的简化、检测方法的简化、检测结果准确性和精度的提高、检测速度的提高、重复性好、减少有机溶剂的使用从而使得环境污染减少等方面。基于不同的发明类型，该技术效果可以通过对检测方法发明的分析、理论说明和相关实验相结合加以证明，或者在说明书中记载其与最接近的现有技术的比较试验或比较分析数据，以证明其相对于已知检测方法取得了显著的进步或预料不到的技术效果。

【案例4－18－32】

A. **相关案情**

发明涉及一种治疗骨质疏松的中药组合物的检测方法，该组合物的主要原料药为淫羊藿、蛇床子。现有技术中用薄层色谱法检测其中是否含有淫羊藿苷成分。在供试品溶液的制备过程中，采用氯仿作为提取溶剂。众所周知，氯仿为有毒溶剂，对环境污染巨大。而该申请的目的在于提供一种既能有效检测淫羊藿苷，又减少有机溶剂的使用从而减少环境污染的检测方法。

该申请所述供试品溶液的制备方法为：取供试品内容物3g，加70%乙醇80mL回流1h。滤过，滤液用石油醚（60～90℃）提取3次（50mL，30mL，10mL），石油醚液弃去，乙醇液置水浴上蒸干，残渣加乙醇2mL使溶解，即得供试品溶液。

对照品溶液制备：取淫羊藿苷对照品，加乙醇使溶解，制成每毫升含0.35mg溶液，即得。

阴性对照溶液的制备：取缺淫羊藿的阴性样品按上述供试品溶液制备方法同法制成阴性对照溶液。

将上述供试品溶液、对照品溶液和阴性对照溶液各5μL，分别点于用0.1mol/L Na_2PO_4 溶液配制成的0.3% CMCNa溶液制成的硅胶G薄层板上，以醋酸丁酯：甲酸：水（1.3：1：1）的上层溶液为展开剂，层析缸用展开剂预先平衡15min，上行展开，展距为8cm，温度在25℃以上，控制湿度在18%～47%范围内，取出，晾干，喷以5%氯化铝溶液，105℃加热数分钟后，置UV 365nm下检视，结果斑点较多，无拖尾，背景干扰较少，分离效果较好。

由此可以看出，该申请技术方案可有效检测出产品中的淫羊藿苷成分。而对于该申请与现有技术相比是否减少有机溶剂的使用从而减少了环境污染，则需要提供对比试验来证明上述技术效果。

现有技术中所采用的供试品溶液制备方法为：取供试品内容物3g，置索氏提取器中，加入氯仿80mL提取3h。提取液弃去，药渣挥干氯仿后，加70%乙醇80mL提取1h。提取液置水浴上蒸干，残渣加乙醇5mL使溶解，即得供试品溶液。

对照品溶液制备：同上述对照品溶液制备方法。

阴性对照溶液的制备：取缺淫羊藿的阴性样品按上述供试品溶液制备方法同法制成阴性对照溶液。

将上述供试品溶液、对照品溶液和阴性对照溶液各5μL，按上述相同的薄层色谱条件进行实验，结果斑点较多，无拖尾，背景干扰较少，分离效果较好。

可见在相同的薄层色谱检测条件下，采用上述两种供试品溶液的制备方法均能较好地检测出所述治疗骨质疏松的中药组合物中的淫羊藿苷。而该申请的供试品溶液制备方法，主要采用70%乙醇和石油醚提取分离，相比现有技术中的氯仿，对环境污染小。即该申请取得了减少有机溶剂的使用从而使得环境污染减少的技术效果。

B. 案例分析

该案例基于现有技术中用薄层色谱法定性检测所述治疗骨质疏松的中药组

合物中淫羊藿时，在供试品溶液的制备过程中，采用氯仿作为提取溶剂，因其毒性大，对环境污染巨大，从而提出一种改进的供试品溶液的制备方法。基于该方法，该申请应该取得既能有效检测淫羊藿苷，又能减少有机溶剂的使用从而减少环境污染的技术效果。而该技术效果是通过将该申请的技术方案与最接近的现有技术进行比较试验来证实的。也即，为了更好地说明该申请技术方案的技术效果，在撰写说明书时，应在说明书中记载其与最接近的现有技术的比较试验或比较分析数据，以证明其相对于已知检测方法取得了显著的进步或预料不到的技术效果。

第十九章

权利要求书的撰写

中药领域专利申请权利要求的撰写除遵循一般原则外，还存在一些领域特点，如中西医病名的混合使用、组合物开放式和封闭式权利要求的撰写方式，提取物多采用制备方法或表征等，针对这些特点，本章将对权利要求的撰写要求进行重点介绍。

第一节　排除不予授权的客体

撰写权利要求前，首先要排除不授权的客体，如《专利法》第二条第二款涉及的非技术方案（如指纹图谱），第五条和第二十五条第一款涉及的智力活动规则（如质量控制方法），第二十五条涉及的疾病的诊断和治疗方法、动植物新品种等（详见第四部分第二章第二节内容）。

第二节　权利要求应清楚简明

只有权利要求清楚简明，才能清晰界定权利要求的保护范围。否则将无法准确确定专利权的保护范围，导致发明创造无法获得适当的专利保护。撰写中药领域专利申请的权利要求时，不清楚的问题常出现在用词和前后逻辑方面。

一、用词清楚

保护范围的清楚，最基本的原则是在用词上避免使用含义模糊的词语，如果所用词语含义不清楚或含义不确定，则会导致权利要求的保护范围不清楚。

（一）规范用语

技术术语的表述应该有确定的含义。撰写专利文件时，应从本领域技术人员的角度出发，使用规范用语。对于中医药领域中没有通用的规范用语或者标准用语的情况，申请人必须在其申请文件中对这些技术术语进行清楚的描述和限定，从而使得其足够清楚，否则，这样的用词或者用语就是不清楚的。

（二）模糊用语

尽量不要使用模糊用语。模糊用语是指意欲对权利要求增加有意义的限制，但实际上却增加了权利要求不确定性的用语，如“等”“或类似物”“可以是”“必要时”等用语会使得权利要求不清楚。

（三）商品名或通用名

已知产品的改进发明会使用现有市售制剂商品名或药品通用名称，虽然某些药品配方不同但却是同一名称，如“舒肝宁”，市售、医院制剂或现有技术文献中很多都采用这个名称，导致其确切含义存在歧义。因此，权利要求中尽量不使用商品名或药品通用名称，除非本领域有公知的明确含义或该名称具有唯一性。

二、逻辑关系清楚

权利要求应当清楚，不仅要求每一项权利要求应当清楚，而且要求所有权利要求作为一个整体应当清楚。具体来说，独立权利要求和从属权利要求引用关系逻辑要清楚。

【案例4-19-1】

A. **相关案情**

权利要求：一种抗癌中药制剂，其特征由以下重量配比的中药原料制成：党参、鸦胆子、莪术、薏苡仁；必要时还可加入蟾蜍、斑蝥（重量配比略）。

B. **案例分析**

由于本领域技术人员不知道“必要时”的条件是什么，“可”一词也有不确定的含义，因此该权利要求的保护范围不清楚。

【案例 4 – 19 – 2】

A. **相关案情**

权利要求：一种抗过敏组合物，其特征在于，由以下组分组成：黄芪 12.5g，防风 5.0g，维生素 C 5.0g，微晶纤维素 4.66g。其制备工艺如下：取黄芪、防风、微晶纤维素、维生素 C、二氧化硅，混合均匀后，直接填充胶囊。

B. **案例分析**

权利要求采用封闭式的撰写方式对所述组合物组分作出了限定，其中并不包括二氧化硅，然而其后的制备工艺中却限定了将二氧化硅与其他组分混合填充胶囊的技术内容，这种前后矛盾导致该权利要求的保护范围不清楚。

对于以组分及其含量封闭式限定的产品，其制备过程中一般不允许加入产品组成特征之外的物质，但允许加入不会出现在最终产品中的助剂或辅料，如溶剂等。如果制备过程中加入了产品组成所列举组分之外，且存在于最终产品中的助剂或辅料，如本案中的二氧化硅，则必然导致组分限定的产品和方法限定的产品之间不一致，造成权利要求的保护范围不清楚。

第三节　合理概括权利要求的范围

合理概括权利要求的范围意味着权利要求的范围要恰当。保护范围太大容易得不到说明书的支持，保护范围太小则不能对发明形成有效保护。撰写权利要求书时应对照说明书进行检查，除了查看权利要求书所记载的内容在说明书中是否有相同或相应用语的记载外，还应当考虑说明书中所描述的和所给出的实施例和实验例是否足以支持权利要求所限定的保护范围。

中药领域申请的权利要求范围概括出现问题的方面多见于原料药用量、用途、原料药功能特征的限定。

一、用量特征的概括

中药产品的权利要求通常需要限定各原料药及其用量配比。其中，各原料药的用量配比是决定该产品的功效或作用的关键因素。如果权利要求中没有描述各原料药的用量配比或者各原料药的用量数值范围过宽时，会存在各原料药按任意的或多种不同的用量配比进行组合的多种可能性，这样有可能导致产品中各原料药之间的君臣佐使组方结构发生实质性的变化，从而使组合后的产品在功效或作用上有实质性不同，因此需要对用量配比进行合理的概括。关于用量配比，可以用重量份数范围或百分比范围限定中药组合物中各药味的用量或配比关系，还可以用君药、臣药、佐药和使药结合其用量分别限定各药味在中药组合物中的相对配伍关系。

【案例4－19－3】

A. 相关案情

发明涉及一种用于促进泌乳的临床验方，由党参、黄芪、当归、黄精、麦冬、桔梗配伍以达到补气健脾、养血通乳的功效。党参补气健脾，黄芪补气升提，使气血化为乳汁，共为君药；当归养血活血，黄精养血益精，使乳汁化源不竭，共为臣药；麦冬养阴益胃，以资化源，为佐药；桔梗通乳络，为使药。申请人提供了最佳实施例为：党参15份、黄芪15份、黄精15份、当归10份、麦冬10份、桔梗10份；另外还给出了其他两个优选实施例：党参25份、黄芪15份、黄精30份、当归5份、麦冬5份、桔梗5份；党参20份、黄芪25份、黄精10份、当归5份、麦冬10份、桔梗15份。

B. 案例分析

仅以原料数值点值形成的组合物作为权利要求保护对象，不能形成有效保护，损失了申请人的利益。撰写权利要求的时候可以进行适当的概括。概括的原则是由说明书给出的点值实施例扩展的数值范围应体现组方的君臣佐使关系，同时仍然能够实现预期的治疗效果，即不能将范围扩展过大。例如，可以根据所述实施例对权利要求中各原料药的用量范围进行适当概括。

C. 撰写建议

1. 一种促泌乳的中药组合物，由如下重量份的原料药制成：党参15~25份、黄芪15~25份、黄精10~20份、当归5~15份、麦冬5~15份、桔梗5~15份。

但需要注意的是，为了满足形式支持的要求，概括得到的权利要求1技术方案也应该在说明书中有记载。

二、原料药的概括

对技术特征进行适度上位概括可以扩大保护范围，但前提是说明书尤其是实施例的描述尽可能提出多种实现该概括范围内的技术手段，并提供相应的实验数据证实这些技术手段可以达到发明所述的技术效果，否则这种上位概括将得不到说明书的支持。

【案例 4 - 19 - 4】

A. 相关案情

权利要求：一种治疗冠心病的中药，它由下述重量比的原料药制成：补益药 20% ~40%、活血化瘀药 30% ~60% 和清热解毒药 10% ~30%。

说明书记载：补益药选自人参、淫羊藿、冬虫夏草；活血化瘀药选自牛膝、丹参、五灵脂；清热解毒药选自金银花、麦冬。但没有提供相应的实验证据。

B. 案例分析

权利要求的方案中，由说明书提到的上述几种中药原料概括到补益药、活血化瘀药、清热药这种功能性限定，显然范围太宽。因为并非所有补益药、活血化瘀药和清热药组合都可以实现治疗冠心病的目的，而说明书中也没有提供相关的证据予以证明。因此，权利要求得不到说明书的支持。

三、用途限定

《专利审查指南 2010》第二部分第十章 4.2.3 规定，如果在说明书中仅公开了组合物的一种用途，则应写成用途限定型。基于此规定，当说明书中仅证实了某中药组合物针对某种特定的疾病或证候具有治疗效果时，则应对该组合物加以用途限定，以得到说明书的支持，如“一种治疗某疾病的中药”。

第四节　不同主题权利要求的撰写技巧和要点

以下针对几种不同类型的权利要求的撰写要求进行介绍，包括中药组合物、中药提取物或配方颗粒、中药炮制品或中药材饮片、中药制剂、中药制备方法和中药产品制药用途。

一、中药组合物

中药组合物专利申请最能体现中医药传统特色，所占申请比例最高。一般来说，中药组合物权利要求的必要技术特征包括原料药及其用量。独立权利要求的主题通常为“一种治疗某疾病的中药组合物”，特征部分需要对原料药及其用量作限定。从属权利要求的附加技术特征可以缩小用量范围或进一步用制备方法限定。

（一）开放式与封闭式权利要求

中药组合物权利要求采用开放式还是封闭式，取决于发明所做的技术贡献。如果贡献仅在于提供了一种复方组合，应写成对原料药封闭的权利要求。如果说明书不仅提供了基础方组合，还证实了可在基础方以外添加附加组分也能实现发明的技术效果，则可以将独立权利要求撰写成开放式。

"一种……组合物，其特征在于由……组成"是封闭式权利要求的一般撰写形式，是指所要求保护的组合物由所指出的组分组成，一般不包含所述组分之外的其他组分。

【案例 4－19－5】

A. 相关案情

发明涉及一种治疗咽炎的复方产品，原料药为 A、B、C、D（此处省略用量配比）。同时提供了临床实验数据证明该组合物的治疗效果。

B. 案例分析

由于发明人只提供了一种复方组合，故应写成对原料药封闭的权利要求，如"一种治疗咽炎的组合物，特征在于：其原料药组成为 A、B、C、D"。但是不建议写成"一种治疗咽炎的组合物，其特征在于：由 A、B、C、D 组成"，因为该撰写方式意味着产品的最终组成只含有 A、B、C、D，不允许包含除此之外的组分（如辅料），这样导致权利要求的保护范围较小。实际上，在中药产品在制备过程中，通常会加入助剂或辅料等组分，并在最终的产品中含有这些助剂或辅料。

【案例 4－19－6】

A. 相关案情

发明请求保护一种补水护肤的中药组合物，说明书不仅证明了由 5 ~ 10 份铁皮石斛、1 ~ 5 份雪莲花、1 ~ 5 份蛹虫草、1 ~ 5 份胡枝子制成的组合物具备补水护肤功效，还证明了增加土贝母 1 ~ 3 份后的技术方案能产生更好的补水护肤效果。

B. 案例分析

由于说明书记载并证实了技术方案中加入土贝母可以产生更好的技术效果，因此独立权利要求 1 可以撰写成开放式权利要求，相应的从属权利要求可以对添加的药材进行限定。

C. 撰写建议

1. 一种补水护肤的中药组合物，其特征在于：其原料药包括 5 ~ 10 份铁皮石斛、1~5份雪莲花、1~5份蛹虫草、1~5份胡枝子。

2. 根据权利要求1所述的组合物，原料药还可加入土贝母1~3份。

（二）单一性

权利要求请求保护多个复方时，应符合单一性要求。这些复方不仅治疗的疾病应相同，而且复方之间要包含一个共同的基础方，同时基础方也具备新颖性和创造性时，这些复方之间才具备单一性，而不能简单以治疗的疾病相同或相类似而认定其具有相同的发明构思。

【案例4-19-7】

A. 相关案情

权利要求书：

1. 一种治疗自身免疫性肝炎的中药，其特征在于原料药以重量份计包括：黄芪15~30份、茵陈30~45份、柴胡5~15份、升麻10~23份、白芍15~40份、茯苓20~40份。

2. 根据权利要求1所述的中药制剂，其特征在于：脾胃虚弱者加入陈皮10~20份、甘草5~10份。

说明书记载了详细的临床实验资料，所使用的实验药物不仅包含独立权利要求的基础方，还包含加入陈皮、炙甘草制成的药物。临床实验证实这些药物都能有效地治疗自身免疫性肝炎，加入陈皮、甘草可增强脾胃虚弱病人的治疗效果。

B. 案例分析

在中药复方中决定整个组方功效的是组方中的主要药味，在组方加减时，如果药味的加入不影响原有组方中的配伍关系，那么组方的功效通常不会发生实质变化。本案权利要求2中加入的陈皮、甘草，进一步增强了对兼症的治疗效果，其加入没有使组方的功效发生实质变化，因此，在权利要求1具有新颖性和创造性的情况下，权利要求1和2之间具有单一性。

二、中药提取物或配方颗粒

中药提取物或配方颗粒是中药材经加工提取得到的一类物质。对于提取纯度高、组分和含量明确的提取物或配方颗粒，撰写权利要求时优先采用所含单体成分或有效部位的种类和含量表征，可使保护范围更加明晰。然而，对于大多数提取物而言，由于有效成分和含量并不明确，仅使用结构和/或组成特征往往难以进行清楚的描述或表征，撰写时应进一步结合提取方法特征才能清楚限定所述产品。

中药提取物或配方颗粒的权利要求撰写形式通常包括下述几种：

(1) 仅用成分和含量限定。当提取物含有的化学成分纯度高，且说明书记载了所述化学成分为决定提取物功效的药效成分时，可以仅用该药效成分及其含量比例特征限定提取物。例如，"某提取物或配方颗粒，其包含下述有效成分：x% ~y%的A、a% ~b%的B……"。

(2) 用提取方法表征，或辅以指标成分、理化参数限定。一般情况下，当仅用组成结构特征不能够清楚限定提取物时，则应采用提取方法进行表征，如提取溶剂、工艺步骤和条件等。例如，"某提取物或配方颗粒，由下述方法制得……"。

如果提取物中含有指标成分，建议同时辅以指标成分表征。因为这种撰写方式会对以后可能遇到的专利侵权判定提供相对明确的判定指标，增强保护力度。例如，"某提取物或配方颗粒，其由以下方法制得……，其中所得提取物中包含x% ~y%的A"。

提取物或配方颗粒权利要求也可增加物理或化学参数表征，如浓度、相对密度、折光率、指纹图谱等。采用物理或化学参数表征应当记载参数的测定方法、条件和结果。

【案例4-19-8】

A. 相关案情

发明人对六味地黄汤提取工艺进行研究得到一种采用特定制备方法制成的提取物，在保持原六味地黄汤各种药效的同时，可降低六味地黄汤使用体积，明显提高了有效成分含量，并增加了水溶性，从而有效地控制了六味地黄汤提取质量。同时测定了提取物的部分指标成分的含量，并提供了动物药效学实验，证实了该提取物具有改善免疫功能的作用。

发明人为了获得较大的保护范围，撰写了如下权利要求：

一种中药提取物，其包括以六味地黄提取物重量计，11.4% ~17%的多糖，1.85% ~2.27%由莫诺苷、马钱素和芍药苷组成的总苷和23.5% ~35.5%的甘露三糖，其中六味地黄由熟地、山茱萸、山药、泽泻、丹皮和茯苓六味中药以8：4：4：3：3：3的重量比例配伍组成。

B. 案例分析

上述权利要求只限定了原料药组成和提取物的部分指标成分及其含量，未限定制备方法。但是说明书的药效学实验采用的药物是通常特定的制备方法得到的六味地黄提取物，而并未证实这些指标成分如多糖、总苷和甘露三糖是药效物质基础，根据说明书无法确认这几种指标成分能决定提取物的治疗效果。因此，上述仅用指标成分限定的提取物权利要求实际上得不到说明书的支持。建议将制备方法限定到权利要求中，以使保护范围与技术贡献相匹配。

C. **撰写建议**

一种中药提取物，其包括以六味地黄提取物重量计，11.4%～17%的多糖，1.85%～2.27%由莫诺苷、马钱素和芍药苷组成的总苷和23.5%～35.5%的甘露三糖，其中六味地黄由熟地、山茱萸、山药、泽泻、丹皮和茯苓六味中药以8∶4∶4∶3∶3∶3的重量比例配伍组成。其中，六味地黄提取物按以下方法制得：……。”

三、中药炮制品或中药材饮片

中药材在炮制过程中产生物理变化和化学变化，随之产生的化学成分种类与含量的改变，是中药炮制减毒、增效、缓和药性以及产生新药效的基础。与中药提取物权利要求撰写形式类似，中药炮制品或中药饮片的成分组成和含量通常不明，无法用结构和/或组成特征进行清楚的描述或表征，常需借助制备方法特征加以描述或表征。

其权利要求的撰写形式通常为：“一种某中药炮制品（某中药饮片），其特征在于：由以下方法制备而成：步骤（1）……，步骤（2）……。”且应写明原料药材和工艺步骤。

中药炮制常用的工艺步骤包括原料药材选择、净制、软化、切制、炮炙、干燥、灭菌、包装等。常用的炮炙方法有炒、炙、煅、蒸、煮、燀。撰写权利要求时应突出发明的关键技术点，不影响发明实质内容的常规工艺流程可以简写。

如果炮制过程中使用了对发明要解决的技术问题起关键作用的辅料，则应在权利要求中清楚地写明炮制辅料的种类和用量。当炮制辅料是多成分组合物时，还应写明各组分的配比关系。

【案例4－19－9】

A. **相关案情**

为了解决鸡内金的腥味问题，发明人研究了一种鸡内金炮制方法，发现采用胃蛋白酶处理和发酵技术可以很好地去除腥味，炮制过程中采用的关键技术手段是使用了胃蛋白酶的盐酸溶液和中性蛋白酶以及乳酸菌。

B. **案例分析**

该申请的发明点在于鸡内金特殊的炮制方法，可以同时保护产品和方法。

其关键技术在于使用了生物酶技术和发酵工艺，因此撰写的权利要求中要把炮制工艺中所使用的原料胃蛋白酶的盐酸溶液、中性蛋白酶以及乳酸菌，及其用量和步骤要点进行清楚的描述。

C. **撰写建议**

一种矫味鸡内金，其特征在于包括以下步骤：1）将炮制好的鸡内金粉粹成粗粉，用含有胃蛋白酶的 pH 为 1～3 的盐酸溶液浸泡 5～30min，过滤，滤出的鸡内金于 100～150℃高温下蒸 1～3h，使胃蛋白酶失活，盐酸挥发；2）向步骤 1）处理后的鸡内金中加入中性蛋白酶和乳酸菌，在密闭的容器中酶解发酵 2～5 天，再将鸡内金取出，于 100～150℃高温下蒸 1～3h，使中性蛋白酶和乳酸菌失活，最后干燥并粉粹成细粉；所述胃蛋白酶的重量为鸡内金重量的 0.5%～2%，所述中性蛋白酶的重量为鸡内金重量的 0.5%～2%，所述乳酸菌的重量为鸡内金重量的 0.1%～1%。

四、中药制剂

（一）发明点在于原料的选择

如果发明点在于选择特定的原料（包括原料药和辅料）或其特定的用量比例以克服现有技术存在的技术问题，可以仅采用原料限定的方式撰写中药制剂权利要求。一般情况下，中药制剂通过各组分协同配合发挥作用，权利要求中要写明各原料组分名称及用量比例关系。例如，发明人找到了适用于中药已知剂型的新基质或辅料组合，并经实验验证，该制剂相比较使用其他基质或辅料具有更优越的性能。由此可知，该中药剂型中活性成分原料、组成以及各辅料的组成和比例都属于必要技术特征，因此撰写权利要求时，需要将这些技术特征清楚地记载到技术方案中。

（二）发明点在于制备方法的改进

如果由于制备方法的改进给制剂带来实质性区别和技术贡献，用最终产品的组成成分来限定制剂不足以清楚表征该制剂，则可以将制备方法作为必要技术特征限定在权利要求中。尤其是要将涉及影响技术效果的技术因素，如工艺步骤改进或参数选择等关键技术特征，记载到技术方案中。

五、中药的制备方法

中药的制备方法发明专利申请，常见提取方法、炮制方法、制剂的制备方法等类型。其技术方案的重点在于工艺和步骤，所以权利要求所涉及的原料组成、制备步骤、工艺参数选择是技术方案撰写的核心内容，尤其是体现发明点的关键工艺步骤应该作为必要技术特征限定到权利要求中。

六、中药制药用途

（一）制药用途的表征

对于中药产品的制药用途发明专利申请，制药用途可以用西医病名、中医病名、证名或功效等来表征。撰写时应采用本领域规范的病名或证名进行表征，对于发明人自创的技术名词或者有特定含义的术语，则应当在发明内容部分进行详细的说明，明确该技术术语的含义及其范围边界。

对于用证名或功效表述的制药用途，由于该用途限定通常对应多种疾病，因此，说明书应记载足以能够证明发明可以治疗所述多种疾病的实验数据，否则仅用证名或功效表述的制药用途得不到说明书的支持。

【案例 4 – 19 – 10】

说明书中记载了桑白皮脂肪油可用于改善脾虚水湿不化模型大鼠的胃肠功能紊乱的药理学实验数据。由于脾虚水湿不化属于中医辨证的一种证型，其临床表现常见食少腹胀、肢体浮肿、大便稀溏甚至完谷不化、妇女白带清稀量多等，它常涉及胃肠功能紊乱、妇科、肾病或泌尿科（肢体浮肿）等多种疾病。由于说明书只证明了该桑白皮脂肪油能够改善脾虚水湿不化模型的胃肠功能紊乱，并没有证明其对“脾虚水湿不化”所涉及的其他疾病均具有改善作用。因此权利要求中的制药用途应采用“西医病名 + 证型”的限定方式，即撰写为“桑白皮脂肪油在制备改善脾虚水湿不化型胃肠功能紊乱的药物中的应用”，而不能仅用“脾虚水湿不化”限定制药用途。

（二）单味药材的制药用途

对于单味药材的制药用途发明，如果现有技术已经公开了包含该药材的中药组合物的相同用途，为了避免新颖性的问题，则权利要求应写成“某药材作为唯一的原料药在制备治疗某疾病药物中的应用”。

参考文献

[1] 中医药发展战略规划纲要（2016—2030）。

[2] 王伟，等. 中药产业创新趋势与专利审查研究，国家知识产权局学术委员会 2017 年度专项课题研究项目。

[3] 谢鸣. 方剂学 [M]. 北京：人民卫生出版社，2002：397.

[4] 梁生旺. 中药制剂分析 [M]. 北京：中国中医药出版社，2013：40.

[5] 周红涛. 浅议利用稀有药材完成的中药发明申请的专利审查 [J]. 审查业务通讯，2018，24（8）：37－42.

[6] 宋江秀. 论专利审查中如何考量毒性中药材的安全性 [J]. 审查业务通讯，2018，24（9）：27－34.

[7] 常章富. 中药学 [M]. 北京：中国工人出版社，1993：29.

[8] 中华人民共和国国家知识产权局. 专利审查指南 2010 [M]. 北京：知识产权出版社，2009：284.

[9] 宋作林. 子宫内膜异位症的研究与临床指南 [M]. 成都：四川科学技术出版社，2005：1－2，135－140，181－182，193.

[10] 中华人民共和国中医药行业标准 中医妇科病证诊断疗效标准 ZY/T001.3—94，1995：8.

[11] 李涛. 癫痫 [M]. 1 版. 北京：科学技术文献出版社，2002：90－91，119，122，183－215.

[12] 中华人民共和国中医药行业标准 中医内科病证诊断疗效标准 ZY/T001.1—94，1995：39.

[13] 邓中甲. 方剂学 [M]. 上海：上海科学技术出版社，2008：13.

[14] 丁旭. 通阳解毒汤治疗结节囊肿型痤疮的临床研究 [D/OL]. 北京：中国中医科学院，2009：16－29.

[15] 王爱琴，张娜，王刚，等. 临床皮肤性病学 [M]. 北京：科学技术文献出版社，2014：294－295.

[16] 吴志明，杨恩品. 中医美容皮肤科学 [M]. 北京：中国中医药出版社，2015：130.

[17] 中国法制出版社. 中华人民共和国卫生计划生育法律法规全书（含相关政策及典型案例）[M]. 北京：中国法制出版社，2017：142－143.

[18] 杨明. 中药药剂学 [M]. 上海：上海科学技术出版社，2008：44－46.

[19] 朱慧，马瑞君，吴双桃，等. 三裂蟛蜞菊茎总黄酮含量的提取及其抗氧化性研究 [J]. 食品科学，2009，30（6）：52－56.

[20] 武美兰，张德志，徐庆军，等. 三裂蟛蜞菊化学成分的研究 [J]. 中草药，2010，41（5）：681－685.

[21] 武美兰，张德志，徐庆军，等. 三裂蟛蜞菊花的化学成分研究 [J]. 亚太传统医药，2009，5（8）：41－42.

[22] 龚千锋. 中药炮制学 [M]. 北京：中国中医药出版社，2007："第一章 绪论".

[23] 杨明. 中药药剂学 [M]. 北京：中国中医药出版社，2016：29.

[24] 李克明，陈玉武，张永久. 正交试验优选浸渍法提取柴胡皂苷的工艺条件 [J]. 中成药，2003，25（7）：588－589.

[25] 张兆旺. 中药药剂学 [M]. 北京：中国中医药出版社，2008：557－559.

[26] 周少林. 中医学基础 [M]. 北京：中国医药科技出版社，2017：12.

[27] 梁生旺. 中药制剂分析 [M]. 3 版. 北京：中国中医药出版社，2013：1－14.

第五部分

食品领域专利申请文件的撰写

第二十章 概　述

食品领域属于传统行业，发展历史悠久，与人们生活息息相关，涉及面非常广，几乎囊括了除药品以外能够食用的一切细分领域，主要为常见的普通食品和保健食品。为了方便理解和区分，下面章节所述的“食品”为普通食品。

第一节　食品领域发明技术现状

国以民为本，民以食为天，食品产业是关系国计民生的重要产业。食品科学既是一门古老的科学，又是一门新兴学科。在我国，先秦文献中即有关于加工肉制品、蜜饯果脯等的描述，在长期的文明发展史中，我国发展出来了独特的美食文化，流传下丰富多彩、独具地方特色的食品和食品加工技术，这些可以说是我们宝贵的非物质文化遗产和独特的精神财富。

我国的食品行业在很长一段时间，被定位在家庭作坊的模式；而随着社会进步、科技发展，食品行业日趋产业化、工业化，企业规模也变得庞大。食品工业和现代科技结合，得到了迅猛的发展。目前，食品工业是全球三大支柱产业之一。随着我国改革开放以来的科技进步发展，食品技术领域也得到了高速发展，技术水平不断提高。例如，我国的乳品工业、食品添加剂工业、油脂工业、肉类加工工业、速冻食品工业、保健食品工业等在改革开放之后，经历了从无到有或从弱到强的过程，为我国人民的身体健康提供了足够的保障。一部分企业已经具有了一定的科研实力，并在诸如乳品工业、油脂工业、制糖工程、发酵工程等方面作出了一定的研究成果；在基础科学方面，我国科技人员在具有防腐、保鲜、抗氧化的新化学物质、新食品保鲜技术、营养工程、食品毒理学、卫生检验等方面也取得了不俗的成绩和进步。我国的食品工业早已从以科技含量不高的农户加工为主转变为以具有大规模产业集中度的企业化生产为主，目前我国食品工业在各工业部门总产值排行榜中高居榜首，是名副其实的第一大工业。辐射灭菌、超高温灭菌，新食品类型如太空食品、特种人群食品、转基因食品等新的食品加工技术和食品类型也不断涌现，食品工业正以加速发展的趋势不断进步。

我国的食品资源相当丰富，但随着现代食品工业的飞速发展，传统的食品加工方式受到了严峻的挑战。传统的食品生产工艺原始、现代化程度低、标准化程度不高，再加上其他制约因素，食品行业形势不容乐观。当前，我国食品行业开始利用现代化的技术改造传统食品的生产，进行食品深加工，开发新产品，提高食品质量和减少营养损失等，以适应新形势。

第二节　食品领域发明专利申请的特点

食品领域的发明创造运用了化学、物理学、生物学、微生物学和食品工程原理等各种基础知识，通过研究食品资源利用、生产和贮运等各种问题，探索解决问题的途径，实现生产合理化、科学化和现代化，为人类提供营养丰富、品质优良、种类繁多、食用方便的食品。

本书广义的食品专利申请领域包括普通食品、保健食品、饮料和调味品细分领域，具体分支领域有烘焙食品、保鲜技术、乳制品、油脂、饮料、糖果、食用蛋白、调味品、保健食品等。《国际专利分类表》（IPC）在食品领域的分类主要涉及A部及C部的十余个小类，涉及国际专利分类号有：A21D焙烤产品，A23B灌装产品，A23C乳制品，A23D食用油，A23F咖啡、茶，A23G巧克力，A23J食用蛋白质，A23L食料或非酒精饮料，A23P食料加工或成型，C部分类号主要涉及各种酒（啤酒、白酒、果汁酒等）、醋和油脂加工等食品。

从近些年的发明专利申请来看，虽然我国的食品产业相比过去已经取得了较大的进步，然而和发达国家相比，我国食品工业整体技术水平仍然存在较大差距，国内个人专利申请占了相当大的比例，很多专利申请技术含量不高，撰写质量一般，无法得到有效保护。

在食品领域专利申请撰写过程中，当法律思维与技术思维相碰撞的时候出现一些特有的问题，例如，技术文献复杂繁芜导致检索和确定最接近的现有技术存在较大难度。虽然食品领域的技术方案给人的印象是易于理解，但类型多样，涉及多个交叉学科，发明创新的角度千差万别，这种主观认识与客观现实的距离也给食品领域发明申请的撰写带来了挑战。

第三节 保健食品领域发明技术现状

保健食品，又称“功能性食品”，是食品的一种特殊类型，其针对特殊目的或特定人群而设计，组成中应含有功效成分或产生功能作用的原料，食用范围不同于一般食品。中国保健食品行业兴起于20世纪80年代，随着中国经济持续高速的发展，居民消费水平明显提升，保健食品产业成为我国食品产业中发展较快的门类之一，其发展大致经历了以下四个阶段。

一是高速发展期。20世纪80年代末至90年代中期，由于保健食品的高额利润和相对较低的技术和政策壁垒，该行业出现了一个高速发展时期，这一阶段的保健食品多数为一代产品。一代产品是根据食品中各类营养素和其他有效成分的功能来推断该类产品的保健功能，这些功能没有经过任何实验予以验证。《保健食品管理办法》实施后，此类食品已经归入普通食品来管理。

二是产业链形成期。1995～2002年为保健食品的成型阶段，1995年10月，《中华人民共和国食品卫生法》公布，首次确立了保健食品的法律地位。1996年6月，《保健食品管理办法》正式实施，结束了保健食品准入无法可依的混乱局面。

三是结构调整期。2003～2008年，原国家食品药品监督管理局针对保健食品市场的炒作营销问题，对保健食品结构进行了深度调整，并于2005年7月起施行《保健食品注册管理办法（试行）》，保健食品进入一个发展关键时期。

四是有序发展期。2009年至今。2009年6月起实施的《中华人民共和国食品安全法》取代了原《中华人民共和国食品卫生法》，并于2015年和2018年经两次修订。《保健食品注册与备案管理办法》于2016年7月起施行，替代了原《保健食品注册管理办法（试行）》，施行保健食品的注册与备案双轨制，保健食品进入了有序发展期。

目前经审批合格的保健食品中大部分为第二代产品，其必须经过人体及动物实验证明该产品具有某项生理调节功能。而保健食品的第三代产品阶段是不仅需要经过动物实验和人体临床实验来证明其具有某项生理调节功能，还需要查明具有该功能的功能因子结构、含量、作用机制及此功能因子在食品中应有的稳定形态。我国目前此类产品较少，欧美、日本等国都在大力开发第三代保健产品，其为未来保健品开发的一个趋势。

国务院办公厅发布的《中国食物与营养发展纲要（2014—2020年）》中将发展营养强化食品和保健食品列为发展重点之一，并提出了加大营养检测与干预、推进食物与营养法制化管理、加快食物与营养科技创新等政策措施，进一步推动保健食品市场的发展。截至2019年7月，国家市场监督管理总局食品评审中心（原国家食品药品监督管理总局）总共批准了17 512个保健食品，其中国产保健食品为16 732个，进口保健食品为780个。目前允许注册为保健食品的特定保健功效有27种，其中以增强免疫力、缓解体力疲劳、辅助降血脂、抗氧化和辅助降血糖为主要功能类型。

第四节　保健食品领域发明专利申请的特点

保健食品领域的发明专利申请具有如下特点。

一是产品形式多样。保健食品的产品形式多样，其载体既可以是传统食品，如酒、饮料，也可以是药物制剂型载体，如胶囊、片剂等。与普通食品相比，除了提供人体生存必需的基本营养物质，且具有特定的色、香、味、形外，还含有一定量的功效成分，因此具有补充营养、调节人体机能等作用。

二是技术效果多样。基于保健功效，其包括：以补充维生素、矿物质等为目的的营养强化功效；以养生、改善或提高机能为目的的一般保健功效；保健食品注册过程中规定可申报的27种特定保健功效；以及27种特定保健功效之外的其他特定保健功效。此外，基于食品属性和生产工艺，保健食品还可进一步包括改善感官特性、理化特性和生产效能等技术效果。

三是组合物发明居多。保健食品领域以具有特定保健功效的保健组合物为主要申请类型，往往通过保健原料和成分的改变，实现产生新的保健效果或增强保健效果等。获得保健组合物的技术手段主要集中在要素组合、要素选择、要素替换、要素加减等形式上。

整体而言，保健原料的来源、功效多数已被记载在本领域常用的教科书或工具书中，其组合后的功效通常可以预期，很少有开拓性的发明。在保健食品领域中，生产门槛低、创新难度大是行业的现状。因此，该领域的发明创造更需要聚焦在准确认定实际解决的技术问题、清楚记载发明的技术方案和客观评估发明的技术效果上，这些作为专利申请文件的重要组成部分的撰写也显得尤为重要。

第二十一章 食品和保健食品领域的发明技术主题

食品和保健食品领域涉及面非常广，几乎囊括了除药品以外能够食用的一切细分领域，主要为常见的普通食品即乳制品、肉制品、水产品、食用油、咖啡、茶、饮料、可可制品、蛋白质制品、蜂产品、米面制品、豆制品、果蔬制品、糖类、饮料、酒类、调味品、食品添加剂以及保健食品等。专利申请文件的撰写要根据这些不同细分领域的技术主题的特点来进行。

第一节 食品、保健食品与药品

一、基本概念

食品，指各种供人食用或者饮用的成品和原料以及按照传统既是食品又是中药材的物品，但是不包括以治疗为目的的物品。

保健食品，根据《食品安全国家标准保健食品》（GB 16740—2014）中的定义，保健食品为声称并具有特定保健功能或者以补充维生素、矿物质为目的的食品。即适于特定人群食用，具有调节机体功能，不以治疗疾病为目的，并且对人体不产生任何急性、亚急性或慢性危害的食品。

药品，是用于预防、治疗、诊断人的疾病，有目的地调节人的生理机能并规定有适应证或者功能主治、用法和用量的物质，包括中药材、中药饮片、中成药、化学原料药及其制剂、抗生素、生化药品、放射性药品、血清、疫苗、血液制品和诊断药品等（《中华人民共和国药品管理法》第一百零二条对“药品”的定义）。

二、保健食品与食品的区别

保健食品作为食品的一个种类，通常应该具备普通食品的基本属性，即有能提供人体生存必须的基本营养物质的营养功能（食品的第一功能），有特定的色、香、味、形的感官功能（食品的第二功能），此外，还应有生理调节功能（食品的第三功能）。其与普通食品的区别在于：①保健食品强调具有特定保健功能，而普通食品强调提供营养成分；②保健食品具有规定的食用量，而普通食品一般没有用量的要求；③保健食品根据其保健功能的不同，具有特定适宜人群和不适宜人群，而普通食品一般不进行区分。

三、保健食品与药品的区别

（一）从基本概念看区别

（1）在产品属性方面，保健食品具有食品属性。保健食品的监管法律依据主要为《中华人民共和国食品安全法》，而药品的监管法律主要为《中华人民共和国药品管理法》。《专利法》在第五条中规定：“对违反法律、社会公德或者妨害公共利益的发明创造，不授予专利权。”发明创造（如药品和保健食品）不应违反相应的法律规定。

（2）在产品涵盖范围方面，保健食品包括两大类，一类为声称并具有特定保健功能的食品，一类为以补充维生素、矿物质为目的的食品。其中，根据我国的《保健食品注册与备案管理办法》及相关配套文件，目前允许注册为保健食品的特定保健功效有 27 种。为进一步加强保健食品保健功能声称管理，堵塞保健食品功能声称被虚假宣传的漏洞，提升消费者对保健食品功能声称的科学认知和准确判定，避免与药品疾病预防和治疗作用混淆，国家市场监管总局于 2019 年 3 月进一步研究提出了调整保健功能的意见[3]。该调整保健功能的意见目前处于征求意见阶段，后续动态变化还需要进一步关注国家市场监管总局发布的相关信息。

（3）在产品的效果和安全性要求方面，保健食品适宜于特定人群食用，具有调节机体功能，不以治疗疾病为目的，并且对人体不产生任何急性、亚急性或慢性危害的食品（见表5-21-1）。可见，保健功能不同于疾病的治疗功能。保健食品帮助人体继续保持正常状态，或促进人体健康，并且对人体不产生任何危害，可以长期食用。而药品用于预防、治疗、诊断人类疾病，有严格的适应证、禁忌证以及用法用量，允许有不良反应，不能长时间使用。因此，保健食品预期达到的技术效果和安全性要求不同于药品。

表5-21-1　保健食品与药品的区别

区别点	保健食品	药品
目的	调节机体功能	治疗疾病
摄取决定	消费者自己	医生
摄取时间	根据个人需要	患病时
摄取量	较随意	按规定
毒性	无毒	可能有一定副作用

（二）从申请文件撰写看区别

(1) 原料的规定。《中华人民共和国食品安全法》第三十八条规定："生产经营的食品中不得添加药品，但是可以添加按照传统既是食品又是中药材的物质。"原国家食品药品监督管理总局还发布了《食品中可能违法添加的非食用物质名单和易滥用的食品添加剂名单》（目前共六批）、《保健食品禁用物品名单》（2002年版）等，保健食品领域的专利申请需考虑上述关于原料的相关规定。

(2) 保健功效的规定。《中华人民共和国食品安全法》第七十八条规定："保健食品的标签、说明书不得涉及疾病预防、治疗功能……"。保健食品领域的专利申请需考虑上述规定，在申请文件的撰写，特别是权利要求的撰写中不得涉及疾病预防、治疗功能。

(3) 安全性的规定。药品一般都有一定程度的毒副作用，而保健食品必须达到毒理学上"基本无毒"或"无毒"的安全水平。如果使用了可能对人体健康存在安全隐患的原料，或超剂量使用了某些添加剂组分，申请人应提供毒理学实验证明其能够达到"基本无毒"或"无毒"。对于无明确安全隐患，但也并非传统上既是食品又是中药材的物质，也建议在保健功能的评价方法中，包含对安全性指标的考虑，并对食品的安全性作出评价。例如，抗氧化功能评价方法中动物实验的体重指标，以及人体试食实验的安全性指标，包括一般状况、血尿便常规检查、肝肾功能检查、胸透、心电图、腹部B超检查。

第二节　发明专利保护的主题

一、发明的定义

《专利法》第二条第二款规定："发明，是指对产品、方法或者其改进所提出的新的技术方案。"

技术方案是对实际解决的技术问题所采取的利用自然规律的技术手段的集合。技术手段通常是由技术特征来体现的。

未采用技术手段解决技术问题，也不能获得符合自然规律的技术效果的方案，不属于《专利法》第二条第二款规定的保护主题。

【案例 5－21－1】

A. 相关案情

权利要求：

1. 一种用于提供保健信息的方法，所述方法包括：

利用处理器，经由健康素养测试从终端用户收集用户信息；

利用处理器，从所述用户信息确定所述终端用户的保健素养的水平，其测量所述终端用户能够处理和理解保健信息的程度，所述水平包括第一保健素养水平、比所述第一保健素养水平相对高的第二保健素养水平、以及比所述第二保健素养水平相对高的第三保健素养水平；以及

利用处理器，使用所述保健素养的水平，以基于所述保健素养的水平选择存储器上的一个或多个数据存储，所述一个或多个数据存储包括第一数据存储、第二数据存储和第三数据存储，其包括分别与所述第一保健素养水平、第二保健素养水平和第三保健素养水平相关的保健信息；以及

利用处理器，将保健信息从所述数据存储提供给所述终端用户。

在说明书中记载了其要解决的问题是如何满足不同保健素养水平的患者对保健信息的个性化需求。

B. 案例分析

权利要求 1 请求保护一种用于提供保健信息的方法，其解决方案利用公知计算机装置基于用户的保健素养向用户提供定制的保健信息，该方案虽然涉及了用户接口、终端、处理器、存储器，以及信息接收、确定、存储、匹配选择、

呈现操作，但这些都是公知的计算机设备及其部件，以及网络信息通信、匹配选择和处理手段。该方案仅仅是将上述公知的设备和手段应用到保健信息的定制服务中，其对用户保健信息的存储和处理既没有给公知的计算机装置带来任何结构或内部性能的改进，也没有对信息接收、处理等公知操作带来任何技术上的改变，该申请实质上仅仅是对规则进行了人为地制订，即根据患者评估的三种保健素养水平定制相应三种水平的保健信息的定制规则，上述规则是人们分析不同保健素养水平的患者对不同水平的保健信息的个人主观需求而人为设定的，是完全依赖人的思维运动分析而得到的人为规定，不遵循客观自然规律，不能视为对现有技术作出技术改进。

该方案仅仅是利用了上述公知装置和手段的固有功能或属性，其所要解决的问题是如何满足不同保健素养水平的患者对保健信息的个性化需求，上述问题不属于技术性问题。为解决上述问题，该方案人为规定了一种保健信息定制规则，上述规则是依据人的主观意愿设定的个性化定制服务规则，不受自然规律的约束，不构成技术手段。该方案所获得的效果是为患者提供个性化的保健信息定制服务，使保健信息适合于特定个人，不属于符合自然规律的技术效果。因此，该权利要求的方案不属于专利保护的客体。

二、不授予专利权的主题

（一）科学发现

《专利法》第二十五条第一款第（一）项规定，科学发现不授予专利权。

科学发现，是指对自然界中客观存在的物质、现象、变化过程及其特性和规律的揭示。科学理论是对自然界认识的总结，是更为广义的发现，它们都属于人们认识的延伸。这些被认识的物质、现象、过程、特性和规律不同于改造客观世界的技术方案，不是专利法意义上的发明创造，因此不能被授予专利权。

科学发现是对客观世界的认知，而发明是对客观世界的改造，两者的关键区别在于是否包含技术手段。

【案例 5-21-2】

A. 相关案情

权利要求：一种蜂蜜制备方法，包括：蜂先把采来的花朵甜汁吐到一个空的蜂房中，到了晚上，再把甜汁吸到自己的蜜胃里进行调制，然后再吐出来，再吞进去，如此轮番吞吞吐吐，进行 100～240 次。

B. **案例分析**

该权利要求所要求保护的是自然界中蜜蜂的产蜜过程，是人们对自然界的认识，并未涉及对客观世界的改造，属于科学发现，根据《专利法》第二十五条第一款第（一）项规定，科学发现不授予专利权。

（二）烹调方法

《专利法》第二十二条第四款规定：“实用性，是指该发明或者实用新型能够制造或者使用，并且能够产生积极效果。”

《专利审查指南2010》第二部分第五章2指出，“实用性，是指发明或实用新型申请的主题必须能够在产业上制造或者使用，并且能够产生积极效果”。

食物进行烹调加工，可以使之具有令人愉快的色、香、味等性状，提高食物的消化率，并对食物进行消毒杀菌。丰富多彩的烹调方法是我国饮食文化的一个重要特点，常见的有炙、脍、鲊、蒸、炒、煎、炸、熬等方法。由于烹调方法多是厨师根据自己的经验如刀工、火候等加工出来的特定食品，这类方法主要依赖厨师的技艺，不能重复实施，无法在产业上应用，因此不能作为专利法意义上的主题得到保护。

如果申请人能够将常规的烹调方法应用于工业化，采用标准的工业方法制备出食品产品，这类申请同样能够按照专利申请常规形式进行撰写（其他涉及实用性的撰写规定参见第五部分第二十五章第三节）。

【案例5-21-3】

A. **相关案情**

一种青松针烤鸭的制作方法，按照以下方法制作：

烤炉：选用大小为一立方米左右的土坯焖炉；

燃料：选用从树上采摘还在生长期内的云南松的青松针，严禁使用发黄松针，晴天晒干，扭结成团；

鸭子：以饲养25~35天，体重1300~1400g的土鸭为优选；

将上述原料按照以下方法制作得青松针烤鸭：

A. 将鸭子宰杀后烫煺羽毛，择净细毛，在左翅膀下切一小口，掏出内脏，食袋，取下鸭舌，从关节处切去鸭翅前梢和鸭掌后用清水漂洗干净，取鸭钩吊住头部，用芦柴塞入肛门；

B. 将蜂蜜、50°以上的清酒和水按重量份数比为（2~4）:1:（100~120）均匀混合，混合液煮沸后，将步骤A得到的鸭子放入沸液中煮1~3min，当鸭皮出现四边形网状图案时，取出；

C. 将步骤B得到的鸭子挂阴凉、通风的地方晾坯3～9h；

D. 用青松针团点燃炼炉，待炉体加热至80～90℃，用火铲将青松针炭火抚平，将要烤制的鸭子吊在炉口上，鸭体离青松针炭火30cm，盖上盖子，焖烤20～25min出炉。

B. **案例分析**

鸭皮的处理是烤鸭制作中的一个重要步骤，现有技术中通常采用在鸭颈上方开口插入吸管吹气的方式，使鸭皮鼓起，与鸭肉分离，从而使得烤制后的鸭皮更厚更脆。该申请中将蜂蜜、50°以上的清酒和水按特定比例制得的混合液煮沸，用其将鸭子煮至鸭皮出现四边形网状图案的程度，能够不使用吹气方法即可使鸭皮更厚更脆。此外，采用上述特定配方的混合液以及特定的制作方法，能够在去除腥味的同时，使鸭皮撑开，鸭身饱满，鸭皮更脆更厚，能够取得有益的技术效果。该方法可用于工业化，属于可以授予专利的主题。

（三）食谱与菜谱

《专利法》第二十五条第一款第（二）项规定，智力活动的规则和方法不授予专利权。

智力活动，是指人的思维运动，它源于人的思维，经过推理、分析和判断产生出抽象的结果，或者必须经过人的思维运动这一媒介，间接地作用于自然产生结果。智力活动的规则和方法是指导人们进行思维、表述、判断和记忆的规则和方法。由于其没有采用技术手段或者利用自然规律，也未解决技术问题和产生技术效果，因而不构成技术方案。它既不符合《专利法》第二条第二款的规定，又属于《专利法》第二十五条第一款第（二）项规定的情形。因此，指导人们进行这类活动的规则和方法不能授予专利权。

（1）食谱即膳食种类，目的是合理调配食物以达到摄入合理营养的要求。制定食谱时，一般可根据用膳者的营养需要量、饮食习惯和食物的供应情况，制订在一周内饮食时每餐用量和菜肴配制的计划，该项计划包括采用主、副食品的种类，数量及如何对其进行烹调等。

例如，发明要求保护一种膳食评价方法。内容包括：通过给定食物成分及比率的统一运算、给定食物结构向量及比率的运算、给定食物“四性”（根据中医理论的寒性、凉性、热性、温性）系数的运算、给定食物阴阳属性（中医理论）系数的运算和给定食物酸碱属性系数的运算来综合评价公共膳食营养状况，并给出了具体运算公式。该申请主题实质上涉及的是一种指导人们进行思维和判断的方法，属于人类智力活动的范围，不具备技术特征。因此这一类的申请主题属于《专利法》第二十五条第一款第（二）项规定的智力活动的规则和方法。

（2）菜谱对菜肴的用量、用法及烹调方法进行介绍，一般是用浅显准确的文字介绍。与食谱一样，菜谱也是通过人的智力活动，指导人们去采取某些行动，并没有采用技术手段，解决技术问题和产生技术效果，因此不能被授予专利权。

例如，一项关于方便食品的发明专利申请，其内容包括：为半成品菜附上一份说明书，说明书要写明烹调油用多少，调味品的种类和用量，烹制的先后顺序等内容……背景技术提到，现有半成品菜虽然方便，但消费者买回家后往往不知如何烹制；现有的菜谱书籍又是只有文字记载，而无实料。于是申请人提出，为现有的半成品菜附上一份详细的烹制说明书。在此设想基础上，申请人完成了"发明"，提出一项要求保护方便菜的权利要求。显然，其内容没有采用技术手段，未解决技术问题，不是对产品、方法或其改进提出的新的技术方案。因为这样一种方案不需要利用自然力，不具备技术特征，因此这一类申请主题通常是不符合《专利法》第二条第二款规定的，也属于《专利法》第二十五条第一款第（二）项规定的情形。

（四）动植物品种

《专利法》第二十五条第一款第（四）项规定，动物和植物品种不授予专利权。

专利法所称的动物不包括人，所述动物是指不能自己合成，而只能靠摄取自然的碳水化合物及蛋白质来维系其生命的生物。专利法所称的植物，是指可以借助光合作用，以水、二氧化碳和无机盐等无机物合成碳水化合物、蛋白质来维系生存，并通常不发生移动的生物。动物和植物品种可以通过专利法以外的其他法律法规保护，例如，植物新品种可以通过《植物新品种保护条例》给予保护。

根据《专利法》第二十五条第二款的规定，对动物和植物品种的生产方法，可以授予专利权。但这里所说的生产方法是指非生物学的方法，不包括生产动物和植物的生物学方法。

一种方法是否属于"主要是生物学的方法"，取决于在该方法中人的技术介入程度。如果人的技术介入对该方法所要达到的目的或者效果起了主要的控制作用或者决定性作用，则这种方法不属于"主要是生物学的方法"。例如，采用辐照饲养法生产高产牛奶的乳牛的方法；改进饲养方法生产瘦肉型猪的方法等属于可授予发明专利权的客体。

所谓微生物发明是指利用各种细菌、真菌、病毒等微生物去生产一种化学物质（如抗生素）或者分解一种物质等的发明。微生物和微生物方法可以获得专利保护。

【案例5－21－4】

A. **相关案情**

权利要求：一种可食用的马铃薯，其生长在长白山脚下。

2. **案例分析**

植物品种包括处于不同发育阶段的植物体本身，还包括能够作为植物繁殖材料的植物细胞、组织或器官等。马铃薯块茎作为马铃薯植物储藏养分的器官，具有芽眼，能进行无性生殖繁衍成新植株。由此种植栽培获得新的马铃薯，属于繁殖材料，为植物品种，根据《专利法》第二十五条第一款第（四）项规定，不能授予专利权。

由于只是发现生长在长白山脚下的马铃薯能够食用，仅仅是发现了此种马铃薯能够食用，并没有借助技术手段对该马铃薯进行加工处理等，因此属于科学发现，也属于《专利法》第二十五条第一款第（一）项的情形，不授予专利权。

（五）疾病的诊断和治疗方法

根据《专利法》第二十五条第一款第（三）项规定，疾病的诊断和治疗方法不能授予专利权。

根据《专利审查指南2010》第二部分第一章4.3规定："疾病的治疗和诊断方法，是指以有生命的人体或者动物体为直接实施对象，进行识别、确定或清除病因或病灶的过程。诊断方法，是指为识别、研究和确定有生命的人体或动物体病因或病灶状态的过程。"治疗方法包括以治疗为目的或者具有治疗性质的各种方法。预防疾病或者免疫的方法视为治疗方法。"为预防疾病而实施的各种免疫方法"属于不能授予专利权的治疗方法，但是"为使处于非病态的人或者动物感觉舒适、愉快或者……的方法"不属于治疗方法。因此，通常结合技术方案本身和说明书对效果的描述判断其是否属于疾病的诊断和治疗方法。

为了方便理解，属于治疗方法的发明必须同时满足以下三个条件：

（1）所涉及的权利要求是方法或用途权利要求，如果所涉及的权利要求是产品权利要求，即所要求保护的主题是产品，则不能认为是疾病的诊断和治疗方法。

（2）所述方法实施的对象是针对有生命的人体或者动物体。

（3）所述的方法是以治疗或预防疾病为直接目的。特别注意，专利法意义上的“治疗方法”包含“预防方法”。

物质的医药用途如果以“用于治病”“用于诊断病”“作为药物的应用”等这样的权利要求申请专利，则属于《专利法》第二十五条第一款第（三）项“疾病的诊断和治疗方法”，因此不能授予专利权。

当遇到属于治疗方法的方法或用途发明时，允许申请人修改成属于制备方法类型的权利要求。

针对主题为诸如“一种提高人体免疫力的方法”“一种调节人体肠胃功能的方法”或者“某物质在免疫性产品中的应用”“某物质用于调节肠胃功能的用途”的权利要求，这些主题包括或可能包括属于疾病的诊断或治疗的情况，存在属于《专利法》第二十五条第一款第（三）项“疾病的诊断和治疗方法”的情形而不能允许。

【案例 5-21-5】

A. 相关案情

“一种……用于降低人体胆固醇吸收性产品的用途”的权利要求，说明书记载很多疾病与胆固醇含量过高有关，发明的意图是降低胆固醇的吸收来达到预防疾病的目的。

B. 案例分析

本案例涉及一种预防疾病的药品的用途，属于专利法第二十五条第一款第（三）项“疾病的诊断和治疗方法”，不能授予专利权。

【案例 5-21-6】

A. 相关案情

“一种……在高胡萝卜素吸收性食品中的应用”的权利要求，根据说明书的描述，发明的意图是增加胡萝卜素在人体内的吸收性，从而达到补充胡萝卜素营养的效果，不涉及疾病的预防和治疗。

B. 案例分析

本案例不属于“疾病的诊断和治疗方法”，不属于《专利法》第二十五条第一款第（三）项规定的情形。

第二十二章 食品和保健食品的安全性

第一节 相关法律法规

《专利法》第五条第一款规定:“对违反法律、社会公德或者妨害公共利益的发明创造,不授予专利权。”

发明创造与法律和社会公德相违背的,不能授予专利权。发明创造的实施或使用会给公众或社会造成危害,或者会使国家和社会的正常秩序受到影响的,不能授予专利权。

食品安全,指食品无毒、无害,符合应当有的营养要求,对人体健康不造成任何急性、亚急性或者慢性危害。

针对食品安全问题,申请人在撰写专利申请文件时,应考虑《中华人民共和国食品安全法》的相关规定。例如,

第三十四条:“禁止生产经营下列食品、食品添加剂、食品相关产品:

(一)用非食品原料生产的食品或者添加食品添加剂以外的化学物质和其他可能危害人体健康物质的食品,或者用回收食品作为原料生产的食品;

(二)致病性微生物,农药残留、兽药残留、生物毒素、重金属等污染物质以及其他危害人体健康的物质含量超过食品安全标准限量的食品、食品添加剂、食品相关产品;

（三）用超过保质期的食品原料、食品添加剂生产的食品、食品添加剂；

（四）超范围、超限量使用食品添加剂的食品；

（五）营养成分不符合食品安全标准的专供婴幼儿和其他特定人群的主辅食品；

（六）腐败变质、油脂酸败、霉变生虫、污秽不洁、混有异物、掺假掺杂或者感官性状异常的食品、食品添加剂；

（七）病死、毒死或者死因不明的禽、畜、兽、水产动物肉类及其制品；

（八）未按规定进行检疫或者检疫不合格的肉类，或者未经检验或者检验不合格的肉类制品；

（九）被包装材料、容器、运输工具等污染的食品、食品添加剂；

（十）标注虚假生产日期、保质期或者超过保质期的食品、食品添加剂；

（十一）无标签的预包装食品、食品添加剂；

（十二）国家为防病等特殊需要明令禁止生产经营的食品；

（十三）其他不符合法律、法规或者食品安全标准的食品、食品添加剂、食品相关产品。”

第三十七条：“利用新的食品原料生产食品，或者生产食品添加剂新品种、食品相关产品新品种，应当向国务院卫生行政部门提交相关产品的安全性评估材料。国务院卫生行政部门应当自收到申请之日起六十日内组织审查；对符合食品安全要求的，准予许可并公布；对不符合食品安全要求的，不予许可并书面说明理由。”

第三十八条：“生产经营的食品中不得添加药品，但是可以添加按照传统既是食品又是中药材的物质。按照传统既是食品又是中药材的物质目录由国务院卫生行政部门会同国务院食品安全监督管理部门制定、公布。”

第四十条：“食品添加剂应当在技术上确有必要且经过风险评估证明安全可靠，方可列入允许使用的范围；有关食品安全国家标准应当根据技术必要性和食品安全风险评估结果及时修订。食品生产经营者应当按照食品安全国家标准使用食品添加剂。”

第七十八条：“保健食品的标签、说明书不得涉及疾病预防、治疗功能，内容应当真实，与注册或者备案的内容相一致，载明适宜人群、不适宜人群、功效成分或者标志性成分及其含量等，并声明‘本品不能代替药物’。保健食品的功能和成分应当与标签、说明书相一致。”

第八十条：“特殊医学用途配方食品应当经国务院食品安全监督管理部门注册。注册时，应当提交产品配方、生产工艺、标签、说明书以及表明产品安全性、营养充足性和特殊医学用途临床效果的材料。特殊医学用途配方食品广告适用《中华人民共和国广告法》和其他法律、行政法规关于药品广告管理的规定。”

第八十一条：“婴幼儿配方食品生产企业应当实施从原料进厂到成品出厂的全过程质量控制，对出厂的婴幼儿配方食品实施逐批检验，保证食品安全。生产婴幼儿配方食品使用的生鲜乳、辅料等食品原料、食品添加剂等，应当符合法律、行政法规的规定和食品安全国家标准，保证婴幼儿生长发育所需的营养成分。婴幼儿配方食品生产企业应当将食品原料、食品添加剂、产品配方及标签等事项向省、自治区、直辖市人民政府食品安全监督管理部门备案。婴幼儿配方乳粉的产品配方应当经国务院食品安全监督管理部门注册。注册时，应当提交配方研发报告和其他表明配方科学性、安全性的材料。不得以分装方式生产婴幼儿配方乳粉，同一企业不得用同一配方生产不同品牌的婴幼儿配方乳粉。”

另外，截至目前，相关行政管理部门发布了6批次食品中可能违法添加的非食用物质和易滥用的食品添加剂品种名单，撰写食品领域专利申请文件时，也应考虑这些物质或添加剂的使用的安全性问题。

第二节　食品和保健食品的安全性要求

一、申请人在撰写专利申请文件时应注意的基本要求

（1）对于食品和保健食品领域的发明创造，专利审查部门在鼓励创新的同时应当关注它们的安全性问题。

（2）区分食品、保健食品和药品；分别根据各自安全性的要求进行专利申请撰写。

（3）食品和保健食品中含有违禁成分（如《保健品禁用物品名单》中的物质、非法添加剂等），不应写入专利申请文件中。

（4）保健食品及其制备方法的权利要求不应含有“疾病预防”“治疗功能”等措辞。

（5）对于含有既未明令禁止、又未被许可的成分或者含有本领域非常见的食品成分或保健食品成分，如果被质疑存在安全性问题时，申请人应提供相应的证据证明其安全性。

（6）专利申请文件的撰写过程应考虑由于食品添加剂超出《食品安全国家

标准》规定的应用范围或用量范围而影响食品安全性的问题，如果被质疑存在安全性问题，申请人应提供相应的证据证明其安全性。

值得注意的是，在专利申请和审查阶段，对于食品、保健食品专利申请的安全性问题，申请人可以通过提供相应的安全性证明，以消除专利审查部门对安全性的质疑。

二、对发明申请中物质安全性的证明

针对食品和保健食品的安全性质疑，申请人应该提供可信的安全性证据来证明，所述的安全性证据通常包括安全性评价报告、食品毒理学评价报告、安全性检测报告、安全性实验报告或其他现有技术中能够证明食用安全性的证明。以下是常见的需要证明安全性的情况：①使用了不属于传统意义上的食品原料；②使用了不属于批准使用的新食品原料；③使用了不属于国家公布的食药两用原料和保健食品允许使用的原料；④使用了未列入我国食品添加剂、营养强化剂品种名单的物质；⑤使用了我国法律法规允许使用物质之外的物质。

三、保健食品在强调其保健功能的同时也需要关注安全性内容

保健食品是一种可食用的产品，即首先应当是安全的，保健食品的定义中明确要求其对人体不产生任何急性、亚急性或者慢性危害。因此，在保健食品专利申请的撰写中，应当关注安全性问题。

对于保健食品专利申请的安全性问题，关注的重点应放在所使用的保健食品原料本身的安全性，例如，所涉及的原料是否可以应用在保健食品中、是否会产生不良作用、是否存在特殊适用人群或禁忌人群等方面。目前的专利审查参考卫生部、国家食品药品监督管理总局等部门印发的《可用于保健食品的物品名单》《保健食品禁用物品名单》《保健食品原料目录》《允许保健食品声称的保健功能目录》《保健食品备案可用辅料名单》及《食品安全国家标准－保健食品》等规章制度的规定，但这些名单和标准不是一成不变的，随着保健食品行业的发展可能发生动态变化，因此专利审查仅以上述规定作为参考。当发明的技术方案涉及安全性风险时，申请人应当在说明书记载可信的安全性实验证明，以证明所申请保健食品的安全性。当专利审查部门对发明所述技术方案的安全性问题提出质疑的时候，申请人应当通过提供相应的安全性证据证明其安全性。

第三节　属于明显有安全性问题的情形

一、使用非食用原料

苏丹红或三聚氰胺是工业用试剂，属于非食品原料，不能直接用于食品。

假如某专利申请在婴儿奶粉中添加三聚氰胺，以提高奶粉中的蛋白质检测含量，这种“技术”导致婴儿食用该奶粉后患肾结石，根据《专利法》第五条第一款的规定，不能给该“技术”授予专利权。同时，以掩盖食品腐败变质为目的，或者以掺杂、掺假、以假充真等造假为目的的食品专利申请，根据《专利法》第五条第一款的规定，也不能给这类造假的食品专利申请授予专利权。

二、使用毒性物质

【案例 5－22－1】

A. 相关案情

权利要求：

一种葛根淀粉脂肪模拟物制备方法，包括：取葛根淀粉，去除机械性杂质并清洗后，加入30%乙醇分散，淀粉与乙醇的重量体积比为1∶8，然后添加硫酸二甲酯，硫酸二甲酯与淀粉的体积重量比为1∶2，再加入30%的氢氧化钠溶液，氢氧化钠与淀粉的重量比为1∶2，50℃保温处理1h后，用5%盐酸中和至pH为7，去离子水洗涤至硝酸银试剂检测洗出液无氯离子，得葛根淀粉脂肪模拟物。

B. 案例分析

《化工辞典》记录硫酸二甲酯是剧毒品，因此该申请使用硫酸二甲酯对淀粉进行处理，且体积是淀粉重量的0.5倍，可能会导致最终产品带有毒性，对食用者的生命构成威胁；同时申请人未提供诸如检测报告等安全性证据证实其已由终产品中去除掉，因此该申请技术方案的实施或使用导致最终产品含有剧毒品硫酸二甲酯，使得最终食品存在安全隐患，根据《专利法》第五条第一款的规定，不能给该“技术”授予专利权。

三、超量使用

【案例 5－22－2】

A. 相关案情

权利要求：

一种牛蹄食品，按下述重量份制备而成：牛蹄 80～98 份，食盐 1～3 份，海鲜酱 3～7 份，生抽 1～3 份，白糖 2～6 份，植物香料 0.2～1 份，亚硝酸钠 0.2～1 份。

B. 案例分析

亚硝酸盐常引起中毒，其中毒量为 0.2～0.5g，致死量为 3g，即使按照该食品中含有亚硝酸钠的下限 0.2%进行计算，若食用 100g 的该牛蹄食品就相当于摄入 0.2g 亚硝酸钠，亦即已处于中毒量。由于该申请中所用亚硝酸盐量明显超出食用安全的范围而会导致食用者中毒，因此请求保护的食品存在食品安全隐患，根据《专利法》第五条第一款的规定，不能给该“技术”授予专利权。

四、添加保健食品禁用物质

【案例 5－22－3】

A. 相关案情

权利要求：

一种保健饮料，其由丹参、关木通、甜叶菊糖、稳定剂和纯净水制成。

B. 案例分析

该权利要求请求保护一种保健饮料，其中使用的原料包括“关木通”，该物质具有肾毒性，并且在卫生部颁布的功能性食品禁用材料名单之列（《保健食品禁用物品名单》）。因此，权利要求的技术方案使用了《中华人民共和国食品安全法》或相关规定中禁止使用的物质，而且说明书中也没有说明或解决关于食品安全问题的内容。因此，该申请发明创造的实施或使用会给公众或社会造成危害，根据《专利法》第五条第一款的规定，不能给该“技术”授予专利权。

【案例5-22-4】

A. **相关案情**

权利要求：

一种河豚鱼肝鱼骨鱼生粥，其特征是由以原料制成：鸡粉、河豚鱼肝、生菜丝、大米、水、盐和植物油。

B. **案例分析**

该权利要求请求保护一种粥，其中使用的原料包括河豚鱼肝，河豚在卫生部规定的功能性食品禁用材料名单之列（《保健食品禁用物品名单》），并且在现有技术中也记载了河豚鱼肝是有毒的，不能被食用，由此可见，本申请的实施或使用会危害公众健康而妨害公众利益，因此本申请属于《专利法》第五条规定的不能被授予专利权的申请。

第二十三章

说明书主要内容的撰写

《专利法》第二十六条第三款规定："说明书应当对发明或者实用新型作出清楚、完整的说明，以所属技术领域的技术人员能够实现为准"（即说明书充分公开）。

《专利法》第六十四条第一款规定："发明或者实用新型专利权的保护范围以其权利要求的内容为准，说明书及附图可以用于解释权利要求的内容。"

食品或保健食品领域的说明书撰写要求适用《专利审查指南 2010》中的一般性规定，为了突出重点，下面将主要从技术问题、技术方案和技术效果三方面作介绍。

第一节　技术问题

申请人应当根据现有技术的状况，结合发明技术方案所产生的技术效果，客观地认定发明申请实际解决的技术问题。

发明实际解决的技术问题，是指发明客观上解决现有技术中存在的技术问题，撰写实际解决的技术问题应当符合以下要求：①针对现有技术中存在的缺陷或者不足；②用正面的、尽可能简洁的语言客观而有根据地反映发明要解决的技术问题，也可以进一步说明其技术效果；③不得采用广告式宣传用语；④一件专利申请的说明书可以列出发明所要解决的一个或者多个技术问题，但是同时应当在说明书中描述解决这些技术问题的技术方案；当一件申请包含多项发明时，说明书中列出的多个实际解决的技术问题应当都与一个总的发明构思有关；⑤在确定发明实际解决的技术问题时，不应带有该发明为解决该技术问题而提出的技术手段，或对该技术手段的指引。

例如，某案涉及一种制备包含皂角苷天然提取物的香料的干燥颗粒的方法，现有技术制备这类喷雾干燥的颗粒通常使用聚合物乳化剂，皂角苷天然提取物易发生损失或氧化，基于上述聚合物乳化剂的喷雾干燥方法制备的颗粒贮藏不稳定。该案通过在配方中加入抗氧化剂成分或者通过物理性减缓氧渗透性的方式来提升产品的货架期。该案所涉及的技术问题就可以撰写成："如何提高喷雾干燥的香料颗粒的贮藏稳定性"，或者"一种向消费者提供具有预定贮藏寿命稳定性的喷雾干燥粉末的方法"。

国家食品药品监管局颁布的《保健食品注册管理办法》中对保健食品进行了定义：保健品，或保健食品，是指声称具有特定保健功能或者以补充维生素、矿物质为目的的食品。即适宜于特定人群食用，具有调节机体功能，不以治疗疾病为目的，并且对人体不产生任何急性、亚急性或者慢性危害的食品。第五部分第二十一章第一节介绍了保健食品与药品的区别，如果产品的直接目的是治疗或者预防疾病，则通常应该认为是药品，保健食品则不应具有治疗或预防功效，因而在撰写说明书中的技术问题时应当避免出现"治疗"或"预防"某疾病的表述。

【案例5-23-1】

A. 相关案情

权利要求：

一种猪皮膨化食品的加工方法，包括步骤清洗、预处理，调味、腌渍，干燥，微波膨化。

该技术采用微波膨化法是为了解决油炸处理猪皮时导致营养成分损失且工序繁杂的技术问题。此时如果将技术问题确定为"如何通过微波处理使得猪皮营养损失减少"则是不正确的，因为其带入了发明解决该技术问题时所采取的技术手段的指引。

B. 案例分析

根据背景技术可知，除了微波膨化之外，其他步骤都是现有技术中公开了的，而现行猪皮的膨化多采用砂炒、盐炒、油炸和气流膨化，而这些方法都存在明显的不足，例如，油炸膨化的方法，膨化温度高，易产生有致癌作用的高分子聚合物，且产品的含油量高，脂肪易氧化造成货架期短，且不符合少脂肪含量的时尚要求；气流膨化的温度高，气流压力大，产品熔化、适口性差。砂炒膨化的方法和盐炒膨化的方法，卫生条件差，产品中可能含有碎砂或盐，猪皮的脂肪也给反复使用的砂或盐带来容易焦化的难题，且上述方法加工温度过高。总结现有技术的问题，而且根据待申请技术方案采用微波膨化产生的效果，可知该方法采用微波膨化使得营养成分和维生素几乎没有损失，兼具杀菌和干燥作用，还可省去几道工序。因此，该申请实际解决的技术问题是提供一种营养更全面、工艺更简单的猪皮膨化食品的加工方法。

以下是申请人在撰写发明的技术问题过程中常见的问题，应当避免。

一、主观技术问题与实际解决的技术问题认定不符的情形

主观技术问题是申请人在说明书中描述的发明要解决的技术问题，其可以作为确定发明实际解决技术问题的重要参考，当说明书所述技术问题达到的技术效果能够确认的情况下，主观技术问题可以作为确定发明实际解决技术问题的依据。反之，则需要由本领域技术人员根据说明书的内容判断其所要保护的发明客观上具有的技术效果来确定实际解决的技术问题。

【案例 5－23－2】

A. 相关案情

权利要求：

1. 一种制备黄瓜露的方法，包括以下步骤：

1）取新鲜黄瓜，洗净，加入其重量 18～26 倍水，打浆，得到浆液；

2）将浆液放入磁场强度为 3000～3400Gs 磁场中，在 45～55℃温度下进行磁化 10～20min，得到磁化浆液；

3）将磁化浆液在功率为 600～700W 下微波提取 30～50s，得到黄瓜提取液；

4）将黄瓜提取液和蜂蜜、食盐按（90～120）：（5～12）：（0.001～0.01）的重量比混合均匀；

5）过滤，超高温瞬间杀菌，灌装，制得黄瓜露。

说明书中记载：

本发明所要解决的技术问题是提供了一种黄瓜露的替代制备工艺。

本发明的有益效果在于：将黄瓜进行磁化处理，再进行微波提取，能够有效提高黄瓜露的减肥功效。用微波提取磁化后的黄瓜浆液，能够最大限度保证

有效成分不被破坏，保证最大限度提取黄瓜的有效成分，同时能够最大限度保证有效成分的纯度，有效避免杂质析出，进而进一步有效提高黄瓜减肥功效。制备得到的黄瓜露性能稳定。

B. **案例分析**

该申请对现有技术的贡献在于磁化后再微波提取的制备工艺，通过该工艺能够有效提高黄瓜露减肥功效。因此该申请技术方案实际解决的技术问题是如何提高活性成分的提取效率、增强保健功效。该案提示：

（1）在撰写发明实际解决的技术问题时，不应将发明的技术方案作为发明实际解决的技术问题，在实际解决的技术问题中也不应包含解决该问题的技术手段。例如，该案例中，发明实际解决的技术问题不能是“提供一种经磁化后再微波提取的黄瓜露的制备方法”，也不能是“经磁化后再微波提取黄瓜露提高减肥功效”。

（2）发明实际解决的技术问题要依据发明对现有技术作出贡献的技术特征以及整个技术方案所能达到的技术效果来确定，不能局限于区别技术特征本身的作用或效果。

（3）本领域技术人员不能认定的技术效果，不能作为撰写发明实际解决的技术问题的依据。例如，该案中，说明书通过实验仅验证了本发明方法制备的黄瓜露的减肥功效显著提高，但是没有试验证实有效成分的提取率提高、纯度提高，因此该案实际解决的技术问题不能是如何提高有效成分的提取率，或者是如何提高有效成分的纯度。

（4）专利审查部门不能使用申请日或优先权日之后获得的知识确定发明实际解决的技术问题。

二、申请人声称的技术问题没有得到解决

申请人应当客观、真实地撰写发明的技术问题，任何夸大或虚假的技术问题的记载不仅会影响到申请文件的质量，也会直接影响到对发明技术方案的实质性审查结果。

【案例5－23－3】

A. **相关案情**

权利要求：

一种沙棘黄芪饮料，其特征在于它是由沙棘果汁0.5%～5%，生黄芪0.8%～3%，党参0.3%～5%，甘草0.3%～4%，调味剂1%～30%，水制备

而成。

该饮料所要解决的技术问题是预防非典，说明书中提供了各原料的功效说明，认为通过补肺气、养肺阴，提高自身抵抗力的方面可以使所述饮料达到预防非典的效果，但并没有提供其能够提高人体免疫力和预防非典的实验数据。

B. **案例分析**

根据说明书的记载，沙棘果汁具有增强人体内部免疫功能的作用，主“安内”。生黄芪具有益卫固表，增强人体外围防御机能，抗拒外邪侵入，主“固外”。甘草具有增强上呼吸道的功能作用。党参在配方中的作用有：一是补中益气；二是具有增强巨噬细胞吞噬的功能；三是具有促进体液免疫及细胞免疫的作用；四是党参与黄芪配伍能进一步强化黄芪的固表作用。因此，根据该案使用的原料可以推知，该案的产品具有止咳、益气、化痰的功效，但是根据本领域现有技术不能推测其具有预防 SARS 的功效。说明书也没有提供能够证明该保健饮料有助于预防 SARS 的功效实验，因此不能认为申请人声称的技术问题被解决，也不能认定该发明具有这样的技术效果。申请人应根据技术方案客观上达到的技术效果，即止咳、益气、化痰来撰写发明实际解决的技术问题。

三、最接近的现有技术的认定不同

申请人应当在充分了解发明的背景技术基础上，选择最接近的现有技术作为参照，据此撰写发明申请实际解决的技术问题。如果申请人没有从整体上了解与发明申请相关的技术现状，不能准确地选择最接近的现有技术，容易导致申请人对发明技术问题的认识出现偏差。

【案例 5－23－4】

A. **相关案情**

权利要求：

一种保健食醋，其特征是在食醋酿制过程中，每产 100mL 食醋加入以下重量份药效成分：含铁药物 10～30mg，含锌药物 10～30mg，含硒药物 100～200μg，维生素 B 25～15mg，甘草 500～800mg，红枣（去核）500～1600mg，枸杞子 400～1000mg。

申请人声称所要解决的技术问题是提供一种新颖的以食醋为载体，能够补充多种营养元素的保健醋产品。

B. **案例分析**

经检索，在最接近的现有技术中公开了一种营养食醋，其是在 100mL 食醋中添加铁剂 15～30mg，锌剂 8～15mg，硒剂 6～10mg，维生素 B2 6～12mg，甘草 400～600mg 制备而成，可知该食醋与现有技术的区别在于，还添加了红枣和枸杞子，并限定了其含量，表明以食醋作为载体添加多种营养元素的保健醋产品已经属于现有技术。因此，上述技术方案实际解决的技术问题仅是提供一种更为全面补充营养或另一种营养配方的食醋。

第二节　技术方案

一件发明专利申请的核心是其在说明书中记载的技术方案。

《专利法》第二十六条第三款规定："说明书应当对发明作出清楚、完整的说明，以所属技术领域的技术人员能够实现为准"。也就是说，说明书应当满足充分公开发明的要求。

一项技术方案是由技术特征所组成的，对技术方案中技术特征进行分解，了解技术特征之间的关联性，从而确定各技术特征的地位或作用。技术特征是通过技术术语表达的。

一、技术术语

说明书的表述应当准确地表达发明的技术内容，不得含糊不清或者模棱两可，以致所属技术领域的技术人员不能清楚、正确地理解该发明。说明书应当使用发明所属技术领域清楚的技术术语。技术术语是指特定技术领域用来表示概念的集合。技术术语应采用所属技术领域通用的技术术语，最好采用《国际专利分类表》中的技术术语，不得采用非技术术语。例如，某发明的技术方案涉及对加热温度进行控制，必要的时候应当写明具体温度或温度范围，而不得撰写为文火、小火、猛火等。而且，应该尽量避免使用方言、土语来描述技术术语。

（一）中药及药食同源原料的名称

由于保健食品中常使用中药材及药食同源的原料，因而对于这些原料公开程度的要求与中药领域的审查标准相同，即说明书中应当清楚、完整的公开其中药材原料的信息，并且使用规范的中药材名称。中药材正名以《药典》记载的名称为准，在《药典》没有记载的情况下，可以参考《中药大辞典》或《中药志》等辞书。中药材异名对应于多种中药材正名时，如果根据说明书中对于该异名的表述无法确认其具体指代哪种中药材正名，而且根据现有技术，该异名所对应的多种中药材正名的功效也各不相同，选用其中的任何一种都会导致其组方配伍产生较大变化，则该异名的公开不能达到使本领域技术人员能够实现发明技术方案的程度，则该申请说明书公开不充分。如果根据说明书和现有技术能够判断出该异名指代的是确定的某种中药材，则对该中药材名称的描述是清楚的。当中药材异名对应于多种中药材正名，根据说明书的记载无法明确判断该异名指代何种中药材时，如果上述多种中药材正名之间具有相同或者相近的功效，审查部门结合现有技术可以判断其中任何一种都可以实现该发明的技术方案，则该申请中对于中药材名称的记载满足充分公开的要求。

【案例 5-23-5】

A. 相关案情

权利要求：

一种适合胃癌病人食用的保健品，其包含……人字草 20~50 重量份。

说明书记载了该权利要求的技术方案，但未描述作为原料之一的中药材“人字草”的植物基源和功效。

B. 案例分析

根据《中药大辞典》中的记载，“人字草”可以是中药材正名“丁癸草”“鸡眼草”或者“金钱草”的异名。其中，“丁癸草”性味甘凉，具有“清热、解毒、祛瘀”的功效；“鸡眼草”性味甘辛平，具有“凉血、消肿、健脾利湿”的功效；“金钱草”性味辛温，具有“祛风除湿、理气止痛、止血、散瘀”的功效。由于这三种中药材的性味和功效各异，在组合物中发挥的作用也不同，而根据说明书的记载本领域技术人员无法判断“人字草”具体指代上述哪一种药材，即本领域技术人员不能根据该申请说明书公开的内容解决该申请提出的技术问题并产生预期的技术效果。因此，该申请说明书不符合《专利法》第二十六条第三款的要求。

【案例 5-23-6】

A. 相关案情

权利要求：

一种适用于风寒痹症患者饮用的保健酒，其包含……天龙 15~60 重量份。

说明书中记载了该权利要求的技术方案，但未描述作为原料之一的中药材“天龙”的药材基源，只记载了“天龙”具有“辛温、走窜伤阴之弊”的特性。

B. 案例分析

根据《中药大辞典》的记载，“天龙”同为“蜈蚣”和“壁虎”这两种中药材的异名，其中“蜈蚣”的性味为“辛温”，而“壁虎”的性味为“咸寒”。根据说明书所述，“天龙”具有“辛温，走窜伤阴之弊”的特性。因为该发明的保健酒适用于风寒痹症患者，通常需要用辛温之药以祛风散寒，由此可见，申请中所述“天龙”指代的药物应为“蜈蚣”。因此，说明书中对于原料“天龙”的描述是清楚的，符合《专利法》第二十六条第三款的规定。

（二）提取物原料的公开

保健食品中一种常用的原料是中药或药食同源材料的提取物，这类提取物通常用原料特征以及工艺条件和/或工艺步骤的方法特征来表征。不同溶剂和方法提取得到的提取物组成和含量不同，导致其所能够达到的功效或作用不尽相同，因此，说明书中应当清楚、完整的记载该提取物的获得方式。对于技术方案中使用了“……提取物”原料的专利申请，应当审查该“……提取物”是否满足了《专利法》第二十六条第三款的要求（即充分公开）。

1. 认为“……提取物”满足公开充分要求的情形

（1）“……提取物”为本领域技术人员可从现有技术中明确获得的提取物质，并且其组成的主要活性成分及其含量是明确的。

（2）原始说明书和/或实施例中明确记载了“……提取物”的提取方法或者“……提取物”组成的主要活性成分及其含量。

（3）原始说明书和/或实施例中提到“……提取物”的获得信息，例如，可以“市售”或“常规方法”获得，而且本领域技术人员可以知道这些“……提取物”是可以通过“市售”或“常规方法”获得的。

2. 认为“……提取物”不满足公开充分的情形

（1）“……提取物”为本领域技术人员不能从现有技术中明确获得的物质，其组成的主要活性成分及其含量不是明确的，而且原始说明书和/或实施例中也没有明确记载“……提取物”的提取方法或者“……提取物”组成的主要活性成分及其含量。

（2）原始说明书和/或实施例中虽然提到“……提取物”的获得信息，例如，可以“市售”或“常规方法”获得，但是本领域技术人员质疑这些“……提取物”是否可以通过“市售”或“常规方法”获得。

3. 对申请人意见陈述或提供证据的考虑

对于“……提取物”为本领域技术人员不能从现有技术中明确的物质，且原始说明书和/或实施例中也没有记载其的获得方式和主要活性成分的情况。申请人无论如何都不能弥补该公开不充分的缺陷。

对于原始说明书和/或实施例中提到“……提取物”的获得信息，但是本领域技术人员质疑的情况，申请人可以通过提供市场销售证明或文献记载，来证明其可以通过“市售”或“常规方法”的方式获得。但是，如果所提供的证明不能佐证其在原始说明书中提到的信息，则仍然不能被接受。

例如，某案原始说明书中仅仅提到“……提取物”可以通过“常规方法”获得，但审查员质疑了其公开不充分的问题，申请人陈述意见并且提供文献证据，但所提供文献证据中提及的对“……提取物”的制备方法是一种非常规的手段，此时该“……提取物”的公开不充分问题不能得到解决。

（三）商标或商品名称的使用

在说明书中仅使用商标或者商品名称表示发明中涉及的产品或物质的，所用商标或者商品名称应当在申请日之前具有已知的确切技术含义，否则会导致所述技术领域的技术人员无法确认所述产品或者物质，无法实现发明的技术方案。通常，可以允许的情形是所用商标或者商品名称具有如下含义：①代表一种具体产品或物质；②代表一种具有公认确切含义的产品或者物质；③代表一系列公知产品或者物质，并且其在发明技术方案中起到相同的作用。例如，某案使用了“吐温”系列产品，化工领域公知“吐温”系列包括多种已知的用作非离子型表面活性剂的产品，并且这些产品在发明的技术方案中也均起非离子型表面活性剂的作用。但是，如果所用商标或者商品名称代表多个不同系列的产品或者物质，而这些产品功用并不相同，甚至相差很远，则通常不能允许。又例如，某案，说明书的技术方案中使用了“基因改性的纤维素酶 DTK－3692”，但是没有记载制备方法，也没有说明其是可购买的商品并提供生产厂家和商品目录等信息，并且现有技术中也没有相关记载，该酶属于公众无法获得的原材料，该技术方案对本领域技术人员而言不能实施，因此这样撰写的说明书的技术方案是不清楚的。

二、技术特征

技术特征可以是构成发明技术方案的组成要素，也可以是要素之间的相互关系。

必要技术特征：通常撰写在独立权利要求中的技术特征。必要技术特征是解决发明的技术问题必不可少的。当某个技术特征对解决发明的技术问题可有可无时，就不是必要技术特征，可以不写到独立权利要求中。

附加技术特征：仅出现在从属权利要求中的技术特征。

共同技术特征：两个技术方案相比时具有的相同的技术特征。

区别技术特征：两个技术方案相比时不相同的技术特征。

三、技术方案

（一）技术方案的概念

技术方案是技术特征所体现的技术手段的集合。食品或保健食品的技术方案涉及产品技术方案、方法技术方案、设备技术方案等情形，除上述有关技术术语或原料的撰写要求之外，对于技术方案涉及的其他内容的撰写，应当符合说明书撰写的一般规定。例如，对于涉及方法的技术方案，应当清楚地写明原料、步骤、加工工艺、加工参数；对于涉及设备的技术方案，应当清楚地写明各部件的名称、连接关系、设备的操作方法等。说明书有附图的，对各幅附图作简略说明。另外，说明书中不得使用“如权利要求……所述的……”一类的引用语，也不得使用商业性宣传用语。

（二）技术方案的确定

专利权的保护范围应当与发明对现有技术的贡献相符。发明对现有技术作出的贡献可以是克服了现有技术中的缺陷或不足，也可以是取得了预料不到的技术效果，还可以是克服了技术偏见等。体现智慧贡献的技术方案，也就是能够使发明相对于现有技术具有新颖性、创造性和实用性的技术方案。

（三）技术方案的撰写

说明书应当清楚地记载发明的技术方案，详细地描述实现发明的具体实施方式，完整地公开对于理解和实现发明或者实用新型必不可少的技术内容，达到所属技术领域的技术人员能够实现该发明的程度。凡是所属技术领域的技术人员不能从现有技术中直接、唯一地得出的有关内容，均应当在说明书中描述。

说明书中记载的技术方案应当与权利要求所限定的相应技术方案的表述相一致。

说明书技术方案部分首先应当写明独立权利要求的技术方案，其用语应当与独立权利要求的用语相应或者相同，以发明必要技术特征总和的形式阐明其实质，必要时，说明必要技术特征总和与发明效果之间的关系。

当说明书的技术方案中仅使用商品名表示发明涉及的产品或物质的，所用商品名应当在申请日之前具有已知的确切技术含义。对于食品和保健食品领域的专利申请，如果所用原料名称属于商品名，并且在申请日之前没有已知的确切技术含义，撰写时应具体记载该商品名的具体组成成分或制备工艺等以致能够确定该商品名具体为何物。

《专利审查指南2010》第二部分第二章2.1.3列举了5种由于缺乏解决技术问题的技术手段而被认为无法实现的情况，下面分别举例加以说明。

（1）说明书中只给出任务和/或设想，或者只表明一种愿望和/或结果，而未给出任何使所属技术领域的技术人员能够实施的技术手段。

【案例5-23-7】

A. 相关案情

权利要求：

1. 一种富硒及其他微量元素虫草，其特征在于培养步骤如下：

（1）将虫草菌培养在斜面固体培养基中，其成分为：（%）

20土豆汁，2.0葡萄糖，0.3 KH_2PO_4，0.1维生素B_1，1.5~1.7琼脂，pH 6.0~7.0，25~28℃培养7~10天，4℃保存。

（2）从斜面挖取约1.5cm^{2}的菌块接种在下列种子培养基中：（%）20土豆汁，1.0葡萄糖，20蔗糖，0.3 KH_2PO_4，0.15 $MgSO_4$，0.1维生素B_1，pH 0.0~7.0，25~28℃旋转摇床培养4~8天，24h，100RPM，24h后150~180RPM，500mL三角瓶装150~200mL培养基。

发酵：

固体培养-（1/3玉米粒+2/3大米）或大米：水为1：（1.3~1.5），水中含（%），0.3 KH_2PO_4，0.15 $MgSO_4$，0.1维生素B_1。

用玻璃罐头瓶分装，盖以耐热透明塑料膜，灭菌接种入约每瓶2mL种子菌液，在向阳的室内25~28℃培养45~60天，微量元素加量：100~300mg/mL。

液体培养-（%）1.0葡萄糖、3.0蔗糖、2.5黄豆饼粉，0.3 KH_2PO_4，0.15 $MgSO_4$，0.1维生素B_1，接种量8%~10%，25~28℃ 5~89天，0~24h 80RPM，24h后100~150RPM，pH 6.0~6.5。

（3）当完成（2）后，分离菌体，液体培养经板框过滤并用水洗菌体。收集菌体烘干。

（4）将（3）所获产物进行检测微量元素含量。

（5）经（4）检测后微量元素含量分别为（μg/g干菌）：硒180，锌150，锰200，钴90，锡60。

（6）在（5）的水平适于应用于食品及药品，微量元素太低达不到要求，过高则服用时虫草量太少。

B. 案例分析

说明书公开了可以在虫草中检测到“微量元素的含量分别为（μg/g干菌），

硒180，锌150，锰200，钴90，锡60”，然而，在终产物中检测到的微量元素并不能与培养基中添加的微量元素的种类及用量唯一对应。终产品中检测到的微量元素可能是虫草本身含有的，并非培养基中添加的，而且虫草培养是一个动态的过程，在其培养过程中完全可能出现某些添加在培养基中的微量元素没有被吸收或含量发生改变的情况，因此本领域技术人员无法根据最终产品中微量元素的种类和含量来唯一推定培养基中所添加的微量元素的种类和用量。在说明书中没有具体公开微量元素的种类及用量的情况下，本领域技术人员无法实现该发明的技术方案。尽管说明书的技术方案中对于培养该发明的虫草所需要的微量元素给出了整体加入量为100～300mg/mL，但是对其具体的组成如具体添加哪几种微量元素及每一种的具体用量为多少都没有任何记载，该发明的目的就在于培养富含微量元素的虫草，因此微量元素种类及具体用量是解决该发明技术问题的关键，在说明书中没有具体公开微量元素组成的情况下，本领域技术人员无法具体实施该发明的技术方案，解决该发明的技术问题。

（2）说明书中给出了技术手段，但对所属技术领域的技术人员来说，该手段是含糊不清的，根据说明书记载的内容无法具体实施。

【案例5－23－8】

A. **相关案情**

权利要求：

一种解毒、调节生理平衡和提高免疫力的白花葛保健延寿露的原料与配比是：白葛花5%～9%，白花葛根17%～23%，金线莲8%～12%，纯净水60%～66%。

B. **案例分析**

该申请说明书涉及一种白花葛保健延寿露产品，其主要原料涉及使用“白花葛”的花和根，即白葛花和白花葛根。该申请所要解决的技术问题是提供一种解毒、调节生理平衡和提高免疫力的保健延寿露。虽然葛是常规的药食兼用植物，但本领域技术人员公知葛花花冠呈紫色或蓝紫色，“白花葛”在现有技术中并无记载，本领域技术人员无法确认该生物材料是现有技术中的已知品种。同时，也没有证据表明该生物材料在申请日之前处于公众可以获得的状态（如在指定的保藏单位保藏或市售可得）。因此，所属领域的技术人员无法获得具有该申请说明书所述功效的白葛花和白花葛根。如果没有证据表明实施发明所依赖的生物材料是已知的植物品种，同时也没有证据表明申请日（或优先权日）之前所述植物品种本身可以为公众得到，本领域技术人员不清楚如何利用该技术手段，所述的技术方案也无法实施。

(3) 说明书中给出了技术手段，但所属技术领域的技术人员采用该手段并不能解决发明或者实用新型所要解决的技术问题。

【案例 5－23－9】

A. **相关案情**

权利要求：

1. 开口露馅式饺子，其特征在于：饺子的纵向两端或顶端有至少一个的开口，其开口与饺子内的饺馅相通，饺馅选用水分含量较多的精肉。

该申请解决的现有饺子速冻效果差、煮熟时间较长的问题。

该申请要达到的技术效果是由于饺子皮不密封包容饺馅而使得冷冻时饺馅极易被冻透，水煮时饺馅极易快速熟透，并且由于饺馅所配比的原料中选用精肉、水的成分较多，其精肉中的纤维较长，加水相互搅拌后既粘结效果较好，又特别容易被冻透、熟透。这样的饺馅一经加热其粘结力加强，它自身不仅不会松散，而且还会与饺子皮相粘连，水煮时间较长也不会与饺子皮相分离，而且饺子上的开口处能够自然合拢，并灌进了饺汤，不仅更加快了饺馅熟透的速度，还保持了饺馅的鲜嫩效果及营养成分，食用起来口感较为独特。

B. **案例分析**

根据生活常识，饺子一般需要将馅料用皮密封包容，并用力将饺皮边完全密封压紧，以避免水煮过程中饺子破皮开口和由此造成的馅料流失和饺子整体形状的破坏。该申请选用开口露馅的饺子形式，如果要避免水煮过程中馅料的松散，并且还能够达到与饺子皮相粘连，水煮时间较长也不会与饺子皮相分离，而且饺子上的开口处能够自然合拢等技术效果，仅仅使生饺子坯的纵向两端或顶端有至少一个开口、其开口与饺子内的饺馅相通是不行的，还必须选用特定的馅料。而该申请说明书中仅仅记载“饺馅所配比的原料中选用精肉、水的成分较多，其精肉中的纤维较长”，并没有清楚、完整地对饺馅作出说明和解释，本领域技术人员仅仅根据说明书的内容和普通技术知识，并不能了解究竟应该怎样配制饺馅原料才能够解决该申请的技术问题。

(4) 申请的主题为由多个技术手段构成的技术方案，对于其中一个技术手段，所属技术领域的技术人员按照说明书记载的内容并不能实现。

【案例 5－23－10】

A. **相关案情**

权利要求 1 要求保护“一种从黄芪中分离得到的低分子量葡聚糖，其特征在于，重均分子量为1204”。

说明书记载了制备本申请所述低分子量葡聚糖的方法，包括如下步骤：

a. 取黄芪多糖，溶解、离心，上清液透析并浓缩，得到浓缩物；

b. 取浓缩物，溶解、离心，上清液用阴离子交换树脂或离子交换凝胶柱层析进行初步分离，将所得流份分别浓缩、透析并干燥，得到若干组分；

c. 继续用凝胶柱反复层析上述组分，得到纯化的低分子量葡聚糖。说明书还具体记载了b步骤使用的阴离子交换树脂和离子交换凝胶柱以及c步骤使用的凝胶柱的种类。

根据该申请说明书实施例1~4（黄芪多糖分离纯化）的记载，在该申请公开的黄芪多糖分离纯化方法的步骤（2）（对应于上述步骤a）中，在透析袋中，对溶于适量蒸馏水并且离心处理后的黄芪多糖（根据专利文献CN××××××中的方法制备）溶液的上清液进行了透析浓缩处理，其中所述透析袋的规格为截留分子量3500，透析后的上清液经过DEAE-Cellulose DE52柱、DEAE Sepharose F. F柱或DEAE SepharoseCL－6B柱进行层析分离，后续再通过Sephadex G－50凝胶柱、Toyopeal HW－40F凝胶柱、Toyopeal HW-50F凝胶柱、Sephacryl S－100 HR凝胶柱或Superdex 30凝胶柱反复层析，最终得到几种纯化的多糖。对于其中的一种纯多糖MAPS-1-W1-1G（1）（来自实施例1~4），经过实施例5（低分子量葡聚糖MAPS-1-W1-1G的化学结构的鉴定）公开的气相色谱法证明其是一种葡聚糖，通过茚三酮反应、考马斯亮蓝反应证明该葡聚糖中不含蛋白质和核酸，通过NMR谱峰归属、甲基化分析以及高碘酸氧化和Smith降解结果，证明该MAPS-1-W1-1G（1）是具有分支的（1,4）α-葡聚糖，并且通过凝胶渗透色谱法测定该葡聚糖的重均分子量为1204。

根据该申请说明书其他部分的记载可知，采用上述方法制备得到的葡聚糖具有如特定的重复单元，因此根据该通式计算可知，所述葡聚糖具有2700左右的数均分子量。

B. 案例分析

一是在聚合物的技术领域中，由于聚合物的多分散性，其分子量分布即重均分子量除以数均分子量的商值（Mw/Mn）应当是大于或等于1，不会出现小于1的情况，即数均分子量应当小于重均分子量。而该申请上述记载的葡聚糖具有1204的重均分子量和2700左右的数均分子量，其商值小于1，不符合本领域的一般常识。

二是在该申请葡聚糖的提纯过程中，对原料黄芪多糖采用了透析的方法进行浓缩。本领域技术人员公知，透析是一种除去大分子中相对较小分子量的分子的一种实验方法，其原理在于，由于在透析袋内外对于某种溶质存在内外的浓度梯度，在该浓度差的推动下，溶液中大于该截留分子量的分子将留在透析袋中，而小于截留分子量的分子则会透过透析袋，进入透析袋外的透析液中，但是该申请实施例 1 ~ 4 的技术方案中使用的透析袋的规格均为截留分子量 3500，则该申请中具有 1204 的分子量的葡聚糖应当可以透过截留分子量为 3500 透析袋，导致最终无法制备得到具有该分子量特征的葡聚糖产品，即本领域技术人员通过上述透析袋无法获得该申请的葡聚糖产品，故无法实施该发明的技术方案。综上所述，该申请说明书公开的制备葡聚糖的技术方案中存在不能制备得到重均分子量为 1204 的葡聚糖的技术手段，本领域技术人员按照说明书记载的内容不能获得重均分子量为 1204 的葡聚糖，不能实施该发明。

（5）说明书中给出了具体的技术方案，但未给出实验证据，而该方案又必须依赖实验结果加以证实才能成立。

【案例 5 – 23 – 11】

A. **相关案情**

权利要求：

一种组合物在制备改善慢性肠炎的保健食品中的应用，其特征在于该组合物按以下步骤制得：

A：中药提取液的制备

a. 原材料中药的选备：取饮片型中药材人参 1.5 ~ 3 份、党参 3 ~ 5 份，黄芪 1.5 ~ 3 份，赤茯苓 2 ~ 4 份，白术 1.5 ~ 3 份，白芍 1.5 ~ 3 份，槟榔 1.5 ~ 3 份，乌梅 1 ~ 3 份，苍术 1 ~ 3 份，厚朴 1 ~ 2 份，熟地 3 ~ 5 份，五味子 0.5 ~ 2 份，加入到带搅拌器、过滤器和恒温水浴加热器的非金属表面玻璃钢、搪瓷容器中；

b. 有机与无机混合溶剂的制备：取食品级以上的酒精并加常温饮用水稀释制成酒精度为 55% ~ 75% V/V 的灭菌型有机与无机两种溶剂组成的混合溶剂；

c. 使用 b 所述溶剂对原料药品进行提取：……；

d. 用水对药渣继续进行常温提取：……；

e. 用水对药渣继续进行加温提取：……；

f. 提取液合并将 c、d 和 e 提取的药液合并，得中药提取液；

B：产品的制备

将 A 所述的中药提取液，用三效或多效负压蒸发器与工艺浓缩到 25% ~ 30% 重量比浓度，加入乳糖把溶液干物质含量即重量比浓度提升为 35% ~ 40%，喷雾干燥到含水量 3% 以下得原料；将原料按 0.3 ~ 0.5g/片、粒、丸压制成型，外被肠溶保护膜得产品。

说明书仅提到“不同性别年龄的试验患者共80名患者，20人一组共分为4个小组，两个小组用传统西医药即抗生素（输液加口服）常量治疗，另两个小组用本发明产品及用法、用量治疗，结果如下：虽然西、中医药有效率和治愈率均为100%，但好转即基本止泻（不排水样便）起效时间西药组10~24h、中药组3~5h，排便正常率即每日1~2次且大便基本成型起效时间西药组1~2日、中药组10~24h，治愈即大便成指状时间西药组3~5日、中药组2~3日，尤其值得一提的是治愈即出院后西药组15~20日内有7人陆续复发回原就诊医院诊治，复发率高达近20%，而中药组未发现一人复发复诊，证明本发明产品只需1个疗程即较短的2~3日”。

B. **案例分析**

该发明要解决的技术问题是提供一种改善慢性肠炎的保健食品及其制造方法。根据说明书的记载，采用的技术方案是提供一种药食兼用组合物，该组合物是由功效各异（如补气、健脾、理气、燥湿、补血、敛肺等）的12味中药原料人参或党参、黄芪、赤茯苓、白术、白芍、槟榔、乌梅、苍术、厚朴、熟地和五味子组合在一起制成。根据本领域的普通技术知识，每味原料本身的成分十分复杂，功效也有很多方面，将其组合在一起后所制成的产品的作用通常是无法推断或预知的，即根据现有技术无法预测本申请组合物能够实现改善肠炎的用途，因此，必须记载证明发明的技术方案可以实现所述用途和/或达到预期效果的定性或者定量实验数据才能够使说明书满足充分公开的要求。但是，该申请说明书没有描述所采用的疾病诊断标准和疗效判定标准，仅给出了“大便性状”的变化作为判断疗效的依据，而实际上慢性肠炎的临床表现比较复杂，包括腹痛、嗳气、泛酸、恶心、呕吐等，仅依据“大便性状”的变化不足以判定对慢性肠炎的治疗效果。

第三节　技术效果

根据《专利法》第二十六条第三款的规定：“说明书应当对发明或者实用新型作出清楚、完整的说明，以所属技术领域的技术人员能够实现为准。”所述技术领域的技术人员能够实现是指所述技术领域的技术人员按照说明书记载的内容，就能够实现该发明或者实用新型的技术方案，解决其技术问题，并且产生预期的技术效果。根据《专利审查指南2010》第二部分第二章2.1.3的相关规定，如果“说明书中给出了具体的技术方案，但未给出实验证据，而该方案又必须依赖实验结果加以证实才能成立”，则被认为由于缺乏解决技术问题的技术手段而无法实现，不符合《专利法》第二十六条第三款的相关规定。

可见，技术方案的技术效果常常需要依赖于实验数据的证明。申请文件记载的效果实验数据的具体情况（包括实验方法是否清楚完整、实验设计是否合理、实验结果与所称的技术效果是否存在对应关系等）是审查部门认定相关事实，判断发明是否具有所称技术效果的重要依据。审查部门通常会从要求保护的主题出发，在考虑现有技术整体状况（包括现有技术可预期程度）的基础上，根据申请文件公开的全部内容，站位本领域技术人员，确定要求保护的技术方案能否产生所称的技术效果，解决发明所要解决的技术问题。依据可预见水平不同，说明书中对技术效果记载程度的要求不同。

对于发明申请来说，技术效果应当是由技术方案本身直接带来的。技术效果需要从技术方案整体出发来评价，而不是割裂地考量某个或某些技术特征产生的效果，并且应当是客观的，不能出现不是由技术方案产生的技术效果或者明显夸大的技术效果。

食品或保健食品领域，对于技术效果的说明是重点，也是难点。由于食品或保健食品存在大量需要实验验证的技术效果，申请人在撰写说明书的技术效果部分时，经常出现各种各样的问题，同时，食品和保健食品有共性也有独特性，下面分别进行阐述。

一、技术效果的基本要求

食品或保健食品领域的专利申请文件对于技术效果的描述容易出现结论性、断言性的效果。因此，需要有科学、可信的实验证明，以表明所述的技术方案解决了实际的技术问题。通常，具有足够证明力且能够被审查员认可的效果实验应满足以下三点。

第一，对实验材料、过程的记载清晰完整，达到本领域技术人员能够重复实验过程并验证实验结果的程度。实验数据的记载不能过于简单，例如，仅提供若干个或少量人群的病例，或仅仅提供有效率、改善率、降低率等结论性的数据，而缺乏产生该结论的检测方法、检测指标等具体信息的记载。

第二，实验数据真实合理。不存在实验数据明显雷同或数据之间明显存在矛盾，实验结果不符合常理等情况。

第三，实验结果有说服力。实验设计合理，实验结果与期望证实的技术效果相对应或选择的检测指标与保健功效有明确关联，实验数据采用本领域普遍认可的功效评价方法。不存在实验方案明显不合理、宣称的技术效果明显夸大或与所属领域技术人员的认知明显不符等情况。

下面结合案例进一步说明食品、保健食品领域在撰写技术效果过程中常见的问题。

【案例5-23-12】

A. 相关案情

权利要求：

保护一种苎麻嫩茎叶保健面条，该面条的组分与各组分的质量百分比为：苎麻嫩叶粉末2.3%~14.3%，高筋小麦粉57.1%~74.6%，水23.1%~28.6%，所述苎麻嫩茎叶包括苎麻嫩芽及嫩叶，嫩叶是指嫩芽以下10片叶子。

说明书中记载由于加入苎麻嫩叶粉末，使得保健面条含有熊果酸和黄酮，具有保肝、降血脂、抗氧化等作用。说明书中提供了苎麻嫩茎叶保健面条和普通面条中蛋白质、熊果酸和总黄酮含量的测定值，结果如表5-23-1。

表5-23-1　苎麻面条中蛋白质、熊果酸和总黄酮含量

（中国检验认证集团湖南有限公司测定，2014）

样　品		蛋白质含量（%）	熊果酸含量（mg/kg）	总黄酮含量（%）
面条样品1（70%小麦面粉+30%温水）	（对照）	9.41	147	0.01
面条样品2	原始值	10.20	409	0.01
（66.7%小麦面粉+7.4%苎麻粉+25.9%温水）	增加率	8.4%	178%	0%
面条样品3	原始值	11.10	622	0.02
（57.1%小麦面粉+14.3%苎麻粉+28.6%温水）	增加率	18%	323%	100%
100%苎麻嫩叶粉末		27.9	760	0.05

B. 案例分析

通过分析可知，表5-23-1记载的普通面条（即面条样品1）、苎麻面条（即面条样品2和样品3）中蛋白质、熊果酸、总黄酮含量不符合常理。一方面，现有技术中没有小麦含有熊果酸的记载，因此，表5-23-1中面条样品1（70%小麦面粉+30%温水）含有147mg/kg熊果酸的实验数据与本领域技术人员知晓的普通技术知识不符。另一方面，根据表5-23-1记载的100%苎麻嫩叶粉末中熊果酸含量为760mg/kg，从理论上推算面条样品2（含7.4%苎麻粉）和面条样品3（含14.3%苎麻粉）中熊果酸含量应分别在56.24mg/kg（760×7.4%）和108.68mg/kg左右（760×14.3%），远远小于表5-23-1记载的409mg/kg和622mg/kg。蛋白质、总黄酮含量也存在同样问题。可见，说明书

表5－23－1记载的实验数值与本领域的普通技术知识存在矛盾，与理论推算数据存在较大差距。

【案例5－23－13】

A. 相关案情

权利要求：

保护一种降解水体藻类毒素的组合物，其由五倍子60~80份、诃子10~20份、石榴皮10~20份制成。

说明书中记载的技术效果为所述组合物能降解水体藻类的毒素，从而降低水产养殖生物的患病死亡率，提供的实验证据为“将所述组合物与原塘水混合后，泼洒到养殖池中，水产养殖生物的患病死亡率降低至10%左右”。

B. 案例分析

根据本领域技术人员的共识，导致水产养殖生物的患病死亡率的原因可以有多种，除水体藻类毒素可导致水产养殖生物患病外，水塘中的病原微生物也可能导致水产养殖生物患病。说明书中提供的实验数据只证明了所述组合物能够降低水产养殖生物的患病死亡率，并没有证明所述组合物具有降解水体藻类毒性的技术效果。也就是说，该申请说明书中提供的实验证据与其要证实的技术效果间缺乏关联性。因此，该发明实际解决的技术问题是提供一种降低水产养殖生物患病死亡率的中药组合物。现有技术已经公开了五倍子、诃子和石榴皮分别对导致水产动物产生疾病的病菌有抑制作用，可用于防治水产动物疾病，降低水产养殖生物的患病死亡率，在此基础上，该权利要求所述的降解水体藻类毒素的技术效果将受到质疑。

【案例4－23－14】

A. 相关案情

权利要求：

保护一种增强免疫力的食用鱼油冲剂，以鱼油为基质，以混合细粉为壁材，并加入黄原胶和低聚异麦芽糖支撑，所述细粉由黄芪粉、枸杞粉、红枣粉和核桃仁粉以（1~3）:（1~2）:（2~3）:（1~3）制成。

说明书中记载的技术效果为所述鱼油冲剂具有增强免疫力的功效。说明中提供的实验数据为统计200例年龄分布在18~60岁之间的免疫力较差的人群，服用该鱼油冲剂1个月后免疫力的调整情况，其中153例免疫力明显增强，身体状态得到明显提高，显效效果，占比76.5%；30例免疫力有一定提高，为有效效果，占比 15%；17 例服用后依旧免疫力低下，为无效，占比 8.5%，即本发明总有效率达到 91.5%。

B. **案例分析**

增强免疫力是 27 项特定保健功能之一，在保健食品注册中有明确的功能评价方法，该案没有采用保健食品注册中规定的功能评价方法，也没有采用其他本领域普遍认可的增强免疫力功效的评价方法，而仅仅模糊记载了“免疫力明显增强，身体状态得到明显提高”作为判断增强免疫力功效的标准。因此，所述实验数据的证明力低，通常很难被认可。

二、食品的技术效果

（一）产品权利要求的技术效果

食品领域的产品权利要求通常可以以产品结构、组分、含量、性能参数和制备方法等进行限定。食品品质评价是说明产品技术效果的重要内容，包括主观评价与客观评价。主观评价即感官评价，利用感官对食品进行评判分析。随着我国食品工业的不断发展，食品感官评价在产品的研发和推广过程中发挥着重要的作用。由于作为主观评价的感官评价误差较大，实验结果的可靠性、可比性较差，因此需要将感官评价标准化和规范化，通过客观方法表现出来。在标准环境条件、配套设施下，通过“人—机”评价技术对食品的特性进行测量，进而客观评判食品质构。

1. 感官评价

食品的感官特征包括色、香、味、形、稠度、硬度、脆度等，其中的色泽、形状、稠度、硬度和脆度等均可以通过仪器如黏度剂、硬度计等用物理或化学方法进行定量的分析和描述，香和味通常可通过感官评价、数理统计的方法进行评价，具体评价方法可参考食品感官评价方面的书籍。感官方面的技术效果是可以通过物理、化学或数理统计的方法来体现的，因此当技术方案所产生的技术效果涉及感官方面时，申请人可以在说明书中提供感官评价数据加以证明。

感官评价结果的影响因素很多，比如，没有正规的感官分析试验室、检验环境及条件不符合试验要求、评价员不具备检验资格、检验方法不规范、主观因素影响分析结果、样品未按要求制备、检验结果未进行数理统计、报告不规范用语不准确[1]。在有的专利申请文件中，只对感官评价结果进行描述，没有记载其他方面的任何条件，而这种只有感官评价结论的技术效果，往往与申请人的主观评价无法区分，比如，某产品的口味为香味协调、余味悠长，因此，如此记载的技术效果通常在与其他现有技术进行比较时会受到质疑。因此，申请人在撰写这类技术效果的时候，应尽可能记载评价过程，包括样品制备、评价条件（规则和程序、评价人员、评价环境条件）、评价方法、评价结果等。

【案例5-23-15】

A. 相关案情

权利要求：

1. 一种儿童酸奶，其为添加了包括维生素A、维生素D和牛磺酸的复合维生素和氨基酸，以及包括钙、锌和铁的复合矿物质的酸奶；其中每公斤儿童酸奶中，包括500～1600μg的维生素A、10～130μg的维生素D和0.3～0.6g的牛磺酸，以及600～1400mg的钙、20～95mg的锌以及60～190mg的铁。解决的技术问题是既满足儿童生长发育所需，又保证酸奶风味及稳定性。

该申请给出了以下实验：

试验实施例1 本发明儿童酸奶的口味

对本发明儿童酸奶产品（实施例4为例）进行口味方面的效果检验，以现市售酸牛奶饮品（光明乳业，酸牛奶饮品）、风味酸奶（光明乳业，酸牛奶）及市售儿童营养药片（中美施贵宝，儿童金施尔康）作为对照，感官评定由20名评价员（6～15岁儿童）完成。得分高者则效果好，评价高。

实验方法简介：选择20名6～15岁健康儿童进行产品盲测（即待测产品置于空白杯中由单独隔离的儿童分别进行品尝和评定），总共三个项目，其中风味指产品所具有的味道，包括奶香或水果香或产品其他香气是否纯正，有没有苦味、涩味、金属味或其他不良风味，分为优、良、一般三档，分别可得3分、2分和1分；口感是指产品在口中的质地，比如说稠厚感，细腻感，爽滑感，残留感，是否有颗粒等，分为优、良、一般三档，分别可得3分、2分和1分；酸甜比是指产品的酸甜度感觉，酸甜正合适者得3分，偏甜偏酸得2分，严重偏甜偏酸得1分。然后将每个儿童的品尝结果综合计算分数，即每个单项满分为60分。结果如表5-23-2所示。

表5-23-2 品尝试验

指标		酸牛奶饮品	风味酸奶	市售儿童营养药片	本发明
风味		36	30	20	54
口感		40	50	15	60
酸甜比		30	40	/	50
总体评价（人次）	优	4	6	2	14
	良	8	8	4	4
	一般	8	6	14	2

由以上数据显示，本发明儿童酸奶比普通酸牛奶饮品及风味酸奶在风味和口感上有较大改进，与儿童营养药片相比其口味的优势更加明显，同时该产品还具有更高的营养价值。

B. **案例分析**

该申请需要解决的技术问题是既满足儿童生长发育所需，又保证酸奶风味。

根据儿童的营养需求，得到该申请的技术方案之后，该申请通过实验证实所得的儿童酸奶风味得到改善。具体地说，该申请通过感官分析，在风味、口感、酸甜比以及总体评价方面，相较于普通酸牛奶和风味酸奶有较大改进，并且比儿童营养药片的口味更佳。

2. 安全性实验

食品安全关系到人类的健康，在食品原料中会存在不利于人体健康的成分如抗生素等，在食品的加工如高温油炸、贮存过程中也会产生有损人体健康的成分，比如油炸薯条中的丙烯酰胺。当技术方案涉及的技术效果涉及除去或减少这些有害成分时，申请人可以提供检测分析数据来加以证明。

【案例5－23－16】

A. **相关案情**

权利要求：

1. 一种辅助降糖组合物制成的辅助降糖口服剂，其特征在于，所述辅助降糖口服剂是由辅助降糖组合物与食用或药用辅料制备而成的片剂、胶囊剂、颗粒剂、口服液、糖浆剂，所述辅助降糖组合物包括如下重量份原料制成的提取物与0.0056～0.0084重量份的吡啶甲酸铬混合而成：

葛根16.0～24.0、黄芪14.0～21.0、山药8.0～12.0、桑叶4.0～6.0、丹参4.0～6.0

所述的辅助降糖口服剂的制备方法，包括如下步骤：

A：将所有药材净选，去除杂质，在65℃下热风干燥；

B：将葛根、黄芪、山药、桑叶、丹参置多功能提取罐中，加10倍量水回流提取2h，药渣加8倍水回流提取1.5h，提取液经离心机滤过，减压浓缩至在65℃下测定相对密度为1.31～1.35的稠膏；在65℃下热风干燥，粉碎，过100目筛得细粉；

C：将细粉与吡啶甲酸铬混合均匀；

D：把混合均匀的细粉与食用或药用辅料混合，按相应剂型工艺制得成品。

为了证明产品食用安全，该申请给出了以下毒理安全性评价实验报告：

试验例3 毒理安全性评价试验报告

1. 材料和方法

1.1　样品：山芪参胶囊，内容物外观为黄褐色粉末，人体推荐量2.0g/60kg/日。试验时直接将胶囊内容物用蒸馏水配制成所需剂量。

1.2　实验动物：选用河北医科大学实验动物学部提供的清洁级SD大鼠（实验动物许可证号：SCXK（冀）2003－1－003）

1.3　小鼠急性毒性试验：选用清洁级昆明种小鼠20只，体重18～22g，雌雄各半，按MTD法进行试验。剂量为20000mg/kg·bw，采用等体积灌胃法(0.2mL/10g·bw) 24h内一次灌胃，连续观察两周。记录中毒表现及死亡情况。

1.4　大鼠急性毒性试验：选用清洁级SD大鼠20只，体重180～220g，雌雄各半，按MTD法进行试验。剂量为20000mg/kg·bw，采用等体积灌胃法(0.2mL/100g·bw) 24h内一次灌胃，连续观察两周。记录中毒表现及死亡情况。

1.5　遗传毒性试验

1.5.1　Ames试验

本试验采用平板渗入法，分加与不加S9混合液两种。剂量分别为：0.010、0.050、0.250、1.000、5.000mg/皿，另设空白对照、溶剂对照（蒸馏水）和阳性对照组。阳性对照组使用2－AF 20μg/皿、2，4，7－TNFone 1μg/皿、NaN 32.5μg/皿、丝裂霉素C 4.0μg/皿、1，8二羟基蒽醌50μg/皿，每个剂量组做三个平皿，重复做两次。菌种为TA97（a）、TA98、TA100和TA102四株菌，由天津市卫生防病中心提供，S9购自中国疾病预防控制中心职业卫生与中毒控制所，试剂从北京化学试剂公司购进。

1.5.2　小鼠骨髓嗜多染红细胞微核（MNPCE）试验：选用清洁级昆明种小鼠50只，体重25～30g，随机分为五组，每组10只，雌雄各半；设三个剂量组：2500、5000、10 000mg/kg体重，同时设阴性对照组（蒸馏水）和阳性对照组（CP40mg/kg)，各组均间隔24h两次给样，第二次给样后6h取胸骨骨髓制片，每只动物计数1000个嗜多然红细胞，计算其微核发生率；同时计数200个嗜多染红细胞视野中成熟红细胞数，计算其微核发生率；同时计数200个嗜多染红细胞视野中成熟红细胞数，计算嗜多然红细胞与成熟红细胞比值（PCE/PBC）。

1.5.3　小鼠精子畸形试验：选用清洁级昆明种雄性小鼠25只，体重30～35g，随机分为五组，每组五只；设三个剂量组：2500、5000、10 000mg/kg体重，同时设阴性对照组（蒸馏水）和阳性对照组（CP40mg/kg）。连续经口给样5天，从首次给样计第35天处死动物，取双侧附睾制片，每只动物计数1000个精子，计算畸形率。

1.6 30天喂养试验

……

2 结果

2.1 小鼠急性毒性试验

表5－23－3 对小鼠的急性毒性

动物品种	性别	数量	途径	MTD（mg/kg. bw）
昆明种小鼠	雄	10	经口	＞20 000
	雌	10	经口	＞20 000

表5－23－4 对大鼠的急性毒性试验（略）

表5－23－5 Ames试验结果（略）

表5－23－6 小鼠骨髓嗜多染红细胞微核试验结果（略）

表5－23－7 小鼠精子畸形试验（略）

B. 案例分析

该申请通过急性毒性试验和遗传毒性试验作出了产品的毒理安全性评价试验报告，该报告详细记载了试验使用的材料、采用的方法、获得的试验结果。但是该申请缺少对试验结果的分析以及得到的结论，使得说明书不够完整。

（二）方法权利要求的技术效果

对于方法权利要求而言，其技术效果除了可以通过该方法生产的产品的技术效果体现之外，还可以记载根据工艺步骤的差异所产生的技术效果，如食品产率、质量等的提高，能耗、原材料、工序的节省，加工、操作、控制、使用的简便等。

【案例5－23－17】

A. 相关案情

权利要求1：一种制备面条或饺子类产品的制备方法，包括：

a）在用于制备面条或饺子类产品的生面团中加入脂肪分解酶和木聚糖酶；

b）从步骤a）中制备的生面团制备面条或饺子类产品，其中所述的脂肪分解酶和木聚糖酶混合的重量比是3∶1～1∶3，其中所述的脂肪分解酶是没有磷脂酶活性或半乳糖脂肪酶活性的甘油三酯脂肪酶，其中加入到生面团中的所述的脂肪分解酶的剂量范围是1.5～6KLU/kg面粉，其中加入到生面团中的所述的木聚糖酶的剂量范围是12.5～50FXU/kg面粉。

其所要解决的技术问题在于改善最终食品的物理外观。

说明书中给出了以下外观评价方法和评价数据来证明该技术效果：

白度

白度可通过面粉食品表面上的460nm的光的反射来进行检测。此项检测用反射计（reflection meter），DataColor（Model MF200 by DataColor Int. Inc，瑞士）来检测生的或熟的生面团片、面条或饺子皮。此仪器提供了几个读数，包括R460、L、a、b和Z。R460和Z值较高表示白度较高。

用目测评价白度时，应用1～10个级别表明白度，级别值越高代表白度越好。每次可应用乳白色外观的标准样品［例如，He Tao XueHua（河套雪花）面粉，级别为8分（point）］作为与其他样品相比的参照（reference）。

光泽度

光泽度指面粉食品，尤其是面条和饺子表面光亮的外观。光泽度的测定是通过对三个具体值（specific value）L，a和b综合考虑后得出的。当指示红色和绿色的a值低于一定水平时，L值的大小与光泽度和明亮度（brightness）呈正比。光泽度可通过目测评价。光泽度的评估也分为1～10个级别，级别值越高代表光泽度越好（enhanced）。将Hen Feng（恒丰）公司的Xue Hua（雪花）面粉制成的食品的光泽度定为8分，可用作标准对照品。

透明度

透明度是指生面团片和最终面制品的可以“看透”的程度，或是不透明度的反义（the opposite of opaqueness）。饺子的透明度是指从外部看见填充在由面片制成的包容体（containment）中的馅料的程度。对面条来说，透明度是指光线从一面到另一面的穿透程度。透明度也分为1～10个级别，数值越高表示透明度越好。

硬度

硬度反映了咀嚼所述食品，尤其是面条类产品的口感好坏。硬度的测量可以通过结构分析器（texture analyzer）来测量切断面条所需的最大切割力而得出，或通过主观感觉评价，此情况下面条的硬度反映在咬面条时的阻力和将其吞咽下去所花费的时间。

实施例1

通过与空白对照比较来评价脂肪分解酶和木聚糖酶的混合物的效果，以及磷脂酶的效果。在每个样品中，将200kg来自河北省（HeBei Province）的面粉，其灰分含量0.55%，与60kg盐水（6.7% w/w），以及各种酶（或空白）在工业混合器（industrial mixer）中混合，静置15min，用以制作面条。面条在控制湿度的容器中干燥大约4h以产生最终产品。20g干面条在水中煮沸大约7～8min，然后在DataColor中进行分析。如表5-23-8中所列出的，与空白对照相比，所述的酶处理产生具有增强的白度、光泽度和透明度的面条。酶的应用对于面条的硬度没有负面影响。

表5-23-8　面条的外观评价

处理	干面条颜色	煮熟的面条			
		白度	光泽度	透明度	面条硬度（最大切削力：g）
空白	6.0	6.0（微黄或微红）	6.0	6.0	259.9
2.0g Noop. +2.0g Pentopan	6.5	7.2（不黄也不红）	7.0	7.0	287.6

脂肪分解酶和木聚糖酶的混合物［Noopazyme：Pentopan＝1：1（重量比）］的效果在面粉中检测，所述的面粉来自相同的磨粉厂［Da Mo Fang（大磨坊）］所加工的相同小麦的不同磨粉流（milling stream）。具体地，DMF C1，3分别取自第一道和第三道芯磨辊（reduction roller），而DMF B1，3分别取自第一道和第三道皮磨辊（breakdown roller）。以四种剂量测试所述的酶混合物：0、6、10和20ppm。面条按标准步骤制备。检测数据应用DataColor获得。

正如预期的那样，从第一道芯磨辊得到的面粉所制成的面条比从第三道芯磨辊得到的面粉所制成的面条外观好（DMF C1/0ppm对比DMF C3/0 ppm）。同样地，从第一道皮磨辊得到的面粉所制成的面条比从第三道皮磨辊得到的面粉所制成的面条外观好（DMF B1/0ppm对比DMF B3/0ppm）。酶的应用减少了与磨粉阶段（milling stage）有关的差异。因此，应用酶混合物改善了磨粉阶段晚期的面粉所制成的面条的物理外观（DMF C3/6，10，20ppm对比DMF C3/0ppm和DMF B3/6，10ppm对比DMF B3/0ppm），并降低了晚期面粉与早期面粉所制成的面条的物理外观的不一致性（DMF C3/6，10，20ppm对比DMF C1/0ppm和DMF B3/6ppm对比DMF B1/0 ppm）。

上述酶处理的改善的效果在另外的实验中进一步经过人的主观评估来予以确认。该实验显示了8位检验员组成的小组（panel）用上述目测评价方法对煮熟的新鲜面条（煮4min）得到的数据。

与前面的实验结果相似，从第一道芯磨辊得到的面粉所制成的面条比从第三道芯磨辊得到的面粉所制成的面条的外观好（见表5-23-8，DMF C1/0ppm对比DMF C3/0ppm）。同样地，从第一道皮磨辊得到的面粉所制成的面条比从第三道皮磨辊得到的面粉所制成的面条的外观好（DMF B1/0ppm 对比 DMF B3/0ppm）。同样地，在此实验中，应用酶混合物也改善了磨粉阶段晚期的面粉所制成的面条的物理外观（DMF C3/10，20ppm 对比 DMF C3/0 ppm 和 DMF B3/20ppm 对比 DMF B3/0ppm），并降低了晚期面粉与早期面粉所制成的面条的物理外观的不一致性（DMF C3/10，20ppm 对比 DMF C1/0ppm 和 DMF B3/20ppm 对比 DMF B1/0ppm）。

B. **案例分析**

该申请通过体现面粉食品外观特性的白度、光泽度、透明度、硬度来呈现面粉食品的表观特性，记载了这些参数的测定方法、评价方法，通过与空白对照比较，评价了脂肪分解酶和木聚糖酶的混合物对面粉食品的影响，结果显示酶处理增强了面粉食品的白度、光泽度和透明度，对硬度没有负面影响。并用这些参数证实酶的应用减少了不同磨粉阶段面粉的影响，改善了磨粉阶段晚期的面粉制成的面条的物理外观。

另外，该申请通过人的感官评价，也得出了酶混合物改善了磨粉阶段晚期的面粉制成的面团的物理外观。

该申请通过定量和定性实验数据证实了酶处理获得的技术效果，最终得到一个对面粉食品比较系统完整的评价结果。

【案例 5－23－18】

A. **相关案情**

权利要求：

1. 一种减少丙烯酰胺生成量的薯条加工方法，该方法包括以下步骤：将新鲜马铃薯去皮，切成薯条，将薯条在冷水中浸泡 10～15min，然后在沸水中热烫 2～3min，捞出冷却，用滤纸将薯条表面的水吸干，于（150±2）℃烘箱中处理 5min；将薯条用多糖溶液浸泡 10～15s，沥干 1min，最后油炸即可。

为了证明减少丙烯酰胺的技术效果，给出了以下实验方法和数据：

薯条中丙烯酰胺含量的测定：

取薯条样品 2g，采用 HPLC-MS/MS 测定丙烯酰胺含量。Waters Micromass－Quattro Micro 三重四极杆串联质谱仪（HPLC-MS/MS），配备有 Waters－2695 型 HPLC 仪（美国 Waters 公司）、二极管阵列检测器、Venusil MP－C18 柱子（250×4.6mm，5μm）。HPLC 参数为：流动相为含 0.1% 甲酸的乙腈和水混合液，比例为 10∶90（体积比）；采用等度洗脱，流速 0.2mL/min，柱温 30℃，进样体积 20μL。

MS 参数：电喷雾电离源正离子模式（ESI +）；质谱扫描方式：多重反应监测（MRM）；毛细管电压：1.0kV；锥孔电压：20V；离子源温度：110℃；脱溶剂气温度：400℃；脱溶剂气流量：600L/h；锥孔气流量：50L/h；碰撞室入口电压：2.0V；碰撞室出口电压：3V；碰撞能量：20eV；碰撞室真空度：2.2×10^{-3} Torr。监测离子：丙烯酰胺母离子 m/z 71.7，子离子 m/z 54.8；13C3 – 丙烯酰胺母离子 m/z 74.7，子离子 m/z 57.8；定量离子：丙烯酰胺 m/z 54.8 和 13C3 – 丙烯酰胺 m/z 57.8。

用 MassLynx4.1 液质工作站软件（Waters 公司，美国）绘制丙烯酰胺标准曲线，并进行样品中丙烯酰胺的定量。丙烯酰胺的抑制效果以抑制率（%）表示：

抑制率 $= (1 - Ct/Ck) \times 100\%$

其中 Ct 和 Ck 分别表示采用该发明方法制作的薯条和对照例薯条中丙烯酰胺的含量（mg/kg）。

数据表明，实施例 1 ~ 9 中的薯条使用多糖膜作为被膜剂，实施例 10 未使用多糖膜，比较可看出，使用多糖膜的薯条中丙烯酰胺含量明显降低，丙烯酰胺的抑制率最高可达 81.0%，效果明显。并且，采用多糖膜处理薯条的时间较短（10 ~ 15s），而对丙烯酰胺的抑制效果却很明显，该方法实用性较强。

B. 案例分析

丙烯酰胺被认为是人类可能的致癌物，还可能对人类有生殖毒性和致畸性，研究发现很多油炸食品中含有丙烯酰胺，尤其是以薯条为代表的富含碳水化合物的油炸食品中含量较多，如油炸马铃薯片中丙烯酰胺的含量可达 4000mg/kg，远远高于世界卫生组织规定的饮用水中丙烯酰胺的上限值 0.5μg/L 的标准。

该申请通过选用对人体安全、无副作用的多糖膜作为被膜剂，多糖膜在薯条油炸前与薯条作用 10 ~ 15s，然后沥干油炸。被膜剂与薯条作用时间较短，能提高生产效率，易于操作，这种简便、特殊的加工工艺能在兼顾薯条感官品质的前提下，达到抑制薯条中丙烯酰胺生成的目的。为了验证薯条中丙烯酰胺生成得到了抑制，该申请记载了丙烯酰胺含量的测定方法，使用的仪器、参数以及计算方法，并给出测定和计算结果，得出薯条中丙烯酰胺含量明显降低。该申请通过定量测定确定丙烯酰胺抑制效果明显，技术效果显著。

（三）用途权利要求的技术效果

食品领域的用途权利要求的技术效果，如果用途体现在最终产品上，可以参考产品权利要求的技术效果进行评价，如果用途体现在方法中，可以参考方法权利要求的技术效果进行评价。

【案例 5 - 23 - 19】

A. 相关案情

权利要求

1. 如下制备的适合用作增白剂、脂肪替代物和/或蛋白质替代物的食品添加剂在生产食品中的应用：

在蒸汽加压蒸煮所述淀粉之中或之后，在酶催化下实施所述水解步骤，从而使葡萄糖当量（DE）达到 0.5 ~ 7；

所述脱支反应步骤起始于水解反应步骤之中或之后，并且在由脱支反应引起的 DE 增加为 0.2 ~ 7 时终止所述脱支反应。

该发明的食品添加剂可赋予食品奶油状、稠度、组织构造和脂肪样口感，因此是一种有吸引力的脂肪和/或蛋白质替代物。在食品中应用该发明食品添加剂作为脂肪和/或蛋白质替代物的好处包括其在性价比、热值和/或更小的变味（off - taste）上的优势，因为其只需更少量即可使加入该添加剂的食品达到相同的效果。

说明书中给出了以下实施例和实验：

材料和方法

反应条件

将 DE 为 2.4（Luff - Schoorl 法测定）的 Paselli SA2（AVEBE，Veedam，荷兰）的 30%（w/w）溶液 800 升在 60℃温度并搅拌下温育。用 1M 的 H_2SO_4 调节 pH 至 4.4。加入 0.3%（w/w，基于干燥物质）的 Optimax L1000（Genencor）后进行脱支反应 16h。通过加入 10% NaOH 使 pH 升至 7.0 并随后将混合物加热至 90℃持续 30min 使酶钝化以终止该反应。喷雾干燥后得到 DE 为 6.5 的产品 120kg。

分析方法

葡萄糖当量（DE,%）

采用 Luff - Schoorl 法测定葡萄糖当量［Schoorl（1929），Suiker titratie，Chemisch weekblad，5，p. 130］。

凝胶的制备

将 40g（干燥物质）产品加入 160mL 自来水（10 ~ 12°DH）中制备 20%（w/w）的凝胶。将混合物置于钢锅（16cm 直径）中加热，在搅拌器强烈的搅拌下烹制至少 1min。将重量校正至 200mL（以补偿被蒸发的水）并将混合物装入 200mL 的烧杯中（高型）。

质构仪（texture analyzer）测定

采用质构仪（Stable micro systems TA-HDi）以向后挤压（backwards - extrusion）法测定凝胶的强度。1 英寸的探针被压入凝胶中 40mm 又被移除。应用下列设置：

Pn 测试速度 5mm/s

测试速度 2mm/s

测试后速度 5mm/s

距离 40.0mm

自动触发（trigger auto），8g

将产品基于最大力量进行比较。

浊度

将样品在快速黏度测定仪（RVA - 4，Newport Scientific）中以 2%（w/w，干燥物质）的浓度溶于 1% NaCl 的去离子水溶液用于浊度测定。使用下列参数（profile）（混合物用量：40g）

起始温度 50℃

500r/min 搅拌 10s

250r/min 搅拌 20s

222s 内由 50℃ 升温至 95℃

在 95℃ 维持 600s

将混合物转移至试管中，室温下静置 1h 后用 RATIO/XR 浊度计测定。

结果

表 5 - 23 - 9 所示为脱支化 Paselli SA2（不同 DE 的）的值，所测定值为白度和胶凝强度。ΔDE 为 0.5 ~ 2.5 时得到高胶凝强度，ΔDE > 4 时为低胶凝强度。白度随脱支化程度增加而增加。在 ΔDE 为 3.2 或更高时超过最高可测值（2000NTU）。

表 5 - 23 - 9：脱支化 Paselli SA2 的浊度和胶凝强度

表 5 - 23 - 9（略）

B. 案例分析

该申请的发明点在于“在由脱支反应引起的 DE 增加为 0.2 ~ 7 时终止所述脱支反应”，通过选择葡萄糖当量作为判断淀粉分子酶脱支程度的“关键性参数”，并在葡萄糖当量达到该申请所述的程度时才结束所述脱支反应，从而实现所得食品具有奶油状、平滑的、白色脂肪状的稠度。

为了证明能够获得上述稠度，该申请选择能够体现该效果的两个参数：凝胶强度和浊度，通过测定不同葡萄糖当量增量下这两个参数的变化，证明获得了所述技术效果。在说明书中，具体记载了测定这两个参数所需的材料，采取的方法，所需的反应条件，并记载了测定结果，以及对所得结果进行的分析，比较完整地记载了整个实验过程。

该申请如果能够提交对比实验资料，证明该申请权利要求 1 技术方案得到的产品具有奶油状、平滑的、白色脂肪状的稠度优于由现有技术的方法所制备的产品，这样的实验对证明该申请的技术效果更有说服力。

三、保健食品的技术效果

（一）保健功效的分类

说明书中记载的技术效果是专利审查过程中确定发明实际解决技术问题的依据，是用于判断技术方案贡献（创造性）的关键内容。保健食品涉及的技术效果以保健功效为主，还包括基于食品属性的技术效果，如改善感官特性、改善理化特性和改善生产效能等，具体可以参见前述内容，这里仅就体现保健食品特色的保健功效部分进一步详细说明。

保健食品领域专利申请中所涉及的保健功效可以分为以下几类：

（1）补充强化类保健食品。以补充维生素、矿物质等为目的的营养强化功效，通常包括提高营养吸收，强化营养成分，补充膳食营养等技术效果，比如在饮料中添加螯合钙以补充和提供钙质。

（2）养生改善类保健食品。以养生、改善机能为目的的一般保健功效，如通过对机体的调节，起到养生、改善、增强或提高等作用，例如，含有中药成分的具有清热去火功能的保健食品。

（3）保健食品注册过程中规定可申报的 27 种特定保健功效，该类保健功效以调节具体、特定机体功能为目的，或者是针对特定人群的具有防御性或辅助治疗性的功能效果，如增强免疫功能、辅助降血脂功能等。

（4）其他特定保健功效。不同于保健食品注册，保健食品的专利申请中还可以包括 27 种特定保健功效之外的其他特定保健功效，如特定患者的营养补充等。

（二）涉及不同保健功效发明的撰写要求

依据可预见水平不同，说明书中对保健功效记载程度的要求不同。

如果保健功效是本领域技术人员能够根据本领域普通技术知识和现有技术推测得到的，则无需在说明书中提供有关证据或实验数据来证实。但这种情况下，针对该功能的技术效果通常很难满足创造性要求。

如果现有技术关于产品是否能够产生所述的功能或者效果没有任何依据，或者被认为是产生新的功能，或者说明书对保健功效的描述与通过普通技术知识和现有技术的推断正好相反，或者被认为是克服存在的技术偏见，则必须要求说明书中给出充分的证据加以证实。

1. 补充强化和养生改善类保健食品

对于上述（1）（2）类具有补充强化、养生改善的保健食品，功能或效果往往已经被现有技术证实，因而一般不需要提供证据来证实。具体地：

对于以食品为基料、增加补剂的保健食品，其功能和效果通常是显而易见的，因为当本领域技术人员根据说明书的记载而确认发明的产品后，该产品所产生的效果是能够根据普通技术知识和该领域中的现有技术推测得到的，因此通常无需说明书必须提供有关证据或实验数据来证实。

对于增加功能性成分的食品、由药食两用原料制成的各种形式的保健食品和以中药为原料制成的各种形式的保健食品，只要本领域技术人员可以确定该产品所采用的各种原料的功能与所描述的效果一致，就可以认为该产品是公开充分的，不需要提供定性或定量的实验数据来证明其用途或效果。

例如，一种含有金银花成分的饮料，由于金银花本身就有降低人群咽喉部带菌率和清热、戒毒的作用，因此含有该成分的饮料具有清咽利喉的功效无需证明和质疑，即使说明书中只提到该饮料具有清咽利喉作用而无任何证明，该作用也可以被认可，因为该饮料的功能正是其所添加的成分所带来的。

2. 特定功能的保健食品

对于上述（3）（4）类特定功能的保健食品，通常情况下，应当在说明书中提供能够证明其所述功能或效果的实验数据，或者提供在现有技术的基础上能够推导其所述功能或效果的机理说明。理论上，只要足以证明保健食品的功能或效果，任何可信的实验及其数据或机理性推导都是可以采用的，申请人可以根据产品的作用机理和研发情况选择合适的功效证明方法。所述的保健功能即技术效果应在原始说明书中有所记载，后提交的证据或数据不能补充到原始申请文件中，这些证据或数据可以对原始说明书中记载的技术效果起到强化说服力的作用。

但是，在某些情况下，如果现有技术中已经证明了相应功能因子或相似组成的保健食品所具有的功能，则不需要在专利申请说明书中再次进行可信性证实。这种现有技术给出证明的方式通常是：①国家有关主管部门对于类似保健食品的批准。比如，螺旋藻作为保健食品已经在市场上销售，而其被食品药品监管局所批准的功能为免疫调节。那么，现在以螺旋藻为主要原料制成的产品可被推定为具有免疫调节作用，因而专利申请人不必再给出详细功能验证方案。②本领域权威性现有资料对功能的确认。比如，教科书、工具书等具有较高可信度的现有文献资料中公开了大蒜素具有提高免疫力的功能。那么，以大蒜素作为功能因子的产品可被推定具有免疫调节作用，因而也不必再在专利说明书中给出功能验证方案。③现有资料中验证了功能，并给出了验证该功能的详细、合理、可信的试验方案。也就是说，即使公开了相应功能的现有文献资料并非足够权威，公开相应功能的现有技术数量也不多，但只要现有文献中给出了验证该功能的详细、合理、可信的试验方案，则相似组成的产品也可被推定具有相应功能。④现有技术中对功能的确认存在不同的学说或理论，有的理论认为某种技术方案在一定的条件下可以具有某功能，而另一种理论认为该方案未必能够具有某功能，如果申请人能够充分说明自己的发明是基于某种理论作出的，达到令本领域技术人员信服的程度，也可以不要求原始申请文件中必须有试验数据加以证实。

（三）保健功效的实验数据撰写建议

在保健功效实验数据的具体撰写中，通常建议对下述项目有明确清晰的记载：①受试样品，包含实验样品和对照的组成和制备方法。②实验过程，包含动物或人群的选择标准，数量及分组方法，受试样品给予方式、剂量和周期。实验设计合理。③指标测定方法。④结果判定方法。采用本领域普遍认可的结果判定方法。⑤实验数据结果及分析。应在记载各组实验数据的基础上，对数据进行处理分析，得到有统计学意义的结论，不能仅给出结论性数据。

在此基础上，进一步记载实验原理和设计依据；实验材料来源；原始实验数据、数据处理方法、统计分析方法、差异的显著性分析等能够增加实验数据的可信度，同时帮助本领域技术人员更好地理解技术方案能够达到的技术效果。

此外，对于保健食品注册中有明确规定的 27 项特定保健功效，推荐按照保健食品注册过程中的现行功效评价标准进行实验设计。目前而言，2012 年原食品药品监管总局修订的“抗氧化功能评价方法”等 9 个保健功能评价方法[2]是现行有效的功能评价方法，而由于《保健食品检验与技术评价规范》（2003 年版）的废止，其他保健功能尚无替代的功能评价方法（可关注进一步的动态变化），但在专利申请仍可参考《保健食品检验与技术评价规范》（2003 年版）中明确规定的基本原则设计实验，并根据本领域普通技术知识和常规技术手段进一步确定具体检测指标及功效判断标准。其中，对动物实验和人体试食实验的部分要求如下：

① 动物实验的相关要求：

a. 至少包括三个剂量组，另设阴性对照组，必要时可设阳性对照组或空白对照组。剂量选择合理。

b. 实验动物的数量要求为小鼠每组10～15只（单一性别），大鼠每组8～12只（单一性别）。

c. 给受试样品的时间根据具体实验而定，一般为30天。

② 人体试食实验的相关要求：

a. 实验人数每组不少于50例。此为保健食品注册中人体试食实验的人数标准，在专利申请中该人数标准并非绝对要求，但通常认为每组不少于50例的实验人数得到的实验结果更有说服力。

b. 实验期限要求为，原则上不得少于30天（特殊情况除外），必要时可以适当延长。

但鉴于保健食品专利审查不同于保健食品注册，申请人在发明申请文件中记载的保健功效及其实验数据并不完全等同于保健食品注册的要求，只要本领域技术人员可以确信所述技术方案能够实现所述技术效果，专利审查部门一般也是可以接受的。

下面案例中的保健功效实验数据可以供申请人参考，同时，应当认识到具体案例的保健功效需要根据具体案情并结合现有技术情况进行撰写，并非一概而论。

【案例5－23－20】

A. **相关案情**

该案例涉及一种具有增强免疫力功能的组合物，其由大蒜油和印加果油组成，说明书中关于增强免疫功能的动物实验记载如下：

1. 实验材料

实验动物：BALB/C 1月龄二级小鼠，雌雄各半，体重（20±2）g，健康状况良好，由武汉大学医学院实验动物中心提供，生产许可证号：SCXK（鄂）2008－0004。每批动物随机分组。

本实施例功能食品为根据实施例1的配方制备得到的大蒜油与印加果油软胶囊，推荐剂量为小鼠每日2mg/(kg·bw)（体重），分别以小鼠推荐0.5倍、1倍和2倍作为低剂量组［1mg/(kg·bw)］、中剂量组［2mg/(kg·bw)］、高剂量组［4mg/(kg·bw)］。

设4个阳性对照组，阳性对照1组为黄芪多糖胶囊（主要原料：黄芪、低聚异麦芽糖，内蒙古双奇药业股份有限公司，国食健字G20040082），阳性对照

2～4 组为……

其他主要的试剂试药为：绵羊红细胞（SRBC）、Hank's 液、豚鼠血清、墨汁。其中 Hank's 液的配制方法为……

2. 实验方法

实验采取灌胃法。每日灌胃一次，空白对照组灌同等体积蒸馏水。各组小鼠连续给予受试物 30 天后，测定各项指标。

（1）对小鼠体重、胸腺/体重、脾脏/体重的影响。

（2）对小鼠抗体生成细胞（PFC）的影响。

抗体生成细胞的测定，溶血空斑实验，是一种体外检测单个抗体形成细胞（浆细胞）的方法。腹腔注射 0.2mL 2%（v/v）SRBC 免疫每只小鼠。免疫 5 天后，取小鼠脾脏制成细胞浓度为 5×10^6 个/mL 的脾细胞液。溶解琼脂糖制成 1%的溶液，于 48℃水浴保温，与等量 2 倍浓度的 Hank's 液混合，分装至小试管中，每管 0.5mL。加入 0.05mL 10% SRBC 和 0.01mL 脾细胞悬液，迅速混匀，倾倒在玻片上。于 37℃恒温箱中温育 1h，将补体（豚鼠血清）加在玻片槽中，再温育 1.5h。计数空斑。

（3）对小鼠溶血素抗体生成作用的影响（血清溶血素的测定）（略）。

（4）对小鼠碳廓清的影响（略）。

3. 实验结果

（1）体重、胸腺/体重、脾脏/体重的测定结果（略）。

（2）抗体生成细胞（PFC）测定结果。

抗体生成细胞（PFC）检测结果表 5－23－10 所示。

表 5－23－10　受试物对小鼠抗体生成细胞数的影响

组别	剂量［mg/(kg·bw)］	动物数（只）	抗体生成细胞数（X±S）	P 值
空白对照组	0	48	72±21	—
阳性对照 1 组	1 粒	48	81±13	0.0256
阳性对照 2 组	0.5mL	48	83±14	0.0342
阳性对照 3 组	1 粒	48	79±20	0.1124
阳性对照 4 组	1 粒	48	83±43	0.043
低剂量组	1	48	99±16	0.1234
中剂量组	2	48	101±13	0.2135
高剂量组	4	48	92±14	0.0156

由表 5－23－10 可知，经口给予小鼠不同剂量的受试物 30 天后，与空白对照组比较，阳性对照 1 组以及低、中剂量组的 PFC 数量有显著差异（P <

0.05)，说明高剂量组以及3个阳性对照组对小鼠PFC无影响，而阳性对照1组、低剂量组、中剂量组对小鼠PFC有显著影响。

(3) 血清溶血素的测定结果（略）。

(4) 小鼠碳廓清实验结果（略）。

由本发明的功能食品提高免疫力功能性的实验前后结果表明，各批小鼠体重、胸腺/体重比值、脾脏/体重比值均无显著差异。在小鼠抗体生成细胞检测实验、血清溶血素测定实验、以及小鼠碳廓清实验中，其结果有显著性差异。根据《保健食品检验与评价技术规范》中的增强免疫力功能评价标准，本发明的功能食品具有增强免疫力的功能和作用，而且本发明的功能食品对增强免疫力的作用优于单一成分的黄芪、低聚果糖、壳寡糖、酵母葡聚糖的作用效果。

B. 案例分析

该案例依据本领域《保健食品检验与评价技术规范》设计实验，实验结果与待证明的保健功效相关联。实验包括高、中、低三个剂量组，空白对照组合和四个阳性对照组，剂量选择合理。实验动物数量和给受试样品的时间符合相关要求。对实验材料、过程的记载清晰完整。具体地，从来源、组成及制备方法多个角度对实验样品、对照及其他主要试剂的作出清楚说明；记载了实验动物来源、选择、分组方法；记载了受试样品给予方式、剂量和周期；记载了指标测定方法和结果判定方法，并在记载各组实验数据的基础上，进行差异的显著性分析，给出实验结论。

【案例5-23-21】

A. 相关案情

该案例涉及一种具有减肥功能的组合物，其由大蒜油和印加果油组成，说明书中关于减肥功能的人体试食实验记载如下：

1. 实验材料及方法

本发明各实验品，由深圳华大基因研究院提供，按照本发明实施例1~3制备得到的大蒜油与印加果油组合软胶囊。

受试对象：经体检符合实验要求，超重度在20%以上的肥胖志愿者150名，无其他疾病，内脏功能正常。

方法：采用自身对照设计，将受试者随机分为3组，每组50人，按组1服用组合1、组2服用组合2、组3服用组合3，每日服用1次，于饭后服用，连续服用30天。试食期间日常饮食及运动量与实验前保持一致。各项指标于试食实验开始及结束时各测试1次。

2. 功效性观察

① 测量身高（cm）、体重（kg）并计算标准体重、超重度：

成人标准体重(kg)＝[身高(cm)－100]×0.9

超重度(%)＝(实测体重－标准体重)/标准体重×100%

② 体内脂肪总量（kg）及脂肪百分率（%）测定：用电阻抗仪测定人体脂肪含量。

③ 腰围、臀围（cm）测量：用皮尺测量。

3. 观察结果

3.1 体重、体内脂肪总量及脂肪百分率测定

关于对试食前后的体重、体脂，服用各组含功能食品的病人，与试食前相比，试食30天后病人的体重、体脂较试食前均有明显的降低，体脂百分率较试食前有明显的升高，具体结果见表5－23－11。

表5－23－11　试食前后体重、体脂测定结果（±s，n＝190）

组别	试食前			试食30天后		
	体重(kg)	体脂总量(kg)	体脂百分率(%)	体重(kg)	体脂总量(kg)	体脂百分率(%)
组1	88.1±10.3	32.2±0.5	30.2±3.1	83.3±12.2*	25.7±1.3*	28.1±1.3*
组2	96.3±10.2	30.2±1.5	30.1±1.4	87.1±12.8*	23.6±1.7*	26.1±1.7*
组3	82.5±12.2	32.5±1.7	30.2±3.2	73.2±12.0*	24.6±2.0**	27.7±1.4*

注：*表示 $P<0.05$；**表示 $P<0.01$。

3.2　腰围、臀围的测量

关于对试食前后的腰围、臀围，服用各组组合物的病人，与试食前相比，试食30天后病人的腰围、臀围较试食前均有明显的降低，具体结果见表5－23－12。

表5－23－12　试食前后腰围、臀围测量结果（±s，n＝190）

组别	试食前（cm）		试食30天后（cm）	
	腰围	臀围	腰围	臀围
组1	113.1±10.1	103.5±11.6	105.1±13.2*	92.7±10.3*
组2	122.0±10.7	117.7±10.2	103.2±11.2*	103.0±13.0**
组3	112.7±12.0	106.2±11.2	104.3±13.5*	94.3±10.3*

注：*表示 $P<0.05$；**表示 $P<0.01$。

本试食实验中，受试者连续服用实施例所制保健食品30天后，体重、体内

脂肪总量、体脂百分率、腰围、臀围均显著下降。由此可见，本发明的大蒜油与印加果油组合功能食品对人体具有明显的减肥作用，且服用期间未见不良反应。

B. **案例分析**

该案例对受试样品、实验过程、指标测定方法、结果判定方法均有明确清晰的记载，实验人数和周期符合要求，在详细记载实验数据的基础上通过显著性分析得到有统计学意义的结论。虽然原国家食品药品监督管理总局于2012年修订的“减肥功能评价方法”中涉及的检测项目还包括皮下脂肪厚度，该案例并未包含相应功能评价标准中的全部检测项目，但依据该案例保健食品的原料组成以及受试者连续服用30天后体重、体内脂肪总量、体脂百分率、腰围、臀围均显著下降的实验结果，本领域技术人员确信该申请能够取得减肥的技术效果。

第二十四章

权利要求的撰写

第一节　权利要求书的清楚性要求

《专利法》第二十六条第四款规定：“权利要求书应当以说明书为依据，清楚、简要地限定要求专利保护的范围。”

一、主题类型应当清楚

一项权利要求可以是产品权利要求或者方法权利要求。如果一项权利要求的主题名称写作“一种产品及其制备方法”，则该权利要求的主题既包括了产品权利要求又包括了方法权利要求，将导致该权利要求的主题类型不清楚。如果权利要求请求保护的主题名称为“技术”，则无法确定该权利要求是产品权利要求还是方法权利要求，将导致权利要求的主题类型不清楚。

【案例 5－24－1】

A. **相关案情**

权利要求：

1. 一种……产品及其制备方法，其特征在于……

B. **案例分析**

由于上述权利要求的主题名称中既包括了产品又包括了方法，因此其主题类型不清楚。

【案例5－24－2】

A. **相关案情**

权利要求：

1. 一种白酒技术，其特征在于：……

B. **案例分析**

由于上述权利要求的主题名称为“技术”，因此无法确定该权利要求是产品权利要求还是方法权利要求，也会导致权利要求的主题类型不清楚。

通常情况下，在确定权利要求的保护范围时，权利要求中出现的所有特征均将予以考虑，而每一个特征的实际限定作用应当最终体现在该权利要求所要求保护的主题上。如果一项权利要求中记载了功能，例如，一项主题为“一种增强免疫力的保健食品”的权利要求，其中所提到的功能应当被视为该技术方案的技术特征之一。此时，“增强免疫力”成为要求保护的范围，表明该权利要求是要求保护具有“增强免疫力”这种特定功能的保健食品，而不是普通的食品。

二、出现两个或者两个以上不同的保护范围

如果在同一个权利要求中出现了两个或者两个以上不同的保护范围，且这两个范围所限定的对象为同一对象，则会导致该权利要求的保护范围不够清楚、明确。

【案例5－24－3】

A. **相关案情**

权利要求：

1. 一种速溶咖啡的制备方法，……

2. 如权利要求1所述的速溶咖啡的制备方法，其中萃取液的pH为4～6，优选5。

B. **案例分析**

上述权利要求中萃取液的pH同时存在着4～6与5这两个范围，导致该权利要求的保护范围不清楚。

【案例 5－24－4】

A. **相关案情**

权利要求：

1. 一种产品，……

2. 根据权利要求 1 所述的产品，在加工中，物料的环境温度，或者机械和物料摩擦间的瞬间温度控制最高在 68℃以下。

B. **案例分析**

该权利要求在使用的“或者”一词前后，限定了“环境温度”和“机械和物料摩擦间的瞬间温度”两个对象，因而在一项权利要求中限定出不同的保护范围，导致权利要求不清楚。

三、括号中的内容是括号外内容的上位或者下位概念

如果权利要求中使用了括号，且括号中的内容是括号外内容的上位或者下位概念，则会导致权利要求的保护范围不清楚。

【案例 5－24－5】

A. **相关案情**

权利要求：

1. 一种月饼面皮，其特征在于由面粉，杂粮粉（玉米粉）组成。

B. **案例分析**

括号外的“杂粮粉”与括号内的“玉米粉”属于上下位概念，括号的使用使得权利要求限定出两个不同的保护范围，导致该权利要求的保护范围不清楚。

四、权利要求中语句存在相互矛盾

（一）技术术语用词前后矛盾或者不一致

【案例 5－24－6】

A. **相关案情**

权利要求：

1. 一种白酒的制备方法，其特征在于……，得到所述的黄酒。

B. **案例分析**

主题名称是一种白酒的制备方法，而最终产品得到所述的黄酒，技术术语

明显前后矛盾。

【案例5-24-7】

A. **相关案情**

权利要求：

1. 一种苦瓜酒，相应内容为“筛选灵芝……，先将其浸泡在白酒中，制成药酒……

2. 一种权利要求1所述的苦瓜酒的制备方法，其特征在于，将所述中药材原料按配比混合后，置于蒸馏酒中，……按5%加入白酒中……

B. **案例分析**

权利要求2记载的技术方案，在制成药酒的过程中，分别使用了“蒸馏酒”和“白酒”两种酒，与其引用权利要求1中记载的只使用一种“白酒”出现了记载不一致的情况，使得该权利要求产生歧义，不能确定该蒸馏酒是否等同于白酒，因此导致保护范围不清楚。

（二）原料种类或者用量的前后表述不一致

如果同一项权利要求中对于所用原料种类或用量在前后两部分的表述存在不一致，或者同一项权利要求中分别使用上下位概念来表述同一种原料，则会导致该权利要求的保护范围不清楚。

【案例5-24-8】

A. **相关案情**

权利要求：

1. 一种营养面粉，其特征在于由以下原料大米、小米、玉米、小麦粉和黄豆，经以下步骤制成：将大米、小米、玉米分别加工成粉状，最后将这些粉与小麦粉混合得到所述的营养面粉。

B. **案例分析**

在方法步骤中缺少对原料黄豆加工的表述，如果不加工，则与“面粉”矛盾。

【案例5-24-9】

A. **相关案情**

权利要求：

1. 一种营养面粉，其特征在于由以下原料大米、小米、玉米、小麦粉和黄豆，经以下步骤制成：将黑米、小米、玉米和红豆加工成粉状，最后将这些粉与小麦粉混合得到所述的营养面粉。

B. **案例分析**

原料中表述的是“大米”“黄豆”，而在方法步骤中却变成了“黑米”“红豆”，明显前后矛盾。

【案例5－24－10】

A. **相关案情**

权利要求：

1. 一种饮料的制备方法，其特征在于所用原料为：苹果1~10份，糖2~4份，水50~70份，并包括以下制备步骤：将苹果……，将冰糖溶化，最后与矿泉水混合。

B. **案例分析**

原料中的“糖”在方法步骤中却变成了“冰糖”。“糖”和“冰糖”是上下位概念，使其保护范围不确定，导致该权利要求不清楚。针对该缺陷，申请人可以根据说明书的整体记载进行修改，例如，可以将上位概念保留于独立权利要求中，而将该下位概念写入从属权利要求中。

（三）其他出现矛盾的情形

在食品领域中，有些权利要求会撰写成“由……组成”的封闭式权利要求，其表示请求保护的产品是由所列出的组分而组成，这一般也意味着是由所列出的最终组分组成该产品。然而，多数情况下很难用最终组分来描述产品，权利要求中所列出的物质也往往是制备该产品所用的原料而不一定就是组成该产品的最终组分，因此实际上采用的是以原料与方法结合来限定该产品。

通常在以下两种情况下会采用“由……组成”的写法：一是所用的原料仅仅经过类似粉碎、简单混合等纯物理性加工，最终组分与原料只是在物理形式上不同；二是以“由……组成”对原料进行限定，例如，写成“一种……产品，其特征在于所用的原料由……组成”。

此外，应当特别注意，“由……组成”与“由……制成”不能混淆，虽然只差一个字，但并不是一类权利要求。“由……组成”是组分限定的组合物权利要求，而“由……制成”是方法定义的产品权利要求。

【案例 5－24－11】

A. 相关案情

权利要求：

1. 一种不易吸湿的蜂蜜粉，其特征在于所述蜂蜜粉由按重量百分比的蜂蜜45%～60%、卵磷脂2%～3%、大豆蛋白1%～2%、明胶3%～5%、β－环糊精2.5%～3.5%和余量为麦芽糊精组成；先将明胶、大豆蛋白、卵磷脂、麦芽糊精和β－环糊精完全溶于水后，加入蜂蜜，再用酸度调节剂调节pH到7，且用压力均质混合，通过喷雾干燥脱去溶液中的水分，促使蜂蜜干燥成粉。

B. 案例分析

该权利要求所述蜂蜜粉先限定了“由……组成”，随后又限定了具体的制作过程。然而，“由……组成”中所述的物质是制备蜂蜜粉的原料，经过所述制作过程的加工后，最终蜂蜜粉的组成和含量已发生变化，如蜂蜜中的水分被脱去一部分。显然，所请求保护的蜂蜜粉不是由所述的原料组成的，或者说“由……组成”中所限定的物质不是最终成分，只是制备用的原料。因此该权利要求存在矛盾，导致保护范围不清楚。在此情况下，建议撰写成“由……制成”的形式。

五、权利要求整体上不清楚

（一）缺乏引用的基础

【案例 5－24－12】

A. 相关案情

权利要求：

1. 一种蛋糕的加工方法，其特征在于，将蛋清先后进行低速搅打和高速搅打。

2. 如权利要求1所述的加工方法，其中所述中速搅打的转速为60～80转/min。

B. 案例分析

权利要求2引用了权利要求1，但权利要求2进一步限定的“中速搅打”与权利要求1中的内容并无对应关系，“中速搅打”在权利要求1中并未出现，也就是说没有引用的基础，造成权利要求2的保护范围不清楚。

（二）引用关系不清楚

【案例 5-24-13】

A. 相关案情

权利要求：

1. 一种羊胎盘食品原液的制备方法，其特征在于，A，……

2. 一种羊胎盘食品原液的制备方法，其特征在于，B，……

3. 根据权利要求 1 或者 2 所述一种儿童营养强化型羊胎盘营养口服液的制备方法，其特征在于，将权利要求 1 或者 2 制备方法所获得的食品原液进行调配。

B. 案例分析

权利要求 1、2 的主题名称为“制备方法”，因此权利要求 3 在引用权利要求 1 或者 2 时，权利要求 3 的主题名称与其引用的权利要求 1 或者 2 的主题名称不一致，使得权利要求 3 对权利要求 1 和 2 的引用关系不清楚，导致权利要求 3 的保护范围不清楚。在此情形下，权利要求 3 可以撰写成“一种儿童营养强化型羊胎盘营养口服液的制备方法，其特征在于，将权利要求 1 或者 2 制备方法所获得的食品原液进行调配”，即可避免上述问题的出现。

第二节　权利要求应当得到说明书的支持

《专利法》第二十六条第四款规定：“权利要求书应当以说明书为依据，清楚、简要地限定要求专利保护的范围。”

权利要求书应当以说明书为依据，是指权利要求应当得到说明书的支持，也就是说请求保护的发明的技术方案应当是所属技术领域的技术人员能够从说明书充分公开的内容中得到或者概括得出的技术方案，其不得超出说明书公开的范围。

一、组合物的开放式权利要求得不到说明书支持

如果权利要求请求保护的组合物包括若干种组分，而说明书中没有描述除这几种组分之外的其他组分，则通常认为这种开放式的限定方式会导致权利要求得不到说明书的支持。当然，如果该领域技术人员依据背景技术能够确定该组合物可以包含除这几种组分之外的其他组分，则也可以允许这种限定方式。

【案例5-24-14】

A. **相关案情**

权利要求：

1. 一种发酵豆粕，其中所用的发酵菌种包含枯草芽孢杆菌、黑曲霉和乳酸片球菌，其质量比为2∶2∶1。

B. **案例分析**

由于发酵菌种的组成属于必要技术特征，该申请的说明书中并未描述除这三种菌种之外的其他菌种，通常认为这种开放式的限定方式会导致权利要求得不到说明书的支持。在撰写时，可以将其撰写成“由……组成”的方式。

二、权利要求未记载在说明书中或者与说明书的记载不一致

如果权利要求的内容未记载在说明书中或者与说明书的记载不一致，则会导致权利要求得不到说明书的支持。

【案例5-24-15】

A. **相关案情**

权利要求请求保护的组合物由A、B和C组成，而说明书中公开的组合物由A、B和D组成。

B. **案例分析**

权利要求中的组合物组成与说明书中记载的组合物组成不一致，导致权利要求得不到说明书的支持。

【案例5-24-16】

A. **相关案情**

权利要求1请求保护一种无糖低热能甜茶糖的制造方法，其中步骤7“将脱色液在30~60℃下进行真空浓缩”，而说明书技术方案相应记载的是“将脱色液在50~70℃下进行真空浓缩”，三个实施例中的真空浓缩温度分别是60℃、50℃、60℃。

B. **案例分析**

该权利要求1限定的温度范围与说明书公开的温度范围明显含义不一致，因此该权利要求得不到说明书的支持。此时申请人可以根据具体情况修改权利要求书或者说明书。

三、采用上位概念或者概括了一个较大的范围

如果权利要求中采用上位概念或者概括了一个较大的范围，且该领域技术人员无法根据说明书记载的内容以及背景技术确定该上位概念或者较大范围下的任意方案均能解决其技术问题，则认为该权利要求未得到说明书的支持。

【案例 5－24－17】

A. 相关案情

权利要求请求保护一种水果清汁的制备方法，其特征在于：……，加入酶进行酶解，灭酶后过滤得清汁。

B. 案例分析

由于该申请的说明书中仅提及了果胶酶，并且从该领域的常识判断其他的酶如蛋白酶和脂肪酶不可能解决该申请的技术问题，因此导致权利要求得不到说明书的支持。

假如在该申请中酶种的选择不是技术改进点，该领域技术人员可以选择包含果胶酶、蛋白酶、淀粉酶等任意酶种均可解决其技术问题，则可以不必将“果胶酶”的技术特征写入独立权利要求中。

【案例 5－24－18】

A. 相关案情

权利要求请求保护一种保健食品，由乌鸡，山楂，甲鱼制成。

B. 案例分析

说明书中特别提到该申请采取了酶解技术，将蛋白质、脂肪分子量变小，易于吸收，而“由……制成”概括了该领域所有的制备方法，包含了如简单混合的情况，但从该申请说明书来看，该制备方法对于解决技术问题与实现技术效果是不可或缺的，其他方法如简单混合就不可能解决其技术问题且实现技术效果，因此该权利要求得不到说明书的支持。在这种情况下，申请人可以将制备方法写入该产品权利要求中。

四、对“由……制成”的理解

“由……制成（或者配制而成）”是一种方法定义的产品权利要求，通常仅根据其本身的含义无法判断对所限定的原料是开放式或者封闭式限定，可以根据说明书全文将其解释为开放式或者封闭式权利要求。

如果根据说明书及附图的解释将“由……制成”理解为开放式撰写形式后，则需要考虑权利要求是否得到说明书支持的问题。

第三节　不同权利要求类型的撰写

食品领域专利申请的权利要求通常以产品、方法或者用途的形式出现，下面将分别进行具体介绍。

一、产品权利要求

（一）用组成与含量限定的产品

这类产品通常以组合物的形式存在，通常是将各种原料按一定比例经混合或者其他工序简单处理后所得的产品，其发明的关键一般在于原料的选择配伍与用量比例的调整。由于混配的原料通常也是最终产品的组成，因此所得的产品的组成与组分含量也基本是清楚、明确的。

对于这类申请的权利要求，可以使用“包括”“包含”进行开放式限定，也可采用“由……组成”进行封闭式限定，也可以采用“由……制成”的方式进行限定。对于组分用量的限定，既可以采用重量百分比的方式，也可以采用重量份数的方式。

【案例5－24－19】

A. **相关案情**

权利要求：

1. 一种阿胶薏米大米粥，其特征是，主要由下列重量百分比的原料制备而成，大米40%～80%，薏米5%～15%，大枣5%～15%，阿胶5%～15%，糖5%～15%。

B. **案例分析**

由于食品产品中通常会涉及多种原料及其用量比例，此时需要注意各原料之间的关系，原料之间不应有上下位概念方面的重叠，同一种原料也不应重复出现。另外，当采用百分比限定用量比例时，需要注意各组分之和应当能够等于100%。

【案例 5-24-20】

A. 相关案情

权利要求：

1. 一种抗衰老低聚木糖口香糖，其特征在于它是由下列重量配比的原料制成：竹叶提取物 1~100 份、竹盐 0.1~10 份、低聚木糖 0.1~10 份、维生素 C 1~10 份、维生素 E 1~10 份、木糖醇 10~1000 份、麦芽糖醇 10~1000 份和口香糖胶基 10~4000 份。

B. 案例分析

对于各组分用量的限定，通常容易出现的问题是对用量的范围限定不够合理，出现过宽的情况。针对不同申请而言，需要根据各自的技术内容选择合理的范围进行限定，从而得到说明书形式上和实质上的支持。

（二）以制备方法限定的产品

在食品领域中，有时需要采用制备方法来限定食品产品。一种情况是，对于食品而言，有时不仅是各原料的混合或者简单处理，还需要经过特定工序加工而得，如焙烤、熏制、提取等来获得特定的风味、口感、质地或者功效。由于该产品是由特定方法制备从而具有相应的风味、口感、质地或者功效，仅以原料组成与用量来限定不足以清楚、明确地表征该产品，此时方法特征需要作为必要技术特征限定在权利要求中，尤其是方法步骤中的关键特征，如处理工序与参数等。

另一种情况是，食品产品中所用原料本身就是成分难以明确确定的物质，如某种中药提取物；或者在制备过程中有可能发生化学、生化反应而使得最终产品的成分和含量难以清楚地界定，则也需要将方法特征限定到权利要求中。

在某些情况下，虽然最终产品的组成难以具体确定，但由于原料相对确定且仅仅是通过常规制备方法制得，其发明的关键在于原料和/或者配比的选择，发明改进之处不在于制备方法，则可以仅仅以原料与用量来进行限定。

【案例 5-24-21】

A. 相关案情

权利要求：

1. 一种类牛油特性的低反式酸基料油，其特征在于，包括如下组分及其重量百分比：

牛油 15%~30%、硬脂棕榈油 15%~35%、软脂棕榈油 35%~60%和椰子油 5% ~15%。

所述类牛油特性的低反式酸基料油通过以下步骤制得：

(1) 将所述组分混合添加至反应釜后，将反应釜进行抽真空，使其压力强度为 1 ~8mbar；

(2) 将反应釜内的混合油加热至 100 ~110℃，搅拌均匀；

(3) 将反应釜的温度降至 90 ~100℃，加入碱溶液反应 10 ~30min 后，将反应釜恢复常压，加入酸溶液停止反应，得反应液；

(4) 将步骤 S3 得到的反应液加入离心机中，去水，得油液；

(5) 往步骤 (4) 得到的油液中加入活性白土，搅拌，过滤，将滤液导入脱臭塔，脱臭塔的温度控制在 230 ~270℃，降温至 55 ~65℃，即得。

B. **案例分析**

对于这类权利要求的撰写，通常容易出现的问题是将过多的非必要的步骤特征或者参数特征限定到独立权利要求中。例如，离心机的特征属于非必要技术特征，从而使得请求保护的范围过窄。可以将此类常用设备、常规步骤或者常识性参数特征从独立权利要求中略去，而将其分别写在其后的从属权利要求中。

【案例 5 -24 -22】

A. **相关案情**

权利要求：

1. 一种具有清热去火功能的果冻，其特征在于，由下列重量份配比的原料制成：中药浓缩液 8 ~12 份，葛根淀粉 1.5 ~2 份，蜂蜜 3 ~8 份，木糖醇 0.5 ~1.2 份，柠檬酸 0.5 ~1.2 份，卡拉胶 0.3 ~0.6 份，其中，所述中药浓缩液由下述方法制备而成：

(1) 称取下述重量份的各中药组分：雪胆 3 ~6 份，布渣叶 6 ~10 份，诃子 5 ~7 份，罗汉果 3 ~7 份，莲子 6 ~10 份，西洋参 7 ~10 份，蒲公英 6 ~8 份，白芍药 3 ~5 份，分别投入超微粉碎机中粉碎至 60 ~120 目的粉末，混合均匀，备用；

(2) 将去离子水加入上述备用的中药粉末中，去离子水的加入量与中药粉末总重量比为 (10 ~12)∶1，搅拌分散调匀，备用；

(3) 上述备用的中药混合物于 70 ~100℃煎煮 0.5 ~1h，熬制成中药原液；

(4) 将熬制成中药原液过滤，加热浓缩，即得到中药浓缩液，其中，所述中药浓缩液重量为中药粉末总重量的 12 倍。

B. **案例分析**

上述权利要求限定了原料、用量及制备过程，其中浓缩比例限定到点值，导致保护范围过窄。因此，撰写时可以尝试在独立权利要求中将一些常规步骤或者常识性参数特征略去，或将其分别写在其后的从属权利要求中。

【案例 5－24－23】

A. **相关案情**

权利要求：

1. 一种番茄酒，包括将番茄洗净、切块、加入酶制剂、发酵、搅拌粉碎、澄清、过滤得到成品，所用酶制剂由淀粉酶与果胶酶按照 3∶1 的比例组成。

B. **案例分析**

该权利要求撰写时，对于构成必要技术特征的关键性步骤或者参数，在独立权利要求书中进行了限定，但该限定需要考虑限定范围的合理性，其后再通过对这些特征分别进行逐级限定。同时，该案例中淀粉酶与果胶酶的比例限定到点值，会导致保护范围过窄，在撰写独立权利要求时应当避免出现这样的情况。

（三）以产品参数或者指标来限定的产品

对于仅用组分和含量无法清楚限定的产品，有时还需要增加一些相关参数或者指标来进行限定，一般使用该领域通用的或者常规的参数进行限定，此时参数的技术含义通常是清楚、明确的，特殊情况下还会使用现有技术中不常见的参数来限定产品。如果使用的是不常见的参数，或者非通用的指标，则需要在说明书中写明该参数的含义或者该指标的测定方法，如测定的条件、所用设备及试剂等。

【案例 5－24－24】

A. **相关案情**

权利要求：

1. 一种棉籽粕饲料，其特征在于，所述棉籽粕饲料中棉酚的含量为 100mg/kg。

B. **案例分析**

由于棉酚含量的指标及其测定方法都是清楚、明确的，该权利要求也是清楚的。

【案例5-24-25】

A. 相关案情

权利要求：

1. 一种糖果，其特征在于：油分含量为5%～15%，且该糖果按外表面算术平均粗糙度测定值Ra为0.5～1.6μm。

B. 案例分析

由于该权利要求中Ra属于非通用的指标，需要在说明书中写明该参数的含义或者该指标的测定方法，如测定的条件、所用设备及试剂等。

【案例5-24-26】

A. 相关案情

权利要求：

1. 一种油条粉，其特征在于：湿面筋含量49%，灰分0.68%，形成时间3.6min，稳定时间5.5min，吸水率61.3%，弹性120BU。

B. 案例分析

在对权利要求中的参数或者指标限定时，如果有涉及数值范围的，也同样需要考虑数值范围的合理性，应当避免出现过窄的数值范围或点值的情况，导致权利要求的保护范围太小。

（四）以产品结构限定的产品

有些食品产品可能涉及产品结构、形状或者构造方面的改进，则可以采用结构或者形状特征来限定该产品。此时需要将结构或者形状特征清楚、完整地限定到权利要求中。

【案例5-24-27】

A. 相关案情

权利要求：

1. 一种洁牙口香糖，包括胶粘物质和刷体，刷体由突出体和承载体组成一体结构，其特征在于，承载体表面为任意曲面结构。

B. 案例分析

对于这类权利要求的撰写，通常容易出现的问题是对结构或者性状特征的表述不明确。此外，还需要考虑结构或者性状特征的上下位概念。例如，上述任意曲面结构下可以进一步明确具体的曲面结构，并将其写入从属权利要求中。

此外，对于机械部件的连接关系等技术特征，也可以充分考虑其可能存在的各种替代方案，在权利要求撰写时可以将其作为并列技术方案加以限定。

（五）食品加工设备或者装置

食品领域的专利申请中，有些涉及食品加工设备或者装置，则需要按照设备或者装置的限定方式进行权利要求的撰写。

【案例 5－24－28】

A. 相关案情

权利要求：

1. 一种食用菌的保鲜装置，所述食用菌的保鲜装置为一种物料的脱水、冷却装置，其特征在于，所述装置为由下述构件构成的密闭的加工系统装置，包括：

用于对物料进行保鲜处理的密闭的真空加工室；

与上述真空加工室连通的冷却换热器；

设置于该冷却换热器下方、用于承接来自冷却换热器的冷凝水的储水器；

用于向真空加工室内进行抽真空的真空泵；

设置于真空泵的连接管路上的真空阀；

一端连通冷却换热器，用于对真空加工室内进行抽吸风、其一端连通并向加热换热器送风的风机；

与真空加工室连通的加热换热器；

设置于冷却换热器与风机之间管路上的真空阀 A 和设置于风机与加热换热器之间管路上的真空阀；

用于向真空加工室内进行回气的过滤器阀门；

控制柜。

B. 案例分析

对于这类权利要求的撰写，通常容易出现的问题是在独立权利要求中限定了过多非必要技术特征的部件及其连接关系（如储水器、风机等），而未突出关键性部件及其连接关系，从而导致保护范围不合理。对此，可以将非必要技术特征的部件及其连接关系写入从属权利要求中。同时，还要注意避免对设备或者装置的连接关系或者相互位置的表述不明确。此外，还需要考虑部件特征的上下位概念或者连接关系的替代方案在权利要求整体设计中的布局关系。

二、方法权利要求

如果请求保护已知食品的新生产方法，或者对现有方法的改进，则需要撰写成方法权利要求的形式。

构成食品制备方法技术方案的技术特征主要有三种，即物质特征（如起始原料、目标产物）、工艺特征（如工艺方法、步骤、条件等）以及在少数情况下所采用的专用设备的特征。

（一）以原料和步骤限定的方法

对于食品制备方法，最常见的情况是以原料和步骤进行限定。需要注意的是，如果方法本身是对现有方法的改进，其中有些步骤属于常规步骤，则可以仅将关键改进之处限定到权利要求中，而不用列出所有步骤。

如果该发明的创新点在于方法中各工序的衔接顺序或者该方法的整体实施，则需要将方法步骤全部写入。

【案例 5-24-29】

A. 相关案情

权利要求：

1. 一种螺旋藻破壁脱色方法，其特征是，将含水的螺旋藻置于 -56 ~ -196℃环境中冷冻，然后使温度回升到 >4℃让其熔融，再用食用乙醇洗涤螺旋藻，脱去其中的绿色。

B. 案例分析

如果方法本身是对现有方法的改进，其中有些步骤属于常规步骤，则可以仅将关键改进之处限定到权利要求中，而不用列出所有步骤。如果将一些可以进行常规选择的非必要技术特征的参数写入权利要求中，如食用乙醇，则会使得该权利要求的保护范围过小。

【案例 5-24-30】

A. 相关案情

权利要求：

1. 一种猪皮膨化食品的加工方法，包括如下步骤：

(1) 清洗、预处理

将猪皮用清水浸泡并清洗除去杂质并刮除皮脂肪，修割疤痕，切成条状，置于蒸煮锅蒸煮，蒸煮 20 ~ 30min；

（2）调味、腌渍

将猪皮、食盐、味精、调料、砂糖在0～4℃腌渍12～24h；

（3）干燥

将腌渍后的猪皮于40～60℃进行干燥，每小时翻动2～3次，直至猪皮水分含量按重量百分比计为15%～23%，置于密闭容器中均湿；

（4）微波膨化

将干燥后的猪皮置于频率为（2450±50）MHz的微波炉内进行膨化，即可制得猪皮膨化食品。

B. 案例分析

对于方法步骤中的参数，为使权利要求获得尽可能大的保护范围，可以仅将属于必要技术特征的参数写入权利要求中，并且可以在不同权利要求中设计多层级的保护范围。如果将一些可以进行常规选择的非必要技术特征的参数写入权利要求中，如微波频率，则会使得该权利要求的保护范围过小。

（二）以产品参数或者指标限定的方法

有些方法权利要求中，申请人试图避免采用关键步骤及其具体工艺参数的限定方式，会采用通过关键步骤结合终产品的参数或者指标的方式进行限定。

【案例5-24-31】

A. 相关案情

权利要求：

1. 一种棉籽饼粕的脱毒方法，其特征在于包括如下步骤：将脱毒溶液与棉籽饼粕混合后使所得的棉籽饼粕中棉酚含量小于200mg/kg，其中所用脱毒溶液为2.0%～3.0%的CaO水溶液。

B. 案例分析

该申请中通过方法中所用脱毒溶液和产物中棉酚含量的限定，可以较好地限定专利保护的范围。

（三）现有工艺的整合

有些食品制备方法是将现有技术中的加工工序进行整合，对于这类技术方案，需要将方法中的多个步骤的顺序理清楚，并将整合后的完整技术方案限定到权利要求中。

【案例5-24-32】

A. 相关案情

权利要求：

1. 一种红茶的加工方法，包括以下步骤：

（1）采茶：采摘新鲜、幼嫩、无病虫害的茶叶为原料；

（2）做青：依次由摇青和晾青两道工序组成，其中；

所述的摇青工序：将采摘的茶叶置于滚筒连续杀青机中，控制筒内热风温度在50~54℃的下摇青1.5~2min，温度降至40~46℃，摇青2~2.5min；

所述的晾青工序：将摇青后的茶叶放在温度为15~25℃室内晾青，晾青厚度为3~5cm，晾青40~50min；

（3）杀青：依次由蒸汽杀青、微波光杀青和远红外杀青三道工序组成，其中；

所述蒸汽杀青：将做青后的茶叶放入蒸汽杀青机中，用280~320℃的蒸汽对茶叶进行杀青10~12min，然后用130~160℃的热风进行热风脱失水，至茶叶中含水率降至60%；

所述微波光杀青：将蒸汽杀青后的杀青叶放入微光波炉腔内进行微光波杀青1~3min，微光波炉腔内温度为80~90℃；

所述远红外杀青：将微光波杀青后的茶叶置于在80~100℃的远红外机中进行杀青4~6min；

（4）发酵：将杀青后茶叶移入发酵室内堆放，堆放厚度为20~35cm，茶叶上面覆盖湿纱布防止水分散失，发酵室内温度控制在35~40℃，叶温维持在30~35℃，空气相对湿度控制在85%~95%，发酵5~6h，每1h翻动1次，直至叶色75%~80%红变，青草气消失，散发清香；

（5）揉捻做形：将发酵后的茶鲜叶投入揉捻机内揉捻，揉捻40~45min；

（6）初火干燥：将揉捻后的茶鲜叶置于炒干机内，先在温度为100~110℃的条件下翻炒15~20min，将温度降至85~90℃，继续翻炒20~30min，再将温度降至85~90℃，翻炒20~30min后，摊成15~20cm的厚度，摊晾65~75min；

（7）定型提香：将杀步骤（6）处理后的茶加入陈皮，搅拌均匀于85~95℃烘烤3~5min，降温至50~60℃烘烤2~3min，再升温至100~105℃烘烤至含水量为3%~5%，然后用32.2kGy辐射灭菌25~30min，分袋包装，得成品。

B. 案例分析

该权利要求中限定了杀青依次由蒸汽杀青、微波光杀青和远红外杀青三道工序组成，做青依次由摇青和晾青两道工序组成，其保护范围限定清楚、明确，但该权利要求中有些参数限定过细导致整个权利要求的保护范围过窄，应当在撰写时避免此类情况的出现。

（四）现有工艺的转用

有些食品制备方法是对现有技术中的工艺方法的转用，对于这类技术方案，可以将常规步骤进行简略描述，对方法中的关键步骤及其参数选择进行具体限定。

【案例 5－24－33】

A. 相关案情

权利要求：

1. 一种提炼牛初乳粉的方法，依次包括原乳验收、初步处理、离心分层、乳液提取、灭菌、干燥粉末化和包装诸步骤，其中所说的原乳验收包括常规验收和 pH 验收与密度验收，pH 为 6.1～6.5，密度大于 1.025 为合格初乳。

B. 案例分析

该申请是将现有技术中牛乳粉提炼方法转用于牛初乳粉的提炼中，由于初乳粉加工中原乳验收为关键步骤，因此通过对该步骤及指标要求进行限定，而对其他步骤进行简单描述。当然，可以在从属权利要求中对其他步骤作出进一步限定。

三、用途权利要求

对于食品的用途发明，权利要求中需要记载特定的用途，需要注意避免写成属于不可授权的主题如疾病治疗方法或者智力活动规则与方法的情形。

（一）新产品的用途

如果食品产品本身是新产品，则可以对该产品的用途撰写成用途权利要求。

【案例 5－24－34】

A. 相关案情

权利要求：

1. 一种植物乳杆菌，其保藏号为 CGMCCNo. 10999。

2. 如权利要求 1 所述的植物乳杆菌在发酵棉粕以降低其中游离棉酚含量中的应用。

B. **案例分析**

对于新产品而言，既可以撰写产品权利要求，还可以就新产品的一些用途撰写成用途权利要求，以期获得更加全面的专利保护。

（二）已知产品的新用途

如果产品属于已知产品，在撰写该产品的用途权利要求时需要将该产品的具体用途明确限定到权利要求中。

【案例 5－24－35】

A. **相关案情**

权利要求：

1. 蛭弧菌混合体菌液在消除蔬菜致病菌中的应用，其特征在于，所述蛭弧菌混合体菌液为蛭弧菌蛭质体菌液和游泳体菌液 1∶1 混合；所述蛭弧菌为蛭弧菌 BDFM05，于 2009 年 8 月 7 日保藏于中国典型培养物保藏中心，保藏编号为 CCTCC NO：M 209172。

B. **案例分析**

对于已知产品而言，在请求保护其某些新用途时，需要对该用途进行明确限定，不宜过于宽泛，也不宜将范围限定的过窄，应进行合理概括。同时，还要将该已知产品限定清楚，必要时还需要明确限定其用量范围等技术特征。上述权利要求中，对于混合比例的限定过窄的问题，在撰写中也是需要加以避免的。

第二十五章 授予专利权的实质性条件

第一节 新颖性

《专利法》第二十二条第二款规定："新颖性，是指该发明或者实用新型不属于现有技术；也没有任何单位或者个人就同样的发明或者实用新型在申请日以前向国务院专利行政部门提出过申请，并记载在申请日以后公布的专利申请文件或者公告的专利文件中。"

《专利法》第二十二条第五款规定，现有技术，"是指申请日以前在国内外为公众所知的技术"。

一、现有技术

现有技术包括在申请日（有优先权的，指优先权日）以前在国内外出版物上公开发表、在国内外公开使用或者以其他方式为公众所知的技术。

为判断发明或者实用新型是否具备新颖性或创造性所引用的相关文件，称为对比文件。

在进行新颖性判断时，首先应当判断被审查专利申请的技术方案与对比文件的技术方案是否实质上相同，如果专利申请与对比文件公开的内容相比，其权利要求所限定的技术方案与对比文件公开的技术方案实质上相同，所属技术领域的技术人员根据两者的技术方案可以确定两者能够适用于相同的技术领域，解决相同的技术问题，并具有相同的预期效果，则认为两者为同样的发明或者实用新型。

判断新颖性时，应当将发明或者实用新型专利申请的各项权利要求分别与每一项现有技术，或申请在先公布或公告在后的发明或实用新型的相关技术内容单独地进行比较，不得将其与几项现有技术，或者申请在先公布或公告在后的发明或者实用新型内容的组合，或者与一份对比文件中的多项技术方案的组合进行对比。即判断发明或者实用新型专利申请的新颖性适用单独对比的原则。

引用对比文件判断发明或者实用新型的新颖性时，应当以对比文件公开的技术内容为准。该技术内容不仅包括明确记载在对比文件中的内容，而且包括对于所属技术领域的技术人员来说，隐含的且可直接地、毫无疑义地确定的技术内容。

（一）相同内容的发明或者实用新型

1. 两项权利要求表述方式完全相同

如果申请的权利要求与对比文件的权利要求相比，二者的全部内容在表述上完全相同，则该申请的权利要求不具备新颖性。

【案例 5-25-1】

A. **相关案情**

该申请的权利要求 1：一种螺杆式紧压茶叶机，其特征在于：包括机架、模柱、模套、料斗、弹簧、滑套、滑套座、连接套、轴承、外连套、螺杆、丝杆座、手轮。

对比文件的权利要求 1：一种紧压制机，其特征在于：包括机架、模柱、模套、料斗、弹簧、滑套、滑套座、连接套、轴承、外连套、螺杆、丝杆座、手轮。

B. **案例分析**

将该申请权利要求 1 与对比文件的权利要求 1 相比较，其全部内容在表述上完全相同，该申请的权利要求的全部技术特征已被对比文件公开，则该申请的权利要求不具备新颖性。

2. 两项权利要求仅文字表述方式略有不同

如果申请的权利要求与对比文件的权利要求相比，二者的全部内容只是在文字表述上存在些许不同，而保护范围实质上完全相同，则该申请的权利要求不具备新颖性。

【案例 5－25－2】

A. **相关案情**

该申请的权利要求 1：一种工业化生产豆腐锅巴的设备，其特征在于一机架上装有输浆管道、蒸汽加热平底烧盘、蒸汽管道、排冷凝水管道；输浆管道上装有输浆龙头或输浆喷枪；蒸汽加热平底烧盘其结构是上面设有烧制豆腐锅巴的平底烧盘，平底烧盘底部是蒸汽室；蒸汽室与蒸汽管道、排冷凝水管道相连接；蒸汽室装有压力表；蒸汽管道上装有蒸汽阀。

对比文件的权利要求 1：一种豆腐锅巴制作机，其特征在于一机架上装有输浆管道、蒸汽加热平底烧盘、蒸汽管道、排冷凝水管道；输浆管道上装有输浆龙头或输浆喷枪；蒸汽加热平底烧盘其结构是上面设有烧制豆腐锅巴的平底烧盘，平底烧盘底部是蒸汽室；蒸汽室与蒸汽管道、排冷凝水管道相连接；蒸汽室装有压力表；蒸汽管道上装有蒸汽阀。

B. **案例分析**

将该申请权利要求 1 与对比文件的权利要求 1 相比较，只有请求保护的主题名称略有不同，而二者实质上为同一种装置，则该申请的权利要求不具备新颖性。

【案例 5－25－3】

A. **相关案情**

该申请的权利要求 1：一种保健药酒，包括中药组合物和白酒组成，其特征是所述的中药组合物包括：神曲、杜仲、川芎、牛膝、熟地、肉桂、木瓜、防风、玉竹、枸杞、灵芝、当归、黄芪、何首乌、甘草组成。

对比文件的权利要求 1：一种滋补药酒，包括中药组合物和白酒组成，其特征是所述的中药组合物包括：神曲、杜仲、川芎、牛膝、熟地、肉桂、木瓜、防风、玉竹、枸杞、灵芝、当归、黄芪、何首乌、甘草组成。

B. **案例分析**

该申请的权利要求 1 与对比文件的权利要求 1 相比较，二者仅仅在主题名称的表述方式上略有不同，但“保健”与“滋补”实质上没有区别，二者实质上保护范围相同，则该申请的权利要求 1 不具备新颖性。

（二）上下位概念或者数值范围

如果申请的权利要求与现有技术相比，其区别仅在于该申请的权利要求采用上位概念或者数值范围，而现有技术采用下位概念或者具体数值，则该申请的权利要求不具备新颖性。

【案例5-25-4】

A. 相关案情

该申请的权利要求1：一种防腐保鲜剂，包含10%~20%的防腐剂A，5%~10%的防腐剂B，20%~30%的抗氧化剂……

对比文件的权利要求1：一种组合物，包含15%~25%的防腐剂A，7%~12%的防腐剂B，15%~25%的抗坏血酸……

B. 案例分析

该领域技术人员知晓，抗坏血酸是一种抗氧化剂，并且对比文件所述组合物的各组分用量的端点值落在了该申请权利要求1所述防腐保鲜剂的各组分用量数值范围内，因此该申请的权利要求1已经被对比文件公开，不具备新颖性。

【案例5-25-5】

A. 相关案情

该申请的权利要求1：一种加工方法，包括原料清洗、浸泡、熟化、成型和包装步骤。

对比文件的权利要求1：一种加工方法，包括原料清洗、浸泡、蒸煮、挤压膨化和包装步骤。

B. 案例分析

由于蒸煮、挤压膨化可以分别看作熟化和成型的下位概念，因此该申请的权利要求1相对于对比文件而言，不具备新颖性。

（三）封闭式组合物破坏开放式组合物的新颖性

如果申请的权利要求与现有技术相比，其区别仅在于该申请的权利要求采用开放式限定方式，而现有技术采用封闭式限定方式，则该申请的权利要求不具备新颖性。

【案例5-25-6】

A. 相关案情

该申请的权利要求1：一种营养组合物，包含10%~30%蛋白质、5%~10%脂肪、7%~9%淀粉和2%~3%卵磷脂。

对比文件的权利要求1：一种饮料，包含18%蛋白质、7.5%脂肪、7.5%淀粉、2.5%卵磷脂和0.5%的防腐剂，余量为水。

B. **案例分析**

由于饮料是营养组合物的下位概念，并且该申请的权利要求撰写成开放式，没有排除其他组分的存在。尽管对比文件公开的饮料含有防腐剂，在此情况下，该申请的权利要求1相对于对比文件而言，也不具备新颖性。

（四）包含性能、用途、参数或制备方法等特征的产品权利要求

食品领域中，很多产品的化学组成非常复杂，包含了各种营养组分，且各种组分中组成和含量也非常复杂。大多数情况下，无法用其化学组成来进行定义，也无法用产品的结构来界定其保护范围，因此经常需要用制备方法等特征来对产品进行定义，以清楚地限定产品权利要求的保护范围。

判断这类权利要求是否具有新颖性，要看这些性能、参数、用途或制备方法等特征是否隐含了产品的特定结构和/或组成，即与现有技术所公开的产品相比，所述的特征有没有给所请求保护的产品带来区别。

1. 性能或用途限定的产品

对于以性能或用途限定的产品权利要求，如果该产品权利要求在组分与用量上均与对比文件相同，该性能或用途并不能使该申请的产品与对比文件产生区别，则该申请的产品不具备新颖性。

【案例5-25-7】

A. **相关案情**

该申请的权利要求1：一种具有减肥功能的食品，由以下重量份的原料制成：核桃5~10份，木耳5~10份，冬瓜10~15份。

对比文件的权利要求1：一种食品组合物，由以下重量份的原料制成：核桃5~10份，木耳5~10份，冬瓜10~15份。

B. **案例分析**

该申请的权利要求1与对比文件的权利要求1相比较，二者在组分组成及比例均与该申请相同，减肥这一功能限定对该产品没有实质性限定作用，因此该申请的食品不具备新颖性。

【案例5-25-8】

A. **相关案情**

该申请的权利要求1：一种具有明目功效的保健饮料，由以下重量份的原料制成：石斛5~20份，决明子6~22份，白菊花2~6份，甘草1~7份。

对比文件的权利要求1：一种具有驱邪镇痛、安神作用的饮料，由以下重量

份的原料制成：石斛5~20份，决明子6~22份，白菊花2~6份，甘草1~7份。

B. **案例分析**

该申请的权利要求1与对比文件的权利要求1相比较，二者在组分组成及比例均相同，明目功效对于该申请的保健饮料的限定，并未使其与对比文件所公开的饮料有所区别，因此，该申请的权利要求1相对于对比文件而言，不具备新颖性。

2. 参数限定的产品权利要求

如果发明的权利要求中使用某些参数或者特定指标对产品进行了限定，对比文件中未公开该参数或指标，但是该领域技术人员根据常识可以判断，该发明的产品与对比文件中所述产品在原料、加工方法上均相同，由此得到的产品也应该是相同的，则可以认为所述产品的参数或指标限定不足以使该申请所述产品与对比文件之间构成区别。因此，该申请所述产品相对于对比文件而言，不具备新颖性。

【案例5-25-9】

A. **相关案情**

该申请的权利要求1：一种糖果，其特征在于：油分含量为5%~15%，且该糖果按外表面算术平均粗糙度测定值Ra为0.5~1.6μm。

该申请的说明书中记载：该发明所述糖果，在加工成型之后，进行后处理，利用加热和摩擦使表面再次熔融，并同时进行旋转，从而形成具有算术平均粗糙度测定值Ra为0.5~1.6μm的外表面。

对比文件公开了一种硬糖果，其质构良好，食感非常光滑；原料为黑糖、砂糖和淀粉糖浆，油脂含量≤10%；并且，由于其在加工过程中在成型后的后处理中，利用加热、摩擦，并使用特定的旋转装置旋转使表面再次熔融。

B. **案例分析**

虽然对比文件没有公开该糖果外表面的粗糙度，但是，根据附图可以看出，该旋转装置与该申请中采用的旋转装置完全相同，且两者原料相同，加工方法相同，所得到的产品理应相同。即使采用某些参数进行限定并且这些参数本身是现有技术中未曾公开的，这些参数也只是申请人对已知的产品特性进行的研究，不构成两者之间的区别特征，不能认为给产品带来了新颖性。

【案例5-25-10】

A. **相关案情**

该申请的权利要求1：一种天然植物蛋白产品，其特征在于，具有低黏度、高水溶性，能在温和的热处理时形成凝胶，即使有盐存在时该凝胶的完整性也不会削弱，它形成凝胶的温度为60～95℃，氮溶解性指数NSI为50%～100%。

该申请的说明书中记载，该植物蛋白产品事实上是采用球蛋白含量大于30%的大豆蛋白饼为原料，经过酸沉、碱处理等步骤而得到的产品。申请人认为，以球蛋白含量大于30%的大豆蛋白饼为原料，得到的产品可以具有低黏度、高水溶性，能在温和的热处理时形成凝胶，即使有盐存在时该凝胶的完整性也不会削弱，它形成凝胶的温度为60～95℃，氮溶解性指数NSI为50%～100%。

对比文件的权利要求1：一种大豆加工产品，其特征在于，采用球蛋白含量大于30%的大豆蛋白饼为原料，经过酸沉、碱处理等步骤而得。

B. **案例分析**

虽然对比文件中没有对该天然植物蛋白产品进行研究，没有记载其特性如低黏度、高水溶性以及凝胶温度和氮溶解性指数NSI等参数。但是，该领域技术人员根据本领域的公知常识，结合案件说明书对技术方案的记载，可以判断，两种产品原料相同，加工方法相同，得到的产品也应该是相同的，所述产品的特性参数不足以构成两者区别。因此，该天然植物蛋白产品不具备新颖性。

【案例5－25－11】

A. **相关案情**

该申请的权利要求1：一种抗氧化竹叶提取物，其特征在于：包括A、B、C、D、E和F四种分子通式的化学组分。

该申请的说明书记载，所述竹叶提取物是以竹叶为原料，通过复杂的处理步骤得到的。

对比文件是申请人发表的论文，公开了一种竹叶提取物，原料、提取方法与该申请一致，但只测出了其中的两个分子通式，即组分A和B，其他组分没有测出。

B. **案例分析**

上述两种竹叶提取物，采用的原料相同，提取方法也相同，虽然在上述申请中，对该组合物组成进行了进一步的测定，但是该测定结果并不足以构成与对比文件的区别，因为，所述的“提取物”化学组成复杂，相同的原料以相同的方法应当得到相同化学组分的提取物，从而该竹叶提取物不具备新颖性。

3. 方法限定的产品

如果申请是以方法限定的产品权利要求，申请所述方法与对比文件中公开的方法相比，即使在所包含的步骤上存在区别，也并不一定会导致产品本身产生不同，则该申请的产品不具备新颖性。

如果申请通过引用方法权利要求来限定一项产品，而对比文件完全公开了该产品的全部技术特征，并且从该申请的申请文件中看不出所述方法权利要求对该产品具有限定作用，则可以认为该申请的产品不具备新颖性。

【案例5-25-12】

A. **相关案情**

该申请的权利要求1：一种番茄酒，包括将番茄洗净、切块、加入酶制剂、发酵、搅拌粉碎、澄清、过滤得到成品。

对比文件的权利要求1：一种西红柿饮品，包括将西红柿清洗、搅拌粉碎、加入酶制剂发酵、澄清和过滤得到成品。

B. **案例分析**

该领域技术人员可以判断西红柿和番茄是同一种物质，且先发酵后粉碎和先粉碎后发酵的步骤虽然先后顺序存在差异，但不会导致最终产品产生不同。因此，该番茄酒不具备新颖性。

【案例5-25-13】

A. **相关案情**

该申请的权利要求1：一种石板烤肉的生产方法，其特征在于，包括如下步骤：利用加热炉对烤肉石板进行加热，在烤肉石板上涂食用油，将肉片平铺其上，盖上上盖石板焖烤。

该申请的权利要求7：一种权利要求1所述的石板烤肉的生产方法所使用的石板烤肉装置，其特征是：该装置由上盖石板和烤肉石板和加热炉组成，上盖石板和烤肉石板为形状相同，大小相等、相互配合的平面石板，其中上盖石板的厚度为2~3cm，烤肉石板的厚度为4~5cm，烤肉石板的正式成立为长方形或正方形或圆形或椭圆形，烤肉石板的面积为900~3200cm^2。

对比文件的权利要求1：一种石板烤肉装置，其特征是：该装置由上盖石板和烤肉石板和加热炉组成，上盖石板和烤肉石板为形状相同，大小相等、相互配合的平面石板，其中上盖石板的厚度为2~3cm，烤肉石板的厚度为4~5cm，烤肉石板的正式成立为长方形或正方形或圆形或椭圆形，烤肉石板的面积为900~3200cm^2。

B. **案例分析**

将该申请的权利要求7与对比文件的权利要求1相比较，虽然该申请的权利要求 7 引用了权利要求 1 所述方法，但所述方法对要求保护的烤肉装置没有限定作用，因此该申请的权利要求 7 不具备新颖性。

（五）现有技术中并列选择的技术方案

如果对比文件记载的技术方案中只有一个技术特征存在多种选择，则可以认为该对比文件公开了每种选择与其他技术特征一起所构成的多个具体的技术方案。

如果对比文件记载的技术方案中存在多个技术特征有多种选择的时候，应当根据具体技术进行具体分析。对于技术效果可预见水平相对较低的技术，可以认为对比文件没有公开所述的多个技术方案。相反，对于技术效果可预见水平相对较高的技术，则可以认为对比文件公开了每个技术特征的每种选择与其他技术特征所构成的多个技术方案。

【案例 5-25-14】

A. **相关案情**

权利要求：

1. 一种薄膜包衣组合物，包括以下组分：丙烯酸树脂、茁霉多糖、吐温-80、蓖麻油、二氧化钛、水和柠檬酸。

对比文件公开了一种薄膜包衣组合物，包括以下组分：丙烯酸树脂、茁霉多糖、吐温-80、蓖麻油、二氧化钛、水和酸味剂，其中酸味剂为柠檬酸、苹果酸、维生素 C 或富马酸。

B. **案例分析**

该对比文件记载的技术方案中只有一个技术特征，即酸味剂存在多种选择，应当认为该对比文件公开了每种酸味剂的选择与其他技术特征一起所构成的多个具体的技术方案。因此，权利要求 1 不具有新颖性。

【案例 5-25-15】

A. **相关案情**

权利要求：

1. 一种控制脂肪或油成分消化的乳剂组合物，所述组合物包括玉米油、海藻酸和壳聚糖。

对比文件公开了一种控制脂肪或油成分消化的乳剂组合物，所述组合物包括疏水组分、乳化剂组分和聚合物组分，其中疏水组分选自玉米油、大豆油、葵花籽油、菜籽油、花生油、橄榄油、海藻油、坚果油、鱼油、动物脂肪和植物脂肪中的一种或一种以上；乳化剂组分选自卵磷脂、果胶、阿拉伯胶、瓜耳胶、海藻酸、纤维素、改性淀粉、酪蛋白、大豆蛋白、肉类蛋白、鱼类蛋白、乳清蛋白、脂肪酸盐、聚山梨酸酯和小分子表面活性剂中的一种或一种以上；聚合物组分包括多糖组分，所述多糖组分选自壳聚糖或甘露聚糖中的一种。

B. 案例分析

虽然对比文件记载的技术方案中存在多个技术特征，有多种选择，这些选择可以组合出多个技术方案，但是该申请与对比文件的技术领域相同，解决的技术问题相同，都是从一类性质与用途相同的原料中选择一种并将它们组合成乳剂组合物，用于控制脂肪或油成分消化，且取得的技术效果也基本一致。因此，可以认为对比文件公开了每个技术特征的每种选择与其他技术特征所构成的多个技术方案。

（六）说明书附图公开的内容

对比文件中包括附图的，对附图所示内容不能因其没有相应的文字描述而一概不予考虑，那些能够从附图中直接地、毫无疑义地确定的技术特征，属于对比文件公开的内容。在认定同一附图采用相同比例绘制的情况下，如果该领域的技术人员能够确定附图中所示部件之间的定性关系，如相对位置、相对大小等，那么这些定性关系属于从附图中直接地、毫无疑义地确定的技术特征。

一般情况下，可以借助公知常识、国家标准、行业标准等来理解附图中的技术信息。但是，由附图中推测的内容，或者无文字说明，仅仅是从附图中测量得出的尺寸及其关系，不应当作为已公开的内容。

（七）隐含的且直接地、毫无疑义地确定的技术内容

现有技术公开的内容不仅包括文字明确记载的内容，还包括对于该领域的技术人员来说隐含的且直接地、毫无疑义地确定的内容，从而会破坏请求保护的技术方案的新颖性。

1. 物质的固有属性

如果该申请利用了某种物质的固有属性，对比文件仅公开了该物质却并未记载该固有属性，但是该领域技术人员在申请日前能够知晓该物质的固有属性，则可以认为该物质的固有属性属于对比文件中隐含公开的，且可以由对比文件直接地、毫无疑义地确定的技术内容。

【案例5－25－16】

A. **相关案情**

权利要求：

1. 一种食品组合物，其中使用了具有凝固点降低性能的蔗糖。

对比文件公开了一种食品组合物，其中使用了具有非甜性能的蔗糖。但对比文件中未明确记载该非甜性能的具体内容。

B. **案例分析**

由于该领域的技术人员知晓蔗糖的非甜性能包括增味、凝固点降低、填充性、沸点升高、形成结晶和焦糖化作用等，这些性能特征均属于蔗糖固有的特征，即使对比文件中没有记载，该领域的技术人员也可以认为这些特征是隐含公开的，且可以由对比文件直接地、毫无疑义地确定的技术内容。因此，权利要求1不具有新颖性。

2. 现有技术中明确的引证

当对比文件中明确记载的某些技术内容引证了另一篇现有技术文件，且该引证文件的公开日早于所述对比文件的公开日时，该引证文件中的相应内容属于该对比文件中隐含的且可直接地、毫无疑义地确定的技术内容。

【案例5－25－17】

A. **相关案情**

权利要求：

1. 一种制备含有纤维物质的颗粒的方法，包括使用含有20%～30%的支链的麦芽糖糊精。

对比文件1公开了一种制备含有使用纤维的活性物质的颗粒的方法，包括使用专利申请EP×××××××中所述的含支链的麦芽糖糊精。

B. **案例分析**

经检索发现，上述对比文件引证的专利申请EP×××××××中明确地记载所述的“含支链的麦芽糖糊精”具有22%～35%的1～6个葡萄糖苷链，并且发现该引证文件的公开日早于上述对比文件的公开日，在这种情况下，被引证文件中的相应内容属于该对比文件中隐含的且可直接地、毫无疑义地确定的技术内容。因此，该申请的权利要求1相对于对比文件1而言，不具备新颖性。

3. 现有技术中技术术语的解释

判断是否具备新颖性，应当从技术方案的实质内容来判断，不能根据文字记载形式来判断。某些时候仅仅是权利要求的表述方式不同，但实质内容是相同的，此时仍然不具备新颖性。

例如，食品原料：番茄 = 西红柿；海带 = 昆布。保健食品中常添加的中药，可能有各种异名，此时虽然表述方式不同，但实质上是相同的中药。食品机械和食品加工领域的术语：真空蒸馏、减压蒸馏、低温蒸发；管道、管线、通道、输送管、输送装置等术语，很多情况下含义是相同的或属于上下位概念。

二、抵触申请

抵触申请，是指由任何单位或者个人就同样的发明在申请日以前向专利局提出，并且在申请日以后（含申请日）公布的专利申请文件或者公告的专利文件。

以下案例的对比文件是抵触申请，当申请的技术方案与抵触申请中的技术方案相比，其区别仅仅是惯用手段的直接置换时，则该申请的技术方案不具备新颖性。

【案例 5-25-18】

A. **相关案情**

权利要求：

1. 一种食品，其熟制方法包括了蒸制。

对比文件公开了一种食品，其熟制方法为煮制，其余步骤均与该申请一致，煮制的温度范围也与该申请中蒸制的温度相同。

B. **案例分析**

由于蒸制与煮制均为惯用手段，可视为属于惯用手段的直接置换，不具备新颖性。除非申请人根据申请文件或对比文件所公开的内容提出充分的反对理由。

【案例 5-25-19】

A. **相关案情**

权利要求：

1. 一种食品加工方法，在罐装之前添加防腐剂苯甲酸钠。

对比文件公开了一种食品加工方法，除了在罐装之前添加尼泊金酯类防腐剂之外，其余步骤均相同。

B. **案例分析**

由于山梨酸类、丙酸类、苯甲酸类和尼泊金酯等都是常规的防腐剂，它们之间的互相取代是该领域的惯用手段的直接置换。因此，该加工方法不具备新颖性。

【案例 5-25-20】

A. 相关案情

权利要求：

1. 一种红樱桃加工产品，在加工过程中涉及向其中添加胭脂红色素以增强樱桃的鲜艳红色。

对比文件公开了一种樱桃罐头的加工方法，但该樱桃选择的是黄色樱桃，在加工过程中也涉及添加色素强化色泽的措施，不同的是添加的是日落黄。

B. 案例分析

在食品加工中，其他技术手段均相同时，樱桃原料的替换或者外加色素的替换是该领域惯用手段的直接置换，如用红樱桃代替黄色樱桃，用胭脂红代替日落黄或者亮蓝，均属于惯用手段的直接置换。因此，该红樱桃加工产品不具备新颖性。

第二节　创造性

《专利法》第二十二条第三款规定，发明的创造性，"是指与现有技术相比，该发明具有突出的实质性特点和显著的进步"。

申请人可以从本领域技术人员的视角对申请文件的创造性进行思考。首先，与最接近的现有技术比较，以确定发明技术方案的区别技术特征和实际解决的技术问题；然后看现有技术整体上是否给出了将上述区别技术特征应用到该最接近的现有技术以解决其实际存在的技术问题的启示，如果现有技术中存在这种技术启示，则该发明不具备创造性。

下面结合典型案例阐述创造性思考的过程，由此进一步理解说明书和权利要求撰写的重要性以及应该注意的问题。

一、产品权利要求的创造性

（一）由多种原料组合而成的产品

对于多种类原料制备的产品组合物，其创造性评判的标准并不在于使用原料的多少、配方的大小以及原料是否常用于制备该产品，而是着眼于将这些原料进行组合用以制备产品组合物时在现有技术中是否存在技术启示，这种组合是否对现有技术产生技术贡献，或者技术效果是否是本领域技术人员预料之外的。

如果说明书中记载了发明的目的在于提供一种特定的产品，但是仅仅选择了现有技术中具有类似作用的其他原料，该产品所取得的技术效果是本领域技术人员可以合理预期的，则发明不具备创造性。

【案例 5-25-21】

A. **相关案情**

权利要求：

一种降火鸡蛋花猪皮面条，其特征在于：是由下述重量份的原料制成：

面粉 100~110，玉米面粉 20~30，绿豆粉 3~6，薏米粉 2~4，薄荷粉 1~2，猪皮 10~12，木瓜肉 10~15，盐 2~4，碱面 0.2~0.4，西瓜肉 6~8，樱桃 2~4，苦瓜 1~2，适量水；

所述的中药提取液由下述重量份的原料制得：橄榄叶 1~2、麦冬 2~4，罗勒叶 2~3、鸡蛋花 1~2、板栗叶 2~3，菊花 1~2，苦瓜花 1~2。

说明书：

现有的面条多缺乏养生保健的食疗作用。猪皮是一种蛋白质含量很高的肉制品原料。因此本发明通过加入中草药使面条具有降火的效果，同时加入猪皮不仅具有清热效果，也使得面条更富有营养。

说明书中记载的技术效果：

营养丰富、口感富有弹性的同时具有一定的清热降火等食疗养生的保健作用，中医认为，猪皮味甘、性凉、有滋阴补虚，清热利咽的功效。

该申请的发明构思是将具有清热降火作用的中草药及优质蛋白质原料猪皮添加到制备常规面条的原料中，以制得具有营养价值同时兼具清热降火功能的保健面条。

对比文件 1 公开了一种三七花清热面条，是由下述重量份的原料制成：面粉 100~110，绿豆粉 10~12，魔芋粉 5~8，草莓冻干粉 2~4，马齿苋冻干粉 2~3，盐 1~3，碱 0.1~0.2，茅岩莓 2~4，三七花 3~5，薄荷叶 3~5，金银花 5~6，雪莲花 2.5~3.5，葛根 3~4，山苦荬 5~7，罗汉果 5~8，地肤 5~8，蕹菜 1~2。本发明口感良好，味道鲜美，营养丰富的同时具有清热等食疗养生的保健作用。

对比文件 2 公开了一种猪皮营养条，包括猪皮粉末与面粉制成面皮，进而再加入其他配料一起生产出香脆可口、营养丰富的食品。

B. 案例分析

该申请的发明构思和对比文件的发明构思是相同的，均包括在主料中加入果蔬和中药，以取得相应的口味和保健功效。

权利要求请求保护的技术方案与对比文件1的区别技术特征在于：①权利要求中各组分的具体种类和用量不同于对比文件1；②权利要求还包括猪皮。基于本领域的技术常识，根据技术方案所能达到的技术效果，确定该发明实际解决的技术问题是提供一种与现有技术产品类似的具有清热降火功效的面条的替代方案。

由于对比文件1给出了在面条中加入果蔬和中药，以增加营养，得到相应口味和药效的发明构思，因此在基于此相同发明构思的基础上，本领域技术人员可以根据所需要的功能性作用以及所调配的口感，对上述果蔬和中药进行常规选择添加。在面条中添加选择这些成分的效果是本领域技术人员根据现有技术可以预期的，而原料的用量配比，本领域技术人员可结合原料本身的性味、药性、营养及保健效果，产品的品质、效果等因素，根据常规的用量范围合理调整获得。此外，对比文件2公开了一种猪皮营养条（面条中的一种），并具体给出了在面条中加入肉皮以增加营养的启示。

因此，基于对比文件1的相同发明构思，结合对比文件2，本领域技术人员可以根据所要达到的保健效果和口味选择相应的中药材、猪皮以及其他食材，并根据常规技术选择合适的配比得到权利要求的技术方案。因此，该发明申请的技术方案不具备创造性前景。

（二）使用多种已知原料改善食品风味或口感的产品

食品领域有不少改善风味或口感的发明，说明书仅记载发明目的在于提供一种新的风味或口感的食品，由多种已知组分构成新的组合物，并没有更多地对具体效果进行描述。

对于发明的改进在于风味、口感的技术方案，如果产品各组分均是已知的调料或已知的提供某种风味、口感的原料，本领域技术人员可以从中进行选择。同时，说明书并未记载选择这些组分或原料的理由，而对于技术效果的描述只是声称具有某种风味或口感，那么，这样的技术仅仅是利用已知技术手段改变产品风味或者仅仅利用已知原料的特性改变风味，属于本领域技术人员能力范围能够选择或组合的，并没有提供技术贡献。因此，所请求保护的技术方案不具备创造性。相反，如果现有产品存在实际的技术问题或原料的混合存在特定技术障碍，发明采用特定的技术手段克服了上述技术问题并产生相应的技术效果，这将可能被认为作出了技术贡献。

【案例 5－25－22】

A. **相关案情**

权利要求：

一种新型火锅调料，其特征在于包括下列重量配比的原料：芝麻酱 75～110、韭菜花 90～130、腐乳 55～90、姜粉 0.3～0.8、白胡椒粉 0.3～0.5、蚝油 3.5～4、味精 1.5～2、I＋G（核苷酸二钠）0.16～0.2、植物油 8～20。

说明书：

采用上述技术方案后，本发明火锅调料具有香气浓郁，鲜味十足，适应食品品种多，鲜香味保持时间长的优点。本发明火锅调料的制备方法具有可操作性强，有利于提香、增鲜，保障和提高产品质量，取得了意想不到的技术效果——诱人的圆润香味。

对比文件：

对比文件 1：一种火锅调料：麻酱 5%（即公开了芝麻酱）、韭菜花 10%、豆腐乳 5%、虾油 1%、蟹油 1%、蚝油 1%、葱油 2%、姜油 1%、蒜油 1%、辣子粉 2%、料酒 3%、孜然 2%、精盐 1%、味精 1%、花椒粉 1%、八角粉 1%、净化水 12%，其余为辣子麻油。

B. **案例分析**

根据该申请说明书的记载及权利要求请求保护的技术方案，该申请所要解决的技术问题是进一步提香增鲜，并采用在通常火锅调料的基本原料的基础上，对基本原料进行筛选并添加特定的添加剂，从而实现该发明的目的。而对比文件公开的火锅调料是常规的火锅调料，两者的基本构思是相同的，均是由主料、油料、香辛调味料构成。

权利要求请求保护的技术方案与对比文件 1 的区别技术特征为：①权利要求中还含有添加剂 I＋G；以及②权利要求各类组分的具体成分及重量配比不同于对比文件。基于现有技术和本领域公知常识，根据技术方案所能达到的技术效果，可以确定该发明实际解决的技术问题是如何提高火锅调料的鲜香味。

然而本领域已知 I＋G（核苷酸二钠）是具有增鲜作用的调味添加剂，将其作为原料对本领域技术人员来说仅仅是常规选择，且其效果是可以预期的。另外，将多种调味添加剂组合使用以丰富产品的风味也是本领域技术人员的基本认识，且现有技术也没有证据表明本申请使用的多种原料不能复配使用。此外，对于所述各原料的用量配比及其变化，本领域技术人员可根据需要结合原料本身的性味等因素，根据常规的用量范围合理调整获得。因此在对比文件1的基础上结合本领域的常规技术手段得到权利要求所请求保护的技术方案是显而易见的，不具有创造性前景。

对于发明点在于风味、口感这类技术效果的发明，通常需要科学的分析鉴定方法和感官评定方法。但是，对于创造性判断而言，感官评定方法仅仅是一种辅助的手段，申请人在撰写申请文件的时候应该重点关注技术方案是否包含了技术上的贡献，即是否采用了具体的技术手段、是否解决了实际技术问题或克服了技术障碍，并取得了技术效果。

（三）包含药食同源原料或中药原料或功能性组分的保健食品

在保健食品领域中，很多申请是将多种药食同源原料或中药原料或功能性组分作为产品原料的一部分，与常规食品原料组合构成一种具有保健功效的食品。

保健食品发明添加了具有相应功效的药食同源原料或中药原料或功能性组分，如果说明书仅记载选择使用所述原料，利用了它们各自的特性或作用，没有记载这些原料被添加到食品中可能存在的技术问题或技术障碍，以及是否采用特定的技术手段克服了该技术问题并产生相应的技术效果。那么，当本领域技术人员发现现有技术中已存在具有保健功效的同类食品，即使该发明具体使用的保健原料不同或不完全相同，也会以所述保健原料公知的特性及其在发明中所起的作用相同或相似为理由，认为发明的技术方案是显而易见的，不具备创造性。

【案例5-25-23】

A. 相关案情

权利要求：

一种具有清热去火功能的果冻，其特征在于，由下列重量份配比的原料制成：中药浓缩液8~12份，葛根淀粉1.5~2份，蜂蜜3~8份，木糖醇0.5~1.2份，柠檬酸0.5~1.2份，卡拉胶0.3~0.6份。其中，所述中药浓缩液由6~10份布渣叶、5~7份诃子、3~7份罗汉果、6~10份莲子、7~10份西洋参、6~8份蒲公英和3~5份白芍药制备而成。

说明书：

本申请采用具有去火、抗菌功效的中药材料作为原料，获得具有清热去火功能的果冻。

说明书中记载了各中药原料的作用。

对比文件1针对现有技术果冻只注重口感、配料单一，为使果冻既具营养、又具保健功能，突出口味物质与药膳养生的统一，提供了一种保健果冻，以常用具有保健功能的中草药土茯苓、西洋参与食药兼用的桔梗、桑葚、罗汉果、山楂、桂圆、香蒲作为原料，经煮制取汁，调入增稠剂葛根淀粉、K－卡拉胶，再经杀菌、灌装制成的果冻。所述保健果冻具有补肝肾、益脾胃的保健功效。

对比文件1公开的技术方案如下：

一种保健果冻，其特征在于：具体采用以下步骤制作：

取土茯苓、西洋参、桔梗、桑葚、罗汉果、山楂、桂圆以及香蒲，制成果冻配料液；

取葛根淀粉1.5～2重量份、K－卡拉胶0.4～0.5重量份，将其混合均匀，制成粉胶，加入粉胶总质量2～3倍的冷水浸润20～25min，使粉胶充分吸水溶胀成稀糊状，得粉胶液；

将果冻配料液趁热与粉胶液混合，再加热并不断搅拌至沸腾，保持微沸状态5～8min，并趁热用100目筛过滤，当温度降至65～70℃，立即填充到经消毒的果冻杯中并及时封口；再按常规果冻制作方法经85℃的热水浸泡杀菌9～10min，然后用冷水喷淋冷却至40℃左右，再经热风将果冻杯外表水干燥后，检验、包装即制成成品。

B. 案例分析

根据该申请说明书的记载及权利要求请求保护的技术方案，该申请所要解决的技术问题是如何丰富果冻产品的保健功效，提高营养价值，并采用在果冻产品基本原料的基础上，选择具有清热、去火、抗菌功效的7种中药原料，将其制成中药浓缩液作为果冻原料的技术手段，使果冻产品具有清热去火的保健功效。

对比文件1基于现有果冻产品只注重口感、配料单一的缺陷，提供了一种兼具口感和保健功效的果冻，选择土茯苓等8种中药原料，制备果冻配料液，进而将其与果冻基本原料（如增稠剂）混合制备保健果冻。

可见，对比文件1和该申请的发明构思均是将保健原料引入常规果冻原料组分中，制备具有保健功能的果冻。权利要求与对比文件1的主要区别技术特征在于使用的中药材料不同，由此产生的保健功效也不同。

基于权利要求与对比文件1的区别技术特征，确定该发明实际解决的技术问题是提供一种保健功效不同的果冻。

由于对比文件1已经给出了在果冻原料中加入中药原料以增强保健功效的发明构思，基于相同的发明构思，本领域技术人员可以根据果冻产品需要具有的保健功能选取本领域公知的具有相应功效的药食同源原料或中药原料，各原料组合后能赋予果冻产品相应的保健功能是可以预期的。

同时，该申请的说明书中并未记载选择中药原料的理由，以及所选择的中药原料在加入果冻的过程中可能存在何种技术障碍。因此，权利要求请求保护的技术方案相对于对比文件1和本领域公知常识的结合是显而易见的，不具备创造性前景。

二、方法权利要求的创造性

对于包含诸多制备步骤和工艺参数的方法权利要求，如果这些步骤和参数均为本领域制备该产品的常规步骤和参数，则本领域技术人员有动机对其进行选择和组合，除非申请人能够记载或证明这些常规的制备步骤和工艺参数的选择克服了何种技术障碍或者产生了何种预料不到的技术效果，否则发明不具有创造性。

【案例5-25-24】

A. **相关案情**

权利要求：

一种胶原蛋白肽巧克力制作方法，其步骤是：(1) 原料：选取分子量在3000道尔顿以下的胶原蛋白肽为原料；(2) 精磨：将巧克力原料与胶原蛋白肽按重量比8∶1投入到巧克力精磨机中，在35~40℃内精磨7~9h；(3) 搅拌除泡：待巧克力与胶原蛋白肽精磨好后放入到50℃恒温搅拌器中，搅拌5~7h以除去其中的气泡；(4) 浇模成型：待巧克力中的气泡完全消除后，放出浇模，冷却成型，冷却成型的条件是温度为15℃，自然冷却1h；(5) 出模、修整：产品成型后出模、修整；(6) 包装：称重、包装。

说明书：

声称的技术问题：提供一种含有胶原蛋白肽的巧克力制作方法。

技术效果：本发明方法生产的巧克力产品，既保留巧克力的口感和营养成分，又补充了胶原蛋白，达到能量和营养同时补的目的，而且食用方便。本发明胶原蛋白的蛋白质含量高，营养丰富，具有生物相容性、生物降解性和低抗原性，和人体的亲和力最好，容易被人体吸收利用。

相关实验数据情况：无实验数据。

对比文件1公开了一种添加了胶原蛋白肽的巧克力，其中的胶原蛋白肽包含70%~100%（重量分数）的分子量500以上、3000以下的肽，不到10%

（重量分数）的分子量不到500的肽和不到20%（重量分数）的分子量超过3000的肽。同时还公开了在固体状食品中添加量为10%～50%，以及该胶原蛋白肽所具有的保健作用。

B. 案例分析

对比文件1并没有限定巧克力的制备步骤。该申请相对于对比文件1的区别在于，限定了具体的制备步骤及参数。该申请的发明点在于将保健原料胶原肽添加于巧克力的制作中，而整体步骤来看基本是常规巧克力的制备流程，因此该发明实际解决的技术问题是如何将胶原蛋白和巧克力制成保健食品。尽管对比文件1中没有限定巧克力的制备方法和工艺参数，但将巧克力液块熔化，与糖粉等一起精磨、精炼、调温、注模、调整、冷却和脱模，这些都是巧克力制备的常规步骤，权利要求选取的工艺参数也都是本领域的常规参数范围，根据该申请说明书的记载，也看不出该方法是专为胶原蛋白肽巧克力而设计的特定方法，将该方法和参数用于制备胶原蛋白巧克力时并不需要克服任何技术困难或障碍。因此，该发明不具备创造性。

三、预料不到的技术效果

（一）预料不到的技术效果的含义

预料不到的技术效果是指发明同现有技术相比，其技术效果产生“质”的变化，具有新的性能；或者产生“量”的变化，超出人们的想象。这种“质”或“量”的变化对所属技术领域人员来说，根据现有技术事先无法预测或者推理出来。预料不到的技术效果可能是发明的技术效果出乎预料地优于现有技术，也可能是发明具有预料不到的性质。

在食品或保健食品领域，可用于加工食品的原料和辅料的种类繁多，它们之间可以有很多种组合方式，构成各种不同的技术方案，这种技术方案可能与最接近的现有技术存在很多区别技术特征，而且这些区别技术特征即使多篇现有技术也难以覆盖，但实质上，如果该组合没有解决实际的技术问题以及产生相应的技术效果，那么这种组合对于本领域技术人员来说，并没有作出技术贡献，此时引入预料不到的技术效果是辅助验证技术方案的创新高度即创造性。

（二）预料不到的技术效果的证据的提供

是否具有预料不到的技术效果，本领域技术人员不仅要整体上考虑发明要求保护的技术方案及其所述技术效果，还要整体上考虑现有技术以及最接近的现有技术，并结合申请人提交的辅助证据等综合判断。

(1) 如果申请人声称发明产生了预料不到的技术效果，通常需要提供相应的实验数据证明发明产生了新的性能，或者所述技术效果的提高超出了本领域技术人员的预期。

(2) 如果申请人声称发明产生了预料不到的技术效果，但是相应的效果数据未达到预料不到的程度。例如，效果数据仅能够证明组合物的效果好于单一组分的效果，不能够证明组合的效果超出对单一组分效果的简单叠加的预期，就不能认为该技术方案产生预料不到的技术效果。

应当说明的是，预料不到的技术效果仅仅是判断创新高度（创造性）的辅助方式。

(三) 预料不到的技术效果的体现

【案例 5－25－25】

A. **相关案情**

权利要求：

一种酒精饮料组合物，提供协同肝保护，所述酒精饮料包含：

a) 第一肝保护剂；

b) 酒精或酒精－水组合；和

c) 第二肝保护剂；

d) 其中所述第一肝保护剂包含在 0.05%～0.3% 的质量浓度范围内的 18α－甘草酸或在 0.05%～0.4% 的质量浓度范围内的 18β－甘草酸；

e) 其中所述第二肝保护剂包含在 0.5%～3.0% 的质量浓度范围内的至少一种糖或至少一种糖醇，其中所述糖醇选自 D－甘露醇和 D－赤藓糖醇或其组合，或者所述糖选自 D－蔗糖、D－甘露糖和 D－乳糖或其组合。

说明书：

本申请通过第一肝保护剂和第二肝保护剂联合使用，产生协同增效作用，达到更好的肝保护作用。测试指标包括对谷胱甘肽（GSH）、超氧化物歧化酶（SOD），肿瘤坏死因子 α（TNF-α），谷丙转氨酶（ALT），丙二醛（MDA）等的保护作用。说明书记载了第一肝保护剂、第二肝保护剂单独使用时对上述指标的保护作用（见表 5－25－1、表 5－25－2 与表 5－25－3），以及第一肝保护剂和第二肝保护剂联合使用时对上述指标的保护作用（见表 5－25－4、表 5－25－5），并计算得到了二者联合的协同作用百分比，证明了本申请的组合能够产生协同作用。

实验数据节选：

第一肝保护剂作用数据：

表 5-25-1 18β-甘草酸和 18α-甘草酸的保护比较作用

GA种类	GA 量（%）	样品编码	GSH 的保护作用（%）	SOD 等的保护作用（%）	TNF-α 的保护作用（%）	ALT 等的保护作用（%）	MDA 的保护作用（%）
18β-GA	0.1	D	3.29	11.45	7.64	8.38	15.97
	0.2	U	12.1	16.72	12.31	13.25	27.12
	0.3	W	19.1	27.95	21.18	20.99	46.35
	0.4	X	31.34	31.05	29.28	26.42	56.74
18α-GA	0.1	4	8.93	14.33	10.58	11.98	15.1
	0.3	5	16.96	25.84	23.45	18.3	41.69

第二肝保护剂作用数据：

表 5-25-2 D-甘露醇的保护作用

样品编码	Man（%）	GSH 的保护作用（%）	SOD 等的保护作用（%）	TNF-α 的保护作用（%）	ALT 等的保护作用（%）	MDA 的保护作用（%）
A	0.5	10.35	12.71	7.19	12.26	19.17
3	1	20.06	19.32	16.74	20.37	31.63
B	1.5	25.76	26.21	29.89	25.94	48.56
C	2.5	31.53	35.83	31.46	29.71	50.8
11	3	32.37	36.08	30.76	29.48	50.31

表 5-25-3 D-木糖醇和 D-赤藓糖醇的保护作用

		GSH 的保护作用（%）	SOD 等的保护作用（%）	TNF-α 的保护作用（%）	ALT 等的保护作用（%）	MDA 的保护作用（%）
Xyl（%）	1	19.76	18.91	15.77	17.62	26.9
	2.5	35.57	36.88	30.05	26.72	45.38
Ery（%）	1	18.71	17.94	16.57	17.84	24.71
	2.5	37.29	36.29	35.96	32.13	48.61

第一肝保护剂和第二肝保护剂联合作用数据：

表 5-25-4 18β-甘草酸-甘露醇、木糖醇和赤藓糖醇的比较保护作用和协同作用

		SOD 等的保护作用（%）	SOD 等的协同作用（%）	GSH 的保护作用（%）	GSH 的协同作用（%）	TNF-α 的保护作用（%）	TNF-α 的协同作用（%）
GA 0.10%	Man 1%	39.33	28.1	29.58	26.68	32.68	34.04

续表

		SOD 等的保护作用（%）	SOD 等的协同作用（%）	GSH 的保护作用（%）	GSH 的协同作用（%）	TNF-α 的保护作用（%）	TNF-α 的协同作用（%）
GA 0.10%	Ery 1%	35.64	21.5	28.85	31.14	30.37	25.44
GA 0.10%	Xyl 1%	38.26	26.35	28.19	22.3	29.72	26.95
Man：Ery		—	1.3	—	0.85	—	1.33
Man：Xyl		—	1.06	—	1.19	—	1.26
GA 0.10%	Man 2.50%	60.15	26.65	48.24	38.51	50.56	29.31
GA 0.10%	Ery 2.50%	56.47	18.21	43.35	6.83	49.26	12.98
GA 0.10%	Xyl 2.50%	56.94	17.61	44.8	15.29	46.29	22.82
Man：Ery		—	1.46	—	5.63	—	2.25
Man：Xyl		—	1.51	—	2.51	—	1.28
GA 0.30%	Man 2.50%	71.57	13.44	61.95	22.43	69.63	32.28
GA 0.30%	Ery 2.50%	71.86	11.94	66.14	17.29	64.36	12.64
GA 0.30%	Xyl 2.50%	71.18	10.04	60.61	10.87	55.65	8.63
Man：Ery		—	1.12	—	1.29	—	2.55
Man：Xyl		—	1.33	—	2.06	—	3.74

表 5-25-5 18β-甘草酸/甘露醇、木糖醇和赤藓糖醇的保护作用和协同作用的比较数据

		ALT 等的保护作用（%）	ALT 等的协同作用（%）	MDA 的保护作用（%）	MDA 的协同作用（%）
GA 0.10%	Man 1%	29.13	5.25	55.41	16.41
GA 0.10%	Ery 1%	24.48	-5.83	46.38	14.01
GA 0.10%	Xyl 1%	27.19	6.63	50.02	16.68
GA 0.10%	Man 2.50%	40.35	10.52	85.62	28.23
GA 0.10%	Ery 2.50%	40.06	-0.62	75.29	16.58
GA 0.10%	Xyl 2.50%	38.2	10.18	76.51	24.71

对比文件 1 公开了一种减轻肝损伤或者不损伤肝脏的酒类饮料，包括水，每 500mL 水中含有容量为 0.5～300mL 的乙醇，水中含有 2～1000mg 的甘草酸或甘草次酸或二者混合物（甘草酸的质量浓度范围为 0.0004%～0.2%）。对比文件 2 公开了治疗组用复方甘草酸苷联合木糖醇治疗非酒精性脂肪肝合并糖尿病患者 30 例，ALT、AST、TC、TG 有效率分别为 95%、94%、92%、88%，与对照组比较有显著差异。结论为：美能（复方甘草酸苷）联合木糖醇可有效

改善非酒精性脂肪肝合并糖尿病患者的临床症状、肝功能，并可有效降低血糖、血脂。指标 ALT、AST 为肝功能损害的诊断指标。例如，以 0.1% 的甘草酸和 1% 的甘露醇的组合为例，根据表 5－25－1 记载，单独使用 0.1% 的 18β-甘草酸对 MDA 的保护作用可以达到 15.97%；根据表 5－25－2 记载，单独使用 1% 的甘露醇对 MDA 的保护作用可以达到 31.63%；而根据表 5－25－5 记载，0.1% 的 18β-甘草酸和 1% 的甘露醇组合之后对 MDA 的保护作用可以达到 55.41%，协同作用达到 16.41%，可以认为二者的组合产生了显著的协同作用。

B. 案例分析

通过比较对比文件和该申请可以发现，虽然现有技术中的对比文件 1 和对比文件 2 分别公开了单独使用该申请的第一肝保护剂和第二肝保护剂均具有肝保护作用，但并未给出二者组合的技术教导，也没有给出组合使用可以发挥协同增效作用的技术启示。该申请说明书通过实验数据表明 18α－甘草酸或 18β－甘草酸与 D－甘露醇、D－赤藓糖醇、D－蔗糖、D－甘露糖或 D－乳糖的组合能够带来显著的协同效应。因此，可认为该申请取得了预料不到的技术效果，具有创造性。

第三节　实用性

《专利法》第二十二条第四款规定："实用性，是指该发明或者实用新型能够制造或者使用，并且能够产生积极效果。"

所述制造或者使用必须能够用于产业上。所谓产业，包括工业、农业、林业、水产业、畜牧业、交通运输业以及文化体育、生活用品和医疗器械等行业。

在产业上能够制造或者使用的技术方案，是指符合自然规律、具有技术特征的任何可实施的技术方案。

能够产生积极效果，是指发明或者实用新型专利申请在提出申请之日，其产生的经济、技术和社会的效果是所属技术领域的技术人员可以预料到的。这些效果应当是积极的和有益的。

满足实用性要求的技术方案不能违背自然规律并且应当具有再现性。

一般情况下，撰写专利申请文件时，仅需要注意权利要求书中请求保护的技术方案具备实用性即可。食品领域的专利申请文件中不具备实用性的情形主要有：无再现性、违背自然规律、利用独一无二的自然条件的产品、无积极效果。

一、无再现性

再现性，是指所属技术领域的技术人员，根据公开的技术内容，能够重复实施专利申请中为解决技术问题所采用的技术方案。这种重复实施不得依赖任何随机的因素，且实施结果应该是相同的。

应注意，成品率低与不具有再现性是有区别的。成品率低仍然能够重复实施，而无再现性是不可能重复实现的。因此，无再现性的技术方案是不具备授权可能的，而成品率低的技术方案是具备授权可能的。

不适于在产业上制造和不能重复实施的菜肴，不具备实用性，不能被授予专利权；依赖于厨师的技术、创作等不确定因素导致不能重复实施的烹调方法不适于在产业上应用，也不具备实用性，不能被授予专利权。

二、违背自然规律

违背自然规律的发明是不能实施的，因此不具备创造性。典型的例子是永动机，由于其违背能量守恒定律，不具备创造性，从而不能被授予专利权。

三、利用独一无二的自然条件的产品

具备实用性的发明不是由自然条件限定的独一无二的产品。如果该产品是独一无二的，那么生产该产品的方法也因不能在产业上使用而不具备实用性。利用特定的自然条件建造的自始至终都是不可移动的唯一产品不具备实用性。

通常，利用特定自然条件的原材料所获得的产品不能被认为是利用独一无二的自然条件的产品。虽然生产中利用的原材料是有限的或者特定的，但是生产所获得的产品不是独一无二的，可以在产业上制造，其制备方法也可以在产业上使用。

【案例5-25-26】

A. 相关案情

权利要求：

一种红兰花饮料，其特征是包含由西藏红花与西藏矿泉水提取的西藏红花液，由西藏木瓜或毛叶木瓜和皱皮木瓜与西藏矿泉水提取的木瓜液，由蔗糖加西藏矿泉水制成的蔗糖液；按下列体积份 配比制成：西藏红花液20~45，木瓜液20~45，蔗糖液30~70。

说明书：

西藏地处高寒地带，盛产着多种具有丰富营养价值和药用价值的植物和瓜果。西藏红花，又名红兰花，西藏木瓜均属这一类，加上含有多种人体必须的微量元素的西藏矿泉水，不加任何添加剂，制成具有保健功能的绿色饮料，在国内尚属首创。

B. **案例分析**

权利要求请求保护一种红兰花饮料，利用西藏的红花、木瓜、矿泉水制造饮料，虽然生产中利用的原材料红花、木瓜、矿泉水是特定的，但是生产获得的产品不是独一无二的，可以在食品领域制造，方法也可以在产业上使用。因此，该发明请求保护的饮料不属于利用独一无二的自然条件的产品，其能够在产业上制造，并且具有积极效果，具备实用性。

四、以有生命的人为实施对象的非治疗目的的非外科手术方法

在食品、保健食品领域，有些技术方案并非以疾病的诊断和治疗为目的，也并非涉及对人体实施剖开、切除、缝合、纹刺等创伤性、介入性的非治疗目的的非外科手术方法，但该类技术方案却是以有生命的人为实施对象、不具备在产业上制造或者使用的可能性，因此该类技术方案不具备实用性。

保健食品领域中，以下权利要求的技术主题不具备实用性：①一种控制人体体重的方法；②一种向人体提供营养的方法；③对人体施用、施与、投与、给予某种物质的方法；④一种提高人体对胡萝卜素吸收利用率的方法；⑤一种保健茶的饮用方法，其特征在于：用沸水冲泡5min后饮用；⑥一种保健品的应用，其特征在于：给1~3岁儿童食用。

上述技术主题都是以有生命的人为实施对象，包括个人的使用、服用过程，属于个体行为，产生的效果也依赖于人体或动物各自的机体情况，因此无法在产业上实现，不符合《专利法》第二十二条第四款的规定。申请人可以通过将此类方法或用途权利要求修改为“某物质用于制备食品/保健食品的用途”或者“某物质在制备食品/保健食品中的应用”来克服上述缺陷。

【案例5-25-27】

A. **相关案情**

权利要求请求保护一种给婴儿补充营养的方法。根据说明书记载，该发明是为给婴儿提供平衡膳食，尤其是4~36个月婴儿提供充足铁、多不饱和脂肪酸、膳食纤维、锌的平衡膳食。

B. **案例分析**

该案例“给婴儿补充营养的方法”属于上文提及的情况③。由于该权利要求的实施对象为人类婴儿本身，无法进行产业化，因而不具备《专利法》第二十二条第四款所规定的实用性。

五、无积极效果

具备实用性的发明的技术方案应当能够产生预期的积极效果。明显无益、脱离社会需要的发明的技术方案不具备实用性。

一项技术方案可能在某些方面存在缺陷，但是在其他方面有益，应当认为该技术方案能够产生预期的积极效果。

参考文献

[1] 韩北中，童华荣，林双奎. 食品感官评价 [M]. 2 版. 北京：中国林业出版社，2016.

[2] 国家食品药品监督管理局. 关于印发抗氧化功能评价方法等 9 个保健功能评价方法的通知（国食药监保化〔2012〕107 号），2013 年 4 月 23 日.

[3] 国家市场监督管理总局. 市场监管总局征求调整保健食品保健功能意见的公告，2019 年 3 月 28 日.

第六部分

日用化学品领域专利申请文件的撰写

第二十六章 概　述

日用化学品主要包括化妆品、洗涤剂以及口腔清洁用品等。日用化学品与人们日常生活紧密关联。近年，我国人均可支配收入不断提高，城镇化发展逐渐深入，消费者对日用化学品的需求日益多元化，我国日用化学品行业发展速度和技术水平迅速提升。中国是全球洗衣粉产量第一大国，拥有最大的洗涤用品市场，是全球第二大化妆品销售国，已成为全球最大的日用化学品综合性市场。人们越来越愿意在美丽健康、品质生活方面增加消费，更安全环保、质效俱佳的产品越来越受到推崇。技术的不断创新是日用化学品行业发展的巨大动力，知识产权制度，特别是专利制度在促进行业发展方面发挥着越来越重要的作用。

第一节　日用化学品行业发展现状

化妆品和洗涤剂在日用化学品市场中占比最大，销售收入占该行业整体销售收入的 70% 以上。本节主要对化妆品和洗涤剂行业的发展现状进行简要介绍。

一、化妆品行业发展状况

我国化妆品行业是改革开放以来最先向外资开放的行业之一，国内化妆品企业因此较早地受到跨国资本和跨国企业的冲击，曾一度出现低迷状态。经过几十年的发展，国内化妆品行业在近几年迎来了前所未有的快速增长，主要表现出以下几个特点。

（一）行业集中度提高

目前，我国化妆品行业已经初步形成了几个集群，主要是以广东为中心的珠江三角洲和以上海为龙头的长江三角洲，其中广东、浙江、江苏和上海的化妆品生产企业数量占我国化妆品企业总数的75%，仅广东省的化妆品企业数量就达到一半以上[1]。我国本土化妆品品牌，如百雀羚、佰草集、自然堂、相宜本草、美素、珀莱雅等，已成为深受消费者喜爱的品牌，占据了最大的本土品牌市场份额。

（二）技术投入加大

近年来，化妆品企业不断加大研发投入，科技成果显著。随着技术进步和多学科在化妆品领域中的应用，化妆品领域越来越多地与制药、生物化学、生物工程学、医学和微电子等领域进行技术融合，产品被赋予许多新的概念。生物基因工程、生物化学、医药科学和纳米技术等在化妆品中的使用，使化妆品的产品结构、功能和品质发生了巨大变化。肽、多糖等生物化学活性物质成为高端化妆品原料中的主角。各种低刺激性、极温和的表面活性剂、具有良好乳化作用的新型乳化剂、功效卓越的新增稠剂、滋润剂等不断推出。随着制造技术的突破，微胶囊、脂质体和纳米微球等作为化妆品领域的新型载体在产业上得以广泛应用。除此之外，生产方法也在高效、节能、环保等方面不断创新，例如，出现了低能乳化、超声乳化等新的乳化方法。

（三）法规监管日趋完善

随着我国化妆品行业的迅猛发展，相关法规也趋向健全，市场监管日趋严格，实现了从快速发展阶段向规范化发展阶段的过渡。政府部门针对化妆品生产、销售等环节制定了一系列法律法规和行业标准，规范化妆品企业的经营，促进产品优胜劣汰、企业公平竞争、行业保持良性发展。

（四）国内化妆品原料生产整体水平较弱

保持技术领先是产品具有长久竞争力的重要基石。国外跨国公司的技术开发能力强，原创成果多，测试验证体系完善，新原料的推出有强大的多领域学科研究作为基础。相比之下，我国化妆品原料尚处于发展不成熟的阶段，技术创新水平整体不高，原料国产化率比较低，生产实力较强的仅限于低端合成护肤油脂、保湿剂、防晒剂和提取物单体这几类原料。究其原因，一方面是企业自身技术研发能力不足，一方面是产、学、研结合不顺畅，企业无法从高校、科研院所等有效“借力”，对原料缺乏进行结构、功效、应用特性、安全性等多角度、多维度的系统性深入研究。总之，我国化妆品原料的发展还要经历较长时间的技术模仿之后才能有所突破[2]。

二、洗涤剂行业发展状况

我国的洗涤用品工业已经形成较为完善的体系，洗涤剂类产品也取得了长足的进步，主要表现为以下几点。

（一）规模以上企业集中

据《2018 年中国洗涤用品行业研究报告》发布的数据，截至 2018 年，我国肥皂及洗涤剂制造规模以上企业数量 403 家，2018 年合成洗涤剂产量累计为 928.56 万吨，其中合成洗衣粉产量为 355.28 万吨，液体洗涤剂产量为 573.28 万吨，肥（香）皂产量为 90 万吨。从产量来看，洗涤剂生产区域较为集中，广东、四川、安徽、浙江四省的产量占总产量约 60%。从品牌来看，合成洗衣粉、洗衣液、清洁洗涤剂中国品牌市场占有率均高于 50%，品牌优势明显。例如，立白集团和纳爱斯集团已成为本土洗涤剂企业的领头羊。

（二）科技进步驱动产品升级

随着家用电器的发展，洗碗机、高端洗护设备的使用人群逐渐增多，消费者开始认识到这些产品的优越性。例如，洗碗机相对于手洗，能够节省劳动时间、减小用水量并且更加卫生，部分企业还针对中国的饮食和餐具使用特点，对自动洗碗机做了改进，这些新兴家用电器的发展催生了专用洗涤剂产品的研发。

（三）浓缩化、绿色化仍是趋势

随着资源消耗的日益加剧和原材料成本的不断上涨，浓缩化已经成为液体洗涤剂最主要的发展趋势之一。目前，在欧美等国家，浓缩洗涤剂已经成为市场主流。对于液体洗涤剂，我国轻工业标准 QB/T 1224—2012《衣料用液体洗涤剂》中规定，浓缩洗衣液的总活性物含量应至少达到 25%，而在发达国家，市场上浓缩液体洗涤剂的活性物含量维持在 50% ~60%。由此可见，我国市场上浓缩产品的活性物含量与国外产品相比还存在很大的提升空间。同时，环境友好的绿色产品越来越受到消费者的青睐。对宝洁、联合利华和利洁时家化三家国际主流清洁剂生产企业的跟踪调查显示，2008 年这些企业产品宣称环境友好的产品品类分别占总品类的 35%、35% 和 36%，到了 2018 年该比例则相应上升到了74%、79%和58%。这三家国际巨头企业的产品品类改变表明，近十年来环境友好产品的快速发展势不可挡。

（四）产品更加多元化、精细化

除了传统的粉状、液体洗涤剂，新的产品形式也不断涌现，如洗衣片、胶囊洗涤剂、去渍笔等。洗衣凝珠的出现，省去了传统洗涤剂量取、倾倒的过程；多腔凝珠免去了在一次洗涤过程中使用多种产品的麻烦。衣物喷雾剂满足了人们对轻垢衣物的护理要求，有效减少洗涤频率。同时，国内消费者对于卫生情况的担忧也促使除菌类产品的发展。越来越多的人倾向于针对不同的清洁、护理对象使用专用洗涤产品，如女士内衣清洁皂、丝毛洗涤剂、除皱喷雾等。

（五）科研投入及基础研究能力欠缺

国内的洗涤剂企业普遍研发投入较少，与国外的大公司相比，基础研究能力欠缺，创新能力不足，主要体现在产品同质化现象严重、功能性原料欠缺、配方技术落后、生产设备整体自动化水平不高等方面，这些都是制约行业发展的关键性因素。近年来，国内企业在技术研发、市场开拓方面都在不断追赶国外大公司，如何利用专利保护来助力创新是行业面临的重要课题。

（六）行业标准不断发展

我国洗涤用品标准化工作始于20世纪80年代初，经过30多年的发展，制定了上百项标准。目前，洗涤用品行业现行有效标准154项。从洗涤剂相关标准的制定或修订工作来看，洗涤剂行业的标准化工作由过去围绕产品质量为中心的初级活动，逐渐向产品及其生产过程、使用环节以及使用后的废弃等全过程质量、安全和环保等各方面进行深入开展。随着全球对化学品安全的重视，我国也在不断地完善法规体系，未来化学品管理的法规体系也将逐步完善建立。长期来看，法规体系的完善有利于洗涤用品行业的规范化发展，但也会对行业的发展带来挑战。

第二节　日用化学品领域发明专利申请的特点

近年来，在日用化学品行业快速发展的大潮中，技术创新发挥了推波助澜的重要作用。随着创新主体的知识产权保护意识不断增强，日用化学品领域的发明专利申请量也迅速提高，这些专利申请具有以下特点。

一、涉及多学科融合

化妆品涉及不同的施用对象，如皮肤、毛发、指甲、牙齿、粘膜等；不同的产品形式，如膏霜、喷雾、凝胶、贴膜、试剂盒等；不同的施用效果，如清洁、保湿、美白、抗衰老、抗炎、调理、育发、染发等；不同的原料类型，如无机物、有机物、聚合物、天然提取物和生物制剂。例如，“一种含多种小分子肽类复配祛皱抗衰的精华液”“一种含维生素 E 脂质体的化妆品制剂”“一种来自皮壳正青霉（*Eupenicillium crustaceum*）物种菌株的发酵提取物的用途，用于皮肤、粘膜、毛发和/或指甲的美容护理”等。

洗涤剂产品涉及不同的洗涤对象，如织物、皮肤、工业零件设备（汽车发动机、食品工业发酵设备等）、不同材质硬表面（木质、玻璃、建筑物外墙等）、医疗器械等；不同的产品形式，如片剂、凝珠等；不同的原料类型，如无机物、有机物、生物酶制剂和天然提取物。例如，“DNA 酶用于处理织物以提供改进的柔软性和/或易于熨烫和/或抗折痕特性的用途”“一种包含活性蛋白酶的餐具洗涤剂组合物，其中该蛋白酶选自包含 SEQ ID NO：4、SEQ ID NO：2、SEQ ID NO：6、SEQ ID NO：8 或 SEQ ID NO：10 的多肽”“一种含多种中草药提取物的抑菌洗手液”等。

日用化学品领域的发明往往涉及化学、化工、医学、药学、生物学等不同学科的融合，这就要求在撰写发明专利申请文件时应熟知相关技术领域的基础知识。

二、组合物发明多

在日用化学品领域，要求保护产品的发明专利申请中的产品权利要求大多以组合物的形式出现。除限定组合物的各组分、含量、配比之外，有时还会以产品用途、理化参数、外观或制备方法等来表征产品，例如，“一种用于涂覆角蛋白纤维的化妆品组合物”“一种化妆品组合物，其特征在于：组合物在25℃、$200s^{-1}$的切变速率下测定的黏度为 5～18Pa·s”“一种透明的油包水组合物”“一种含绿茶提取物的美白乳液，其特征在于，其中的绿茶提取物用以下方法制备……”。

三、与产业发展密切相关

日用化学品领域发明专利申请与产业发展关系密切。一方面体现在申请文件中经常使用商品名，有时还会出现缩略语、俗称等，随着技术的飞速发展，新的商品名、缩略语也不断出现。另一方面，申请专利时经常需要考虑行业的标准和规范。行业标准和规范是动态变化的，不仅对这一行业的良性发展起到了重要的促进作用，而且提供了很多有参考意义的信息，例如，标准的检验检测方法，在撰写专利申请文件时，特别是撰写实验部分的内容时，可供借鉴。因此，对相关产业的发展和行业动态有充分的了解，对撰写出高质量的日用化学品领域的发明专利申请文件十分重要。

四、安全性问题突出

对于化妆品而言，通常要求具备安全性、稳定性、使用舒适感、有效性等。毫无疑问，化妆品的安全性是最重要的。近年来，化妆品安全事件时有曝光，化妆品行业的安全性问题受到了广泛关注，市场监管也日趋严格。2007 年 1 月颁布并实施的《化妆品卫生规范》公布了化妆品中禁用的化学物质达 1 208 种。2015 年经由化妆品标准专家委员会全体会议审议通过，由国家食品药品监督管理总局批准颁布，自 2016 年 12 月 1 日起施行的《化妆品安全技术规范》进一步加强了对化妆品中安全性风险物质和准用组分的管理，其中禁用组分共 1 388 项，新增 133 项。

洗涤剂对人体的安全性问题也从未被忽视过。例如，液体洗涤剂中的联苯乙烯类荧光增白剂、洗发水中的微量二噁烷对人体健康影响等均引发了公众热议，并给相关企业带来了巨大的经济损失。三氯生、三氯卡班、苯酚等 19 种活性成分在洗涤剂中的应用也越来越受到严格限制。

日用化学品行业对安全性要求的不断提高使得企业在开发新产品时必须重视对原料、配方、包装材料、生产等不同环节的控制，确保产品对人体的安全性以及对环境的安全性。

五、美容用途与治疗用途难以区分

化妆品领域的部分产品既有美容作用，也有防治疾病的作用。在一些情况下，如果发明专利的权利要求撰写形式不当，会使产品用途发明成为不能被授予专利权的客体。例如，一种化妆品组合物具有去除痤疮的功效，痤疮是一种皮肤病，该化妆品去除痤疮是在治疗疾病的同时产生了美容作用，当发明主题撰写为“一种化妆品组合物用于去除痤疮的用途”时，根据我国《专利法》的相关规定，该用途就因属于疾病的治疗用途而不能被授予专利权。

由此可见，在撰写化妆品领域专利申请文件时，单纯的美容用途应和疾病的预防或治疗用途进行明确区分，否则难以获得专利保护。

六、产品效果评价方法多样化

化学领域的发明专利申请说明书中通常应记载实验数据以证明发明所能够达到的技术效果。日用化学品领域的发明专利中，用来证明技术效果的实验方法复杂多样，有的效果评价方法是常规、常用的，有的是研发人员独家自创的。例如，同样是用于评价化妆品保湿效果的方法，有称重－吸水法、称重－保水法、水通道蛋白法、角质分化相关蛋白法、透明质酸相关受体法等。在撰写申请文件时，应针对要证明的发明有益效果选择合适的实验，清楚和完整地描述实验方法，保证实验的科学性、数据的真实性以及结论的合理性。

第三节　日用化学品领域发明专利申请的类型

日用化学品领域涉及的发明专利类型主要有以下几种：

（1）产品发明，包括化妆品、洗涤剂最终产品组合物，化妆品、洗涤剂原料，洗涤用装置设备。

（2）方法发明，包括化妆品、洗涤剂组合物或原料的制备方法，化妆美容方法，化妆品、洗涤剂的使用方法。

（3）用途发明，包括用作化妆品或洗涤剂的用途，用作化妆品或洗涤剂原料的用途，用于美容用途。

一、产品发明

日用化学品领域的产品发明中，组合物发明是最常见的类型，通常用组合物的组分或者组分和含量等组成特征来表征。例如，一种透明的半固体凝胶状乳霜化妆品组合物，其中含有：①重量百分比为10%～97%的水相，其中含有2－甲基－1,3－丙二醇；以及②重量百分比为2%～90%的油相，其中含有硅油。再如，一种护色洗衣液，其特征在于由以下重量百分比的组分制成：脂肪醇聚氧乙烯醚硫酸盐1%～20%；脂肪醇聚氧乙烯醚5%～25%；椰油二乙醇酰胺1%～10%；有机溶剂0.1%～10%；抑菌剂0.01%～0.5%；增稠剂1%～5%；柠檬酸0.5%～2%；护色剂0.1%～2%；香精0.05%～0.5%；水余量。

对于仅用组分和含量尚不足以清楚表征的产品，还可以进一步采用适当的化学、物理参数、制备方法等对其进行限定。例如，一种用于浸在柔性吸收体中使用的液体洗涤剂组合物，其含有表面活性剂30%～60重量%、水溶助剂0.01%～5重量%、水溶性有机溶剂0.01%～10重量%以及水，所述组合物20℃下的黏度为300～1000mPa·s，用水稀释该组合物时，当组合物的稀释浓度在10%～60重量%范围内时，20℃下获得黏度的最大值。

新的活性组分、新的表面活性剂、新的洗涤助剂等日用化学品原料，可以申请发明专利。例如，一种含硒表面活性剂，其为苄基硒脂肪酸盐。

制造洗涤剂的装置设备以及洗涤使用的装置设备等也可以申请发明专利。对于装置设备相关专利的撰写，应当清楚地描述装置设备的各组件及组件之间的连接关系，通常需要配合附图进行说明，可以参照机械发明领域的撰写要求。

二、方法发明

日用化学品领域的方法发明包括产品或原料的制备方法、使用方法以及化妆美容方法。

（一）制备方法

产品或原料的制备方法可以是新产品或新原料的制备方法。例如，一种制备谷物发酵颗粒的方法，所述制备方法包括：①培养基加热灭菌，所述培养基为粉碎的谷物颗粒；②接入活化好的发酵菌种；③发酵；④调节pH；⑤灭菌得谷物发酵颗粒。上述谷物发酵颗粒可用于皮肤清洁组合物中。

产品或原料的制备方法还可以是已有产品或原料的新制备方法。例如，一种制备颗粒状洗涤剂的方法，该方法包括：①在机械造粒机中混合固体组分和第一种液态粘合剂，以制备粉末；和②在低剪切造粒机中混合步骤①制备的粉末和第二种液态粘合剂，以制得所述颗粒状洗涤剂；所述第二种液态粘合剂与第一种液态粘合剂的组成不同，并且第一种液态粘合剂与第二种液态粘合剂的重量比为15∶1～1∶1。

（二）使用方法

产品的使用方法通常会对产品本身的特征、产品使用条件、使用步骤等进行记载。例如，一种液体四乙酰乙二胺组合物的使用方法，包括制备如下液体四乙酰乙二胺组合物，所述组合物含有……，使所述的液体四乙酰乙二胺组合物与漂白化合物接触以形成过氧化物溶液，其中所述的液体四乙酰乙二胺组合物在反应介质存在下与漂白化合物接触；以及通过将所述过氧化物溶液添加到装有织物的容器中，用所述过氧化物溶液处理所述织物。

（三）美容方法

化妆美容方法是指单纯的美容方法。例如，一种延长睫毛的方法，包括

①将含下列成分的液体组合物应用于睫毛，i）溶剂，ii）一种或多种在所述溶剂中可溶或可分散的聚合物，所述聚合物选自聚酰胺、聚丙烯酸酯和聚烯烃，和 iii）填料或颗粒；以及②使溶剂蒸发；其中所述的一种或多种聚合物占组合物总重的15% ~75%，所述填料或颗粒占组合物总重的20% ~50%，所述的组合物在500 ~10 000Pa 的振荡应力范围内显示出颗粒定向，其中以足够量应用组合物以赋予睫毛丝状延伸，并使溶剂蒸发。

（四）其他方法

除了上述方法之外，方法发明还可以是其他的方法。例如，一种回收止汗剂组合物的配方组分的方法，所述方法包括：①熔化固体或半固体止汗剂组合物；②使所述止汗剂组合物沉降为具有油/蜡相的液相和具有止汗剂活性成分的固相；③从所述油/蜡相分离所述固相；和④处理所述液相以回收其一种或多种组分。

三、用途发明

化妆品领域的用途发明包括化妆品的美容用途发明、化妆品原料的用途发明和化妆品产品的用途发明。产品的用途发明是基于发现产品新的性能并利用此性能而作出的发明。无论是新产品还是已知产品，其性能是产品本身所固有的，用途发明的本质不在于产品本身，而在于产品性能的应用，对于化妆品原料也是如此。例如，“一种用口腔美白条带美白牙齿的用途”“D - 色氨酸和 D - 组氨酸的纳米包封胶束粒子在口腔护理液中的用途”。

洗涤剂领域的用途发明包括原料和最终产品的用途发明，是基于原料或最终产品新发现的性能并利用此性能而作出的发明。例如，“普鲁兰多糖在制备用于增强在短程洗涤中洗涤效果的增效胶囊中的应用”“一种洗涤剂组合物用于清洁巧克力布丁污垢的用途”。

第四节 日用化学品领域发明专利申请常见问题

在日用化学品领域的发明专利申请方面，跨国大公司表现为申请数量多、申请文件撰写质量高。化妆品领域的主要国外申请人包括宝洁、欧莱雅、联合利华、花王等，洗涤剂领域的申请人主要有宝洁、联合利华、巴斯夫、花王、诺维信、陶氏等。这些跨国公司针对一项发明通常在多个国家和地区提出专利申请，在核心发明的基础上不断改进和发展并提出系列专利申请，形成多维度的专利布局。当一项重要的新兴技术出现后，往往有多个公司在不同的角度积极进行跟进，相关的发明专利申请在时空上较为集中，彼此竞争非常激烈。

对于中国国内申请人而言，虽然在发明专利申请的数量上逐年快速增长，但申请文件撰写质量亟待提高，具体表现在以下几个方面。

一、技术问题的描述不具体

日用化学品领域专利申请主要为组合物发明，很多国内专利申请文件对技术问题的描述不够具体，仅是泛泛地描述发明要解决的技术问题。例如，在研制洗涤剂组合物时可能会面临原料配伍性和相容性、个别成分的稳定性和产品整体稳定性等具体问题，如液体衣物洗涤剂冷水分散性差，或者洗碟洗涤剂会腐蚀玻璃器皿等。但是，由于在撰写申请文件时不能聚焦于这些具体技术问题，往往会撰写为“提供一种高效的液体衣物洗涤剂”“提供一种清洁效果好且能被快速冲净的玻璃高效清洗剂”，无法凸显发明的技术贡献和技术价值。

二、技术效果的验证不充分

日用化学品领域的一些专利申请文件中，经常出现技术效果验证不充分的问题。具体表现为：技术效果仅作文字性说明，没有记载实验方法、实验过程和实验数据，例如，仅记载了“去污效果好”或“去污率达到98%”；或者，没有记载能够证明实现了发明目的的实验数据，例如，对于具有抑菌效果的洗涤剂，申请文件中没有记载相关的抑菌实验，只有去污性能的实验数据；或者，记载的实验过程和实验数据存在缺陷，例如，实验方法描述不完整，不同的实验之间存在矛盾，或实验数据与实验结论无法合理关联等。

三、权利要求的概括不恰当

合理概括权利要求对于获得专利授权和实现有效专利保护是至关重要的。有些专利申请的独立权利要求概括的保护范围过大，不能聚焦发明对现有技术的贡献；有些独立权利要求则保护范围过窄，甚至写成了具体的实例。例如，对于组合物发明，将组合物配方的全部组分写入独立权利要求中；对于方法发明，独立权利要求中从原料和配比到各具体步骤、工艺条件和装置等，描述的详细程度堪比实验报告。即便专利申请被授予专利权，这样的独立权利要求也无法形成有效的专利保护。此外，有的权利要求书中仅有一两项权利要求，无法对发明核心技术方案构成多层次、多角度的保护屏障，在实质审查以及授权后的无效、侵权诉讼中容易导致被动。

综上所述，提升日用化学品领域发明专利的申请质量迫在眉睫，主要需要从两方面着手，一方面是创新主体加大研发投入、提高创新水平，另一方面是提升专利申请文件撰写的水平。

第二十七章 日用化学品领域发明专利的保护客体

《专利法》对不能被授予专利权的客体进行了规定，日用化学品领域专利申请中涉及这类被排除客体的情形也并不少见。因此，在撰写申请文件时，必须首先确认要求保护的主题是否属于可授权的客体。

第一节　违反法律和妨害公共利益的发明

对于《专利法》第五条规定的不授予专利权的情形，日用化学品领域比较常见的是“违反法律”和“妨害公共利益”两种情形。

一、违反法律

在日用化学品领域，最常见的违反法律的情形是原料的使用违反国家法律的规定。

【案例 6 – 27 – 1】

A. 相关案情

一种祛痘净肤液，由中药原料在 45° ~ 70°的白酒中浸泡萃取 15 ~ 20 天制成，其特征是，所述的中药原料由下列重量份数的原料组成：梭伦剥管菌2～20份、苦参2～6份、象皮0.5～2份、葛根2～10份、蚂蚁粉3～10份、仙鹤草50～90份。

B. **案例分析**

象皮为亚洲象的干燥皮肤。亚洲象是国家一级保护动物，《中华人民共和国野生动物保护法》第二十七条规定："禁止出售、购买、利用国家重点保护野生动物及其制品。因科学研究、人工繁育、公众展示展演、文物保护或者其他特殊情况，需要出售、购买、利用国家重点保护野生动物及其制品的，应当经省、自治区、直辖市人民政府野生动物保护主管部门批准，并按照规定取得和使用专用标识，保证可追溯，但国务院对批准机关另有规定的除外"。针对该案而言，由于未提供合法获取和使用象皮的证明文件，并且该发明的实施意在制造和销售所述产品，不属于特例，因此，违反了国家法律，不能被授予专利权。

二、妨害公共利益

在日用化学品领域，如果在说明书或者权利要求书中记载的技术方案中使用的原料会危害人体健康，导致发明的实施会妨害公共利益，那么该专利申请属于《专利法》第五条第一款规定的情形而不能授权。

【案例6－27－2】

A. **相关案情**

一种金盏花保湿霜，其特征在于，包括下述重量份的原料组成：金盏花籽油3～7份，失水山梨醇硬脂酸酯2～6份，鲸蜡醇10～20份，DL－脯氨酸0.1～0.5份，保湿剂8～12份，水50～60份；所述保湿剂由下述重量份的原料组成：甘油40～60份，神经酰胺5～15份，赤藓糖醇10～30份，紫杉醇10～30份。

B. **案例分析**

紫杉醇是一种常见的癌症化疗药物，其对人体癌细胞和正常细胞均具有强烈的杀伤效果，即对人体细胞具有强烈毒性。紫杉醇的临床应用中，医护人员皮肤意外接触紫杉醇后会被要求立即进行清洗处理。该案例中，将紫杉醇添加到皮肤用化妆品组合物中施用，会导致皮肤细胞大量死亡，严重损害使用者的健康。因此，该发明的实施会给公众造成危害，属于妨害公共利益的发明创造，不授予专利权。

【案例6－27－3】

A. **相关案情**

该发明涉及一种多功能洗发香波，该香波的组成原料中含有1%二氧化硒。

B. **案例分析**

由于二氧化硒具有毒性和强刺激性，与皮肤接触会造成皮炎和皮肤灼伤，在《化妆品卫生规范2007》和《化妆品安全技术规范2015》中，二氧化硒均是禁用成分。该发明会对人体造成危害而妨害公众利益，不能授予专利权。

第二节　不授予专利权的主题

《专利法》第二十五条规定了5种不授予专利权的主题，在日用化学品领域，主要涉及疾病的治疗或预防方法。

一、单纯的美容方法

在化妆品领域，单纯的美容方法可以被授予专利权。“单纯的美容方法”是指不介入人体或不产生创伤的美容方法，以美化皮肤、毛发、指甲、牙齿外部等为目的，不包括创伤性或介入性的处置过程。例如，通过粉底等遮盖肤色的方法、染发方法、头发定型方法等。

【案例6－27－4】

A. **相关案情**

权利要求：

1. 一种增白牙齿的方法，其特征在于将可拉伸的牙齿美白条带施加在牙齿上，所述条带包括a）弹性膜背衬层；和b）牙齿美白物质，其中牙齿美白物质包含成膜剂和超细二氧化钛颗粒。

B. **案例分析**

现有技术中用于实现牙齿增白的方法主要有两种，其一是通过在牙齿表面涂覆白色颜料使其变白；其二是通过去除牙齿表面的牙菌斑或牙结石，对龋齿等口腔疾病进行治疗，实现牙齿增白。该发明中的牙齿增白方法为第一种情形，并不涉及治疗或预防牙齿疾病，属于单纯的美容方法，是可授予专利权的主题。

【案例 6－27－5】

A. 相关案情

权利要求：

1. 一种去除头皮屑的方法，包括用含有吡啶硫铜锌的洗发组合物洗发的步骤。

B. 案例分析

头皮屑在医学上称为“头皮糠疹”，是一种由马拉色菌引起的皮肤病。吡啶硫铜锌对于马拉色菌有良好的杀菌和抑菌效果，被作为去除头皮屑的有效活性物质广泛使用。因此，使用该去头屑产品去除头屑的方法属于治疗或预防疾病的方法，是不授予专利权的主题。

如果要对产品的用途进行保护，可以采用“瑞士型”权利要求的撰写方式。例如，“包含吡啶硫铜锌的洗发组合物在制备用于去除头皮屑的洗发产品中的用途”。

【案例 6－27－6】

A. 相关案情

背景技术：

在人体中，臭味分子 3-甲基-2-己酸与载体蛋白质脱脂蛋白 D 结合，通过汗腺的分泌被带到皮肤表面，皮肤表面的细菌将载体蛋白质分解，导致臭味分子游离产生体臭。特定的植物提取物可抑制微生物引起的脱脂蛋白 D 的分解，从而减少臭味的产生。

权利要求：

1. 一种非治疗目的的体臭抑制方法，其特征在于，在皮肤上涂敷银杏提取物、黄柏提取物或它们的组合，抑制载体蛋白质的脱脂蛋白 D 的分解。

B. 案例分析

通过在皮肤表面涂覆提取物，抑制已经被排出体外的载体蛋白质脱脂蛋白 D 的分解，达到抑制臭味的效果，该方法不介入人体，也不对人体产生创伤，是在皮肤外部可为人们所视的部位局部实施的、非治疗目的的身体除臭方法，属于单纯的美容方法。

二、包含治疗目的的美容方法

根据《专利法》第二十五条的规定，用治疗手段达到美容效果的方法属于疾病的治疗方法，不授予专利权。

举例而言，属于疾病的治疗方法而不能授予专利权的情形包括以治疗为目的的整容、肢体拉伸、减肥、增高的美容方法，针灸、麻醉、推拿、按摩、刮痧、气功、催眠、药浴、空气浴、阳光浴、森林浴和护理方法。对于通过防治疾病来达到美容目的的方法，例如，一种治疗雀斑的美容方法，即便主题是“一种美容方法”或“一种非疾病治疗方法”，也不能从实质上将其从疾病的治疗方法范畴排除，因此不能授予专利权。

【案例 6-27-7】

A. **相关案情**

权利要求：

1. 一种减少痤疮的美容方法，其特征在于在皮损处涂覆茶树精油。

B. **案例分析**

痤疮是由于皮脂分泌过剩，毛囊孔的角质化亢进以及细菌作用造成的一种炎症反应。抗炎抑菌是治疗痤疮的一个重要手段，茶树精油的一个重要功效是抗炎抑菌。因此，权利要求 1 所述的减少痤疮的方法属于疾病的治疗方法，不能授予专利权。

【案例 6-27-8】

A. **相关案情**

权利要求：

1. 提高哺乳动物皮肤中浅黑色素对深黑色素比例的方法，该方法包括将有效量的石榴皮提取物给予所述的哺乳动物。

B. **案例分析**

通过抑制黑色素以及提高浅黑色素对深黑色素比例进行皮肤美白的方法，与治疗某些皮肤疾病直接相关，如黄褐斑等。该方法产生的治疗效果和美容效果无法区分，因此，属于疾病的治疗方法，不能授予专利权。

【案例 6-27-9】

A. **相关案情**

权利要求：

1. 通过涂敷组合物护理皮肤的方法，其特征在于该组合物中含有氨苯砜。

B. **案例分析**

氨苯砜是治疗痤疮的活性物质，在护理皮肤的同时，产生了治疗作用。因此，该方法属于疾病的治疗方法，不能授予专利权。

【案例 6 – 27 – 10】

A. **相关案情**

该案例涉及一种组合物，其用于促进角质细胞分化，从而增强皮肤的屏障功能。

权利要求：

1. 用于增强皮肤的屏障功能的方法，包括将组合物施用在皮肤上。

2. 用于诱导皮肤角质化细胞的分化的方法，包括将组合物施用在皮肤上。

B. **案例分析**

皮肤角质化细胞不完全分化会导致皮肤屏障功能衰退，皮肤屏障功能的衰退会引发多种皮肤疾病，包括过敏性皮炎、接触性皮炎、银屑癣等。因此，权利要求 1 和 2 包括了一些皮肤疾病的治疗方法，不能被授予专利权。

第二十八章 授予专利权的实质性条件

根据《专利法》第二十二条第一款的规定，授予专利权的发明和实用新型，应当具备新颖性、创造性和实用性。撰写专利申请文件的核心任务就是如何凸显发明创造相对于现有技术的新颖性、创造性，并具有实用性。

第一节　新颖性

一、相同内容的发明

如果要求保护的发明与现有技术所公开的技术方案内容完全相同，或者仅仅是简单的文字变化，则发明不具备新颖性。从专利法的角度出发，判断发明与现有技术是否是同样的发明一般需要考虑四个方面：发明的技术领域、所解决的技术问题、技术方案和技术效果，如果发明与现有技术的上述四个方面均相同，则认为两者是同样的发明。

对于日用化学品领域的组合物发明而言，权利要求有开放式和封闭式两种撰写方式。如果采用开放式，表示组合物中还可以含有其他未指出的组分；如果采用封闭式，表示组合物中仅包括所指出的组分，不包含其他组分。

常见的开放式表述有："一种化妆品组合物，其包含组分……""一种洗涤剂组合物，其主要由……组成”。

常见的封闭式表述有：“一种化妆品组合物，其特征在于由……组成”“一种洗涤剂组合物，其组成为……”“一种清洁组合物，包含……，余量为……”。需要注意，“余量为……”这一措辞表示组合物中不再含有其他组分，因此是封闭式权利要求。

【案例 6-28-1】

A. **相关案情**

权利要求：

1. 一种洗涤剂组合物，包含脂肪醇聚氧乙烯醚、脂肪酶、酶稳定剂和水。

2. 一种洗涤剂组合物，由脂肪醇聚氧乙烯醚、脂肪酶、酶稳定剂和水组成。

现有技术：一种洗涤剂组合物，包含脂肪醇聚氧乙烯醚、脂肪醇聚氧乙烯醚硫酸钠、脂肪酶、淀粉酶、酶稳定剂和余量的水。

B. **案例分析**

权利要求 1 采用了开放式的表达方式，表示除了脂肪醇聚氧乙烯醚、脂肪酶、酶稳定剂和水之外，洗涤剂组合物还可以含有其他未指明的可用于洗涤剂的组分，如其他种类的表面活性剂、其他种类的酶制剂、香精、色素等。权利要求 2 采用了封闭式的表达方式，表示洗涤剂组合物中只包含脂肪醇聚氧乙烯醚、脂肪酶、酶稳定剂和水这四种组分，不含其他组分。权利要求 1 由于其“开放”导致现有技术落入了其概括的范围内，因此不具备新颖性；权利要求 2 由于其“封闭”与已知的洗涤剂组合物在技术方案上存在区别，从而具备新颖性。由上述案例可以看出，开放式和封闭式的撰写方式对权利要求的保护范围会产生重要影响。

二、下位概念与上位概念

对于涉及组合物的权利要求，组分是必不可少的技术特征。在采用相同撰写方式的情况下，当权利要求中用上位概念来表征组分时，权利要求保护范围较大；当用下位概念表征时，权利要求保护范围较小。上位概念通常是在实施方案中所用具体组分的基础上结合本领域公知常识进行上位概括。如果现有技术中公开的组分是下位概念，权利要求中相应的组分为其上位概念，则权利要求中的该组分特征不构成与现有技术的区别特征。相反，如果现有技术中所述组分用上位概念表征，权利要求中采用了其下位概念，则权利要求中的该组分特征构成与现有技术的区别特征。

【案例6-28-2】

A. **相关案情**

权利要求：

1. 一种洗涤剂组合物，其特征在于：包括硅酸盐、碳酸盐、表面活性剂和其他添加剂。

现有技术：一种洗涤剂组合物，主要包括（以重量百分比计）：烷基苯磺酸盐10%~35%、层状硅酸盐10%~50%、碳酸钠5%~20%、酶制剂0.1%~5%和漂白活化剂1%~6%。

B. **案例分析**

该案中，现有技术的“烷基苯磺酸盐”是一种阴离子表面活性剂，是权利要求1中“表面活性剂”的下位概念；“层状硅酸盐物质”是硅酸盐的结晶形式，是硅酸盐的下位概念；碳酸钠是碳酸盐的下位概念；酶制剂和漂白活化剂都是洗涤剂中的功能添加剂，是“其他添加剂”的下位概念。因此，现有技术公开的洗涤剂组合物落入了权利要求1的保护范围内，权利要求1要求保护的技术方案已经被公开。

三、数值和数值范围

在组合物权利要求中，组分的含量是重要的技术特征。当权利要求的含量出现以下情况时，不构成区别特征：①现有技术中公开的数值或数值范围与权利要求相应的数值或数值范围相同，或者落入了权利要求相应的数值范围内；②现有技术公开数值范围与权利要求相应数值范围部分重叠或具有相同的端点。

【案例6-28-3】

A. **相关案情**

权利要求：

1. 液体洗涤剂组合物，其包含：(a) 2%~40重量%的非离子表面活性剂，其包含醇乙氧基化物；(b) 4%~40重量%的阴离子表面活性剂；(c) 1%~12重量%的烷基醚羧酸或其羧酸盐；和 (d) 0.1%~1.5重量%的阳离子多糖聚合物。

现有技术：一种清洁组合物，其包含：4.0重量% C_{12}~C_{13}烷基羧酸钠，5.0重量% C_{10}烷基硫酸钠，3.0重量%椰油酰胺丙基甜菜碱，2.0重量%脂肪醇聚氧乙烯醚，0.1 重量% 阳离子瓜尔胶，1.0 重量% 辛酸甘油酯，0.5 重量% 增稠剂及余量的水。

B. **案例分析**

虽然现有技术的清洁组合物包含了未记载在权利要求 1 中的组分，比如水，但是，由于权利要求 1 采用了开放式的撰写方式，这些未记载在权利要求 1 中的组分并不构成与现有技术的区别。

表 6－28－1 为权利要求 1 和现有技术的特征对比表，经对比显示，现有技术公开的组合物已经落入了权利要求 1 的保护范围，权利要求 1 要求保护的技术方案不具备新颖性。

表 6－28－1　特征对比表

对比项	权利要求 1	现有技术	备注
组分（a）	非离子表面活性剂，包含醇乙氧基化物	脂肪醇聚氧乙烯醚	非离子表面活性剂的下位概念
含量	2%～40 重量%	2.0 重量%	相同端点
组分（b）	阴离子表面活性剂	C_{10}烷基硫酸钠	阴离子表面活性剂的下位概念
含量	4%～40 重量%	5.0 重量%	落入了数值范围
组分（c）	烷基醚羧酸或其羧酸盐	C_{12}～C_{13}烷基羧酸钠	烷基醚羧酸盐的下位概念
含量	1%～12 重量%	4.0 重量%	落入了数值范围
组分（d）	阳离子多糖聚合物	阳离子瓜尔胶	阳离子多糖聚合物的下位概念
含量	0.1%～1.5 重量%	0.1 重量%	相同端点

四、包含性能、参数、用途或制备方法等特征的产品权利要求

日用化学品领域的产品权利要求可以包括性能、参数、用途或制备方法等技术特征。在一些情况下，这样的技术特征虽然未被现有技术公开，但并不一定构成区别特征。

【案例 6－28－4】

A. **相关案情**

权利要求：

1. 一种酸性清洁组合物，以组合物的重量计，含有 20%～55% 阴离子表面活性剂和 1%～5% 的酸；该组合物具有 4～6 的 pH；和该组合物具有至少 0.1Pa·s 的黏度；该组合物不会腐蚀表面。

现有技术：一种液体清洁组合物，以组合物的重量计，由40%的烷基苯磺酸盐和2%的磷酸及余量水组成，组合物的pH为5~6。

B. **案例分析**

烷基苯磺酸盐是阴离子表面活性剂的下位概念，磷酸是酸的下位概念，权利要求1与现有技术的区别在于限定了黏度和“该组合物不会腐蚀表面”。然而，黏度和“不会腐蚀表面”属于组合物本身所固有的性质，由组合物的具体组成决定。在组合物的组分、含量、pH相同的情况下，现有技术的组合物也具有相同的黏度，并且也不会腐蚀表面。因此，权利要求1中的黏度和化学性质不能使要求保护的发明区别于现有技术，其技术方案已被现有技术公开。

【案例6-28-5】

A. **相关案情**

权利要求：

1. 毛发化妆品，其含有以下成分：（A）神经酰胺，（B）十六烷基三甲基氯化铵，（C）鲸蜡醇；其制备方法为：将含有成分（A）、（B）以及（C）的水性组合物进行乳化，乳化温度低于成分（B）、（C）以及余量水组成的组合物的相转移温度，且高于成分（C）的熔点温度。

对比文件1公开了一种毛发化妆品，该毛发化妆品含有以下成分：（A）神经酰胺，（B）十六烷基三甲基氯化铵，（C）鲸蜡醇，其制备方法为在高于相转移温度的温度下将（A）（B）以及（C）的水性组合物进行乳化。

该案例的实施例中比较了在高于相转移温度的温度下乳化制备的组合物和在低于相转移温度且高于脂肪醇熔点的温度下乳化制备的组合物的顺滑感和毛发强度。实验数据显示，施用低于相转移温度且高于脂肪醇熔点的温度下乳化制备的组合物后获得了更好的顺滑感和毛发强度。

B. **案例分析**

权利要求1和对比文件1公开的毛发化妆品组合物均为乳化产品并且组分相同，但是，权利要求1限定的制备方法得到的最终产品中，作为保护剂的神经酰胺被稳定分散在液晶层状油层中，与现有技术公开的组合物在微观结构上不同，并且说明书的实验表明，与常规乳化相比，其获得了改善的顺滑感和毛发强度。因此，权利要求1的组合物能够区别于现有技术，具备新颖性。

第二节　创造性

常见的日用化学品领域的发明或是通过选择组分、配比赋予产品特定的性能，或是通过改进制备方法改善产品性能，或是提供产品新的用途。对于具有创造性的发明而言，创造性不但体现在于技术方案本身，而且能够通过其取得的技术效果得到彰显，其中大部分是通过产品性能来表现的，例如，化妆特性，包括清爽肤感、毛发顺滑、美白、防晒、抗衰老等；理化特性，包括结构稳定性、防腐性、流变性、清洁性等。

【案例 6－28－6】

A. 相关案情

该案例涉及对染发剂碱性棕 16 进行精制的方法。所述方法在染发剂的水溶性溶液中加入活性炭进行精制。利用高效液相色谱（HPLC）测定精制后染发剂碱性棕 16 的纯度和其中下列结构（Ⅰ）的杂质的含量。

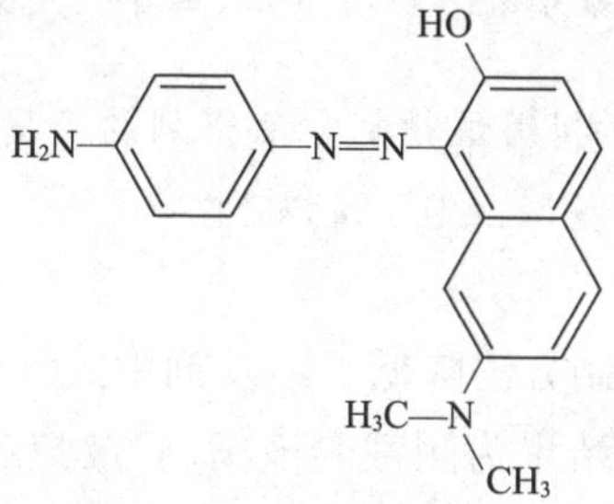

（Ⅰ）

通过现有技术方法制造的碱性棕 16，其纯度为 88.0%，式（Ⅰ）杂质含量为 0.6%，艾姆斯试验呈阳性。

实施例 1：通过公知方法制造的碱性棕 16［HPLC 纯度 88.0%、式（Ⅰ）杂质含量 0.6%］139kg、水 869L 和甲乙酮 521L，升温至 65℃进行溶解，向该溶液中添加活性炭 13.9kg，在 65℃下搅拌 2h，过滤除去活性炭。该操作重复 2 次后，将所得到的滤液升温至 55℃，加入氯化钠 270kg 进行盐析，冷却至室温，进行过滤后，使用 18% 食盐水 209kg 进行洗涤，并进行干燥，由此得到精制品 100kg。精制品的 HPLC 纯度为 97.8%，式（Ⅰ）所示杂质含量为 0.23%。

实施例 2～实施例 6：利用与实施例 1 相同的方法进行碱性棕 16 的精制 5 次，利用 HPLC 测定精制品的纯度和式（Ⅰ）杂质含量。对于精制之后的碱性棕16进行艾姆斯试验。结果汇总示于表6－28－2中。

比较例1：使用四氢呋喃来替代实施例1中作为溶解碱性棕16的溶剂的甲乙酮。

比较例2：使用二噁烷来替代实施例1中作为溶解碱性棕16的溶剂的甲乙酮。

表6－28－2 碱性棕16中式（Ⅰ）杂质含量和艾姆斯试验结果

	TA98		TA1537		式（Ⅰ）杂质含量（%）
	－S9	＋S9	－S9	＋S9	
精制前的碱性棕16	2.3（＋）	42.6（＋）	2.6（＋）	6.3（＋）	0.60
实施例2	1.2（－）	1.3（－）	1.2（－）	1.1（－）	0.19
实施例3	1.1（－）	1.5（－）	1.2（－）	1.2（－）	0.24
实施例4	1.2（－）	1.8（－）	1.2（－）	1.5（－）	0.11
实施例5	1.8（－）	1.3（－）	1.9（－）	1.8（－）	0.26
实施例6	1.9（－）	1.3（－）	1.4（－）	1.6（－）	0.20
对比例1	2.9（＋）	3.1（＋）	5.5（＋）	2.0（＋）	0.51
对比例2	2.3（＋）	2.2（＋）	3.0（＋）	2.1（＋）	0.31

注：（＋）表示艾姆斯试验结果为阳性，（－）表示艾姆斯试验结果为阴性。

由表6－28－2可知，利用该精制方法得到的染发剂的艾姆斯试验结果均为阴性，式（Ⅰ）杂质的含量降至0.3%以下。

B. 案例分析

该发明通过特定的精制方法降低了染发剂中式（Ⅰ）杂质的含量，使得精制后的产品在艾姆斯测试结果为阴性。该精制方法在现有技术中没有教导，具有突出的实质性特点，并取得了有益效果。

【案例6－28－7】

A. 相关案情

该案例涉及黑果枸杞和黑加仑提取物的组合物在制备美白、抗衰老和防晒化妆品中的应用。

发明人提供了如下实验数据：

组合物的制备：黑果枸杞、黑加仑果实干燥粉碎后的粉末50g，室温下以70%乙醇500mL冷浸、超声提取2次，每次30min（500W），合并滤液，减压回收溶剂至干燥，得黑果枸杞和黑加仑提取物。

取黑果枸杞提取物和黑加仑提取物，分别按照重量比例10∶1、5∶1、1∶1、

1∶5和1∶10进行配比混合，配制成溶液，对其自由基清除作用进行研究。

采用DPPH法测定自由基清除作用（方法略）。如表6－28－3中的实验结果所示。不同比例黑果枸杞提取物和黑加仑提取物的组合物对自由基均具有一定的清除作用。

表6－28－3　DPPH法自由基清除实验结果

序号	样品	组合物浓度（μg/mL）	清除率（%）
1	黑果枸杞：黑加仑（10∶1）	5	3.5
2	黑果枸杞：黑加仑（10∶1）	10	25.8
3	黑果枸杞：黑加仑（10∶1）	25	50.7
4	黑果枸杞：黑加仑（10∶1）	50	70.2
5	黑果枸杞：黑加仑（5∶1）	50	57.2
6	黑果枸杞：黑加仑（1∶1）	50	57.8
7	黑果枸杞：黑加仑（1∶5）	50	20.1
8	黑果枸杞：黑加仑（1∶10）	50	21.9

经检索，获得两篇现有技术：

现有技术1公开了黑加仑提取物具有抗衰老和美白功效。

现有技术2公开了一种含有黑果枸杞提取物的皮肤外用剂组合物，具有抗氧化、防晒和染色的功效。

B. 案例分析

该发明属于组合发明，黑加仑提取物和黑果枸杞提取物的抗衰老和美白功效已被公开。该发明提供的实验数据仅证明了不同配比和浓度的提取物组合具有清除自由基的效果。在此基础上，黑果枸杞和黑加仑的组合物虽然具有新颖性，但这种组合对本领域技术人员来说是容易想到的，提供的技术效果也是可以预料的，不足以据此认定发明具备创造性。

【案例6－28－8】

A. 相关案情

该案例涉及藤构提取物的制备方法及藤构提取物在化妆品中的应用。

发明人提供了如下实验数据：

对比例：水提得到的藤构提取物。

将藤构茎和根用水煮沸5h进行提取过滤，在5～15℃放置5天后过滤，减压浓缩得到干燥的提取物。

实施例1：利用酵母发酵得到的藤构提取物。

将对比例的藤构提取物加入水，以碳源、氮源、磷酸盐、无机盐和微量营养成分作为基本成分，调节pH至5.5~6.5，在含有上述提取物粉末的培养基中接种酵母，维持pH在5.5~6.5，温度在25~35℃，通气条件下培养。发酵液离心过滤得到滤液。

实施例2：利用蘑菇菌发酵得到的藤构提取物。

实施例3：利用乳酸菌发酵得到的藤构提取物。

实施例4：利用芽孢杆菌发酵得到的藤构提取物。

测试酪氨酸酶抑制效果（方法略）。如表6-28-4结果所示，实施例1~5的藤构发酵提取物的酪氨酸酶抑制率高，美白效果优异。

表6-28-4 酪氨酸酶抑制率

实验物质	酪氨酸酶抑制率（%）
对照组（无添加）	0
抗坏血酸	52
实施例1	62
实施例2	58
实施例3	51
实施例4	45
对比例	38

经检索，获得以下现有技术：

现有技术1公开了一种天然食品酵素饮料的制法，包括取构树（即藤构）枝叶榨汁后加砂糖或果糖在室温下密封存放一个月以上至完全发酵成构树酵素原汁。

现有技术2公开了一种构树叶发酵方法：采用啤酒酵母和米曲霉进行固体发酵培养，将培养后菌种接种到含水量50%的构树叶中，压紧密闭，室温发酵5~9天。

现有技术3公开了一种盐发酵天然产物的方法：向所述天然产物中加入预定量的盐，并使该盐腌的天然产物自然地进行长期的发酵，用水或有机溶剂提取所述发酵的天然产物，得到盐发酵的提取物。

现有技术4公开了一种皮肤美白组合物，包含构树提取物作为功能性成分。

B. 案例分析

由发明人提供的实验数据可以看出不同发酵方法得到的提取物对酪氨酸酶的抑制效果不同，其中，采用酵母、蘑菇菌、乳酸菌和芽孢杆菌对藤构提取物进行发酵，能够提高提取物的美白效果，因此，该制备方法和其获得的产品具有突出的实质性特点和显著的进步。

【案例 6－28－9】

A. **相关案情**

该案例涉及包含齐藤假丝酵母提取物和水解藻胶的美容组合物在制造用于改善皮肤细胞中的细胞活力以及选择性分解代谢的局部美容组合物中的用途。

发明人提供了测试细胞活力的实验结果，如表 6－28－5 所示。

表 6－28－5　细胞活力测试

测试样品	测试细胞年龄（岁）	活力	经 UV 照射的测试细胞年龄（岁）	活力
2% 酵母提取物	42	3	42	36
	62	17	62	—
0.01% 水解藻胶	42	0	42	－2
	62	－7	62	—
2% 酵母提取物＋0.01% 水解藻胶	42	44	42	65
	62	33	62	—
空白对照	42	0	42	0
	62	0	62	—

注：正数表示活力增加，负数表示活力降低。

结果表明，用酵母提取物和水解藻胶的组合物处理后，细胞活力在 42 岁供体中增加 44%，在 62 岁中增加 33%。经 UV 光照射后，细胞活力在 42 岁供体中增加 65%。因此，用酵母提取物和水解藻胶的组合物能显著改善细胞活力。

经检索，获得以下现有技术：

现有技术 1 公开了含有红酒酵母提取物和水解藻胶的保湿组合物。

现有技术 2 公开了含有细胞自体吞噬活化剂的化妆品组合物，所述的细胞自体吞噬活化剂可以源自齐藤假丝酵母。该组合物具有一定程度上激活细胞自噬利于提升成纤维细胞的活力。

现有技术 3 公开了水解藻胶具有促进成纤维细胞增殖的效果。

B. **案例分析**

该案例中的齐藤假丝酵母提取物与现有技术 1 中的红酒酵母提取物不同。现有技术 2 和 3 分别公开了齐藤假丝酵母具有激活细胞自噬，提升成纤维细胞的活力，水解藻胶具有促进成纤维细胞增殖的效果。但是，发明通过实验比较了齐藤假丝酵母提取物、水解藻胶单独使用和组合使用对细胞活力的影响。结果表明，与单独使用齐藤假丝酵母提取物或水解藻胶相比将二者组合使用显著提高了细胞活力。因此，根据现有技术和本发明的记载可知，该发明的组合物能够提高细胞活力这一新用途是非显而易见的，并且获得了有益的效果。

第三节　实用性

近年来，医疗美容产业蓬勃发展。医疗美容是指运用药物、手术、医疗器械以及其他具有创伤性或者不可逆性的医学技术方法对人的容貌和人体各部位形态进行修复与再塑的美容方式。在撰写申请时，应当注意，包括外科手术步骤的美容方法（如脂肪移植，眼整形、鼻整形等）是不具有实用性的。

【案例 6 –28 –10】

A. **相关案情**

一次性无疤痕去纹眉的美容方法，包括对眉毛处局部麻醉，用激光刀头对准纹眉部分，根据皮纹方向去除纹眉。

B. **案例分析**

包含外科手术方法的美容方法属于非治疗目的的外科手术方法，使用器械对有生命的人体或动物体实施剖开、切除、缝合、纹刺等创伤性或介入性处置，由于施用对象的个体差异，导致这样的方法无法在工业上使用，因此不具备实用性。该案例中所述的美容方法，包括了对人体眉毛处皮肤进行局部麻醉和用激光头对纹眉部分皮肤进行创伤性处置的步骤，是一种非治疗目的的外科手术方法，不具备《专利法》第二十二条第四款规定的实用性。

第二十九章 日用化学品领域说明书的撰写

说明书的主要作用之一是清楚、完整地公开要求保护的发明，使得本领域技术人员能够理解并实施该发明。说明书是权利要求书的基础，对专利申请是否能够获得授权至关重要。

以下重点对日用化学品领域发明专利申请文件撰写需要注意的情形进行说明。

第一节 说明书充分公开

《专利法》第二十六条第三款规定："说明书应当对发明或者实用新型作出清楚、完整的说明，以所属技术领域的技术人员能够实现为准。"日用化学品领域的专利申请，以涉及化学领域的申请为主，在撰写申请文件时应当符合《专利审查指南2010》第二部分第十章的相关规定。

根据说明书充分公开的规定，申请文件需要满足以下条件：

（1）涉及组合物的发明，要清楚地写明技术方案，如组合物的组分及含量；要充分说明组合物的性质和用途。

（2）涉及参数测定时，对于用自创方法测定的参数，应当详细地记载测定方法；对于用通用标准方法测定的参数，可简单写明采用了什么标准方法；对于采用某一现有技术文献中记载的方法测定的参数，可以采用文献引证的方式说明。

（3）对于组合物的制备方法，要以所属技术领域的技术人员能够实现为准。当组合物的制备方法为常规技术时，简单说明即可，例如，“将原料依次搅拌混合制备所述洗涤剂”。当组合物以特定方法制备时，应当在说明书中进行详细描述。

（4）说明书应当记载组合物组分的组成、来源或制备方法。如果使用的组分相对于现有技术是新物质（化合物或提取物）或是经过特殊处理的，必须详细记载该物质的化学结构、组成、制备方法等信息。

（5）正确使用组合物中组分的名称。组分的名称通常应采用通用的命名，避免使用非通用简称、俗称、缩写或自创代号。在无适当名称而不得不使用特殊名称时，应当进行明确的定义。使用商品、商标名时，应标明型号、规格、生产厂家、性能、成分等信息。

（6）对于发明的效果必须依赖实验结果加以证实的发明，应当记载足够的实验证据。

一、技术方案的清楚与完整

日用化学品领域的组合物中有时会以商品名来表示组分和原料。在撰写申请文件时，应当避免因商品、商标或产品型号的含义不清楚而导致发明公开不充分。在日用化学品领域中，某些商品，其商标、产品型号或代号表征的组分结构或组成不确定，不同的供应商提供的产品目录中，产品的功能也有所差异，不同供应商或不同型号的原料在产品中起到的效果也不尽相同，因此，使用商品名时，应当给出具体的供应商或组分的型号等信息，以满足充分公开的要求。

【案例6－29－1】

A. 相关案情

该案涉及一种餐具洗涤剂，其按重量百分比计，包含以下组分：脂肪醇聚氧乙烯醚硫酸钠4%～10%，烷基糖苷2%～7%，温和复配因子2%～8%，椰油酰胺丙基甜菜碱0.5%～4%，乙二胺四乙酸二钠0.02%～0.2%，氯化钠1%～5%，余量为去离子水。

说明书中记载了如下内容：温和复配因子由脂肪酸甲酯乙氧基化物、脂肪醇聚氧乙烯醚、烷基糖苷及脂肪醇聚氧乙烯醚羧酸钠按照重量比为1：（8～10）：（4～6）：（0～0.5）复配而成。

B. 案例分析

尽管该案例中的“温和复配因子”不是本领域公知的技术术语，但发明人在说明书中对"温和复配因子"的组成、制备方法进行了详细描述，本领域技术人员基于说明书记载的内容可以制备得到该组分，因此，说明书满足了公开充分的要求。

【案例6-29-2】

A. 相关案情

该案例涉及一种口唇化妆品，含有如下组分：(A) 紫外线吸收剂，其包含奥克立林和甲氧基肉桂酸乙基己酯；(B) Luviset®；和 (C) 氧化钛和氧化锌。

B. 案例分析

该案例中，奥克立林是商品名，其组成是本领域公知的，不会导致说明书公开不充分。Luviset® 是商标名，该商标名下包含多种组成、功能不同的商品，例如，Luviset P. U. R. 为聚氨酯，Luviset CA66 为 VA/巴豆酸酯共聚物，Luviset CAN 为 VA/巴豆酸酯/新癸酸乙烯酯共聚物，Luviset Clear 为 VP/甲基丙烯酰胺/乙烯基咪唑共聚物。仅使用商标名 Luviset®，本领域技术人员无法确定该口唇化妆品中使用的是何种物质。因此，在撰写申请文件时，应当清楚写明组分 (B) 的具体结构或者商品名称，不能仅使用商标名。

二、效果实验数据的撰写

日用化学品领域的专利申请应当清楚地记载与要解决的技术问题和要达到的技术效果相对应的实验数据。如果本领域技术人员无法根据现有技术（产品组分的性质、功效等信息）判断产品可以获得所述的技术效果，而说明书中又未记载证明其可实现所述效果的实验证据，则说明书不满足公开充分的要求。

【案例6-29-3】

A. 相关案情

一种洁牙剂制剂，其特征在于，含有抑制牙斑形成的活性成分，所述活性成分是啤酒花提取物。根据说明书的记载，啤酒花提取物中含有35%重量的六氢蛇麻酮和65%重量的六氢合蛇麻酮，但未提供证据表明含有啤酒花提取物的洁牙剂制剂具有抑制牙斑形成的作用。

B. 案例分析

经检索，现有技术未公开啤酒花提取物具有抑制牙斑形成的功效，因此，该案例中的技术方案必须依赖实验结果加以证实。由于说明书中未记载必要的实验证据证明所述的洁牙剂制剂具有抑制牙斑的作用，导致说明书公开不充分。

若要满足说明书公开充分的要求，该案例的说明书应当提供对于本领域技术人员来说，足以证明洁牙剂制剂具有抑制牙斑形成的实验数据。

第二节　说明书的撰写

《专利法实施细则》第十七条规定了说明书应当包括的内容，以下结合日用化学品领域的案例分别进行介绍。

一、背景技术

在背景技术部分，通常应写明与发明最相关的现有技术，分析其存在的不足或缺陷，提出发明要解决的技术问题和期望达到的技术效果。

【案例 6－29－4】

A. 相关案情

该案例涉及由传明酸酯、非离子乳化剂、油脂制备而成的水包油乳液组合物，该组合物的乳化颗粒具有小于 100nm 的粒径。

说明书提供了如下背景技术内容：

背景技术

当外用组合物如化妆品施用到皮肤或毛发上时，水性美容材料或凝胶状美容材料具有新鲜和清爽的使用感；含有油性成分的美容材料能够保持皮肤和毛发水分，具有光滑和柔软的使用感。但是，油性成分和水性成分难以形成长期稳定的分散体系。

乳化是用于在水性介质中分散油性成分的技术。近年来，乳化技术不断发展。人们期望通过将油性成分以细乳化粒子的形式分散在水性组合物中，从而改善油性成分粘糊的使用感。文献 1 公开了在水性介质中通过高速剪切力将油性成分转化为细乳化粒子，然而，这种方法需要特殊装置以实现高剪切力。

传明酸酯的美白效果是已知的，其已用作外用组合物中的美白成分。例如，文献 2 描述了采用传明酸酯作为活性成分的外用抗色素沉积剂；文献 3 举例说明了传明酸及其衍生物作为美白成分可与辅酶 Q10 一起使用；文献 4 举例说明了传明酸十六烷基酯作为油溶性美白剂与 L－抗坏血酸四支链脂肪酸酯衍生物一起使用。然而，传明酸酯或其盐微溶于水和油，这可能导致在组合物中容易形成聚集体，难以稳定存在。

文献5描述了外用抗应激组合物，其使用传明酸酯作为活性成分，同时还使用了大量的油性成分来溶解传明酸酯。然而，由于使用大量油性成分，组合物形式仅限于乳霜剂或乳液，其使用感是粘稠和油滑的。

此外，文献6描述了外用组合物，其使用传明酸酯或其盐以及硅油。该文献指出，通过传明酸酯或其盐与硅油的结合，能够提高组合物中传明酸酯或其盐的溶解性，并且传明酸酯的效果可以持续更长的时间。已知硅油是油性成分，提供了相对清爽的使用感，但是，由于必须使用大量的硅油来溶解传明酸酯，从而不能得到新鲜和清爽的使用感。

B. **案例分析**

该发明的背景技术描述了化妆品组合物的常规需求，提出普通乳液不能实现新鲜和清爽感。分析了现有乳化技术的不足，指出传明酸酯或其盐在组合物中容易形成聚集体，难以稳定存在。归纳了现有技术中解决传明酸酯稳定性的相关技术，指出这些技术使用感上的缺陷。

提出了该发明需要解决的问题，包括如何通过简单的制备方法将传明酸酯稳定地配制于组合物中，且组合物具有新鲜和清爽的使用感。

撰写背景技术时需要注意：背景技术应当记载与所要求保护的发明最相关的技术需求、技术现状、技术问题及技术文献。在此基础上，对现有技术进行客观分析，提炼出要解决的技术问题。

二、发明内容

在发明内容部分，应当详细描述发明要解决的技术问题、采用的技术方案和取得的有益效果。要解决的技术问题应当是针对现有技术存在的缺陷和不足提出明确、具体的技术问题。在撰写技术方案时，可以采用先概括后具体的撰写方式，与权利要求书相对应。所述技术方案的技术效果应当与要解决的技术问题相对应。

【案例6-29-5】

A. **相关案情**（**续案例**6-29-4）

发明内容

化妆品组合物存在这样的需求，该组合物在施用于皮肤或毛发时，同时具有新鲜清爽和光滑柔软的使用感。此外，需要将传明酸酯或其盐以稳定的形式加入组合物，且该组合物的制备无需特殊设备。

所述的水包油型乳液组合物包含：A）传明酸酯的生理上可接受盐，B）两亲性物质，C）油性物质。其中，所述成分A）：B）的重量比为（1：0.5）~（1：2.5），所述成分A）：C）的重量比为（1：1）~（1：5）。

如上所述，A）传明酸酯的生理上可接受盐；B）两亲性物质；和C）油性物质以特定的重量比用于本发明的水包油型乳液组合物中，可以在水性介质中形成细乳化粒子。

本发明还涉及该组合物用于抑制皮肤色素沉积和/或用于美白皮肤，和/或以减少老化斑或色素斑的美容用途。

本发明还涉及抑制皮肤色素沉积和/或美白皮肤的美容方法，包括局部施用本发明的组合物至所述皮肤上。

本发明还涉及通过该方法得到的乳化粒子，其具有12~100nm的平均粒径。

本发明的组合物既具有水性美容材料的使用感，又具有含有油性成分美容材料的使用感。此外，根据本发明的优选方面，表现出美白效果的传明酸酯的生理上可接受盐可以以稳定的形式配制。

传明酸酯盐

优选地，本发明的传明酸酯包括传明酸月桂酯、传明酸肉豆蔻酯、传明酸十六烷基酯和传明酸十八烷基酯。其中传明酸十六烷基酯是尤其优选的。

用于本发明中的传明酸酯的生理上可接受盐没有特别的限制，只要不阻碍本发明的目的即可。本发明中使用的传明酸酯盐的优选实例包括传明酸酯的无机酸盐，如盐酸盐、磷酸盐、硫酸盐、溴酸盐和硝酸盐；有机酸盐，如草酸盐、乳酸盐、柠檬酸盐，以及碳酸盐。

用于本发明中的传明酸酯盐优选选自传明酸十六烷基酯盐酸盐、传明酸十六烷基酯磷酸盐、传明酸十六烷基酯硫酸盐、传明酸十六烷基酯溴酸盐、传明酸十六烷基酯硝酸盐、传明酸十六烷基酯草酸盐、传明酸十六烷基酯乳酸盐、传明酸十六烷基酯柠檬酸盐、传明酸十六烷基酯碳酸盐及其混合物。传明酸十六烷基酯盐酸盐是特别优选的。

两亲性物质

用于本发明的两亲性物质没有特别的限制，只要该物质是具有亲水基团和亲油基团的物质即可。用于本发明的两亲性物质的例子优选包括通常用于外用组合物的那些。具体而言，可以包括碳链长度为6~22、优选碳链长度为12~22的高级醇、高级脂肪酸、脂肪酸酯、脂肪酸醚、甘油脂肪酸酯和甘油单烷基醚等。其中优选高级醇作为两亲性物质，特别优选碳链长度为12~22的高级醇。

高级醇的实例包括直链醇，如月桂醇、鲸蜡醇、硬脂醇、山嵛醇、肉豆蔻醇、油醇和十八十六醇；支链醇，如2－癸基十四醇、羊毛脂醇、胆固醇、植物甾醇、己基十二醇、异硬脂醇和辛基十二醇。其中，直链醇是优选的。

高级脂肪酸的实例包括月桂酸、肉豆蔻酸、棕榈酸、硬脂酸、山嵛酸、油酸、十一烯酸、妥尔油酸、异硬脂酸、亚油酸、亚麻酸、二十碳五烯酸和二十二碳六烯酸。

脂肪酸醚的实例包括聚氧乙烯脂肪酸醚和聚氧丙烯脂肪酸醚。

脂肪酸酯的实例包括聚氧乙烯脂肪酸酯、聚氧乙烯山梨醇酐脂肪酸酯、聚氧乙烯山梨醇脂肪酸酯和蔗糖脂肪酸酯。

甘油脂肪酸酯的实例包括甘油单肉豆蔻酸酯、甘油单棕榈酸酯、甘油单硬脂酸酯、甘油异硬脂酸酯、甘油单油酸酯、甘油二油酸酯和甘油二硬脂酸酯。

甘油单烷基醚的实例包括鲛肝醇（甘油单鲸蜡基醚）、鲨油醇（甘油单油基醚）、鲨肝醇（甘油单硬脂基醚）。

所述两亲性物质可以单独或组合使用。

油性物质

用于本发明的油性物质是具有不溶于或难溶于水而易溶于油的性质的材料。用于本发明的油性物质的实例优选包括通常用于外用组合物的低黏度液体油/脂肪、固体油/脂肪、蜡、烃油、合成酯油、硅油和硅氧烷弹性体。

液体油/脂肪的实例（25℃下是液体的油/脂肪）包括鳄梨油、山茶油、鳖油、澳洲坚果油、玉米油、貂油、橄榄油、菜籽油、蛋黄油、芝麻油、杏仁油、小麦胚芽油、落瓣茶油、蓖麻油、亚麻子油、红花油、棉籽油、紫苏子油、大豆油、花生油、茶籽油、榧子油、米糠油、中国桐油、日本桐油、霍霍巴油、胚芽油和三甘油。

固体油/脂肪的实例（25℃下是固体的油/脂肪）包括可可脂、椰子油、马油、硬化椰子油、棕榈油、棕榈仁油、野漆树蜡仁油、硬化油、野漆树蜡和硬化蓖麻油。

蜡的实例包括蜂蜡、小烛树蜡、棉蜡、巴西棕榈蜡、杨梅蜡、白蜡、褐煤蜡、糠蜡、羊毛脂、木棉蜡、乙酰化羊毛脂、液体羊毛脂、甘蔗蜡、羊毛脂脂肪酸异丙酯、月桂酸己酯、还原羊毛脂、霍霍巴蜡、硬羊毛脂、虫胶蜡、POE羊毛脂醇醚、POE羊毛脂醇醋酸酯、POE胆固醇醚、羊毛脂脂肪酸聚乙二醇和POE氢化羊毛脂醇醚。

烃油的实例包括液体石蜡、地蜡、角鲨烷、姥鲛烷、石蜡、角鲨烯、凡士林、微晶蜡、氢化聚癸烯和异十二烷。

B. **案例分析**

该发明的发明内容部分明确了要解决的技术问题是如何通过简单的方法将传明酸酯用于乳液组合物中，得到小粒径的乳化粒子。组合物既具有水性美容材料的使用感，又具有含有油性成分美容材料的使用感，还能表现出美白效果。

说明书中先记载了上位概括的技术方案，然后对每个技术特征的下位概念分别进行了具体的描述。

在撰写发明内容部分时应当注意：上位概括的技术方案，应当是在优选的实施方案的基础上，结合现有技术和日用化学品领域的公知常识进行扩展。例如，该案例中，将传明酸酯、单甘酯和角鲨烷扩展为传明酸酯盐、两亲性物质和油性物质。

对于技术方案的具体描述，可以通过由点到面，由具体到一般的方式进行结构、功能、参数等不同角度的扩展。例如，该案例中，从具体的角鲨烷，纵向扩展为油性物质，从油性物质进一步横向扩展为植物油脂、蜡、矿物油脂、合成油脂等，并对所属的具体油脂物质进行了详细描述。

技术效果的描述，应当包含至少一种与要解决的技术问题相关的技术效果，还可以包括实际产生的其他技术效果。该案例中的技术效果包括了最终产品的乳化粒子大小的改善、宏观稳定性以及美白效果。

三、具体实施方式

具体实施方式是实现发明的优选方式。

在日用化学品领域专利申请的说明书中，具体实施方式通常是产品配方、制备工艺等具体的优选技术方案。具体实施方式部分应详细地记载实验方法和实验结果，用来证明技术方案能够解决所述技术问题并获得有益效果。

【案例 6－29－6】（续案例 6－29－4 与 6－29－5）

A. **相关案情**

该案例涉及包含传明酸酯的水包油乳液组合物，其能够解决传明酸酯难以制成稳定组合物的问题。

发明人提供了实施例和对比例，并测试了组合物的外观和粒径。按质量百分比计算，所述组合物原料的含量、组成及测试结果见表 6－29－1。

表 6－29－1　组合物配方及测试结果

成分	实施例 1	实施例 2	对比例 1	对比例 2	对比例 3	对比例 4
传明酸鲸蜡基酯盐酸盐	1	1				1
甘油单硬脂酸酯	1.5			1.5	1.5	
鲸蜡醇		1	1		1	
角鲨烷	3	3	3	3	3	3
二丙二醇	1	1	1	1	1	1
水	至 100	至 100	至 100	至 100	至 100	至 100
外观	半透明	半透明	分层	分层	浑浊	分层
平均粒径（nm）	43	43	*	*	46 200	*

注：*表示所得到的组合物分层，不能测定其粒径分布；“至 100”指添加水至各组分的含量之和为 100%。

由结果可见，虽然组合物含有角鲨烷等油性组分，但在加入传明酸鲸蜡基酯盐酸盐后得到了具有半透明外观的实施例 1 和 2 的组合物，其平均粒径均小于 100nm。该组合物可以用作具有高保湿性的润肤露或精华素，拓宽了制剂形式。

B. 案例分析

说明书具体实施方式部分对含有传明酸酯的水包油乳液的不同配方进行了详细的描述，并且提供了粒径分析、外观等实验结果，用于说明相对于现有技术发明获得的有益效果，如更好的稳定性、半透明的外观等。

在撰写具体实施方式时需要注意：通常应当用实验来证明技术方案取得了有益的技术效果，效果实验数据可以是定性或定量实验数据。

第三十章

日用化学品领域权利要求书的撰写

撰写权利要求书时，应排除不授权的客体，应符合《专利法》第二十六条第四款和《专利法实施细则》第十九条至第二十二条的规定。

第一节　权利要求书应当以说明书为依据

《专利法》第二十六条第四款规定，权利要求书应当以说明书为依据。

日用化学品领域的发明专利申请中，权利要求书的撰写经常出现的问题是：对原料、组分含量范围、产品的应用范围等技术特征概括不当，权利要求保护范围宽泛，而说明书中记载的实施例不能对这样大的保护范围提供足够的支撑，使得权利要求书得不到说明书的支持。

一、组分的合理概括

在撰写组合物权利要求时，通常会对组分进行上位概括，以获取更大的保护范围。例如，将实施例中所用的具体化合物概括为该化合物以及其可溶性盐。然而，上位概括不当，会导致权利要求得不到说明书的支持。因此，在概括时，除了考虑说明书记载的内容，还应当从本领域的现有技术出发，判断概括的范围中是否包含了不能获得相同或相近效果的技术方案。

【案例 6－30－1】

A. **相关案情**

该案例涉及一种毛发护理组合物，独立权利要求 1 如下：

用于涂布角蛋白纤维的化妆品组合物，其特征在于，该组合物的存在形式为水包蜡乳液，并且含有至少一种谷氨酸衍生物和/或其盐以及至少一种烷基聚糖苷的组合。

说明书中仅记载了采用 N-硬脂酰-L-谷氨酸的一钠盐与烷基聚糖苷的组合表现出优秀的凉感特性。

B. **案例分析**

谷氨酸衍生物包括了谷氨酸通过烷基化、酯化、酰化等不同方式衍生的大量性质各异的化合物，其范围远远大于 N-硬脂酰-L-谷氨酸的一钠盐，并不是所有种类的谷氨酸衍生物与烷基聚糖苷的组合都能获得凉感特性。因此，权利要求 1 中的谷氨酸衍生物所概括的范围过大，没有以说明书为依据。

二、数值范围的合理概括

日用化学品领域的产品权利要求中，经常用组分的质量百分比、重量份数、质量比等对组分含量进行限定。在独立权利要求中，含量往往概括为较大的数值范围，在从属权利要求中，范围逐渐缩小，甚至缩小到最优实施方案的点值。如果权利要求，特别是独立权利要求中限定的数值范围过小，在获得专利权后很容易被规避；如果数值范围过大，则有可能包括了无法解决技术问题的技术方案。合理概括的数值范围，应该是本领域技术人员基于说明书和本领域的公知常识能够合理预期的范围，在该范围内的技术方案能够获得与说明书中具体实施方案相同或相近的技术效果。

【案例 6－30－2】

A. **相关案情**

权利要求：

1. 一种清洗剂组合物，含有质量分数小于 50% 的水；最多为 20% 的氟化铵。

说明书中记载，为了实现良好的清洁效果，水和氟化铵为构成该清洗剂组合物的必要组分。

B. **案例分析**

该案例中，“含有质量分数小于 50% 的水”包括了水用量为零的情形；“最多为 20% 的氟化铵包括了氟化铵用量为零的情形。因此，权利要求 1 中实际上包括“不含水和氟化铵”“含有水和氟化铵”“含有水不含氟化铵”和“含有氟化铵不含水”四种情形。但根据说明书的记载，水和氟化铵都是清洗剂组合物的必要组分，其用量都不能为零，否则难以达到良好的清洁效果。因此，本领域技术人员难以预期权利要求 1 范围内的水用量为零和/或氟化铵用量为零的情形能否达到良好的清洁效果，从而导致该权利要求没有以说明书为依据。为了克服这一缺陷，可将权利要求限定为组合物中同时含有水和氟化铵，或者对组合物中水和氟化铵的最低用量进行具体限定。

三、产品用途的合理概括

产品权利要求中，通常会有用途特征限定，该限定可以出现在权利要求的任何部分。例如，“一种毛发护理组合物，其特征在于……”“一种组合物，其特征在于包含……，该组合物可用于毛发护理”。所限定的用途应当能够由说明书记载的内容概括得出。

【案例 6-30-3】

A. **相关案情**

该案例涉及一种能够使织物清洗后保持柔软的洗涤剂组合物。

权利要求 1：一种组合物，其中含有表面活性剂和助洗剂 X。

说明书记载，只有选择了特定的助洗剂 X，才能解决所述技术问题。

B. **案例分析**

权利要求 1 未限定产品的用途，其实质上请求保护一种任意用途的组合物。依据说明书的记载，该组合物仅适用作洗涤织物。在没有证据表明该组合物还具有其他用途的情况下，应当至少将权利要求 1 要求保护的产品限定为“一种洗涤剂组合物”。

第二节　权利要求书应清楚简要

权利要求应当清楚、简要，一是指每一项权利要求应当清楚、简要，二是指构成权利要求书的所有权利要求作为一个整体也应当清楚、简要。

在日用化学品领域，权利要求类型、原料名称、组分含量关系等表述不当，容易导致权利要求不清楚。

一、类型清楚

权利要求的类型应当清楚，是指权利要求的主题名称应当能够清楚地表明该权利要求的类型是产品权利要求还是方法权利要求，不允许采用模糊不清的主题名称。例如，“一种化妆品配方”。“配方”一词的定义是为某种物质（如化妆品、洗涤剂）的配料提供方法和配比的处方，其中，既包括了配制方法，也包括了原料配比。因此，以“配方”作为权利要求的主题名称，既可以理解为要求保护用所述配比的原料制备产品的方法，又可以理解为用所述配比的原料以所述方法制备得到的产品，这种权利要求主题不清楚的缺陷导致了权利要求保护范围不清楚。

二、用词清楚

（一）相对词

“薄”“厚”“宽”“窄”“强”“弱”等词语是相对于某个基准或比较对象而言的，单独使用时往往无法界定一个确切的范围，一般不允许单独出现在权利要求中，除非这种用语在特定技术领域中具有公认的或者通常可接受的含义。

例如，权利要求为“一种速溶皂片，其特征在于：包括高分子连接料、表面活性剂，它是由一种或一种以上的表面活性剂，通过微胶囊技术，包裹于一种或两种可溶性高分子材料分子网络中，利用该高分子材料的成膜性，经辊轧、涂布，形成薄片而构成”。虽然在这里使用了“薄片”，但是，该领域中速溶皂片的厚度一般约为1～3mm，因此，本领域技术人员能够确定其为常规的皂片厚度。

（二）导致多重保护范围的用语

当权利要求中限定某一技术特征时，如果出现“例如”“优选”“最好是”等用语，一般会导致权利要求有两个或两个以上不同的保护范围，从而不能清楚地确定其边界。通常，为了界定不同的保护范围，可将这些用语前后的上下位概念分别写在不同的权利要求中。

例如，权利要求为：一种洗涤剂组合物，其特征在于由下列组分组成：（A）表面活性剂，优选阴离子表面活性剂，（B）水和（C）色料。组分（A）可以是上位概念“表面活性剂”，也可以是下位概念“阴离子表面活性剂”，这使得权利要求同时存在大小两个不同的保护范围，因此是不清楚的。

当以层层递进的方式对发明进行保护时，可以采用以下方式撰写权利要求：

1. 一种洗涤剂组合物，其特征在于由下列组分组成：（A）表面活性剂，（B）水和（C）色料。

2. 根据权利要求1所述的洗涤剂组合物，其中表面活性剂为阴离子表面活性剂。

三、组分含量清楚

日用化学品领域中以组分和含量对组合物进行限定的产品权利要求较为常见，清楚地表述组分含量是非常重要的。

【案例6－30－4】

A. **相关案情**

权利要求：

1. 一种洗涤剂组合物，其含有30%重量的水、2%重量的香料和40%～60%重量的表面活性剂混合物A，表面活性剂混合物A含有5%重量的A1，5%～10%重量的A2和3%～5%重量的A3。

B. **案例分析**

权利要求1中，在描述组合物组分含量和其中一种组分“表面活性剂混合物A”具体组成时，均使用了重量百分比，由于没有限定计算基准，导致对表面活性剂混合物A的具体组成成分的重量百分比含量有两种不同的理解，一种是以洗涤剂组合物总重量为基准计算，另一种是以表面活性剂混合物A的总重量为基准计算，这导致无法确定权利要求1的保护范围。因此，当需要使用百分比表征含量范围时，必须要明确百分比的计算基准。

【案例6－30－5】

A. **相关案情**

权利要求：

1. 一种洗发产品，其特征在于包括以下原料：椰油酰胺丙基甜菜碱30重量份，椰油酰胺MEA 40重量份，荷荷巴油50kg。

B. **案例分析**

权利要求1中，椰油酰胺丙基甜菜碱和椰油酰胺MEA采用重量份表征其相对比例，荷荷巴油50kg是具体质量数值，这种“混搭”带来的问题是，无论椰油酰胺丙基甜菜碱和椰油酰胺MEA的具体用量是多少，荷荷巴油都是50kg，从而无法确定这三种组分之间的用量关系。因此，在撰写这类权利要求时，要避免将概括的组分含量和实施方案中原料的具体用量混淆。

四、简要

常见的导致权利要求不简要的撰写方式有：原理解释，例如，在要求保护美白产品的权利要求中解释特定活性成分对酪氨酸酶产生抑制作用的机理；商业性宣传用语，例如，“一种衣物洗涤剂，其特征在于能够洗净任何污渍”“能够洗净任何污渍”属于商业性宣传用语，导致权利要求不简要。

第三节　独立权利要求的撰写

《专利法实施细则》第二十一条规定了独立权利要求的撰写方式，第二十条第二款还规定了独立权利要求应当记载解决技术问题的必要技术特征。

在日用化学品领域，撰写独立权利要求时首先应当明确要求保护的技术方案的发明构思，确定其所要解决的技术问题和采用的必要手段。以组合物权利要求为例，应当清楚限定组分和含量，如果发明的实质在于通过组分的选择来解决技术问题，含量是通过常规实验可以确定的，那么，在独立权利要求中通常可以只对组分进行限定。如果发明的实质与组分的含量有关，解决的技术问题不仅取决于组分的选择，还取决于组分特定的含量，则在独立权利要求中通常应同时限定组分和含量。

【案例6-30-6】

A. 相关案情

该案例涉及包含传明酸酯的水包油乳液组合物，其能够解决传明酸酯难以形成稳定制剂的技术问题。说明书实施例1~2和对比例1~4提供了相关的实验数据，参见第六部分第二十九章表6-29-1。

对于实施例1和2的组合物，在含有角鲨烷等油性组分的情况下，加入传明酸鲸蜡基酯盐酸盐后得到了具有半透明外观的组合物。此外，测得实施例1和2组合物的平均粒径小于100nm。对比例1、2、4则出现分层，对比例3的平均粒径为46 200nm。

独立权利要求：

1. 一种水包油型乳液组合物，其包含：

A）传明酸酯的生理上可接受盐，

B）两亲性物质，和

C）油性物质，

所述成分A）：B）的重量比率为1：0.5～1：2.5且所述成分A）：C）的重量比率为1：1～1：5.0，其中乳化颗粒的平均粒径基于中值直径为12～100nm。

B. **案例分析**

发明要解决传明酸酯难以配制成稳定产品的技术问题。实施例表明，以特定比例的传明酸酯、乳化剂和油性物质可制备得到稳定的水包油透明乳液。即在组合物的组分和比例、组合物的宏观结构和微观结构共同作用下解决了所述技术问题。因此，在独立权利要求中，以水包油型乳液和乳化颗粒平均粒径范围作为对产品结构的宏观和微观限定，以传明酸酯、两亲性物质、油性物质及其比例作为对产品组分和含量的限定。

第四节　从属权利要求的撰写

从属权利要求是对所引用的权利要求的进一步限定。通过撰写保护范围适当的从属权利要求，可以构建多层次的保护范围。

【案例6－30－7】

A. **相关案情**

该案例是在本部分【案例6－30－6】的基础上撰写从属权利要求，权利要求如下：

1. 一种水包油型乳液组合物，其包含：

A）传明酸酯的生理上可接受盐，

B）两亲性物质，和

C）油性物质，

所述成分A）：B）的重量比率为1：0.5～1：2.5且所述成分A）：C）的重量比率为1：1～1：5.0，其中乳化颗粒的平均粒径基于中值直径为12～100nm。

2. 根据权利要求1所述的组合物，其中所述传明酸酯的生理上可接受盐是传明酸鲸蜡基酯盐酸盐。

3. 根据权利要求1～2中任一项所述的组合物，其中所述两亲性物质包含至少一种选自如下的物质：碳链长度为6～22的醇、脂肪酸、脂肪酸酯、脂肪酸醚、甘油脂肪酸酯和甘油单烷基醚。

4. 根据权利要求1～2中任一项所述的组合物，其中所述两亲性物质的碳链长度为12～22。

5. 根据权利要求1～2中任一项所述的组合物，其中所述传明酸酯的生理上可接受盐的碳链长度为12～18，所述两亲性物质的碳链长度为12～22。

6. 根据权利要求1～2中任一项所述的组合物，其中还含有多元醇。

B. **案例分析**

从属权利要求2～5分别进一步限定了更为具体的传明酸酯、两亲性物质，从属权利要求6进一步限定了组合物中还可以包含多元醇。在撰写权利要求时，通过不断地将上位概念缩小，或增加对产品有益的非必要的技术特征，可以从不同层次对发明的最优选实施方案构成层层保护。

第三十一章

日用化学品领域典型案例

第一节　化妆品领域典型案例

一、化妆品领域的产品发明

对于化妆品领域的产品发明，说明书中除了应当公开产品的组分外，还应当公开各组分的化学和/或物理性质、各组分可选择的范围、各组分的含量范围及其对组合物性能的影响等。说明书应当记载至少一个优选的实施例。化妆品领域的产品，不论是基于产品的剂型，还是基于产品的功能、理化性能的改善，都离不开特定原料的选择。原料通常包括非功能性的原料，如表面活性剂、乳化剂、增稠剂、油脂、调理剂等不直接产生功效的原料，还包括各种能够介入人体或停留在人体表面直接赋予化妆品功效的功能性原料。

对于涉及新原料的产品，说明书中应当充分公开该原料。对于首次用于化妆品的其他领域的原料，说明书应当提供能够证明其获得的技术效果的定量或定性实验数据。

（一）基于非功能性原料的发明

非功能性原料，如乳化剂、增稠剂、油脂等，能够赋予化妆品一定的性能，如使用肤感、毛发顺滑感等化妆功能，结构稳定性、流变性等理化性质。非功能性原料本身不具备美白、防晒、抗衰老等生理功效，但能够改善产品的上述功效。

如果化妆品的发明核心在于非功能性原料，应当根据现有技术的情况提供合理的实施例和实验数据。以下对首次用于化妆品的非功能性原料和基于发现已有非功能性原料新用途的情况进行详细说明。

1. 基于新的非功能性原料的发明

涉及新的非功能性原料的化妆品发明申请，说明书中应当记载该原料的化学名称及结构式或分子式，对化学结构的说明应当明确到使所属领域的技术人员能确认该原料化合物的程度。对于高分子物质，除了应当对其重复单元的名称、结构式或者分子式按照化合物的相同要求进行公开之外，还应当对其分子量及分子量分布、重复单元排列状态等要素作适当的公开。

说明书中必须至少公开一种制备方法，并且该方法应当具体地说明原料物质、工艺步骤和条件、专用设备等，使所属领域的技术人员能够实施。

该类型的发明，在申请专利时可以要求保护该新原料及其制备方法、含有该新原料的组合物及其制备方法、该新原料的用途等。

【案例 6-31-1】

A. 相关案情

该发明涉及包含官能化蜡的化妆品组合物。所述的官能化蜡具有合适的胶凝力，以便尽可能降低蜡在化妆品中的含量，避免不相容性问题。

发明人提供了如下技术方案和实验数据：

制备方法如下：(1) 将 11mg 二月桂酸二丁基锡（催化剂）、0.93g 甲基异胞嘧啶和 13g 蜂蜡混合加热至 100℃，保持真空 2h；(2) 在氩气下，降低温度至 70℃，加入 1.5g 异氟尔酮二异氰酸酯，反应 2h；(3) 加入 2.5mL 无水碳酸异丙烯酯，升温至 140℃，在氩气下，搅拌反应 3h；(4) 通过红外光谱监测异氰酸酯官能团，直至在 $2250cm^{-1}$ 的特征峰完全消失；(5) 降温至 70℃，加入 60mL 四氢呋喃和 5mL 乙醇，搅拌 30min；(6) 过滤反应混合物，在乙醇中沉淀，减压下干燥，获得呈白蜡形式的官能化蜡。

实验数据：测试不同的蜡的触感

在异十二烷中添加质量分数为 23% 的蜂蜡：该混合物是白色并且致密的；在玻璃板上热沉积和冷却至 25℃之后，形成不粘聚的、发粘白色沉积物。触摸时，手指沉入沉积物中，具有脂肪的感觉；

在异十二烷中添加质量分数为23%的官能化蜂蜡：该混合物是白色的并且致密的；在玻璃板上热沉积并且冷却至25℃之后，形成脆性的非粘沉积物。触摸时，手指不陷入沉积物中，不具有脂肪的感觉。

B. **案例分析**

该案例涉及包含新的非功能性原料的组合物发明，对于这类发明，说明书撰写时需要注意：记载新原料的制备方法、新原料的具体应用的实施例以及新原料对于组合物产生的技术效果。实验结果显示，相同用量的情况下，官能化蜂蜡形成了干燥的触感和非脂肪的感觉，且手指未沉入沉积物中。未改性的蜂蜡则具有明显的脂肪触感并且手指沉入沉积物中。由于现有技术未给出对蜡进行官能化改性的教导，可以基于该新的非功能性原料申请发明专利。

C. **撰写建议**

1. 化妆品组合物，其在化妆可接受的介质中包含通过在以下物质之间的反应获得的化合物：

至少一种携带选自—OH或者—COOH的反应性官能团的蜡，其选自小烛树蜡、巴西棕榈蜡和甘蔗蜡一种或多种；蜂蜡、褐煤蜡、霍霍巴木蜡一种或多种，和

至少一种能够与蜡携带的反应性官能团反应的连接基团，所述连接基团选自式（Ⅰ）的单元：

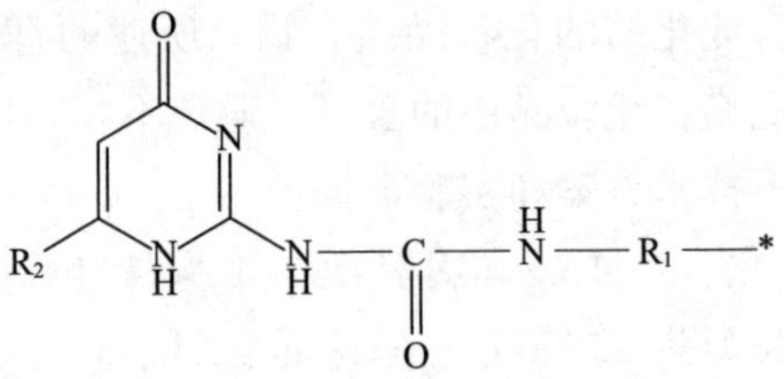

（式Ⅰ）

其中：

R_1 表示二价烃基；

R_2表示H、CH_3、乙基、异丁基、正丁基、叔丁基。

2. 基于已有的非功能性原料的发明

涉及已有的非功能性原料的发明，通常是发现了该原料对组合物性能产生了此前未知的影响，说明书应当提供能够证明该原料对于组合物性能改善的实验数据。如果现有技术中存在含有与发明所选择的结构或功效类似的原料的组合物，则说明书还应当提供能够证明其与现有技术中结构或功效类似的原料相

比获得了预料不到技术效果的实验数据。

该类型的发明，在申请专利时可以要求保护含有非功能性原料的组合物或该非功能性原料的用途。

【案例 6－31－2】

A. **相关案情**

该发明涉及含有具有增强发泡性质的 $C_{10} \sim C_{24}$ 酰基甘氨酸盐的个人护理清洁组合物，所述组合物具有温和、无刺激的表面活性剂体系。

发明人提供了如下技术方案和实验数据：

组合物的组成和发泡性结果见表 6－31－1 中。

表 6－31－1　组合物的发泡性

样品	椰油酰基甘氨酸钠重量百分比（%）	二羟丙基三甲基氯化铵重量百分比（%）	泡沫高度（cm）	泡沫高度变化（%）
A	5	—	10.63	0
B	5	1	12.19	14.7
C	5	5	12.69	19.4
D	5	10	11.81	11.2
E	—	5	0	0

由结果可见，二羟丙基三甲基铵盐能够增强椰油酰基甘氨酸钠的发泡性能。

现有技术 1 公开了烷基硫酸盐和磺酸盐以及它们的乙氧基化衍生物可作为个人护理清洁产品的表面活性剂体系，但是有刺激性。

现有技术 2 公开了包括 $C_{10} \sim C_{24}$ 酰基甘氨酸盐的组合物，该组合物具有满意的肤感并且温和无刺激。

现有技术 3 公开了含有二羟丙基三甲基氯化铵盐的香波组合物，组合物中还含有两性离子表面活性剂，如椰油烷基二甲基甘氨酸铵。

B. **案例分析**

根据现有技术 3 可知，二羟丙基三甲基氯化铵盐能够用于清洁组合物中，但是现有技术并没有公开二羟丙基三甲基氯化铵盐与椰油酰基甘氨酸钠复配对清洁组合物发泡性能的影响，该案例通过实验数据证明了二羟丙基三甲基铵盐能够增强椰油酰基甘氨酸钠的发泡性能，并且其用量对于发泡性能也有影响。在撰写权利要求时，应当将 $C_{10} \sim C_{24}$ 酰基甘氨酸盐和二羟丙基三甲基氯化铵都写入权利要求，并限定其含量。

C. **撰写建议**

权利要求：个人护理清洁组合物，以组合物总质量为基础计，其包含：

(i) 3%～15%的式（I）的 C_{10}～C_{24}酰基甘氨酸盐

$$RCONHCH_2CO_2X \qquad (\text{I})$$

其中，R是 C_9～C_{23}烷基，X是选自钠、钾、铵和三乙醇胺离子的阳离子；和

(ii) 0.1%～10%二羟丙基三（C_1～C_3烷基）铵盐。

3. 基于非功能性原料复配的发明

化妆品组合物的性能需求是多元化的，如乳液，要求其稳定性好、黏度适中、肤感良好等。为满足多元化的需求，化妆品领域的发明离不开对非功能性原料的复配。对于非功能性原料复配的发明，说明书应当说明原料之间的配伍性、相容性等相互关系，并提供能够证明其获得有益效果的实验数据。

该类型的发明，在申请专利时可以要求保护含有非功能性原料的组合物及其制备方法和/或用途。

【案例 6－31－3】

A. **相关案情**

该发明涉及包含单烷基胺阳离子表面活性剂体系、沉积聚合物以及硅氧烷的毛发调理组合物，该组合物改善了硅氧烷化合物在受损毛发上的沉积。

发明人提供了产品配方和测试数据，以组合物总质量为基础按重量百分比计算，所述组合物原料的含量及组成见表 6－31－2。

表 6－31－2　实施例组成及硅氧烷沉积性能测试

组分	实施例1	实施例2	对比例1	对比例2
硬脂酰氨基丙基二甲胺	0.90	0.90	0.90	0.90
二鲸蜡基二甲基氯化铵	0.43	0.43	0.43	0.43
鲸蜡醇	1.43	1.43	1.43	1.43
硬脂醇	2.58	2.58	2.58	2.58
苄醇	0.40	0.40	0.40	0.40
L－谷氨酸	0.29	0.29	0.29	0.29
EDTA二钠	0.13	0.13	0.13	0.13
防腐剂	0.03	0.03	0.03	0.03

续表

组分	实施例1	实施例2	对比例1	对比例2
去离子水	适量至100%			
硅氧烷化合物 -1 *1	0.5		0.5	
硅氧烷化合物 -2 *2		0.5		0.5
沉积聚合物 -1 *3	0.5			
沉积聚合物 -2 *4		0.5		
受损毛发上硅氧烷沉积	增加150% ~200%	增加150% ~200%	+25%	基准

注：*1 硅氧烷化合物 -1：购自 Momentive，具有10 000mPa · s 的黏度；

*2 硅氧烷化合物 -2：聚二甲基硅氧烷，具有10 000mPa · s 的黏度；

*3 沉积聚合物 -1：重量分数为30%丙烯酸单体和70%甲氧基 PEG -4 甲基丙烯酸酯单体的共聚物；

*4 沉积聚合物 -2：重量分数为50%丙烯酸单体和50%甲氧基 PEG -4 甲基丙烯酸酯单体的共聚物。

结果显示，相对于对比例2的基准，包含两种单烷基胺阳离子表面活性剂、沉积聚合物和硅氧烷的实施例1和2在受损毛发上的硅氧烷沉积显著增加。

现有技术1公开了毛发调理组合物，包含：阳离子表面活性剂、水溶性聚合物、高熔点脂肪族化合物和含水载体，还包含调理剂，所述调理剂为硅氧烷化合物；其中水溶性聚合物为水溶性阴离子聚合物、水溶性两性聚合物以及它们的混合物，其中水溶性阴离子聚合物又包含羧基乙烯基聚合物和丙烯酸酯共聚物等。

现有技术2公开了为在头发上获得令人满意的聚合物沉积层，优选使用包含丙烯酸单体和甲基丙烯酸聚乙二醇酯单体的共聚物。

B. 案例分析

现有技术1仅公开了阳离子表面活性剂的可选范围，并未教导将特定的两种阳离子表面活性剂组合。现有技术2则教导了沉积聚合物本身能够在毛发上沉积，而不是提高组合物中硅氧烷在毛发上的沉积效果。根据说明书实施例记载的内容，两种阳离子表面活性剂与沉积聚合物的调理组合物获得的硅氧烷沉积效果明显优于对照组。由此可见，该发明的发明点体现在两种阳离子表面活性剂、沉积聚合物和硅氧烷的复配。

C. 撰写建议

权利要求：

1. 一种毛发调理组合物，按组合物总重量计，包含：

(a) 0.1%～8%的单烷基胺阳离子表面活性剂；

(b) 0.05%～6%的二烷基季铵化铵盐阳离子表面活性剂；

(c) 1%～15%的脂肪醇；

(d) 0.05%～6%的沉积聚合物，其包含乙烯基单体（A）和甲氧基聚乙二醇（甲基）丙烯酸酯单体（B），以沉积聚合物总质量为基础计，所述单体（A）的含量为10质量%至50质量%，所述单体（B）的含量为50质量%至90质量%；和

(e) 0.05%～15%的硅氧烷化合物，所述硅氧烷化合物在25℃下具有1000～2 000 000mPa·s的黏度；和

(f) 含水载体。

（二）基于功能性原料的发明

赋予或改善产品的功效是化妆品开发的主要方向。化妆品的功效通常与所含的功能性原料相关。化妆品领域中，很多申请是涉及基于功能性原料的组合物申请，这些功能性原料中有的是新原料，有的是已知原料；有的是单一成分原料，有的是含多种成分的原料。针对不同的情况，在撰写时也有不同的侧重点。

1. 基于新功能性原料的发明

化妆品领域的新功能性原料中，有的结构组成相对明确，如小分子化合物、肽、聚合物等；有的则无法用组分的结构和含量进行表征，如组成复杂的植物提取物、发酵产物、细胞提取物等。

(1) 基于新化合物功能性原料的发明。

如果化妆品组合物含有新化合物作为功能性原料，说明书中应当至少公开一种该化合物的制备方法以及在化妆品中应用的实例。当该化合物的结构与现有技术中已有化合物接近时，说明书中记载的技术效果实验数据应能够证明其具有截然不同的用途，或者能够证明虽然用途相同或相近，但是功效得到了改进或提高。

专利申请可以要求保护新功能性化合物原料及其制备方法、含有功能性化合物原料的组合物及其制备方法、功能性化合物原料的用途、含有该功能性化合物原料的组合物的用途等。

【案例6-31-4】

A. 相关案情

该案例涉及一种含有新型C-糖苷衍生物的化妆品，用于刺激成纤维细胞

和/或角质化细胞合成。

现有技术1公开了含有C-β-D-吡喃木糖苷-2-(*S*)-丙酮（结构式如式Ⅰ所示）的化妆品组合物，该组合物用于刺激成纤维细胞和/或角质形成细胞。

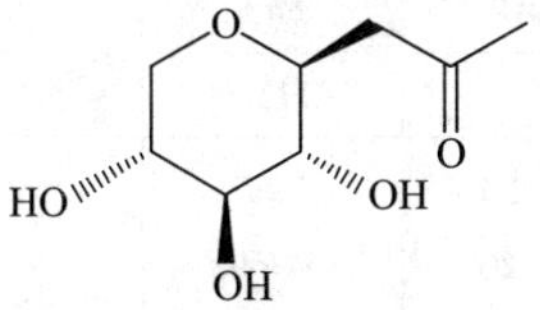

（Ⅰ）

发明人提供了如下实施例和实验数据：

实施例1：C-β-D-吡喃木糖苷-2-(*S*)-羟基丙烷（结构式如式Ⅱ所示）的制备

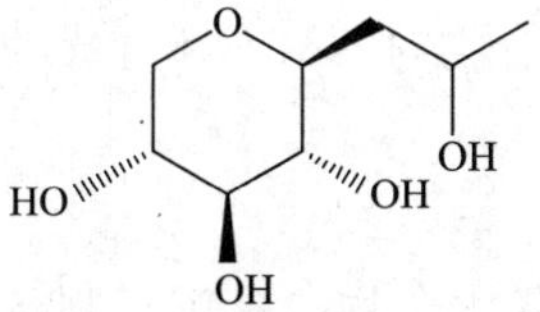

（Ⅱ）

向9mL含有500mg C-β-D-吡喃木糖苷-2-(*S*)-丙酮的异丙醇溶液中加入2mL醋酸，随即迅速加入120mg的硼氢化钠颗粒，室温下搅拌30min，再次加入120mg的硼氢化钠颗粒，室温下搅拌1h，加入10mL丙酮，室温下搅拌30min，真空浓缩。通过硅胶色谱纯化获得化合物C-β-D-吡喃木糖苷-2-(*S*)-羟基丙烷。

化合物的物理化学性质：

熔点：120～122℃

旋光度：－37°（20℃于甲醇中，浓度［C］＝1g/100mL）

^{1}HNMR：1.03（t，3H）；1.46（m，1H）；1.71（m，1H）；2.85（m，1H）；2.94（m，1H）；2.99（m，2H）；3.24（m，1H）；3.67（m，1H）；3.77（m，1H）。

X射线衍射图谱（略）。

实施例：本发明所述C－糖苷衍生物对合成透明质酸影响的研究

在常规的培养基中接种正常人皮成纤维细胞，预培养24h；将培养基替换为浓度为0.3、1和3mM的测试化合物；或培养基（空白对照）；或10ng/mL的转化生长因子（TGFβ）（定性对照），比较例是申请WO02051828中实施例4的化合物。结果如表6－31－3所示。

表 6-31-3 GAGs 合成测试数据

测试的化合物	浓度	每分钟计数（Cpm）	标准差（Sd）	重复次数（n）	%对照	置信区间（P）
空白对照	—	5 010	543	6	100	—
定性对照	10ng/mL	9 625	1137	6	192	<0.01
比较例	3mM	31 735	799	3	633	<0.01
	1mM	20 620	1 969	3	412	<0.01
	0.3mM	10 678	748	3	213	<0.01
实施例 1	3mM	40 770	1 613	3	814	<0.01
	1mM	30 943	588	3	618	<0.01
	0.3mM	16 276	1 195	3	325	<0.01

结果显示式（Ⅱ）的化合物对 GAGs 新合成的刺激程度远远大于现有技术中式（Ⅰ）的化合物。

B. 案例分析

该案例涉及新的 C-糖苷化合物，提供了制备方法，对化合物的结构进行了确认，并提供了新化合物与现有技术中结构类似的化合物在促进皮肤中透明质酸合成方面的对比实验，实验数据证明了新化合物具有较好的功效。

C. 撰写建议

权利要求：

1. C-β-D-吡喃木糖苷-2-(*S*)-羟基丙烷以及它们生理学上可接受的盐。

2. 制备 C-β-D-吡喃木糖苷-2-(*S*)-羟基丙烷化合物的方法，包括将 C-β-D-吡喃木糖苷-2-(*S*)-丙酮在含有 3~8 个碳原子的直链的、支链的或环状的仲醇的溶液中，与还原剂反应，该反应包括：(a) 与选自硼氢化钠、硼氢化钾和硼氢化锂的金属氢硼化物，在含有 1~10 个碳原子的有机羧酸或磺酸的存在下反应或者 (b) 与由金属氢硼化物选自硼氢化钠、硼氢化钾和硼氢化锂的金属氢硼化物和含有 1~10 个碳原子的有机酸及任选地和仲醇结合形成的功能性组分或者络合物反应。

3. 化妆品组合物，其中在生理学上可接受的介质中含有 C-β-D-吡喃木糖苷-2-(*S*)-羟基丙烷或其生理学上可接受的盐。

4. C-β-D-吡喃木糖苷-2-(*S*)-羟基丙烷或其生理学上可接受的盐的用途，其用于制备旨在促进皮肤愈合的皮肤病学组合物。

（2）新制备方法得到的新功能性原料的发明。

对于植物提取物、发酵产物、细胞代谢物而言，其成分往往比较复杂，制备方法对组分的影响较大，采用不同的方法甚至会得到功效截然不同的产物。因此，在说明书中应当至少公开一种详细的制备方法，包括使用的原料、工艺步骤和条件、设备等，使所属领域的技术人员能够制备得到所述的产物。如果现有技术中存在类似来源的提取物，则说明书还应当记载要求保护的产物与这些已知提取物能够区分的技术内容。

【案例 6－31－5】

A. **相关案情**

该案例涉及含有盐腌发酵高丽人参提取物的促进皮肤再生的组合物。

经检索，得到的相关现有技术文献如下：

现有技术 1 公开了一种化妆品组合物，其中含有盐腌发酵高丽人参提取物作为有效成分，所用的盐选自海盐、岩盐和竹盐等。

现有技术 2 公开了低浓度或低剂量的人参皂甙 Rb1 表现出对皮肤组织再生和/或重构的优良促进作用或对创伤治愈的优良促进作用。

发明人提供了如下的实施例和实验数据：

实施例 1～4：盐腌发酵红参提取物的制造

实施例 1：用煮盐适当地覆盖高丽人参 1kg，放入陶器中，熟化 7 日。然后，简单洗涤后，用 98℃的高压蒸汽灭菌器热蒸 3～24h，制成红参。用 60℃的热风干燥 24h。然后，添加相对于干燥后的红参重量为 10% 的曲子，用煮盐水浸没 2% 的红参，进行 4～5 日发酵。然后，简单洗涤后，利用水或有机溶剂得到 45g 的盐腌红参发酵提取物。

实施例 2：使用日晒盐代替实施例 1 中的煮盐而获取 55g 的盐腌红参发酵提取物。

实施例 3：使用再制盐代替实施例 1 中的煮盐而获取 40g 的盐腌红参发酵提取物。

实施例 4：使用精制盐代替实施例 1 中的煮盐而获取 40g 的盐腌红参发酵提取物。

采用 HaCat 细胞培养评价盐腌发酵高丽人参提取物的细胞再生效果（培养方法略）。结果示于图 6－31－1 中。

结果显示，实施例 1～4 的盐腌发酵高丽人参提取物均显示出细胞再生功能，其中，实施例 1 利用了煮盐的盐腌发酵高丽人参提取物对 1% FBS 显示出优异的细胞再生功能，证明其可促进细胞再生，具有皮肤再生及创伤治愈的效果。

B. **案例分析**

该案例中，盐腌发酵高丽人参提取物采用特定的煮盐进行盐腌发酵得到，其确切组成不明，而现有技术1也公开了盐腌发酵高丽人参提取物。因此，说明书应当记载能够证明两者之间不同的证据。在无法进行组分直接对比的情况下，说明书中比较了不同盐腌发酵高丽人参提取物的细胞再生功能，结果表明，通过煮盐腌制发酵得到的高丽人参提取物细胞再生功能较好，通过该间接证据证明其区别于现有技术，并获得了有益效果。

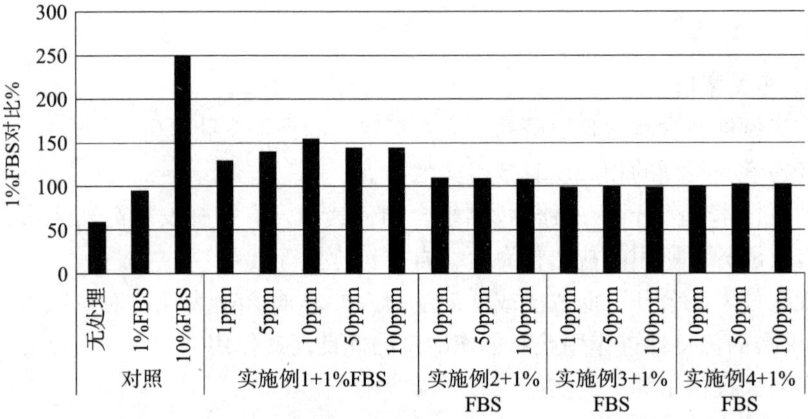

图6－31－1　盐腌发酵高丽人参提取物的细胞再生功能

C. **撰写建议**

权利要求：

1. 一种皮肤再生用组合物，其含有盐腌发酵高丽人参提取物作为有效成分，所述盐包含煮盐，所述煮盐为使海水通过日晒干燥后的退潮后海滩的砂中而提高盐度后，用锅煮沸所制作的盐。

2. 权利要求1所述的组合物的制造方法，其包含在高丽人参中加盐并使其发酵的步骤，所述盐包含煮盐，所述煮盐为使海水通过日晒干燥后的退潮后海滩的砂中而提高盐度后，用锅煮沸所制作的盐。

2. 已有功能性原料复配的发明

化妆品产品通常是多种原料复配而成的，不同功能性原料的组合有时会产生协同作用，说明书应当提供充分的实验数据来证明复配带来的协同效果。

基于已有功能性原料复配的发明，权利要求可以要求保护功能性原料（包括提取物等）复配的组合物及其制备方法、组合物的用途等。

【案例6－31－6】

A. **相关案情**

该案例涉及莲花提取物和乌梅提取物的组合用于防止皮肤红斑、改善肤色和防止皮肤老化的应用。莲花提取物和乌梅提取物组合的 DPPH 法测试抗氧化效果实验，所述莲花提取物和乌梅提取物均为市售产品。实验数据显示：莲花提取物与乌梅提取物以 1：(5～10) 的重量比复配时，显示出最高的抗氧化的效果。

相关的现有技术为：

现有技术 1 公开了一种植物护理功能液，其中含有乌梅 8～10 份、莲花 11～13 份以及其他植物成分，该天然提取物具有护肤、美肤的功效。

现有技术 2 公开了荷花花瓣提取液的抗氧化能力的测定，表明荷花花瓣具有很强的抗氧化功能，表现为具有显著的清除 DPPH 自由基和清除羟自由基的能力，且抗氧化功能随着提取液浓度的增加而增强。

B. 案例分析

现有技术 1 公开的植物护理功能液中，莲花与乌梅的重量比不在该发明的 1：5～10 之内。现有技术 2 仅公开了莲花提取物的抗氧化功能。根据该发明的实验数据能够确定，与现有技术相比，在莲花提取物用量配比大大降低的情况下，其与乌梅提取物以特定比例组合仍然能够取得良好的技术效果。

C. 撰写建议

权利要求：

1. 一种抗氧化组合物，其由莲花提取物和乌梅提取物组成，莲花提取物和乌梅提取物的重量比为 1：(5～10)。

2. 权利要求 1 所述的抗氧化组合物在制备皮肤外用剂组合物中的用途。

3. 一种皮肤外用剂组合物，其含有权利要求 1 所述的抗氧化组合物。

二、化妆品领域的方法发明

方法发明包括产品的制备方法、使用方法。产品用途属于产品的使用方法。

对于产品用途而言，如果是新的产品，其用途不能从结构相似的已知产品预见到，可以认为这种新产品的用途发明有创造性；如果是已知产品，其新用途不能从产品的现有用途显而易见地得出或者预见到，而是利用了产品新发现的性质，产生了有益的技术效果，可认为该用途发明有创造性。

（一）制备方法发明

化妆品领域涉及制备方法的发明包括化妆品原料和组合物的制备方法。制备方法可以是新产品或新原料的制备方法，也可以是已有产品或原料的新的制备方法。

1. 组合物制备方法的发明

如果专利申请要求保护化妆品组合物的制备方法，应当清楚记载所述方法的具体原料物质、工艺步骤和工艺条件以及取得的有益效果，有益效果可以体现在产品特性上，如组合物结构、理化性质、功能等方面获得的改善和提高；也可以体现在生产工艺过程中，如工艺步骤简化、易于控制、节能环保等。

【案例6－31－7】

A. 相关案情

该案例涉及包含鲸蜡硬脂醇、硬脂酰胺丙基二甲基胺、山嵛基三甲基氯化铵的毛发护理组合物的制备方法。发明人提供如下实施例和对比例，按重量百分比计算，所述组合物原料的含量及组成见表6－31－4。

实施例中，通过向60℃水中添加硬脂酰胺丙基二甲基胺和脂肪醇，再向该混合物添加山嵛基三甲基氯化铵，其中温度保持在60℃并搅拌，用乳酸中和硬脂酰胺丙基二甲基胺。

对比例中，通过常规方法将鲸蜡硬脂醇和水在70℃下混合制备组合物。

表6－31－4　组合物的对比实验数据

材料	实施例	对比例
硬脂酰胺丙基二甲基胺	1	1.25
山嵛基三甲基氯化铵	1	1.25
鲸蜡硬脂醇	4	5
乳酸	0.285	0.38
氯化钾	0.1	0.1
PEG－150二硬脂酸酯	0	0.025
二甲基硅氧烷乳液	3.57	3.57
香料	0.6	0.6
螯合剂	0.1	0.1
水	加至100	加至100
稠度	71.04	58.28
调理效果	69.72	65.33

实验数据表明，相对于对比例，该发明的方法制备的组合物在功能性成分含量较少的情况下具有较高的稠度和调理水平。

现有技术中公开了一种调理凝胶相的制备方法：将矿物油加入侧壶中并加热至50℃。加入鲸蜡硬脂醇并熔融，保持温度为75℃。将水加入混合器并开始加热到85℃。加入羟苯甲酸甲酯并分散，然后加入乳酸并分散。60℃下加入硬脂酰胺丙基二甲基胺并分散。80℃下加入二十二烷基三甲基氯化铵并分散。

85℃下在混合下将熔融的鲸蜡硬脂醇和矿物油混合物注入循环。混合 30min。停止混合，开启夹套冷却至 30℃。加入淬灭水，然后加入其他成分如香精等。

B. 案例分析

该案例中，通过调整酰胺基胺与脂肪醇的混合温度来获得具有较高稠度和调理效果的调理凝胶。对比例公开的制备方法与现有技术类似。对比实验数据证明制备过程中选择特定温度使产品在物理性质和使用功效方面获益。

C. 撰写建议

权利要求：

1. 用于制备调理凝胶相的方法，所述方法包括：

i）形成阳离子组分的各向同性水溶液；

ii）将阳离子型表面活性剂的各向同性水溶液与熔融脂肪醇混合；

其中在将所述脂肪醇与所述各向同性阳离子型表面活性剂溶液进行混合期间的温度保持在 55 ~ 65℃，并且其中所述脂肪醇具有 8 ~ 22 个碳。

2. 提取物制备方法的发明

常见的提取物制备方法发明有以下几种情形：

①提高了已知提取物中特定功能性成分的含量；②对已知提取物的生产工艺进行了改进，如避免使用有毒溶剂、简化了步骤等；③去除已知提取物中的特定杂质；④制备具有新功效的提取物。

说明书应当记载制备方法的原料、步骤、工艺参数等技术内容，提供至少一种具体实施方式，以及证明其具有有益效果的实验数据。如果对现有制备方法的改进，通常要提供对比实验数据；如果制备得到了新功效的提取物，则需要提供证实提取物具有新功效的实验数据。

【案例 6 – 31 – 8】

A. 相关案情

该案例涉及四方藤、朱砂根提取物的制备方法，其包括通过使用大孔树脂层析、脱色树脂柱脱色、结晶和重结晶的工艺以获得 11 – O – 没食子酰岩白菜素含量不少于 60%。

现有技术 1 公开了朱砂根提取物的制备方法包括：将朱砂根粉碎加入乙醇提取，滤出提取液，减压浓缩，离心得上清液，加入大孔树脂 HP – 20，先用低浓度乙醇的水溶液冲洗后再以 50% ~ 100% 乙醇洗脱并收集洗脱液，洗脱液减压浓缩干燥，加入乙醇溶解，离心得上清液减压浓缩干燥得朱砂根提取物，但是未公开该提取物中含有 11-O-没食子酰岩白菜素。

现有技术2公开了朱砂根甲醇提取物经过 Diaion HP－20 树脂用 30% 甲醇洗脱后能够分离得到 11-O-没食子酰岩白菜素。

发明人提供了含有 11-O-没食子酰岩白菜素的提取物的制备方法。

实施例1：四方藤加入相当于原料重量8倍的45%乙醇，加热回流2h，过滤，收集滤液，滤渣以同样条件重复提取1次，过滤，合并滤液，得到提取液；所得提取液浓缩至浸膏（8波美），上 XDA－8 大孔树脂柱，先用纯水洗至流出液澄清，然后用2倍柱床体积的15%乙醇洗脱，再用45%乙醇洗脱，薄层层析跟踪检测，收集含目标成分的45%乙醇洗脱液；所得洗脱液减压浓缩回收乙醇，过氧化铝柱，收集流出液，浓缩、干燥得到粗提物；所得粗提物用90%乙醇进行结晶和重结晶操作，抽滤干燥后得提取物。经测定，提取物中 11-O-(3’,4’,5’-三羟基没食子酰基)-岩白菜素的含量为75.5%，提取率为64.2%。

对比例1：与实施例1不同的是用 HP－20 大孔树脂柱替代 XDA－8 大孔树脂柱，得到含 11-O-(3’,4’,5’-三羟基没食子酰基)-岩白菜素的提取物。经测定，提取物中 11-O-(3’,4’,5’-三羟基没食子酰基)-岩白菜素的含量为70.1%，提取率为60.3%。

B. **案例分析**

该发明的含有岩白菜素提取物制备方法与现有技术中公开的类似方法相比，区别在于采用了不同的大孔树脂进行提取分离，并且通过实验数据证明：采用树脂 XDA－8 比 HP－20 获得了更高的提取率和纯度，而现有技术并未公开或教导可将 XDA－8 用于岩白菜素的提取。

C. **撰写建议**

权利要求：

1. 含有没食子酰基岩白菜素的提取物的制备方法，包括以下步骤：

1）用水或乙醇对原料进行提取，获得提取液；所述的原料选自四方藤、朱砂根；

2）所得提取液浓缩后上 XDA－8 大孔树脂柱层析，水洗至流出液澄清，然后用10%～20%的乙醇洗脱，再用40%～60%的乙醇洗脱，收集40%～60%的醇洗脱液；

3）所得醇洗脱液回收乙醇后过脱色树脂柱，收集流出液，浓缩、干燥后进行结晶、重结晶，得到含有 11-O-(3’,4’,5’-三羟基没食子酰基)-岩白菜素的提取物，所述提取物中 11-O-(3’,4’,5’-三羟基没食子酰基)-岩白菜素的含量≥60%。

（二）用途发明

用途发明是发现了组合物或原料的新功能并利用此功能而作出的发明。

化妆品领域的用途发明包括化妆品的美容用途发明、原料的用途发明等。在这类发明申请中，提供定性或定量的实验数据证明发明解决了技术问题或获得了技术效果是非常关键的，实验数据可以是细胞实验，也可以是动物或人体应用实验。

化妆品原料的用途，可以是单一原料的新用途，也可以是多种原料的复配用途。用途可以通过宏观的应用效果表征，如美白、抗衰老等，也可以通过微观作用机理表征，如角质细胞增殖、成纤维细胞增殖、胶原蛋白合成等。无论以哪种方式表征，说明书中应当至少记载一种相关的效果评价实验和数据。

【案例 6－31－9】

A. 相关案情

该案例涉及包含水杨酸和壳聚糖的化妆品组合物，该组合物具有低的刺激性。

现有技术 1 公开了一种包含在湿巾中的液体组合物，其包含：壳聚糖、水杨酸和水，以水相液体组合物总重量为基础计，壳聚糖的含量为 0.01% ~5%，优选 0.05% ~3%，更优选 0.1% ~2%，水杨酸的含量为 0.01% ~2%，优选 0.03% ~1%，更优选 0.05% ~0.5%。水杨酸成分可以降低湿纸巾在施用中/施用后的粘稠感，并同时提供了防止储存期间病菌/细菌繁殖和形成霉菌/发霉，提高了防腐效果、抑臭效果，提供皮肤表皮剥脱效果、清凉肤感。

发明人提供了如表 6－31－5 实验数据：

表 6－31－5　刺激性对比实验数据

编号	水杨酸	乙醇	壳聚糖	水	pH	鸡胚试验	眼刺激性
实施例 1	1	15	1.2	至 100	3.23	0	－
实施例 2	1.5	15	1.8	至 100	3.38	0	－
对比例 1	1	15	－	至 100	6.5	3.25	－
对比例 2	1.5	15	－	至 100	6.67	6.08	+

B. 案例分析

现有技术 1 公开了包含壳聚糖和水杨酸的组合物，但未提及该组合物的刺激性。虽然，该发明所提供的实施例中，壳聚糖和水杨酸的具体配比未被现有技术 1 公开，但是，本领域技术人员在面对如何降低含水杨酸组合物的刺激性这一技术问题时，通过有限的实验即可确定水杨酸和壳聚糖的配比，以获得刺激性相对较低的组合物。

但是，该发明的实验数据显示，当水杨酸浓度相同时，添加壳聚糖的组合物刺激性降低。而现有技术1则未公开壳聚糖能够降低含水杨酸组合物的刺激性。因此，对于该发明而言，可以要求保护壳聚糖降低含水杨酸组合物刺激性的用途。

【案例6－31－10】

A. **相关案情**

该案例涉及鼠李糖在抗皱纹、抗皮肤老化方面的用途，其具有促进角质细胞的增殖、成纤维细胞的增殖等功效。

现有技术1公开了在生理学上可接受介质中至少一种糖类化合物的组合物，所述组合物与紧致设备并用，有利于增加皮肤厚度、改善肤色亮度、改善皮肤的坚固性、弹性。糖类化合物选自单糖、多糖及其衍生物，单糖选自D－甘露糖。

现有技术2公开了改善皮肤状况的外用剂，可以预防或改善皱纹、皮肤粗糙等，功能性成分包括甘露糖。

该发明提供了如下实施例和实验数据：

实施例1：角质细胞的增殖

实验方案采用HaCat角质细胞培养的方法评估鼠李糖和甘露糖对细胞增殖角质细胞的增殖的影响（方法略）。

当对1mM单糖进行评估时，DNA水平（Cyquant）、极性脂质水平（尼罗红信号）和线粒体呼吸（XTT信号）都显著增加。在500μM时，鼠李糖激活了培养在生长因子缺陷的培养基中的角质细胞的增殖。因此，鼠李糖通过促进表皮更新和对抗与年龄相关的表皮萎缩，显示了抗老化效力。

B. **案例分析**

现有技术1未教导鼠李糖本身具有抗皮肤老化的功效，也未公开不与紧致设备合用、并且不含拉紧剂时鼠李糖仍具有增加角质细胞或成纤维细胞的增殖和/或用于刺激胶原蛋白合成的功效。

现有技术2以甘露糖为功能性成分，尽管甘露糖和鼠李糖两者都属于单糖，但现有技术中单糖种类较多且具有不同的功效，并不能因此而推知两者具有相同的美容效果。

C. **撰写建议**

权利要求：至少一种鼠李糖单糖用于非治疗目的的减轻或防止皮肤或其覆盖物的老化迹象的美容用途，其中所述鼠李糖单糖用于增加角质细胞或成纤维细胞的增殖和/或用于刺激胶原蛋白合成，并且不与紧致设备、拉紧剂合用。

第二节　洗涤剂领域典型案例

本节重点阐述如何将洗涤剂领域的发明经过剖析、整理，撰写为专利申请文件。

一、洗涤剂领域的产品发明

在洗涤剂领域的产品发明中，组合物发明是最常见的类型。目前，在涉及组合物发明的申请文件中，存在以下三个较为突出的问题：对技术问题的描述不具体，对技术效果的验证欠缺，对保护范围的概括不当。针对上述问题，在撰写申请文件时，需要根据技术创新点，有重点地进行改进。

（一）已知洗涤剂原料复配的发明

洗涤剂是以去污为目的的产品，其组分由必需的活性组分和辅助组分构成。通常，作为活性组分的是各类表面活性剂，作为辅助组分的有助洗剂、抗再沉积剂、酶、填充剂等。虽然这些洗涤剂原料组分已经商品化，其去污或助洗功能都是已知的，但是，若经研究发现：

（1）将已知的原料进行复配，解决了现有技术中存在的不足或缺陷，取得了有益的技术效果。例如，通过加入特定的增溶剂，克服了液体洗涤剂组合物在高浓度时容易出现凝胶相的问题；或者通过多种表面活性剂和酶制剂的复配，克服了常规洗涤剂组合物对于淀粉类污渍清洗效果差的问题。

（2）将已知的原料进行复配，克服了现有技术中的偏见。例如，现有技术中认为烷基三胺与脂肪酸皂不相溶，在配合使用时对洗涤产生不利影响，但经研究发现，在洁厕块中复配使用脂肪酸皂、非离子表面活性剂及 $C_8 \sim C_{20}$ 的烷基三胺，组合物不仅能稳定存在，还能产生适量稳定的泡沫，克服了现有技术中的偏见。

满足上述情况之一，就可以对复配组合物提出发明专利申请。在撰写申请文件时，需要在说明书中明确指出所解决的具体技术问题，并且提供相应的证据证明要求保护的发明确实解决了所述的问题。

【案例 6 - 31 - 11】

A. 相关案情

经研究发现，在液体洗涤剂中加入少量特定的冷水分散剂，即可大大缩短组合物在冷水中的分散时间，特别是在非离子表面活性剂含量高时，分散剂的添加对于分散性能的改善效果更明显，得到的液体组合物在5min内即可分散在14～19℃的冷水中。

测试的冷水分散剂包括：二甲苯磺酸盐、聚乙二醇、一元或多元醇、苄醇、二丙二醇正丁基醚、二丙二醇正丙基醚、苯氧基乙醇、可溶性镁盐等。

冷水分散性能的评判方法为：测定16℃下，1g液体洗涤剂完全溶解于200mL水所需的时间（以秒计）。

实验及实验结果如下：

（1）冷水分散剂的选择。

如表6 - 31 - 6所示，将所述用量的冷水分散剂与41%的脂肪醇聚氧乙烯醚及18.9%的烷基苯磺酸三乙醇胺盐复配，并补充水使组合物达到100%。

表 6 - 31 - 6　分散剂种类及用量对分散时间的影响

分散剂	分散时间（s）	分散剂	分散时间（s）
5%二甲苯磺酸钠	391	10%二甲苯磺酸钠	371
5%甘油	447	11%甘油	325
2%苄醇	261	5%苄醇	65
5%二丙二醇正丁醚	207	8%二丙二醇正丁醚	40
2%七水合氯化镁	58	2%七水合硫酸镁	51

结果显示，七水合氯化镁和七水合硫酸镁在较低浓度下即有良好的冷水分散性，可作为冷水分散剂的优选种类。

（2）总表面活性剂含量对分散时间的影响。

如表6 - 31 - 7所示，加入2%的七水合硫酸镁作为冷水分散剂后，液体洗涤剂的分散时间均大大降低，适宜的表面活性剂含量范围在30%～60%之间，该范围内使用分散剂的效果更显著。

表 6 - 31 - 7　表面活性剂总量对分散时间的影响

表面活性剂总量	34.2%	51.3%	59.9%	68.4%
分散剂用量	分散时间（s）			
0%七水合硫酸镁	36	994	511	457
2%七水合硫酸镁	—	22	56	152

（3）不同非离子表面活性剂对分散时间的影响。

如表 6－31－8 所示，在加入冷水分散剂之前，不同非离子表面活性剂的分散时间有较大差异，但加入 2% 的七水合硫酸镁作为分散剂后，分散时间均降低至 60s 内，分散剂对于脂肪醇聚氧乙烯醚类的非离子表面活性剂的分散效果更为显著。

表 6－31－8　不同非离子表面活性剂对分散时间的影响

分散剂用量 \ 分散时间（s） \ 非离子表面活性剂	35% PEG8 油酸酯 0% 醇聚氧乙烯醚	17.5% PEG8 油酸酯 17.5% 醇聚氧乙烯醚	0% PEG8 油酸酯 35% 醇聚氧乙烯醚
0% 七水合硫酸镁	157	832	994
2% 七水合硫酸镁	60	32	22

B. **案例分析**

（1）如何确定要解决的技术问题。

该发明发现了将冷水分散剂加入液体洗涤剂中，特别是高非离子表面活性剂含量的液体洗涤剂中，能够大大缩短洗涤剂在水中的分散时间。基于此，可以将发明解决的技术问题概括为“解决浓缩液体洗涤剂的冷水分散性差的问题”，这样的概括明确而具体；如果概括成“提供一种超浓缩液体组合物”，或“改进现有浓缩液体洗涤剂的不足”，就过于宽泛而不能凸显发明对现有技术的贡献。

（2）如何选择技术效果证据。

首先，技术效果证据要与解决的技术问题相对应。该案例的说明书中提供了洗涤剂组合物的冷水分散性能测试数据和分析结果，这样的效果数据可有力地证明发明解决了现有技术中超浓缩洗衣液冷水分散性差的问题。对于去污力测试等常规洗涤剂性能，则不是必须提供的，因为本领域技术人员根据组合物的高含量表面活性剂能够预期其具有较高的去污能力。

其次，技术效果证据要与产品的用途相对应。该案例中，洗涤剂组合物是用于衣物洗涤的，若进一步提供该组合物的去污性能，则选用的测定方法和污垢要与衣物类污垢和清洗方法相对应。

再次，实验方法和过程要清楚。如果测试的性能参数有国家或行业标准，建议参考标准进行实验，便于与现有技术的效果进行比对。例如，就衣物用洗涤剂去污力而言，可参考 GB/T 13174—2008《衣料用洗涤剂去污力及循环洗涤性能的测定》提供相应的数据。如果测试的性能参数没有标准，如该案例中的“冷水分散性能”，就需要在申请文件中详细记载实验材料（选用了哪些原料组分）、关键的实验仪器、实验参数（测试温度等）、实验步骤（详细的测试方法）等，使得本领域技术人员能够重复该实验。

最后，证据要能够支持权利要求的保护范围。如果要在独立权利要求中使用组分的上位概念表征技术特征，应在说明书中记载相应的内容，以证明这种保护范围的扩展是合理的。例如，该案例中，说明书中提供了不同组分复配的洗涤剂冷水分散性实验数据，所以权利要求可以合理地扩展到“冷水分散剂”“非离子表面活性剂”等上位概念。

（3）如何撰写权利要求。

对于产品而言，由冷水分散剂、非离子表面活性剂、阴离子表面活性剂和水组成的液体组合物是解决冷水分散性的必要组分，其他的衣物洗涤剂中常用助洗剂和功能添加剂可作为其他可选组分。如表6－31－6及表6－31－7所示，冷水分散剂和表面活性剂的含量对于分散性能存在一定的影响，可以将含量同时记载在产品独立权利要求中。作为其从属权利要求，可以进一步对组合物的必要组分、其他可选组分的具体种类、用量以及组合物的性能参数等进行多方位限定。

此外，权利要求书中还可以包括相应的制备方法、使用方法或用途等并列独立权利要求及其相应的从属权利要求。

C. **撰写建议**

权利要求书可撰写为：

1. 一种超浓缩液体洗衣洗涤剂组合物，以重量百分比计算，其包含：

（a）30%～60%的非离子型表面活性剂，所述非离子型表面活性剂选自下组：脂肪醇乙氧基化物、脂肪酸乙氧基化物、脂肪单酸甘油酯乙氧基化物、烷基葡糖苷、烷基多聚葡萄糖苷和它们的混合物；

（b）5%～30%的阴离子型表面活性剂，所述阴离子型表面活性剂选自下组：烷基苯磺酸盐、烷基醚硫酸盐、烷基硫酸盐和它们的混合物；

（c）0.5%～18%的冷水分散助剂，所述冷水分散助剂选自碱土金属盐、二价金属盐、聚乙二醇、聚－甘醇、水混溶性甘醇、乙二醇醚、二丙二醇正丁基醚、二丙二醇正丙基醚、苯氧基乙醇和它们的混合物；和

（d）2%～60%的水。

2. 如权利要求1所述的组合物，其特征在于，所述脂肪醇乙氧基化物包含每1mol醇与5～10mol环氧乙烷的缩合产物。

3. 如权利要求1所述的组合物，其特征在于，所述组合物包含缓冲剂、洗涤剂酶、抗再沉积剂、芳香剂、着色剂、荧光增白剂、腐蚀抑制剂、遮光剂、氧漂白剂、织物软化剂、氯清除剂、染料转移抑制剂、臭味控制剂、泡沫控制

剂和螯合剂中的一种或多种。

4. 如权利要求1所述的组合物，其特征在于，以重量百分比计算，所述组合物包含：

(a) 30%～45%的脂肪醇乙氧基化物；

(b) 10%～25%的烷基苯磺酸三乙醇胺；

(c) 1%～3%的七水合硫酸镁；

(d) 0.1%～0.5%的荧光增白剂；和

(e) 5%～30%的水。

5. 如权利要求1所述的组合物，其特征在于，所述组合物在5min内即可分散在14～19℃的水中。

6. 一种在自动洗衣机中清洁织物的方法，所述方法包括将权利要求1～5中任一项所述的超浓缩液体洗衣洗涤剂组合物分散在所述机器内。

在上述权利要求中包含产品和产品的使用方法两项独立权利要求（权利要求1、6）。对于产品权利要求，权利要求1记载了组合物的必要组分并限定了其用量，权利要求2进一步限定了组分（a）中脂肪醇乙氧基化物的具体种类，权利要求3进一步限定了组合物中含有其他可选组分，权利要求4进一步限定了组合物的优选实施例，权利要求5采用性能参数进一步限定了组合物。由此，构建了不同保护层次的权利要求。

说明书可按照如下思路撰写：

如图6－31－2对该案例进行梳理，发明要解决的技术问题是超浓缩液体洗衣洗涤剂在冷水中分散性差的问题；采用的技术手段是在液体洗涤剂中同时包含非离子表面活性剂、阴离子表面活性剂、冷水分散剂；为了证明其技术效果，测试了不同参数条件下液体洗涤剂的冷水分散性能。

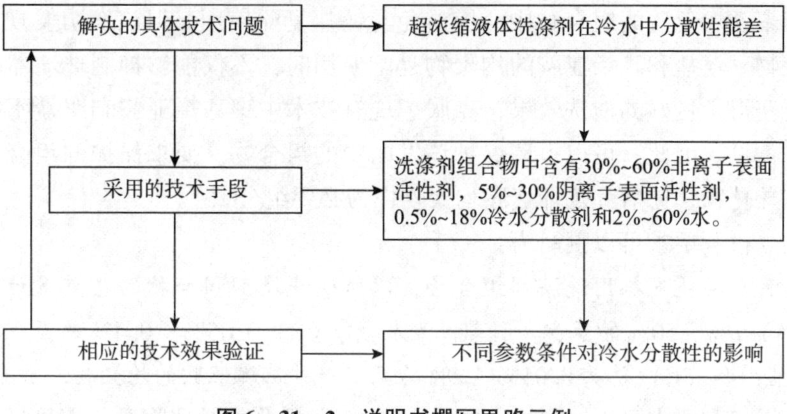

图6－31－2　说明书撰写思路示例

可对照上图在说明书的各部分撰写相应的内容。实施例可以包括多个由不同冷水分散剂、非离子表面活性剂、阴离子表面活性剂以及可选的助剂复配的洗涤剂组合物，以及有代表性的实施例的冷水分散性效果实验数据。

【案例 6－31－12】

A. **相关案情**

经研究发现，将含有氨基羧化物、铋盐和乙烯亚胺的均聚物复配使用时，能够更好地抑制玻璃器皿的腐蚀，特别适合添加到自动洗碗机的清洗剂中使用。

现有技术 1 公开了一种多功能无磷洗碗机组合物，以重量百分比计算其含有：10% 表面活性剂，5%～70% 选自甲基甘氨酸二乙酸酯（MGDA）和亚氨基二琥珀酸酯（IDS）的氨基羧化物（MGDA 和 IDS 即氨基羧化物），5%～40% 柠檬酸盐，0.05%～3% 水溶性铋盐和 0～5% 硅酸盐。

现有技术 2 公开了一种含有保护剂的机洗餐具洗涤剂，含有 100mg 聚乙烯亚胺及其他常规洗涤剂组分，与对照组相比，含有聚乙烯亚胺的洗涤剂很好地抑制或减少了对玻璃器皿的腐蚀。现有技术 2 同时指出，由于含锌或含铋化合物会导致在厨房用品例如玻璃器皿上形成污渍，因此，不建议在组合物中使用含锌或含铋化合物。

B. **案例分析**

（1）如何根据现有技术确定要求保护的技术方案。

现有技术 1 公开了将氨基羧化物及水溶性铋盐复配使用的技术方案。

现有技术 2 公开了含有聚乙烯亚胺的机洗餐具洗涤剂，并公开了聚乙烯亚胺可以抑制或减少玻璃器皿腐蚀。由此可见，现有技术中均没有公开同时含有氨基羧化物、铋盐及聚乙烯亚胺三种组分的洗涤剂组合物。根据现有技术 2，在含有聚乙烯亚胺的组合物中，应避免与铋盐复配使用。但该发明发现，将氨基羧化物、铋盐和乙烯亚胺的均聚物复配使用时，不仅能够抑制玻璃器皿的腐蚀，还获得了良好的清洗效果，克服了现有技术中聚乙烯亚胺和铋盐不能复配的技术偏见。因此，可以申请保护该发明中的组合物，要求保护的组合物应含有氨基羧化物、铋盐和乙烯亚胺均聚物作为必要组分。

独立权利要求可以撰写为：

一种自动洗碗机用洗涤剂组合物，以所述洗涤剂组合物的总重量计，其含有：（A）1%～50% 的至少一种氨基羧化物，（B）0.05%～0.4% 的至少一种铋（Bi）盐，和（C）总共 0.05%～2% 的至少一种乙烯亚胺的均聚物或共聚物。

从属权利要求可以对（A）（B）（C）三种组分的具体物质、用量进行进一步限定。

（2）如何设计效果实验。

首先，该案例的发明点在于“铋盐和乙烯亚胺均聚物的复配使用给组合物带来了有益效果”，因而在设计效果实验时，应当突出复配后的有益效果。例如，设置不含铋盐或不含乙烯亚胺均聚物的对比例，来证明复配后确实取得了有益的效果。

其次，建议在提供实施例及效果数据时，尽可能涵盖优选实施方案。例如，在该案例中，发明可以提供不同铋盐（如硝酸铋、硫酸铋、甲酸铋、三甲烷磺酸铋、棓酸铋）及具有不同分子量、不同支化度的聚乙烯亚胺均聚物的效果实验数据，以支持发明的范围和技术效果。

最后，选用的测试指标要能明确表征技术效果。在该案例中，用清洗前后玻璃杯的重量损失来表征洗涤剂对玻璃的腐蚀情况，用玻璃杯的目测评价来表征洗涤剂对玻璃器皿的腐蚀及清洗情况。其中，重量损失是可实验量化的指标，目测评价是感官评价指标。对于涉及感官评价的测试方法，建议量化测试结果，详细记载测试、评价或评级方法等关键因素。例如，该案例中，可采用线腐蚀（玻璃划痕）和混浊腐蚀（片状混浊）来评价清洗后玻璃杯表面的腐蚀效果。玻璃杯表面的评价可根据以下方式进行：

线腐蚀。L5：没有可见的线、L4：在很少的区域中有轻微的线、L3：在少量区域中有线腐蚀、L2：在数个区域中有线腐蚀、L1：严重的线腐蚀；

玻璃混浊。T5：没有可见的混浊、T4：在很少的区域中有轻微的混浊、T3：在少量区域中有混浊、T2：在数个区域中有混浊、T1：在基本上整个玻璃表面上有严重的混浊。

（二）具有新产品形式的洗涤剂组合物发明

近年来，洗涤剂组合物的产品形式层出不穷，如洗涤片、洗衣凝珠、含酶洗涤胶囊、免洗擦拭湿巾等，这些产品相比于传统洗涤剂，因具有高效、便携、环保等特点而广受消费者欢迎。对于这些新产品形式的洗涤剂，在申请发明专利时，关键是要识别出产品的发明点，仅对产品形式进行简单改变是不足以获得专利授权的，需要真正解决产品形式中存在的不足或缺陷。例如，对于片状洗涤剂，一方面需要具备足够的强度便于储运，另一方面又需要具有良好的分散性和水溶性。若经研究发现，选择合适的片剂材料，复配使用合适的表面活性剂和助洗剂或采用特殊的压片工艺能够有效解决这对矛盾，则可以此为发明点申请专利；再如，对于洗衣凝珠来说，研究发现了性价比更高的水溶性膜，或者发现了适用于超浓缩洗涤剂的表面活性剂、助洗剂或复配配方，都可以此来申请专利。在撰写申请文件时，重点是明确产品形式的改变解决了哪些技术问题以及采用了何种手段予以解决。

【案例 6-31-13】

A. 相关案情

经研究发现，碳酸丙烯酯对非离子表面活性剂有良好的增溶效果，将碳酸丙烯酯与丙三醇和聚乙二醇复配作为助溶剂，能够配制出表面活性剂含量超过60%的超浓缩液体洗涤剂，有效避免配制过程中出现凝胶相。并且，碳酸丙烯酯与水溶性薄膜有良好的兼容性，因此，上述配方可以开发成凝珠形式的超浓缩液体洗涤剂。经实验验证，当超浓缩液体洗涤剂包裹于水溶性薄膜中时，产品具有良好的高温稳定性和低温稳定性，将组合物稀释至原来的1/5后，去污效果也达到了GB/T 13174—2008的要求。

B. 案例分析

该案例中，研究发现了一种超浓缩液体洗涤剂配方，该配方通过选用合适的助溶剂体系解决了高倍浓缩产品在配制过程中容易出现凝胶现象的问题。因此，可将该配方申请发明专利。在申请文件中，独立权利要求可撰写为：

1. 一种用于水溶性膜包装的超浓缩液体洗涤剂，按重量份包括以下原料：非离子表面活性剂55~80份、阴离子表面活性剂3~5份、助溶剂15~30份；所述助溶剂含有碳酸丙烯酯。

同时，为了构建多层次的保护范围，还可以撰写若干从属权利要求，对非离子表面活性剂、阴离子表面活性剂、助溶剂的种类及用量进行进一步的限定。例如，对于助溶剂而言，可以撰写如下的从属权利要求：

2. 如权利要求1所述的液体洗涤剂，其中，基于助溶剂的质量，碳酸丙烯酯占助溶剂总量的50%以上；

3. 如权利要求1或2所述的液体洗涤剂，其中，助溶剂为丙三醇、聚乙二醇和碳酸丙烯酯的混合物。

二、洗涤剂领域的方法发明

在洗涤剂领域中，方法发明包括洗涤剂制备方法发明、洗涤剂使用方法发明和洗涤剂用途发明。

（一）制备方法发明

若在研究中发现了洗涤剂原料新的制备方法、洗涤剂组合物新的制备方法或制造工艺、新产品形式的洗涤剂组合物的制备方法，都可以申请发明专利。

【案例 6－31－14】

A. 相关案情

经研究发现，粒状洗涤剂组合物的分配性能可通过下述造粒法得到显著提高，在所述方法中固体分两阶段法造粒，其中第二阶段可在低剪切造粒机如流化床类型造粒机中进行。在两个阶段中使用不同种类的液态粘合剂，第一阶段的液态粘合剂包括阴离子表面活性剂，第二阶段的液态粘合剂包括非离子表面活性剂、皂和/或脂肪酸，并且当第一阶段的液态粘合剂与第二阶段的液态粘合剂的重量比为 5：1～2：1 时，产品的分配性能和溶解性能最好。

现有技术 1 公开了一种两阶段造粒法，包括：第一阶段在造粒机中混合颗粒原料和粘合剂，第二阶段在低剪切造粒机如流化床类型造粒机中进行；两个阶段中均使用液态粘合剂，第一阶段加入总量 5%～75% 的液体粘合剂，第二阶段加入剩余的总量的 95%～75% 液体粘合剂；液体粘合剂是未中和的液体脂肪酸。

现有技术 2 公开了将液态粘合剂喷于经喷雾干燥的基体粉末上，其中所述液态粘合剂包括用于改善最终产品分配性能的脂肪酸及非离子表面活性剂。

研究中对不同制备方法得到的粒状洗涤剂的分配和溶解性能进行了测试，用分配时间表征分配性能，用不溶物的含量表征溶解性能；

实施例 1 的组合物使用本研究的两阶段造粒法制得，第一阶段的粘合剂采用未中和的液体酸，第二阶段的粘合剂采用非离子表面活性剂、皂和脂肪酸的混合物；

对比例 1 的组合物使用同样的两阶段造粒法制得，不同之处在于第一阶段和第二阶段的粘合剂均采用未中和的液体酸；

对比例 2 的组合物第一阶段造粒法与该研究相同，之后不在低剪切造粒机中进行第二阶段的造粒，而是直接将第二阶段的粘合剂喷覆在颗粒表面。

上述三种制备方法得到的粒状洗涤剂的分配和溶解性能如表 6－31－8 所示。

表 6－31－8　分配性能、溶解性能测试结果

产品	分配时间（s）	不溶物重量占比（%）
实施例 1	17	6.7
对比例 1	49	10.9
对比例 2	27	9.8

由表 6－31－8 可见，调整第二阶段中液体粘合剂的种类，可以获得分配性

能和溶解性能都有所提高的粒状洗涤剂。并且，使用低剪切造粒机如流化床类型造粒机与单独喷覆相比，得到的产品具有更好的分配和溶解性能。

B. **案例分析**

该案例中，对两阶段造粒法中的液体粘合剂的种类及用量进行了调整，使制备得到的粒状洗涤剂组合物表现出更好的分配和溶解性能，从而解决了现有技术中颗粒洗涤剂难以快速分配和快速充分溶解的问题。尽管只是对现有制备方法的改进，但其解决了现有技术中的问题，获得了有益的效果，因而所述的制备方法可以申请方法发明专利，其属于改进型的发明。在申请文件的撰写中，要着重体现出方法的改进对于粒状洗涤剂组合物性能的影响。例如，对制备得到的粒状洗涤剂的分配和溶解性能进行的测试表明，采用改进后的方法制备得到的粒状洗涤剂组合物的分配时间更短，溶解性能更好。该发明的独立权利要求可撰写为：

1. 一种制备颗粒状洗涤剂的方法，该方法包括：第一步，在机械造粒机中混合固体组分和包含阴离子表面活性剂的第一种液态粘合剂，以制备粉末；和第二步，在低剪切造粒机中混合第一步制备的粉末和包含液态非离子表面活性剂以及皂和/或脂肪酸的第二种液态粘合剂，以制得所述颗粒状洗涤剂，所述第二种液态粘合剂与所述第一种液态粘合剂的组成不同。

从属权利要求可以进一步对第一种液态粘合剂与第二种液态粘合剂的重量比、液态粘合剂的具体种类等进行进一步的限定。

（二）用途发明

若在研究中发现了新的表面活性剂、酶制剂等在洗涤剂中的用途，新的载体或包覆材料在洗涤剂组合物中的用途等，都可以就用途申请发明专利。对于这类发明，应当在说明书中记载所使用的产品、使用方法及取得的效果，通俗地说就是“用在哪儿”“怎么用”“效果如何”。

【案例 6－31－15】

A. **相关案情**

经研究发现，以普鲁兰多糖作为胶囊外壳材料，内部填充洗涤用酶的单剂量含酶胶囊能够增强在短程洗涤中的洗涤效果。与其他常见的胶囊外壳材料（如明胶）相比，普鲁兰多糖在洗涤环境中能够快速崩解释放出活性物质，使得洗涤用酶能在洗涤液中尽早释放从而有较长的时间进行酶的催化作用，实现洗涤用酶的洗涤增效功能。并且胶囊外壳在衣物表面的残留少。经实验测定，20℃，硬水条件下，明胶胶囊的崩解时间为34min，而普鲁兰多糖胶囊的崩解时间仅为4min；将明胶胶囊和普鲁兰多糖胶囊分别装在茶袋中，经过快洗程序，测定明胶胶囊的残留率为78%，而普鲁兰多糖胶囊的残留率仅为3%。

现有技术1公开了一种单剂量酶胶囊，胶囊可以是硬的或是软的凝胶类型，硬胶囊由两部分壳组成，基本上由明胶和任选的增塑剂如聚乙烯吡咯烷酮和甘油组成。胶囊体和帽可以预先制备，或可以从胶囊制造商购得。将活性成分如配制的酶颗粒或酶粉末与合适的稀释剂混合后装入空的胶囊体中。

现有技术2公开了一种可控制崩解时限的空心胶囊，以普鲁兰多糖作为胶囊外壳材料，该空心胶囊的崩解时限为4～26min，可用于制药领域。

B. 案例分析

在该案例中，发现了一种适合应用到洗涤环境，特别是短程洗涤中的含酶胶囊，该胶囊解决了现有技术中胶囊外壳材料在洗涤过程中崩解时间长，残留多的技术问题。

现有技术1公开了“单剂量酶胶囊”这种形式的组合物。因此，以“含酶胶囊”为主题申请产品发明专利申请不能获得授权。现有技术2公开了普鲁兰多糖药用胶囊的崩解时间短，但由于药物与洗涤剂领域差异较大，不同的应用环境对囊材的崩解过程也会产生较大的影响。因此，综合考虑现有技术1和2，以“普鲁兰多糖在制备洗涤用含酶胶囊中的应用”为主题进行专利申请是可行的。

该发明的独立权利要求可以撰写为：

1. 普鲁兰多糖在制备用于增强洗涤效果的含酶胶囊中的应用。

从属权利要求可对胶囊的尺寸，胶囊包裹的酶颗粒的含量、种类等进行进一步的限定。

参考文献

[1] 蒋丽刚. 中国化妆品原料产业界的现状和使命［J］. 日用化学品科学，2018，41（9）：1－5.

[2] 刘玉亮，邓静. 中国化妆品行业的现状与未来［J］. 日用化学品科学，2016，39（1）：1－8.